边学边用边实践

施耐德UnityPro PLC 变频器 触摸屏综合应用

王兆宇／编著

中国电力出版社
CHINA ELECTRIC POWER PRESS

内 容 提 要

本书从工程应用的角度出发，PLC主要以施耐德昆腾系列为载体，触摸屏以Proface系列HMI为对象，变频器以施耐德ATV61/71系列为目标，按照基础、实践和工程应用的结构体系，精选了PLC、HMI和变频器的36个应用案例，使用目前流行的PLC编程软件Unity Pro和HMI的画面组态软件GP-Pro EX，对工业控制系统中的4类典型应用，即模拟量输入（AI）、模拟量输出（AO）、数字量输入（DI）和数字量输出（DO）的程序设计方法进行了详细的讲解，由浅入深、循序渐进地介绍了PLC、HMI和变频器在不同应用案例中的材料选型、电路原理图设计、梯形图设计、变频器参数设置和调试方法。按照本书的应用案例，读者可以快速掌握PLC在实际工作中的程序编制、HMI的项目创建和应用、驱动电动机带动不同负载运行的变频器的参数设置，这些案例还可以稍作修改后直接移植到工程中使用。

本书深入浅出、图文并茂，具有实用性强、理论与实践相结合等特点。每个案例提供具体的设计任务、详细的操作步骤，注重解决工程实际问题。本书可供计算机控制系统研发的工程技术人员参考，也可供各类自动化、计算机应用、机电一体化等专业师生学习使用。

图书在版编目（CIP）数据

施耐德Unity Pro PLC、变频器、触摸屏综合应用/王兆宇编著. —北京：中国电力出版社，2017.1

（边学边用边实践）

ISBN 978-7-5123-9860-3

Ⅰ.①施… Ⅱ.①王… Ⅲ.①PLC技术②变频器③触摸屏 Ⅳ.①TM571.6②TN773③TP334.1

中国版本图书馆CIP数据核字（2016）第238816号

中国电力出版社出版、发行

（北京市东城区北京站西街19号 100005 http://www.cepp.sgcc.com.cn）

三河市航远印刷有限公司印刷

各地新华书店经售

*

2017年1月第一版 2017年1月北京第一次印刷

787毫米×1092毫米 16开本 23印张 564千字

印数0001—2000册 定价**68.00**元

前言

可编程序控制器 PLC、触摸屏和变频器是电气自动化工程系统中的主要控制设备，本书 PLC 主要以施耐德 Unity Pro 支持的 PLC 系列为载体，触摸屏以 Proface 为对象，变频器以施耐德 ATV61/71 系列为目标，编写了应用入门、应用初级、应用中级和应用高级 4 个等级的 36 个工程案例，每个案例都有案例说明、相关知识点和创作步骤的详细说明，具有深入浅出、图文并茂，实用性强、理论与实践相结合等特点。

PLC 部分以施耐德 Unity Pro 支持的昆腾 PLC 系列为核心，演示了施耐德 Unity Pro 支持的 PLC 所组建的系统的项目创建、硬件组态、符号表制作、数字量和模拟量模块的接线以及模块的参数设置，在相关知识点中对 PLC 中的数据类型和 I/O 寻址给予了充分的说明和介绍，对 Unity Pro 控制平台中比较重要的定时器和计数器指令单独进行了应用举例。本书应用中级和应用高级部分，笔者对实际工程项目中常常用到的 PLC 控制电动机的正反转运行、PLC 控制直流调速器的运行、卷取设备的张力控制、冶金设备中的位置测量的控制，从电气设计、项目组态和程序编制等入手，尽可能使用不同的指令来完成案例中的工艺要求。将在实际的工程中真实要用到的设备，包括按钮、开关、指示灯、接触器、继电器、自动开关、熔断器、热继电器、光电传感器、编码器、限位开关、电磁阀、报警器、变频器、位移传感器、液位计、张力传感器等常用的电气设备结合到案例当中，使读者能够迅速掌握 PLC 的项目创建和程序编制。

触摸屏 HMI 部分以 GP-Pro EX 模块化的画面组态软件为核心，演示了 Proface GP 系列 HMI 的项目创建、组态、画面制作、网络通信和通信参数设置，在相关知识点中对人机界面产品 HMI 的硬件和 GP-Pro EX 画面组态软件给予了充分的说明和介绍，对 HMI 项目中比较重要的画面创建、按钮、指示灯和趋势图单独进行了应用举例。在应用中级和应用高级部分，笔者对实际工程项目中常常用到的报警系统、HMI 上 I/O 域和触摸屏上的动画制作都以示例的形式加强了说明，使读者能够迅速掌握 GP-Pro EX 画面组态软件的操作与应用，同时能够非常容易与标准的用户程序进行结合，利用 HMI 的显示屏显示，通过输入单元（如触摸屏、键盘、鼠标等）写入工作参数或输入操作命令，实现人与机器的信息交互，从而使用户建立的人机界面能够精确地满足生产的实际要求。

变频器 ATV61/71 系列是施耐德通用型变频器，本书对工程项目中使用广泛的风机水泵专用 ATV61 系列变频器，以及矢量控制型的 ATV71 变频器在各自应用领域里的参数设置进行了详细介绍，包括施耐德 ATV61/71 系列变频器的停车方式、直流制动、复合制动及动能制动，ATV61 变频器的面板操作、调试、正反转运行控制、频率给定和常用的 6 个控制方式。针对施耐德 ATV 系列变频器，同样以案例的方式给出了多种同速控制的电气设计电路，并说明了变频器的检修方法和日常维护细则，以及 ATV61 变频器在恒压供水的 PID 系统中的参数设置。读者在了解了相关知识点中变频器的各种基本功能之后，还需要与笔者一起在实例创建步骤中结合功能参数的设置要点，端口电路的配接和不同功能在生产实践中的应用，来掌握变频器的频率设定功能、运行控制功能、电动机方式控制功能、PID 功能、通信功能和保护及显示等功能。这样，就能够使读者尽快熟练地掌握变频器的使用方法和技巧，从而避免大部分故障的出现，让变频器应用系统运行得更加稳定。

本书中的每个案例均提供具体的设计任务、详细的操作步骤，注重解决工程实际问题，按照本书的应用案例，读者可以快速掌握 PLC 在实际工作中的程序编制、HMI 的项目创建和应用、驱动电动机带动不同负载运行的变频器的参数设置，这些案例在读者今后的项目中只做相应的简单修改便可直接应用于工程，这样可以减少项目设计和开发的工作量。

本书在编写过程中，王峰峰、戚业兰、陈友、王伟、张振英、于桂芝、王根生、马威、张越、葛晓海、袁静、董玲玲、何俊龙、张晓琳、樊占锁、龙爱梅提供了许多资料，张振英和于桂芝参与了本书文稿的整理和校对工作，在此一并表示感谢。

限于作者水平和时间，书中难免存在疏漏之处，希望广大读者多提宝贵意见。

目录

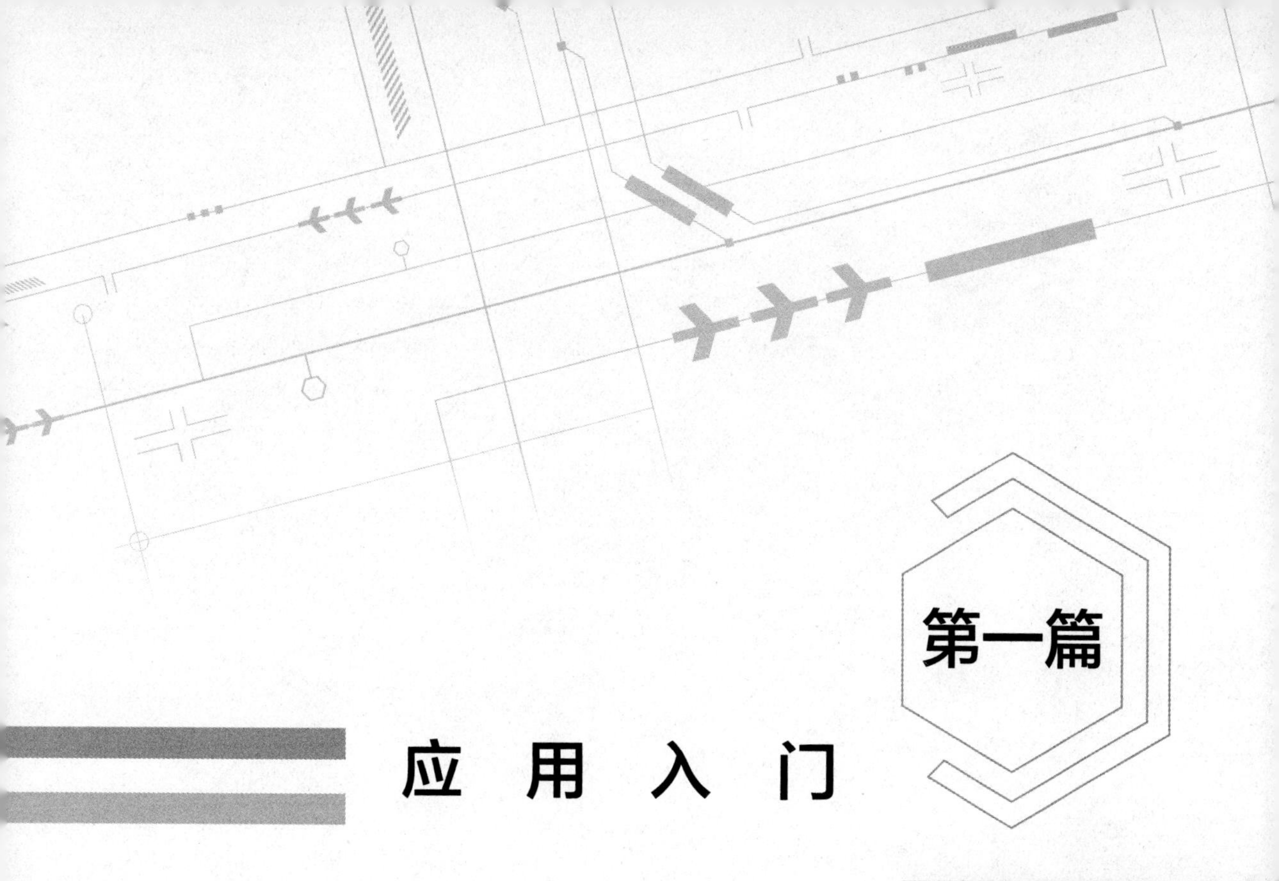

第一篇

应 用 入 门

昆腾 PLC 项目创建与保存

一、 案例说明

施耐德昆腾 PLC 的编程软件使用的是 Unity Pro 管理器，本案例通过创建一个施耐德昆腾 PLC 的新项目来说明如何在 Unity Pro 管理器中创建新项目，并对项目进行保存和另存。在实际创建项目前，笔者还详细介绍了 Unity Pro 管理器的编程界面。

二、 相关知识点

1. 编程界面介绍

Unity Pro 的编程界面包括菜单栏、工具栏、项目浏览器、编辑器窗口（编程语言编辑器、数据编辑器等）、用于直接访问编辑器窗口的寄存器选项卡、输出窗口和状态栏。Unity Pro 编程界面如图 1-1 所示。

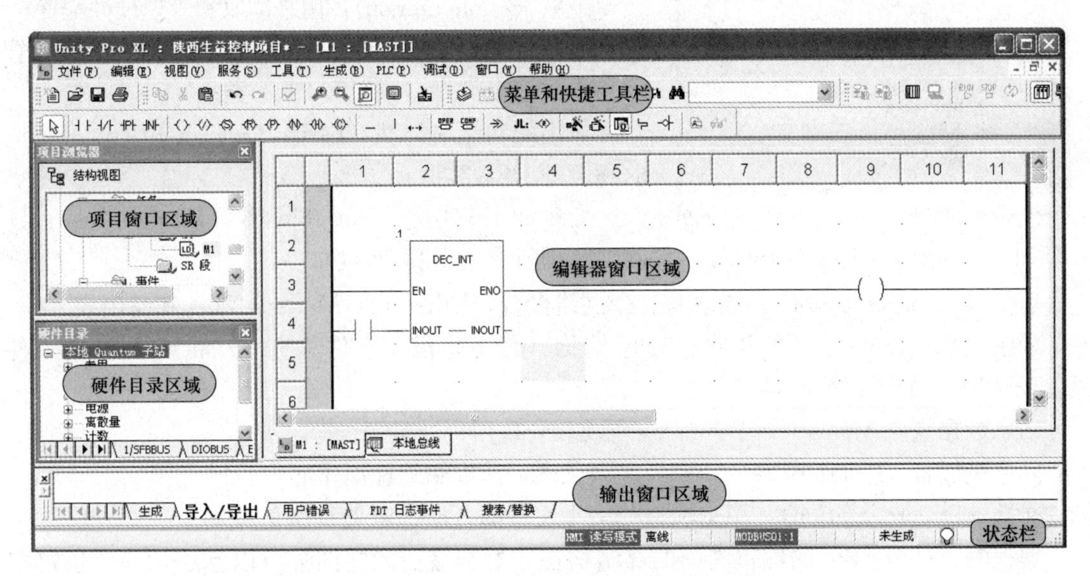

图 1-1 Unity Pro 编程界面按区域划分图

2. 主菜单工具栏

主菜单工具栏由一行按钮和组合框组成，使用这些按钮和组合框可以调用相应的功能，还可以快速找到和执行常用的功能。

Unity Pro 的所有功能都可以通过菜单栏进行操作，常用功能可以直接通过标准工具栏中的图标进行操作，也可以制定个性工具栏满足编程的需要。标准工具栏如图 1-2 所示。

图 1-2　Unity Pro 软件的标准工具栏

3. 项目浏览器

项目浏览器在 Unity Pro 编程画面中是以树形结构来表述项目内容的，有【结构视图】和【功能视图】两种不同的显示方式。项目浏览器可以显示 Unity Pro 项目的内容，还可以在窗口中移动各种单元。

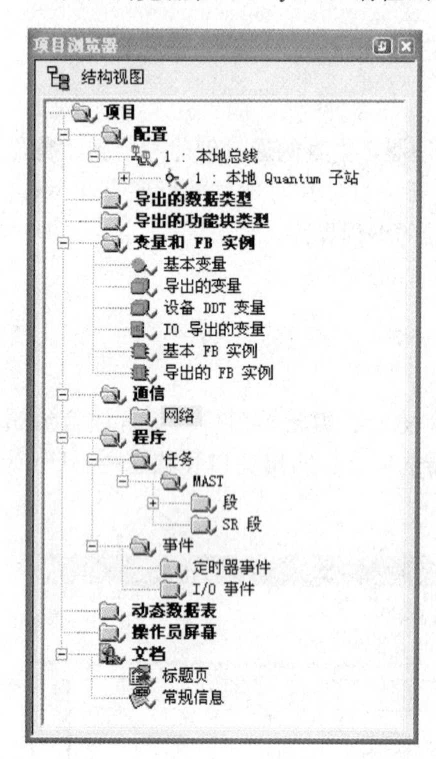

图 1-3　项目浏览器【结构视图】

读者编程时可以在【结构视图】中创建和删除元素、使用段符号显示该段的编程语言、查看元素的属性、创建读者自己的目录，在【结构视图】中还可以启动不同的编辑器和启动导入/导出功能等。读者编程时也可以由【结构视图】切换到【功能视图】来创建功能模块、创建段、查看元素属性、启动不同的编辑器和使用段符号显示该段的编程语言及其他属性等功能。

项目浏览器的【结构视图】如图 1-3 所示。

项目（Station）：用来读取项目结构和相关组件。

配置（Configuration）：用来读取和管理硬件配置。

导出的数据类型（Derived Data Type）：读取和管理结构化变量类型（数组和 DDT 类型）。

导出的功能块类型（DFB，Derived FB type）：读取和管理 DFB 类型。

变量和 FB 实例（Variables & FB instances）：读取和管理所有变量和功能块。

通信（Communication）：读取和管理网络配置，Ethernet、Modbus Plus 和路由表。

程序（Program）：定义并管理程序结构（任务，段，事件，……）和编辑程序组件（段，子程序）的语言编辑器。

动态数据表（Animation Tables）：监视和管理用户变量。

操作员屏幕（Operator Screens）：在调试中，读取和管理操作屏。

文档（Documentation）：用于项目的文本文件的存储、定义和建立。

编程时，Unity Pro 的编程画面的【结构视图】和【功能视图】可以互相切换，也可根据需要在【垂直视图】和【水平视图】之间进行切换。

三、 创作步骤

第一步　创建 Unity Pro 项目

单击【开始】→【所有程序】→【Schneider Electric】→【Socollaborative】→【Unity Pro】→【Unity Pro XL】或双击图标启动 Unity Pro 软件，在打开的 Unity Pro XL 中，单击【文

件】后在下拉菜单中单击【新建】，然后在弹出的【新项目】页面中选择 PLC 的品牌和 CPU 型号，最后单击【确定】按钮即可，如图 1-4 所示。

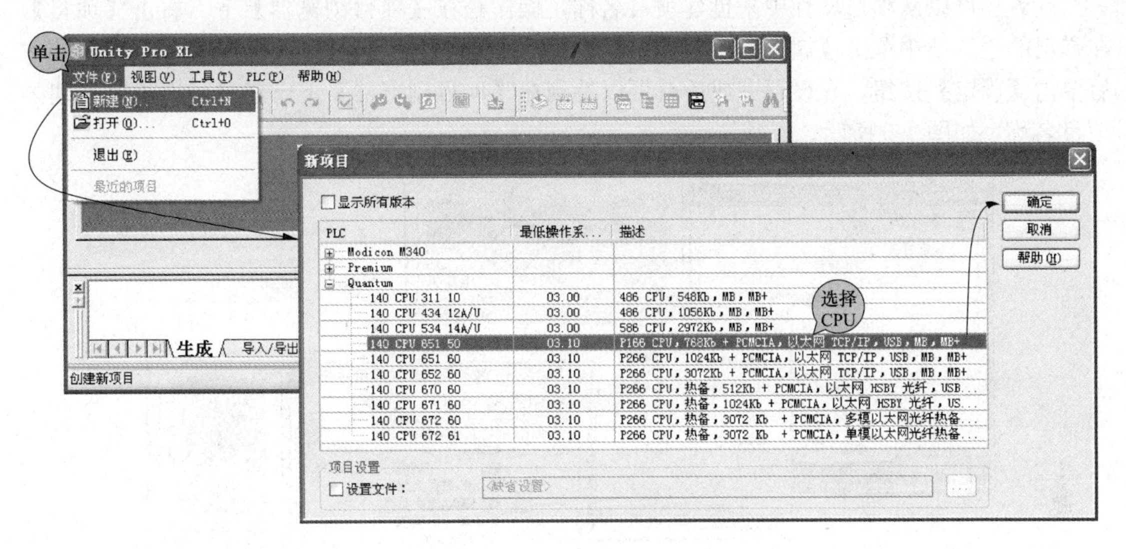

图 1-4　新建项目的流程图示

第二步　项目保存

新创建完成后的 Unity Pro 的项目名称中显示的是“〈无名称〉”，单击【文件】下的【保存】，或单击工具栏上的图标后，在弹出的【另存为】页面中【文件名】的输入栏中输入项目的名称，单击【保存】后在项目中将会显示出项目的名称，如图 1-5 所示。

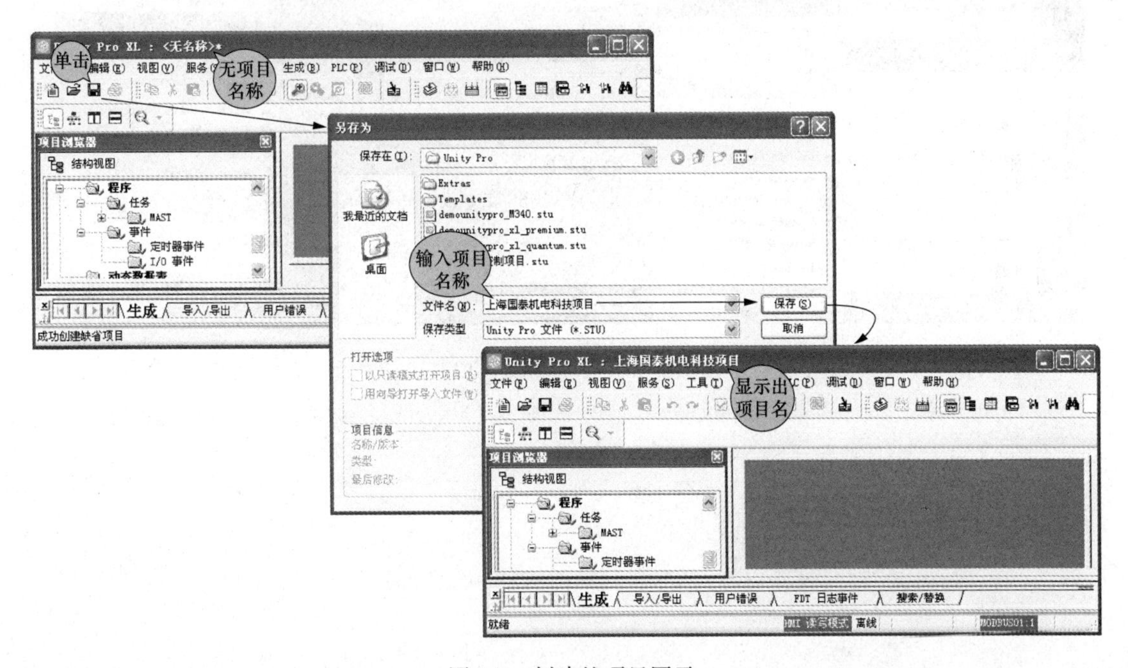

图 1-5　创建的项目图示

第三步　创建项目名称

读者还可以从项目属性中来创建项目名称，操作是在【项目浏览器】下，右击【项目】，在弹出的子选项中单击【属性】，然后在【属性】页面中的名称的输入框中输入项目的名称后单击【确定】按钮，在设置完成后就可以看到在【项目浏览器】下已经显示出了新创建的项目名称，如图 1-6 所示。

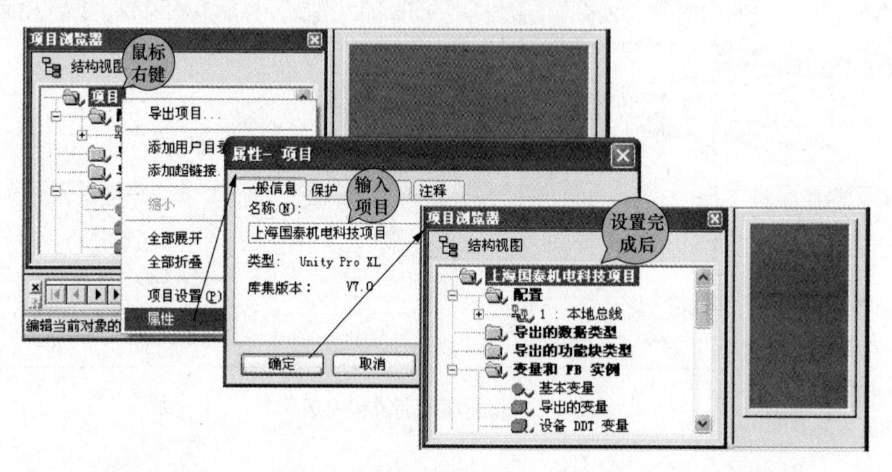

图 1-6　创建项目名称的过程图示

第四步　启动 Unity Pro 的简便方法

单击计算机的【开始】，然后就可以一步一步打开 Unity Pro 软件了，如图 1-7 所示。

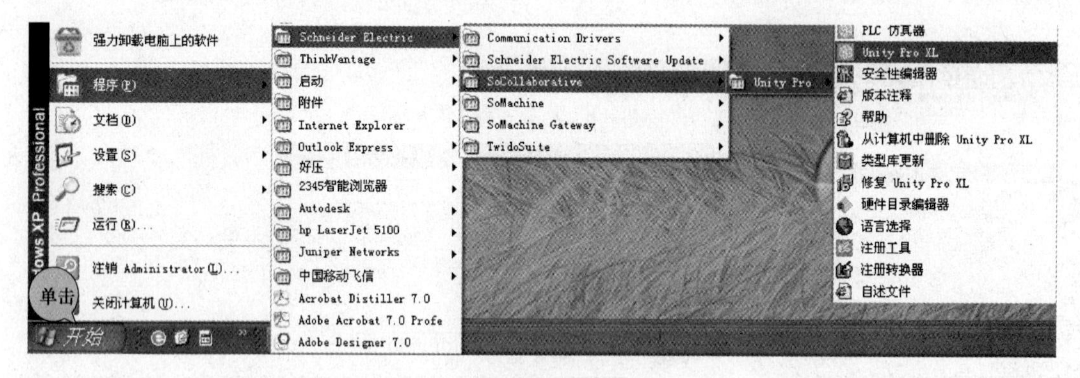

图 1-7　启动 Unity Pro

昆腾 PLC 项目中的硬件和软件组态

一、 案例说明

本案例通过演示一个 PLC 系统的硬件和软件组态，使读者可以按照项目的要求，将 PLC 系统根据图纸要求进行预先组态，在 PLC 内进行编程和仿真。等项目实际调试的时候，再把设定的组态下载到 CPU 当中，进行现场的调试。

二、 相关知识点

1. 配置编辑器窗口

配置编辑器的作用是配置硬件，并在项目中为添加的模块设置模块的参数。在【项目浏览器】窗口中双击【配置】后系统会自动弹出【硬件目录】，并在编辑器窗口中显示硬件配置窗口，如图 2-1 所示。

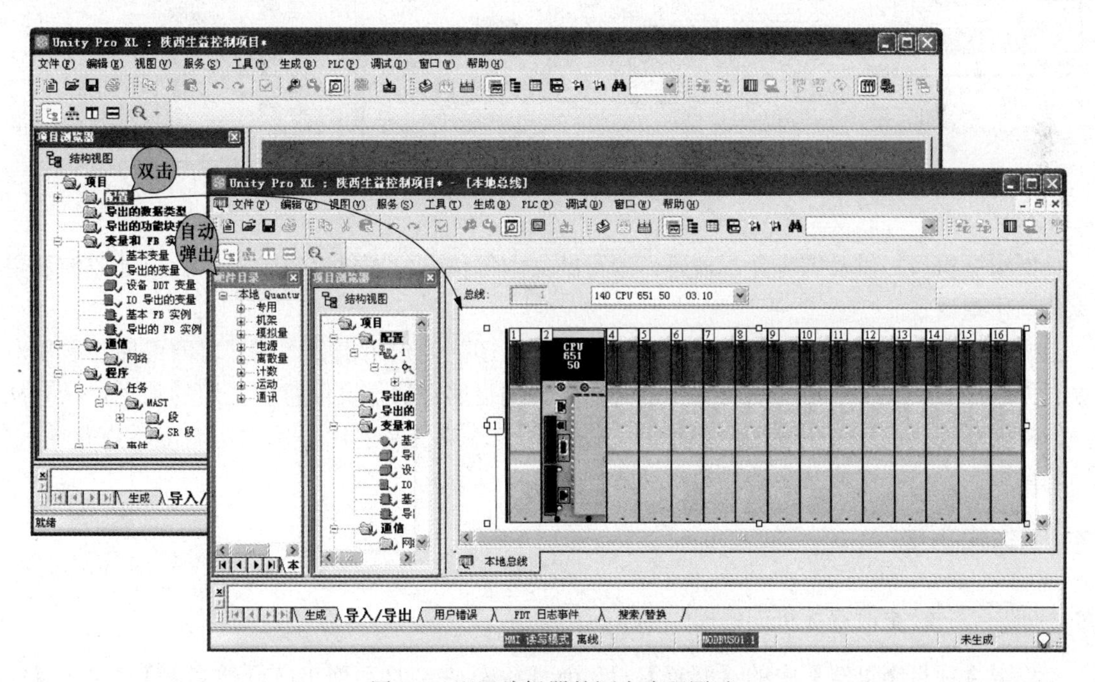

图 2-1　配置编辑器的调出流程图示

编程时用户任意排列这些应用窗口，操作时拖拽要重新定位的窗口上的文件名至新位置即可。

在配置编辑器窗口中，大家可以看到，由于本项目选用的 PLC 为 CPU65150，所以单击配置后显示的是16槽的预配置，1号槽位为了散热更好一般配置为电源，2、3号槽位配置为CPU。

2. 操作员屏幕

操作员屏幕能够非常直观地显示自动化过程，通过操作员屏幕编辑器，用户可以轻松地创建、更改和管理操作员屏幕。用户使用项目浏览器可以创建和访问操作员屏幕，创建过程如图2-2所示。

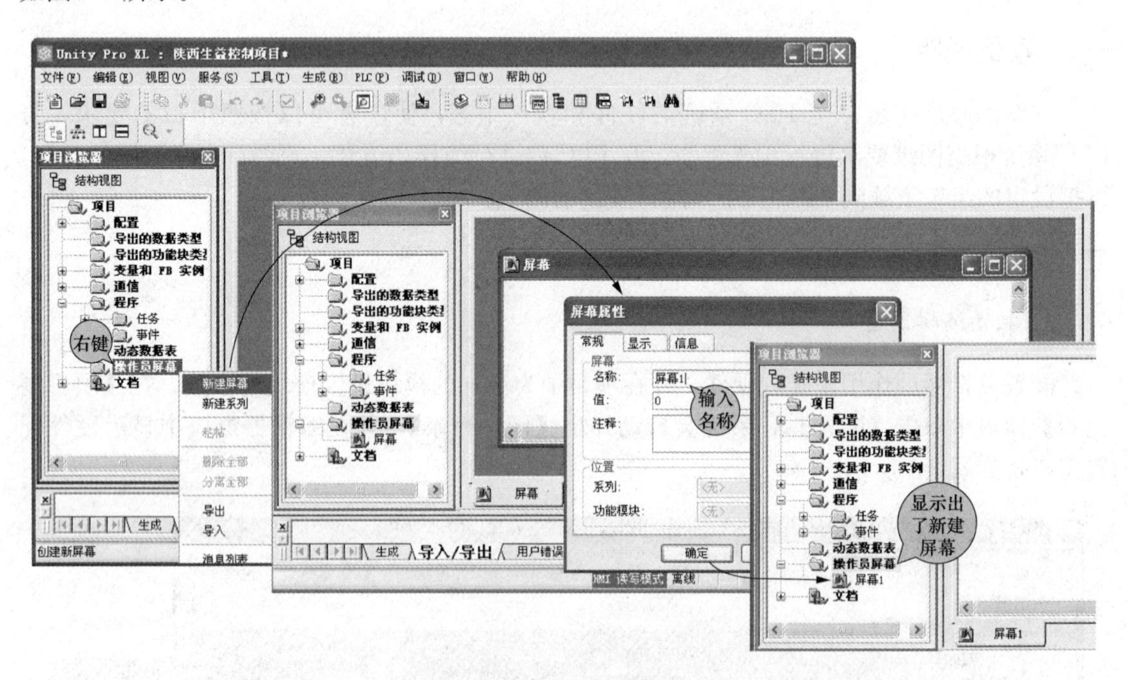

图2-2　新建屏幕的操作流程图示

操作员窗口提供动态变量、概述、编写的文本等信息，通过该窗口可以轻松地监控和更改自动化变量。

操作员屏幕编辑器除了具有可视化功能以外，还能创建用于管理图形对象的库、复制对象、创建操作员屏幕中使用的所有变量的列表，创建要在操作员屏幕中使用的消息，具有从操作员屏幕直接访问一个或多个变量的动态数据表（或交叉引用表）的功能，还具有导入/导出单个操作员屏幕或整个系列等的功能。

三、创作步骤

第一步　更改底板机架的操作

双击【项目浏览器】中的【配置】，Unity Pro软件会自动弹出【硬件目录】，并在【编程器】区域弹出【本地总线】页面，在这个页面中已经配置了16机架的底板，并且在创建项目时选择的CPU已经放置在2号和3号槽位上了。

用户更改底板槽位时，选中机架后右击，在弹出的子选项中单击【替换机架】，在【替换设备】对话框中选择4槽机架，单击【确认】按钮完成机架选择，如图2-3所示，本例程将 16 槽位的机架替换为 4 槽位的机架。

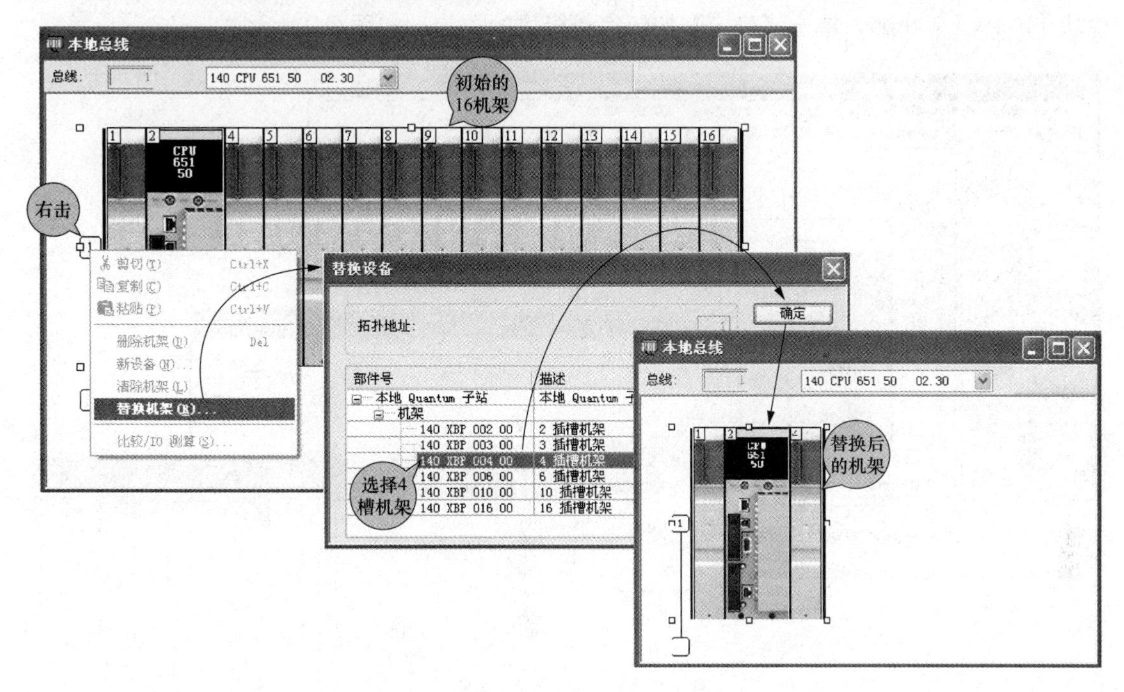

图 2-3 更换底板机架的流程图示

第二步 配置 PLC 的电源模块

读者的实际的应用项目如果是 16 机架的项目，那么就不需要替换机架，直接为项目配置 PLC 的电源模块，配置电源模块时，首先单击【硬件目录】中电源前的⊞，然后将要配置的电源模块拖拽到槽位上，这里放置在 1 号槽用来保证散热效果良好，松开鼠标后这个电源模块就配置完成了，流程如图 2-4 所示。

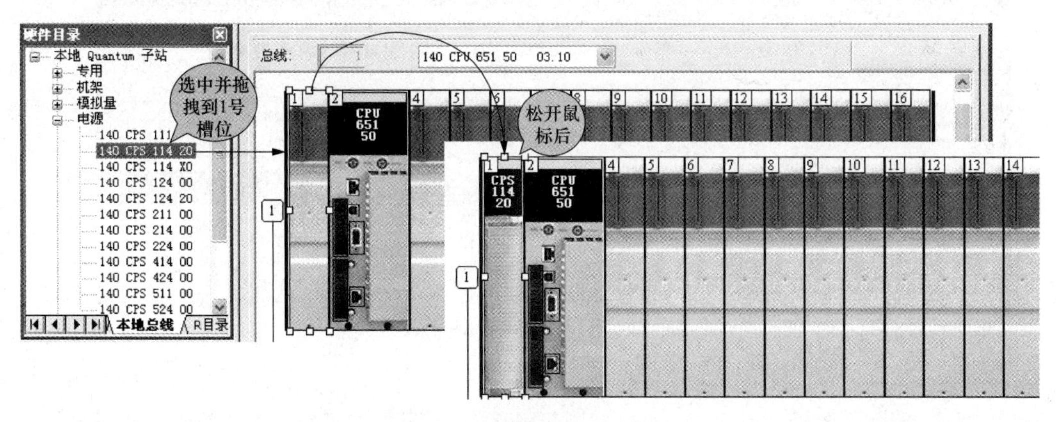

图 2-4 电源模块的配置图示

第三步 配置模块

配置模块时，用户可以采用上述的配置电源模块的方法配置数字量模块、模拟量模块、通信模块，计数模块和运动模块，这里笔者使用另一种配置模块的方法，即双击要添加模块的空槽位，在随后弹出的【新设备】中选择要在这个槽位添加的模块，这里添加的是模拟量模块 140 ACI 040 00，单击【确定】按钮完成模块的添加，如图 2-5 所示。

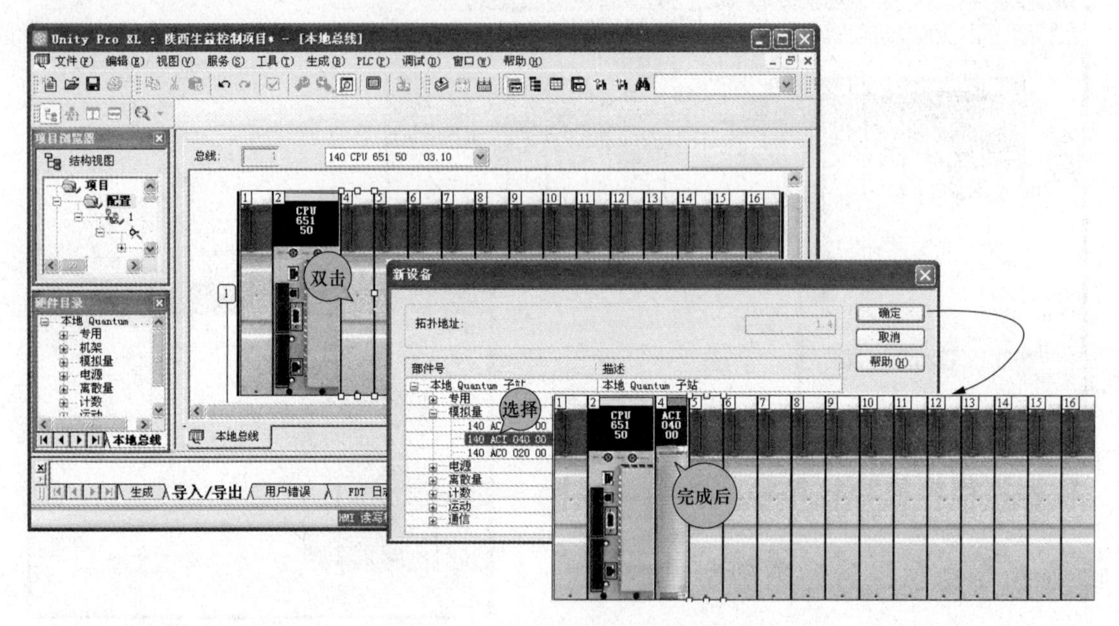

图 2-5　添加模块的流程图示

第四步　创建和配置任务

使用 Unity Pro 编程软件创建应用程序时，首先要定义任务，在【项目浏览器】中，双击程序目录，此时，主任务 MAST 目录会显示在任务目录中，右击【任务】目录，然后从上下文菜单中执行【新建任务】命令。这时将显示新建任务对话框，如图 2-6 所示。

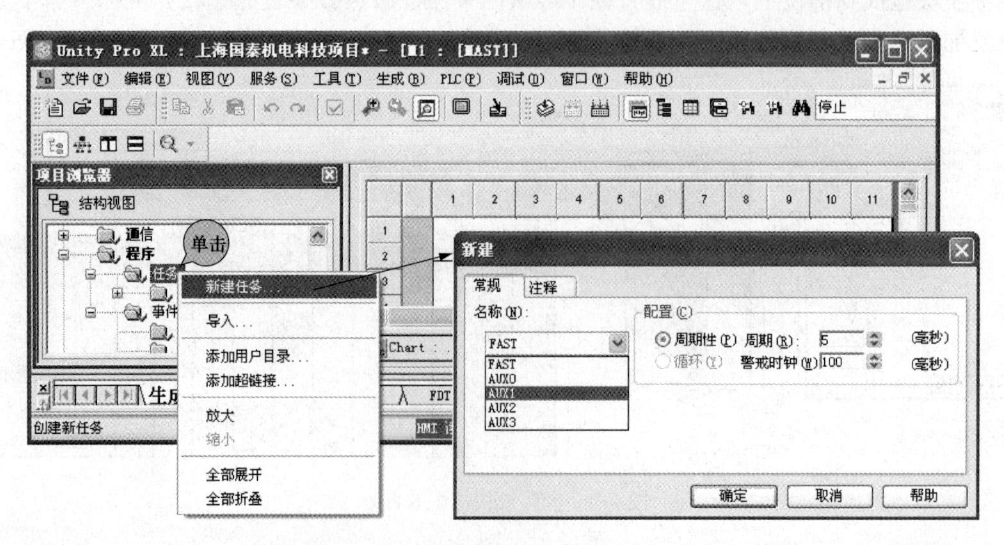

图 2-6　新建任务图示

用户可以在新建任务对话框里的【名称】下选择任务，即 FAST 快速任务或 AUX0、AUX1、AUX2、AUX3 辅助任务，还可以在【配置】里勾选周期性或循环的执行模式，注意，循环执行模式仅在主任务时才能选择。另外，在【配置】里还可设置任务周期和警戒时钟值，该值必须大于周期值。

最后可以在【注释】选项卡中对所选任务添加注释，单击【确定】按钮，创建任务完毕。

第五步 新建段的方法

新建段的情况分两种，第一种是新项目中从菜单创建一个新段的情况，第二种是在【程序】下的【段】处添加一个新段的情况。

第一种，单击主菜单上的【编辑】，在其下拉子菜单中单击【新建段】，在弹出的【新建】页面中的名称的输入栏中输入新建段的名称，在语言选择框中选择要使用的 LD 编程语言后，单击【确定】按钮，这时用户就可以看到新建出的段 M1 了，如图 2-7 所示。

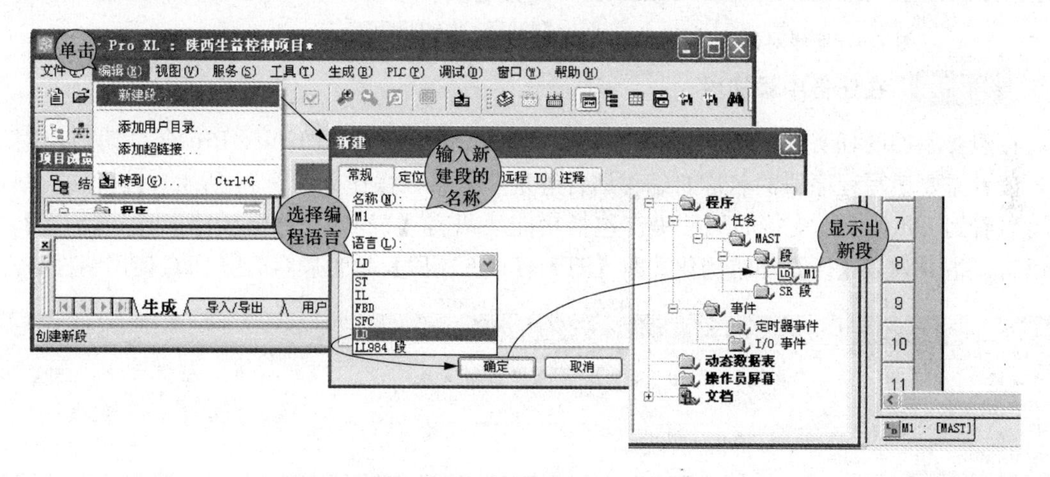

图 2-7 新建 LD 段的过程图示

第二种，右击【程序】→【MAST】→【段】，在弹出的【新建】页面中，在【名称】的输入栏中输入新建段的名称为“M2”，选择编程语言为 SFC，单击【确定】按钮后，用户可以看到在段下新添加的 M2 段是 SFC 的段，如图 2-8 所示。

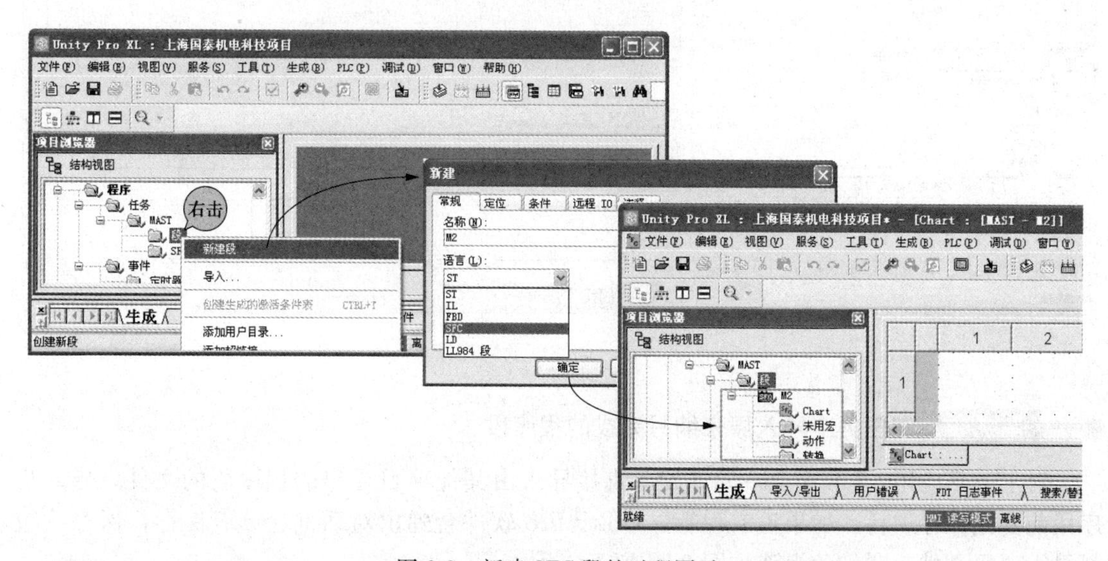

图 2-8 新建 SFC 段的过程图示

第六步 显示和修改任务属性

显示或修改程序中的任务属性时，首先在项目浏览器中，双击程序目录，那么 MAST 和 FAST 目录将显示在任务目录中，如果程序中已经创建了 AUX 目录，则 AUX 目录也会显示在任务目录当中。右击 MAST、FAST 或 AUX 目录，然后从上下文菜单中执行属性命令。单击【属性】，此时将显示如图 2-9 所示的对话框。

图 2-9 新建对话框

在这个对话框中可以修改任务属性、注释、配置等属性参数，修改完成确认正确后，单击【OK】按钮即可。

第七步 在任务中添加段

在想要添加的任务中右击，在快捷菜单中选择【新建段】，Unity Pro 会自动弹出对话框，读者需要填写程序段的名称，编程语言等重要信息，操作如图 2-10 所示，读者在对话框中可以看到 Unity Pro 支持的编程语言包括功能块语言【FBD】、梯形图【LD】、【SFC】序列语言、指令列表【IL】和结构化文本【ST】，【LL984 段】是为兼容旧版 PLC 使用编程语言。

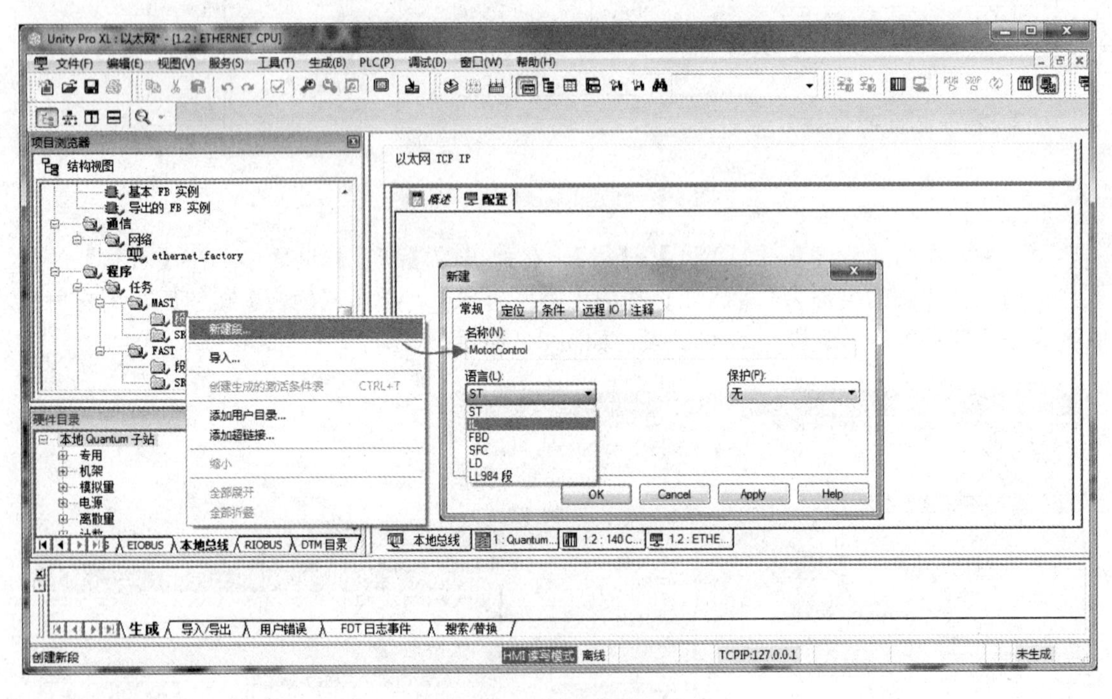

图 2-10 创建新的程序段

第八步 在任务中导入原来编写完成的程序段

对于成熟应用，Unity Pro 允许读者直接导入由其他项目导出的程序段的文件。导入程序段前要先保存项目，如果没有保存，Unity Pro 软件会弹出对话框让读者保存，保存后重新导入项目文件，详细的操作如图 2-11 所示。

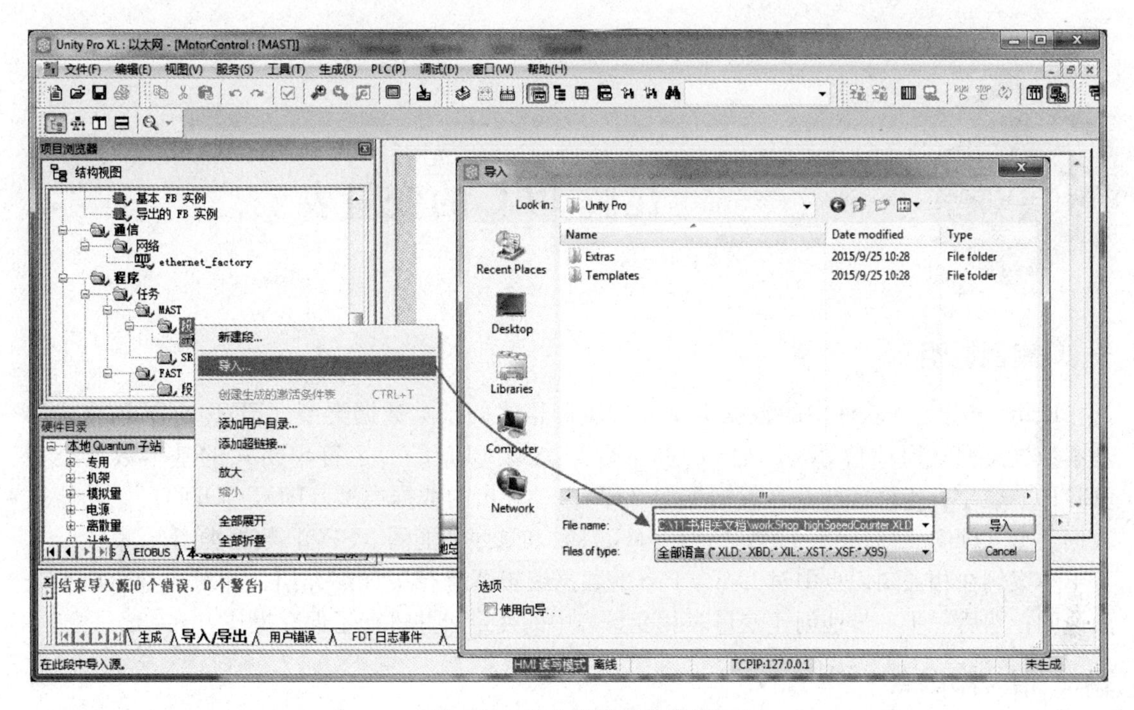

图 2-11　导入程序段的操作

昆腾 PLC 的变量表

一、 案例说明

Unity Pro 编程软件中的数据类型有二进制格式的基本数据类型（EDT）、BCD 格式的基本数据类型（EDT）、Real 格式的基本数据类型（EDT）、字符串格式的基本数据类型（EDT）、位字符串格式的基本数据类型（EDT）、导出的数据类型（DDT/IODDT）、功能块数据类型（DFB/EFB）、一般数据类型（GDT）和顺序功能图（SFC）数据类型。

本案例在相关知识点中对 Unity Pro 的数据编辑器进行了详细介绍，并对变量给出了全面说明；然后一步一步地创建变量表和变量表中的变量，并进行了保存操作。

二、 相关知识点

1. 数据编辑器

Unity Pro 编程软件中的【数据编辑器】是用来创建数据类型的，同时，也能将功能块数据类型归档到库中，还能用层次结构的形式显示数据的结构，并对数据进行搜索、排序和过滤。

读者所创建的项目的数据可以通过【数据编辑器】中的【结构视图】进行访问，也就是说在 Unity Pro 编程软件中的【数据编辑器】是能够创建数据类型、实例化数据类型和查找数据类型或实例的编辑器。

访问数据编辑器需要双击【项目浏览器】中的【变量和 FB 实例目录】，在右侧的多重编辑器窗口中将显示已经打开的【数据编辑器】，缺省情况下将显示【变量】选项卡。变量的名称、类型、地址、值的注释都可以在数据编辑器的【属性】菜单中进行设置和修改，如图 3-1 所示。

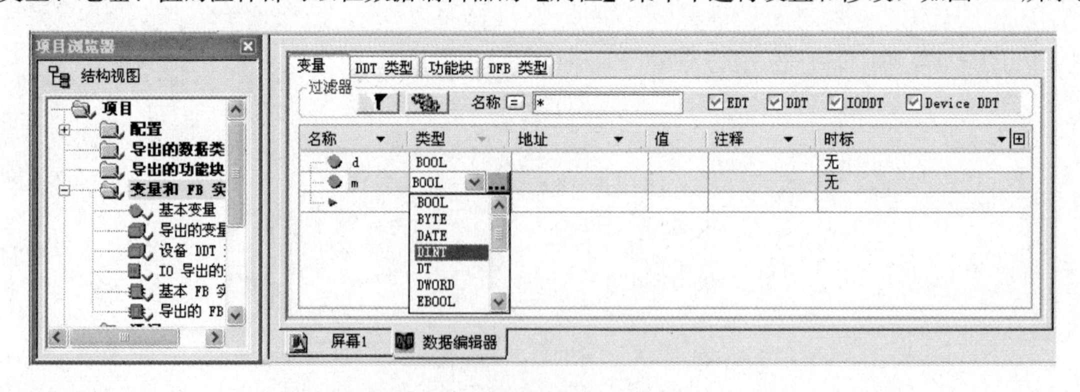

图 3-1　数据编辑器页面图示

设置变量 m 为 DINT 变量时，单击类型下的 m 变量，在选项中选择 DINT 变量即可。

数据编辑器菜单的过滤器中还包含按钮和数据类型菜单，其中，单击按钮 ▼ 可根据在名称字段中定义的过滤器条件来进行更新显示，单击按钮 可以打开用于定义过滤器的对话框。单击按钮 名称 = 可反转过滤器。按钮从=变更为〈〉，反之亦然。

EDT 显示的是基本数据类型，DDT 显示的是导出的数据类型，IODDT 显示引用了输入/输出的导出的数据类型（DDT）。

也就是说，读者可以使用【数据编辑器】的变量选项卡，对属于 EDT、DDT 和 IODDT 系列的变量实例进行管理，并利用功能块选项卡，对属于功能块系列的 EFB 或 DFB 类型的变量实例进行管理，还能通过 DFB 类型选项卡对导出的功能块（DFB）的数据类型进行管理，而 DDT 类型选项卡是用于管理导出的数据类型（结构或数组）的。

另外，在【数据编辑器】的所有选项卡中都能够进行复制、剪切和粘贴的操作，还可以展开/折叠结构化数据，并根据类型、符号、地址等进行排序，同时具有过滤器的功能。也可以插入、删除和更改列的位置，在数据编辑器与程序编辑器之间进行拖放，还可以撤销上次的更改并进行导出/导入的功能。

2. 通用数据类型和范围

BOOL/EBOOL：布尔变量必须为 FALSE 或 TRUE，即 0 或 1。EBOOL 处理强制和边沿检测。

WORD：代表“位串 16”，意味着数据长度为 16 位。

INT：代表整型数，数值范围从－32768 至＋32767。

UINT：代表无符号整型数，数值范围从 0 至 65535。

REAL：代表浮点值，数值范围从-3.40^{e+38}至$3.40e^{+38}$。

3. 输入文本型数值

Unity Pro 软件中的文本型数值是用于给管脚赋值的，也可以给变量赋值常数。

可以输入的文本型数值有二进制、八进制、十进制和十六进制。如十进制的 65535 在二进制时为 2＃1111111111111111，在八进制时为 8＃177777，在十六进制时为 16＃FFFF，以上这些数值都是同一个数值，只是数值的输入格式不同而已。

4. 变量名称

定义的变量名称最长为 32 个字符，可以用数字开头。

（1）非定位变量。非定位变量是不带硬件地址的标签名称。

非定位变量不能周期设定，如果在项目中需要周期设定变量，读者要使用定位变量。

（2）定位变量。定位变量是带硬件地址的标签名称。

（3）常量。常量是具有写保护功能的变量，用于给变量赋固定值。

三、 创作步骤

第一步 在数据编辑器中创建变量

首先双击【变量和 FB 实例】，在编辑器区域将会显示出【数据编辑器】，双击数据编辑器的名称下的输入框，输入变量名称“Fan_start”后，单击键盘上的 Enter 键确定输入，在【类型】的下拉选项中选择数据的类型，这里选择 BOOL 类型，这样一个风机启动的变量就创建完成了，操作过程如图 3-2 所示。

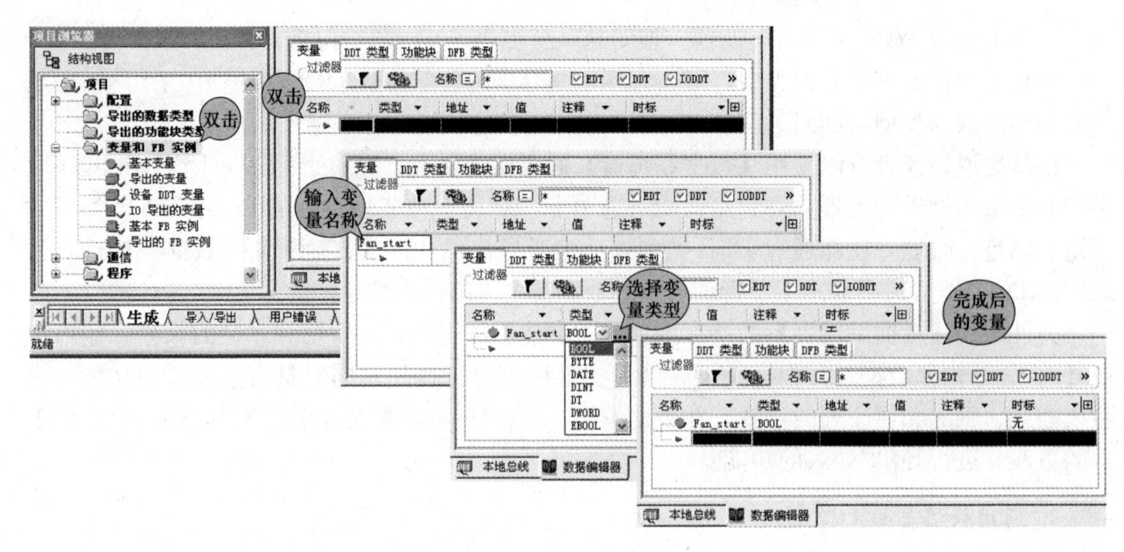

图 3-2　变量的创建流程图示

第二步　在硬件属性中输入变量的方法

双击【项目浏览器】→【项目】→【配置】→【本地总线】，在编辑器区域会显示出模块配置来，双击要配置变量的模块，在弹出的模块属性页面中单击【I/O 对象】，因为这里选择的模块是 140-DAI-353-00，是 32 路的输入模块，所以在 I/O 对象下勾选【%I】，然后单击【更新网络】按钮，这样会弹出 32 路的 I/O 变量来，读者可以定义这些 I/O 变量，如定义第三个变量时，可以单击名称下的序列号为 3 的空白处，然后在左侧的【I/O 变量创建】下的名称前缀的输入框中输入变量名称，在注释的输入框中输入变量注释，最后单击【创建】就完成了一个变量的创建了，如图 3-3 所示。

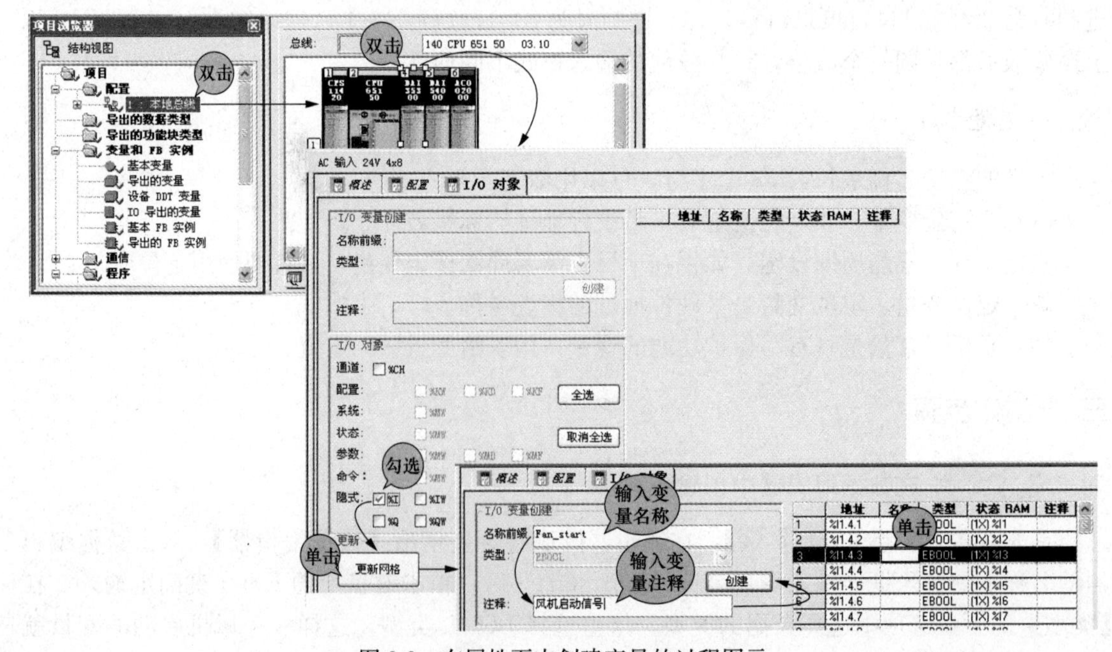

图 3-3　在属性页中创建变量的过程图示

在属性页面中创建完变量 Fan_start 后，读者可以双击【变量和 FB 实例】来弹出变量表来，这个变量表会显示刚刚创建完成的变量 Fan_start，如图 3-4 所示。

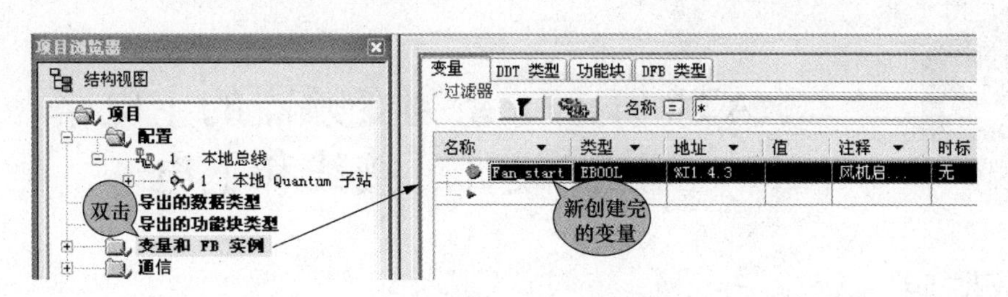

图 3-4　变量表中的变量显示

第三步　创建更多变量

同样的方法，可以双击【本地连接】的其他模块，在所弹出的模块的属性页面中创建其他变量，创建另一个输入变量 Fan_stop 和输出变量 Fan_run，完成后的变量表如图 3-5 所示。

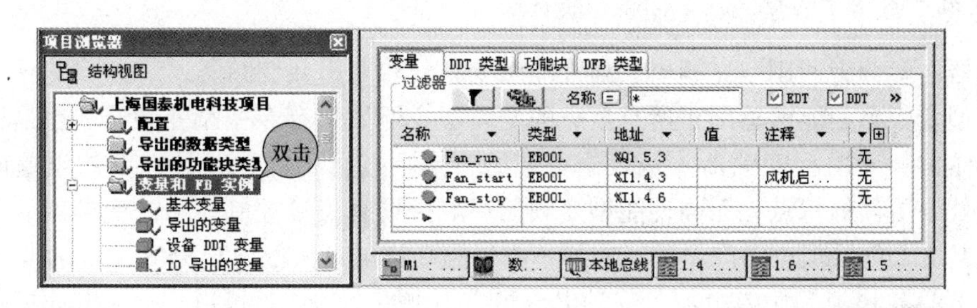

图 3-5　变量表的显示图示

第四步　变量保存

用户只要单击工具栏上的图标💾，就能对创建的项目和变量进行保存了。

案例4 ATV61/71系列变频器的主电路回路设计、接线和上电

一、 案例说明

在本例中，笔者通过对一台15kW电动机的变频器主电路电器元件的配置，来详细说明自动断路器、输入接触器、交流电抗器等器件的功能和选配原则，并通过一个案例来详细说明如何选配变频器的输出线径。

二、 相关知识点

1. 变频器的型号选择

变频器一般分为通用型变频器、高性能型变频器和专用型变频器。

通用型变频器是能够适用于所有负载的变频器，但如果有专用型变频器，还是建议使用专用型变频器。专用型变频器，是根据负载的特点，进行了优化，具有参数设置简单，调速、节能效果更佳的特点。而高性能型变频器一般指具有矢量控制能力的变频器，矢量变频器技术是基于DQ轴理论而产生的。它的基本思路是把电动机的电流分解为D轴电流和Q轴电流，其中D轴电流是励磁电流，Q轴电流是力矩电流。这样就可以把交流电动机的励磁电流和力矩电流分开控制，使得交流电动机具有和直流电动机相似的控制特性。

通用型变频器和矢量型变频器的选择如图4-1所示。

2. 变频器主回路元件介绍

（1）低压断路器。断路器在电气回路中能够实现短路、过载、失电压保护。在低压电气回路中使用的自动断路器属于低压断路器，是不频繁通断电路的，但能在电路过载、短路及失电压时自动分断电路。

与低压变频器配合使用的是低压断路器，低压断路器俗称自动开关或空气开关，它相当于刀开关、熔断器、热继电器和欠电压继电器的组合，是一种既有手动开关作用又能自动进行欠电压、失电压、过载和短路保护的电器。低压断路器用于低压配电电路中不频繁通断控制。在电路发生短路、过载或欠电压等故障时能自动分断故障电路，是一种控制兼保护用途的电器。

1）低压断路器的组成。塑壳式低压断路器根据用途分为配电用断路器、电动机保护用和其他负载用断路器，用作配电线路、电动机、照明电路及电热器等设备的电源开关及保护。塑壳式低压断路器常用来做电动机的过载与短路保护。

断路器主要由3个基本部分组成，即触点、灭弧系统和各种脱扣器。脱扣器包括过电流脱扣器、失电压（欠电压）脱扣器、热脱扣器、分励脱扣器和自由脱扣器。

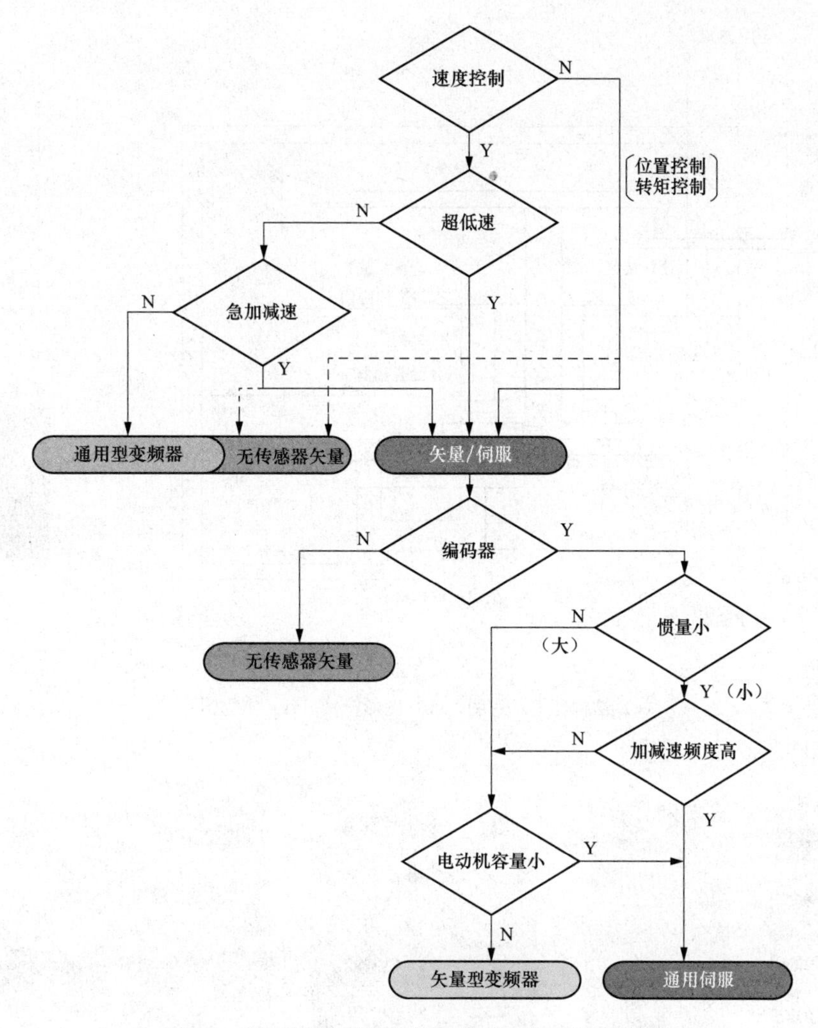

图 4-1　通用型变频器和矢量型变频器的选择图示

断路器的工作原理是在过电流时，过电流脱扣器会将脱钩顶开，断开电气回路的电源。在电气回路欠电压时，欠电压脱扣器能够将脱钩顶开，从而断开电气回路的电源。

自动断路器如图 4-2 所示。

断路器的特点是操作安全，分断能力较强。分类有框架式（万能式）和塑壳式（装置式）。其结构包括触点系统、灭弧装置、脱扣机构、传动机构。

2）断路器的种类。断路器按其用途和结构特点可分为 DW 型框架式断路器、DZ 型塑料外壳式断路器、DS 型直流快速断路器和 DWX 型、DWZ 型限流式断路器等。

框架式断路器主要用作配电线路的保护开关；塑料外壳式断路器可用作配电线路的保护开关，还可用作电动机、照明电路及电热电路的电源开关；具有限流作用的微型断路器，安装在 DIN 导轨上，如图 4-3 所示。

（2）熔断器。熔断器的作用是在电气线路中对电路进行短路和严重过载的保护。在电气回路中串接于被保护电路的首端。熔断器的结构简单、维护方便、价格便宜和体小量轻。

短路保护是因短路电流会引起电器设备绝缘损坏产生强大的电动力，使电动机和电器设备产生机械性损坏，所以要求迅速、可靠的切断电源，通常采用熔断器进行短路保护。

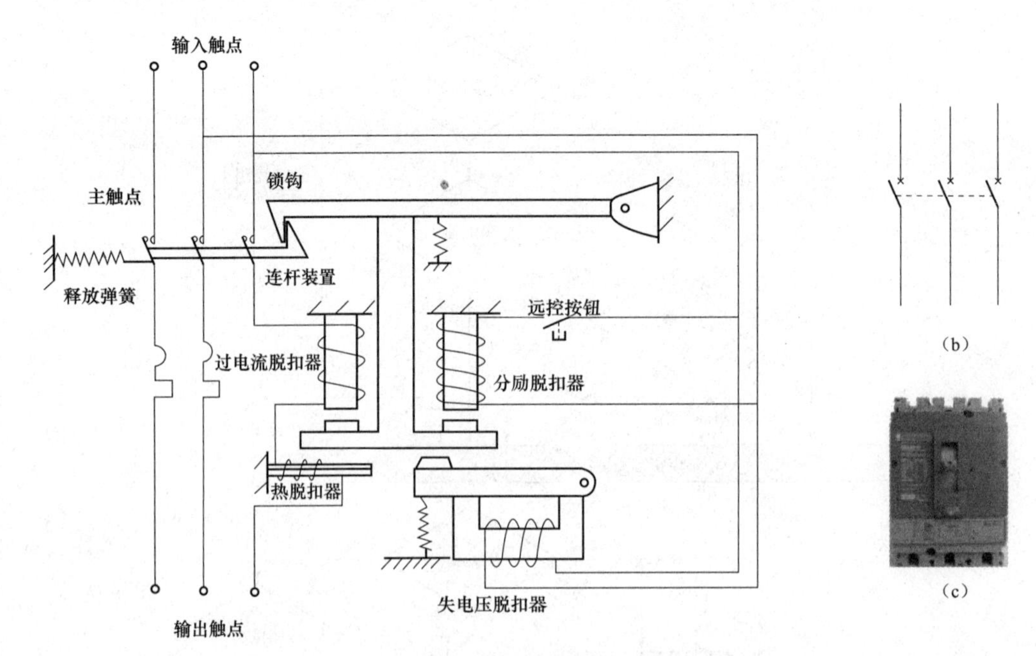

图 4-2　自动断路器

(a) 结构原理示意图；(b) 图形符号；(c) 实物图片

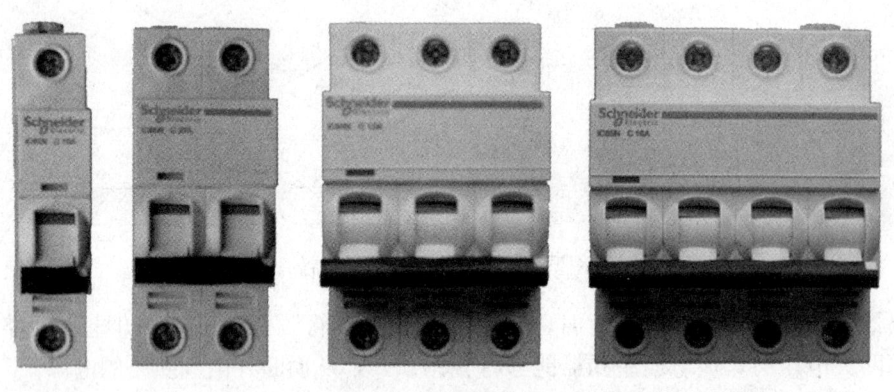

图 4-3　微型断路器

在项目的应用当中，熔断器串接于被保护电路中，电流通过熔体时产生的热量与电流平方和电流通过的时间成正比，电流越大，则熔体熔断时间越短，这种特性称为熔断器的反时限保护特性或安秒特性，如图 4-4 所示。

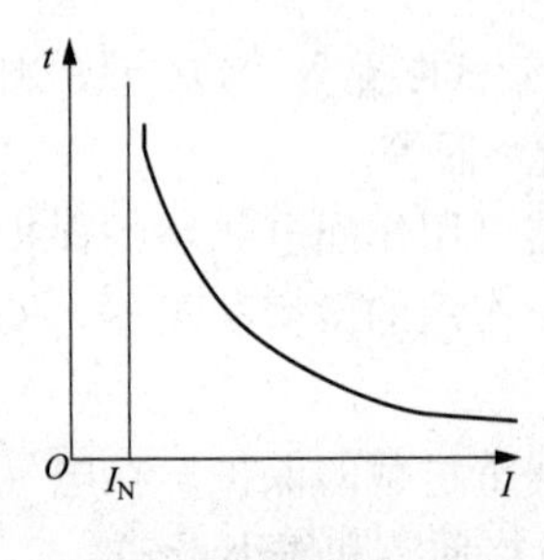

图 4-4　熔断器的反时限保护特性

熔断器包括瓷插式 RC、螺旋式 RL、有填料式 RT、无填料密封式 RM、快速熔断器 RS 和自恢复熔断器。

在无冲击电流的场合，例如电灯、电炉等设备，选择熔断器时，熔体的额定电流 I_N 要大于等于负载电流 I_L。熔断器示意图如图 4-5 所示。

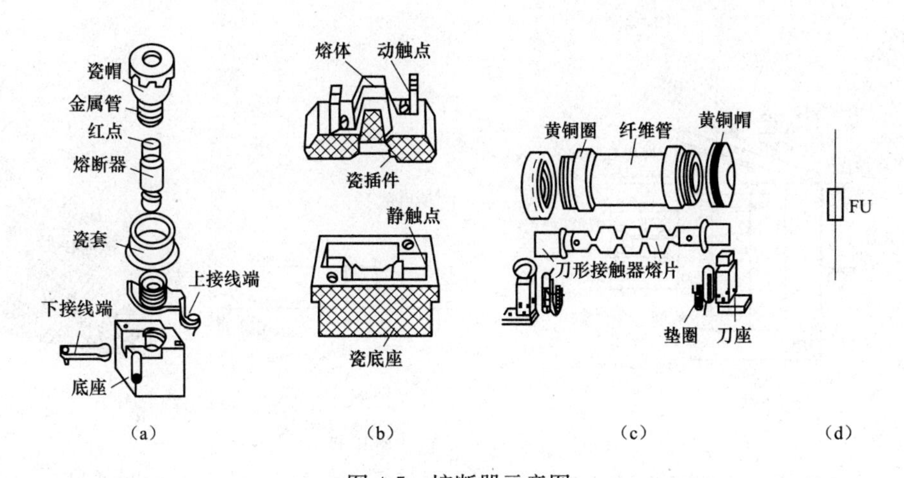

图 4-5 熔断器示意图

(a) 螺旋式熔断器；(b) 插入熔断器；(c) 管式熔断器；(d) 图形符号

3. 变频器控制回路使用的继电器

(1) 控制继电器的工作原理与应用。控制继电器用于电路的逻辑控制，继电器具有逻辑记忆功能，能组成复杂的逻辑控制电路，继电器用于将某种电量（如电压、电流）或非电量（如温度、压力、转速、时间等）的变化量转换为开关量信号，以实现对电路的自动控制功能。

继电器和接触器的工作原理一样。主要区别在于接触器的主触点可以通过大电流，在接触器的主回路一般都有灭弧装置。而继电器的触点只能通过小电流，一般电流在 5A 以下，所以只能用于控制电路中。

通俗点说，继电器是一种利用各种物理量的变化，将电量或非电量信号转化为电磁力或使输出状态发生阶跃变化，从而通过其触点或突变量促使在同一电路或另一电路中的其他器件或装置动作的一种控制元件。它用于各种控制电路中进行信号传递、放大、转换、连锁等，控制主电路和辅助电路中的器件或设备按预定的动作程序进行工作，实现自动控制和保护的目的。

(2) 继电器的种类。继电器按输入量可分为电压继电器、电流继电器、时间继电器、速度继电器、压力继电器等；按工作原理可分为电磁式、感应式、电动式、电子式等；按用途分可为控制继电器、保护继电器等；按输入量变化形式可分为有无继电器和量度继电器。

有无继电器是根据输入量的有或无来动作的，无输入量时继电器不动作，有输入量时继电器动作。如中间继电器、通用继电器、时间继电器等。

量度继电器是根据输入量的变化来动作的，工作时其输入量是一直存在的，只有当输入量达到一定值时继电器才动作，如电流继电器、电压继电器、热继电器、速度继电器、压力继电器、液位继电器等。

常用的继电器类型有中间继电器、电压继电器、电流继电器、时间继电器（具有延时功能）和热继电器（热继电器在电动机控制回路中使用较为频繁，将单独予以介绍）。

1) 电磁式继电器。电磁式继电器广泛地应用于低压控制系统中，常用的电磁式继电器有电流继电器、电压继电器、中间继电器以及各种小型通用继电器等。直流电磁式继电器如

图 4-6 所示。

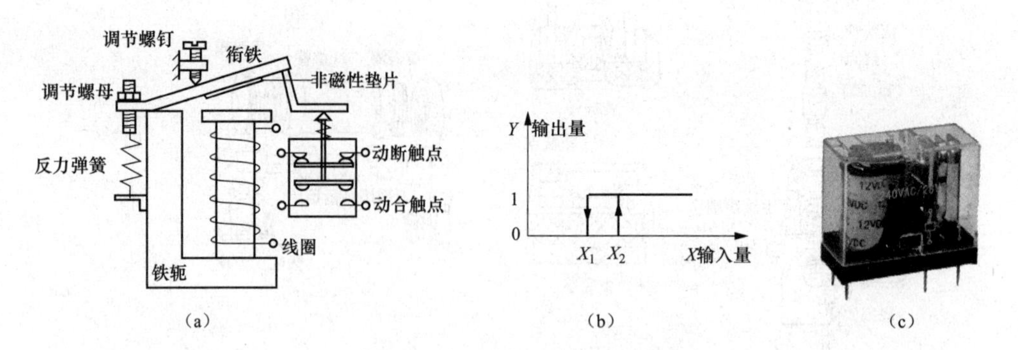

图 4-6　直流电磁式继电器

(a) 直流电磁式继电器结构示意图；(b) 继电器输入—输出持性；(c) 小型通用继电器

在继电特性曲线中，X_2 称为继电器吸合值，X_1 称为继电器释放值。$k=X_1/X_2$ 称为继电器的返回系数。

2）中间继电器。中间继电器在控制电路中的起逻辑变换和状态记忆的功能，以及用于扩展触点的容量和数量，另外在控制电路中还可以在调节各继电器、开关之间的动作时，防止电路误动作。中间继电器如图 4-7 所示。

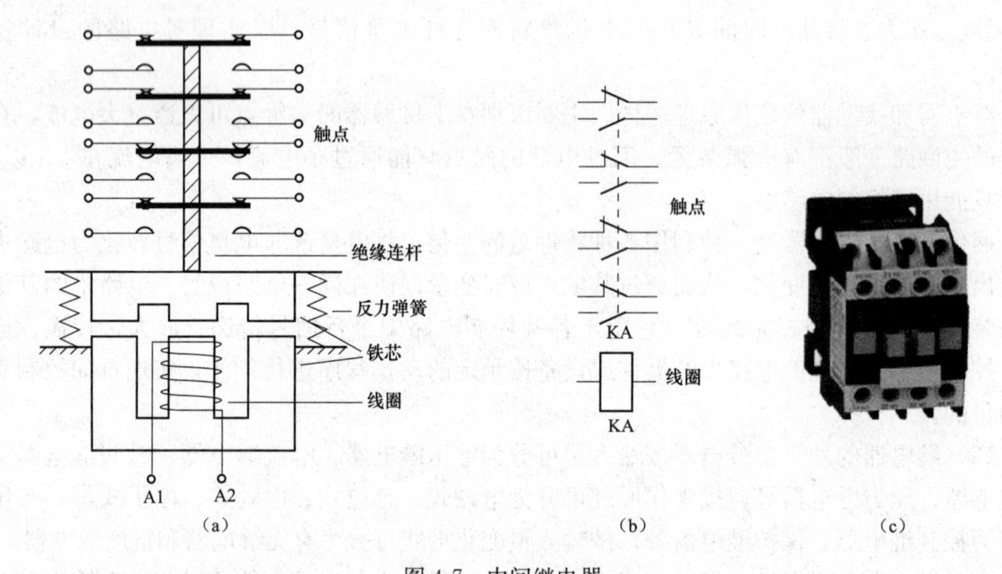

图 4-7　中间继电器

(a) 中间继电器示意图；(b) 中间继电器图形符号；(c) 实物图

3）电流继电器。电流继电器的输入量是电流，它是根据输入电流大小而动作的继电器。电流继电器的线圈串入电路中，以反映电路电流的变化，其线圈匝数少、导线粗、阻抗小。电流继电器可分为欠电流继电器、过电流继电器。电流继电器如图 4-8 所示。

4）电压继电器。电压继电器的输入量是电压，电压继电器根据输入电压大小而动作。与电流继电器类似，电压继电器分为欠电压继电器和过电压继电器两种。

电压继电器工作时并联在电路中，因此线圈匝数多，导线细，阻抗大，反映电路中电压的变化，用于电路的电压保护，电压继电器如图 4-9 所示。

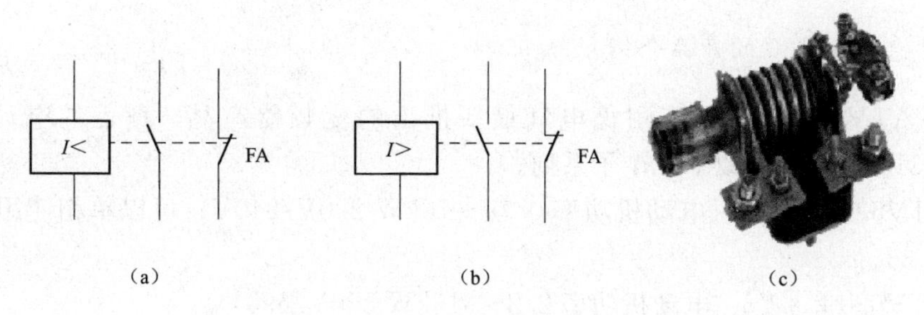

图 4-8　电流继电器

(a) 欠电流继电器；(b) 过电流继电器；(c) 实物图

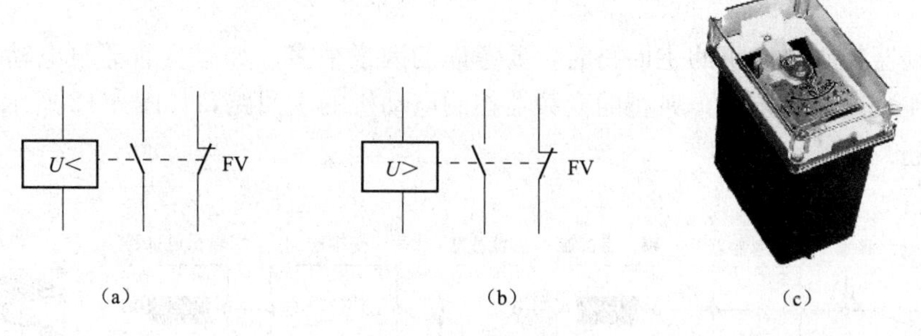

图 4-9　电压继电器

(a) 欠电压继电器；(b) 过电压继电器；(c) 实物图

5）浮球液位继电器。浮球液位继电器主要用于对液位的高低进行检测发出开关量信号，以控制电磁阀、液泵等设备对液位的高低进行控制。浮球液位继电器如图 4-10 所示。

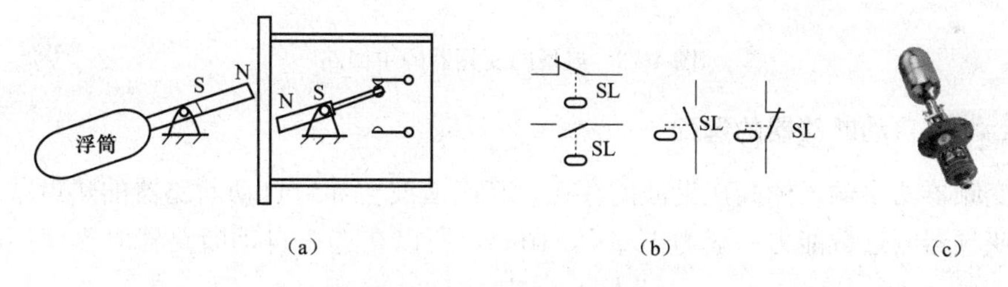

图 4-10　浮球液位继电器

(a) 液位继电器（传感器）示意图；(b) 图形符号；(c) 实物图

6）压力继电器。压力继电器主要用于对液体或气体压力的高低进行检测发出开关量信号，以控制电磁阀、液泵等设备对压力的高低进行控制。压力继电器的结构示意图如图 4-11 所示。

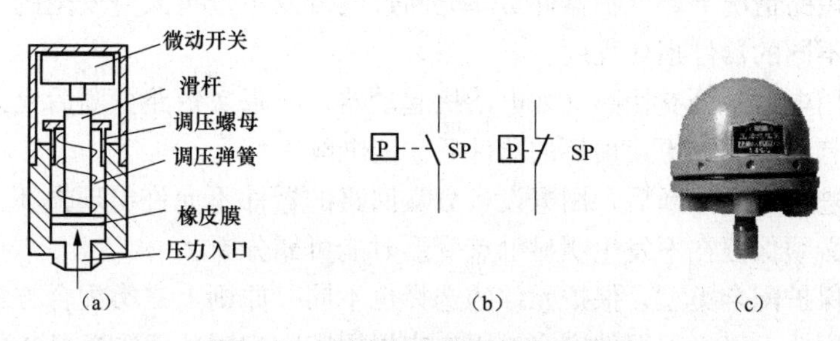

图 4-11　压力继电器的结构示意图

(a) 压力继电器（传感器）示意图；(b) 图形符号；(c) 实物图

4. 施耐德 ATV630 的产品介绍

变频器 ATV630 系列是施耐德电气最新推出的变频器产品，覆盖的电动机范围从 0.75kW 至 315kW，分为以下几个子系列。

(1) ATV630 * * M3：电动机功率 0.75～75kW 220V/240V；可以单相使用，需降容，降容系数 0.33。

(2) ATV630 * * Y6：电动机功率 2.2～315kW 500V/690V。

(3) ATV630 * * N4：电动机功率 0.75～315kW 380V/480V。

三、 创作步骤

设置变频器控制电动机的主回路时，要考虑的因素很多，如果变频器与电动机的距离较远，就需要加装输出电抗器，典型的变频器控制电动机的主回路，如图 4-12 所示。

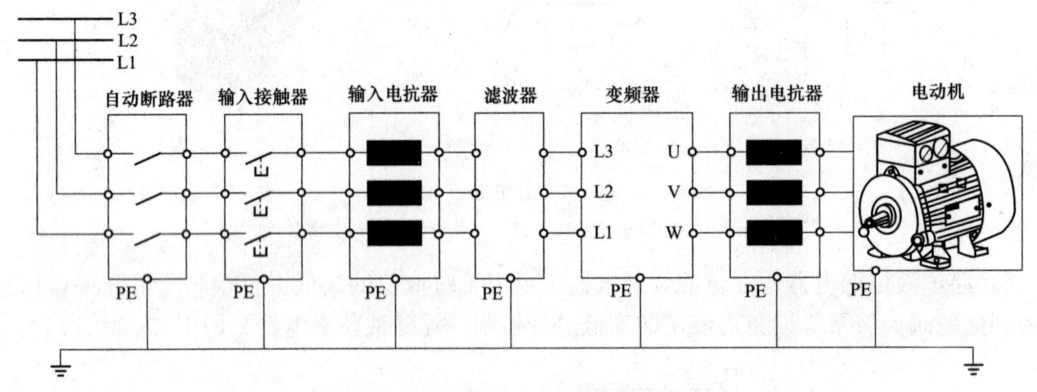

图 4-12　典型的变频器的主回路

第一步　自动断路器的选配

由于变频器功率输入侧高次谐波的存在，高次谐波会导致自动断路器的热过载元件误动作，另外变频器的过载能力一般为 150%，1min，所以在选择自动断路器时不使用断路器过载保护。

读者在选择自动断路器时最好按照厂家提供的变频器和自动断路器一类配合或二类配合表来选择自动断路器。

在 IEC60947-4 标准规范中，对电动机保护控制回路规定了两种配合方式，即一类配合和二类配合。在短路情况下，保护器件可靠分断过电流及不危害人身安全的同时，这两类配合方式分别对应不同的器件损坏程度。

一类配合：用电设备分支回路（如电动机起动器）在每次短路分断后允许接触器和过载继电器损坏，只有在修复或更换损坏的器件后才能继续工作。

二类配合：进行短路分断后，用电设备分支回路的器件不允许出现损坏。允许接触器触点发生熔焊，但必须保证在不发生明显触点变形时能可靠分断。

对于不同的保护配合类型，保护元件的选择也不同。原则上二类配合方案中的保护元件容量要小于一类配合，以确保器件安全。用户应根据实际应用环境选择配合类型。

本案例中的电动机容量是 15kW，电动机额定电压是 380V，额定电流是 32.5A，4 极。

第二步　输入接触器的选配

输入接触器应按负载 AC—1 类型来选择，要求接触器的 AC—1 类型容量要大于变频器额定电流的 1.15 倍，同时，推荐在接触器线圈上加装浪涌抑制元件，如阻容等来防止线圈通断时出现的浪涌电流对其他设备产生干扰。

不同的用电设备其负载性质和通断过程电流变化相差很大，因此对接触器的要求也有所不同，IEC 标准将常用的负载分为以下几种。

AC—1：无感或微感负载、电阻炉。

AC—2：绕线式感应电动机的启动、分断。

AC—3：笼型感应电动机的启动、运转中分断。

AC—4：笼型感应电动机的启动、反接制动或反向运转、点动。

AC—5a：放电灯的通断。

AC—5b：白炽灯的通断。

AC—6a：变压器的通断。

AC—6b：电容器组的通断。

AC—7a：家用电器和类似用途的低感负载。

AC—7b：家用的电动机负载。

AC—8a：具有手动复位过载脱扣器的密封制冷压缩机中的电动机。

AC—8b：具有自动复位过载脱扣器的密封制冷压缩机中的电动机。

AC—1 的典型负载有电阻炉，变频器由于在启动和运行中很少的感抗元件也属于这一类型。

对电热元件负载中用的线绕电阻元件，其接通电流可达额定电流的 1.4 倍，例如用于室内供暖，电烘箱及电热空调等设备。若考虑网络电压升高 10%，则电阻元件的工作电流也将相应增大。因此，在选择接触器的额定工作电流时，应予以考虑。这类负载被划分在 AC1 使用类别中。

变频器一般的短时电流过载能力为 150%，1min，所以这里建议使用 1.15 的系数。

另外，接触器的线圈是大电感元件，所以在断电时将会产生很大的自感电动势，应该在线圈旁加装阻容吸收电路。

第三步　交流电抗器的选配

选择变频器的进线电抗器时，应尽量按照变频器厂家推荐的电抗器额定电流值和电抗的感抗值来选择进线电抗器，这些推荐值不仅考虑了高次谐波对变频器进线电流的影响，还保证了电抗器的压降在合理的范围内。

交流电抗器的选配条件有额定电流和电感量两个方面。

（1）额定电流。交流电抗器的额定电流的推算公式为

交流电抗器的额定电流不小于 82%×变频器额定输入电流

（2）电感。输入侧交流电抗器的推算公式为

输入侧交流电抗器的电感等于 21/变频器输入侧的额定电流

第四步　输出电抗器的选配

一般情况下，非屏蔽电缆长度大于 100m、屏蔽电缆大于 50m 就必须加装输出电抗器，

具体选配请读者参阅厂家提供的输出电抗器选型表。

另外，对于特别长的电动机电缆应用场合还可以考虑双电抗串联和正弦滤波器方案（使用滤波器将变频器输出波形变为正弦波）。

在载波频率不大于 3kHz 的工作场合，选用常规铁芯的电抗器。

在载波频率不小于 3kHz 的工作场合，选用铁氧体磁芯的电抗器。

这是因为输出电流中高次谐波电流的频率很高，这会造成铁芯里的涡流损失和磁滞损失变大，从而导致铁芯更容易发热，并且，铁芯各硅钢片的涡流之间产生的电动力将发出较大声响。

输出电抗器的选配条件有允许电压和电感两个方面。

(1) 输出电抗器的允许电压。输出电抗器的允许电压的推算公式为

输出电抗器的允许电压等于 1%×输出侧最大输出电压

(2) 电感。输出电抗器电感的推算公式为

输出电抗器的电感等于 5.25/电动机的额定电流

第五步　输入滤波器的选配

选配输入端滤波器要考虑的因素如下。

(1) 变频器输入端专用型滤波器的电源阻抗。

(2) 电源网络的阻抗。

(3) 根据阻抗不匹配的原则选择合适的变频器输入端专用型滤波器的结构。

(4) 要抑制的干扰类型是差模干扰还是共模干扰，或者是两者都要考虑。

(5) 变频器输入端专用型滤波器的频率范围。

(6) 变频器输入端专用型变频器所允许的供电电压。

(7) 变频器输入端专用型滤波器所允许的最大电流。

第六步　变频器输出线径的选配

(1) 变频器输出线径的选择原则。变频器工作时频率下降，输出电压也下降。在输出电流相等的条件下，若输出导线较长（$l>20$m），低压输出时线路的电压降 ΔU 在输出电压中所占比例将上升，加到电动机上的电压将减小，因此低速时可能引起电动机发热。所以决定输出导线线径时主要是 ΔU 影响，一般要求为 $\Delta U \leqslant (2\sim3)\%U_X$，$U_X$ 为电动机的最高工作电压，V。

ΔU 的计算为

$$\Delta U = \frac{\sqrt{3} I_N R_0 l}{1000}$$

式中　I_N——电动机的额定电流，A；

R_0——单位长度导线电阻，mΩ/m；

l——导线长度，m。

(2) 变频器输出线径的选配示例。变频器与电动机之间距离 30m，最高工作频率为 40Hz。电动机参数为 $P_N=30$kW，$U_N=380$V，$I_N=57.6$A，$f_N=50$Hz，$n_N=1460$r/min。要求变频器在工作频段范围内线路电压降不超过 2%。

已知 $U_N=380$V，则

$$U_X = U_N \times \frac{f_{max}}{f_N} = 380 \times (40/50) = 304(\text{V})$$

$$\Delta U \leqslant 304 \times 2\%, \text{即} \ \Delta U \leqslant 6.08(\text{V})$$

$$\Delta U = \frac{\sqrt{3} I_N R_0 l}{1000} = \frac{\sqrt{3} \times 57.6 \times R_0 \times 30}{1000} \leqslant 6.08$$

$$R_0 \leqslant 2.03。$$

铜导线单位长度电阻值见表 4-1。

表 4-1　　铜导线单位长度电阻值

截面积/mm^2	1.0	1.5	2.5	4.0	6.0	10.0	16.0	25.0	35.0
R_0/(mΩ/m)	17.8	11.9	6.92	4.40	2.92	1.74	1.10	0.69	0.49

根据铜导线单位长度电阻值的查询表，变频器输出到电动机的线径应该选截面积为 10.0mm^2 的导线。

另外，如果变频器与电动机之间的导线不是很长时，其线径可根据电动机的容量来选取。

第七步　控制电路导线线径选择

小信号控制电路通过的电流很小，一般不进行线径计算。考虑到导线的强度和连接要求，一般选用 0.75mm^2 及以下的屏蔽线或绞合在一起的聚乙烯线。

接触器、按钮开关等强电控制电路导线线径可取 1mm^2 的独股或多股聚乙烯铜导线。

第八步　动力部分接线前的操作

在变频器动力部分的接线之前，首先要打开变频器端盖，进行功率端子的接线，不同功率段变频器端盖的打开方法不同。

（1）ATV61/71 H037M3 至 HD15M3X 与 ATV61/71 H075N4 至 HD18N4 拆卸功率部分连接盖的方法如图 4-13 所示。

（2）ATV61/71 HD18M3 至 HD45M3X 与 ATV61/71 HD22N4 至 HD75N4 拆卸功率部分连接盖的方法如图 4-14 所示。

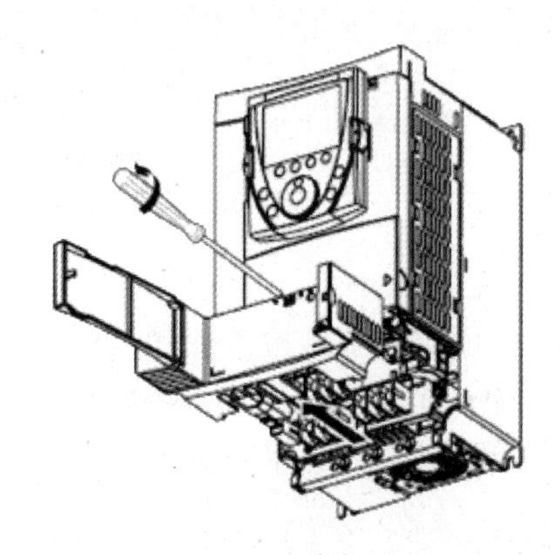

图 4-13　拆卸功率部分端子盖的示意图 1

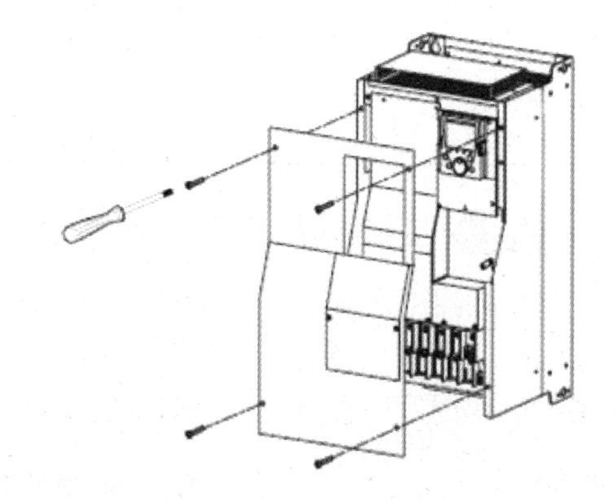

图 4-14　拆卸功率部分端子盖的示意图 2

（3）对于大功率的变频器如 ATV61/71HD55M3X 以上功率 220V 变频器和 ATV61/71HD90N4 至 ATV61HC63N4 或 ATV71HC50N4 等拆卸功率部分连接盖的方法如图 4-15 所示。

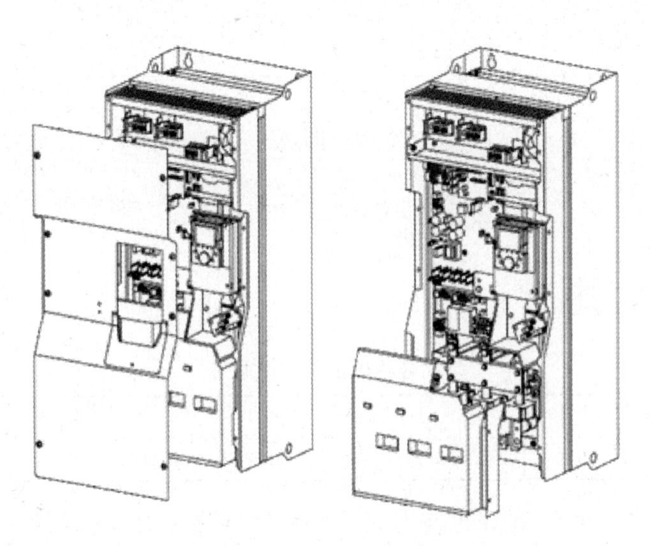

图 4-15 拆卸功率部分端子盖的示意图 3

功率部分端子的定义见表 4-2。

表 4-2 功率部分端子的定义

功率端子	功能	适用功率范围
⏚	保护地端子	所有变频器
R/L1，S/L2，T/L3	变频器电源输入	ATV61HC50N4，ATV71HC40N4 以下
R/L1.1，S/L2.1，T/L3.1 R/L1.2，S/L2.2，T/L3.2	变频器电源输入	ATV61HC50N4，ATV61HC63N4， ATV71HC40N4，ATV61HC50N4
PO	直流电抗输入	ATV61HC50N4 以下、所有 ATV71 变频器
PO.1，PO.2	直流电抗输入	ATV61HC50N4 至 C63N4
PA/＋	直流母线＋极和直流电抗输入	所有变频器
PC/－	直流母线－极	所有变频器
PA	输出至制动电阻	ATV61HD90N4～HC22N4 ATV71HD90N4～HC16N4
PB	输出至制动电阻	ATV61/71HC25N4 以下变频器
U/T1，V/T2，W/T3	输出至电动机	所有变频器
BU＋，BU－	接到制动单元的＋，－极	接到 ATV61HC25N4 以上变频器， ATV61HC20N4 以上变频器制动单元
X20，X92，X3	接到制动单元的控制电缆	

第九步 变频器输入侧的接线

在将变频器电源进线端子 R/L1，S/L2，T/L3 接入主电源之前，检查变频器的电压范围与接入的主电源是否相符，ATV61/71 的型号所对应的电压范围和电源输入类型见表 4-3，在现场最好使用万用表测量主电源的电压，确保变频器的电源进线在标准范围内。

表 4-3 变频器的电压范围

序号	型号	电压范围	电源输入类型
1	ATV61/71＊＊M3	200（1－15%）～240（1＋10%）V	单相或三相电源输入
2	ATV61/71＊＊M3X	200（1－15%）～240（1＋10%）V	三相电源输入

续表

序号	型号	电压范围	电源输入类型
3	ATV61/71＊＊N4	380（1−15%）~480（1+10%）V	三相电源输入
4	ATV61/71＊＊Y	500（1−15%）~690（1+10%）V	三相电源输入

注意：如果测量的主电源的电压不在变频器的电压范围内，不要接入主电源，否则运行变频器时将损坏变频器。

第十步 变频器输出侧的接线

将变频器电源出线端子U，V，W使用标准电缆连接到电动机，这里再次强调的是主电源和电动机的运行端子不要与变频器的输入和输出端子接反。连接好后需反复核对接线，以免接通电源后损坏变频器。

变频器的输出电缆中存在着分布电容，对于载波频率较高的变频器来说存在线间的漏电流，可以通过适当降低变频器的载波频率、减少变频器到电动机的电缆的长度、加装输出电抗器或正弦波滤波器等方法来解决这个问题。

变频器的输出电缆到电动机的长度如果较长，需加装输出电抗器或正弦波滤波器来补偿电动机长电缆运行时的耦合电容的充放电影响。另外，如果变频器使用了一拖多功能，则变频器的输出电缆到电动机的长度是变频器到所有敷设电动机的电缆长度的总和。

第十一步 变频器直流电抗器的连接

直流电抗器可以抑制谐波电流，提高功率因数，对于90kW以上的ATV61/71变频器，标准供货时带有直流电抗器。

变频器的PO，PA/+两个端子是用来连接直流电抗器的。如果选用直流电抗器或使用大功率的变频器标配的直流电抗器，一定要将电抗器的两个端子与PO，PA/+端子连接。

如果系统设计中使用大功率的变频器但没有配置直流电抗器，必须将PO，PA/+端子短接。因为接直流电抗器的端子PO、PA/+之间如果没有短接线，变频器的直流母线将无法供电，变频器会提示NLP（主回路未通电）。小功率的变频器出厂时短接线已接好，大功率的变频需要客户自己短接。

第十二步 控制部分的接线

为了使安装更加方便，可按如图4-16所示将端子卡拆下，安装控制部分的接线。安装完成后装回。使用模拟信号控制变频器时，为了减少对模拟信号的干扰，应该先将信号线与动力线分开敷设，两者距离在30cm以上，如果在控制柜内不能避免信号线与动力线的交叉敷设，为了减少干扰，安装时要90°交叉敷设。并且，模拟信号源与变频器的控制回路的布线距离不得超过50m。

首先保证PWR端子与+24V端子的良好接触。

为保证变频器能够启动顺利，必须保证断电安全功能没有激活，即确保变频器的+24V端子与PWR端子的连接。否则，变频器被锁定，面板显示PrA。

逻辑输入跳线开关SW1使用source（源）——出厂设置。如果使用变频器本身电源，请按图4-17所示进行接线。

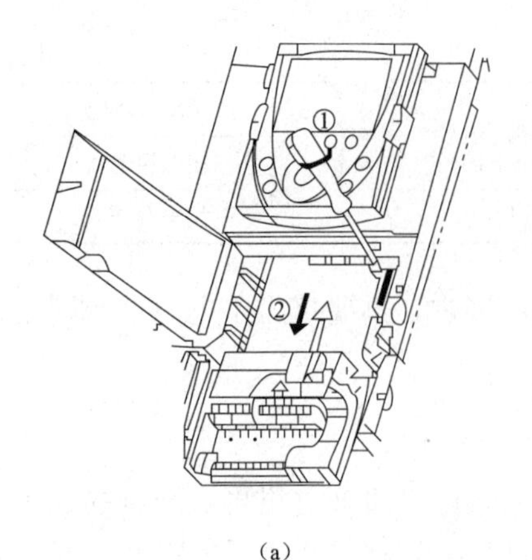

(a)

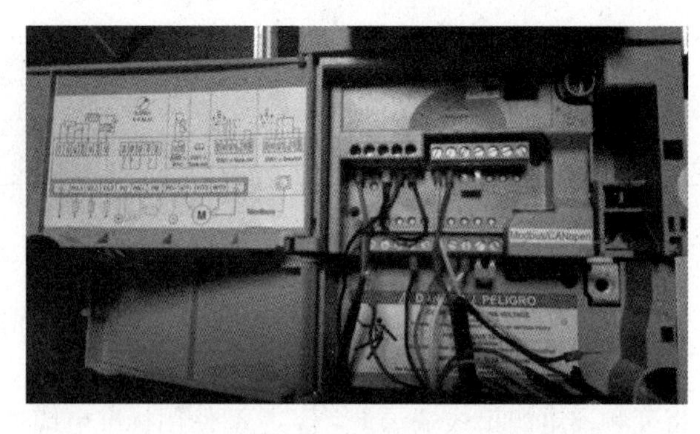

(b)

图 4-16 端子卡

(a) 结构图；(b) 实物图

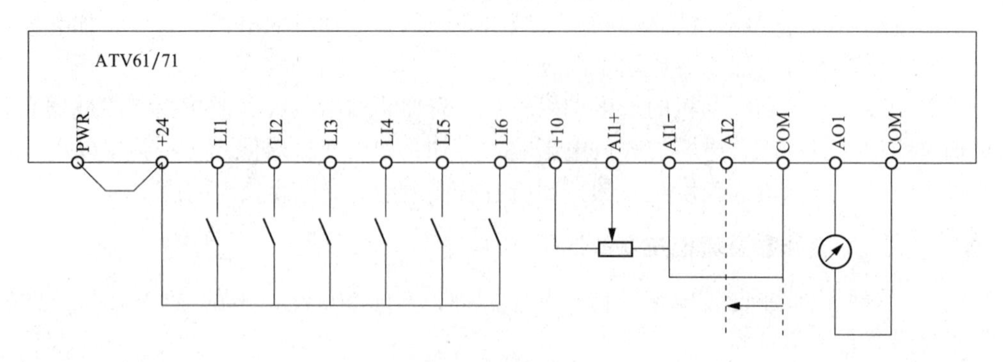

图 4-17 接线图

第十三步 逻辑输入跳线开关 SW1 使用方法

当使用 PLC 的输出端子启停变频器时，需要将变频器断电后调整逻辑输入的开关 SW1 来与 PLC 的逻辑输出相适应。

如果 PLC 的数字输出模块的逻辑输出是 PNP 晶体管输出的，需要使用 SW1 的出厂设置 source。

如果 PLC 的数字输出模块的逻辑是 NPN 晶体管输出，使用内部电源 SW1 的改为 Sink Int，使用外部电源请将 SW1 的改为 Sink Ext。

如果 PLC 的数字输出模块的逻辑输出是继电器输出，这时对 SW1 的设置没有硬性要求，用户可根据接线图自由选择 SW1 的跳线。

SW1 的位置如图 4-18 所示。

不同 SW1 跳线设置的控制接线图如图 4-19 所示。

当使用 PLC 通过端子硬件接线，请按照 IO 模块的逻辑输出是 PNP 还是 NPN 设置好逻辑输入开关 SW1 后，按逻辑输入开关 SW1 的设置按上面的控制接线图接好线。

第十四步 变频器上电

变频器在上电时为防止出现变频器意外启动，上电前必须确保变频器所有逻辑输入端子没有接通 DC 24V 电源，并且在接通主电源后不要给出运行命令。

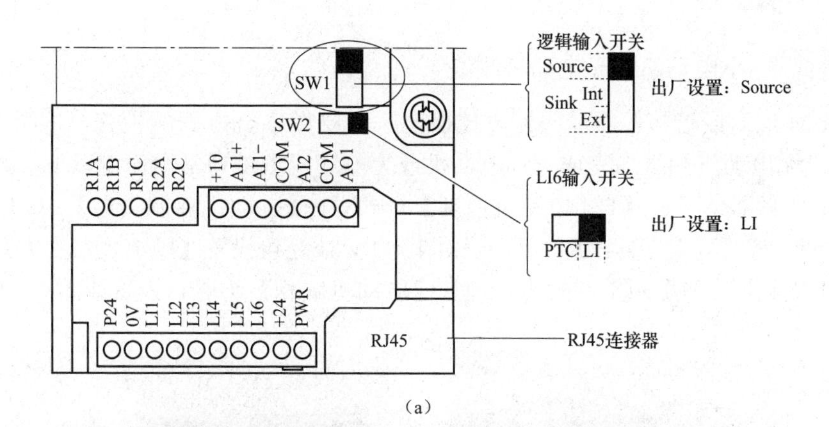

（a）

（b）

图 4-18　SW1

（a）位置图；（b）实物图

• SW1开关设置为“Source”位置

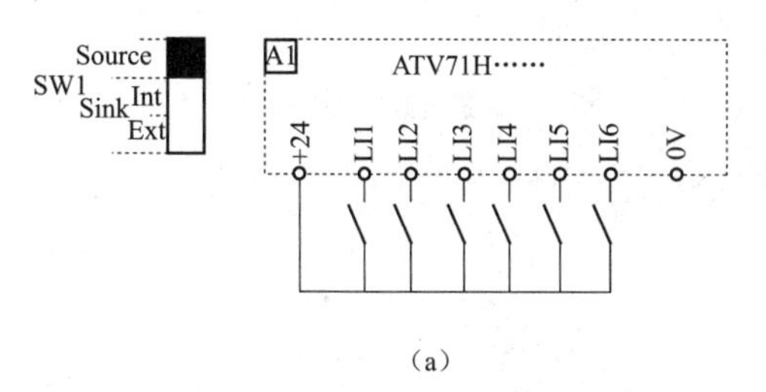

（a）

• SW1开关设置为“Source”位置，且有一个外部电源用于LIs

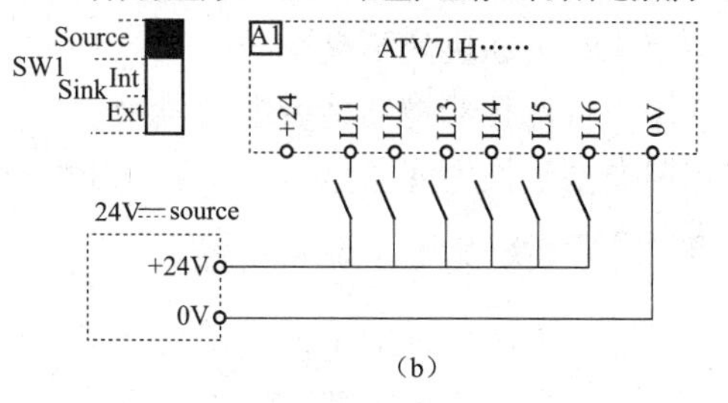

（b）

• SW1开关设置为“Sink Int”位置

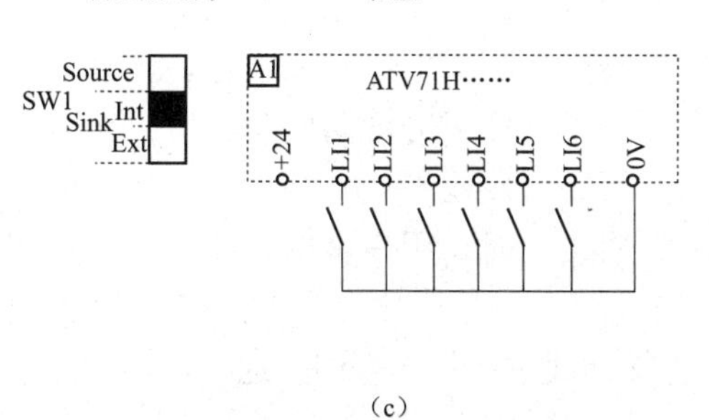

（c）

• SW1开关设置为“ Sink Ext”位置

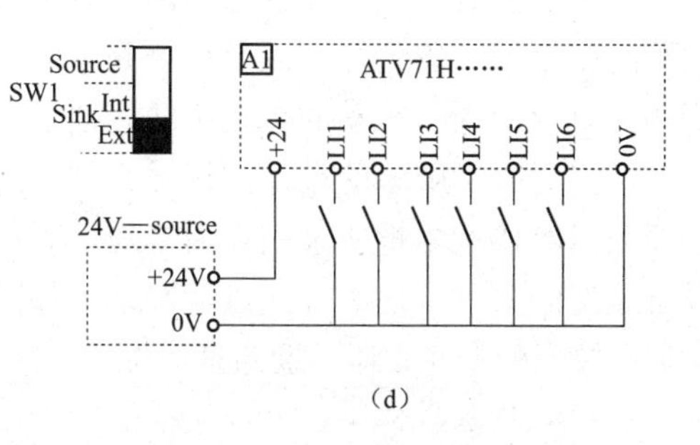

（d）

图 4-19　SW1 开关不同设置的位置图

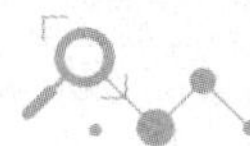

第十五步 小电动机或无电动机测试

一些OEM厂商或盘柜厂在变频器电控柜出厂前要做电气方面的检查，这个工作可通过做小电动机或无电动机测试来完成，小电动机或无电动机测试通常需设定以下参数。

设置【1变频器菜单】→【1.4电动机控制】（drC-）→【电动机控制类型】（Ctt）为【两点压频比】（UF2）或【五点压频比】（UF5），对于ATV61还可设置【U/F的二次方】（UFq）。

设置【1变频器菜单】→【1.8故障管理】→【电动机缺相】为否，设置如图4-20所示。

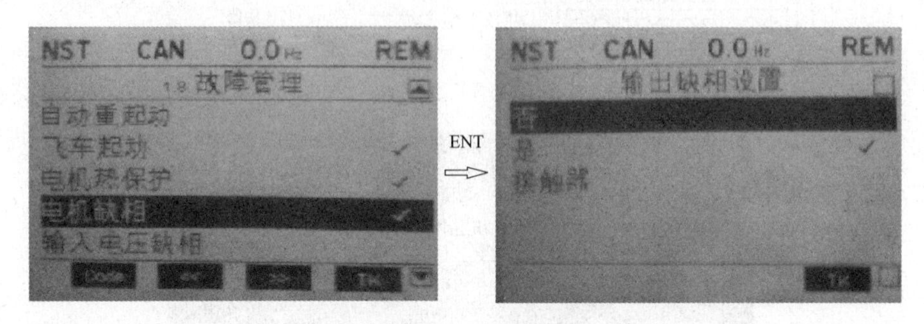

图4-20 输出缺相设置

注意：如果电动机功率小于变频器额定功率的20%，变频器将不能给电动机提供热保护。

第十六步 并联电动机

ATV61/71系列变频器并联电动机的台数没有限制，但距离较长时，计算电动机电缆时要计算所有电动机电缆的长度，还要加装输出电抗器或正弦波滤波器，解决电动机输出侧回波反射的问题。因为变频器输出端增加输出电抗器起到了增加变频器到电动机的导线距离的作用，输出电抗器也可以有效的抑制变频器的IGBT开关时产生的瞬间高电压，减少此电压对电缆绝缘和电动机的不良影响。

使用一台变频器拖动多台电动机的设置：将【1变频器菜单】→【1.4电动机控制】→【电动机控制类型】设为【两点压频比】（UF2）或【五点压频比】（UF5）。

第十七步 变频的接地处理

电气设备上的接地端子，使用时必须将接地端子连接到大地。

电气回路通常情况下都用绝缘物加以绝缘并收纳在外壳中。但是，制造可以完全切断漏电流的绝缘物是一件不可能的事，漏电流事实上虽然很小但仍然是有电流泄漏到外壳上。接地的目的就是为了避免操作人员接触到电气设备的外壳时，因为漏电流而触电。此外，因为在变频器以及变频器驱动的电动机的接地线中会流过较多高频成分的漏电流，所以安装变频器时，那些对噪声敏感的设备的接地必须与其分开并用专用接地。

变频器的接地尽量应采用专用接地，无法采用专用接地时，用户可以采用在接地点与其他设备相连的共用接地的方式进行接地，如图4-21所示。

值得注意的是变频器不能与其他设备共用同一根接地线进行接地，即共通接地，如图4-22所示。

也就是说变频器必须接地，接地时必须遵循国家及当地安全法规和电气规范的要求。

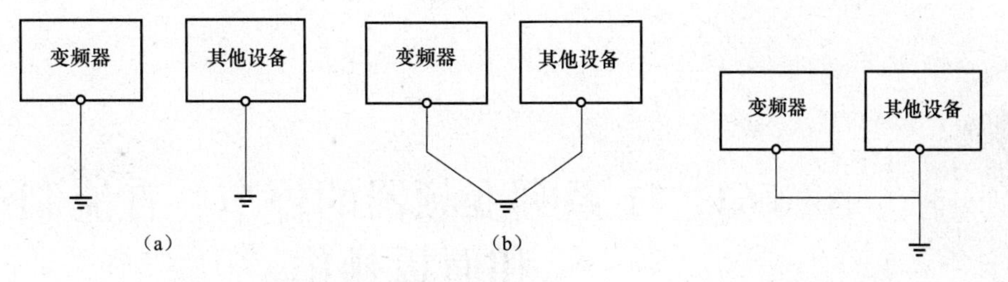

图 4-21　专业接地和共用接地的图示

(a) 专用接地；(b) 共用接地

图 4-22　共通接地的图示

EN 规格时，实施中性点接地的电源，接地线应尽量采用较粗的线，接地点应尽量靠近变频器，接地线应尽量短。接地线的接线应尽量远离对噪声较敏感设备的输入输出线，而且平行距离尽量缩短。

案例5 ATV61 / 71 系列变频器的停车、直流制动和面板操作

一、 案例说明

在三相交流电动机的变频器调速控制中，制动单元和能耗电阻作为其附属设备起到相当重要的作用，特别是针对起重机和升降机等大位能负载在下放时，要求制动能够平稳和快速，所以合理选择、计算制动单元容量和制动电阻值尤为关键。这是因为在电网、变频器、电动机和负载构成的驱动系统中，能量的传递时双向的，电动机工作模式时，电能从电网经由变频器传递到电动机，转换为机械能带动负载，负载因此具有动能或势能，而当负载释放这些能量以求改变运动的状态时，电动机被负载所带动，进入发电机工作模式，向前级反馈已转换为电形式的能量，这些能量被称为再生制动能量，可以通过变频器返回电网，或者消耗在变频器系统的制动电阻中。

本例将为读者介绍施耐德变频器 ATV61/71 系列的停车方式，然后详细介绍变频器的直流制动方式，以及面板操作。

二、 相关知识点

1. 变频器的动能制动

动能制动是一种能耗制动，它将电动机运行在发电机状态下所回馈的能量消耗在制动电阻中，从而达到快速停车的目的。当变频器带大惯量负载快速停车，或位能性负载下降时，电动机可能处于发电机运行状态，回馈的能量将造成变频器直流母线电压升高，从而导致变频器过电压跳闸。所以应该安装制动电阻来消耗掉回馈的能量。ATV61/71 系列变频器制动电阻的连接如图 5-1 所示。

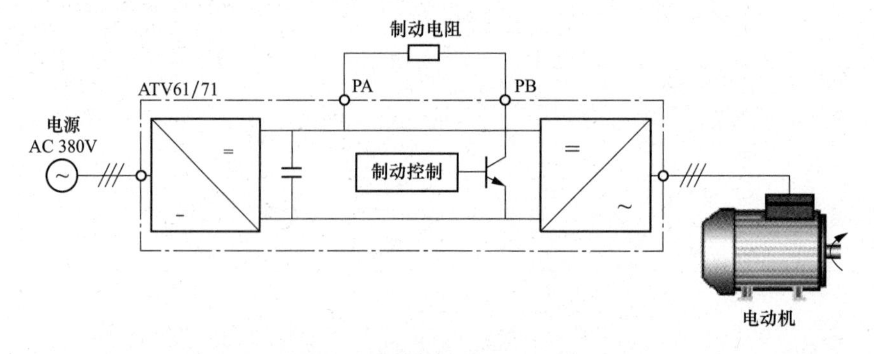

图 5-1 ATV61/71 系列变频器制动电阻的连接图示

从 ATV61/71 系列变频器制动电阻的连接示意图中可以看出，制动电阻是通过外部端子 PA 和 PB 接入的。

2. ATV61/71 变频器的集成显示终端

ATV6171 变频器在低功率段有一个带有 7 段 4 位数码管的集成显示终端，显示屏如图 5-2 所示。

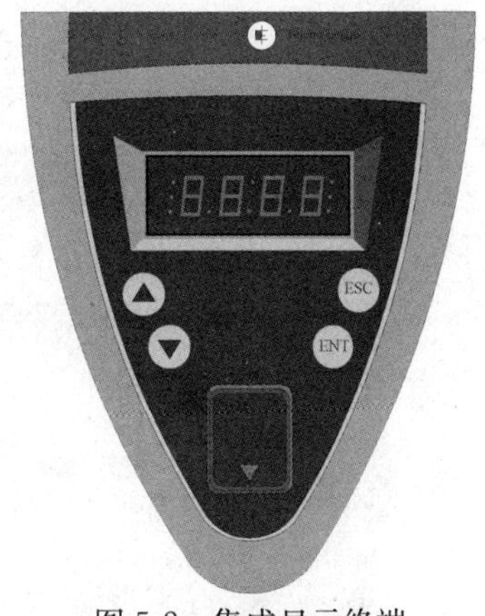

图 5-2　集成显示终端

集成显示终端显示屏与功能键的定义如下。

COd-　7 段 4 位数码管，显示变频器状态和参数。

▲　按键是增加键，按下此键可以返回先前的菜单或参数，或者增大面板上所显示的参数的数值。

▼　按键是减少键，按下此键可以转到下一个菜单或参数，或者减少面板上所显示的参数的数值。

ESC　按键是取消键，按下此键可以退出菜单或参数，或者放弃面板上所显示的数值并返回内存中的先前数值。

ENT　按键是确认键，按下此键可以进入菜单或参数，或者保存面板上所显示的参数或数值。

集成显示终端的菜单结构如图 5-3 所示。

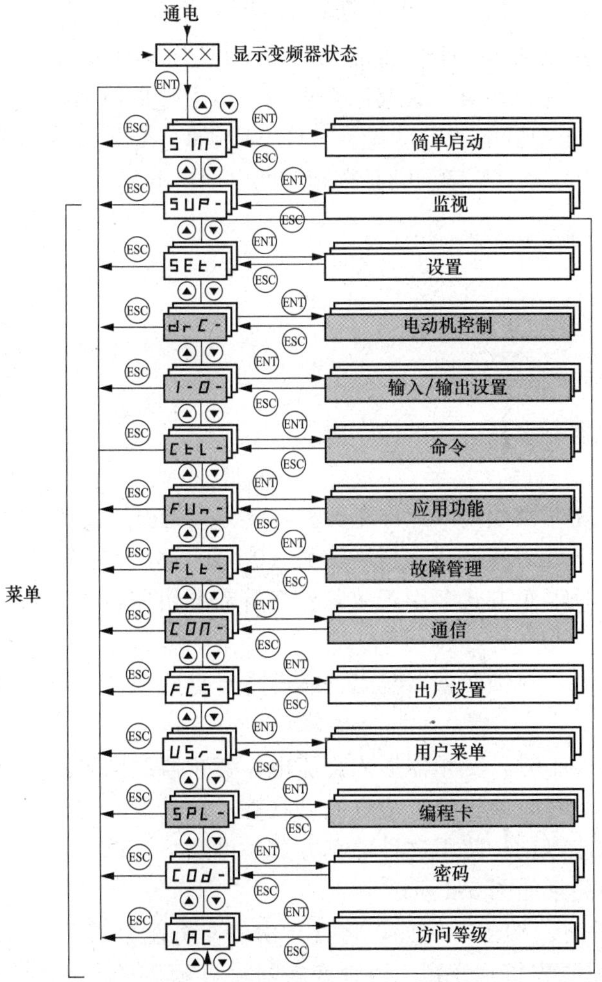

图 5-3　集成显示终端的菜单结构

3. ATV61/71 变频器的图形终端面板

施耐德 ATV61/ATV71 系列变频器，功率在 75kW（含 75kW）以下时，出厂时会带一个 7 段 4 位数码管的简易面板，图形终端是可选件。图形终端的设计符合人机工程学，清晰、操作简易、使用灵活，8 行 24 字符显示，并可选择中文菜单。

若不需要选购图形终端，可在订货号后加 Z，其他功率范围图形终端是标准件。

如果参数设置为用面板控制变频器的启动、停止和给定，图形终端安装在变频器上时，是不可以取下来的，否则会报通信故障。如果不选择用面板控制，使用其他方式，将图形终端取下来可以正常控制变频器的运行，但是要注意，中文面板只能在变频器断电的时候插拔，不允许带电操作。

施耐德 ATV61/71 变频器的图形终端如图 5-4 所示，该面板与其他品牌的变频器的操作面板相比更加直观，易于操作，这个图形终端包括显示屏、F1、F2、F3、F4 4 个功能键、停车/复位键、启动键、导航键兼 Enter 键、正反转切换键和退出键 7 个部分。各键和显示屏的功能将在下面逐一介绍。

图形终端面板包括 7 部分，图形显示终端显示屏，如图 5-5 所示。

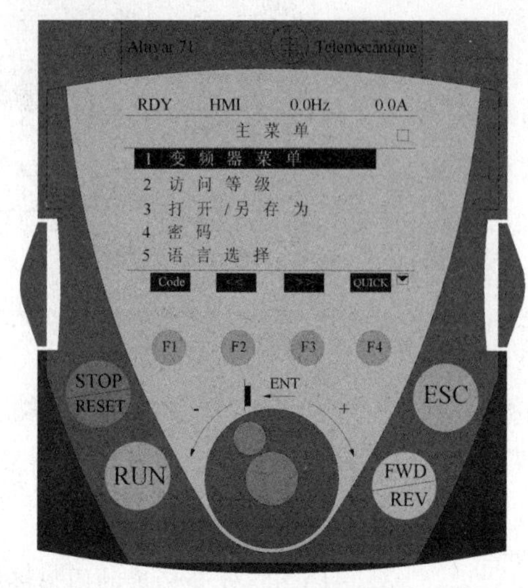

图 5-4　图形显示终端

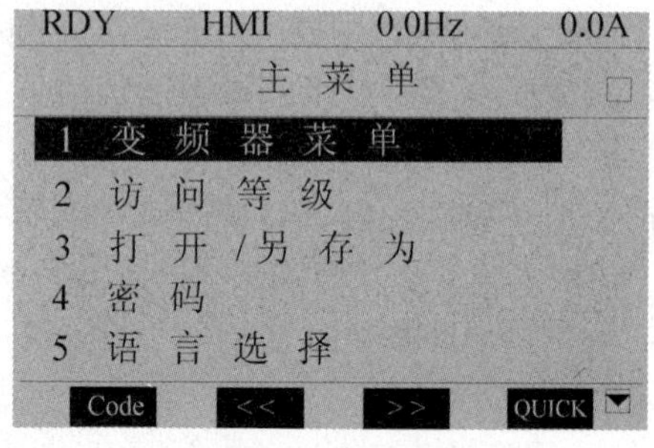

图 5-5　显示屏

显示屏面板的第一行有 4 个位置，从左侧数第一个位置显示的是变频器的状态，第二个位置显示的是变频器的有效命令通道的几种标志，第三、第四个位置可以通过修改显示所需要的参数。如在图 5-5 中，RDY 显示的是变频器的当前状态，HMI 显示的是变频器的当前的命令通道，0.0Hz 显示的是变频器的频率，0.0A 显示的是变频器的电动机电流。

三、 创作步骤

1. 停车方式和直流制动

第一步　变频器 ATV61/71 的停车方式

通过停止命令来停止变频器时，变频器有多种可选的停车方式。

（1）停车类型选择斜坡停车。

使用制动逻辑功能和低速运行超时功能时必须使用此停车类型，此方式为出厂设置。

（2）停车类型选择快速停车。停车的斜坡时间被减速斜坡除数（0～10）分为几个部分，当斜坡除数为 0 时减速斜坡时间最短，这种停车方式多用于故障停车等需要快速将设备停下来的应用场合。

（3）停车类型选择自由停车。当停车时，封锁变频器输出，靠设备自身的惯性停车。可应用于变频切工频等场合。

（4）停车类型选择直流注入停车。当停车时，变频器通入直流电，变频器改向异步电动机定子绕组中通入直流，形成静止磁场，此时电动机处于能耗制动状态，转动着的转子切割该静止磁场而产生制动转矩，使电动机迅速停止。使用这种停车方式，可解决电动机停车时的“爬行”现象。电动机速度与停车类型关系如图 5-6 所示。

自由停车和快速停车还可分配给逻辑输入端子，例如，将【自由停车分配】设为 LI5，在这种情况下，如果要启动变频器则必须要先接通 LI5，否则变频器将显示 NST，不能启动。快速停车的设置方法与自由停车的使用方法类似。

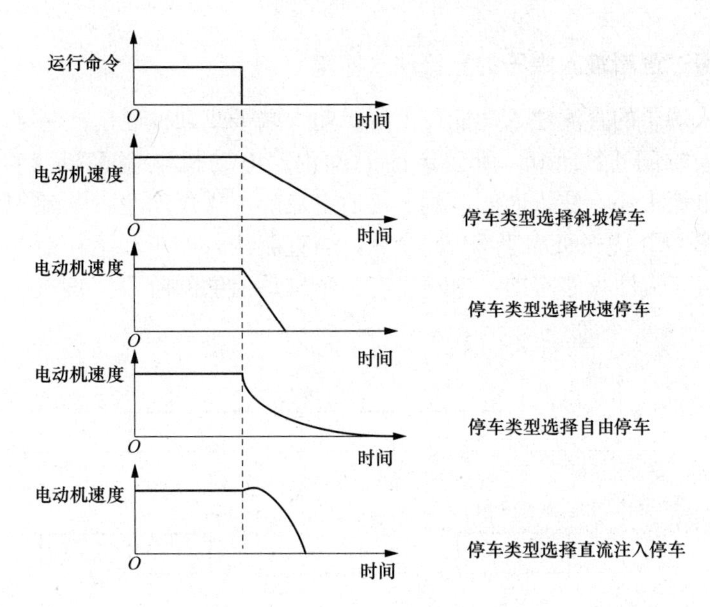

图 5-6 电动机速度与停车类型关系图

第二步 停车时的自动直流注入

停车自动直流注入在停车命令发出后，速度接近 0 时，执行直流注入，出厂设置为使用此功能。

该功能通过参数【自动直流注入】ADC 激活或关闭，功能激活后，直流注入时间通过【自动直流注入时间 1】（TDC1）设定。电流大小通过【自动直流注入电流 1】（SDC1）设置。

若【自动直流注入】（ADC）设为连续注入，在经过【自动直流注入时间 2】（TDC2）延时后持续直流注入，电流大小由【自动直流注入电流 2】SDC2 设定。

闭环方式下，传动自动设定注入电流大小，注入时间由【自动直流注入时间 1】（TDC1）设定。

设置注入电流时注意不可过大，注入电流时间不可过长，防止电动机过热。直流注入的关系图 1 如图 5-7 所示。

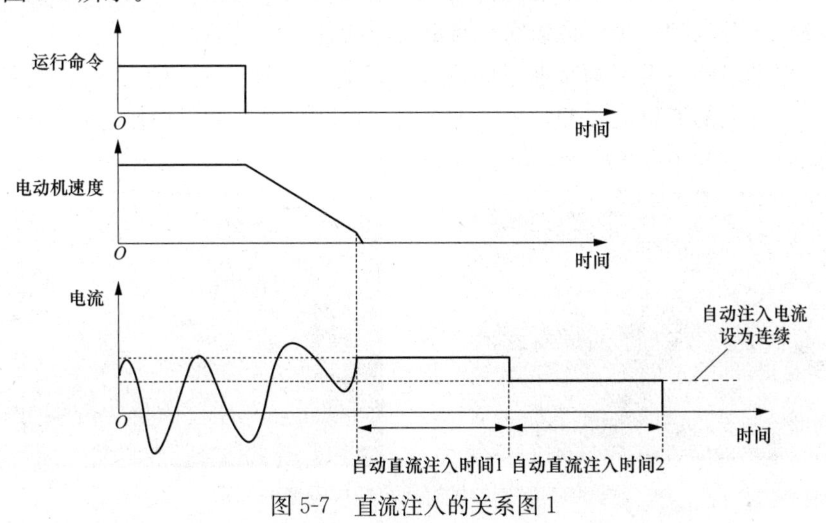

图 5-7 直流注入的关系图 1

第三步　通过逻辑输入端子的直流注入停车

通过逻辑输入端子的直流注入功能可由逻辑输入端子或某种通信控制字的某一位激活。

在【直流注入时间 1】（tdI）所设定的时间内，电动机电流保持【直流注入电流 1】（IdC）参数设定电流大小，注入时间 1 到了之后电流降至【直流注入电流 2】（IDC2）。

直流注入停车 DCI 优先级高于 RUN 命令，当直流注入停车和运行命令同时有效时，进行直流注入停车。直流注入停车前，电动机有一个自动消磁的阶段。直流注入的关系图 2 如图 5-8 所示。

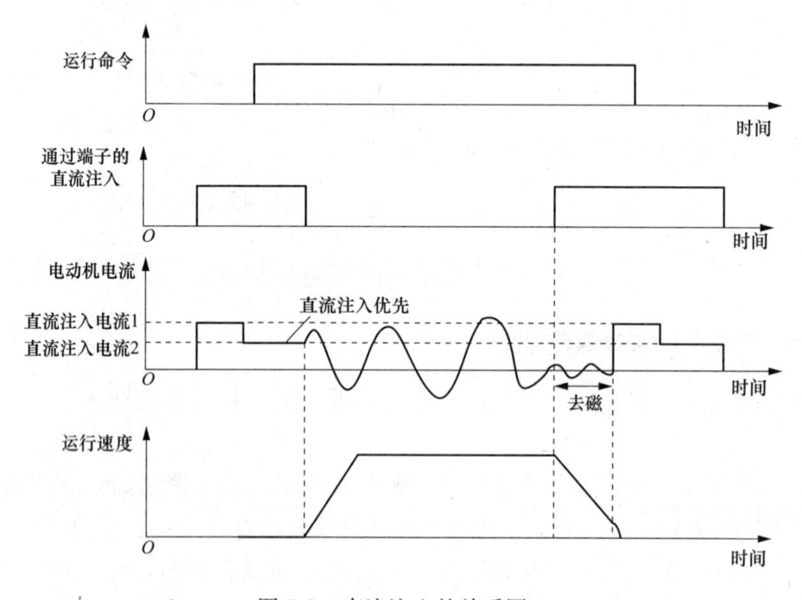

图 5-8　直流注入的关系图 2

第四步　减速斜坡时间自适应参数的设置

变频器在使用制动电阻进行制动停车时，必须将减速斜坡自适应功能关闭，在【1.7 应用功能】菜单的子菜单【斜坡】下可以找到这个参数，它的功能是在电动机减速停止过程中导致直流母线电压升高到一个门槛值时，自动延长减速斜坡的时间。

为了保证电动机能在设置的减速时间内停止，必须保证减速斜坡自适应功能没有激活，使电动机停车时发电的能量能在变频器的电容无法容纳以后在制动电阻上消耗掉。

减速时间自适应如图 5-9 所示。

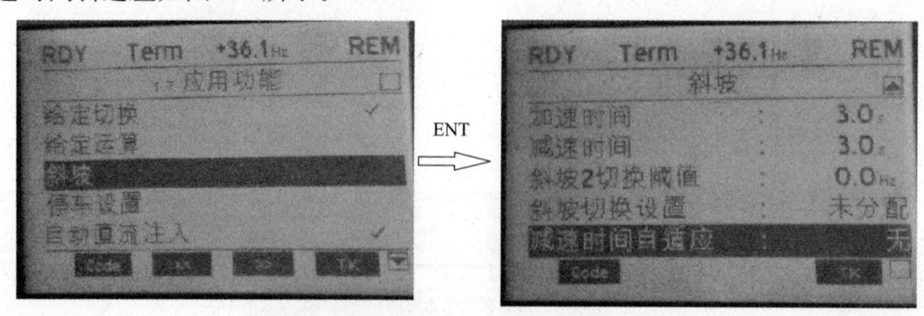

图 5-9　减速斜坡时间自适应设置的图示

2. 变频器集成显示终端的操作

第一步 浏览菜单

浏览菜单时按▲或▼键，在同一级菜单中进行浏览。而长按▲或▼键（大于2s）可以在同一目录下快速浏览。

第二步 进入菜单

按▲或▼键，在液晶上显示当前菜单，按ENT进入菜单。

第三步 退出菜单

按ESC键退出当前菜单，而进入上一级菜单。

第四步 选择数值

给部分参数赋值时，需要在若干个预设的选项中选择数值。

按▲或▼键，在液晶上显示需要设置的参数值。

按ENT键参数值闪烁后确认选择。

部分重要参数需要长按ENT键2s，参数值闪烁后才确认选择。

给部分参数赋值时，需要直接输入设定范围内的某个数值。

按▲键增加数值，按▼键减少数值，长按▲或▼键（大于2s）可以快速增加或减少数值，按ENT键数值闪烁后确认输入。

第五步 修改变频器的宏设置为PID调节宏

在显示变频器状态下按ENT键进入SIN子菜单，面板显示SIn-。

在SIN子菜单下按ENT键进入此菜单，面板显示tCC。

按▼键找到PId参数，按住ENT键2s后，面板闪烁一下，表示修改成功。

第六步 修改变频器的【电动机控制类型】Ctt设置为【两点压频比】UF2

在显示变频器状态下按ENT键进入SIN子菜单，面板显示SIn-。

按▼键找到drC-菜单后，按ENT键进入此菜单，面板显示bFr。

按▼键找到Ctt参数，然后按ENT键进入此参数，面板显示UUC。

按▼键找到UF2，然后按ENT键确认修改，修改成功后面板闪烁一下。

但按▲或▼键并不能存储选择。按住▲或▼键一段时间（大于2s）可以快速翻动数据。用户按ENT键可保存和存储所显示的选择。当存储一个值时显示屏是闪烁的。

有些特别重要的参数需要ENT键2s才能修改。

用户需要注意的是【集成显示终端】既不可以启停变频器，也不可以控制变频器的给定速度。

3. 变频器的图形终端的操作

第一步 使用图形终端修改显示语言为中文

变频器第一次通电时，图形终端将显示变频器的型号、功率、电压等内容，变频器通电

3s 后的显示如图 5-10 所示。

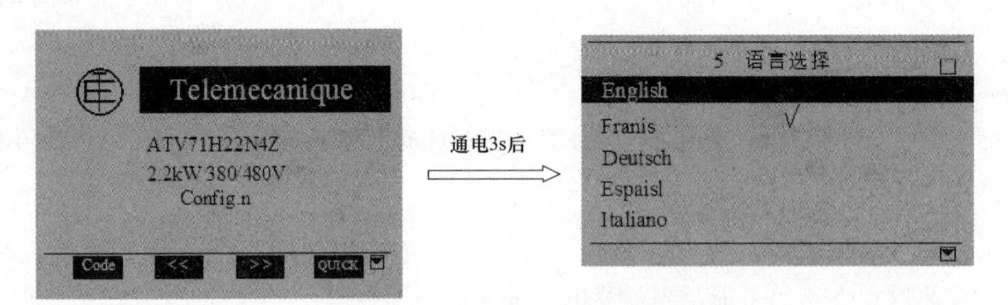

图 5-10　通电 3s 后的显示

使用旋转导航键，直到图形终端显示出将要使用的操作语言，将 Chinese 即中文作为要选择的操作语言后，按 ENT 键确认，然后按 ESC 键退出，便完成了图形终端使用中文作为操作语言的转换，如图 5-11 所示。

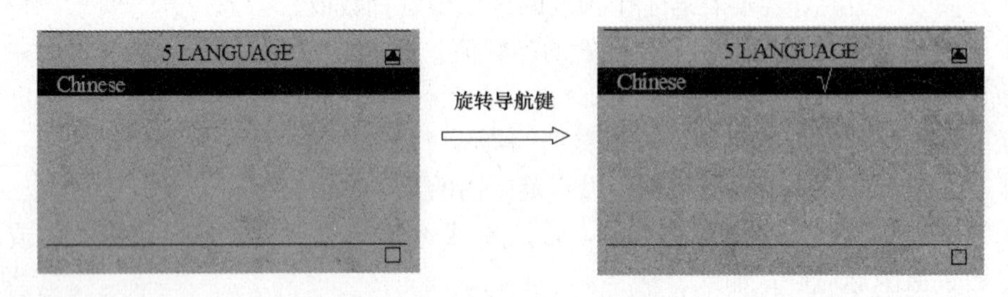

图 5-11　选择操作语言为中文

第二步　显示参数的英文代码的操作

功能键 F1 的出厂功能设置为 Code，显示所选参数的英文代码，即对应 7 段显示的代码。F1 键的另一个功能是按下它可以获取上下文帮助。

在变频器 ATV61/71 的原始菜单界面下，按下 F1 键将显示参数的英文代码，如图 5-12 所示。

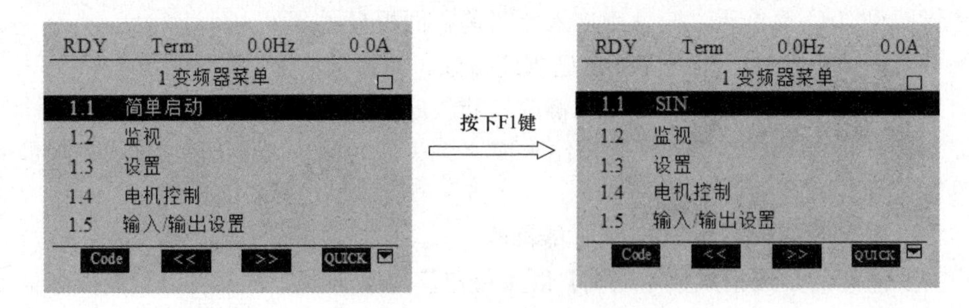

图 5-12　切换的英文代码菜单的操作

第三步　修改加速时间

功能键 F2 是水平向左导航键，按下后可以进入上级菜单/子菜单，当使用 F2 键操作数值时，可以转到上一位数上，此数将反白显示。

使用 F2 键修改加速时间 3.00s 为 3.50s 时，首先进入【加速时间】画面，按下 F2 键后要修改的参数位置左移了一位，图形终端显示如图 5-13 所示。

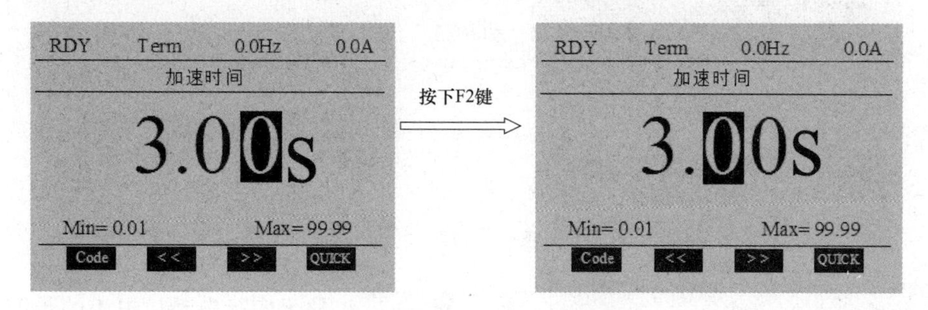

图 5-13　左移位加速时间菜单

使用导航键把数字由 0 升到 5 后，按 ENT 键确定后如图 5-14 所示。

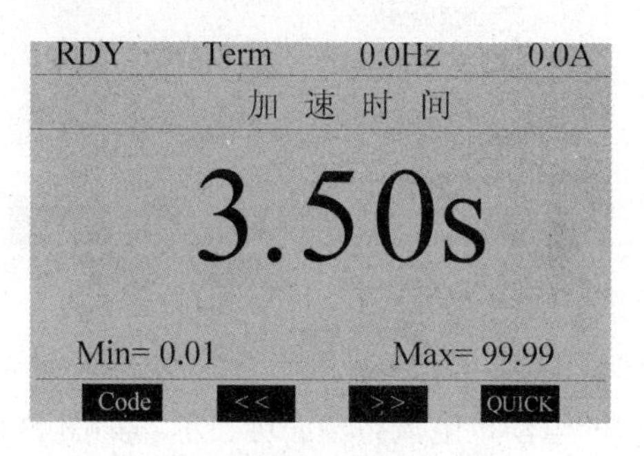

图 5-14　修改后的加速时间菜单

第四步　功能键 F4 的应用

功能键 F4 是快速导航键，按下后可以从图形终端的任何屏幕菜单上对参数进行快速访问。

ATV61 系列变频器的功能键 F4 的功能是本地与远程切换【T/K】，使用此键切换到本地时，图形显示终端的命令和 Run，Stop 等按键有效，并且【T/K】的功能比组合模式有优先权，不管组合模式设置为何值，都可以切换。

在 ATV71 变频器访问等级菜单界面里，在访问等级菜单界面按下功能键 F4 后，可以快速进入快速导航菜单，然后旋转导航键来选择快速进入【回到主菜单】【直接访问】【最近 10 次修改】3 个选项中的一个选项，如图 5-15 所示。

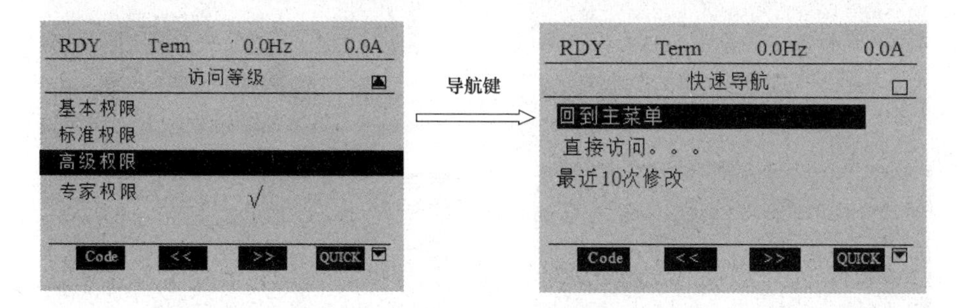

图 5-15　快速导航菜单

第五步　将 F4 键的功能更改为 PID 给定 3 的功能

在主菜单下选择【1 变频器菜单】，按 ENT 键进入【1 变频器菜单】后，在【1 变频器菜单】下选择【1.6 命令】，按 ENT 键进入此菜单。在【1.6 命令】子菜单下，用旋转导航键选择【F4 键分配】后，按 ENT 键确认，如图 5-16 所示。

在 F4 键分配功能菜单里，旋转导航键选择【PID 给定 3】功能后，按下 ENT 键确认，修改成功。此时，F4 键的功能更改为 PID 给定 3 的功能，如图 5-17 所示。

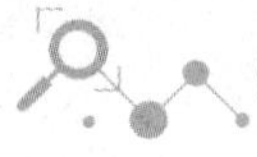

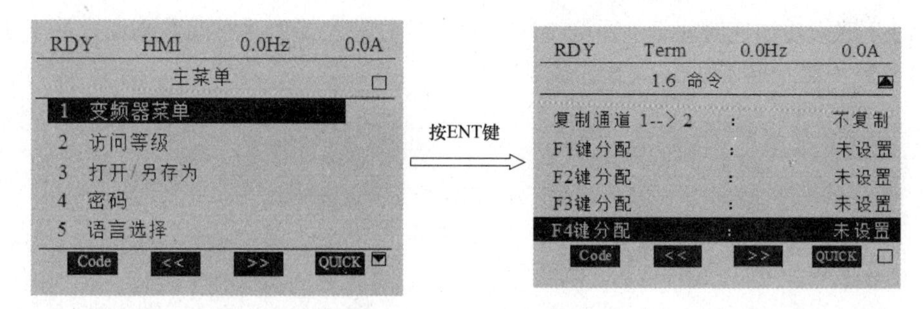

图 5-16　进入 F4 键分配的示意图

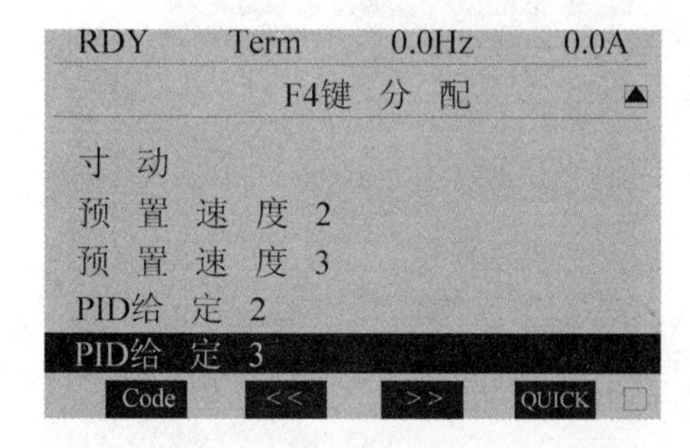

图 5-17　F4 键分配的示意图

第六步　显示实际电动机电流的数值

在主菜单下选择【1 变频器菜单】，按 ENT 键进入此菜单。

然后在【1 变频器菜单】下选择的【1.2 监视】，按 ENT 键进入此菜单，设置如图 5-18 所示。

在【1.2 监视】子菜单下，用旋转导航键选择【电动机电流】，则显示区就已经显示电动机电动流。当在此情形下，如果按 ENT 键确认后，则显示的电动机电流将会满屏显示，如图 5-19 所示。

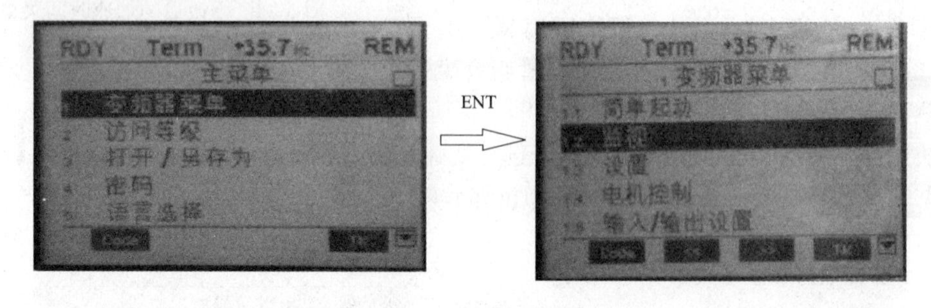

图 5-18　监视的操作图示

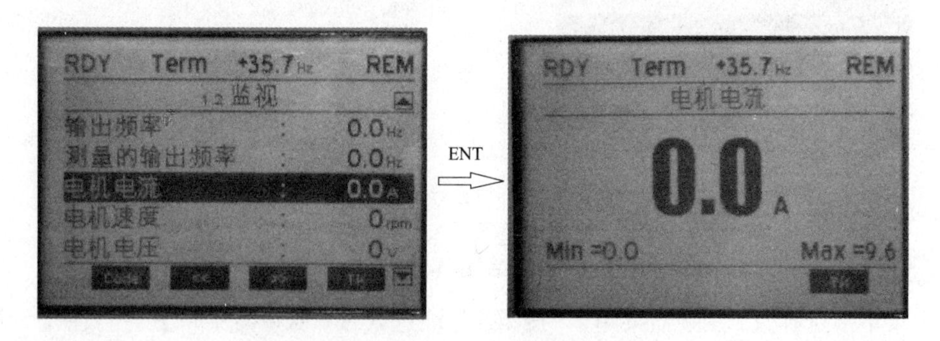

图 5-19　电动机电流的监视操作图示

第七步　显示实际电动机频率的数值

在主菜单下选择【1 变频器菜单】，按 ENT 键进入此菜单。

然后在【1 变频器菜单】下选择的【1.2 监视】，按 ENT 键进入此菜单。

最后在【1.2 监视】子菜单下，用旋转导航键选择【电动机频率】，则显示区就已经显示电动机频率了。当在此情形下，如果按 ENT 键确认后，则显示的电动机频率将会满屏显示。

第八步　修改使用者的访问等级

访问等级有 4 个权限，即基本权限、标准权限、高级权限和专家权限。不同权限的访问等级也有所不同，访问等级可以在图形终端里选择设置。

（1）基本权限。在【访问等级】菜单下选择【基本权限】后，按 ENT 键确认基本权限为当前的访问等级。

基本权限在【主菜单】下只能访问 1～5 菜单项，在【变频器菜单】下的子菜单只能访问 1.1，1.2，1.3，1.11，1.12；并且一个输入只能分配一个功能，权限访问等级最低。

（2）标准权限（出厂设置）。在【访问等级】菜单下选择【标准权限】后，按 ENT 键确认标准权限为当前的访问等级。

标准权限在【主菜单】下可访问 1～6 菜单项，在【变频器菜单】下的子菜单可访问 1.1～1.13；一个输入只能分配一个功能，能够完成变频器设置菜单里的常用功能的参数设置，权限访问等级一般。

（3）高级权限。在【访问等级】菜单下选择【高级权限】后，按 ENT 键确认高级权限为当前的访问等级。

高级权限可访问在【主菜单】和【变频器菜单】下的所有菜单，一个输入可分配多个功能，能够完成变频器设置菜单里的大多数功能的参数设置，权限访问等级较高。

（4）专家权限。在【访问等级】菜单下选择【专家权限】后，按 ENT 键确认专家权限为当前的访问等级。

专家权限不但可访问在【主菜单】和【变频器菜单】下所有菜单，还可以访问一些附加参数，一个输入可分配多个功能，能够完成变频器设置菜单里的全部功能的参数设置，权限访问等级最高。

修改使用者的访问等级时，首先进入【主菜单】，旋转导航键选择【访问等级】后，按 ENT 键后确认选择。然后在【访问等级】子菜单下，选择要使用的权限并按 ENT 键确认要选择的权限即可，基本权限的选择如图 5-20 所示。

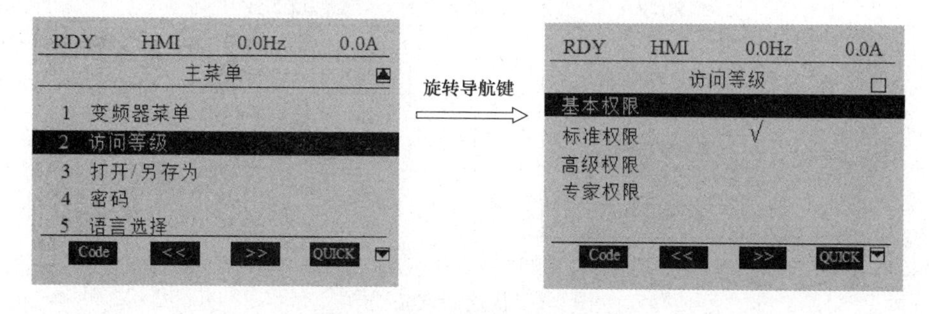

图 5-20　基本权限的选择图示

案例6　ATV61/71系列变频器回到出厂设置和快速调试

一、 案例说明

任何变频器在投入生产实践时，在按照设计好的电路图接线并给变频器上电后，都需要在变频器里输入和设置一些必要的参数才能使变频器工作，比如电动机的铭牌数据等参数。

在配备有施耐德 ATV61/71 变频器的工程项目中，一般分 3 个步骤对变频器进行调试，即回到出厂设置、快速调试和功能调试。在本例中不仅对变频器 ATV61/71 的恢复出厂设置进行了说明，还详细说明了如何对变频器进行快速调试。

二、 相关知识点

1. ATV61/71 变频器的快速调试

快速调试是在变频器 ATV61/71 中输入电动机相关的参数和一些基本驱动控制参数，使变频器可以良好地驱动电动机运转，如果在工程应用中更换电动机或参数复位，要进行快速调试操作，其流程图如图 6-1 所示。

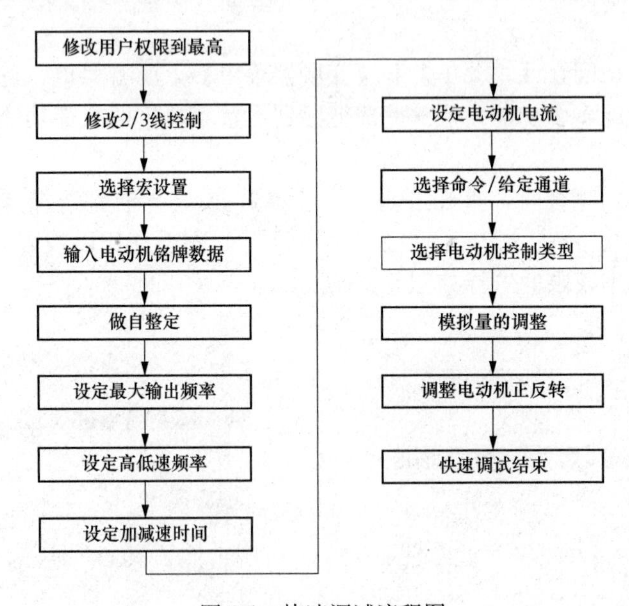

图 6-1　快速调试流程图

变频器的参数设置中有高速和低速两个频率参数，用户设置的变频器的高速频率是变频器运行的最高频率，高速频率是为了防止电动机转速过快，电动机转速过快会损害电动机和电动机所拖动的设备。

用户设置的变频器运行的低速频率是变频器运行的最低频率，因为电动机在大负荷低转速会出现抖动，另外大负荷低转速使电动机电流很大，长时间低转速运行会损坏电动机。

2. 两线制控制和三线制控制的应用说明

两线制是指由输入点的上升沿（0→1）启动变频器，下降沿（1→0）停止变频器（出厂设置）或输入点接通（状态 1）启动变频器，断开（状态 0）停止变频器。其中 LI1 在两线制下固定为正转，不能修改。两线制接线如图 6-2 所示。

三线制是指停止输入信号接通（状态 1）时，才能使用正转或反转脉冲启动变频器。使用“停机”脉冲控制停车。其中 LI1 固定为停止，LI2 固定为正转。三线制接线图如图 6-3 所示。

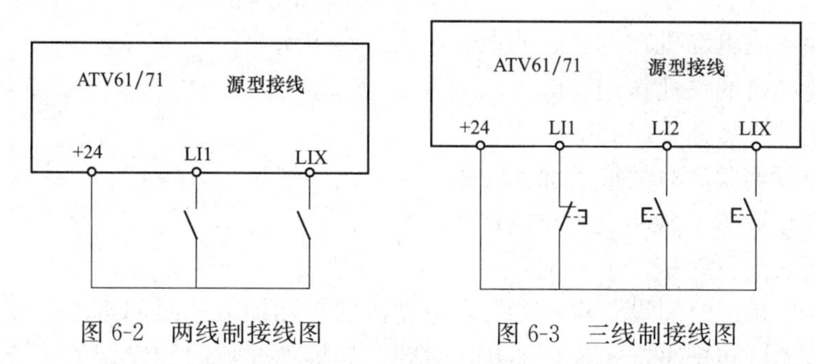

图 6-2　两线制接线图　　图 6-3　三线制接线图

ATV61/71 系列变频器正反转逻辑输入信号可以设置成延时启动，逻辑输入的状态变为 1 时，带有延时（延时 0～200ms），即延时时间设为 0 时，没有延时。逻辑输入的延时时间可在 I/O 菜单中的【LI10→1 的延时】LID 参数进行设置。设置延时时间的功能在滤除干扰等场合特别有用。

3. 变频器的加减速时间

变频器的加速时间是指变频器的输出频率从 0Hz 上升到最大频率所需要的时间，减速时间是指变频器从最大频率下降到 0Hz 所需要的时间。

另外，正确设置加减速时间很重要，因为变频器设置的加速时间要和电动机负载的惯量相匹配，同时还应兼顾工艺的要求，一般是将电流限制在过电流范围内，运行时不应使变频器的过电流保护装置动作。

设定加速时间的要求是将加速电流限制在变频器过电流容量以下，防止过电流失速引起变频器的跳闸；减速时间设定要点是防止平滑电路电压过大，防止再生过电压失速使变频器跳闸。

加减速时间可根据负载计算出来，但在调试中常采取按负载和经验先设定较长加减速时间，通过启、停电动机观察有无过电流、过电压报警；然后将加减速设定时间逐渐缩短，以运转中不发生报警为原则，重复操作几次，便可确定出最佳加减速时间。

电动机在减速运转期间，变频器将处于再生发电制动状态。传动系统中所储存的机械能转换为电能并通过逆变器将电能回馈到直流侧。回馈的电能将导致变频器中间回路的储能电容器两端的电压上升。因此，正确设置变频器的减速时间可以防止直流回路电压过高。

有两种方法设置变频器的加减速时间，即简易试验的方法和最短加减速时间的计算方法。

（1）简易试验的方法。通过简易试验的方法来设置加减速时间，首先，使拖动系统以额定转速运行（工频运行），然后切断电源，使拖动系统处于自由制动状态，用秒表计算其转速从额定转速下降到停止所需要的时间。加减速时间可以首先按自由制动时间的 1/3～1/2 进行预置。通过启、停电动机观察有无过电流、过电压报警，调整加减速时间设定值，以运转中不发生报警为原则，重复操作几次，便可确定出最佳的加减速时间。

（2）最短加减速时间的计算方法。变频器 ATV61、71 的最短加减速时间的计算公式如下。

$$\text{加速时间}\ T_S=\frac{(J_L+J_M)\times N_M}{9.55\times(T_S-T_L)}$$

$$\text{减速时间}\ T_B=\frac{(J_L+J_M)\times N_M}{9.55\times(T_B+T_L)}$$

式中　J_L——换算成电动机轴的负载的惯性作用，kg·m²；

J_M——电动机的惯性作用，kg·m²；

N_M——电动机转速，r/min；

T_S——变频器驱动时的最大加速转矩，N·m；

T_B——变频器驱动时的最大减速转矩，N·m；

T_L——所需运行转矩，N·m。

其中，无论加减速时间设定得有多短，电动机的实际加减速时间都不会短于由机械系统的惯性作用及电动机转矩决定的最短加减速时间。如果加减速时间设定值小于最短加减速时间，可能引发过电流（OC）或过电压（OV）异常。

如果多功能输入功能选择设为 LAD（加减速）取消（LAC），在信号 ON 时加减速时间变为最短加减速时间 0.01s，并且输出频率立即变为设定频率。

三、创作步骤

第一步　回到出厂设置的参数设置

【1.12 出厂设置】（FCS）共包含 4 个子菜单，旋转导航键可以选择出厂设置菜单下的 4 个子菜单，即设置源选择、参数组列表、出厂设置和保存设置。选择【设置源选择】（FCSI）之后，用户选择需要被替换的菜单。如果设置了设置切换功能，就不能访问【设置 1】（CFG1）与【设置 2】（CFG2）了。

然后选择【1.12 出厂设置】中的【参数组列表】（Fry），选择需要被替换的菜单。在出厂设置中及返回“出厂设置”后，【参数组列表】会被清空。用户需要至少选择其中一项才能使用返回到出厂设置功能。按 ENT 键，完成恢复出厂设置。

如果没有选择任何参数组，用户需要在【出厂设置】菜单中，按 ESC 键后，将返回出厂设置菜单。

最后在【保存设置】（SCS）菜单，保存当前设置。

在【保存设置】菜单下，选择第一项【保存设置 0】（Str0），则被保存的参数设置将不会出现。用户只有选择当前设置为【保存设置 1】（Str1）与【保存设置 2】（Str2）才能成功保存。当运行结束时，参数将自动返回【不】（no）。

按照以上步骤就能将变频器的出厂设置恢复到预置的参数状态。

第二步 修改用户访问等级到专家权限

只有修改访问等级为高级权限才能访问【主菜单】和【变频器菜单】下的所有菜单。

在【2 访问等级】（LAC-）中将权限改为专家权限（EPr），设置如图 6-4 所示。

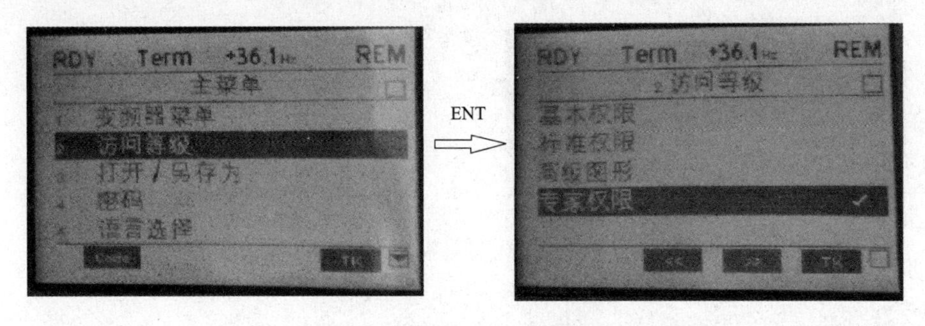

图 6-4 专家权限的设置图示

第三步 修改 2/3 控制

变频器 ATV61/71 的启动可以选择两线制和三线制控制，出厂设置为两线制。修改 2/3 控制可以使用图形终端和集成终端进行设置。

（1）使用图形终端修改 2/3 控制时，在【1.1 简单启动】的菜单中的【2/3 控制】修改此参数，需要按住 ENT 键 2s 使新设置生效。

（2）使用集成终端修改 2/3 控制时的操作如图 6-5 所示。

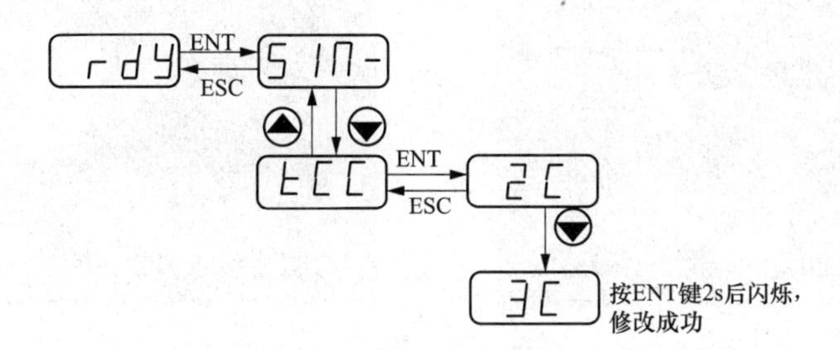

图 6-5 修改流程图

第四步 选择宏设置

ATV61/71 的宏设置参数针对特定的应用场合提供了典型的配置，这样用户可根据自己的应用场合来选择其中的一个宏，直接使用宏设置或在宏设置的基础上做少量修改来减少参数设置的工作量。

变频器 ATV61/71 应用在起重机的工作场合，就可以选择提升宏，然后在此宏设置上修改就可加快参数的设置。

在【1.1 简单启动】菜单中的【宏设置】里可修改此参数，如图 6-6 所示。

修改后需要按住 ENT 键 2s 使修改后的新设置生效。

因为不同的宏对变频器的输入输出点的定义不同，如对于 ATV61 的泵和风机宏，LI2 无功能设置，而一般应用宏中的 LI2 功能为反转。所以修改宏设置时一定要确认接线正确。

否则，可能会导致严重的人身伤害。另外，有些宏设置会修改变频器的参数，并使某些参数不可见。例如，ATV71 的提升宏，会将【输出缺相】强制为 Yes，并使【电动机控制类型】（Ctt）下的【两点压频比】（UF2）和【5 点压频比】（UF5）不可见，如果想访问这些设置，只有修改宏设置。

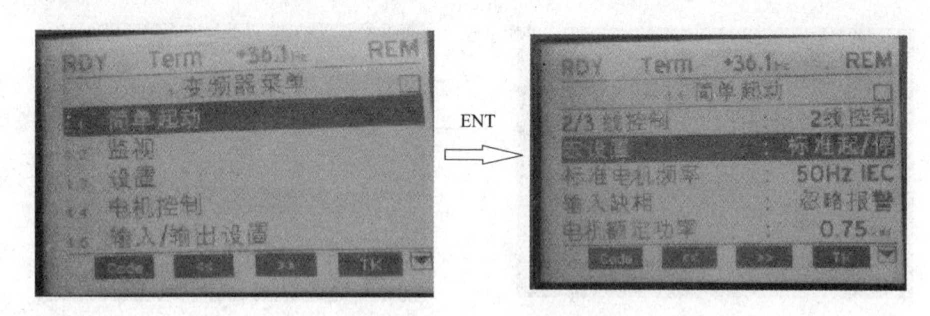

图 6-6 宏设置图示

第五步 输入标准电动机频率和电动机铭牌数据

在启动变频器前应在【1.1 简单启动】菜单下修改标准电动机频率和电动机参数。

因为【标准电动机频率】会影响【高速频率】（HSP）、【最大输出频率】（tFr）、【电动机额定电压】【电动机额定频率】【电动机频率阈值】的预设值，所以【标准电动机频率】参数要在这些参数调整前设置，如图 6-7 所示。

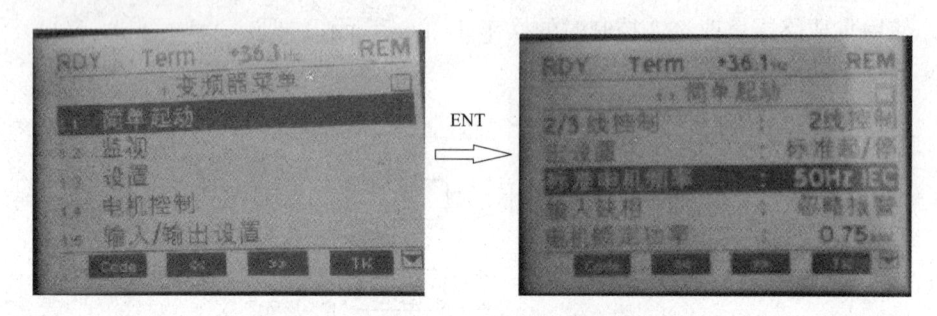

图 6-7 标准电动机频率的设置图示

例如，【标准电动机频率】设为 50Hz IEC 时，【高速频率】（HSP）为 50Hz，【最大输出频率】（tFr）为 60Hz。

【标准电动机频率】设为 60Hz NEMA 时，【高速频率】（HSP）为 60Hz，【最大输出频率】（tFr）为 72Hz。

设定电动机参数是用好变频器很重要的一个环节，对于矢量控制尤其重要。设定标准电动机频率后，要将电动机铭牌上的参数输入变频器，包括电动机额定功率，额定电压，额定电流，额定频率，额定速度等参数。

电动机参数的定义如下。

额定功率 P_N 指电动机在额定方式下运行时，转轴上输出的机械功率（kW/HP）。

额定电压 U_N 指电动机在额定方式运行时定子绕组应加的线电压（V）。

额定电流 I_N 指电动机在额定电压和额定功率状态下运行时，流入定子绕组的额定线电流（A）。

额定频率 f，我国规定工业用电的频率为 50Hz，欧美和日本等国家是 60Hz。

额定转速 n 是指电动机在额定电压、额定频率下，输出侧有额定功率输出时，转子的转速 RPM（r/min）。

第六步 自整定

自整定参数用来进行电动机参数的在线辨识，在自整定期间，电动机会通以额定电流但不会旋转。在【1.1 简单启动】菜单中的【自整定】子菜单里可对自整定进行参数修改，如图 6-8 所示。

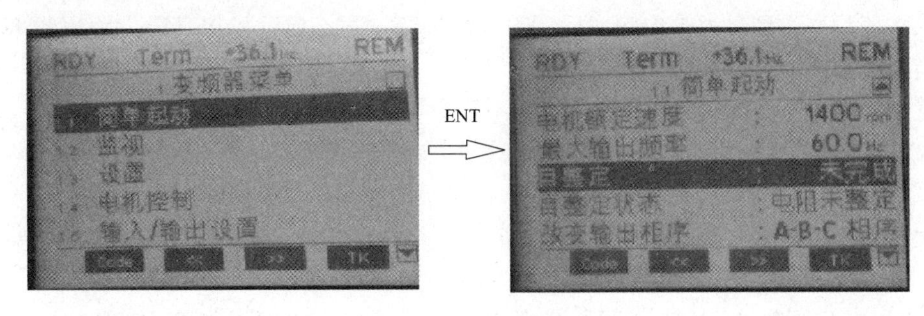

图 6-8 自整定的图示

自整定的条件如下。

（1）要正确输入电动机铭牌数据到变频器。

（2）自整定时电动机要求是冷态，即电动机在自整定前温度与环境温度相同，没有温升。

（3）停车命令没有激活，包括面板的 Stop 键，三线控制的逻辑输入 LI1。如果停车设置中自由停车功能和快速停车功能已分配给一个逻辑输入端子，这些端子要置为 1（即接通 24V—源型接线）。

（4）变频器自整定时一定要接电动机，并且电动机功率不能过小（功率在变频器电动机功率参数的设置范围内）。

（5）如果变频器输出侧接有接触器，在做自整定之前，一定要将接触器吸合。

对某些特殊的电动机如绕线转子电动机、锥形转子电动机、并联使用的电动机等，如果自整定不能通过，可将【1.4 电动机控制】（drC-）下的【电动机控制类型】（Ctt）设为【两点压频比】（UF2）或【五点压频比】（UF5）来控制电动机。

如果自整定完成，面板将显示【完成】（dOnE）。

如果出现【自整定故障】（tnF），则首先检查上述条件是否满足，如果条件满足，将【1.8 故障管理】（FLt-）下的【自整定故障】（tnF-）设为忽略报警即可。

第七步 最大输出频率

变频器的【最大输出频率】参数用来限制【高速频率】的上限，最大输出频率设置为 60Hz 的操作如图 6-9 所示。

另外，当 AO1 功能分配设为电动机频率时，AO1 输出的对应关系是【最大输出频率】对应模拟输出的最大量程，即出厂设置下 60Hz 对于 10V 或 20mA。如果需要 50Hz 对应 10V 或 20mA，那么要将【最大输出频率】设为 50Hz。

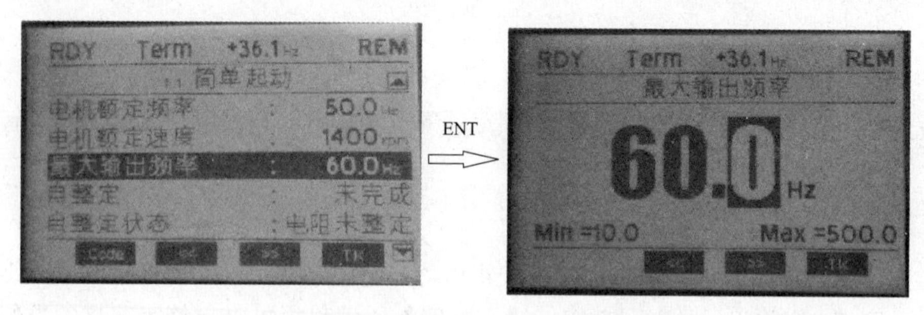

图 6-9　最大输出频率设置为 60Hz 的图示

如果高速频率达到最大输出频率后还需要再提高，那么要首先提高最大输出频率，然后才能提高高速频率。

在【1.1 简单启动】中的【最大输出频率】里可修改此参数。

【标准电动机频率】设为 50Hz IEC 时，【最大输出频率】（tFr）为 60Hz。

【标准电动机频率】设为 60Hz NEMA 时，【最大输出频率】（tFr）为 72Hz。

最大频率本身的上限受如下两个因素制约。

（1）最大频率不能超过电动机额定频率的 10 倍。

（2）37kW 以下的 ATV61 变频器最大输出频率可达 1000Hz，ATV71 变频器最大输出频率可达 1600Hz。37kW 及以上 ATV61/71 变频器最大输出频率可达 500Hz。

第八步　高低速频率

高速频率的最大值受到最大输出频率限制，高速频率是速度给定值为最大时的电动机频率。低速频率是速度给定值为最小时的电动机频率，低速频率设定为 2.3Hz 的操作如图 6-10 所示。

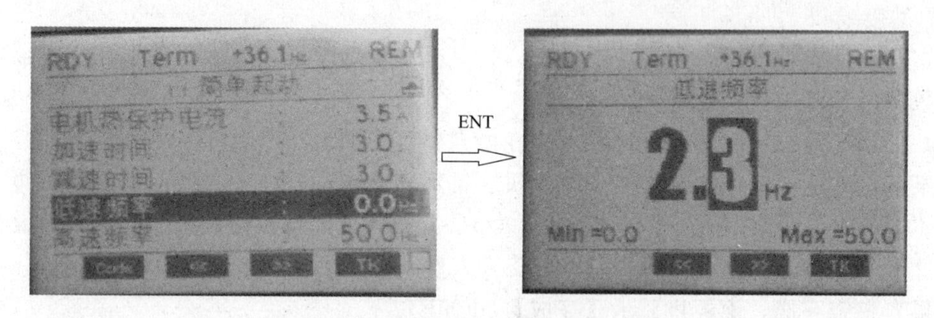

图 6-10　低速频率设定为 2.3Hz 的操作

在【1.1 简单启动】中的【高速频率】和【低速频率】里修改这两个参数。

【标准电动机频率】设为 50Hz IEC 时，【高速频率】（HSP）为 50Hz。

【标准电动机频率】设为 60Hz NEMA 时，【高速频率】（HSP）为 60Hz。

注意：在增大高速频率时，一定要考虑电动机和设备的承受能力，如果高速频率超过电动机或设备允许的上限，将会导致设备的损坏和人身伤害。

如果在工程实践中，希望启动时变频器速度达到 35Hz，并且最高速度不超过 45Hz 时，将低速频率设为 35Hz，高速频率设为 45Hz 即可。

第九步　热保护电流

ATV61/71 系列变频器可以通过【热保护电流】的参数和内部的电动机热状态的计算，实现对所控制的电动机的间接热保护。电动机的热状态表示为 I^2t，它的计算方法符合 IEC947-4 和 NEMA ICS 2-222 标准。

为保证变频器电动机热状态计算的准确，从而实现对电动机的热保护，必须将热保护整定电流设到电动机铭牌指示的额定电流。

影响 I^2t 的因素有：电动机的工作频率、电动机的实际电流与热保护电流之比、电动机的工作时间、电动机的通风类型，分为自冷却型和强制风冷型。

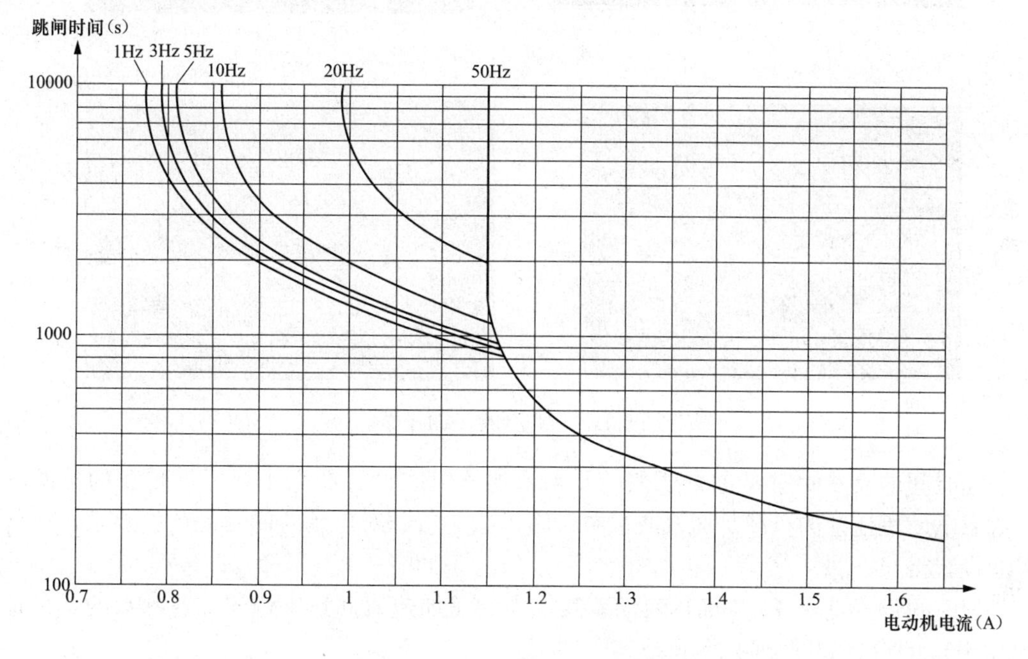

图 6-11　电动机热保护曲线图

如图 6-11 所示，50Hz 的黑线代表强制风冷型的脱扣曲线，其余的曲线代表不同工作频率下的自冷却型电动机的脱扣曲线。从图 6-11 的脱扣曲线可以看出，电动机电流越大，脱扣时间越短。对于自冷却电动机工作频率较低的情况下，由于电动机本身的散热条件的限制，频率越低，允许的工作电流也越低，而强制风冷却型电动机仅需要考虑 50Hz 脱扣曲线。变频器的热保护类型出厂设置是【自冷却型】电动机，如果使用的电动机是强制风冷型，请将【1.8 故障管理】(FLt-) 下【电动机热保护】(tHt) 中的【热保护类型】(tHt) 设为【强制风冷型】，操作如图 6-12 和图 6-13 所示。

第十步　加速时间设置

变频器的加速时间是指频率从 0Hz 上升到电动机额定频率所需要的时间。

如果加速时间长，意味着频率上升较慢，则电动机的转子转速能够跟得上同步转速的上升，在启动过程中转差也较小，从而启动电流也较小。反之，加速时间短，意味着频率上升较快，如果拖动系统的惯性较大，则电动机转子的转速将跟不上同步转速的上升，结果使转差增大，导致电动机电流急剧上升。所以加速时间的设置要考虑电动机拖动负载的惯量，如果惯量比较大，则加速时间应适当设置的长一些。

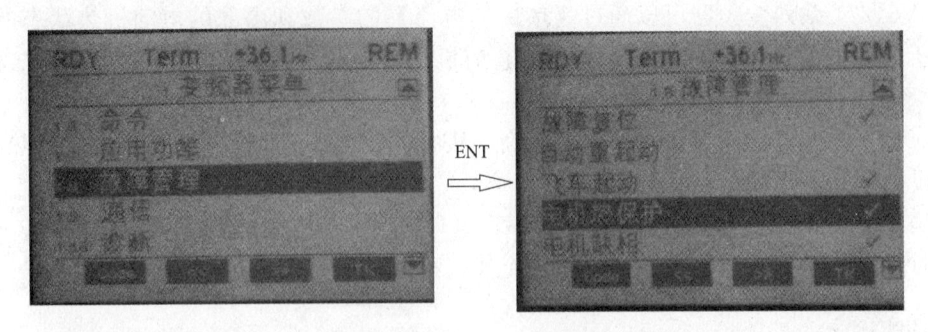

图 6-12　弹出热保护类型的图示

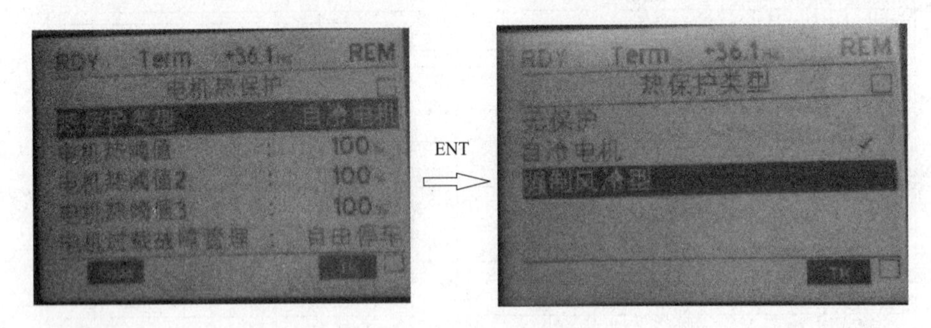

图 6-13　强制风冷型的操作

加速时间的设置同时要考虑工艺的要求，加速时间设置的大小要根据现场的情况来制定，如果电动机拖动的负载是风机或水泵，因为这类负载对启动时间并无严格要求，可将加速时间设置得长一些。

加速时间设置是在【1.1 简单启动】菜单中的【加速时间】来修改加速参数的，加速时间为 3.5Hz 的设置如图 6-14 所示。

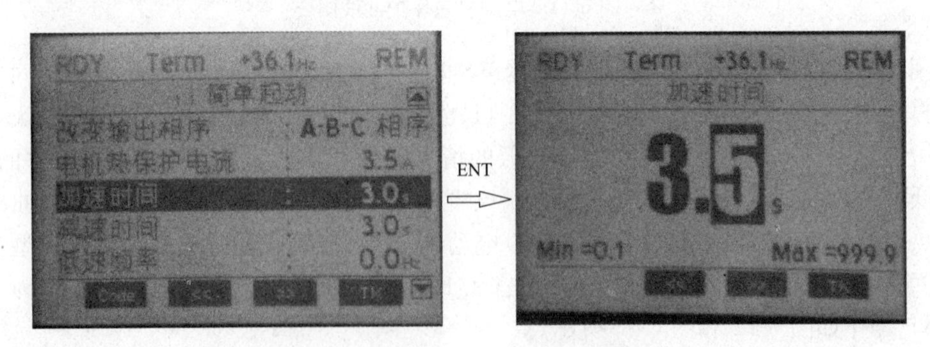

图 6-14　加速时间为 3.5Hz 的设置

第十一步　减速时间设置

变频器的减速时间指频率从电动机额定频率下降到 0Hz 所需要的时间。

变频器所带电动机在频率刚下降的瞬间，由于惯性原因，转子的转速不变，定子的旋转磁场的转速却已经下降了，这就导致转子绕组的转子电动势和电流等都与原来相反，电动机变成了发电机，电动机处于再生制动状态。电动机在再生状态下发出的电能，经逆变管旁边的反并联二极管全波整流后，回馈至直流电路，使直流电压上升，称为泵升电压。如果直流电压过高，将会损坏整流和逆变模块。因此，当直流电压升高超过制动过速电压限值时，会使变频器跳闸并且变频器将报制动过速（—OBF）。

解决这个问题的一个方法是加长减速时间，减速时间长，意味着频率下降较慢，则电动机在下降过程中的能量被摩擦等方式消耗的能量就多，回馈至直流电路的能量就小，从而使直流电压上升的幅度也较小。

减速时间设置是在【1.1 简单启动】菜单中的【减速时间】来修改减速参数的。减速时间为 3s 的设置如图 6-15 所示。

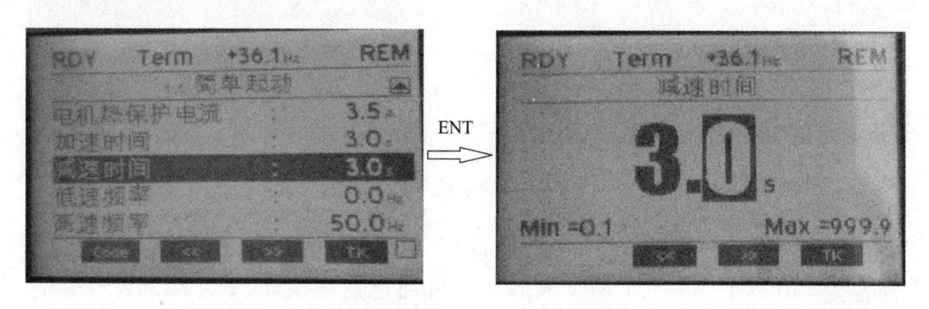

图 6-15 减速时间为 3s 的设置

第十二步 减速斜坡时间自适应

施耐德变频器出厂设置是激活了减速斜坡自适应这个功能的，这个功能的作用就是发现减速斜坡时间过短后，会自动延长减速时间，从而防止变频器跳闸而报制动过速（—OBF）。

对于惯性较大的负载，如果减速时间设置得过短，会因电动机拖动的负载的动能释放得太快而引起直流回路的过电压。但某些应用场合负载又要求尽量缩短减速过程，这时可以用外接制动电阻的方法将多余的能量消耗掉或使用能量回馈单元将直流母线多余的能量回馈到电网，达到提高制动力矩和防止直流电压过高的目的。这时要将 ATV61/71 在【1.7 应用功能】(Fun-) 下的子菜单【斜坡】(rPt-) 中的【减速时间自适应】(brA) 参数设为无，使制动电阻或回馈单元起作用。减速时间自适应的设置如图 6-16 所示。

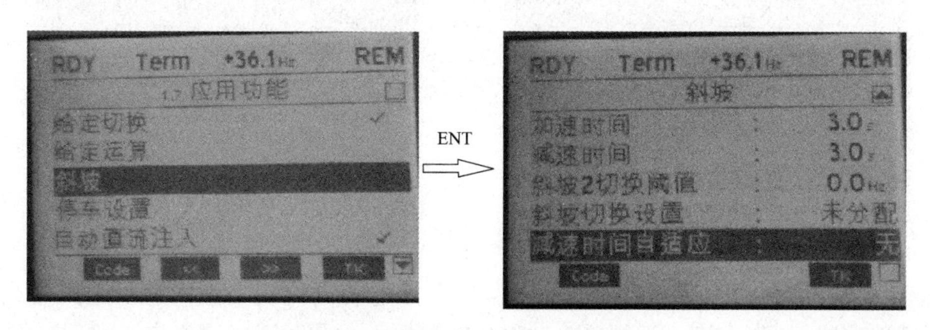

图 6-16 减速斜坡时间自适应设置的图示

第十三步 选择变频器的启停方式和变频器速度给定方式

命令通道是指通过何种方式启动和停止变频器。例如，通过 LI1 启动变频器，那么端子

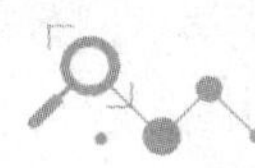

就是命令通道。

给定通道是指通过何种方式调节变频器的速度给定。例如，通过 Modbus 调节变频器的速度给定，那么 Modbus 就是给定通道。

使用菜单【1.6 命令】（CtL-）下的参数和【1.7 应用功能】（FUn-）下的【给定切换】（rEF-）来设置命令通道和给定通道。给定切换如图 6-17 所示。

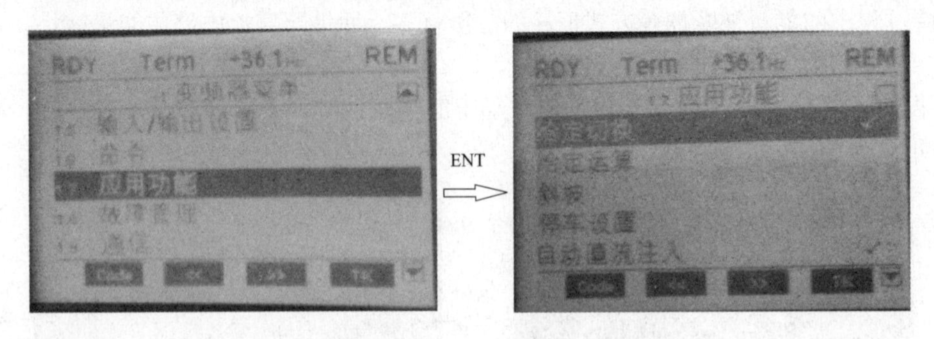

图 6-17　给定切换的图示

ATV71 和 ATV61 系列变频器的出厂设置都是端子两线制启动，模拟输入（AI1）来给定变频器的速度。但对于 ATV61 型变频器，也可通过使用逻辑输入 LI3 端子的接通，将给定速度切换到由模拟输入（AI2）来给定变频器的速度。

在使用图形终端来启停变频器和控制变频器的速度给定时，项目中配备的 ATV71 系列变频器的操作是将【1.6 命令】菜单中的【给定 1 通道】设为图形终端即可。

而项目中配备的是 ATV61 系列变频器时，操作则是按 F4 键进入本地控制，即可使用图形显示终端来控制电动机。

第十四步　选择电动机控制类型

电动机控制类型的选择要根据不同的工作应用场合来确定，电动机控制类型在【1.4 电动机控制】（drC-）中的【电动机控制类型】（Ctt）中进行选择即可，如图 6-18 所示。

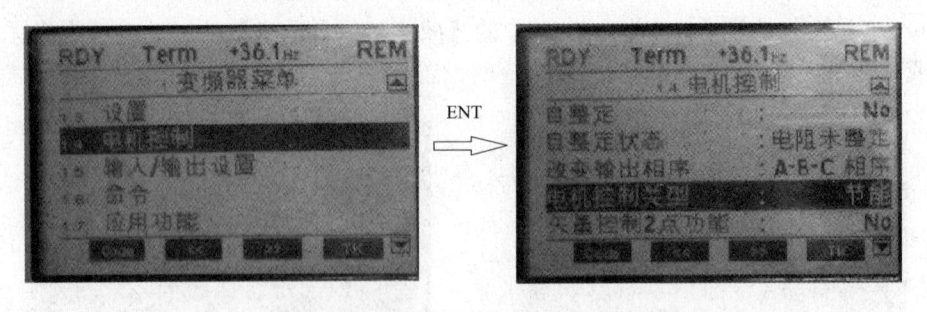

图 6-18　电动机控制类型的选择图示

选择【电动机控制类型】按下 ENT 键后，选择电动机控制类型，这里选择【2 点压频比】，然后再次按下 ENT 键，返回【电动机控制】页面，此时，电动机控制类型已经显示为 2 点压频比了，如图 6-19 所示。

第十五步　模拟输入输出的调整

模拟输入输出的调整是在【1.5 输入输出设置】（IO-）中设置。

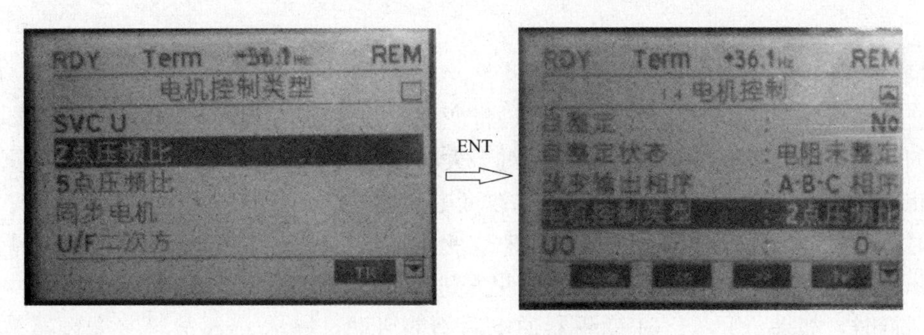

图 6-19　2 点压频比的设置图示

模拟输入 AI1 只能接入电压信号，不能接电流信号。电压信号的类型有两种：0～10V（出厂设置不需修改）和＋/－10V 输入。如果现场使用＋/－10V 信号给定变频器的速度给定，那么需设置【AI1 类型】为【电压＋/－】。＋/－10V 连接如图 6-20 所示。

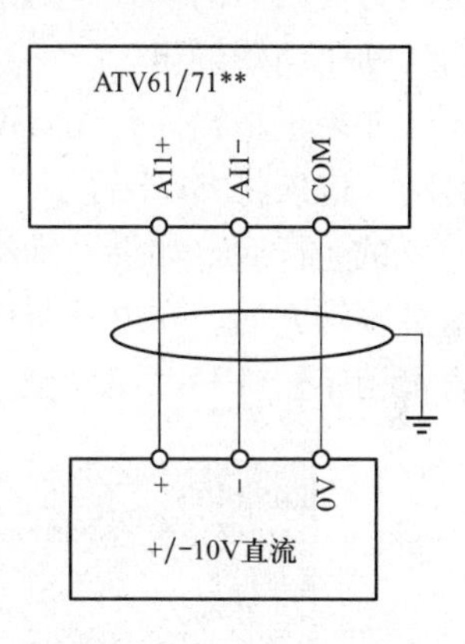

图 6-20　＋/－10V 接线图

ATV71 变频器由端子实现－10～＋10V 输入时，要接在 AI1＋和 AI1－两个端子上，＋10V 对应正向最大给定值，－10V 对应反向最大给定值；如采用外接电位计给定方式，要把 AI1－端子和 COM 端子短接，即只能是 0～10V。

模拟输入 AI2 可以接电压或电流信号。出厂设置 AI2 的量程为 0～20mA。如果需要将 AI2 设成双向输入，应将【AI2 取值范围】（AI2L）设置为【＋/－100％】（nEG）。此时 0mA 对应－100％，10mA 对应 0％，20mA 对应 100％。

如果需要接入 4～20mA 信号，将【AI2 最小值】设为 4mA 即可。在输入信号为电流信号时，要注意电流的方向，正确的方向为从 AI2 端子流入，COM 端子流出。

模拟输出 AO1 出厂设置是 0～20mA，并且没有设置任何功能。

如果需要给 AO1 分配功能，在【AO1 功能分配】中选择一个要设置的功能确认即可。例如，如果需要 AO1 反映电动机的实际频率，选择【电动机频率】（OFr）即可。如果需要输出 4～20mA，因为出厂设置【AO1 类型】（AOIt）的设定是 0～20mA 电流，所以只需修改【AO1 最小输出值】（AOLI）这个参数为 4mA，如图 6-21 所示。

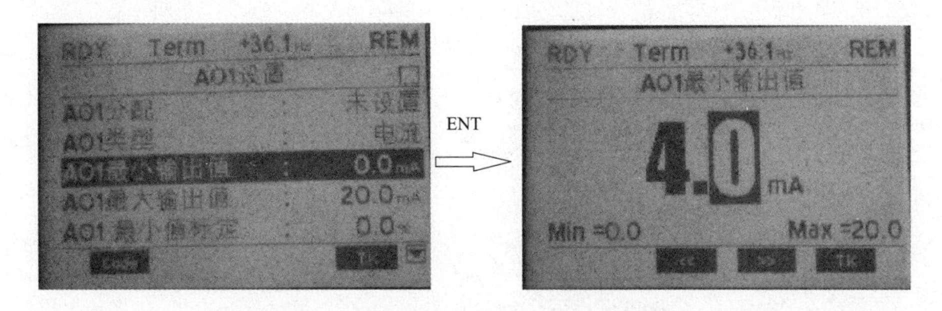

图 6-21　AO1 最小输出值为 4mA 的设置图示

如果需要输出信号是电压信号，选择【AO1 类型】（AOIt）为【10V 电压】（10U）。

第十六步　改变电动机旋转方向

改变电动机的旋转方向，虽然可以通过将变频器的输出的其中两相进行换相，即将变频器输出的3根电缆任意调换其中两根，但对于大功率电动机来说，电动机的电缆很重，通过改变两相相序去匹配正/反转命令的方法来改变电动机的旋转方向将会变的相当困难。

此时，读者可以通过修改变频器参数来改变电动机的旋转方向，方法是在【1.1简单启动】(SIn）中的【改变输出相序】(PHr）里来进行修改。

试运行时，如果ATV71/61变频器通电后不能启动，提示PrA故障（变频器被锁定），是因为变频器的24V电源端子和PWR断电安全输入功能端子没有短接，造成PWR可以直接切断驱动器输出。

如果逻辑输入开关SW1置于“负逻辑Sink”的位置，也会导致+24V接通LI1后不能启动，应该将SW1置于“正逻辑Source”位置。

试运行后，如果电动机旋转方向不正确，在变频器上可通过参数的设置很容易的改变电动机旋转方向。在电动机停机后，若【改变输出相序】(PHr）设置为A—B—C，将【改变输出相序】(PHr）设置改为A—C—B就可将电动机旋转方向反向，设置如图6-22所示。

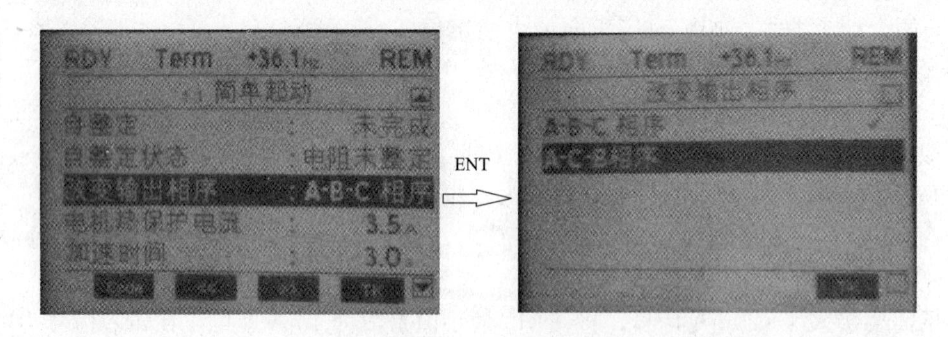

图6-22　改变相序的设置

按照上面的步骤调试和设置变频器的参数后，按ESC键返回主菜单即完成了快速调试流程，此时，变频器就可以正常的驱动电动机了。这里需要说明的是，上述快速调试流程能够满足大多数的变频器应用场合。

GP-Pro EX 菜单语言的切换、项目创建保存和画面操作

一、 案例说明

本案例在相关知识点中，为用户梳理了 GP-Pro EX 软件的概念和特点，因为 PC 机上安装的 Proface 触摸屏的操作软件 GP-Pro EX 的默认菜单是英文，所以本例首先修改英文菜单为中文，然后创建一个设备为 GP4107 的项目并进行保存，再和读者一步一步地通过创建、复制和粘贴的方法制作 3 个画面，使大家掌握画面的操作，包括属性的更改等操作。

二、 相关知识点

1. GP-Pro EX 软件的编程环境

在 GP-Pro EX 软件的编程环境，如图 7-1 所示，包括主菜单、状态栏、工具栏、工作区、编辑区和部件区。

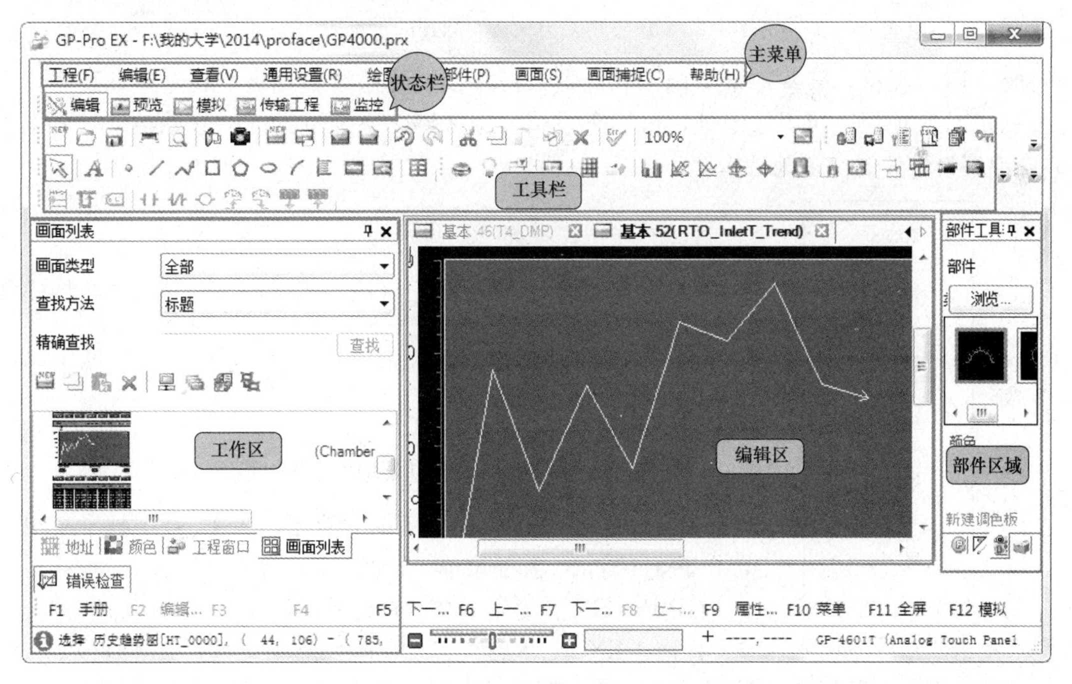

图 7-1 GP-Pro EX 软件的编程环境

2. GP 系统数据区

在 GP 系列的 HMI 与 PLC 的通信中，在 HMI 画面显示所需的数据由 GP 自动地发出请求并接收，触摸键的操作输入由 GP 系列的 HMI 自动传输到 PLC 上。在 PLC 上，不需要为

画面显示、操作编写专用的程序。

系统数据区是GP中固定的一部分存储区域，在PLC中需要开辟对应的系统数据区域，进行对GP系列HMI运行中各种控制参数的相互交换，GP与PLC之间读写数据的示意图如图7-2所示。

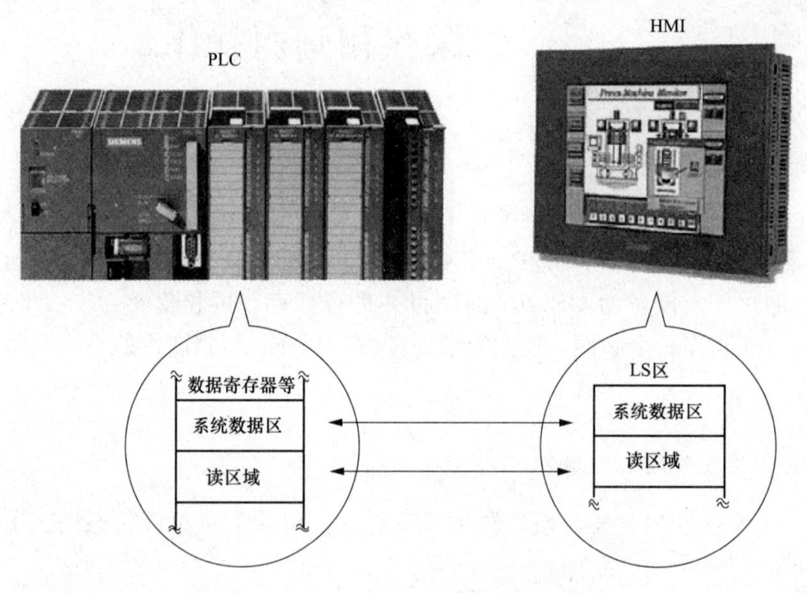

图7-2 GP与PLC之间读写数据的示意图

根据PLC类型，某些地址（内部存储器）可以设置为系统数据区。在这些地址中，只有未被PLC其他程序使用的地址，可用于系统数据区域。系统数据区的起始地址，可以由GP画面编辑软件的设置进行指定。

3. GP的LS区

GP存储器的LS区是用于GP操作的区域。LS区的构成如图7-3所示。

LS0 ⋮ LS19	系统区
LS20 ⋮	读取区
	用户区
LS2032 ⋮ LS2047	特殊继电器区
LS2048 ⋮ LS2095	保留区
LS2096 ⋮ LS8191	用户区

图7-3 LS区的构成图示

三、创作步骤

第一步 GP-Pro EX的菜单语言的切换

单击GP-Pro EX软件主菜单上的【View】，在下拉子菜单中单击【Preferences】子菜单，如图7-4所示。

GP-Pro EX有简体中文、日语和英语菜单3种语言，首次安装GP-Pro EX软件后，菜单语言是英文的，用户可以单击【Preferences】，在所弹出来的【Preferences】页面中，单击选项【General】，然后在【Set Editor Language】中选择【Chinese】，单击【OK】按钮进行确认，修改成中文菜单，如图7-5所示。

此时，GP-Pro EX软件会弹出一个消息框，单击【Yes】即可，如图7-6所示。

确认后，GP-Pro EX软件会重新启动，这样就变成中文界面了，如图7-7所示。

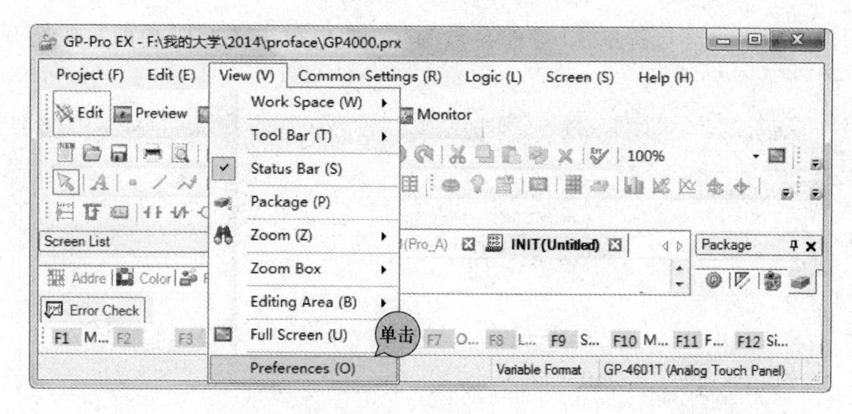

图 7-4 菜单操作

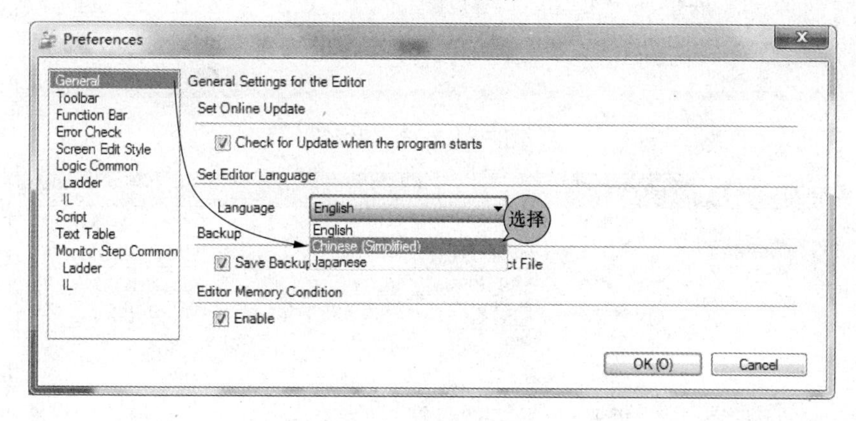

图 7-5 中文菜单设定

第二步 新建工程

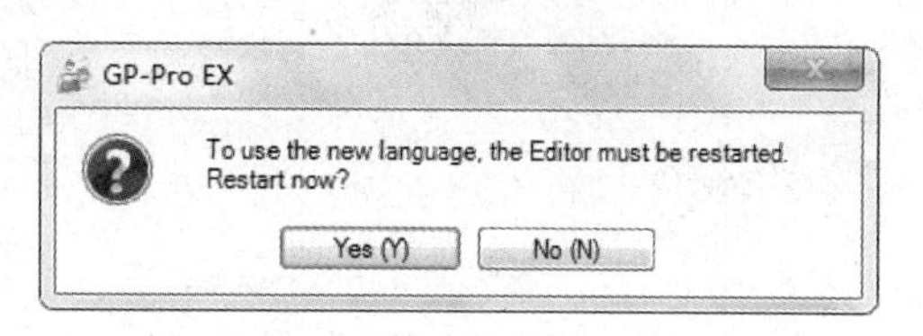

图 7-6 消息框

双击图标进入 GP-Pro EX4.0 软件，然后在打开的软件中可以选择新建、从示例创建新工程、打开现有工程或打开最近工程，这里选择【新建】，如图 7-8 所示。

图 7-7 中文界面图示

单击【确定】后，在弹出来的设备设置页面中，选择系列、名称和方向来设置触摸屏的型号，设置完成后，在画面下方的【规格】栏中将显示所选屏幕的基本信息，这里选择 GP-4107，然后单击【下一步】，如图 7-9 所示。

第三步 新建画面

在【GP-Pro EX】软件的向导中，在【控制器/PL 数量】右侧的输入框中，使用上下键

■选择 PLC 的数量，这里选择的 PLC 的台数为 1，然后单击【新建画面】按钮开始创建画面，如图 7-10 所示。

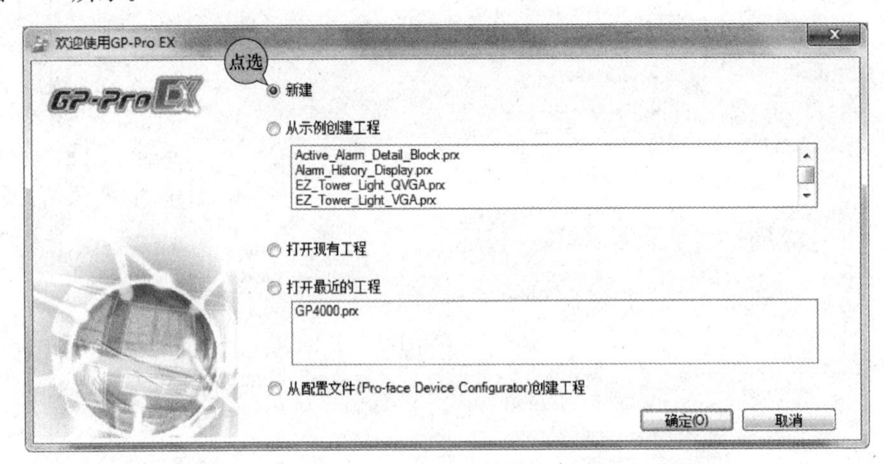

图 7-8　新建工程

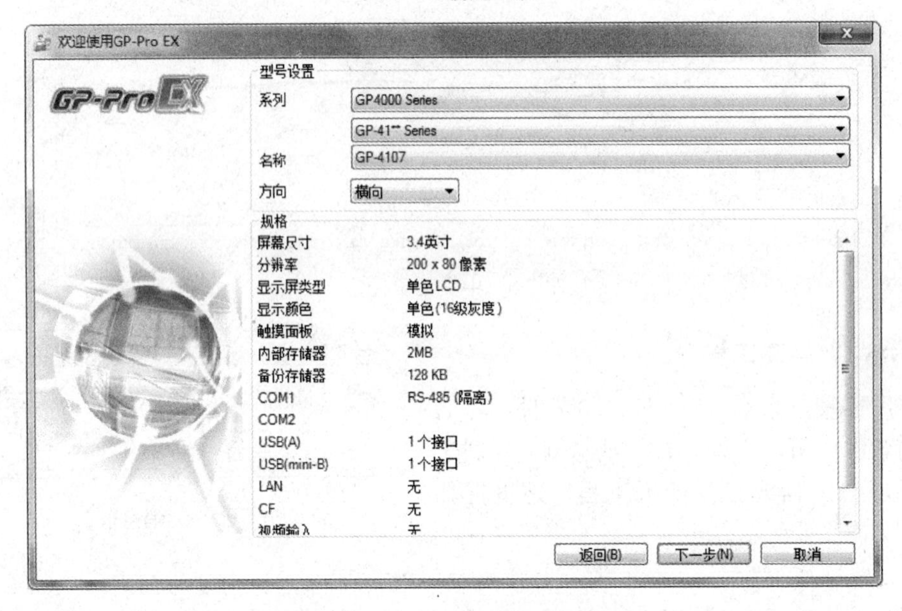

图 7-9　工程文件的创建过程

在【GP-Pro EX】软件中新建画面完成后，在工作区域中的【基本画面】下将会显示名称为“B0001”，编辑区显示出 B0001 的画面，如图 7-11 所示。

第四步　新建画面 2

单击【GP-Pro EX】软件【工作区】中的快捷按钮■，然后在弹出来的【新建画面】页面中设置画面属性，这里画面号设置为 2，单击【新建】按钮，如图 7-12 所示。

新创建的画面 2 在工作区的【基本属性】下显示为“B0002”。

第五步　复制画面 B0002

复制画面时，用户可以在【GP-Pro EX】软件中，单击要复制的画面 B002，然后单击工作区快捷按钮复制 B0002 画面，如图 7-13 所示。

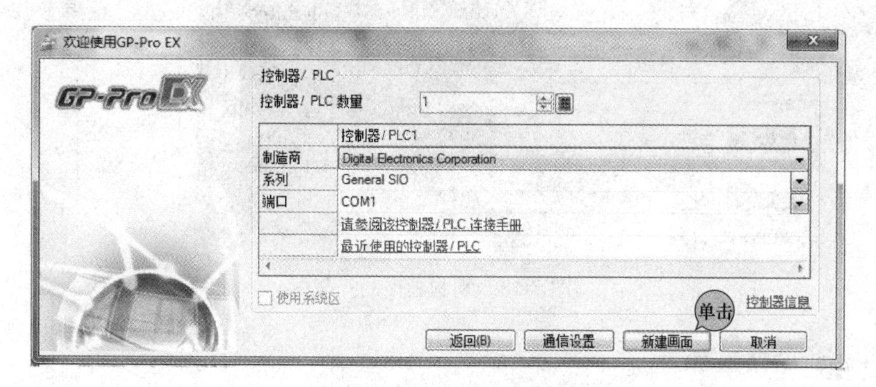

图 7-10　新建画面的操作

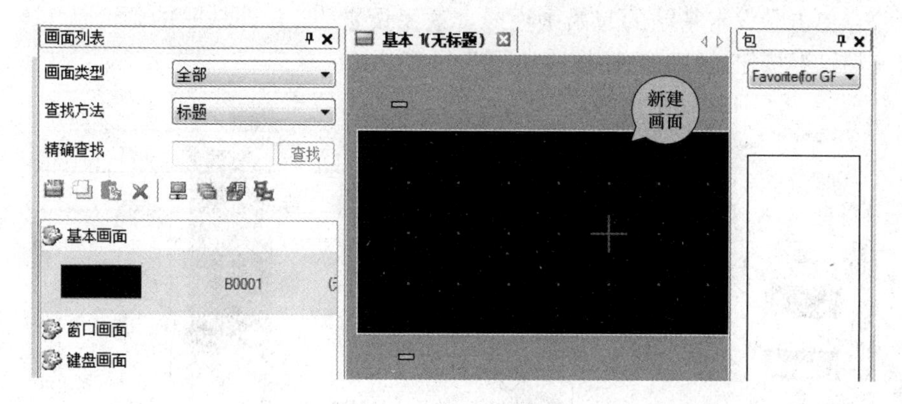

图 7-11　新建画面

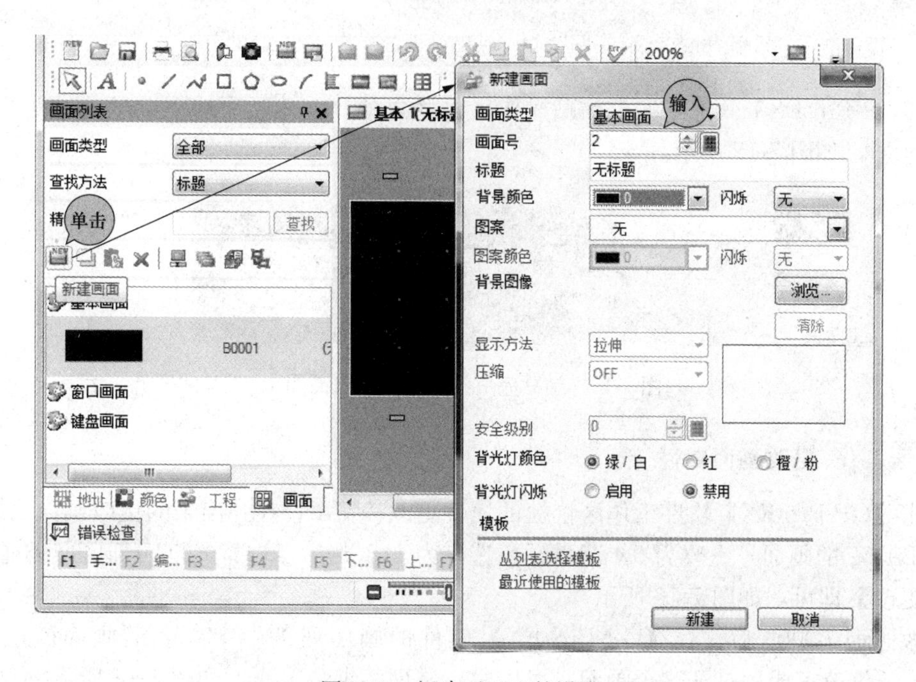

图 7-12　新建画面 2 的设置

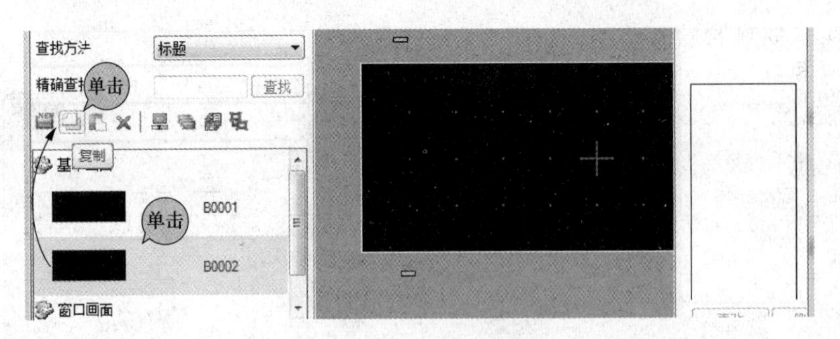

图 7-13　复制画面的操作

第六步　粘贴画面

在【GP-Pro EX】软件中复制完成后，粘贴时单击工作区快捷按钮，此时，会弹出【粘贴画面】，单击设定粘贴的起始画面号，这里设置为 9，即粘贴的画面从 B0009 开始，然后单击【粘贴】按钮进行粘贴操作，如图 7-14 所示。

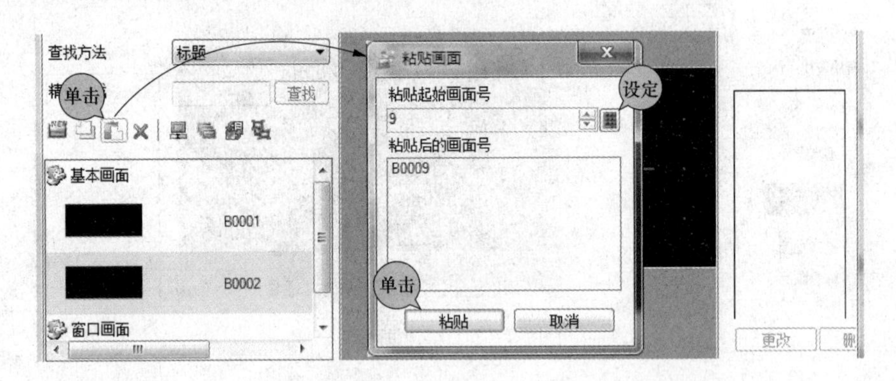

图 7-14　粘贴画面的操作

在【GP-Pro EX】软件中完成粘贴操作后，就会在 B0002 画面的下方显示出粘贴好的画面 B0009 了，如图 7-15 所示。

图 7-15　粘贴完成的画面 B0009 的图示

第七步　更改画面属性

单击【GP-Pro EX】软件工作区快捷的属性更改按钮，在弹出来的更改画面属性页中，将画面 B0009 的画面号更改为 5，背景颜色选择为 13，然后点选背光灯闪烁区域的【启用】，单击【更改】即可，如图 7-16 所示。

更改画面 B0009 后，在【GP-Pro EX】软件的画面列表中 B0009 的画面就已经改为 B0005 了，修改完成后打开这个画面，可以进行画面的编辑工作，如图 7-17 所示。

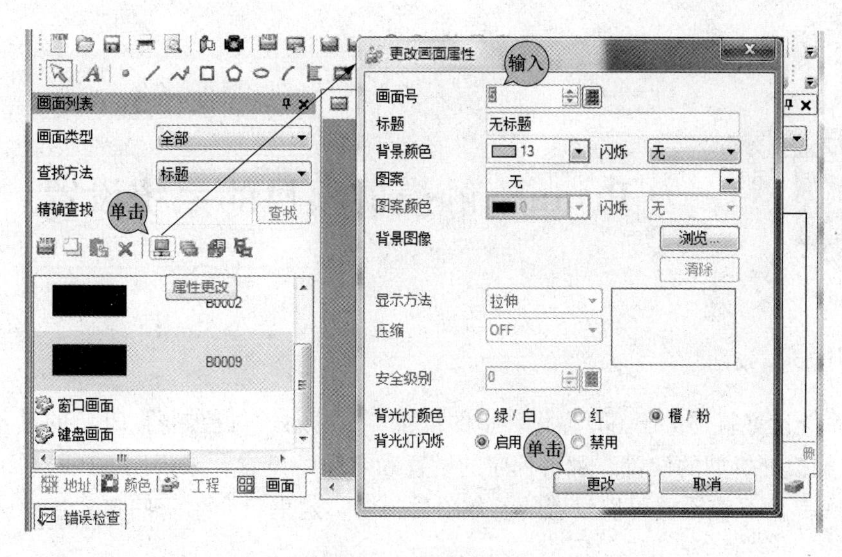

图 7-16 画面属性更改

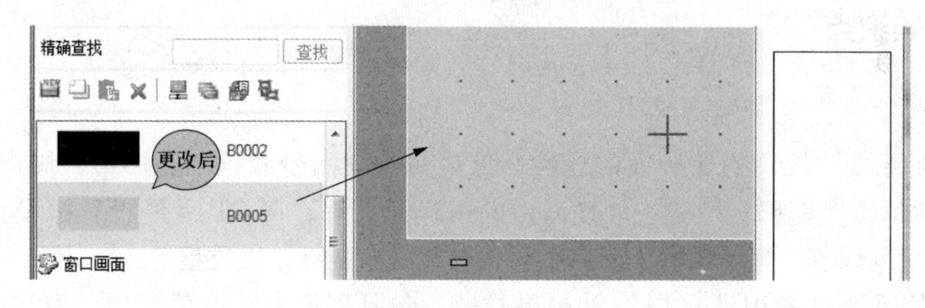

图 7-17 更改后的画面图示

第八步 保存项目

单击【GP-Pro EX】软件工具栏上的保存按钮，在弹出来的【另存为】页面中对项目进行保存操作，在【文件名】中输入要保存的项目名称，然后单击右侧的【保存】按钮即可，如图 7-18 所示。

Proface 的项目在 PC 上创建并保存后的工程文件，扩展名为“. prx”。

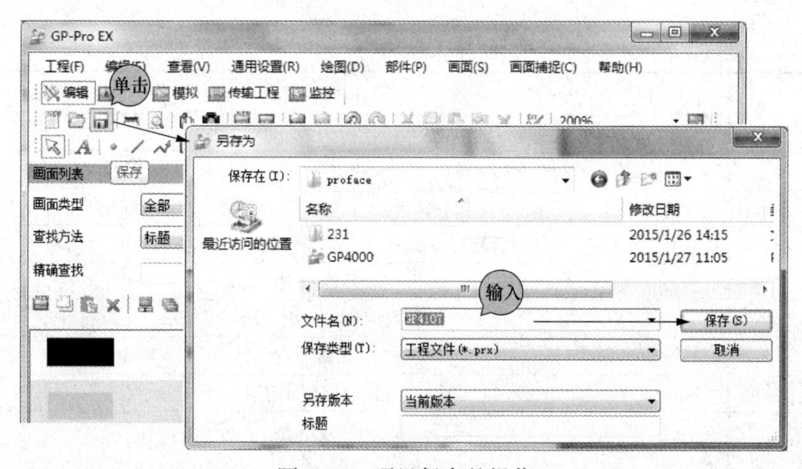

图 7-18 项目保存的操作

Proface 触摸屏项目的系统设置

一、 案例说明

GP 的系统设置就是关于 GP 操作环境的设置，本例通过对控制器/PLC 的设置、输入设备的选配、触摸屏机型的设置、逻辑程序的设置和字体的设置，来说明 GP 的系统是如何设置的。由于 GP 的系统设置可以设置的参数项目很多，这里只介绍一些在项目中必须设置的系统参数。

二、 相关知识点

1. GP 系统设置

在 GP 的系统中设置初始画面的属性，包括初始画面号和画面色彩等，用户也可以在 GP 系统设置里设置密码、校验、触摸面板的声音开关等。在 GP 系统设置中设置 I/O 时，可以设置对比度调节、亮度调节、反色显示、选择可连接打印机类型等。

在 GP 的系统设置中还可以设置扩展功能，包括 CF 卡、报警摘要、窗口/视频、系统区。

在模式设置中，可以设置系统区的起始地址和 PLC 的站号，在通信里设置 PLC 连接方式，并对 PLC 通信参数进行设置。

2. GP 系列 HMI 的环境要求

GP 系列 HMI 的安装环境的要求见表 8-1。

表 8-1　GP 系列 HMI 的安装环境的要求

操作温度	0～50℃	0～40℃
保存温度	－10～60℃	
环境温度	20%～85%（无凝露）	30%～85%（无凝露）
耐振动	10～25Hz（*X*，*Y*，*Z* 方向各 30min 2G）	
抗干扰	电压噪声：1200V（*p-p*）［DC 24V 型为 1000V（*p-p*）］	
	脉冲宽度：1μs	
	保持时间（上升/下降）：1ns	
周围空气	无腐蚀性气体	
接地	接地电阻小于 100Ω	
保护结构	适合 IP65F（GP37W-LG11 为 IP64F） NEMA＃250TYPE4X/12（不包含防结冰）	

三、 创作步骤

第一步　控制器/PLC的设置方法

在【GP-Pro EX】软件中，单击【工作区】下的【工程】，然后单击【系统设置】→【外接设备设置】→【控制器/PLC】，在右侧的编辑区读者可以单击【添加控制器/PLC】【删除控制器/PLC】【控制器/PLC更改】3个功能设置标签，来对控制器/PLC进行相应的设置，单击【控制器/PLC更改】功能标签的操作如图8-1所示。

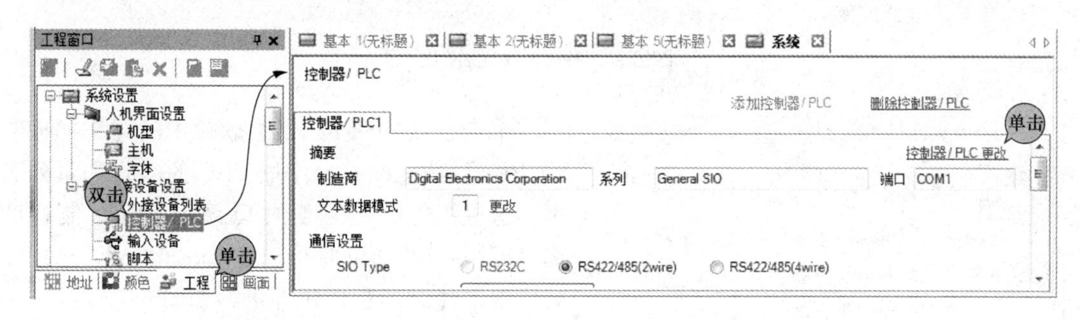

图8-1　控制器/PLC更改标签的操作

在弹出的【控制器/PLC更改】页面中，首先选择PLC的生产厂商，然后再选择PLC的系列，选择完成后单击【更改】按钮来改变项目中使用的PLC，更改的过程如图8-2所示。

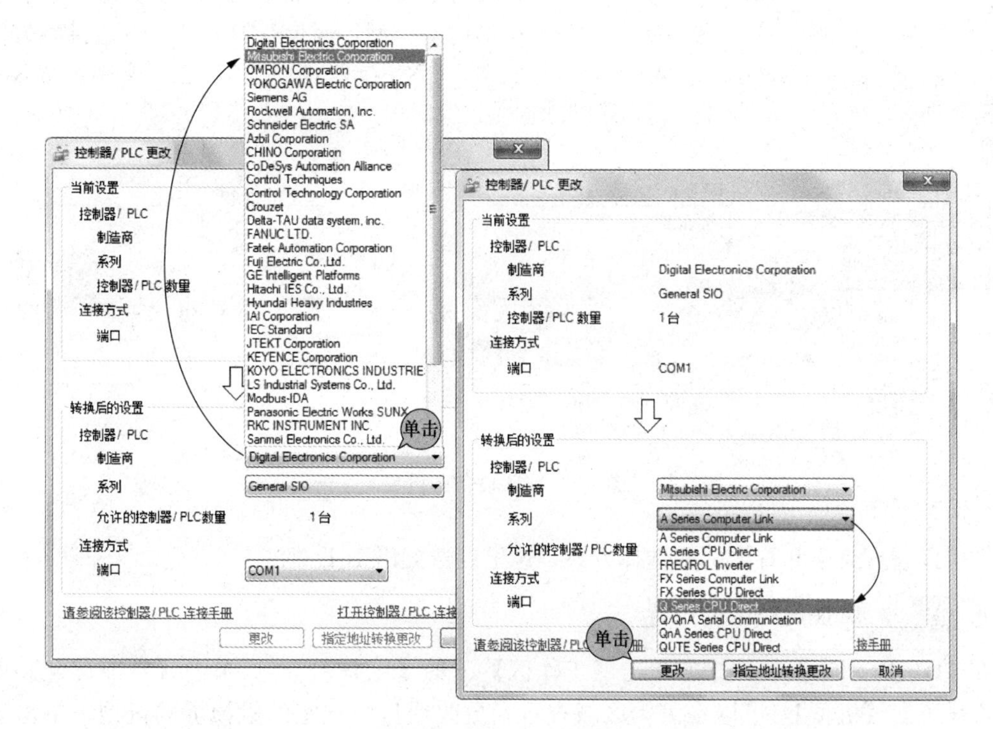

图8-2　更改PLC的流程

单击【删除控制器/PLC】功能标签后，会弹出一个消息框，选择要删除的PLC，单击消息框下方的【删除】按钮后，此时会弹出另一个消息框【GP-Pro EX】，用户需要单击【是】按钮，操作的流程如图 8-3 所示。

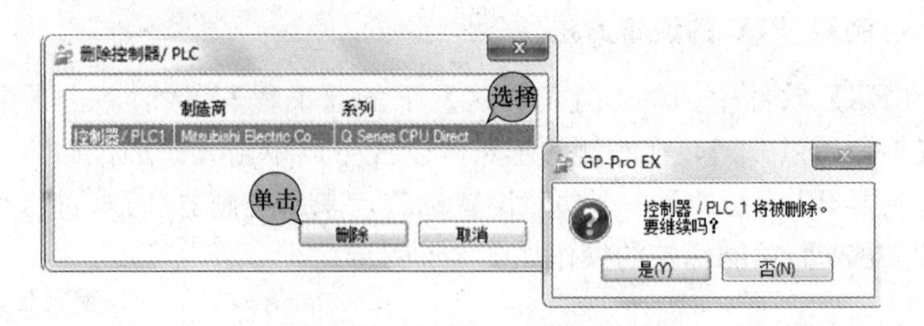

图 8-3　删除 PLC 的操作

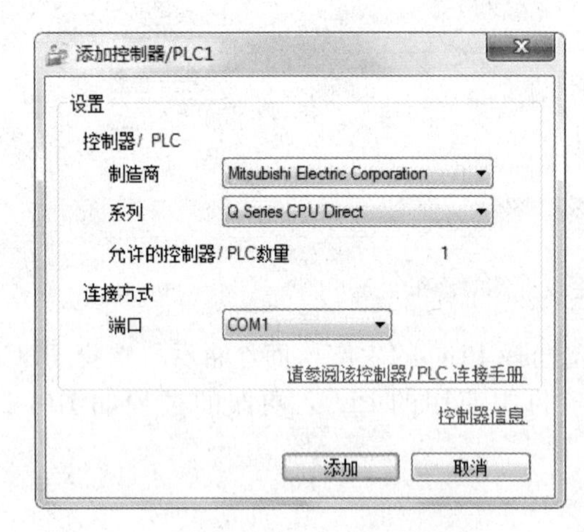

图 8-4　添加控制器/PLC 的操作

单击在【GP-Pro EX】软件中的【添加控制器/PLC】功能标签，添加 PLC 的品牌和系列名称，这里添加的是三菱的 Q 系列 PLC，制造商选择【Mitsubishi Electric Corporation】，选择完成后单击【添加】按钮即可，如图 8-4 所示。

第二步　输入设备的选配

在【GP-Pro EX】软件中，单击【工作区】下的【工程】，然后单击【系统设置】→【外接设备设置】→【输入设备】，用户可以在类型中选配条形码的类型，通信端口，还可以选择将数据存储在内部寄存器还是数据显示器中，如图 8-5 所示。

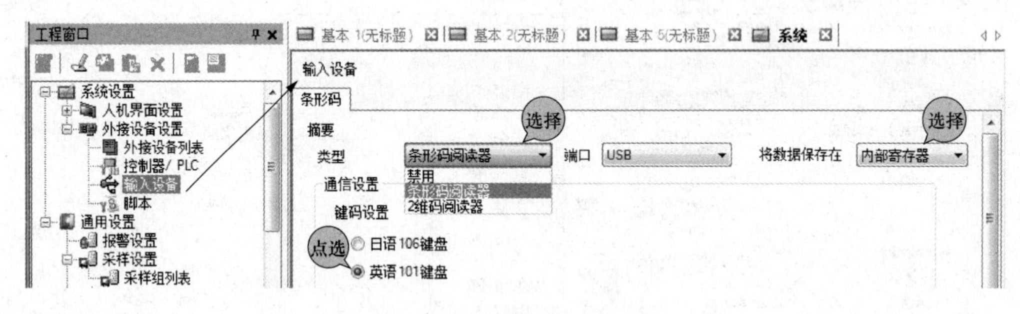

图 8-5　输入设备的设置

键码设置有英语和日语两种选择方式，这里点选英语 101 键盘。

第三步　触摸屏机型的设置

在【GP-Pro EX】软件中，单击【工作区】下的【工程】，然后单击【系统设置】→【人机界面设置】→【机型】，可以在编辑区域查看和更改项目中选定的触摸屏的机型，单击【型号更改】功能标签后，在弹出来的【型号更改】页面中可以选配新的配置，这里选配 GP-46 系列，型号选配 GT-4603T，如图 8-6 所示。

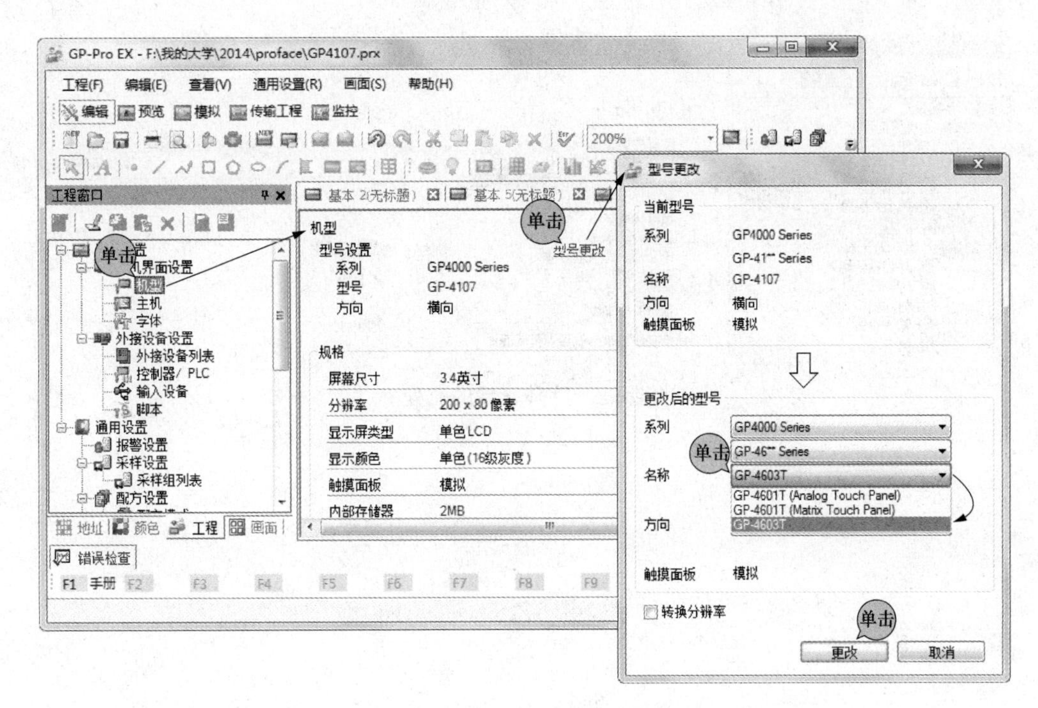

图 8-6　触摸屏机型的更改流程

第四步　逻辑程序的设置

在【GP-Pro EX】软件中，单击【工作区】下的【工程】，然后单击【系统设置】→【人机界面设置】→【逻辑程序】，可以设置启用或禁用逻辑程序，也可以设置是否在功能块中共享本地变量，另外，注册变量的格式可以点选为变量格式或地址格式，点选地址格式后，会弹出一个注册变量更改的消息框，单击【是】按钮即可，如图 8-7 所示。

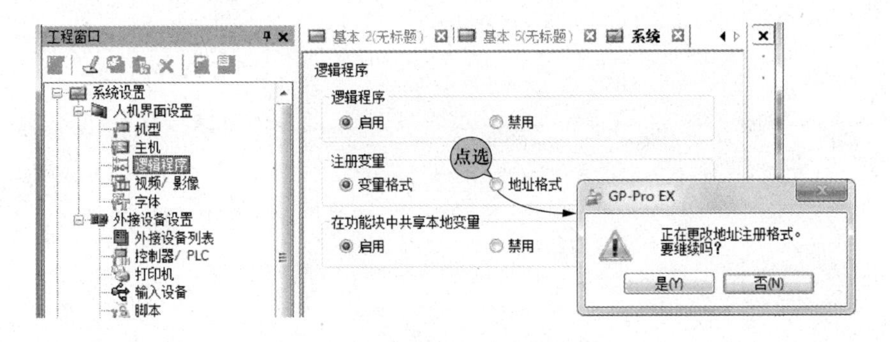

图 8-7　注册变量格式的修改过程

第五步　字体的设置

在【GP-Pro EX】软件中，单击【工作区】下的【工程】，然后单击【系统设置】→【人机界面设置】→【字体】，在工程中使用的字体栏中勾选要使用的字体，这里勾选【中文（简体）标准字体】，就完成了字体的设置，操作如图 8-8 所示。

用户还可以选择其他字体，如韩语、俄语、日语和欧美字体等，操作方法相同。

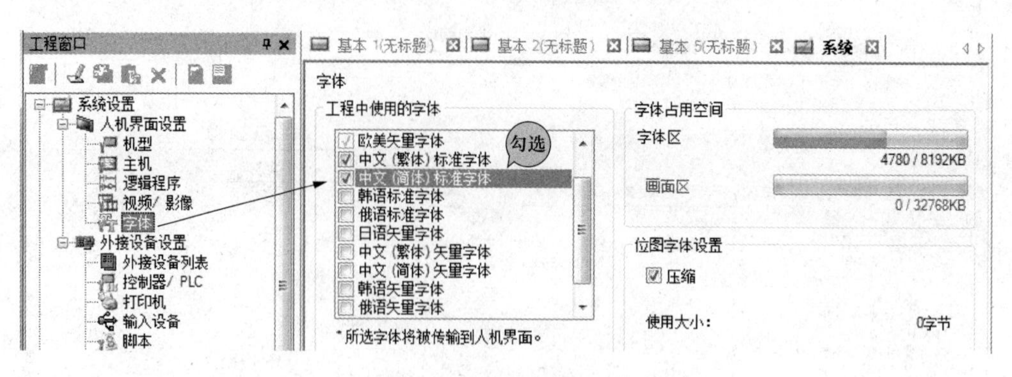

工程窗口
基本 1(无标题)
基本 2(无标题)
基本 5(无标题)
系统
系统设置
人机界面设置
机型
主机
逻辑程序
视频/影像
字体
外接设备设置
外接设备列表
控制器/PLC
打印机
输入设备
脚本
字体
工程中使用的字体
欧美矢量字体
中文(繁体)标准字体
中文(简体)标准字体
韩语标准字体
俄语标准字体
日语矢量字体
中文(繁体)矢量字体
中文(简体)矢量字体
韩语矢量字体
俄语矢量字体
勾选
*所选字体将被传输到人机界面。
字体占用空间
字体区
4780 / 8192KB
画面区
0 / 32768KB
位图字体设置
压缩
使用大小:
0字节

图 8-8　字体设置的流程

GP-Pro EX 软件中的按钮制作

一、 案例说明

HMI 组态软件上创建的按钮可以实现的功能包括启动（置 1），停止（清 0），点动（按 1 松 0），保持（取反）等功能。本案例将在 Proface HMI 上制作两个按钮，并说明如何设置它们的属性，如何为按钮链接地址。

二、 相关知识点

1. 部件工具箱

用户可以在【部件工具箱】中选择部件、类型和颜色等部件的大类，这些部件包括开关、指示灯、数据显示器、柱状图、圆形图、半圆图、槽状图、仪表图、历史趋势图、数据块显示图、消息显示器和按键，部件工具箱如图 9-1 所示。

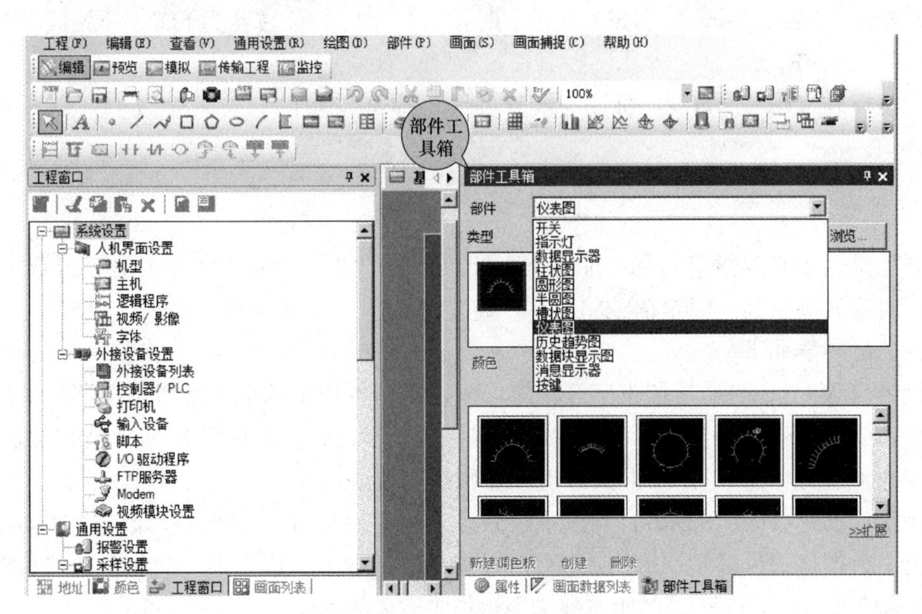

图 9-1　部件工具箱图示

2. HMI 上的指示灯

指示灯是触摸面板上的动态显示单元，指示灯指示已经定义的位的状态。例如，用不同颜色的指示灯显示阀门的开闭等。

也就是说指示灯直接监视 PLC 位的 ON/OFF 状态。HMI 上的指示灯如图 9-2 所示。

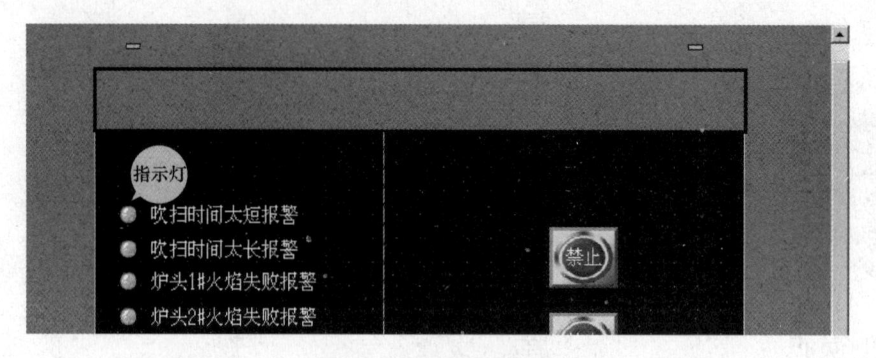

图 9-2　指示灯的图示

3. HMI 上的位开关

位开关就是对位进行操作的开关，大多数触摸屏都可以对位开关进行置位、复位、交替、点动等操作。位开关是一种触摸开关，用于改变一个位地址的 ON/OFF 状态。

但如果 GP 单元没有连接控制器或 PLC，GP 单元上不显示带监视功能的位开关，只有当 GP 与控制器或 PLC 连接正常后，才显示该开关。

位开关实现的功能有如下 4 种。

（1）置位（Bit Set）：当开关被按下时，PLC 相应的位被置为 ON（状态保持）。

（2）复位（Bit Reset）：当开关被按下时，PLC 相应的位被置为 OFF（状态保持）。

（3）瞬动（Momentary）：当开关被按下时，PLC 相应的位被置为 ON，开关放开时，PLC 相应的位转为 OFF。

（4）位反转（Bit Invert）：每按一次开关，PLC 相应位的状态发生改变（ON→OFF 或 OFF→ON）。

4. 字开关

字开关是用于修改指定的字地址（寄存器）数值的触摸开关。字开关对字或双字进行操作，可以对字开关赋某一固定值或将某一固定地址的值传送到字开关的字当中。

字开关的功能如下。

字设置（Word Set）：当按下字开关时，常数被写入指定的字地址（寄存器）中。

加/减（Add/Sub）：当按下字开关，指定字地址（寄存器）的数据和常数相加后，结果写入该字地址（寄存器）。如果常数为负数，则执行减法运算。

位操作（加）（Digit ADD）：当按下字开关，指定字地址（寄存器）数据的指定位加 1，但不进位。数据格式可以是二进制或 BCD。（数据格式选择 BCD 时，如原数为 9，加 1 后变为 0；数据格式选择二进制时，如原数为 F，加 1 后变为 0）。

位操作（减）（Digit SUB）：对指定位执行减 1 操作，其进位方式同上。

5. 功能开关

功能开关是执行指定功能的触摸开关。

功能开关的常用功能如下。

Previous Screen：当开关按下时，跳转到前一幅画面。

Go To Screen：当开关按下时，跳转到指定画面。选择的数据格式（BCD或二进制）应与GP设置一致。

Reset GP：当开关按下时，GP被复位一次。

三、 创作步骤

第一步 部件工具箱的设置

在GP-Pro EX软件中，单击【部件工具箱】下的【部件】，然后选择【开关】，在部件的类型和颜色中会显示出开关的式样和颜色，如图9-3所示。

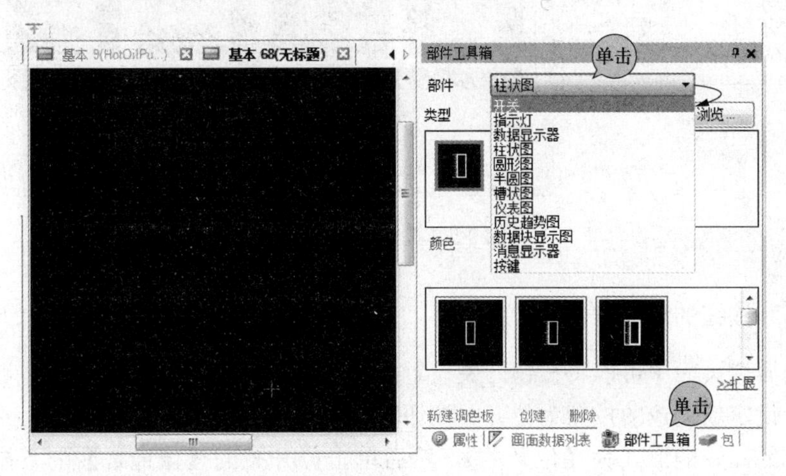

图9-3 开关的选择

第二步 按钮的制作

单击要使用的按钮类型，在图案中可以选择图案0或图案1，颜色可任意调整，这里选择蓝色系，然后在图案中选择一个适用的图案单击后，放置到编辑区域，如图9-4所示。

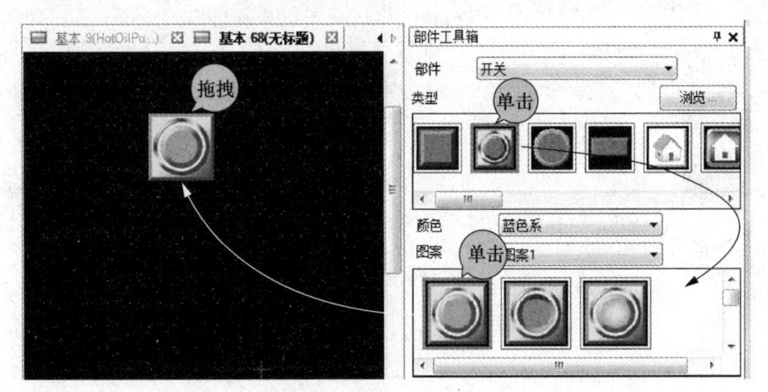

图9-4 按钮的制作图示

第三步 按钮的属性设置

双击新创建的按钮，在弹出来的属性页面中，可以更改按钮的形状和属性，单击按钮图片下方的【选择形状】，在弹出来的【形状浏览器】中，可以单击颜色的下拉框更改按钮的颜色，这里选择绿色，如果不需要做其他的更改，单击【确定】按钮，如图9-5所示。

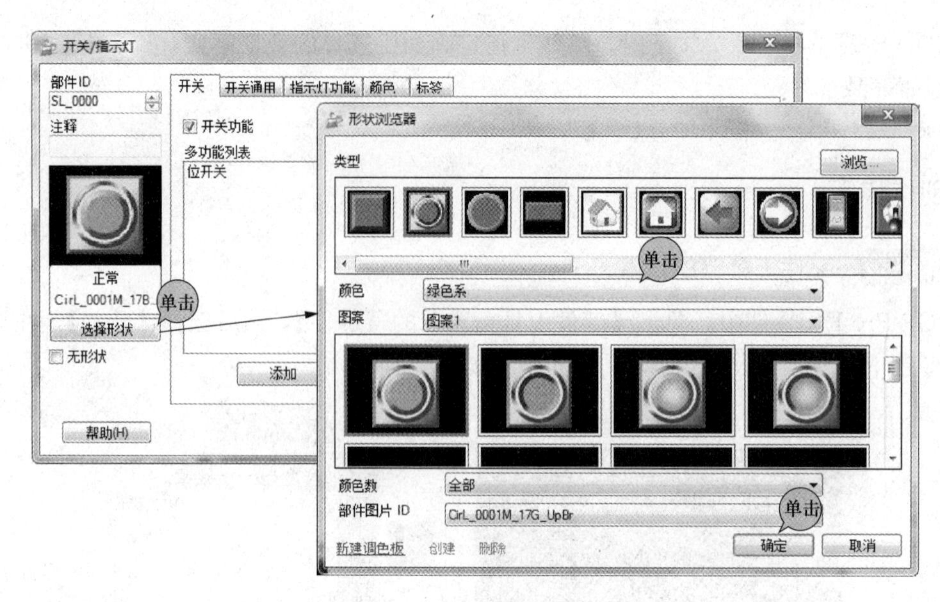

图 9-5　按钮颜色更改

第四步　按钮的地址设置

在按钮的属性页面中可以将按钮开关设置为位开关、字开关、画面切换、特殊开关和选择开关 5 种，设定新创建的按钮为位开关按钮时，单击【位开关】的图标，在多功能列表中将显示设定的开关的形式为【位开关】，然后单击位开关的【位地址】的下拉框选择位地址的类型，单击位地址的设定图标，在弹出来的【输入地址】页面中选择要设定的 PLC，然后设定位地址，这里设定这个按钮连接 PLC1 的输入端子为 X0005，设定完毕后单击 Ent 按钮，确认并关闭输入地址设定页面，按钮的地址设置如图 9-6 所示。

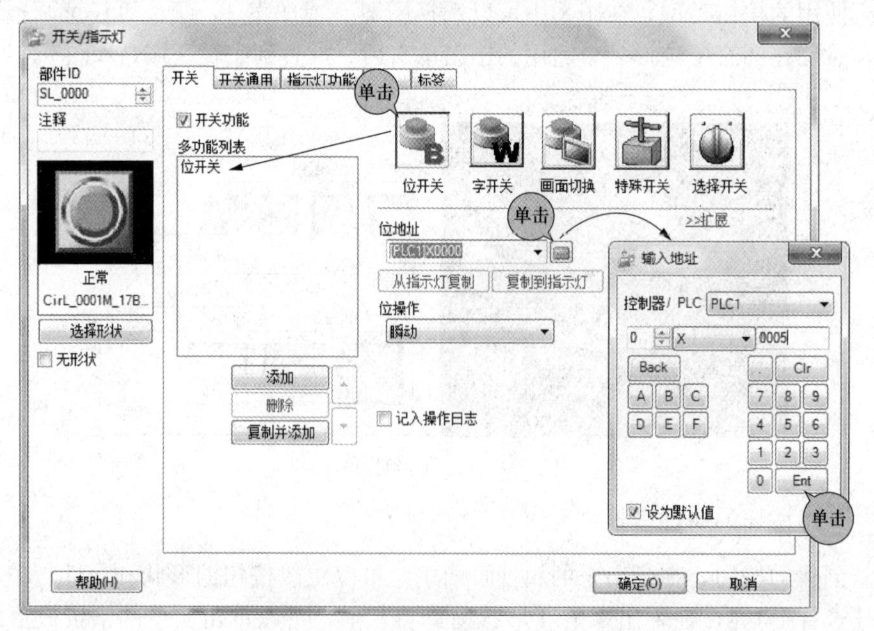

图 9-6　按钮的地址设置

按钮的位操作可以选择为瞬动、置位、复位、反转和比较。

同样的方法创建一个红色的位开关，连接 PLC 的地址为 X0006，完成图如图 9-7 所示。

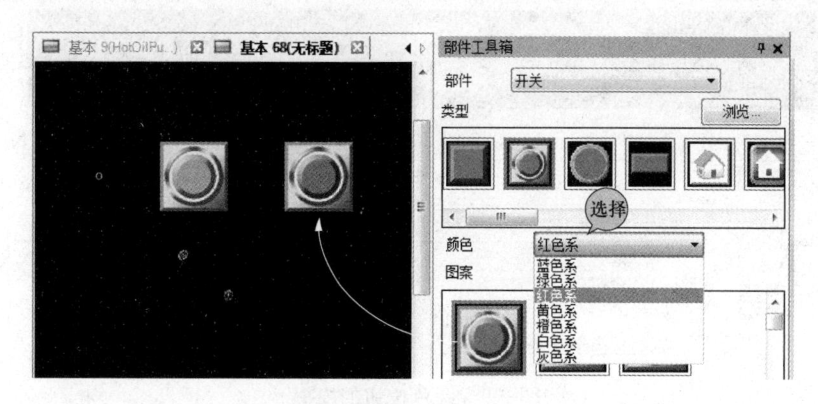

图 9-7　按钮的属性设置

第五步　按钮的仿真

新创建的两个按钮在模拟的初始状态中，状态都为 OFF，如图 9-8 所示。

图 9-8　模拟的初始状态

模拟时，单击触摸屏上的绿色按钮或 PLC1 的地址 X0005 的输入为 ON 后，在绿色按钮的状态列中地址 X0005 的状态改变成 ON 的状态，如图 9-9 所示。

松开绿色按钮后，地址的状态又变为 OFF。当 PLC1 的地址 X0006 的状态为 OFF，或再按下红色按钮后，在红色按钮的状态列中地址 X0006 的状态改变成 ON 的状态，如图 9-10 所示。

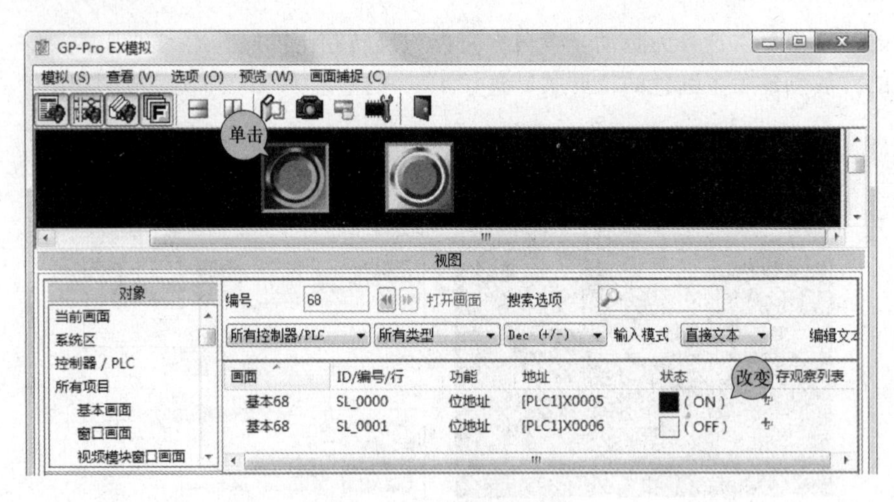

图 9-9 绿色按钮的模拟

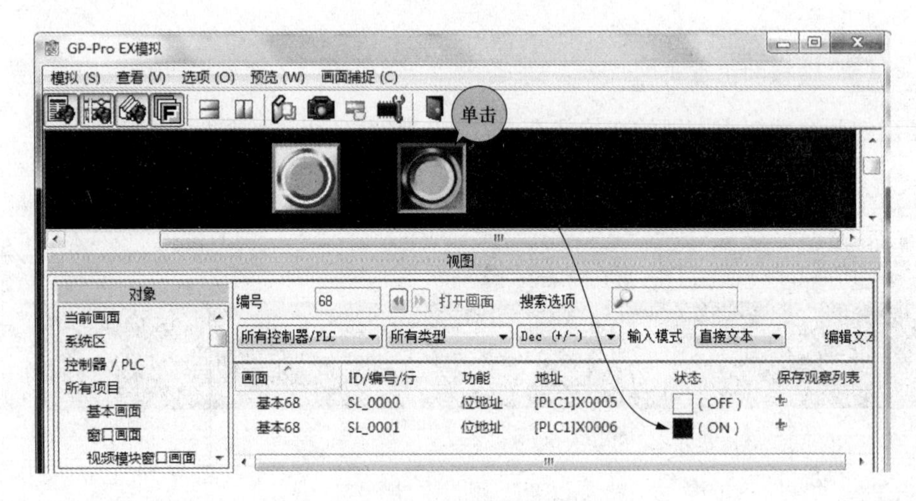

图 9-10 红色按钮的模拟

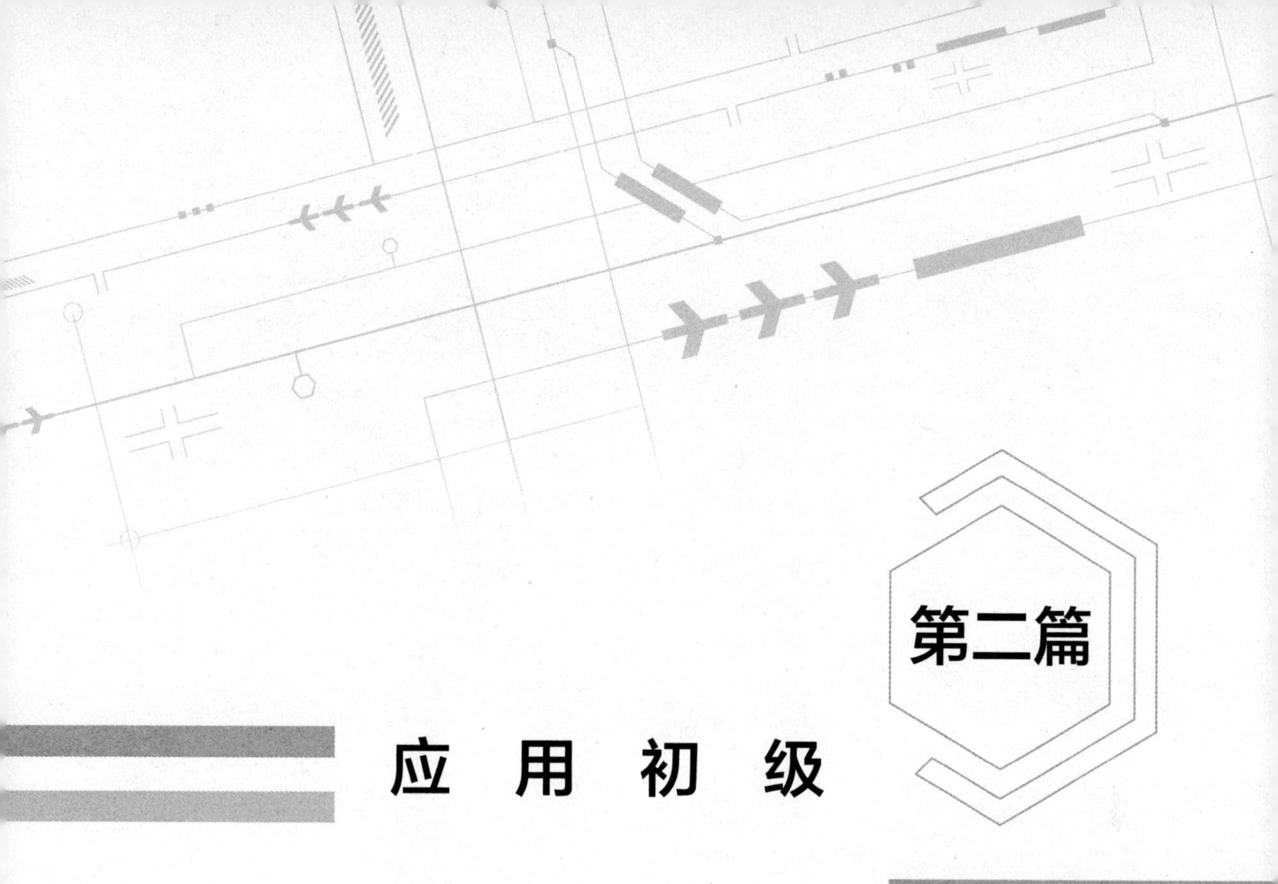

第二篇

应 用 初 级

Unity Pro 定时器在自动送料装车系统中的应用

一、 案例说明

本例在相关知识点中，对 Unity Pro 编程软件中的定时器指令的应用进行了详细说明，然后通过自动送料装车系统，说明定时器在工程项目中的灵活应用。

二、 相关知识点

（1）TON 延时闭合指令。当输入【IN】接通时，TON 延时闭合定时器启动，如果在【PT】设置的时间内输入点【IN】断开，TON 功能块的时间被复位为 0，并且 Q 输出始终为 0。

如果输入【IN】接通的时间超过 PT 所设置的时间，则输出【Q】变为 1，在接通后如果【IN】输入变为 0，则【Q】变为 0，同时复位 TON 的内部时间为 0。

TON 延时闭合指令的时序图如图 10-1 所示。TON 延时闭合指令的 3 种编程语言的应用见表 10-1。

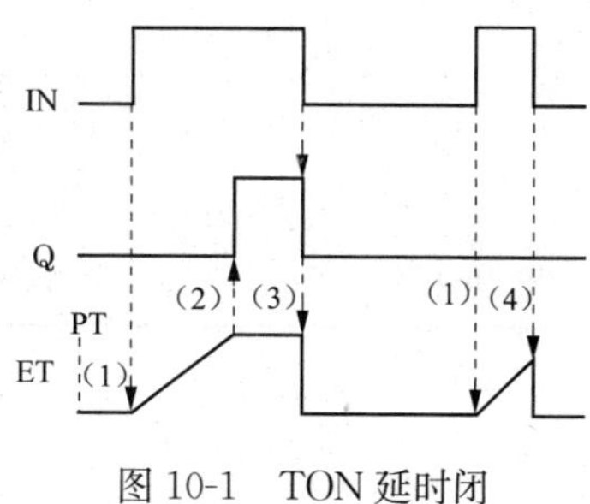

图 10-1 TON 延时闭合指令的时序图

表 10-1 **TON 延时闭合指令的 3 种编程语言的应用**

LD 编程语言	FBI_14 TON EN ENO TONIN1 — IN Q — QTon T#10S — PT ET — ETime
ST 编程语言	FBI_14（IN：=TONIN1（＊BOOL＊）， PT：=T＃10S（＊TIME＊）， Q=>QTon（＊BOOL＊）， ET=>ETime（＊TIME＊））；
FBD 编程语言	FBI_14 TON 15 TONIN1 — IN Q — QTon T#10S — PT ET — ETime

其中，【PT】端口定义了延时的时间，这里是10s。当【IN】输入端口的TONIN1接通电后，定时器TON延时10s后，QTon输出为1，TONIN1输入断开，QTon为0。计时器的当前值ETime复位为0。

（2）TOF延时断开指令。当输入【IN】接通时，TOF定时器的输出【Q】立即为1，TOF在延时10s后，如果输入【IN】断开，在PT设置的时间后【Q】输出变为0。

如果输入【IN】断开的时间没有超过在PT所设置的时间，则输出【Q】始终为1，TOF延时断开指令的时序图如图10-2所示。其3种编程语言的应用见表10-2。并且在第二次接通时定时器TOF的时间复位为0。

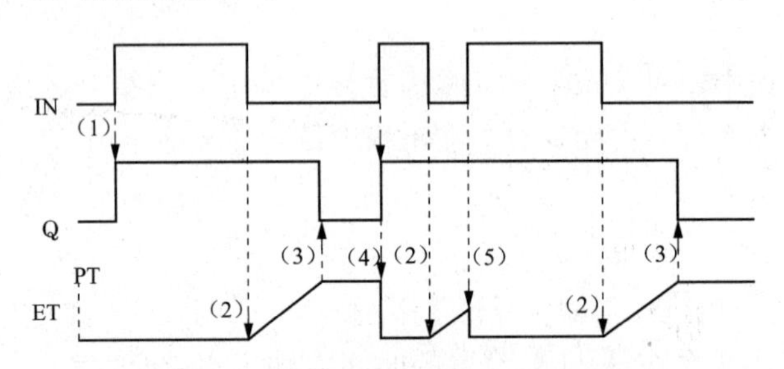

图10-2　TOF延时断开指令的时序图

表10-2　**TOF延时断开指令的3种编程语言的应用**

LD编程语言	FBI_15 TOF EN　ENO TONIN1—IN　Q—QTof T#10S—PT　ET—ETof
ST编程语言	FBI_15（IN：=TOFIN1（*BOOL*）， PT：=T#10S（*TIME*）， Q=>QTof（*BOOL*）， ET=>ETof（*TIME*））；
FBD编程语言	FBI_15 16 TOF TONIN1—IN　Q—QTof T#10S—PT　ET—ETof

其中，当TOFIN1接通电后，QTof输出为1，当TOFIN1输入断开后10s后，QTof输出为0。QTof计时器的当前值ETime复位为0。

（3）TP脉冲指令。当输入【IN】接通时，定时器TP的输出【Q】为1，且内部时间（ET）启动。

如果ET内部时间达到PT的值，则【Q】变为0。在定时器内部时间达到定时器时间后，如果【IN】变为0，则定时器TP时间复位为0。

TP脉冲指令时序如图10-3所示。在图10-3中的4如果内部时间尚未达到PT的值，则内部时间不受【IN】处通断的影响。如果内部时间已经达到PT的值且【IN】为0，则定时器 TP 时间复位为 0，且【Q】变为 0。

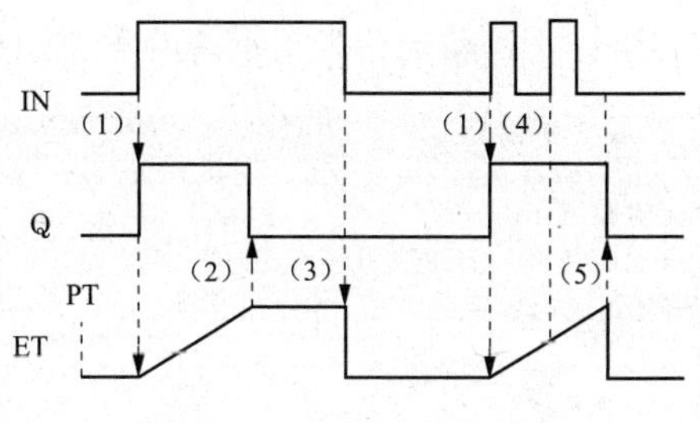

图 10-3　TP 脉冲指令时序

（4）定时器事件。TIMER 定时器事件处理使用 ITCNTRL 功能来触发的一个事件处理过程。当【ENABLE】端口为接通状态时，在定时器事件设置的时间（【预设值】乘以【时基】，这两个参数见定时器属性页的设置）到达后，执行一次定时器事件，如果此时【ENABLE】端口仍为接通状态，计时器自动复位为 0，开始下一次计时，进入下一个时间周期。

如果【RESET】端口上升沿到来，计时器的值清零。

如果【HOLD】端口为 1，则当前计时值被冻结，不变化。

当【ENABLE】端口为断开状态时，将计时器自动复位为 0，也不再触发计时器事件。定时器事件时序如图 10-4 所示。

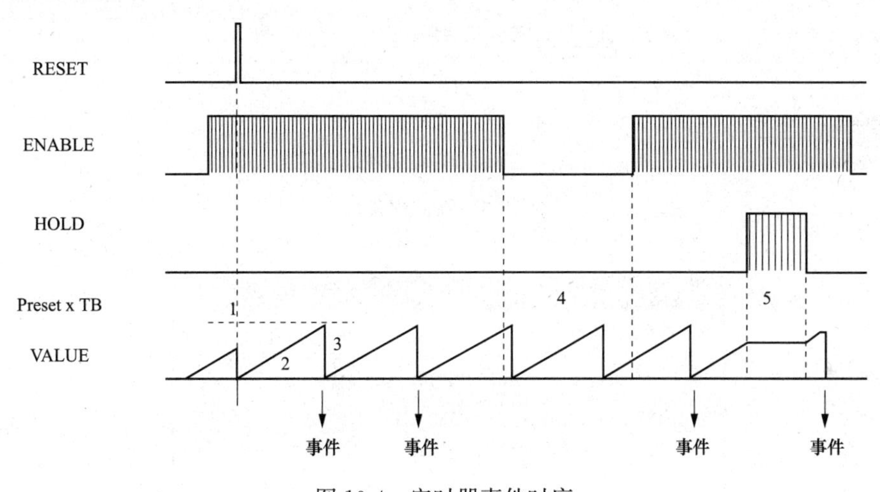

图 10-4　定时器事件时序

在项目浏览器中的【程序】下，右击【事件】下的【定时器事件】，在弹出的快捷菜单中选择【新建事件段】，如图 10-5 所示。

在随后弹出的属性对话框中设置定时器的时基，可以设置成 1ms、10ms、100ms 或 1s 4 种时基。由于最终的定时事件的触发时间等于时基乘以预设值，所以，如非必要，尽量使用较大的时基，尤其是使用 1ms 时基时要慎重，因为过短的时基会加大 CPU 的工作负荷，如图 10-6 所示。

定时器事件触发后，需要做的事情是在定时器事件 0 中进行程序编写，也可以选择不同的编程语言；另外，还可设置事件的访问权限，专家权限的设置如图 10-7 所示。

ITCNTRL 指令的梯形图编程示例如图 10-8 所示。

三、 创作步骤

第一步　自动送料装车系统的工艺

自动送料装车系统中的 3 台电动机 M1、M2 和 M3 由软启动器进行控制，能够进行正反转的运行，自动送料装车系统的示意图如图 10-9 所示。

图 10-5　新建事件段

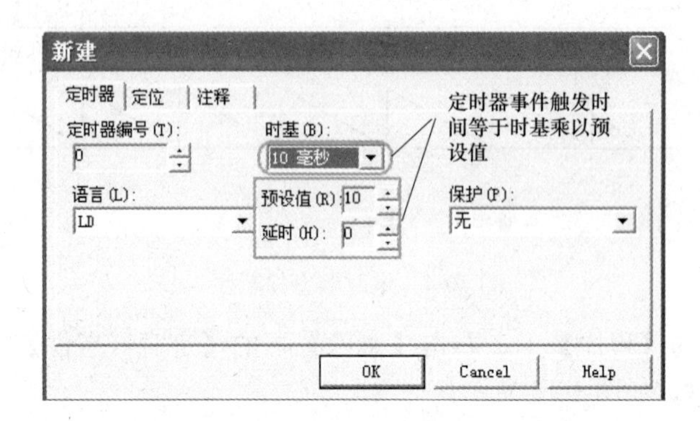

图 10-6　属性对话框

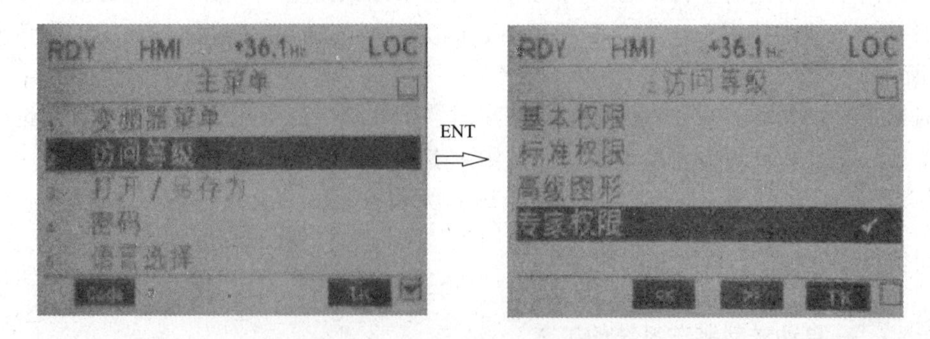

图 10-7　专家权限的设置图示

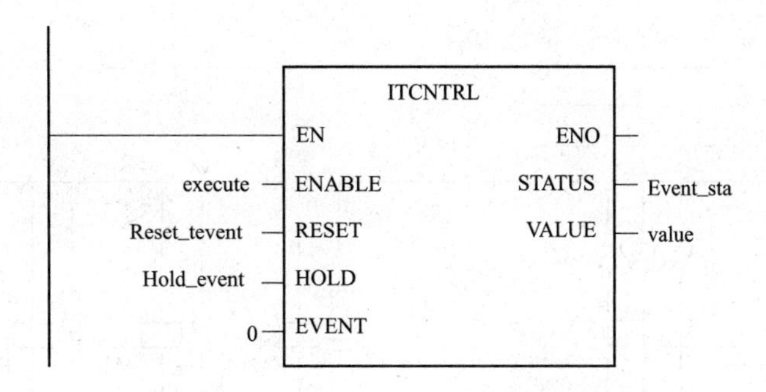

图 10-8　ITCNTRL 指令的梯形图编程示例

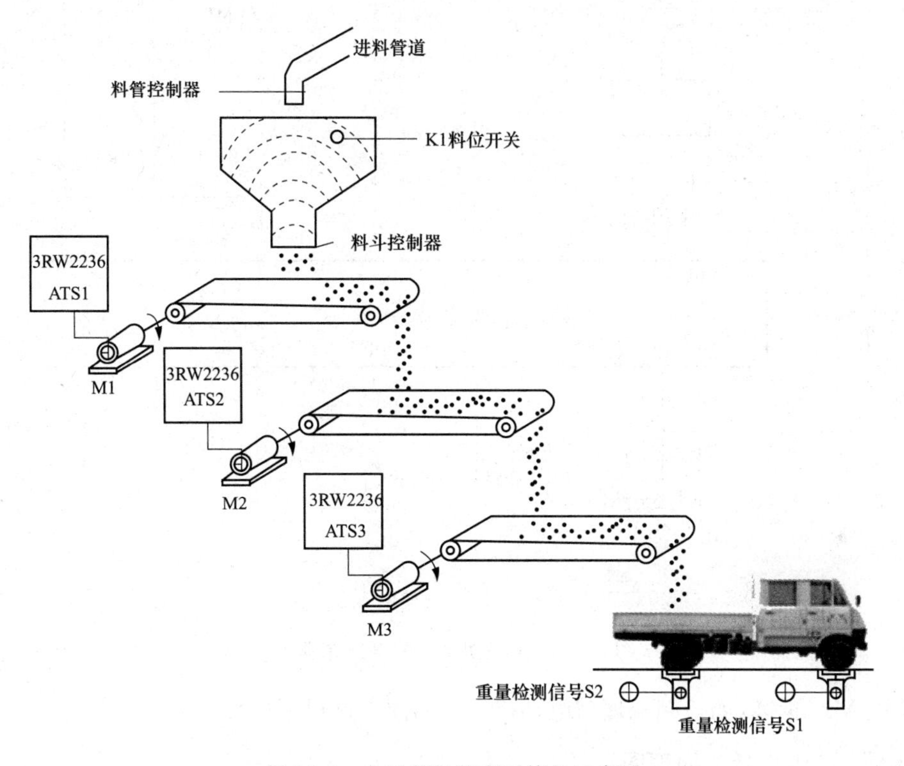

图 10-9　自动送料装车系统的示意图

第二步　电动机 M1 的电气原理图

本例中的 3 台电动机都采用 AC 380V，50Hz 三相四线制电源供电，热继电器 FR 作为过载保护。

电动机 M1 的主回路由断路器 Q1，正反转控制接触器 KM2、KM3，旁路运行接触器 KM1，热继电器 FR1，保护熔断器 FU1，软启动器西门子 3RW2236 组成。按下按钮 QA4 在软启动器故障时，能够起到复位故障的作用，电动机 M1 的电气原理图如图 10-10 所示。

本例采用西门子电子式软启动器驱动电动机进行软启动控制，使电动机的启动平稳，对供电系统不产生冲击，要求控制系统工作稳定，实现软启动后自动切换到工频运行，还能够进行正反转的控制。

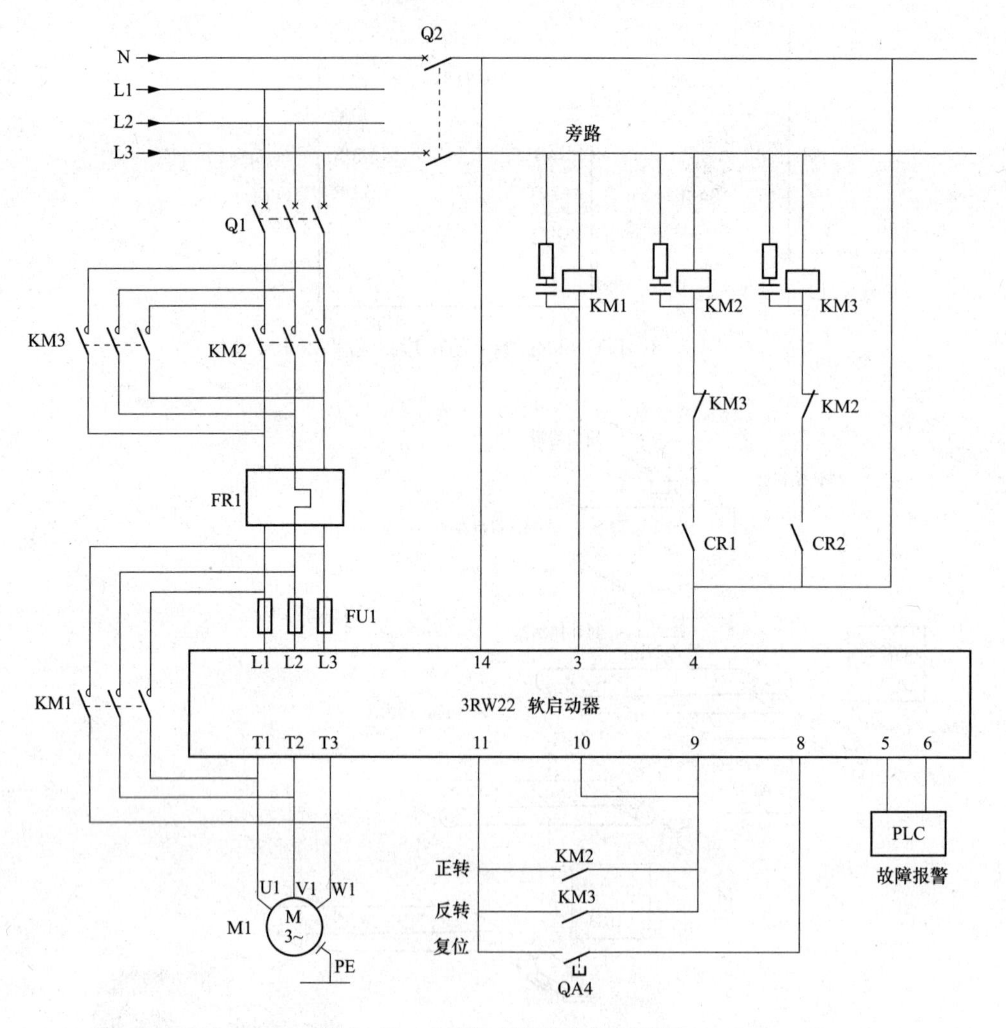

图 10-10　电动机 M1 的电气原理图

电动机 M2 和 M3 的控制原理与电动机 M1 相同，这里不再赘述。

第三步　PLC 控制原理图

本例采用 AC 220V 电源供电，自动开关 Q1 作为电源隔离短路保护开关，电源模块选择 140 CPS21400，连接电源是 AC 220V，140 CPU 311 10 的 CPU，数字量输入模块 140 DAI 34000 是交流输入的 AC 24V 的 16 点模块。数字量输出模块 140 DAO 84010 是交流输出的 AC 110V 的 16 点模块，PLC 电气原理图如图 10-11 所示。

第四步　项目模块的添加

打开 Unity Pro 编程软件，创建一个名称为“自动送料装车系统的 Quantum 系列 PLC 的控制”的项目，单击【另存为】按钮，在打开的对话框输入项目名字后，单击【Save】，如图 10-12 所示。

第五步　硬件配置

双击【配置】文件夹，添加一个槽位为 4 的 140 XBP 00400 机架和 140 CPU 311 10 的

CPU，在 3 号槽和 4 号添加数字量输入模块 140 DAI 34000，在 5 号槽和 6 号槽位添加数字量输出模块 140 DAO 84010，在 7 号槽位添加模拟量混合模块 AMM09000 模块，如图 10-13 所示。

硬件配置完成后，单击工具栏上的图标对硬件进行保存，此时在弹出的项目保存对话框中的要存储的文件名称的输入栏中输入项目名称即可。

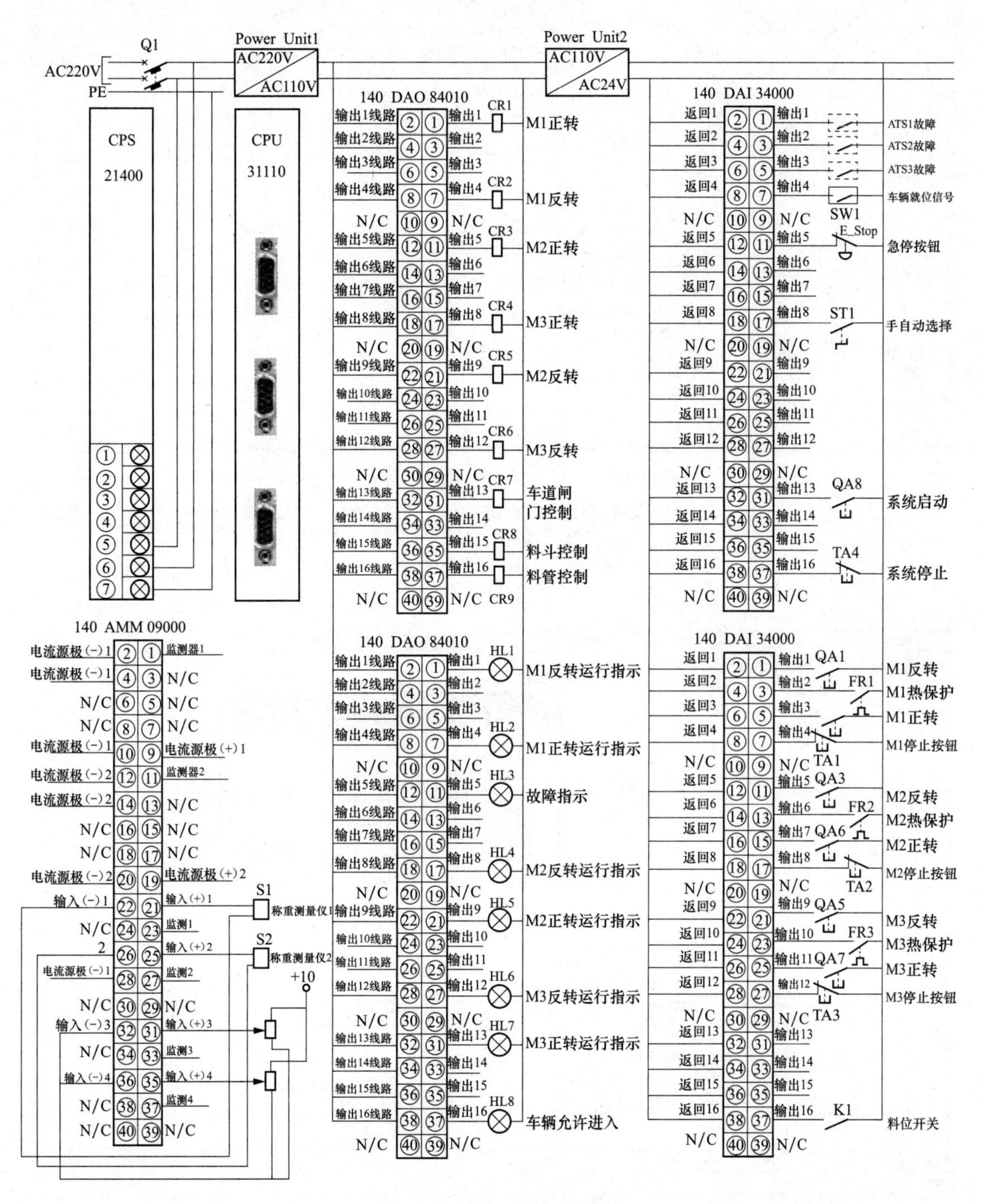

图 10-11　PLC 控制原理图

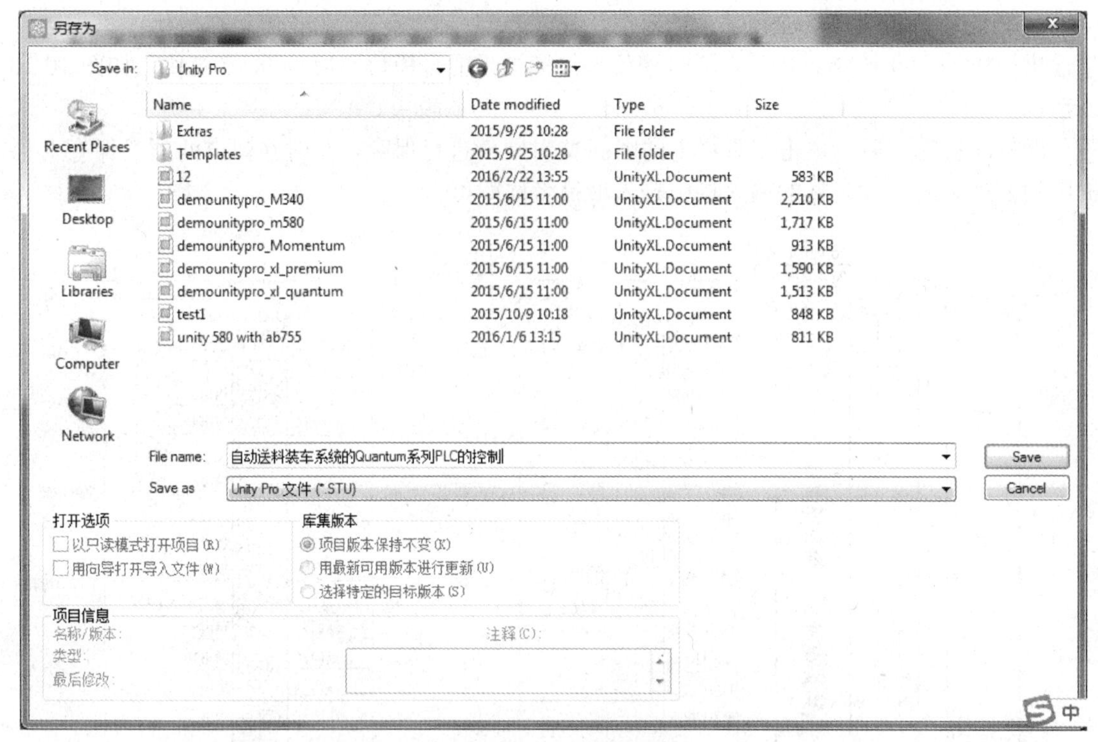

图 10-12　保存新项目的图示

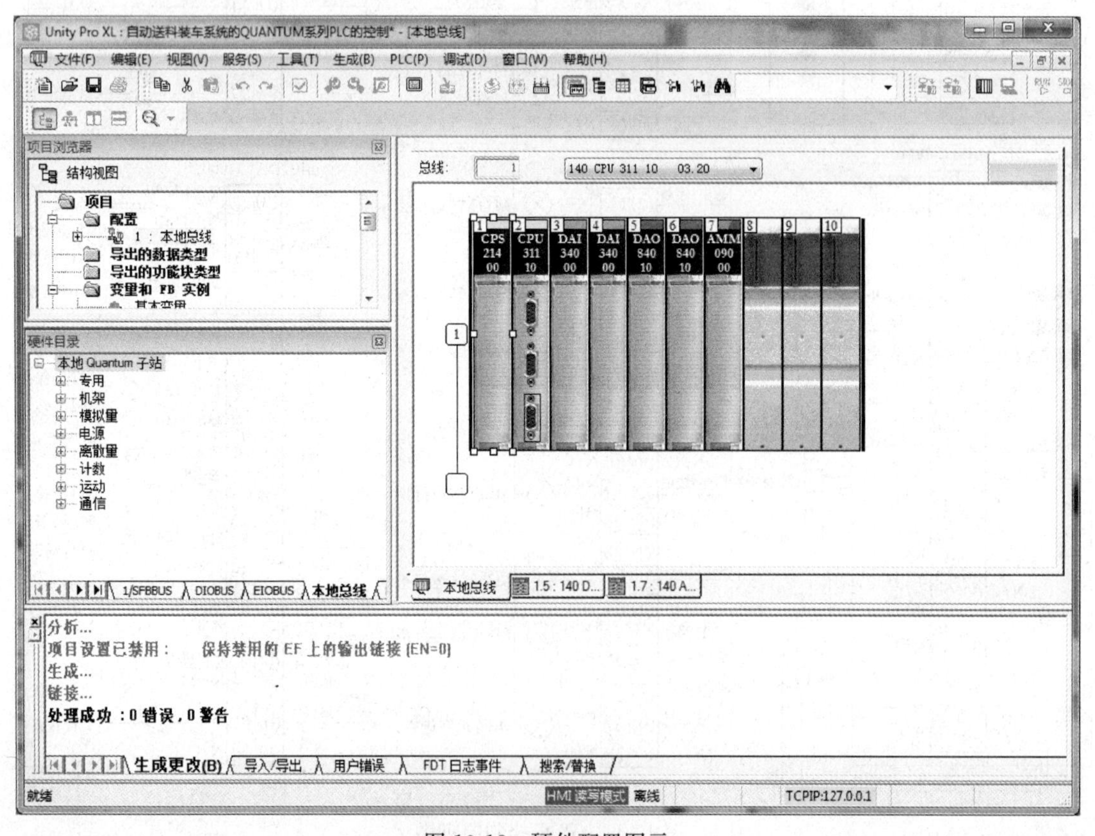

图 10-13　硬件配置图示

第六步 配置模拟量混合模块 AMM090 00

双击【AMM09000】进入模块的配置画面，设置模拟量输入模块的通道使用情况、量程、调用任务、精度、操作模式等。

在本项目中使用了 4 个模拟输入通道，模拟量量程都使用 0～10V，模拟量【输入开始地址】为%IW1，【输入结束地址】为%IW5，其中前 4 个字用于模拟量输入值，第 5 个用于显示模块的状态，在本项目中的两个模拟量输出是为项目以后改造预留的，并没有进行编程。

设置完成图如图 10-14 所示。

图 10-14 模块量模块的配置图示

第七步 模拟量模块的变量的创建

单击【I/O 对象】属性页，先单击【全选】按钮，然后单击【更新网格】，程序会自动选择【%CH1. 7. 1】，然后在【名称前缀】处输入模拟量输入 1 通道的名称“loadCell_left”，在【注释】处输入“左侧称重传感器”。然后单击【创建】，操作过程如图 10-15 所示。

创建通道变量后，系统会自动生成 IO 导出变量，如图 10-16 所示。

使用类似的方法选择【%CH1. 7. 2】和【%CH1. 7. 3】，并分别输入“loadCell_right”（右侧称重传感器）“weight_reference”（重量设置值），创建完成后的变量如图 10-17 所示。

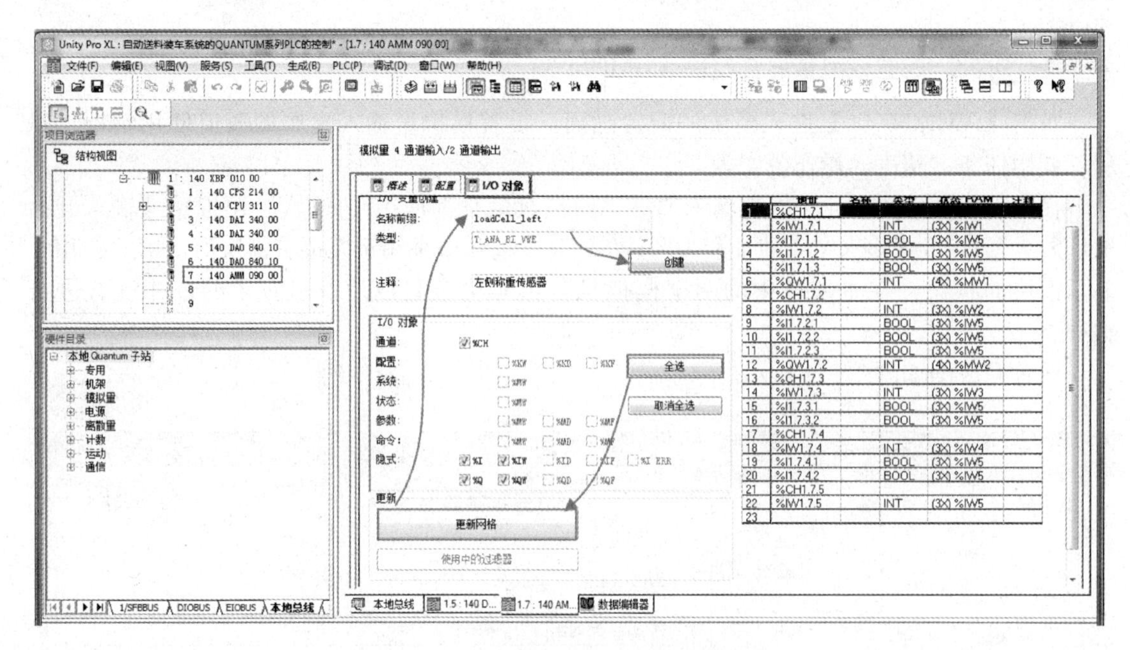

图 10-15　创建模拟量 1 通道的操作过程

模拟量 4 通道输入/2 通道输出

概述　配置　I/O 对象

创建

全选

取消全选

	地址	名称	类型	状态 RAM	注释
1	%CH1.7.1	loadCell_left	T_ANA_BI_VWE		左侧称重传感器
2	%IW1.7.1	loadCell_left.VALUE_IN	INT	(3X) %IW1	通道输入值
3	%I1.7.1.1	loadCell_left.ERROR_IN	BOOL	(3X) %IW5	通道输入超出范围
4	%I1.7.1.2	loadCell_left.WARNING_IN	BOOL	(3X) %IW5	输入通道范围警告
5	%I1.7.1.3	loadCell_left.ERROR_OUT	BOOL	(3X) %IW5	通道输出线路中断
6	%QW1.7.1	loadCell_left.VALUE_OUT	INT	(4X) %MW1	通道输出值
7	%CH1.7.2				
8	%IW1.7.2		INT	(3X) %IW2	
9	%I1.7.2.1		BOOL	(3X) %IW5	
10	%I1.7.2.2		BOOL	(3X) %IW5	
11	%I1.7.2.3		BOOL	(3X) %IW5	
12	%QW1.7.2		INT	(4X) %MW2	
13	%CH1.7.3				
14	%IW1.7.3		INT	(3X) %IW3	
15	%I1.7.3.1		BOOL	(3X) %IW5	
16	%I1.7.3.2		BOOL	(3X) %IW5	
17	%CH1.7.4				
18	%IW1.7.4		INT	(3X) %IW4	
19	%I1.7.4.1		BOOL	(3X) %IW5	
20	%I1.7.4.2		BOOL	(3X) %IW5	
21	%CH1.7.5				
22	%IW1.7.5		INT	(3X) %IW5	
23					

本地总线　1.5 : 140 D...　1.7 : 140 AM...　数据编辑器

图 10-16　创建模拟量 1 通道的 IO 导出变量的结果

如果读者在创建的过程中出错，可以到【变量和 FB 实例】下的【IO 导出的变量】，右击要删除的变量，在快捷菜单中选择【删除】，删除后还可以采用类似的方式重新设置变量名，操作如图 10-18 所示。

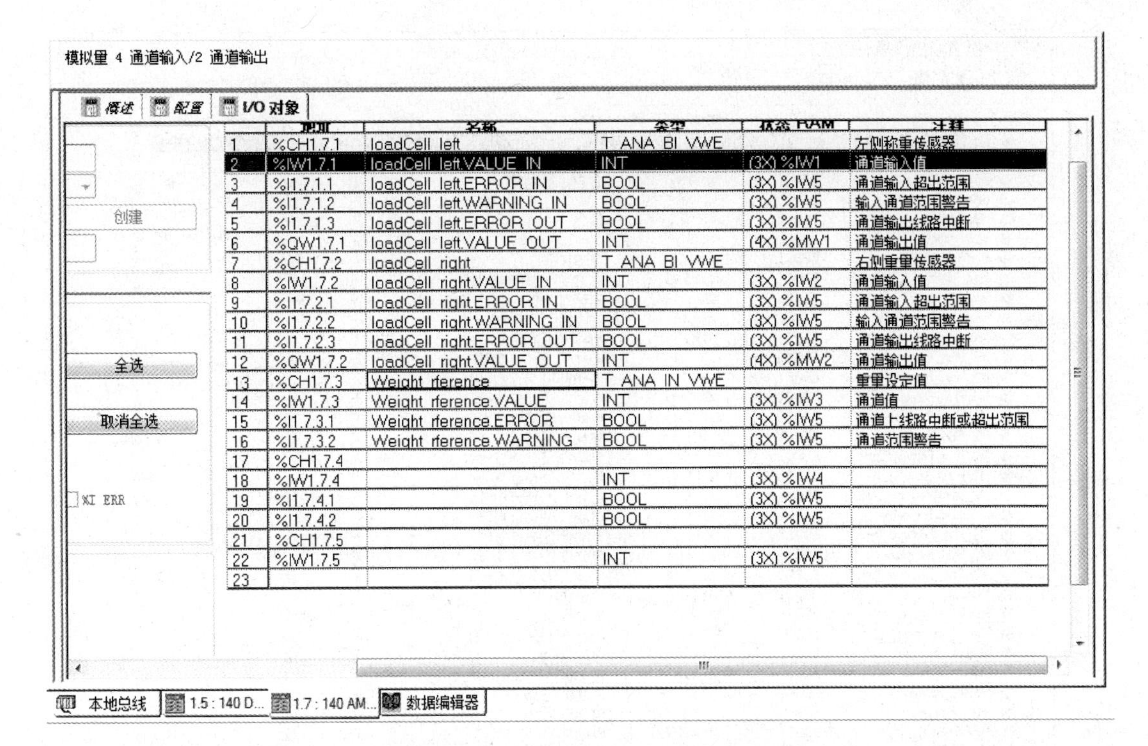

	地址	名称	类型	状态 RAM	注释
1	%CH1.7.1	loadCell_left	T_ANA_BI_VWE		左侧称重传感器
2	%IW1.7.1	loadCell_left.VALUE_IN	INT	(3X) %IW1	通道输入值
3	%I1.7.1.1	loadCell_left.ERROR_IN	BOOL	(3X) %IW5	通道输入超出范围
4	%I1.7.1.2	loadCell_left.WARNING_IN	BOOL	(3X) %IW5	输入通道范围警告
5	%I1.7.1.3	loadCell_left.ERROR_OUT	BOOL	(3X) %IW5	通道输出线路中断
6	%QW1.7.1	loadCell_left.VALUE_OUT	INT	(4X) %MW1	通道输出值
7	%CH1.7.2	loadCell_right	T_ANA_BI_VWE		右侧重量传感器
8	%IW1.7.2	loadCell_right.VALUE_IN	INT	(3X) %IW2	通道输入值
9	%I1.7.2.1	loadCell_right.ERROR_IN	BOOL	(3X) %IW5	通道输入超出范围
10	%I1.7.2.2	loadCell_right.WARNING_IN	BOOL	(3X) %IW5	输入通道范围警告
11	%I1.7.2.3	loadCell_right.ERROR_OUT	BOOL	(3X) %IW5	通道输出线路中断
12	%QW1.7.2	loadCell_right.VALUE_OUT	INT	(4X) %MW2	通道输出值
13	%CH1.7.3	Weight_rference	T_ANA_IN_VWE		重量设定值
14	%IW1.7.3	Weight_rference.VALUE	INT	(3X) %IW3	通道值
15	%I1.7.3.1	Weight_rference.ERROR	BOOL	(3X) %IW5	通道上线路中断或超出范围
16	%I1.7.3.2	Weight_rference.WARNING	BOOL	(3X) %IW5	通道范围警告
17	%CH1.7.4				
18	%IW1.7.4		INT	(3X) %IW4	
19	%I1.7.4.1		BOOL	(3X) %IW5	
20	%I1.7.4.2		BOOL	(3X) %IW5	
21	%CH1.7.5				
22	%IW1.7.5		INT	(3X) %IW5	
23					

图 10-17　3 个模拟量通道创建完成图

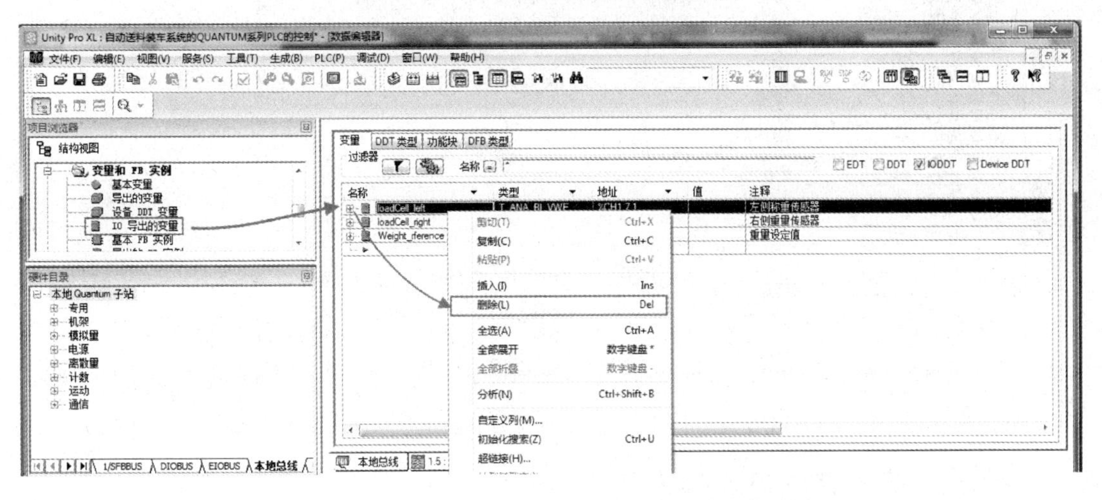

图 10-18　在 IO 导出的变量中删除声明错的变量图

第八步　符号表

单击【项目管理器】→【变量和 FB 实例】→【基本变量】，在弹出的【数据编辑器】中创建变量、地址、数据类型和注释，如图 10-19 所示。

第九步　在 Mast 任务下创建新的程序段

右击【任务】→【MAST】→【段】，在弹出的快捷菜单中选择【新建段】，并在随后弹出的对话框输入段的名称“conveyer_belt”，然后单击【OK】按钮，创建新的程序段，操作如图 10-20 所示。

变量　DDT 类型　功能块　DFB 类型

过滤器　名称 = *　　EDT　DDT　IODDT　Devic

名称	类型	地址	值	注释	I...	引用变量读/写权限
ATS1_Fault	EBOOL	%I1.3.1		软启动器1故障	无	
ATS2_Fault	EBOOL	%I1.3.2		软启动器2故障	无	
ATS3_Fault	EBOOL	%I1.3.3		软启动器3故障	无	
delay1	BOOL				无	
delay_time1	EBOOL				无	
delay_time2	EBOOL				无	
E_stop	EBOOL	%I1.3.5		急停按钮	无	
entry_door	EBOOL	%Q1.5.13		车道闸门控制连接CR7	无	
Entry_lamp	EBOOL	%Q1.6.16		车辆允许进入指示灯连接HL8	无	
Fault_lamp	EBOOL	%Q1.6.5		故障指示灯连接HL3	无	
hopper	EBOOL	%Q1.5.15		料斗控制连接CR8	无	
M1_Run_Forward	EBOOL	%Q1.5.1		电动机1正转连接CR1	无	
M1_Run_Forward_lamp	EBOOL	%Q1.6.1		电动机1正转连接HL1	无	
M1_Run_Reverse	EBOOL	%Q1.5.4		电动机1反转连接CR2	无	
M1_Run_Reverse_lamp	EBOOL	%Q1.6.4		电动机1反转连接HL2	无	
M2_Run_Forward	EBOOL	%Q1.5.5		电动机2正转连接CR3	无	
M2_Run_Forward_lamp	EBOOL	%Q1.6.9		电动机2正转连接HL4	无	
M2_Run_Reverse	EBOOL	%Q1.5.9		电动机2反转连接CR5	无	
M2_Run_Reverse_lamp	EBOOL	%Q1.6.8		电动机2反转连接HL5	无	
M3_Run_Forward	EBOOL	%Q1.5.8		电动机3正转连接CR4	无	
M3_Run_Forward_lamp	EBOOL	%Q1.6.13		电动机3正转连接HL7	无	
M3_Run_Reverse	EBOOL	%Q1.5.12		电动机3反转连接CR6	无	
M3_Run_Reverse_lamp	EBOOL	%Q1.6.12		电动机3反转连接HL6	无	
Manual_Auto	EBOOL	%I1.3.8		手自动开关	无	
Motor1_Forward	EBOOL	%I1.4.3		电动机1正转	无	
Motor1_reverse	EBOOL	%I1.4.1		电动机1反转	无	
Motor1_Stop	EBOOL	%I1.4.4		电动机1停止	无	
Motor1_Thermal	EBOOL	%I1.4.2		电动机1热保护	无	
Motor2_Forward	EBOOL	%I1.4.7		电动机2正转	无	
Motor2_reverse	EBOOL	%I1.4.5		电动机2反转	无	
Motor2_Stop	EBOOL	%I1.4.8		电动机2停止	无	
Motor2_Thermal	EBOOL	%I1.4.6		电动机2热保护	无	
Motor3_Forward	EBOOL	%I1.4.11		电动机3正转	无	
Motor3_reverse	EBOOL	%I1.4.9		电动机3反转	无	
Motor3_Stop	EBOOL	%I1.4.12		电动机3停止	无	
Motor3_Thermal	EBOOL	%I1.4.10		电动机3热保护	无	
Pipe	EBOOL	%Q1.5.16		料管控制连接CR9	无	
pipe_switch	EBOOL	%I1.4.16		料位开关	无	
slot_amm	INT					
Start	EBOOL	%I1.3.13		系统启动按钮连接QA8	无	
Stop	EBOOL	%I1.3.16		系统停止按钮连接TA4	无	
systme_start_flag	BOOL			系统启动标志	无	
Thermal_Ok	BOOL			热保护标志	无	
Timer1_reach	BOOL				无	
Timer2_reach	BOOL				无	
Timer3_reach	BOOL				无	
Truck_in_Place	EBOOL	%I1.3.4		卡车就位信号连接SW1	无	
weight_average	REAL			平均重量		
weight_reach	BOOL			重量到达	无	
weight_total	REAL			总重量		
weight_Value_left	REAL			左侧实际重量		
weight_Value_ref	REAL			重量设定值		

图 10-19　变量符号表图示

第十步　系统启动内部标志位的编程

程序首先建立内部的系统启动位标志为方便后面的编程，当按下系统启动 QA8 后，如果软启动器没有故障，也没有热保护故障且没有按下急停按钮 E_Stop，输出系统启动的内部标志位 system_start_flag，程序的实现如图 10-21 所示。

第十一步　手动控制传送带 1 的正反转运行

此自动送料装车系统分为自动和手动两种工作模式，在手动模式下，使用置复位功能块完成电动机 M1、M2 和 M3 正转运行，这样做是因为自动模式下的电动机 M1、M2 和 M3 采用了置复位 M1、M2 和 M3 电动机运行方式。这样做的好处是程序的可读性强，缺点是如果编程上不够细心容易出现编程错误。

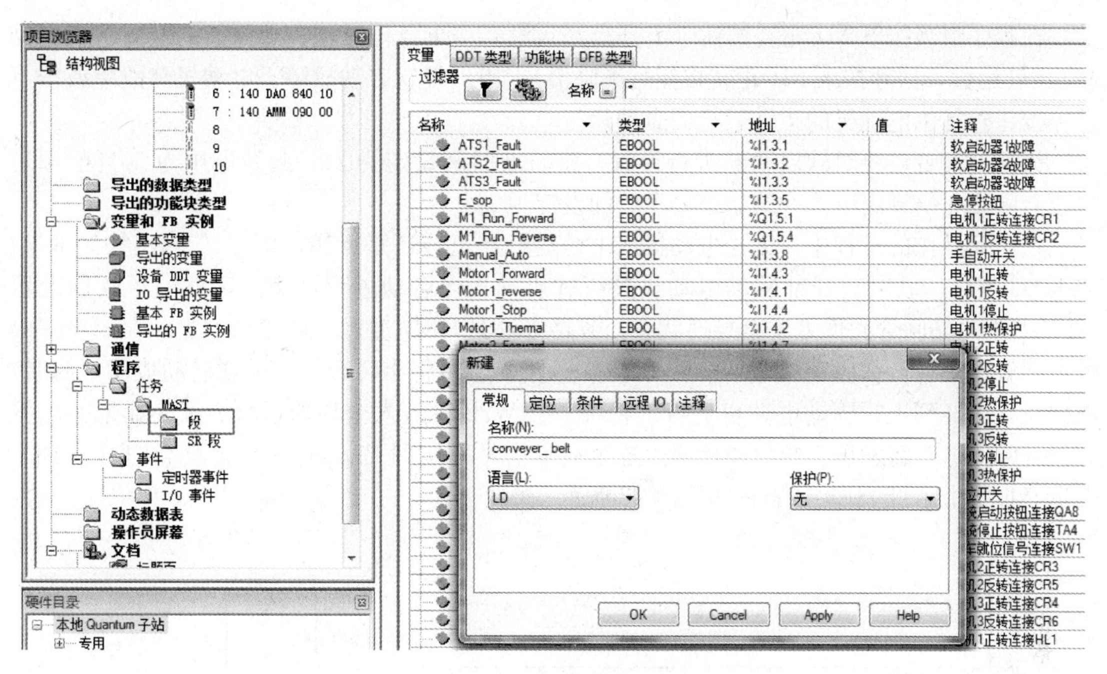

图 10-20　创建新的程序段

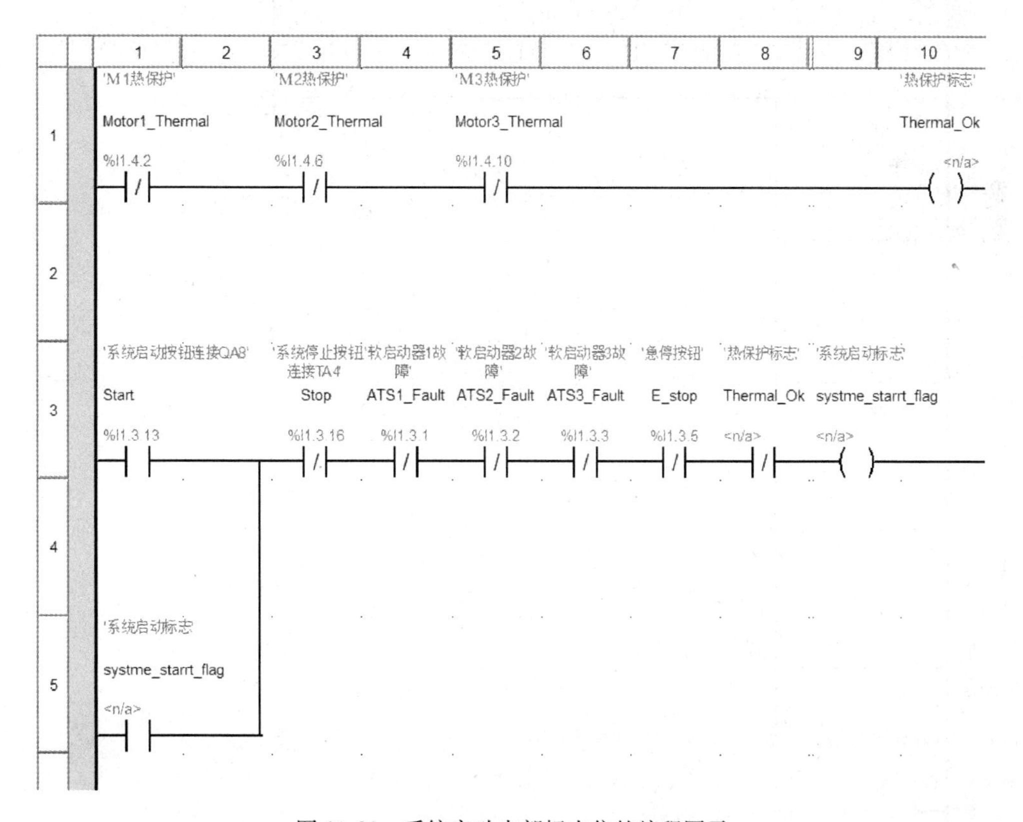

图 10-21　系统启动内部标志位的编程图示

在程序中当按下 M1 正转按钮（上升沿）且没有按下急停按钮、热保护的情况下，启动 M1 正转运行，松开按下 M1 正转按钮（下降沿），当出现软启动故障、电动机热故障或按下急停按钮时复位电动机的正转运行的点动运行。

另外，读者还要对软启动器进行设置，将斜坡时间设定为 5s、起始电压为 60%的额定电压，限流 3 倍额定电流，最后把停车时间设定为 10s。

在实际操作的过程中，无论电动机 M1 是运行在正转还是反转，即 PLC 输出控制 KM2 或 KM3 闭合，软启动器都驱动电动机进行软启动，当启动过程结束后，西门子软启动器 3RW22 中的晶闸管元件处于全导通状态。旁路接触器 KM1 通过 3RW22 内的 motor runuing 继电器触点闭合，在启动周期结束后 2s 内，旁路接触器将会闭合，代表软启动成功，此时，软启动器切换到工频驱动电动机运行。否则，3RW22 将进入全导通运行方式，如果旁路接触器异常，这时将发出一个故障信号，这个故障信号连接到 PLC 的输入端子 4.04 上，PLC 会点亮报警指示灯 HL3。程序如图 10-22 所示。

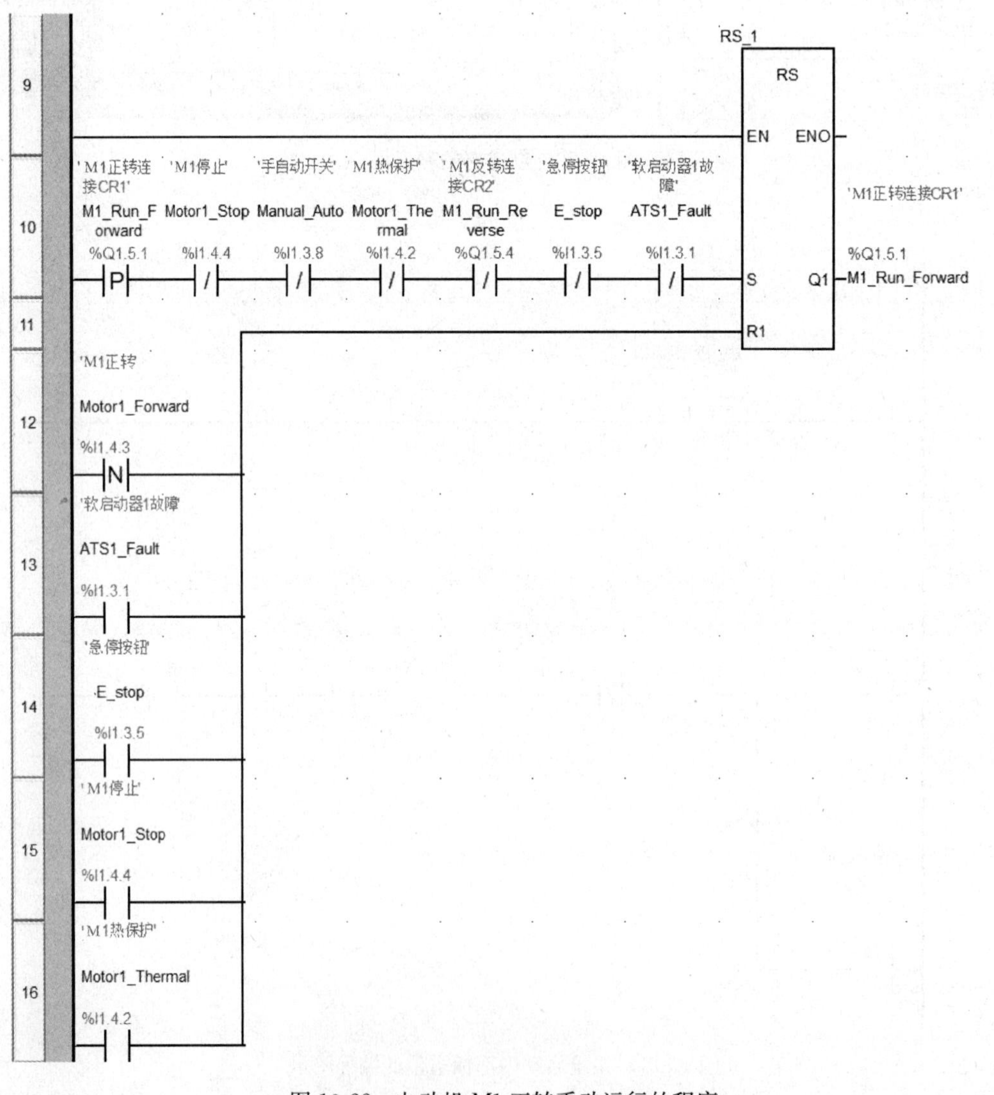

图 10-22　电动机 M1 正转手动运行的程序

采用反向按钮直接控制反向输出线圈的方式，为了防止电动机的输出正反转运行同时输出导致软启动器进线发生相间短路，因此在程序中使用了互锁。

在电动机 M1 反转运行与正转运行编程类似，完成的程序如图 10-23 所示。

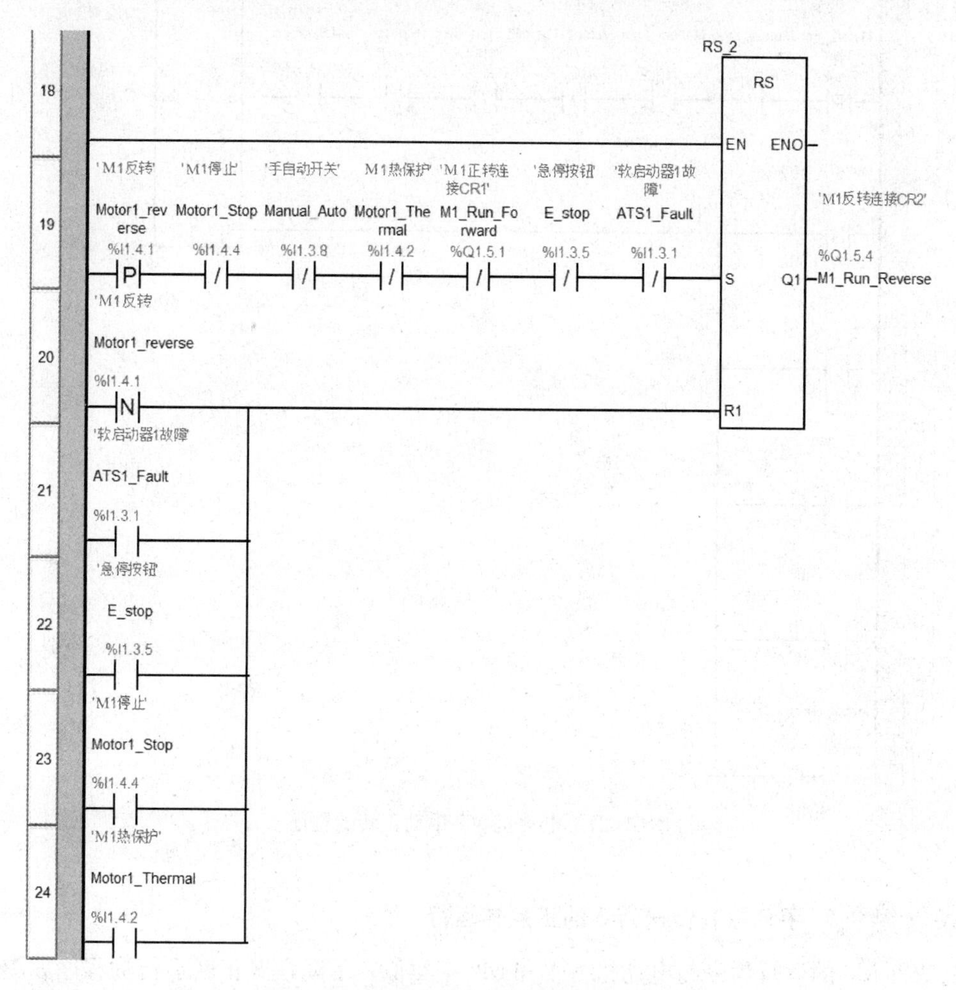

图 10-23 电动机 M1 反转手动运行的程序

第十二步 手动控制传送带 2 的正反转运行

电动机 M2 和 M3 手动运行与 M1 相类似，在程序中当按下 M2 正转按钮（上升沿）且没有按下急停按钮、热保护的情况下，启动 M1 正转运行，松开按下 M2 正转按钮（下降沿），当软启动出现故障、电动机热故障或按下急停按钮时复位电动机的正向运行的点动运行，采用反向按钮直接控制反向输出线圈的方式，为了防止电动机的输出正反转运行同时输出导致软启动器进线发生相间短路，因此在程序中使用了互锁。

电动机 M2 正转手动运行的编程如图 10-24 所示。

在电动机 M2 反转手动运行与正转运行编程类似，完成的程序如图 10-25 所示。

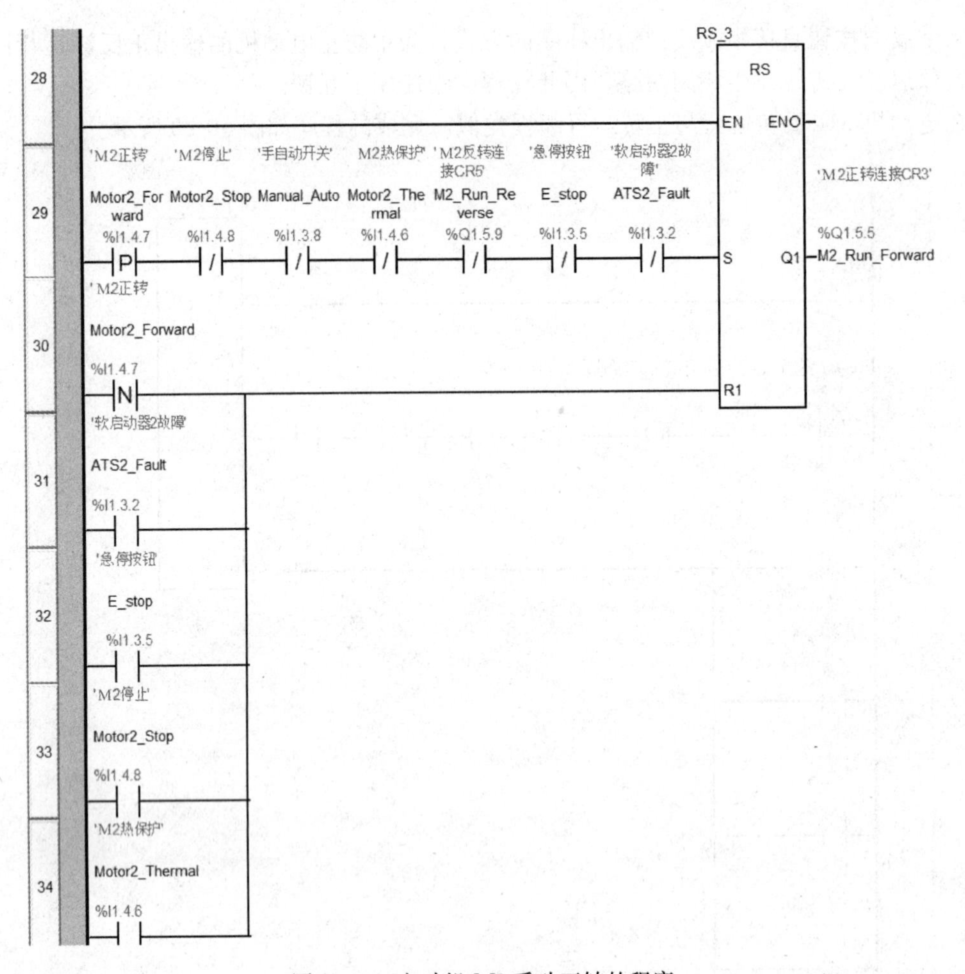

图 10-24　电动机 M2 手动正转的程序

第十三步　手动控制传送带 3 的正反转运行

电动机 M3 的运行程序与电动机 M1 和 M2 相类似，手动模式正转运行的程序如图 10-26 所示。

电动机 M3 手动反转的程序如图 10-27 所示。

第十四步　自动模式的程序编制

当系统启动后，并且在自动模式下，自动送料生产线使用光电开关检查汽车就位后，汽车就位限位开关通电闭合，程序开启 TON_0 的 2s 延时，延时到达后，置位启动电动机 M3 的正转运行，程序如图 10-28 所示。

电动机 M3 运行 3s 后，开始运行电动机 M2，程序如图 10-29 所示。

电动机 M2 运行 3s 后，开启电动机 M1 的自动正转运行，程序如图 10-30 所示。

第十五步　自动模式下电动机 M1、M2 和 M3 的停止逻辑

再创建一个用于电动机停止逻辑和模拟量处理程序的段“truck_motor_stop”，创建完成后，打开此程序段。

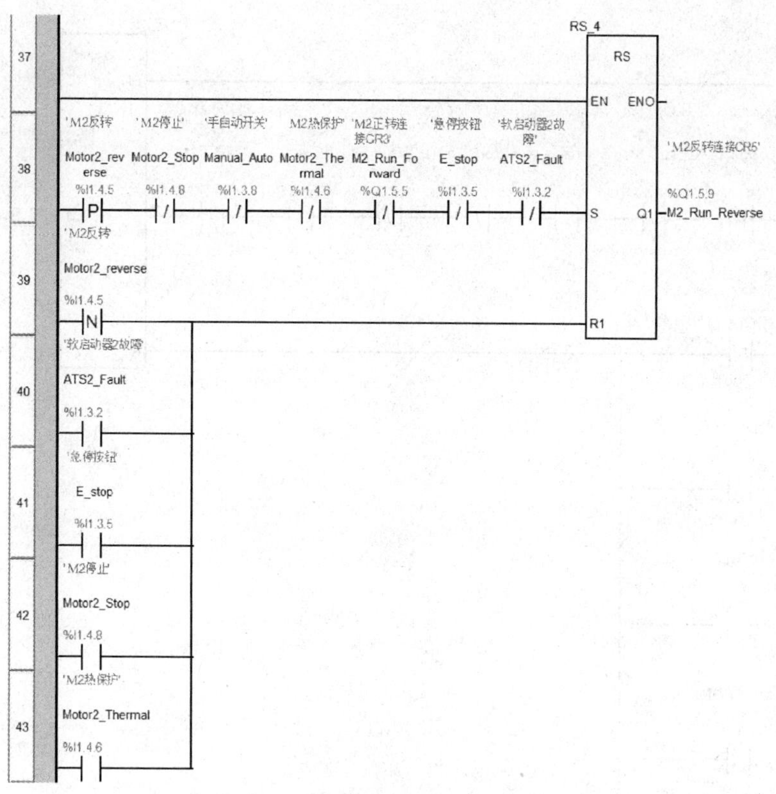

图 10-25 电动机 M2 手动反转的程序

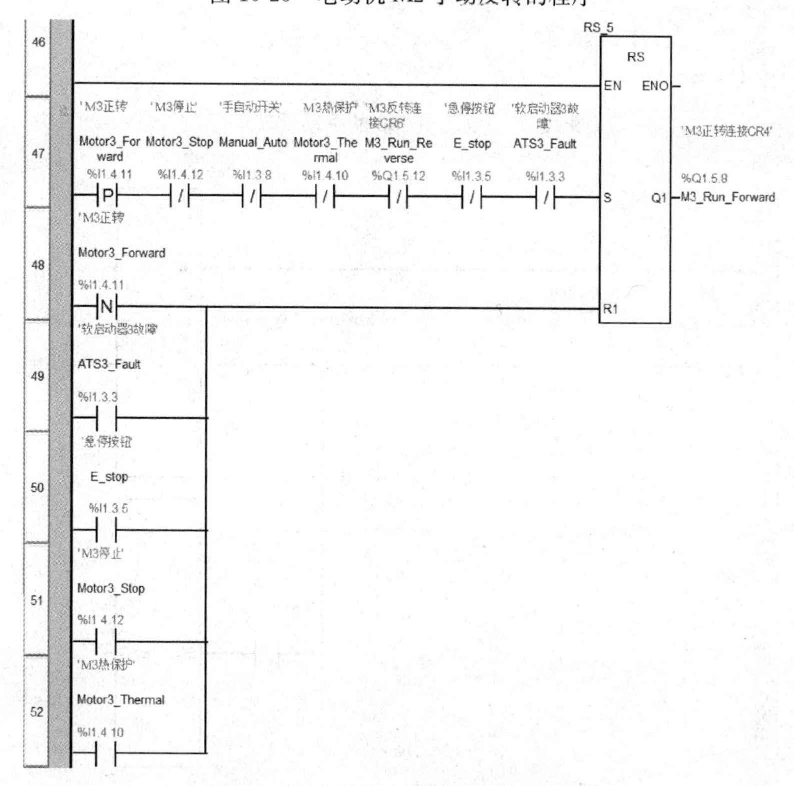

图 10-26 电动机 M3 的手动正转运行

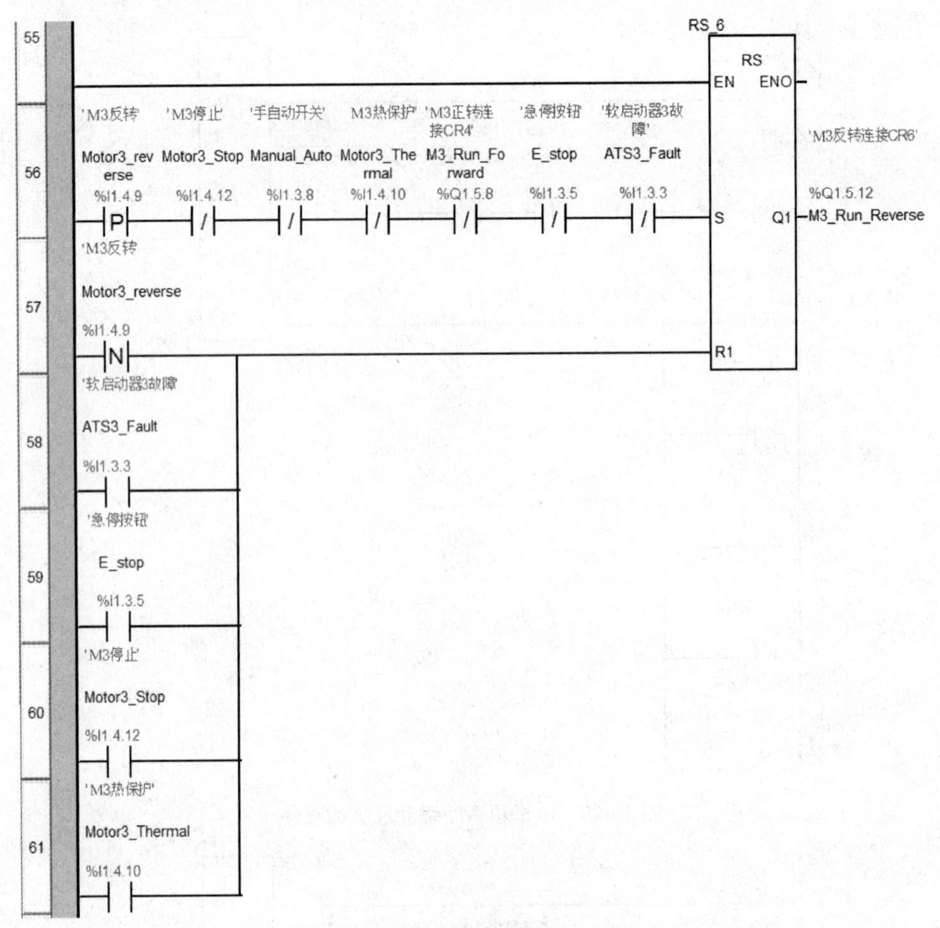

图 10-27　电动机 M3 的手动反转运行

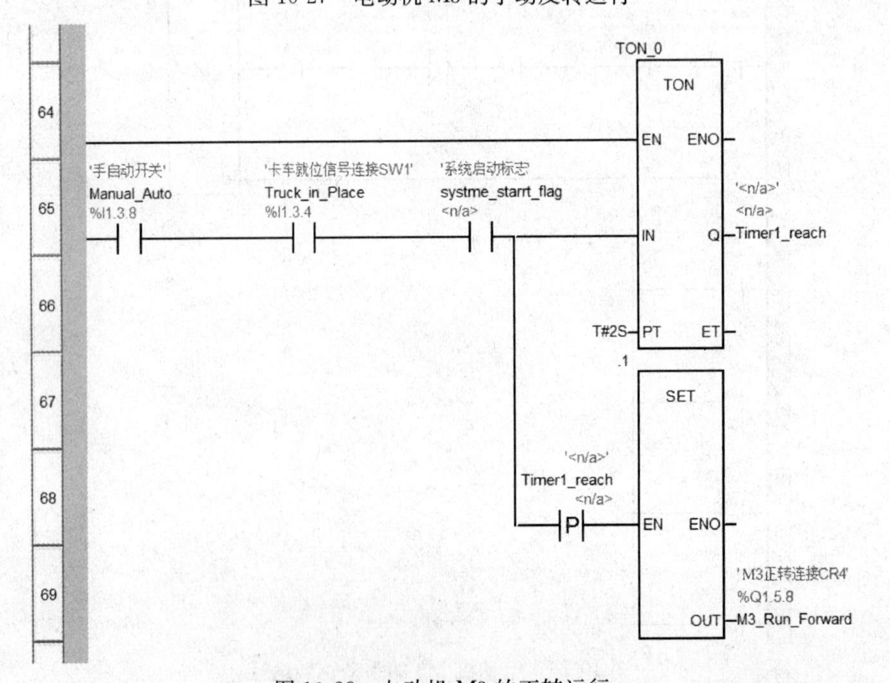

图 10-28　电动机 M3 的正转运行

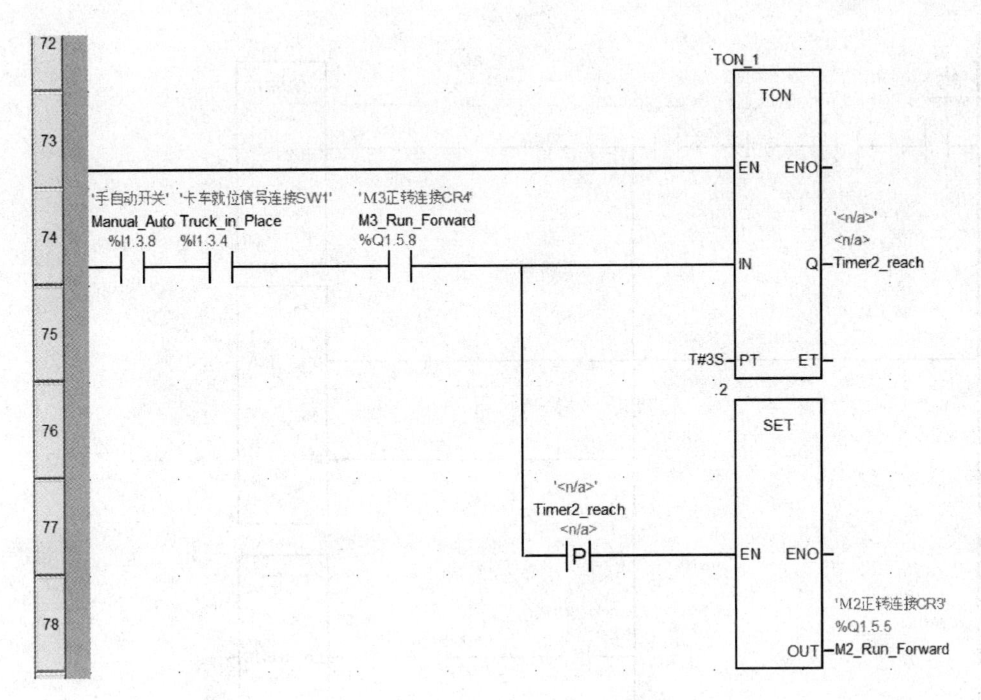

图 10-29 电动机 M2 正转运行的程序

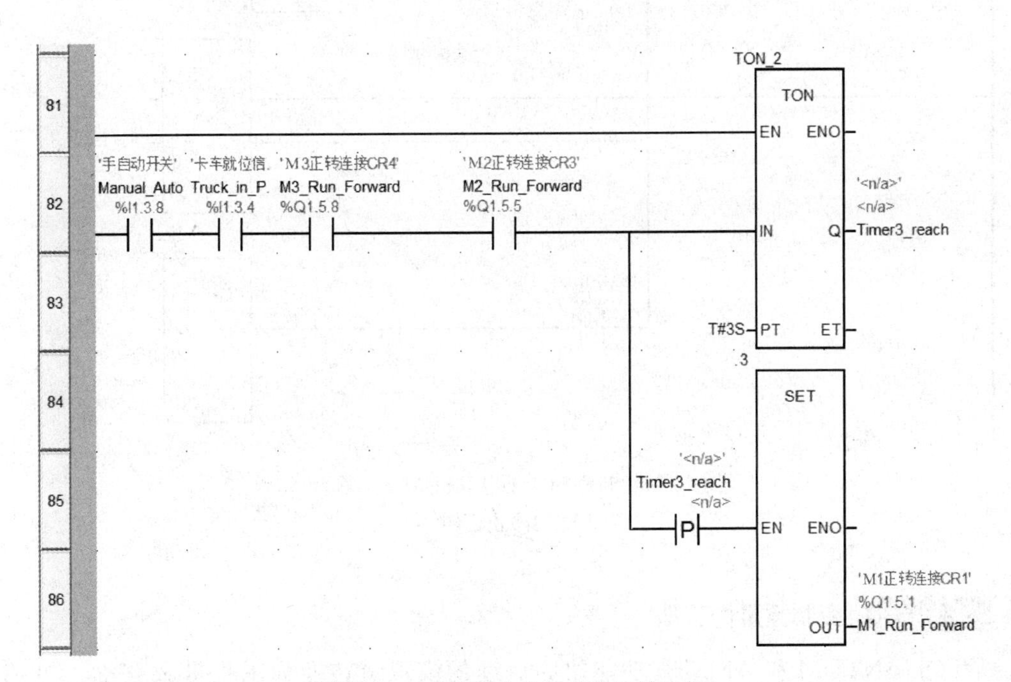

图 10-30 电动机 M1 的自动正转运行

当 3 台电动机都投入运行后，系统采用两个称重仪检查汽车的重量，当货物的重量达到设置值以后，系统先停止电动机 M1 的运行，3s 后停止电动机 M2 的运行，再延时 2s 后停止电动机 M3，程序如图 10-31 所示。

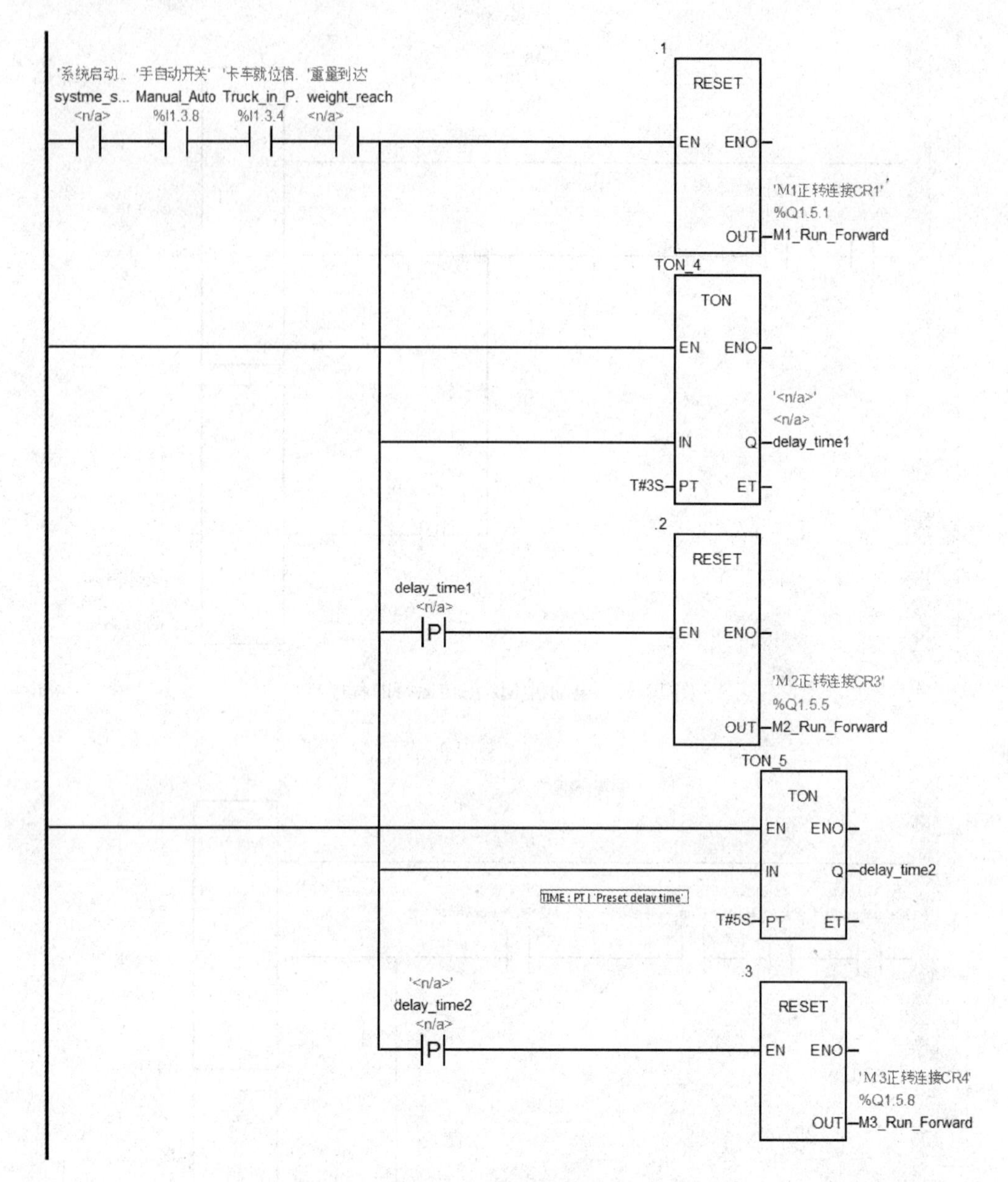

图 10-31　自动模式下电动机 M1、M2 和 M3 的停止逻辑

第十六步　货物重量的获取

调用 QUANTUM 和 AMM90 功能块为后续的模拟量转换为工程量做准备，QUANTUM 功能块提供槽号，AMM090 提供通道数据，程序如图 10-32 所示。

货物的测量采用两个称重仪 S1 和 S2，称重仪的 10V 模拟量在通道没有超出范围的前提下，采用 I_Scale 指令转为浮点数格式数值的重量值，称重仪 S1 的数据处理的程序如图 10-33 所示。

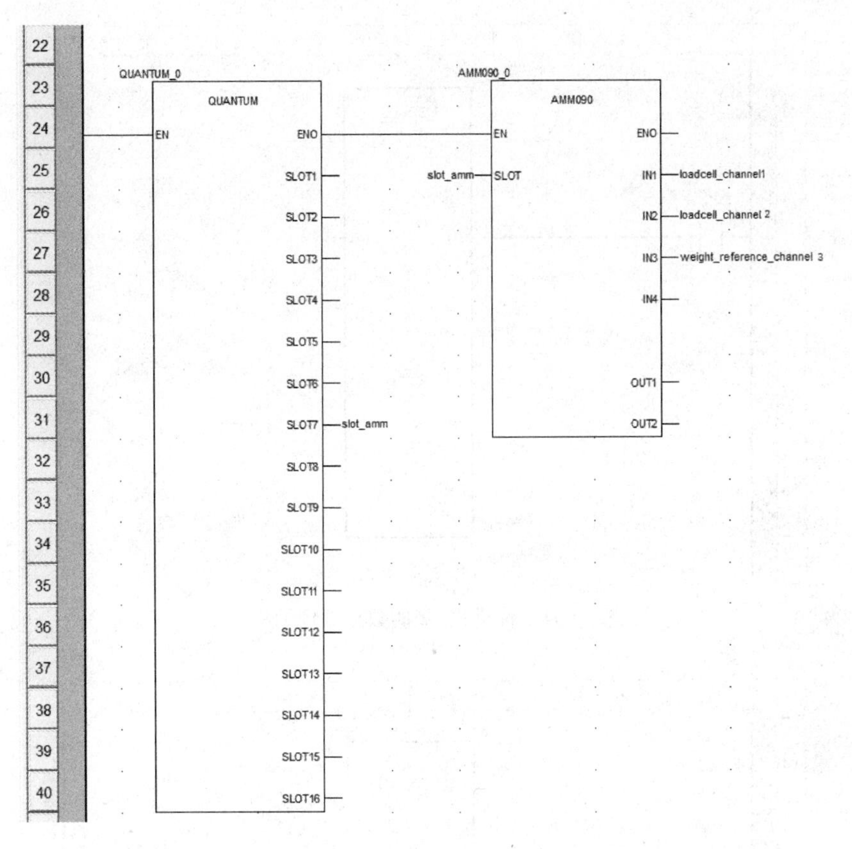

图 10-32 调用 QUANTUM 和 AMM90 功能块

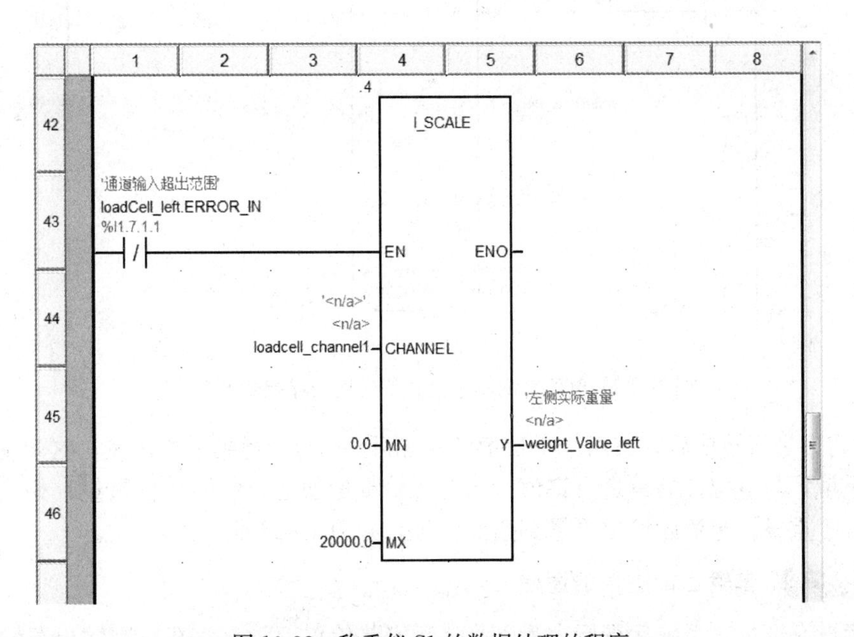

图 10-33 称重仪 S1 的数据处理的程序

称重仪 S2 的数据处理的程序如图 10-34 所示。

把电位计的重量设置值也转换为浮点数，程序如图 10-35 所示。

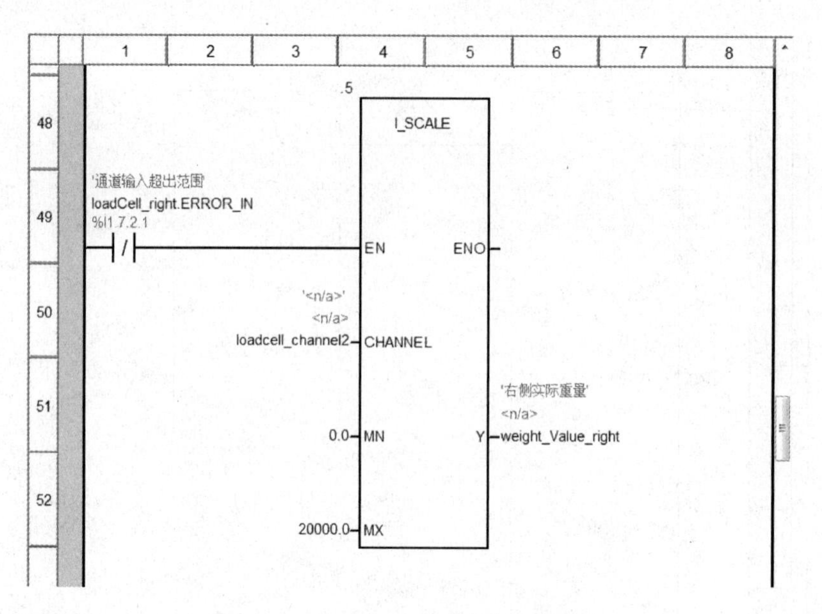

图 10-34　称重仪 S2 的数据处理的程序

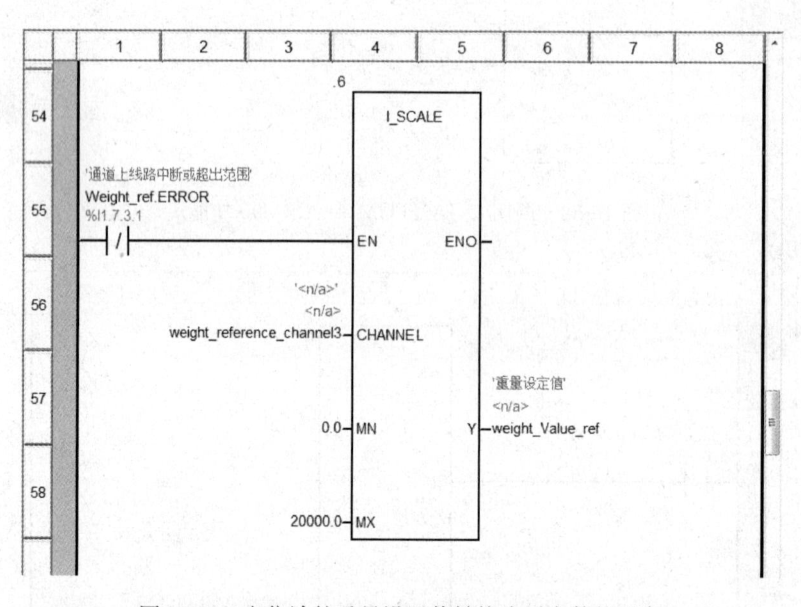

图 10-35　电位计的重量设置值转换为浮点数的程序

把 S1 的重量值转换后，将两个重量值的累加后除以 2，得到平均重量，这个重量作为货物的实际重量，与电位计的重量设定值（车的初始重量加上要装的货物重量）相比较，当实际重量值大于重量设定值后输出重量到达的信号，如图 10-36 所示。

第十七步　车辆运行进入的逻辑

当车辆没有运行，系统运行标志为真且货物安装位置上没有汽车，则输出车辆进入标志并打开车辆进入的闸门，程序如图 10-37 所示。

* 由于书稿印刷的宽度有限，所以笔者将图 10-37 中的一条程序截成两段，中间用虚线连接起来。

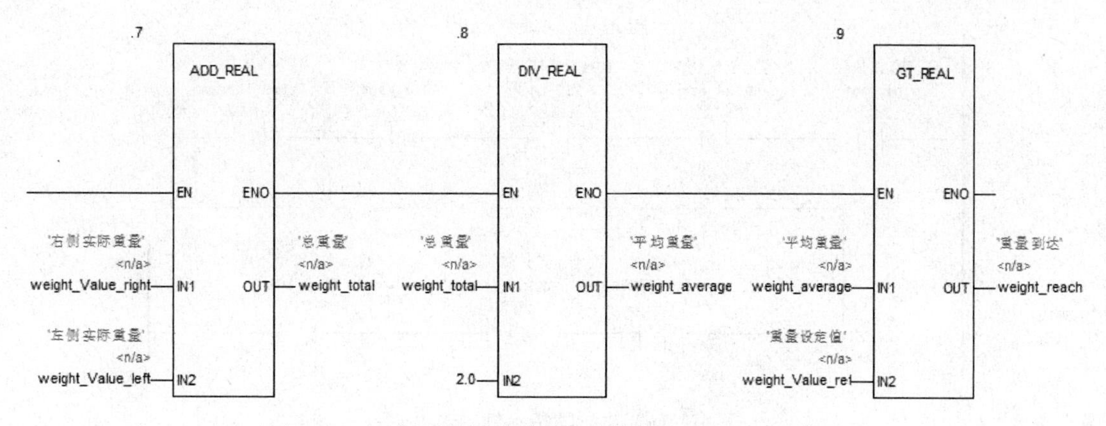

图 10-36　比较重量设定值和给定值输出重量到达的信号

'<n/a>'
systme_starrt_flag
<n/a>
'M1正转连接CR1'
M1_Run_Forward
%Q1.5.1
'M1反转连接CR2'
M1_Run_Reverse
%Q1.5.4
'M2正转连接CR3'
M2_Run_Forward
%Q1.5.5
'M2反转连接CR5'
M2_Run_Reverse
%Q1.5.9
'M3正转连接CR4'
M3_Run_Forward
%Q1.5.8
'M3反转连接CR6'
M3_Run_Reverse
%Q1.5.12
'卡车就位信号连接SW1'
Truck_in_Place
%I1.3.4
'车辆允许进入指示灯连接HL8'
Entry_lamp
%Q1.6.16
'车道闸门控制连接CR7'
entry_door
%Q1.5.13

图 10-37　车辆进入和闸门控制

第十八步　故障信号的编程

当出现紧急停止、软启动故障或电动机热保护故障，输出故障指示，编程时使用了德摩根定律：非（P 且 Q）=（非 P）或（非 Q），程序如图 10-38 所示。

* 由于书稿印刷的宽度有限，所以笔者将图 10-38 中的一条程序截成两段，中间用虚线连接起来。

第十九步　正反转运行指示灯的编程

当出现电动机正向或反向运行时，同时输出正转或反转运行指示灯，程序如图 10-39 所示。

第二十步　进料控制

系统启动后，自动运行方式时，料斗自动下料，当按下急停开关、传送带 1 正转运行或者汽车到达预设重量时，将停止料斗下料，上料在自动运行方式时，只要系统自动运行，当重量没有达到预设值时，料管道控制器就开始工作下料，料斗检测到料斗位置测量仪检测到料斗已满后，停止自动上料的工作。

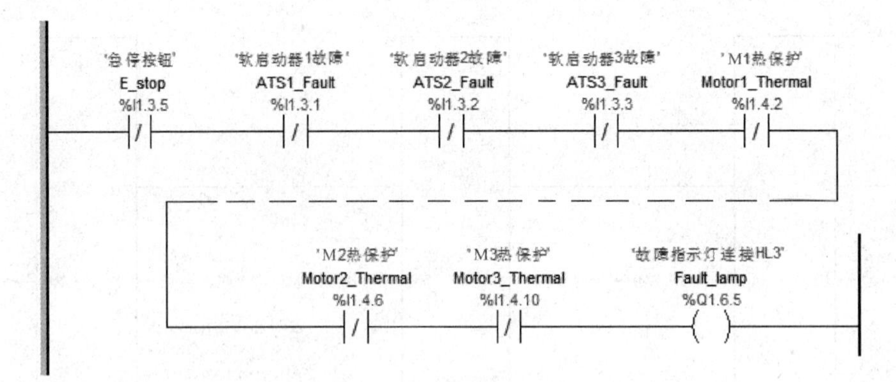

图 10-38　故障指示灯的输出

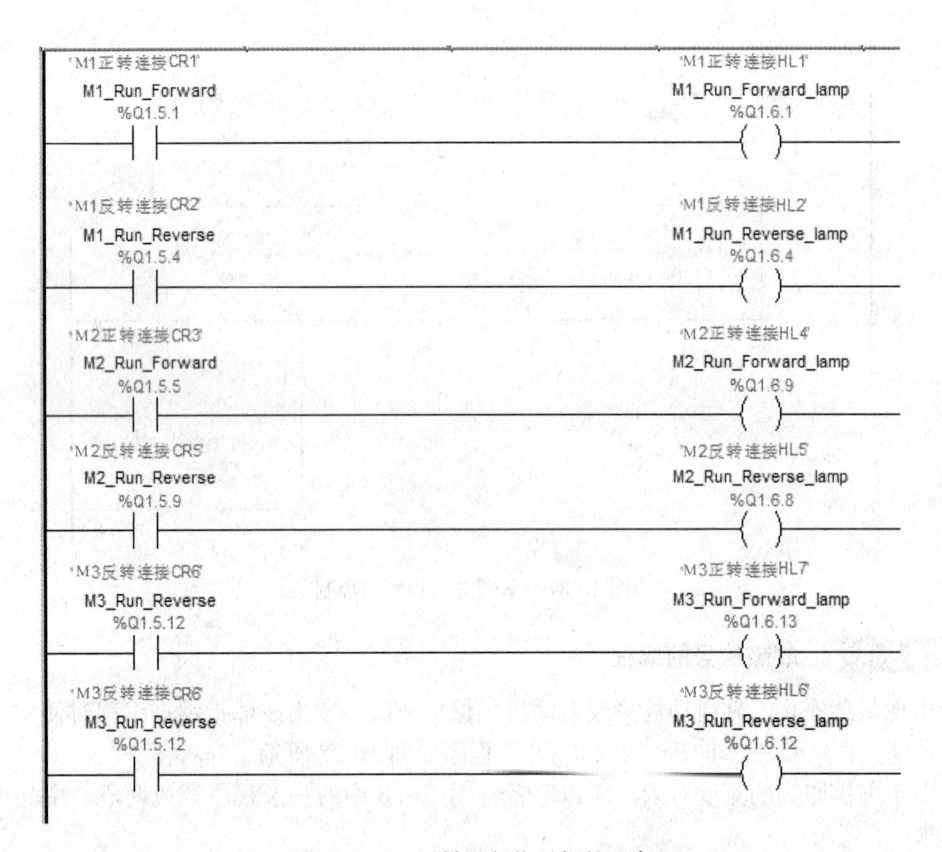

图 10-39　正反转运行指示灯的程序

手动方式时，上料和下料都由 ST1 来控制，料管道控制器和料斗控制器是由两个中间继电器 CR8 和 CR9 的接通和断开来进行控制的，接通则打开阀门，断开将关闭阀门，程序的实现如图 10-40 所示。

第二十一步　项目分析

项目编制完成后，单击 Unity Pro 菜单栏上的【生成】→【项目分析】，在界面底部的【项目分析】窗口中可以显示出项目中的错误或警告。项目分析的流程图示如图 10-41 所示。

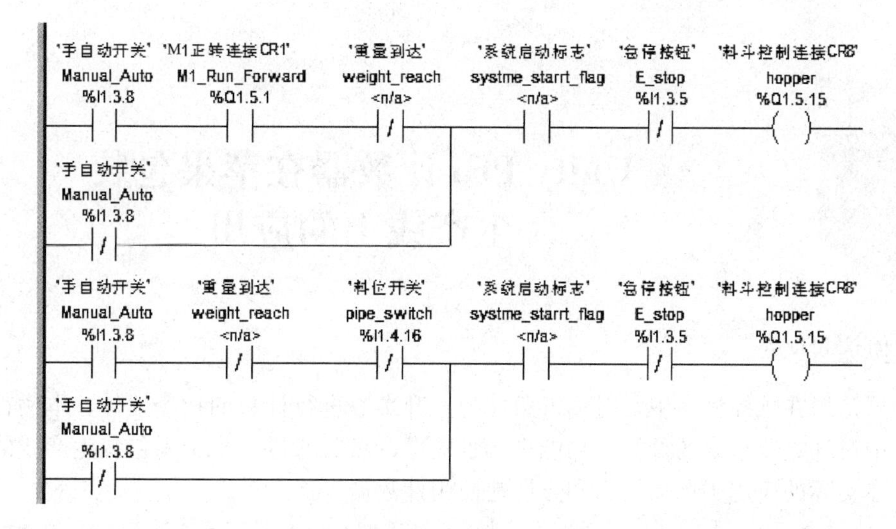

图 10-40　进料控制

图 10-41　项目分析的流程图示

Unity Pro 计数器在苹果包装生产线上的应用

一、 案例说明

计数器是指在顺控程序中，对输入条件的上升次数进行计数的指令元件。本例首先在相关知识点中对计数器指令的种类和功能进行了梳理，然后通过一个苹果包装生产线的项目来说明如何在实际的应用中更加灵活和方便地使用计数器。

二、 相关知识点

1. 计数器指令

(1) CTUD 指令。CTUD 可以用于加计数和减计数。在【CU】端口处布尔变量的每一个上升沿计数器的值加 1，【CD】端口处布尔变量的每一个下降沿计数器的值减 1，【LD】端口处为 1 时，将 PV 值装入计数器当前值。【R】输入为 1 时，将计数器的当前值清零。

若【R】和【LD】同时为 1，【R】端口的复位功能优先。

当 CV≥PV 时，【QU】输出端口变为 1。当 CV≤0 时，【QD】输出端口将变为 1。CTUD 加减计数器 3 种编程语言的应用见表 11-1。

表 11-1 CTUD 加减计数器 3 种编程语言的应用

LD 编程语言	FBI_22 CTUD EN ENO add_pulse — CU QU — UP_out sub_pulse — CD QD — Down_out reset_counter — R Load_PV — LD PresetV1 — PV CV — couter_CurrentValue
ST 编程语言	FBI_22（CU：=add_pulse（*BOOL*）， CD：=sub_pulse（*BOOL*）， R：=reset_counter（*BOOL*）， LD：=Load_PV（*BOOL*）， PV：=PresetV1（*INT*）， QU=>UP_out（*BOOL*）， QD=>Down_out（*BOOL*）， CV=>couter_CurrentValue（*INT*））；
FBD 编程语言	FBI 22 CTUD 23 add_pulse — CU QU — UP_out sub_pulse — CD QD — Down_out reset_counter — R Load_PV — LD PresetV1 — PV CV — couter_CurrentValue

使用累加器进行程序的编制时，由于累加器的【CU】、【CD】输入端口要求上升沿加1或下降沿减1，这样就可以结合Quantum的系统定时脉冲，用累加器来实现定时器的功能。

如图11-1所示，这个功能块是一个10s的延时，当enable为1开始计时，为0停止计时。%S5是系统定义的100ms脉冲，counter_value存储的是当前延时值。通过计100ms脉冲的个数来完成延时。

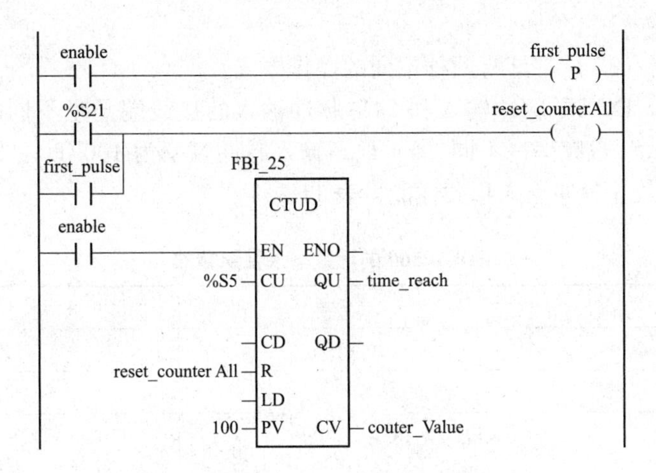

图11-1 CTUD用作计时器的梯形图示例

Quantum PLC内部的系统位%S4～%S7，对应的时基从10ms～1min，见表11-2。

表11-2 Quantum PLC内部的系统位%S4～%S7详述

系统位	时基	描　　述
%S4	10ms	此方波在CPU内部定时器，5ms为1，5ms为0，扫描周期对此时基的时间无影响
%S5	100ms	50ms为1，50ms为0
%S6	1s	500ms为1，500ms为0
%S7	1min	30s为1，30s为0

此程序段同时使用CTUD的【EN】端口上升沿以及PLC每次启动的第一个周期%S21来复位计数器脉冲的值，这样可以保证功能块计时的准确性。如果10s时间没有到达就断开enable变量，再次接通enable变量后，计数器将从上次停止的时间开始，而不是从0开始。

（2）CTU指令。CTU可以用于加计数。在【CU】端口处布尔变量的每一个上升沿计数器的值加1。【R】输入为1时，将计数器的当前值清零。如果计数器增加至所用数据类型的最大值时，就不会再增加了，所以不会发生溢出。

当CV≥PV时，【QU】输出端口变为1。

（3）CTD指令。CTD用于减计数。【CD】端口处布尔变量的每一个下降沿计数器的值减1，当【R】输入为1时，将计数器的当前值清零。

当CV≤0时，【QD】输出端口将变为1。

（4）高速计数模块。程序中使用的CTUD对于较慢的计数应用来讲，是可以使用的，但是对于脉冲频率较高的应用，一般在200Hz以上就要考虑使用高速计数模块，在本例中使用的高速计数模块EHC10500模块是Modicon Quantum控制器的系列使用的高速计数器模块。每个 EHC10500 包含 5 个独立的高速计数器，这些高速计数器可以接收 DC 5V 或 DC 24V 脉冲输入信号。

高速计数器的操作模式可以分为以下 4 大类。

1）事件计数器（32 位，具有 4 种不同的操作模式）。

2）差分计数器（32 位，具有两种不同的操作模式）。

3）重复计数器（16 位）。

4）速度计数器（32 位，具有两种不同的操作模式）。

用户需要注意，DC 5V 脉冲输入和 24V 脉冲输入的接线端子是不同的，不要接错。另外，5V 和 24V 最大计数频率也不同，5V 最高输入脉冲频率为 100kHz，24V 最高脉冲输入频率为 20kHz，计数器脉冲输入相关性能见表 11-3。

表 11-3　EHC10500 的计数输入性能参数

计数器输入	5V	24V
计数频率	100kHz	20kHz
输出断态延迟计数（最长）	3ms	
输入电压	断态（V DC）：1，0…+1，15； 开态（V DC）：3，1…5，5	断态（VDC）：−3，0…+5，0； 开态（VDC）：15，0…30，0
输入电流	3，1V DC 时为 8mA	24V DC 时为 7mA
占空比	1∶1	
数据格式	16 位计数器：65535（十进制）； 32 位计数器：2147483647（十进制）	
延迟时间（典型值）	t=0，002ms	
操作模式	离散量递增计数器	

EHC10500 有 8 个离散量输入和 8 个离散量输出（24V DC 电平）可供读者使用，用户在使用这些 I/O 点前，要在硬件配置画面里分配好这些 I/O 点的功能，分配给哪些计数通道，作用如何。

2. 复制、粘贴和移动模块

用户可以右击【本地总线】中配置的模块，在弹出的子选项中单击【打开模块】，从而调用模块属性窗口来显示模块的属性并进行属性的相应修改，也可以在子选项中选择【移动模块】，在弹出的对话框中输入要移动去的槽位号，确定后这个模块就移动到期望的槽位了。

用户也可以复制和粘贴模块，这里复制 4 号槽位的模块，粘贴到 6 号槽位上，如图 11-2 所示。

3. 编辑器区域排列方式的改变

用户打开多个编辑器以后，可以任意排列编辑器区域的窗口，用户可以右击编辑器的窗口名称，在弹出的子选项中选择这些窗口成层叠、水平平铺还是成垂直平铺排列。当然用户也可以选择关闭所选窗口或关闭所有窗口，垂直平铺窗口和数据编辑器的操作如图 11-3 所示。

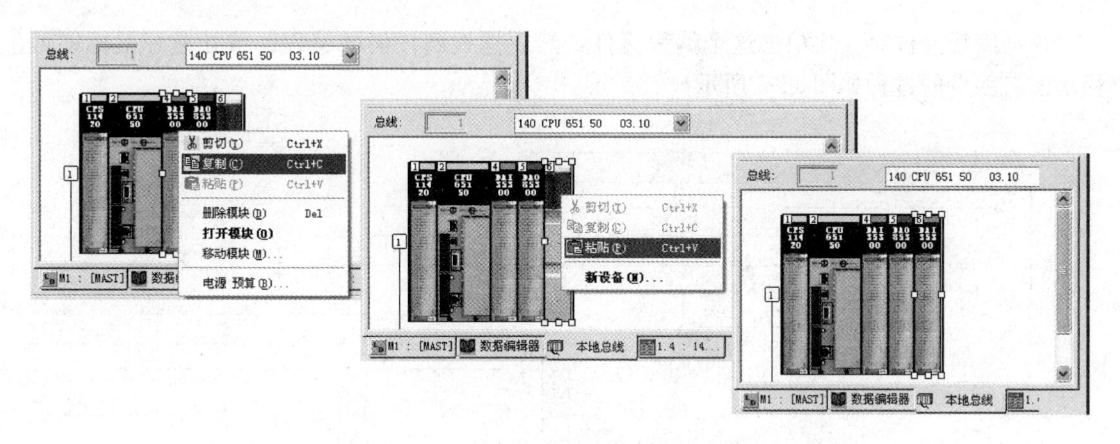

图 11-2　复制和粘贴模块的过程图示

图 11-3　垂直平铺窗口的操作图示

4. 编程元件的复制、粘贴和移动

单击要复制的编程元件后，右击并选择子选项中的【复制】，然后单击要添加这个元件的空白处，右击并选择子选项中的【粘贴】完成编程元件的粘贴工作，操作流程如图 11-4 所示。

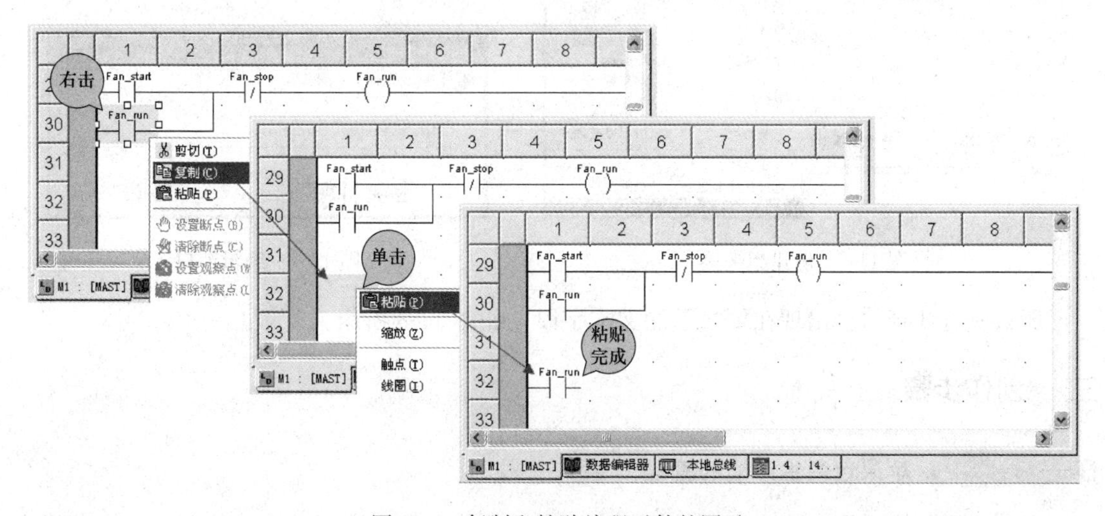

图 11-4　复制和粘贴编程元件的图示

移动编程元件时，要单击这个编程元件，然后拖拽到任何的编程区域处松开鼠标即可，移动窗口触点的过程如图 11-5 所示。

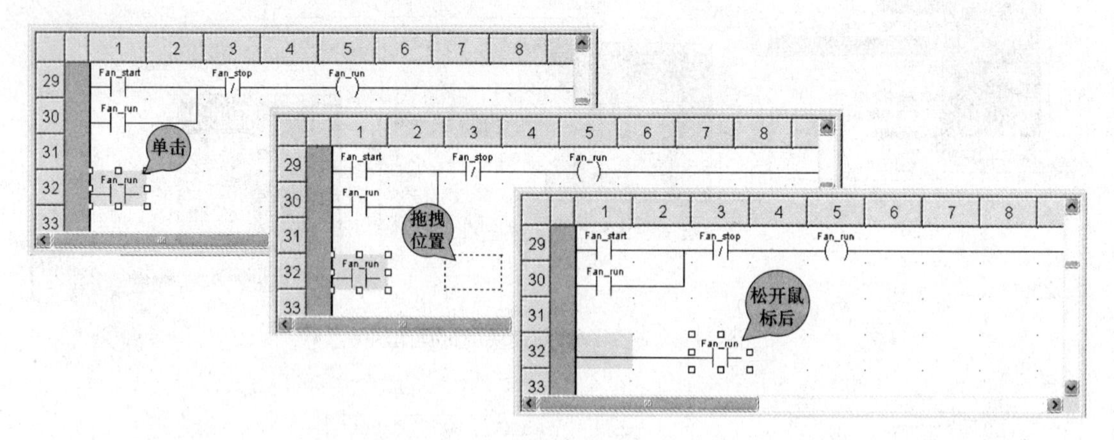

图 11-5　移动动合触点的图示

5. 在【数据编辑器】中创建超链接的方法

在项目中若需要为一个变量（如“液位低”的变量）链接一个文本或为这个变量链接到因特网地址，首先打开【数据编辑器】，在已创建好的变量 level_Low 选项卡的注释列中，选择要为其创建超链接的注释。然后右击所选的注释，会出现下拉菜单，如图 11-6 所示，选择【超链接】。

在弹出的编辑超链接对话框里，输入“液位低”，单击【Browse】按钮选择目标文档，或输入因特网地址即可，如图 11-7 所示。

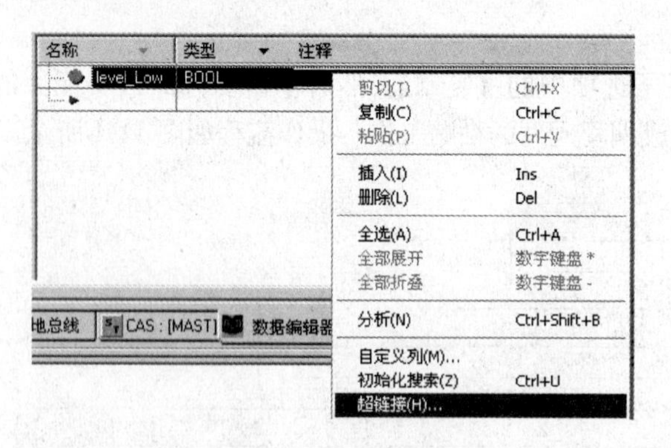

图 11-6　创建超链接

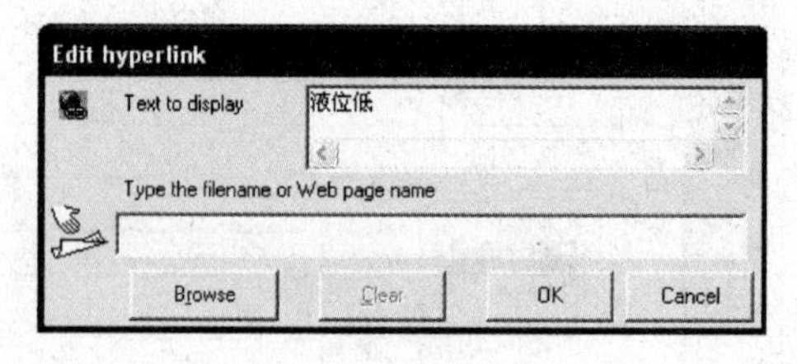

图 11-7　编辑窗口

那么所选注释将会出现在要显示的文本字段，如图 11-8 所示。

三、 创作步骤

第一步　苹果包装生产线的流程

本例使用一个苹果包装生产线的例程来说明计数器和高速计数模块的编程方法，苹果生产线的示意图如图 11-9 所示。

启动苹果包装生产线后，传送带 2 启动，当光电传感器 SC2 检测到有空的包装箱到达指定位置时，包装传送带 2 停止，然后启动传送带 1，此时，上道工序已经将苹果一个一个地放置到传送带 1 上了，传送带 1 启动后，苹果会掉落在包装箱中，通过光电传感器 SC2 的检测，当苹果累积到 18 个时，传送带 2 运行传送装满 18 个苹果的包装箱，经过传感器 SC3 后，系统将会自动计数。

变量 | DDT 类型 | 功能块 | DFB 类

过滤器 名称 =

名称	类型	注释
A	INT	
B	INT	
C	INT	
m	INT	
level_Low	BOOL	C:\Documents and Settings\sesa96637\Desktop\01065039683-9675.txt

图 11-8 完成图

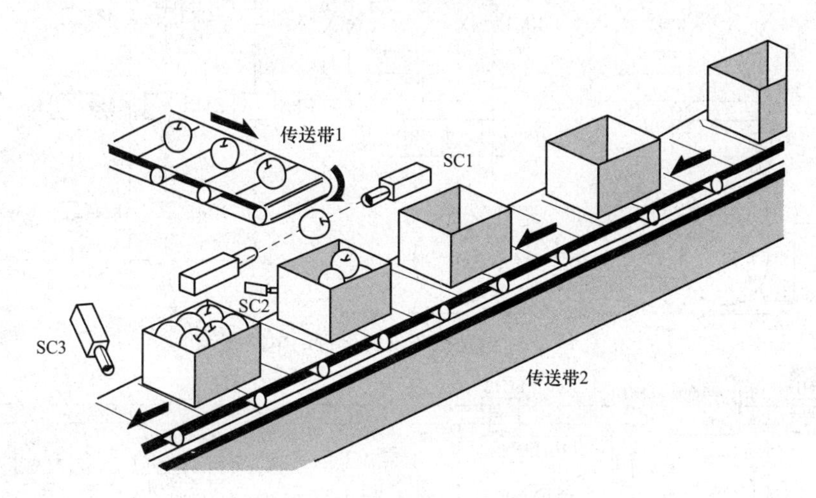

图 11-9 苹果包装生产线示意图

因为苹果掉落的速度比较快，为了保证脉冲捕捉的可靠性和快速响应，采用了 DC 5V 输出的光电传感器，PLC 硬件采用了高速计数模块。

箱内苹果数量达到要求后，立刻停止传送带 1 电动机的运行，启动传送带 2 的运行，当下一个苹果箱运动到位后，停止传送带 2 电动机的运行。

第二步 电气系统的设计

本例中的电动机采用 AC380V，50Hz 三相四线制电源供电，电动机运行的控制回路是由自动开关 Q1、接触器 KM1 和 KM2、热继电器 FR1 及电动机 M1 组成。其中以自动开关 Q1 作为电源隔离短路保护开关，热继电器 FR1 作为过载保护，中间继电器 CR1 的动合触点控制接触器 KM1 的线圈通电、断电，接触器 KM1 的主触点控制电动机 M1 的正转运行。而中间继电器 CR2 的动合触点控制接触器 KM1 的线圈通电、断电，接触器 KM2 的主触点控制电动机 M2 的正转运行。

三相异步电动机正反转运行的控制线路如图 11-10 所示。

第三步　PLC 控制原理

本例采用 AC220V 电源供电，自动开关 Q3 作为电源隔离短路保护开关，电源模块选择 140 CPS11420，连接电源是 AC220V，140 CPU 311 10 的 CPU，数字量输入输出混合模块选择的是 140 DDM 39000，PLC 电气原理图如图 11-11 所示。

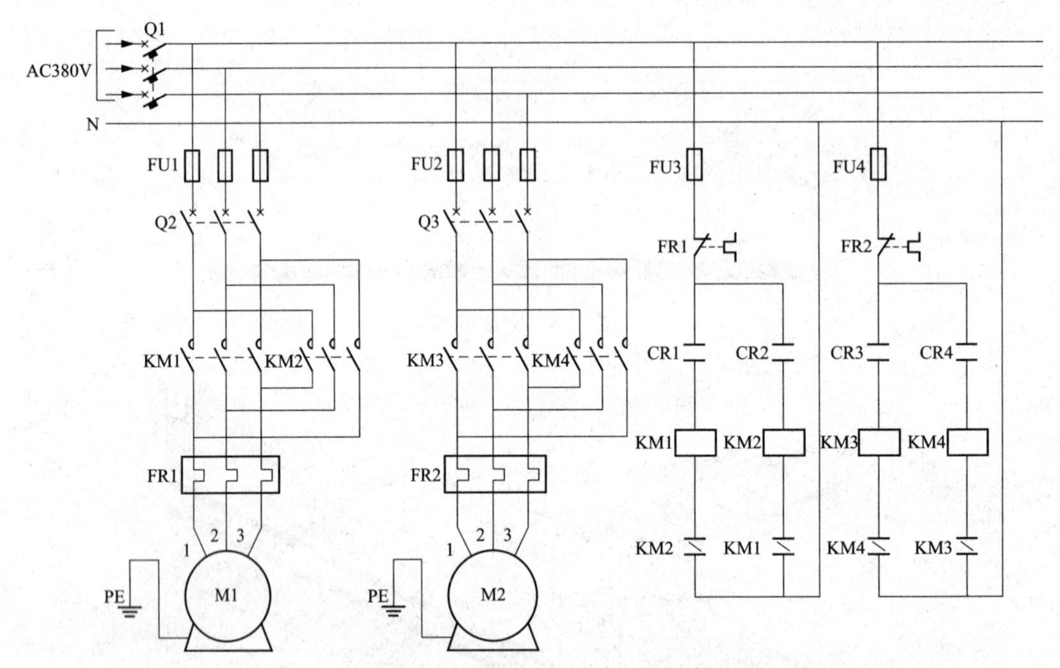

图 11-10　电动机正反转运行的电路图

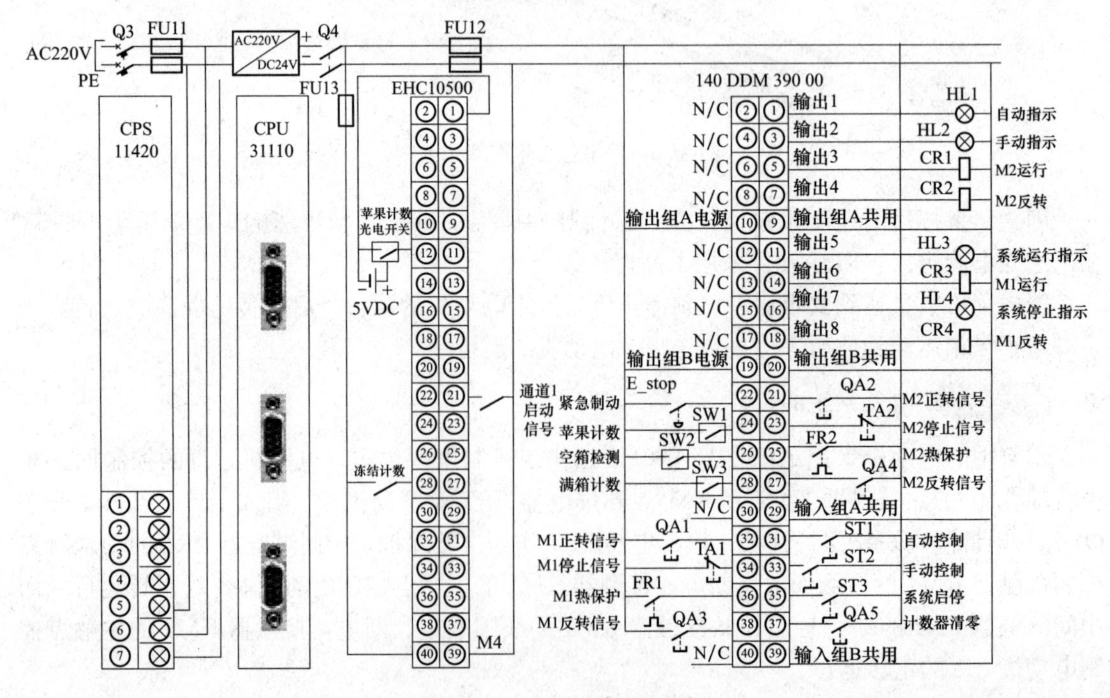

图 11-11　PLC 电气原理图

第四步 Unity Pro 中 PLC 的硬件的选择和配置

打开 Unity Pro 软件，在硬件配置中，选择电源模块为 CPS11420，并依次加入 CPU31110，高速计数模块 EHC10500，输入混合模块 DDM390 00，并将底槽改为 6 槽位机架，添加完成后如图 11-12 所示。

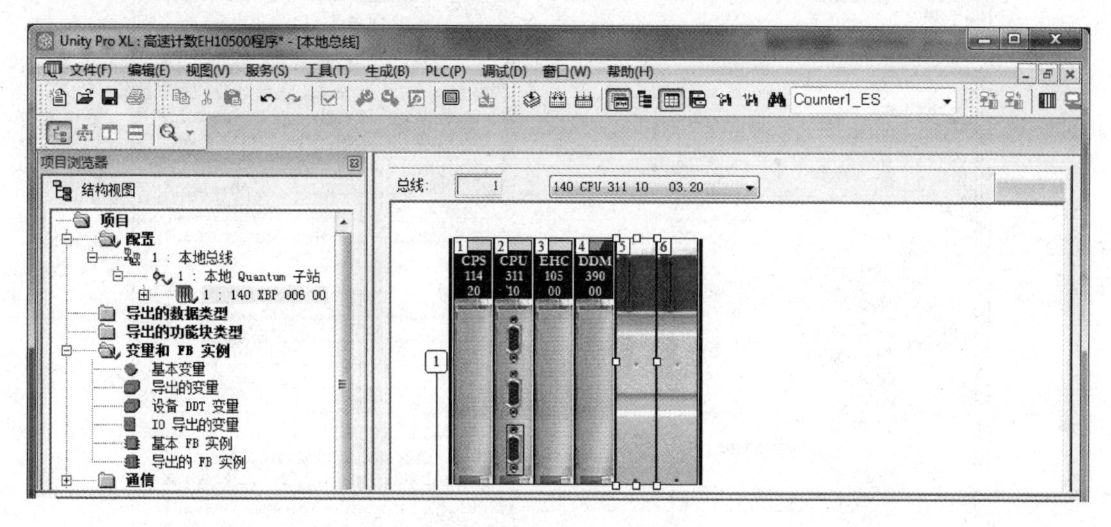

图 11-12 硬件添加完成图

硬件添加完成后，双击 EHC15000 模块，单击【配置】属性页进入配置高速计数器的功能配置界面，将输入开始地址、输入结束地址，输出起始地址和输出结束地址保持默认。

为了加快程序的响应速度，程序使用快速任务 FAST，这可以显著地提高电机启动、停止的精度。程序同时将输入信号计数设置为负，并且不使用使能端子输入，计数通道的输入端子设置为端子 1，即输入端子 1 接通后方能进行高速计数。

冻结脉冲计数输入为 IN8，当 IN8 的输入为真时，冻结计数值。

链接最终设定点 1 的输出脉冲宽度为 20×0.02s，并将此脉冲接入到混合输入、输出模块的输入端子，用于统计苹果箱的计数和总生产苹果的计算。

将其余不使用的计数器的输出都设置为无，即“—”，如图 11-13 所示。

高速计数器的详细修改设置见表 11-4。

请读者同时参照高速计数器的配置图，包含了高速计器模块的配置图部分 1 和部分 2 如图 11-14 所示。

第五步 高速计数模块的外部供电和脉冲接线

高速计数模块需外加 DC 24V 电源才能正常工作。

接线的详细步骤如下。

（1）在指定的背板槽位中安装 140 EHC10500，与 Unity Pro 硬件配置的槽位相吻合。

（2）安装高速计数模块端子条。

（3）连接外部 24V DC 电源电压，引脚 40（+），引脚 39（—）。

（4）将 5V 脉冲输入源连接到通道 1（引脚 1）。

高速恒定 5 通道

概述 | 配置 | I/O 对象

参数名称	值
输入开始地址	1
输入结束地址	12
输出起始地址	1
输出结束地址	13
任务	FAST
反转控制输入	
反转输入 1	否
反转输入 2	否
反转输入 3	否
反转输入 4	否
反转输入 5	否
反转输入 6	否
反转输入 7	否
反转输入 8	否
计数器	
计数器 1	
负转换时的输入信号计数	是
对计数器使能使用输入 1	否
警戒时钟定时器(0.1s)	0
输出设定点 1	0
输出设定点 2	0
计数器开始/重置输入	
启动/重启计数器的逻辑功能	或
输入 A	1
输入 B	-
输入 C	-
计数器停滞寄存器	
输入 D	8
输入 E	-
输入 F	-
输出	
连接到输出的设定点 1	-
反转输出	否
连接到输出的设定点 2	-
反转输出	否
连接到输出的最终设定点	-
反转输出	否
连接到输出的计时最终设定点	1

图 11-13　高速计器模块的配置图部分 1

表 11-4　　高速计数器的详细修改设置

参数		参数配置值
计数器 1		
计数器程序		快速任务 FAST
负转换时的输入信号计数		是
对计数器使能使用输入 2		否
警戒时钟定时器（0.1s）		0
输出设定点 1		0
输出设定点 2		0
最终设定点		在程序中设置，需由操作界面人工设置
INPUTS_COUNTER_START/RESTART	启动/重启计数器的逻辑功能	或
	输入 A	1
FREEZE_COUNTER_REGISTERS	输入 D	8

图 11-14 高速计数器模块的配置图部分 2

(5) 通道 1 的启动信号接到 IN1（引脚 21）。

(6) 将计数器通道的输出 1 接到混合输入模块的%I1.4.1.10 苹果满信号。

第六步 创建 FAST 任务的段

右击创建快速任务，快速任务采用周期性运行方式，运行周期为 5ms，警戒周期为 100ms（当循环周期超过 100ms 后报警），这样就保证了启停电动机的快速性，设置单击【OK】按钮，设置画面如图 11-15 所示。

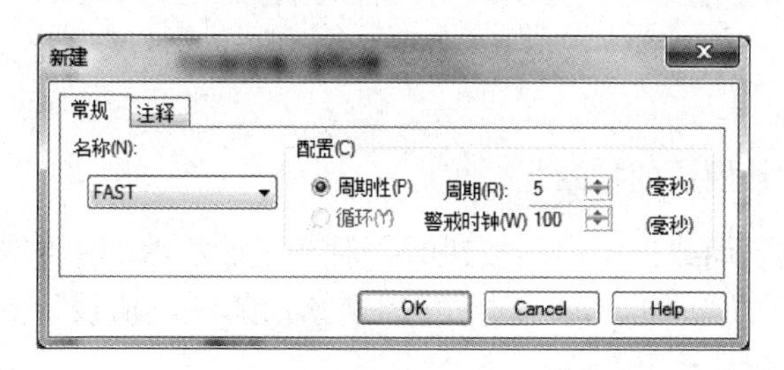

图 11-15 FAST 任务的详细设置

第七步 在 FAST 任务下创建传送带使用的段

在 FAST 任务下面右击，在弹出的快捷菜单中选择【新建段】，操作如图 11-16 所示。

在弹出的对话框中选择编程语言为梯形图，保护为无。如果读者希望自己写的程序不被没有授权的人看到，可以设置保护功能为无读写。

在名称处填入“workShop_counter”，设置完成后单击【OK】按钮，对话框界面如图 11-17 所示。

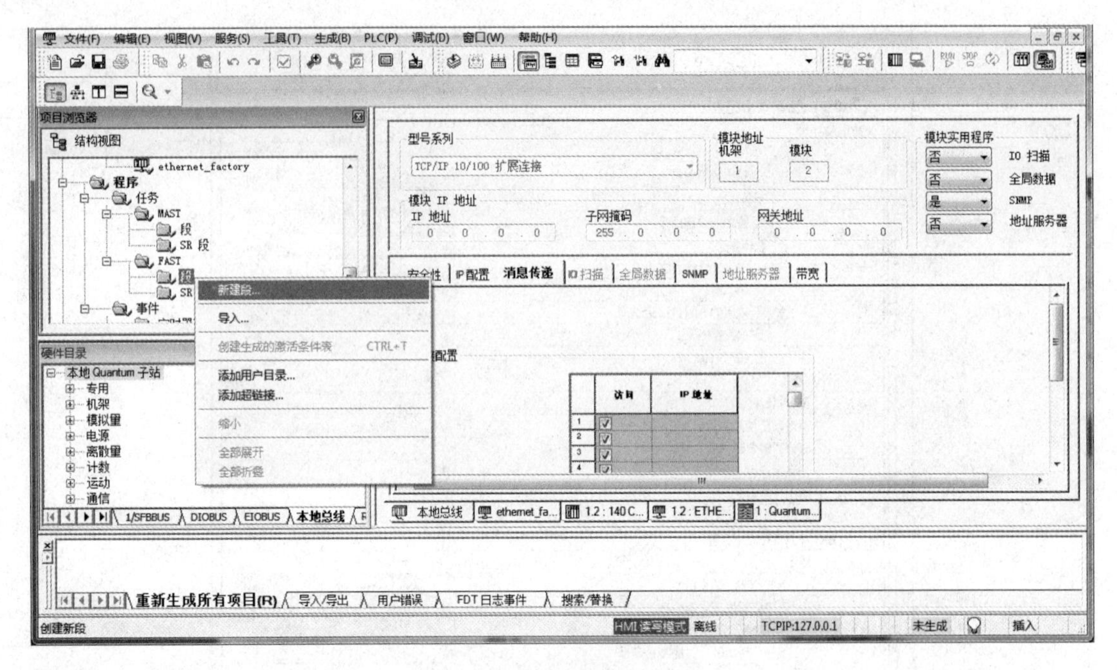

图 11-16　新建段操作图示

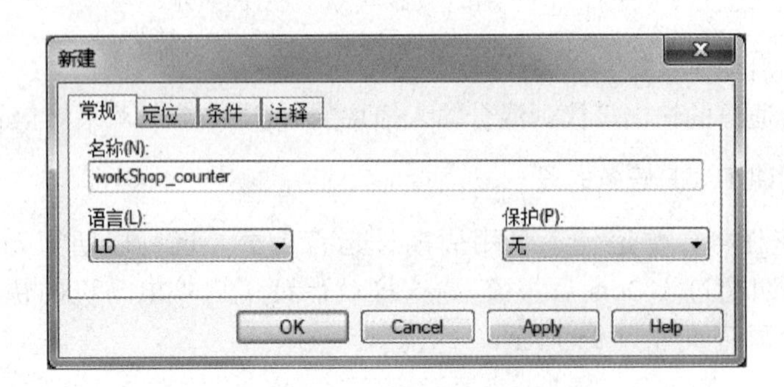

图 11-17　新建对话框的画面

第八步　高速计数模块的初始化

在系统冷启动、热启动或按下启动按钮时，对高速计数器的工作模式进行设置，工作模式为 5，即对%MW1 设置为 16#5100，并将周期累加的最大值设置到计数器 5 的设置寄存器中，将计数器最大值设置到%MW4。

在本例中计数模式 5 是一个加计数器，计数器从零逐渐加到最大值（最终设定点值）后，输出可设置宽度的脉冲，同时自动重新从 0 开始计数过程，加计数的典型时序图如图 11-18 所示。

计数器 1 对应的 unity 地址是%MW1，计数器 1 通道的最终设定点为%MW4，计数器变量分配如表 11-5 所示。

%mw1 控制字的各个位的含义见表 11-6。

计数器操作模式的说明见表 11-7。

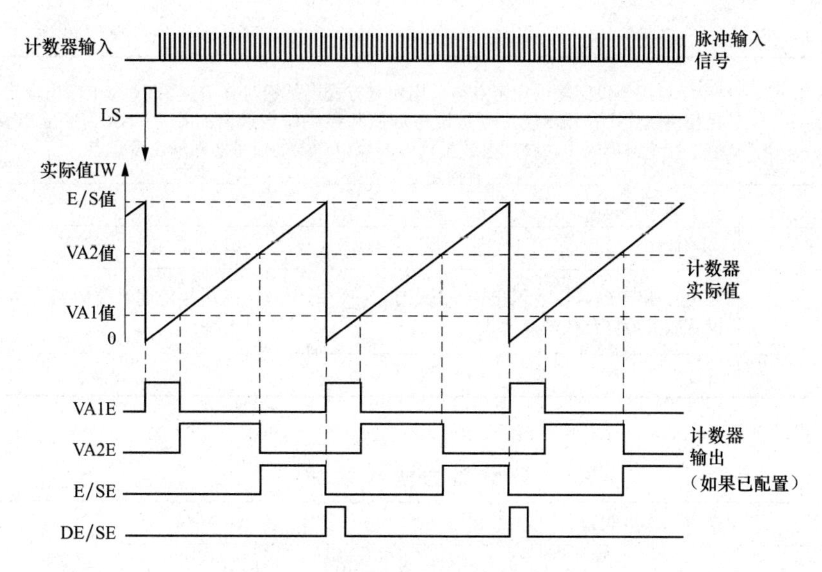

图 11-18　重复计数器的加计数典型时序图

表 11-5　　计数器变量内部分配表

寄存器		分　配	
4x			OCW1
4x+1			OCW2
4x+2			OCW3
4x+3	低字	计数器 1	VR1 为 0 时的停止值、最终设定点值 E/S1
4x+4	高字		VR1 为 0 时的初始值、最终设定点值 E/S1
4x+5	低字	计数器 2	VR2 为 0 时的停止值、最终设定点值 E/S2
4x+6	高字		VR2 为 0 时的初始值、最终设定点值 E/S2
4x+7	低字	计数器 3	VR3 为 0 时的停止值、最终设定点值 E/S3
4x+8	低字		VR3 为 0 时的初始值、最终设定点值 E/S3

表 11-6　　%mw1 控制字的各个位的含义

位	%MW1 计数器 1 中的控制字的含义
15	计数器 1 的操作模式，详细解释请读者参考控制模式表
14	
13	
12	
11	VR1 计数器 1 的计数方向，为 0 时加计数，为 1 时减计数
10	BEA1 计数器 1 的输出关闭控制位
9	ST1 由逻辑输入上升沿控制的计数器 1 重启
8	LS1 由逻辑输入上升沿控制的计数器 1 的载入/启动
7	不使用
6	不使用
5	EBUA 用于定义出现模块通信错误时输出点的输出状态，当 EBUA 设置为 0 时，在出现通信错误时输出变为 0，当 EBUA 设置为 1 时，出现通信错误时输出保持它们当前的状态

续表

4	VAR 用于设定输出设定点值采用相对方式还是绝对方式，VAR 为 1 输出设定点是相对值，在相对模式中，输出设定点是设定点值和最终设定点值的差。VAR 为 0 输出设定点是绝对值，在绝对模式中，在“参数配置”屏幕中输入的值是实际输出设定点
3	不使用
2	不使用
1	FQ，用于确认计数器出错（ERR1，…，ERR5），确认故障时，需要每个故障分别确认，确认故障后红色故障灯熄灭
0	Q

表 11-7　　计数器的操作模式

参数	值（十六进制）	含　义
计数器 x 操作模式	1	具有并行设定点激活的事件计数器
	2	具有串行设定点激活的事件计数器
	3	具有并行设定点激活的差分计数器 仅适用于计数器 1 和计数器 3
	4	具有串行设定点激活的差分计数器 仅适用于计数器 1 和计数器 3
	5	重复计数器
	6	速率计数器，门时间 t=100ms
	7	速率计数器，门时间 t=1s
	8	具有并行设定点激活和快速最终设定点的事件计数器
	9	具有串行设定点激活和快速最终设定点的事件计数器
	A（缺省）	打开定时输出的事件计数器，脉冲宽度设置适用于所有相关输出
	B	具有锁存设定点输出的事件计数器
	0、C、D、E、F	打开定时输出的事件计数器，脉冲宽度设置适用于所有相关输出（与“A”相同）

第九步 高速计数模式的初始化

调用系统位%S0（冷启动），%S1（热启动）或按下启动按钮时的，设置高速计数器的计数器 1 的工作模式为 5——重复计数，同时将每箱目标苹果数 18 作为计数器 1 的最大值，程序如图 11-19 所示。

为了使编程更简单，本例使用了%mw 和 IODDT 混合编程的形式，IODDT 变量的创建是在【硬件配置】中完成的，首先点选%I、%IW、%Q 和%QW，单击【更新网格】按钮，然后在名称前缀处填写第一个计数器通道的名称，单击【创建】按钮，Unity 软件将自动创建程序中 IODDT 变量，如图 11-20 所示。

用户也可以仅使用这些 IODDT 生成的变量来完成计数功能的设定，例如，使用操作模式 1～操作模式 4 的 4 位完成操作模式的设置：如果要把计数器的操作模式设为 5，则将操作模式 1 和操作模式 3 均置位为 1，同时把操作模式 2 和操作模式 4 均置位为 0，就可以实现与设置%mw1 的设置值为 16#5000 同样的效果。

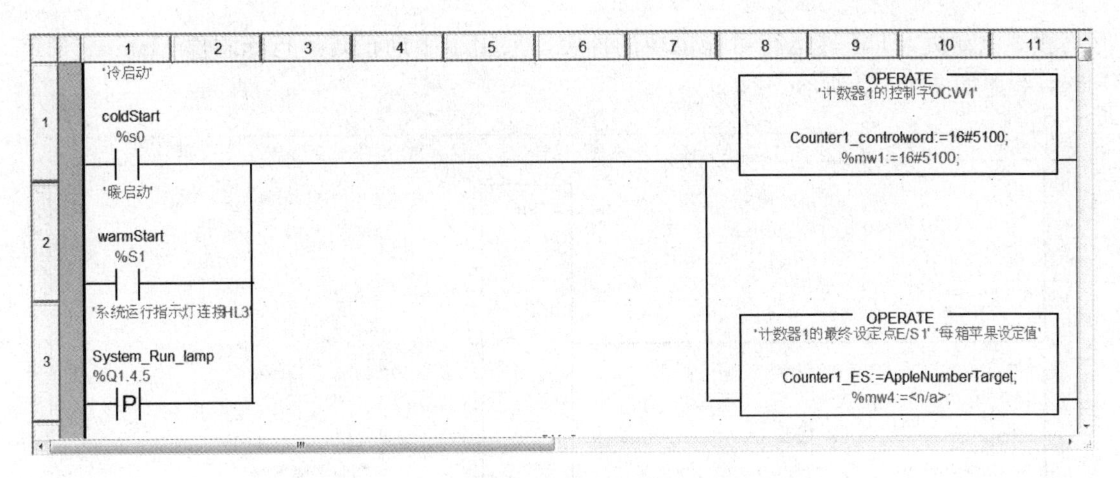

图 11-19　高速计数器的模式设置和参数初始化

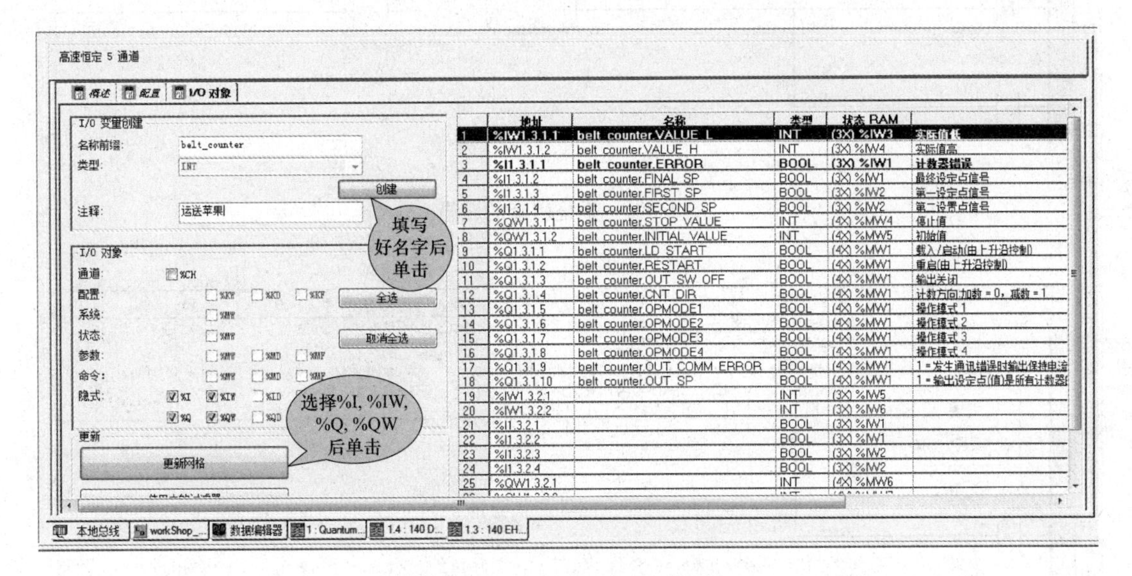

图 11-20　创建 IODDT 变量

第十步　编写第一次启动程序

当将系统启动拨钮 ST3 拨到启动位置，并且急停按钮 E_Stop 没有被按下时，输出系统运行指示灯 HL8，因为，系统停止指示灯 HL2 的逻辑刚好与系统运行指示灯 HL8 的逻辑相反，所以，在程序中分别采用了动合和动断线圈来编程；反之，系统启动拨钮 ST3 拨到停止位置，则复位系统运行指示灯，在程序中使用了系统启动的上升沿和下降沿来完成程序，这样比直接使用逻辑点输出好，可避免拨钮动合触点损坏导致的系统运行指示异常的情况。程序如图 11-21 所示。

第十一步　电动机 M1 的手动运行程序

在电动机的手动运行模式中，不仅考虑了故障信号的连锁，同时也加入电动机反转运行的连锁，同时还加入了最近电动机停止后运行延时标志位 StartDelayM1，其思路是为了防止电动机停止后，马上再运行对电动机的冲击。为了防止手动编程电动机 M1 正转输出与自动

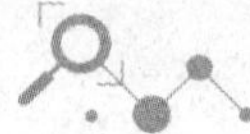

运行模式电动机 M1 正转运行可能出现的冲突，采用了手动正转运行标志位 Manual_M1_Flag，程序如图 11-22 所示。

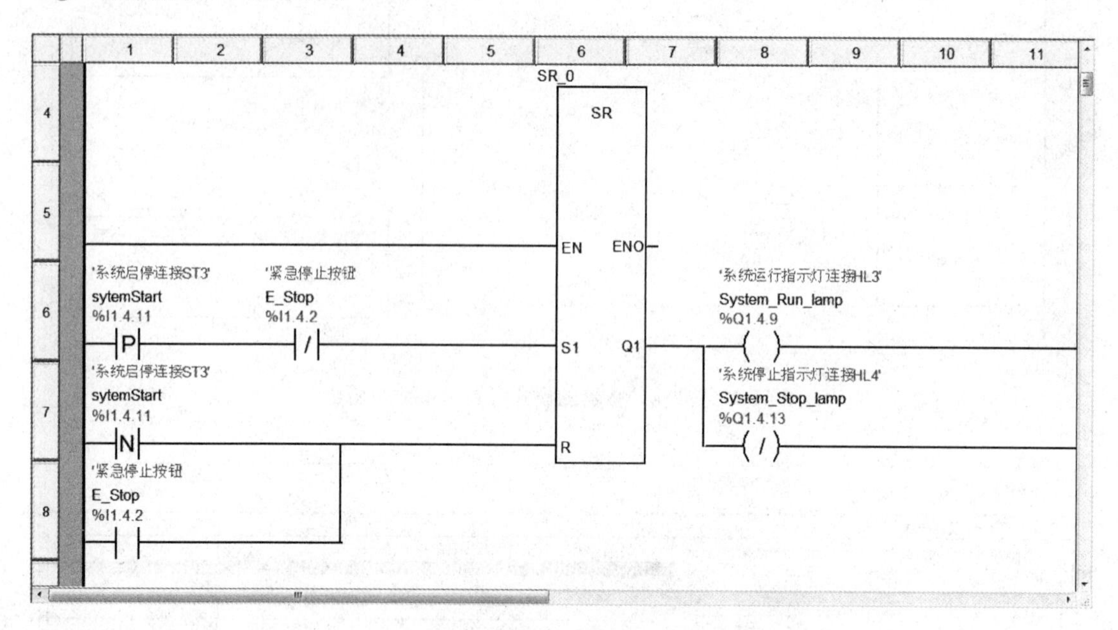

图 11-21　系统启动的逻辑

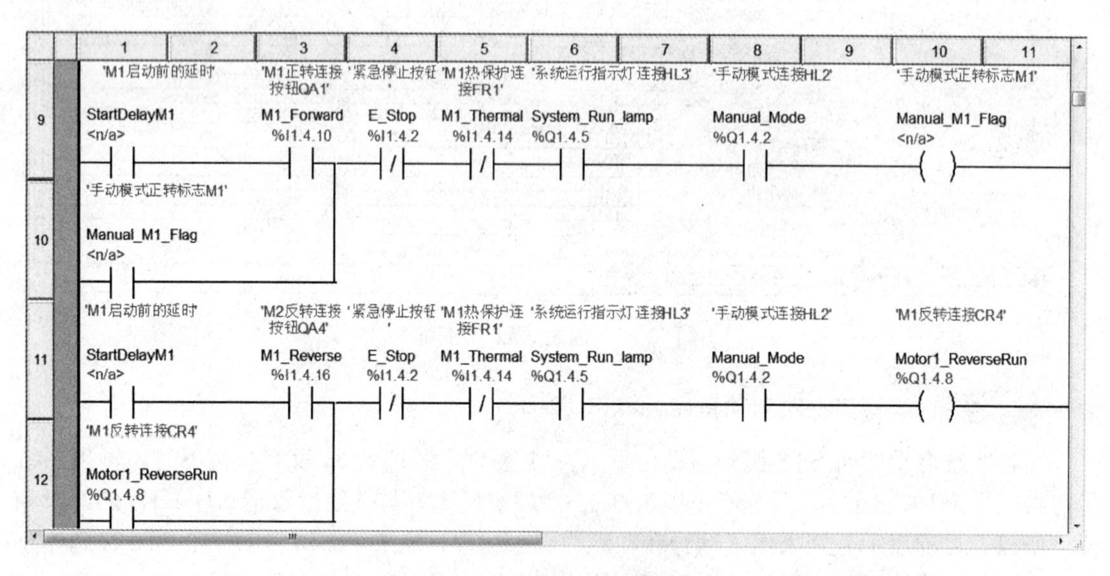

图 11-22　电动机 M1 的手动逻辑

利用电动机正转运行和反转运行输出的下降沿来置位 M1 点动启动前的延时绝对地址 StartDelay1，StartDelay1 被置位后，开启一个 2s 的延时定时器 T1，此定时器延时时间设为 2s，当 T1 设定的延时时间到达时，复位 M1 点动启动前的延时绝对地址 StartDelay1，这样在上一次电动机运行结束后的 2s 内，是无法再进行电动机手动正反转运行的，这样可以防止电动机启动的冲击，同时也保护了机械设备，程序如图 11-23 所示。

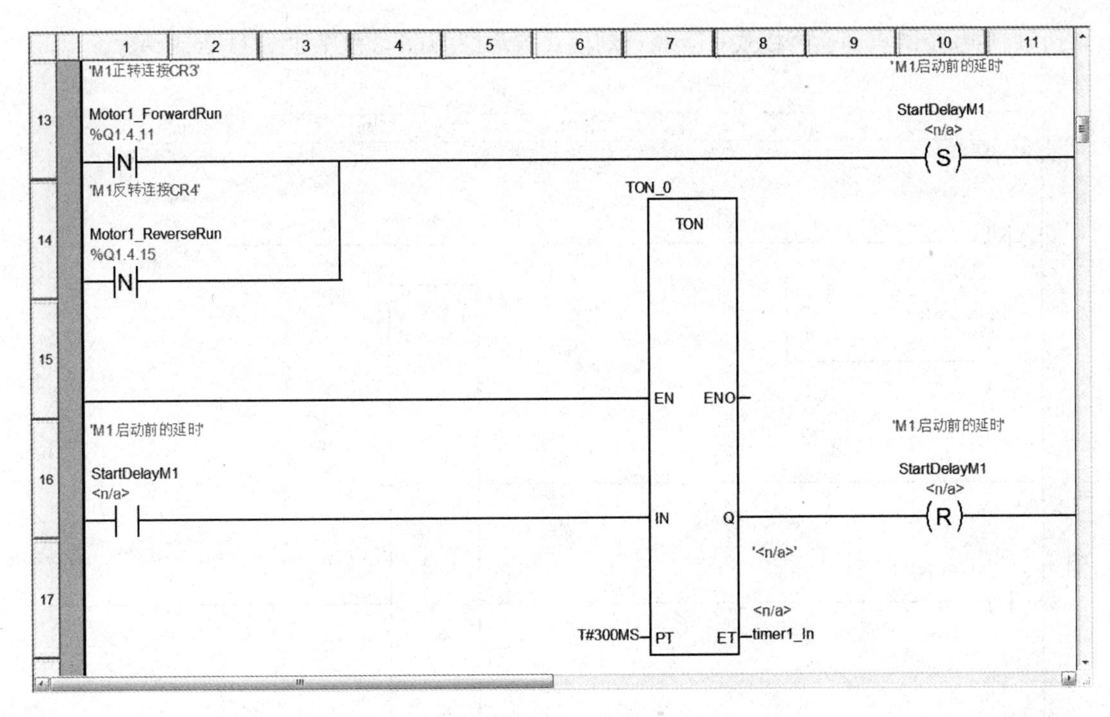

图 11-23 电动机 M1 点动延时的编程

M2 的手动模式运行与 M1 相类似，这里就不再赘述了，程序如图 11-24，请读者参考这部分程序。

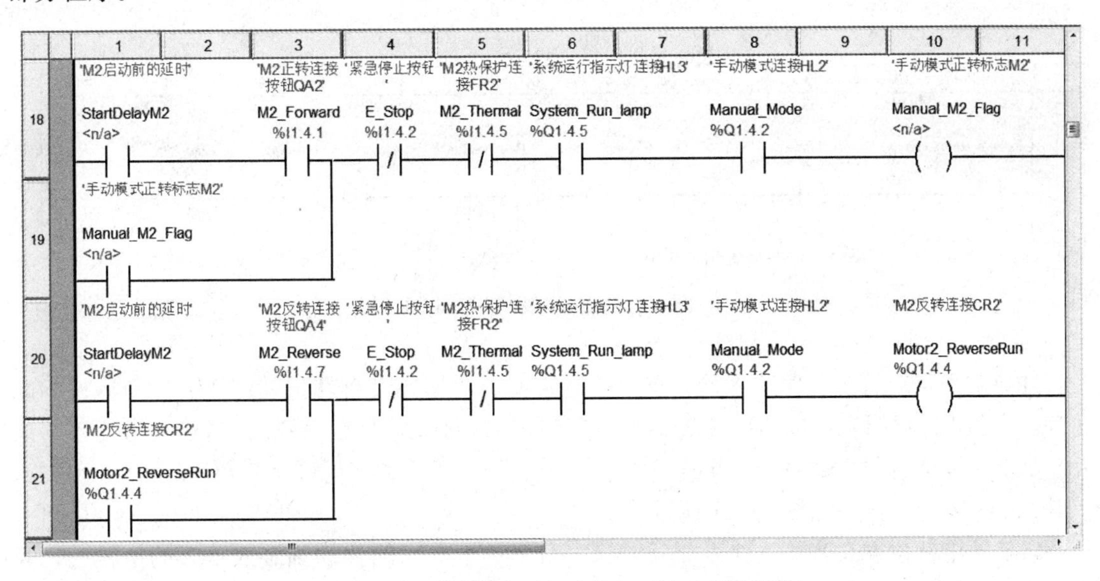

图 11-24 手动模式下电动机 M2 的正反转逻辑

与 M1 类似，M2 在手动模式下依然使用启动延时来保护电动机和机械，程序如图 11-25 所示。

第十二步 苹果传送带的电动机运行程序

当按下启动按钮后，在没有按下急停按钮、电动机热保护故障且 M1 和 M2 都没有反转运行，启动系统的自动运行模式，点亮自动模式指示灯 HL1，程序如图 11-26 所示。

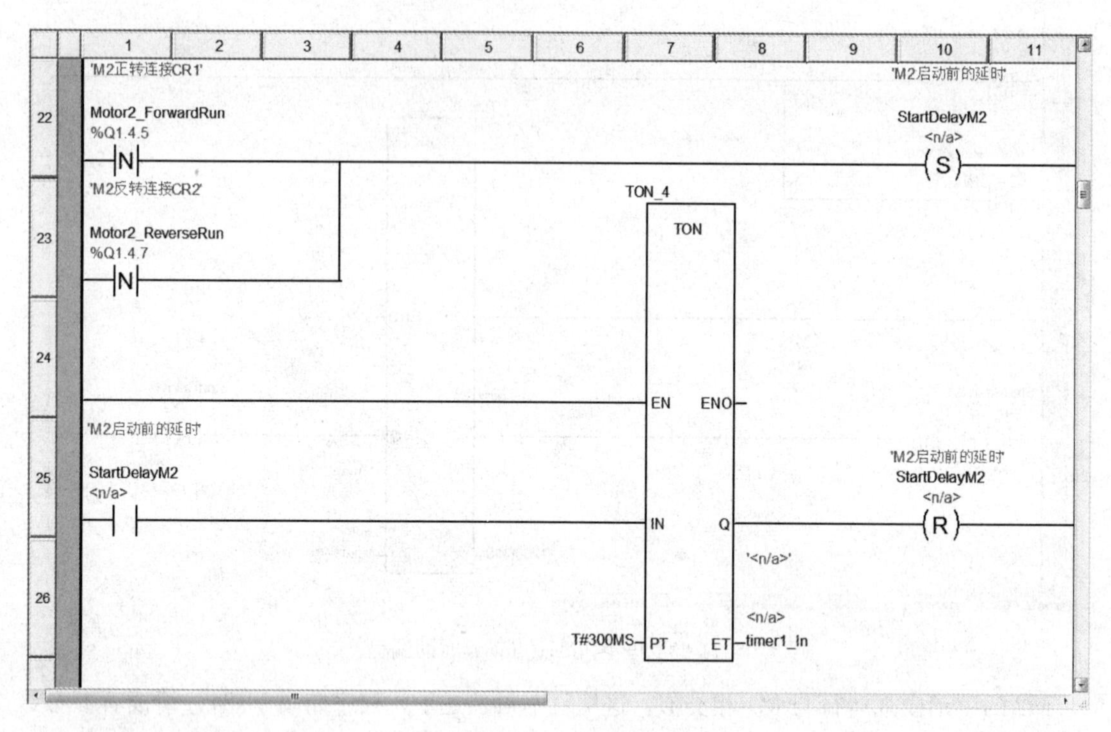

图 11-25　M2 启动前的编程

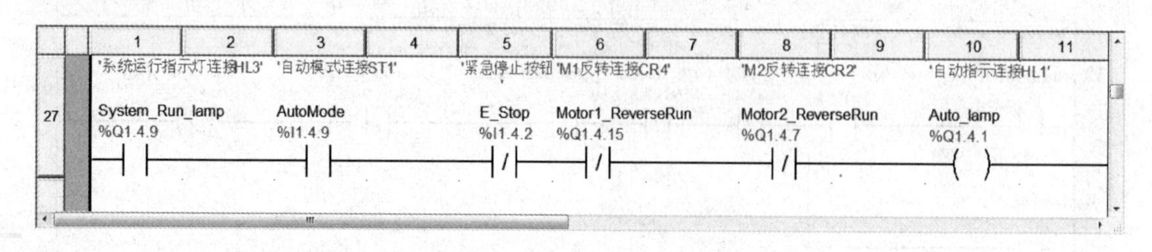

图 11-26　自动模式指示灯 HL1 的逻辑

自动模式启动后，程序首先检查苹果箱是否就位，如果没有就位就将 M2 自动运行标志位 M2_AutoFlag 置位为 1，M2 正转运行直到使苹果箱移动到位，另外，当苹果箱装入苹果达到要求后也会置位 M2_AutoFlag，M2 移动直到下一个苹果箱就位后复位 M2_AutoFlag，停止 M2 的运行，程序如图 11-27 所示。

当苹果箱就位或者当第一个苹果箱装满，且下一个苹果箱移动到装入苹果的位置后，开始后续的苹果装箱工作，使用“苹果箱内计数到达 appleFull”的动断触点来实现苹果装满后的自动停车程序如图 11-28 所示。

注意：在程序中加入了一个 300ms 的延时，这是为了保证苹果箱停稳了再开始装入苹果，当延时到了以后，M1 正转运行直到苹果数达到要求，程序使用定时器 TON 指令完成延时功能，程序如图 11-29 所示。

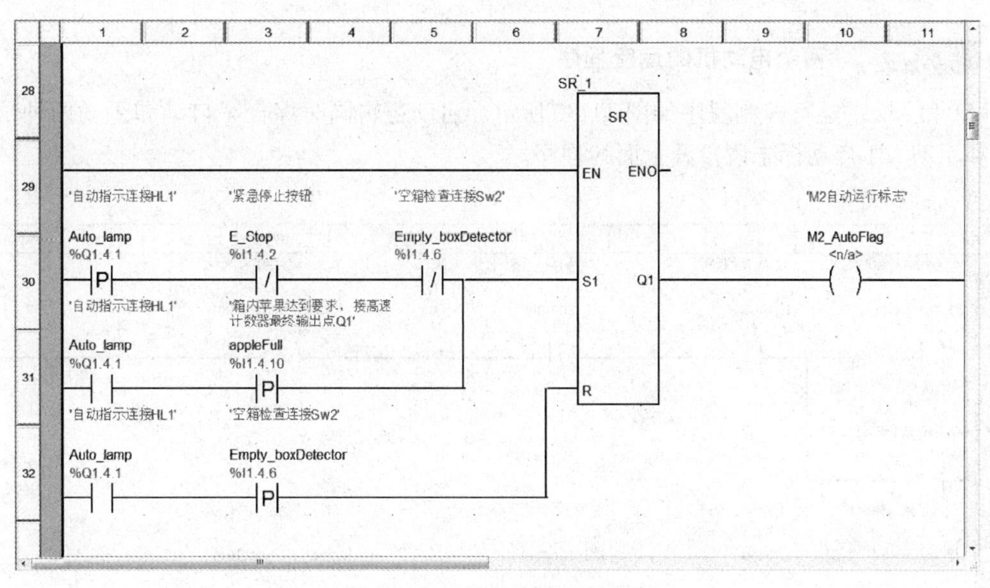

图 11-27　M2 的自动运行程序

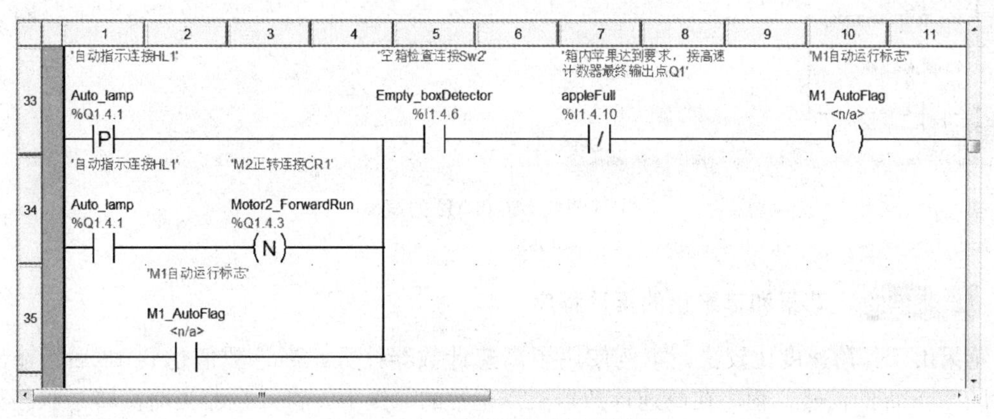

图 11-28　M1 的启动运行逻辑

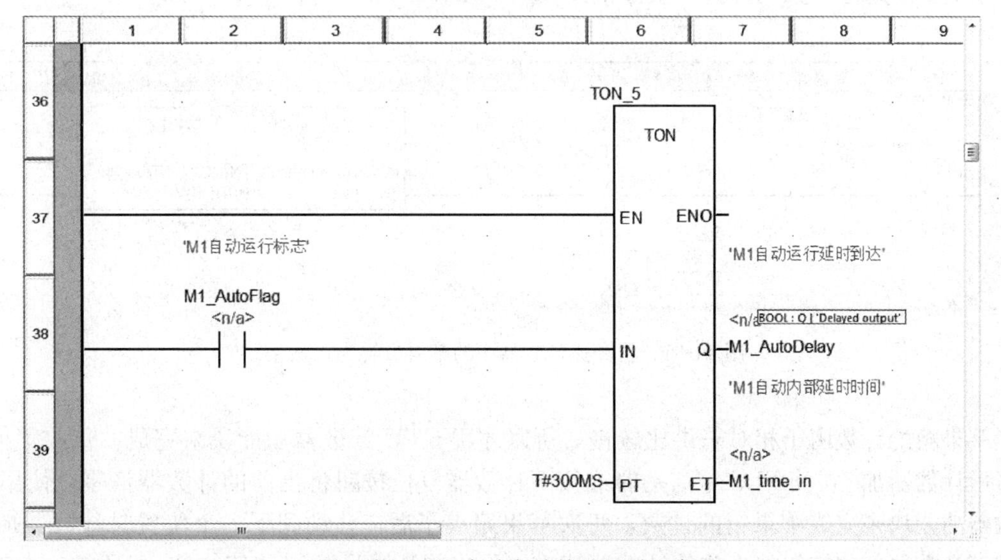

图 11-29　M1 自动启动前的延时程序

第十三步 两个电动机的运行程序

M1 和 M2 的运行控制程序如图 11-30 所示。启动逻辑同时综合了自动和手动两种情况，自动和手动 M1 启动标志请参看上面的程序。

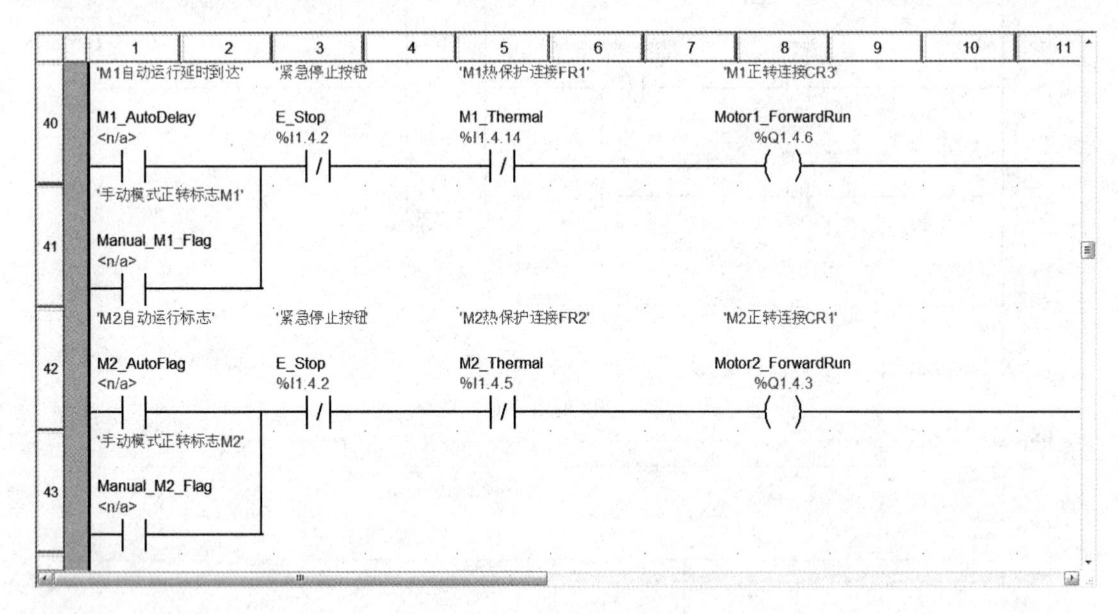

图 11-30　M1 和 M2 的逻辑

第十四步 苹果和苹果箱的累计程序

苹果由于掉落速度比较快，本例使用了高速计数器计数，当计数值达到 18 后，输出苹果满的 300ms 的信号，程序在高速计数器工作正常的前提下，将计数器当前值转为双整型数是方便后面苹果总个数的计算，程序如图 11-31 所示。

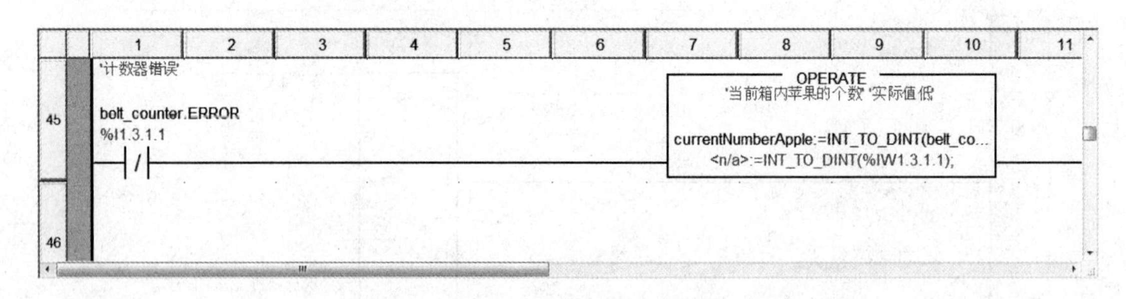

图 11-31　将高速计数器中的苹果数转为双整型

苹果箱的计数由于相对来讲比较慢，所以才用 CTU 计数器功能块来完成。每次苹果箱满了后计数器加 1，当 PLC 重启动时或按下计数器复位按钮将当前的计数器清零，使用 C0 计数器功能块来完成苹果箱的计数，每次苹果箱满了后，移动到下一个位置时计数器加 1，当按下计数器复位按钮将当前的计数器清零，将当前计数器的当前值与 30 相比较，大于等于 30 输出苹果箱内计数到达，程序如图 11-32 所示。

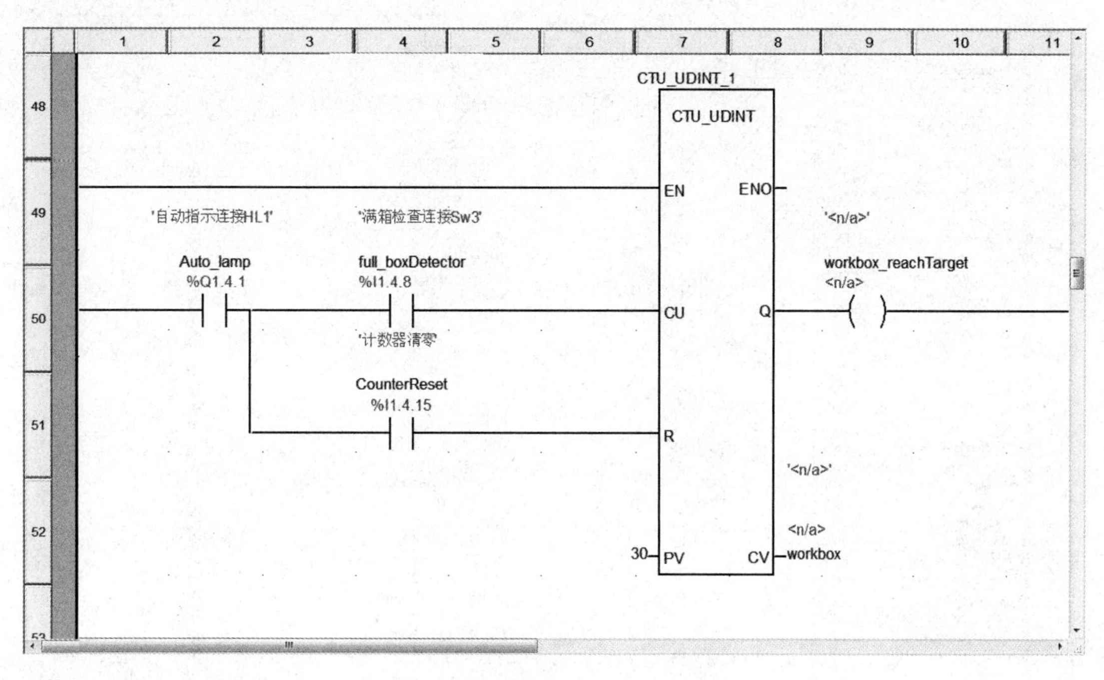

图 11-32　计数器指令 CTU 的编程

第十五步　总苹果数的计算程序

将箱数乘以每箱目标苹果数再加上当前苹果箱的苹果数等于总的苹果数，在 operate 中的计算公式如下。

totalApple：= workedBox * Counter1_ES + currentNumberApple;，程序如图 11-33 所示。

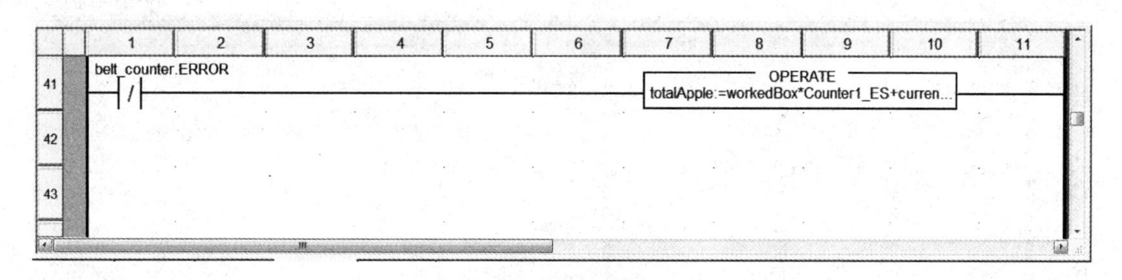

图 11-33　总苹果数的计算

第十六步　变量表

程序中使用的变量如图 11-34 所示。

程序中使用的 IODDT 变量如图 11-35 所示。

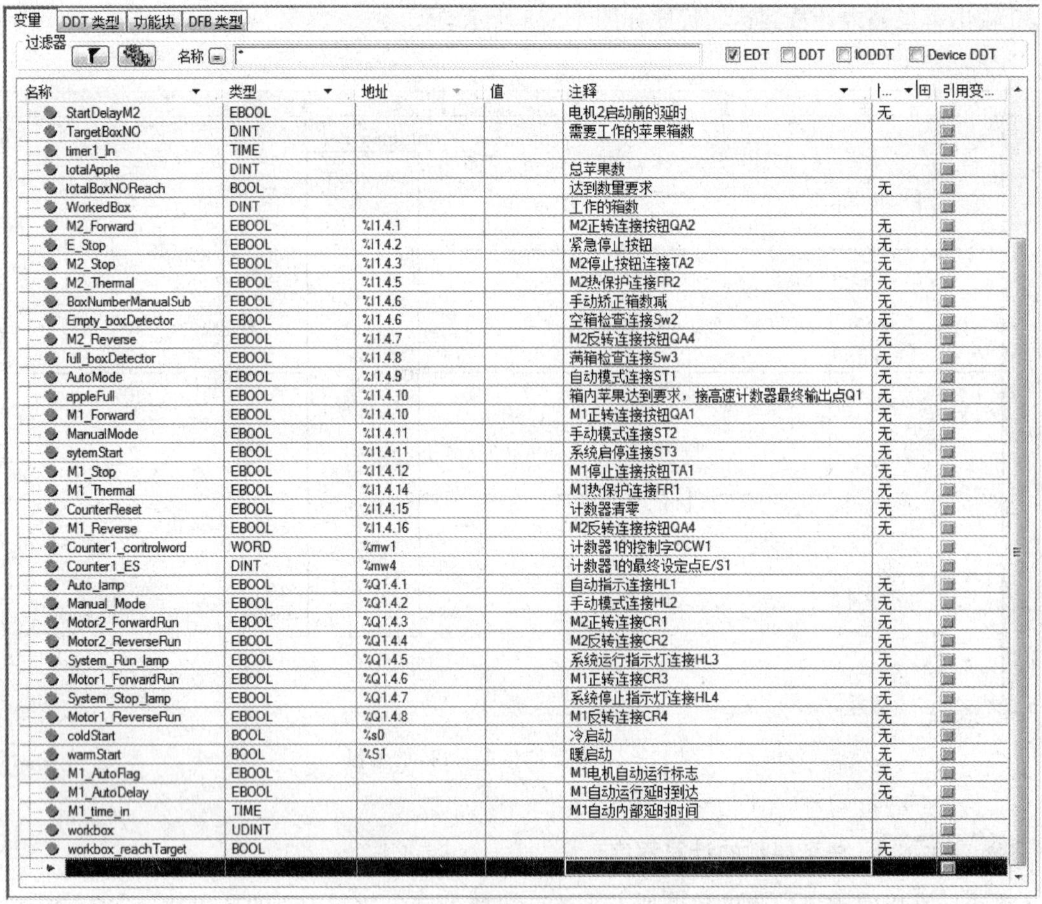

名称	类型	地址	值	注释	I...	引用变...
StartDelayM2	EBOOL			电机2启动前的延时	无	
TargetBoxNO	DINT			需要工作的苹果箱数		
timer1_In	TIME					
totalApple	DINT			总苹果数		
totalBoxNOReach	BOOL			达到数量要求	无	
WorkedBox	DINT			工作的箱数		
M2_Forward	EBOOL	%I1.4.1		M2正转连接按钮QA2	无	
E_Stop	EBOOL	%I1.4.2		紧急停止按钮	无	
M2_Stop	EBOOL	%I1.4.3		M2停止按钮连接TA2	无	
M2_Thermal	EBOOL	%I1.4.5		M2热保护连接FR2	无	
BoxNumberManualSub	EBOOL	%I1.4.6		手动矫正箱数减	无	
Empty_boxDetector	EBOOL	%I1.4.6		空箱检查连接Sw2	无	
M2_Reverse	EBOOL	%I1.4.7		M2反转连接按钮QA4	无	
full_boxDetector	EBOOL	%I1.4.8		满箱检查连接Sw3	无	
AutoMode	EBOOL	%I1.4.9		自动模式连接ST1	无	
appleFull	EBOOL	%I1.4.10		箱内苹果达到要求，接高速计数器最终输出点Q1	无	
M1_Forward	EBOOL	%I1.4.10		M1正转连接按钮QA1	无	
ManualMode	EBOOL	%I1.4.11		手动模式连接ST2	无	
sytemStart	EBOOL	%I1.4.11		系统启停连接ST3	无	
M1_Stop	EBOOL	%I1.4.12		M1停止连接按钮TA1	无	
M1_Thermal	EBOOL	%I1.4.14		M1热保护连接FR1	无	
CounterReset	EBOOL	%I1.4.15		计数器清零	无	
M1_Reverse	EBOOL	%I1.4.16		M2反转连接按钮QA4	无	
Counter1_controlword	WORD	%mw1		计数器1的控制字OCW1		
Counter1_ES	DINT	%mw4		计数器1的最终设定点E/S1		
Auto_lamp	EBOOL	%Q1.4.1		自动指示连接HL1	无	
Manual_Mode	EBOOL	%Q1.4.2		手动模式连接HL2	无	
Motor2_ForwardRun	EBOOL	%Q1.4.3		M2正转连接CR1	无	
Motor2_ReverseRun	EBOOL	%Q1.4.4		M2反转连接CR2	无	
System_Run_lamp	EBOOL	%Q1.4.5		系统运行指示灯连接HL3	无	
Motor1_ForwardRun	EBOOL	%Q1.4.6		M1正转连接CR3	无	
System_Stop_lamp	EBOOL	%Q1.4.7		系统停止指示灯连接HL4	无	
Motor1_ReverseRun	EBOOL	%Q1.4.8		M1反转连接CR4	无	
coldStart	BOOL	%s0		冷启动	无	
warmStart	BOOL	%S1		暖启动	无	
M1_AutoFlag	EBOOL			M1电机自动运行标志	无	
M1_AutoDelay	EBOOL			M1自动运行延时到达	无	
M1_time_in	TIME			M1自动内部延时时间		
workbox	UDINT					
workbox_reachTarget	BOOL				无	

图 11-34　程序中使用的 IO 变量

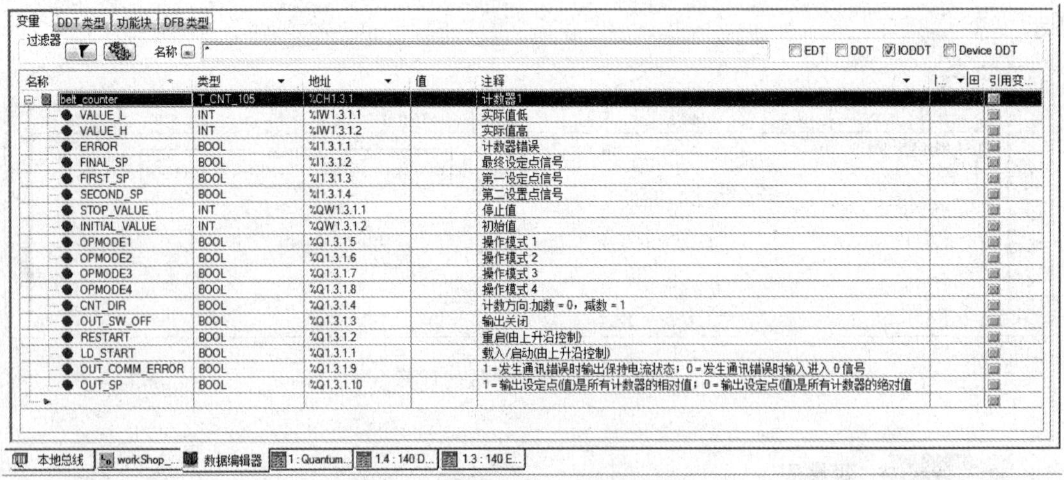

名称	类型	地址	值	注释	I...	引用变...
belt_counter	T_CNT_105	%CH1.3.1		计数器1		
VALUE_L	INT	%IW1.3.1.1		实际值低		
VALUE_H	INT	%IW1.3.1.2		实际值高		
ERROR	BOOL	%I1.3.1.1		计数器错误		
FINAL_SP	BOOL	%I1.3.1.2		最终设定点信号		
FIRST_SP	BOOL	%I1.3.1.3		第一设定点信号		
SECOND_SP	BOOL	%I1.3.1.4		第二设置点信号		
STOP_VALUE	INT	%QW1.3.1.1		停止值		
INITIAL_VALUE	INT	%QW1.3.1.2		初始值		
OPMODE1	BOOL	%Q1.3.1.5		操作模式 1		
OPMODE2	BOOL	%Q1.3.1.6		操作模式 2		
OPMODE3	BOOL	%Q1.3.1.7		操作模式 3		
OPMODE4	BOOL	%Q1.3.1.8		操作模式 4		
CNT_DIR	BOOL	%Q1.3.1.4		计数方向:加数 = 0，减数 = 1		
OUT_SW_OFF	BOOL	%Q1.3.1.3		输出关闭		
RESTART	BOOL	%Q1.3.1.2		重启(由上升沿控制)		
LD_START	BOOL	%Q1.3.1.1		载入/启动(由上升沿控制)		
OUT_COMM_ERROR	BOOL	%Q1.3.1.9		1 = 发生通讯错误时输出保持电流状态；0 = 发生通讯错误时输入进入 0 信号		
OUT_SP	BOOL	%Q1.3.1.10		1 = 输出设定点(值)是所有计数器的相对值；0 = 输出设定点(值)是所有计数器的绝对值		

图 11-35　程序中使用的 IODDT 变量

昆腾 65260PLC 扩展系统在镗床上的应用

一、 案例说明

昆腾 PLC 是施耐德电气的大型 PLC 系统，本例通过镗床进给电动机和主轴电动机的进给控制，为读者展示如何配备两个机架。系统中的主机架和辅助机架使用相同的 140 XBE 10000 机架扩展卡模块。因为昆腾 PLC 的机架扩展卡模块可以位于机架中的任何插槽内，所以用户不必将这个扩展卡模块置于主机架和辅助机架的对应插槽内。但用户需要将机架扩展卡电缆标记为“主要”的一端始终连接到主机架中的机架扩展卡模块上。

二、 相关知识点

1. Quantum PLC 的硬件详述

Quantum 系列 PLC 的 CPU 模块是基于 486、586、Pentium CPU 而设计的，有十分突出的高性能，这些高性能包括支持 PLC 模块、支持热插拔，读者可以在不关闭整个系统电源的情况下，安装 PLC 模块或进行 PLC 的维护操作。同时，用户还可以根据需要选择带有冗余电源功能的 Quantum PLC，实现系统中的电源冗余，从而提高 PLC 系统的稳定性；另外，通过选择带热备功能的 CPU 模块，使 PLC 系统具有非常高的系统稳定性，这个特点特别适用于当发生 PLC 停机会造成巨大损失的场合，例如，冶金的高炉的控制系统的 CPU 的突然停机会造成高炉的报废；在石化行业的设备生产过程中，如果 CPU 停机，不仅加工的石化原料会报废，而且设备也会毁坏；水电、地铁涉及公共安全的应用场合也要使用热备系统；Quantum PLC 的 IO 模块隔离级别很高，抗干扰能力强；另外，带有涂层的模块或底板和模块具有很强的环境适应能力。

Quantum PLC 组建的系统应用示意图如图 12-1 所示。

目前，Quantum PLC 在水电、火电的辅控、地铁、冶金的炼焦、烧结、高炉、石化等行业的大项目中已经得到广泛的应用。本示例首先介绍 Quantum PLC 的各种硬件模块，然后通过一个例子来说明 Quantum PLC 的简单灵活的硬件设置，使读者能掌握 Quantum PLC 的选型、组态和 Unity Pro 的软件编程方法。

2. 底板

Quantum PLC 有 6 种底板 XBP，即 2 插槽、3 插槽、4 插槽、6 插槽、10 插槽和 16 插槽。工程中排列硬件时，模块插入插槽是没有位置限制的，但可用模块的电源和寻址空间是有限制的。

不同的底板有不同的插槽数目，但每种底板都由一个金属框架、一个底板接头、安装孔

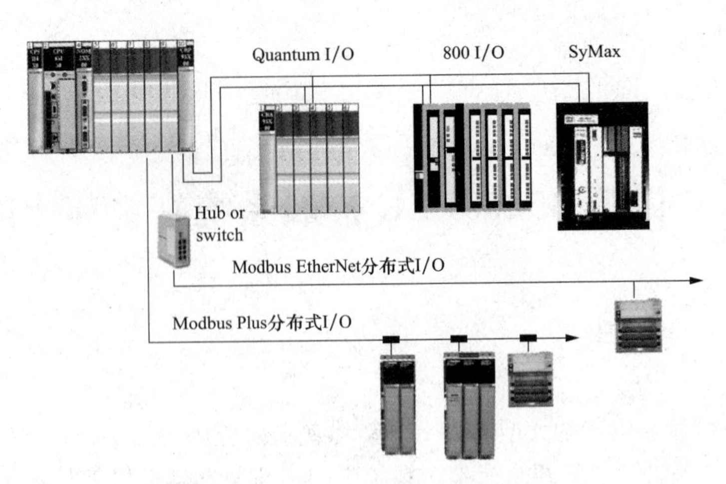

图 12-1　Quantum PLC 组建的系统应用示意图

（用于安装模块的）、底板安装孔和接地端子组成。Unity Quantum PLC 的底板如图 12-2 所示。

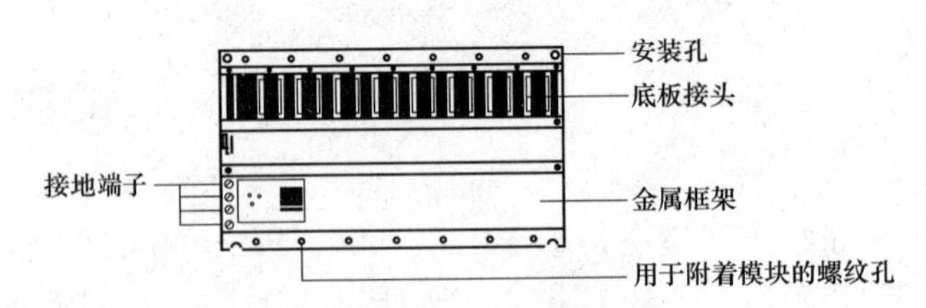

图 12-2　Unity Quantum PLC 的底板

其中，底板的高度统一为 290mm，模块深度是 104mm。2 槽宽度是 10mm，3 槽宽度是 142mm、4 槽宽度是 184mm、6 槽宽度是 265mm、10 槽宽度是 428mm、16 槽宽度是 671mm。

Quantum PLC 利用 140 XBE 10000 底板扩展模块，还能够将本地和远程 I/O 分站扩展为两个底板。底板扩展模块可以达到节约的效果，可以使远程 I/O 分站数目达到最小化，另外，通过减少 Quantum CPU 所控制远程 I/O 分站的数目，底板扩展模块还能够改善系统远程 I/O 的总体性能。对于可由一套 Quantum 远程 I/O 系统进行控制的离散量 I/O，底板扩展模块可将离散量 I/O 的最大数目提高一倍。

同一 140 XBE 10000 底板扩展器模块可用于主底板和辅底板。一个完整的底板扩展器系统包含两个 140 XBE 10000 模块和一条扩展器电缆，长度为 3、6 英尺和 9 英尺。

系统可使用任何 Quantum 电源类型。各个底板可拥有不同类型的电源，辅助底板失电不会关闭整个分站，只有位于辅助底板中的模块会失电。

底板扩展器模块可位于底板中的任何插槽内，且不必放置在主底板和辅助底板中的对应插槽位置。

值得注意的是编程软件是不能识别底板扩展器模块的，它在 I/O 映射中显示为空闲插槽。

底板扩展器系统支持本地 I/O，提供了一种无须升级为 RIO 就能扩展到第二机架的低成本途径。

底板扩展器系统支持远程 I/O，包括完全的 31 远程 I/O 分站支持。

底板扩展器模块支持所有 Quantum 数字和模拟 I/O 模块，连同两个 Quantum 高速计数器。

3. 电源模块（CPS）

施耐德 Quantum PLC 电源模块有两种作用，即向系统底板提供电源和保护系统免遭杂波和额定电压摆动影响。所有电源都具有抗过电流和过电压保护。它们可以在大多数电气杂波环境中正常使用，而无需外部隔离变压器。在发生意外失电时，电源可确保系统有充分时间安全有序地关闭。

电源模块能够将进入的电能转换成稳定的＋5V 直流，供给 CPU、本地 I/O 和安装在底板上的任何通信选件模块使用。

Quantum 系统中不存在插槽的相关性，但笔者建议电源模块使用最外边的插槽位置，从而得到最佳散热效果。

电源模块分为独立电源、可累加电源和冗余电源。独立电源适用于电流消耗较少、可靠性要求较低的场合；可累加电源适用于电流消耗较大的场合；冗余电源适用于电流消耗较大且可靠性要求较高的场合。电源模块 CPS21400 的面板如图 12-3 所示。

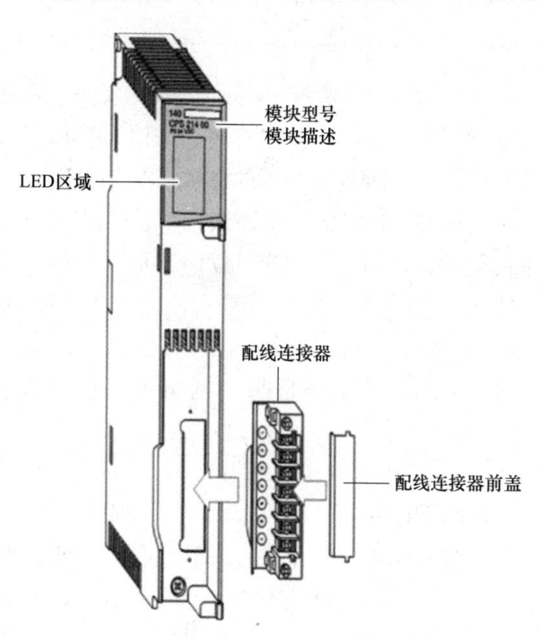

图 12-3 电源模块 CPS21400 的面板图示

4. CPU 模块（CPU）

Quantum CPU 作为系统的主机使用，控制 Quantum 系统中的本地、远程以及分布式 I/O。CPU 模块安装在 Quantum 本地 I/O 底板上。

Quantum CPU 是一种数字操作电子系统，能够实现内部存储的用户指令。这些指令用于实现逻辑、过程顺序、定时、连锁、算法等特定的功能，通过数字和模拟输出对各种类型的机器和过程进行控制。

Quantum CPU 用作总线主站，控制 Quantum 系统的本地 I/O、远程 I/O 和分布式 I/O。配置项目时，CPU 模块安装在 Quantum 本地 I/O 机架上。

老的 Quantum 系列 CPU 模块包括 140CPU11302、140CPU11303、140CPU434 12A 和 140 CPU534 14A，这些 CPU 在底槽上只占一个槽位。其中，140CPU434 12A 和 140CPU534 12A 两款 CPU，可以通过刷新操作系统的方法升级为 140CPU434 12U 和 140CPU534 12U，升级完成后可使用 Unity Pro 软件对其进行编程，表 12-1 是老的 Quantum 系列 PLC 的一览表。

表 12-1　　老的 Quantum 系列 PLC

CPU	SRAM（字节）	984-type 内存（字）			最大 IEC 编程大小
		梯形图	寄存器	扩展内存	
140CPU11302	256K	8K			109K
140CPU11303	512K	16K			368K
140CPU11304	768K	32K 48K	57K 28K	80K 0K	606K
140CPU42402	2M	64K	57K	96K	570K
140CPU43412A	2M	64K	57K	96K	896K
140CPU53414A	4M	64K	57K	96K	

而新的 Quantum 系列 PLC 的 CPU 是基于 Unity Pro 编程平台的 CPU，本示例将以 Unity Pro 编程的 Quantum 系列 PLC 为重点介绍施耐德 PLC 的功能和应用。

新的 Quantum 系列 CPU 有 140CPU31110（内部存储器 548Kb）、140CPU43412（内部存储器 1056Kb）、140CPU65150（内部存储器 758Kb）、140CPU65160（内部存储器 1024Kb）、140CPU65260（内部存储器 3072Kb）、140CPU67160（内部存储器 1024Kb）和 140CPU 67261（内部存储器 3072Kb）。这些 CPU 的本地输入输出 Local IO 都是无限制的，而远程输入输出 RIO 的离散量为 31744 输入和 31744 输出，远程输入输出 RIO 的模拟量为 1984 输入和 1984 输出。分布式输入输出 DIO 的离散量每个网络可以最多有 8000 输入和 8000 输出；分布式输入输出 DIO 的模拟量最多支持 500 输入和 500 输出。

新的 Quantum 系列 CPU 分为基本型和高级型。

（1）基本型 CPU。基本型 CPU 包括 140CPU31110、140CPU43412U 和 140CPU53412U 处理器，它们都是单槽模块，即在底板上只占一个槽位。基本型 CPU 外形如图 12-4 所示。

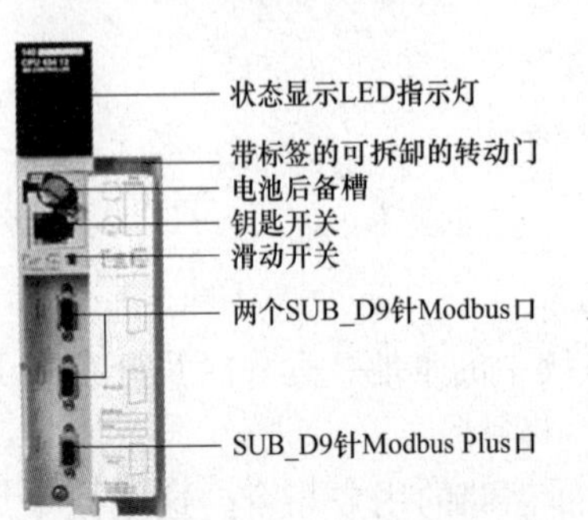

图 12-4　基本型 CPU 外形图

1）状态显示 LED 指示灯：前面板内含 7 个 LED 灯。

绿色 Ready LED：指示 CPU 已通过自检，准备好运行。

绿色 Run LED：指示 CPU 已运行。

绿色 Modbus LED：指示 Modbus1、Modbus 2 工作正常。

绿色 Modbus PLus LED：指示 Modbus Plus 工作正常。

绿色 Mem Prt LED：代表存储期处于写保护状态。

红色 Bat Low LED：指示没有电池或电池需要更换。

红色 Error A LED：指示 Modbus Plus 通信错误。

2）电池后备槽：用于安装电池。

3）一个用于设置 Modbus 通信参数的滑动开关，滑动开关决定 Modbus 端口的启动通信参数。140CPU31110 上有一个滑动开关，图 12-5 中的虚线部分，是用于存储器写保护的。

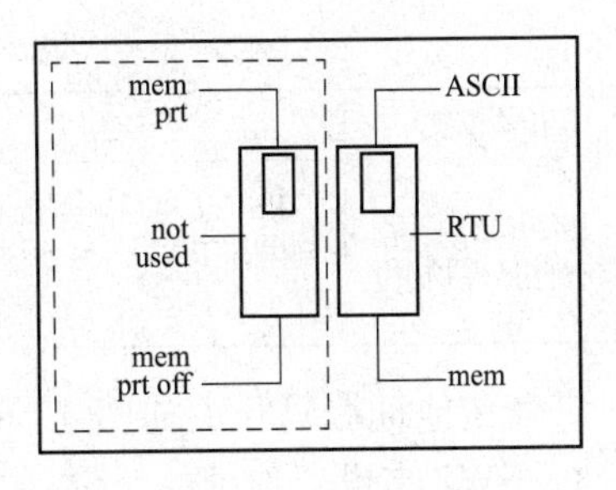

图 12-5 基本型 CPU 拨码开关图

两个三挡滑动开关位于 CPU 的前面板上。

左边的开关处于上挡时用于存储器保护，处于中挡或下挡时无存储器保护功能。

右边的开关用于选择 Modbus（RS-232）端口的通信参数设置。

用户选择了存储器开关后，这个选择将会立即生效，而更改 Modbus 开关选择后，还必须将 Quantum PLC 电源关闭后再打开，前面的设置才会生效。

将 CPU 的拨码开关右侧滑动开关设置为上挡后，就可以为端口分配 ASCII 功能了。表 12-2 的 ASCII 通信参数已经预设，并且不可更改。

表 12-2　　ASCⅡ通信参数表

ASCⅡ通信端口参数	
传输速度（波特）	2400
校验位	偶
数据位	7
停止位	1
设备地址	后面板旋转开关设置

将 CPU 的拨码开关右侧滑动开关设置为中挡，可为端口分配远程终端单元（RTU）功能；表 12-3 的通信参数已经设置，不能更改。

表 12-3　　RTU 通信参数表

RTU 通信端口参数	
传输速度（波特）	9600
校验位	偶
数据位	8
停止位	1
设备地址	后面板旋转开关设置

将 CPU 的拨码开关右侧滑动开关设置为 mem，可以在软件中设置串口通信方式，包括 ASCII 或 RTU 方式、通信格式和通信速度等。

左侧开关的 Not used 选项不要使用，3 个挡位的含义见表 12-4。

表 12-4　　140CPU31110 挡位含义表

开关位置	行　为	键开关转换
Mem Prt On（存储器保护开启）	闪存中的应用程序不传送到内部 RAM 中；触发应用程序热重启。受保护，不接受停止或启动	从“存储器保护关”：不修改上一次控制器状态，并拒绝编程人员更改
Not used（不使用）	不使用此位置，因为该位置可能导致未定义的操作，受保护，不接受停止或启动	无

续表

开关位置	行　为	键开关转换
Mem Prt Off（存储器保护关）	PLC上电后，系统会自动将闪存中的应用程序传送到内部RAM：触发应用程序冷重启。不受保护，接受停止或启动	从“存储器保护开”：支持编程人员进行更改，并启动控制器（如果停止）

通信地址拨码开关如图12-6所示，用户可以使用后面板的SW1设置地址的高位（十位）；SW2来设置地址的低位（个位）。这两个旋转开关用于设置Modbus Plus节点及Modbus端口地址，利用这两个开关，可设置的最高地址是64。如果在实际的操作过程中用户选定了0或一个大于64的地址，则Modbus+LED将持续点亮，以指示选定了一个无效地址。

4）一个钥匙开关（140CPU43412U，140CPU53412U）：用于切换Stop/Mem Prt/Start，如图12-7所示。

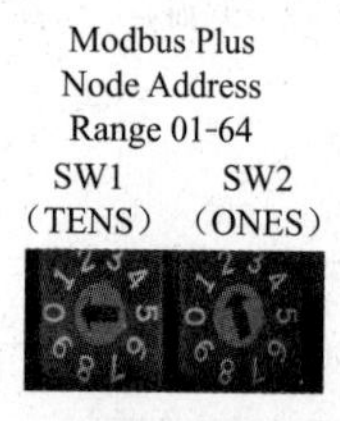

图12-6　通信地址拨码开关图

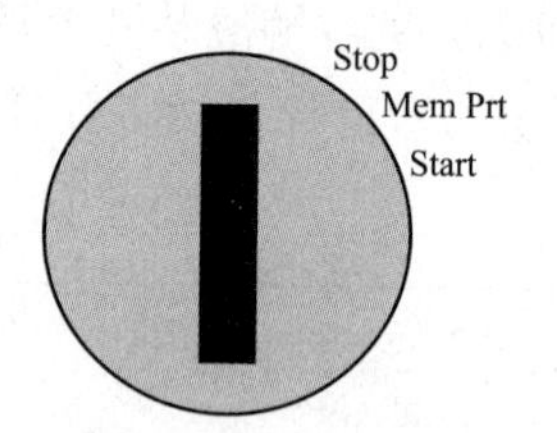

图12-7　钥匙开关位置图

140CPU43412A和140CPU53414A钥匙开关处于3种不同位置时的CPU状态见表12-5。

表12-5　140CPU43412A和140CPU53414A钥匙开关的CPU状态表

开关位置	行　为	键开关转换
Start（启动）	闪存中的应用程序不传送到内部RAM中；触发应用程序热重启。受保护，不接受停止或启动	从“启动”或“存储器保护”：停止控制器（如果正在运行），并避免编程人员更改
Mem Prt（存储器保护）	不将闪存中的应用程序传送到内部RAM中。触发应用程序热重启。受保护，不接受停止或启动	从“停止”或“启动”：禁止程序更改，控制器运行状态未更改
Stop（停止）	PLC加电后，系统会自动将闪存中的应用程序传送到内部RAM：触发应用程序冷重启。不受保护，接受停止或启动	从“停止”：支持编程人员更改，启动控制器。从“存储器保护”：接受编程人员进行更改，启动控制器

5）两个SUB_D9针Modbus口：用于Modbus通信。

6）一个SUB_D9针Modbus Plus口：用于Modbus Plus通信。

7）一个带标签的可拆卸的转动门。

（2）高级型CPU。高级型CPU包括140CPU65150、140CPU65160、140CPU65260和140CPU67160以及140CPU67261处理器，它们都是双槽模块，即在底板上占两个槽位。高级型140CPU65150外形如图12-8所示。

1）LCD显示区盖板。

2）一个钥匙开关用于锁定系统操作菜单，如果钥匙开关处于锁定位置，模块参数是不

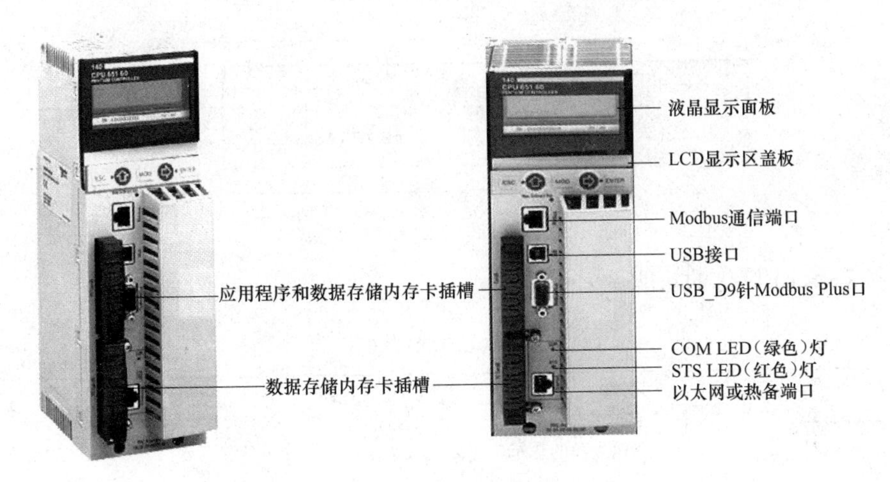

图 12-8　高级 140CPU65150 外形图

能进行修改的，同样，存储器数据也不能修改；Unity Quantum 高级 PLC 钥匙位置作用说明见表 12-6。

表 12-6　　高级 PLC 钥匙位置说明

钥匙位置	状态	效　果
	解锁	可访问所以可配置的模块参数，存储区无保护
	锁定	模块参数，通信地址都不可以修改，存储区数据不可修改

3）电池后备槽：用于安装电池；高级 CPU 上部盖板打开图如图 12-9 所示。

4）一个复位按钮，用于重新启动 PLC。

5）LCD 显示区，高端 CPU 集成有一个背光和对比度均可调的 LCD 屏幕，可显示两行 16 个字符；高级 CPU 上部盖板关闭后的实物图如图 12-10 所示。

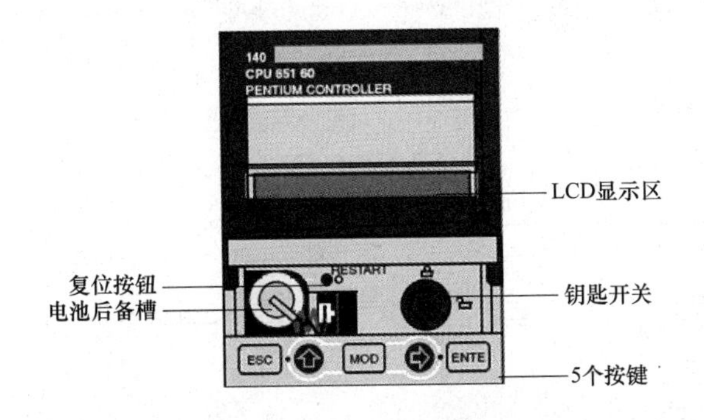

图 12-9　高级 CPU 上部盖板打开图

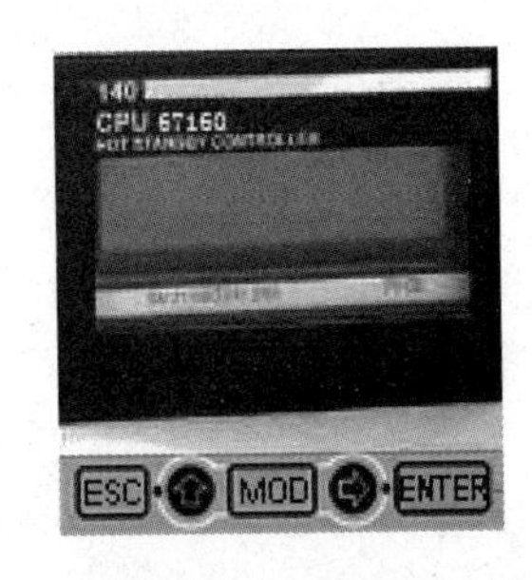

图 12-10　高级 CPU 上部盖板关闭实物图

6）5 个按键（ESC、ENTER、MOD、⇧、⇨）还包括两个 LED，如图 12-11 所示中的①代表 5 个按键，②指示的地方有两个 LED 灯。

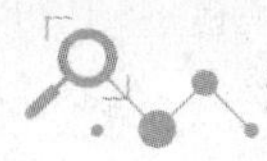

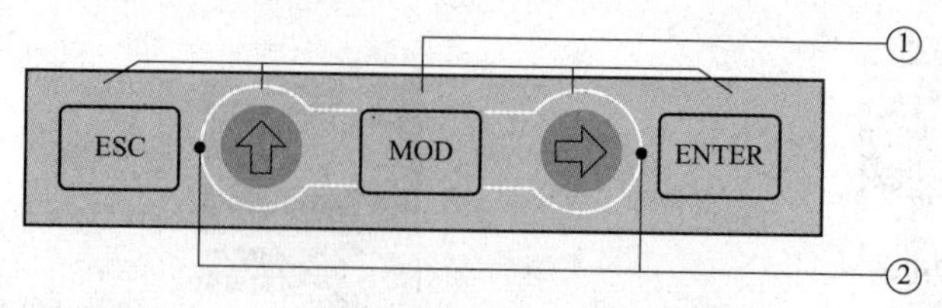

图 12-11 按键和 LED 灯示意图

LCD 按键和 LED 灯的功能见表 12-7。

表 12-7 **LCD 按键和 LED 灯功能说明**

按　键	功　能
ESC	取消当前的选择，退回上一级菜单
EMTER	确认当前选项，进入下一级菜单
MOD	把当前的显示区域转换成修改模式
	LED 亮：使用按键寻找下一个菜单选项或下一个可修改参数。 LED 闪烁：使用按键在修改模式下还有可修改选项。 LED 灭：无菜单选项，无字段选项
	LED 亮：使用按键在屏幕中字段切换或进入子菜单。 LED 闪烁：使用按键在修改模式下在位间移动。 LED 灭：非活动状态

用户可以使用小键盘访问高端 PLC 上的 LCD 屏显示的菜单和参数，从而完成对 PLC 的操作，例如启动、停止、初始化 PLC；查看、更改 PLC 上以太网的设置，包括以太网的 IP 地址、子网掩码、查看集成以太网口的 MAC 地址，可以查看 Modbus 和 Modbus Plus 的通信设置，还可查看系统信息，并设置 LCD 屏对比度的调整和背灯的使用方式等。

LCD 的菜单结构和参数如图 12-12 所示。

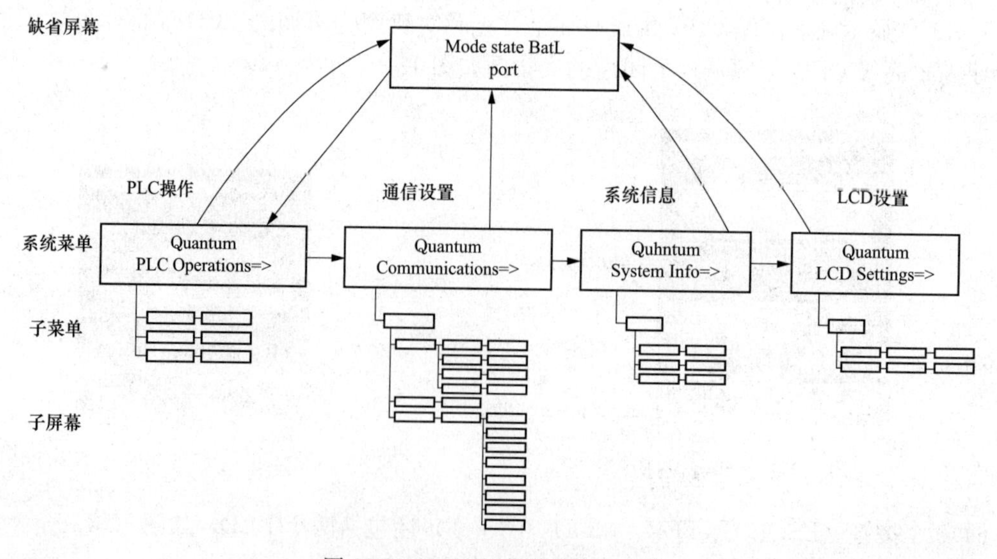

图 12-12 LCD 的菜单结构和参数

7）一个 RJ 45 网线接头：用于 Modbus 总线通信。

8）一个 USB 接口：仅用于编程的传输，速度高达 12 Mbauds。

使用 BMX XCA USB H018（1.8m）或 BMX XCA USB H045（4.5m）的 USB 下载线，可以上传和下载程序。连接在 PC 机侧的接头是普通的 USB 口，而连接在 PLC 侧的是 Mini USB 口。

9）一个 SUB _ D9 针 Modbus Plus 口：用于 Modbus Plus 通信。

10）两个可用于扩展 SDRAM 或 Flash 内存的 PCMIA 接口的插槽，用于 Quantum PLC 的标准存储卡可以分为带掉电保护的 SRAM 存储器扩展卡和闪存 Eprom 存储器扩展卡两种类型。

带掉电保护的 SRAM 存储器扩展卡通常在程序编制和调试应用程序时使用。这种卡可以在线修改程序，当存储器掉电时由集成在存储卡中的可拆卸的电池进行供电，这样能够保证卡内的数据不会丢失。

闪存 EPROM 存储器扩展卡通常是在完成应用程序的调试过程后才使用的。这类扩展卡只允许全局传输应用程序，在电池没有电的情况下程序不会丢失。闪存扩展卡见表 12-8。

表 12-8　　闪存扩展卡一览

产品参考	类型/容量
TSX MFP P 512K	闪存 EPROM 512 Kb
TSX MFP P 001M	闪存 EPROM 1024 Kb
TSX MFP P 002M	闪存 EPROM 2048 Kb
TSX MFP P 004M	闪存 EPROM 4096 Kb

11）两个 LED 灯：用于以太网通信或指示热备主机和从机的通信状态，即 COM 和 STS 指示灯，如图 12-13 所示。

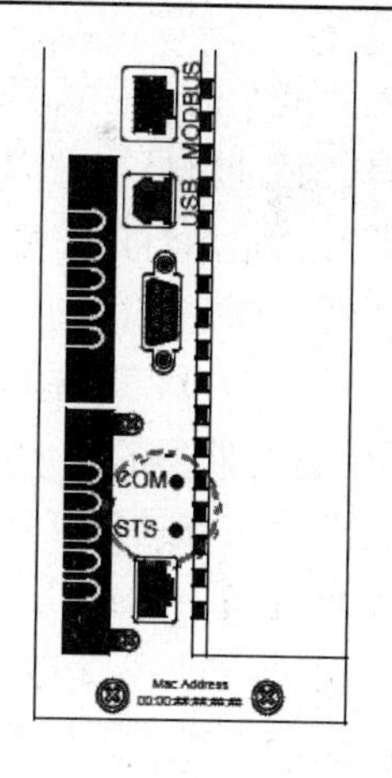

图 12-13　COM 和 STS 灯位置图

COM　LED（绿色）灯：此灯点亮表示以太网通信工作正常（140CPU65150/60），热备工作的 CPU（140CPU 67160，140CPU67261）主机、备机的工作正常。

STS　LED（红色）灯：此灯点亮表示以太网通信工作出现故障（140CPU65150/60，140 CPU65260），热备工作的 CPU（140CPU67160）主机、备机的工作故障。

不同的 Modicom Quantum Unity CPU LED 指示灯的描述见表 12-9 和表 12-10。

表 12-9　　140 CPU65 * * 上 COM 和 STS 灯的含义

<table>
<tr><td rowspan="2">LED</td><td colspan="2">指　　示</td></tr>
<tr><td colspan="2">140CPU65 * * 0/140CPU65160S</td></tr>
<tr><td>COM（黄色）</td><td colspan="2">指示以太网活动</td></tr>
<tr><td rowspan="3">STS（黄色）</td><td colspan="2">由协处理器软件控制</td></tr>
<tr><td>亮</td><td>正常</td></tr>
<tr><td>灭</td><td>Copro 自动测试失败。硬件可能出现问题</td></tr>
</table>

续表

LED	指　示	
	140CPU65＊＊0/140CPU65160S	
STS（黄色）	闪烁1次	正在进行配置
	闪烁2次	MAC地址无效
	闪烁3次	未连接链路
	闪烁4次	IP地址重复。模块将被设置为其缺省IP地址
	闪烁5次	正在等待来自地址服务器的IP地址
	闪烁6次	IP地址无效。模块将被设置为其缺省IP地址
	闪烁7次	PLC操作系统与协处理器固件之间存在固件不兼容问题

表12-10　　140CPU67＊＊上COM和STS灯的含义

LED	指　示	
COM	用于指示主CPU或备用CPU处于活动状态	
STS	由协处理器固件控制	
	闪烁	系统冗余，主CPU上的数据被传输到备用CPU控制器上
	常亮	系统不冗余或Copro从通电启动至自检结束
	灭	Copro自动检测不正常

12）一个用于以太网通信的（仅140CPU65150/60）RJ45网线接头；1个MTRJ的光纤连接器，用于连接热备工作的主机和备机（140CPU671 60或140CPU67261）。

5. 数字量输入/输出模块

在工艺复杂的工程项目中，需要处理大量的模拟量信号和数字量信号，数字量信号包括开关信号、脉冲信号，它们是以二进制的逻辑1和0或电平的高和低出现的，如开关触点的闭合和断开，指示灯的点亮和熄灭，继电器或接触器的吸合和释放，电动机的启动和停止，晶闸管的通和断，阀门的打开和关闭，仪器仪表的BCD码，以及脉冲信号的计数和定时等。

Quantum I/O模块是电气信号处理器，该处理器可将来自现场设备的信号，转换成一种可由CPU进行处理的电平信号及将CPU处理后的电平信号输出到现场设备。所有I/O模块均采用光电隔离方式连接到总线上。所有I/O模块均为可进行软件配置的I/O模块。

也就是说Quantum I/O模块的作用是将进出现场设备的动作信号转换成可由CPU处理的离散量信号，即0、1电平。I/O模块与背板总线光学隔离，所有的IO模块都可以通过软件进行完全的配置，例如Unity Pro或Concept软件。

Quantum的数字量模块有符合IEC电气标准而设计的交流输入、直流输入、交流输出模块、直流输出模块，继电器输出模块和输入输出混合模块。如果模块在比较恶劣的环境下工作，可使用带涂层的版本。另外，所有数字量模块都可以通过模块前面的LED灯进行故障诊断。140DDO84300模块的面板示意图如图12-14所示。

Quantum的每个模块上大量的LED信息，显示的是I/O点上的活动和特定的模块功能，如现场接线故障指示和熔丝的指示等。

（1）数字量输入输出I/O模块分类介绍。

1）数字量交流输入模块。交流输入模块的电压等级有24V、48V、115V和230V等电

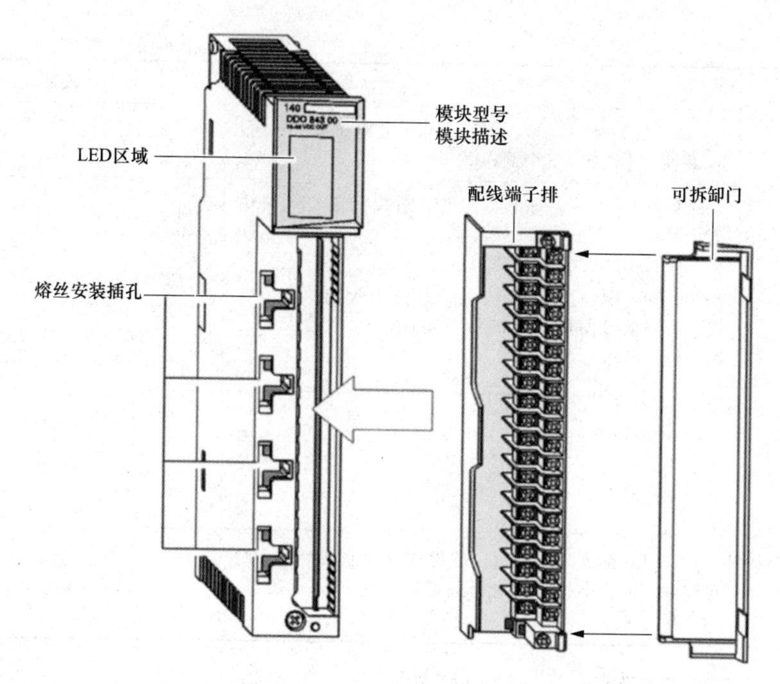

图 12-14 140DDO84300 模块的面板示意图

压等级，每个电压等级都有 16 点和 32 点的模块类型，所有交流输入模块都不需要外部电源，数字量交流输入模块的相关数据见表 12-11。

表 12-11 数字量交流输入模块的数据

型号	用途	通道数	IO 映射
140DAI34000	可接受 24 VAC 输入	16 路输入（16 组×1 点）单独隔离	一个输入字
140DAI35300	可接受 24 VAC 输入	32 路输入（4 组×8 点）	两个输入字
140DAI44000	可接受 48 VAC 输入	16 路单独隔离输入	一个输入字
140DAI45300	可接受 48 VAC 输入	32 路输入（4 组×8 点）	两个输入字
140DAI54000	接受 115 VAC 输入	16 路输入（16 组×1 点）	一个输入字
140DAI54300	接受 115 VAC 输入	16 路输入（2 组×8 点）	一个输入字
140DAI55300	接受 115 VAC 输入	32 路输入（4 组×8 点）	两个输入字
140DAI74000	可接受 230 VAC 输入	16 路输入（2 组×8 点）单独隔离	一个输入字

2）数字量直流输入模块。直流输入电压的等级有 5V TTL、24V、10～60V、125V 等电压等级，模块的点数有 12 点、16 点、32 点和 96 点的模块类型，分为负逻辑（源）、正逻辑（漏）两种类型，数字量直流输入模块的相关数据见表 12-12。

表 12-12 数字量直流输入模块的相关数据

型号	用途	外部电源
140DDI15310	5VDC 输入，与 TTL、-LS、-S 和 CMOS 逻辑兼容，32 路输入负逻辑，两个输入字	4.5～5.5VDC
140DDI35300	24VDC 输入，32 路输入正逻辑，两个输入字	不需外部电源
140DDI35310	24VDC 输入，32 路输入负逻辑，两个输入字	19.2～30VDC

续表

型号	用途	外部电源
140DDI36400	24V DC Telefast 输入，需 telefast 电缆和端子底座，96 路输入正逻辑，6 个输入字	19.2～30V DC
140DSI35300	24V DC 输入，为每个单元进行断线检测，32 路输入正逻辑，4 个输入字	+20..+30V DC/20mA（每组）
140DDI84100	10～60V DC 输入，开关电平取决于所选的参考电压。不同组可使用不同的参考电压，16 路输入正逻辑，两个输入字	12VDC/+/−5%，24VDC/−15%+20% 48VDC/−15%+20%，60VDC/−15%+20%
140DDI85300	10～60V DC 输入，开关电平取决于所选的参考电压。不同组可使用不同的参考电压，32 路输入正逻辑，两个输入字	12VDC/+/−5%，24VDC/−15%+20% 48VDC/−15%+20%，60VDC/−15%+20%
140DDI67300	125V DC 输入具有可通过软件选择的滤波时间，对逻辑输入中的干扰信号进行过滤，24 路输入正逻辑，两个输入字	不需外部电源

3）数字量交流输出模块。交流输出模块的电压等级有 24V、48V、115V 和 230V 等电压等级，每个电压等级都有 16 点和 32 点的模块类型，数字量交流输出模块的相关数据见表 12-13。

表 12-13　　数字量交流输出模块的相关数据

型号	用途	最大负载电流	IO 映射
140DAO84000	可切换 24～230V AC 有源负载，16 路隔离输出	24～115V AC，每输出 4A； 200～230V AC，每输出 3A	一个输出字
140DAO84010	可切换 24～115V AC 有源负载，16 路隔离输出	最大负载电流 4A	一个输出字
140DAO84210	可切换 100～230V AC 有源负载，16 路输出（4 组×4 点）	4.0A 连续，85～132V AC 有效值； 3.0A 连续，170～253V AC 有效值	一个输出字
140DAO84220	可切换 24～48V AC 有源负载，带熔断器检测，16 路输出（4 组×4 点）	4.0A 连续，20～56V AC 有效值	一个输出字
140DAO85300	可接受 230V AC 有源负载，32 路输出（4 组×8 点）	1.0A 连续，20～253V AC 有效值	两个输出字

4）数字量直流输出模块。直流输出电压的等级有 5V、24V、10～60V、125V 等电压等级，模块的点数有 12 点、16 点、32 点和 96 点的模块类型，数字量直流输出模块的相关数据见表 12-14。

表 12-14　　数字量直流输出模块的相关数据

型号	用途/通道数/逻辑/IO 映射	最大输出电流	外部电源
140DDO15310	可接受 5VDC 输入，与 TTL、-LS、-S 和 CMOS 逻辑兼容，32 路输出，负逻辑，两个输出字	750mA	4.5～5.5VDC
140DDO35300	可切换 24VDC 有源负载，32 路输出正逻辑，两个输出字	500mA	19.2～30VDC

续表

型　号	用途/通道数/逻辑/IO 映射	最大输出电流	外部电源
140DDO35301	可切换 24V DC 有源负载，可以防止短路和过载，带熔断器熔断检测，32 路输出，负逻辑，两个输出字	通态下最大输出 500mA	19.2～30V DC
140DDO35310	可切换 24V DC 负载，可支持驱动显示、逻辑和其他负载，带熔断器熔断检测，32 路输出，负逻辑，两个输出字	通态下最大输出 500mA	19.2～30V DC
140DDO36400	切换 24V DC 有源负载。有现场电源已断开、短路或过载的组指示，96 路输出，正逻辑，6 个输出字	500mA	19.2～30V DC
140DVO85300	具有诊断功能的 10～30V DC、32 点输出模块。该模块可以检测和报告在现场连接器处感测到的输出状态，并根据所选配置，验证输出点是否处于 PLC 所指定的状态，32 路输出，两个输入字，两个输出字	500mA	10～30V DC
140DDO84300	可切换 10～60V DC 有源负载，每组电源电压可以不同，16 路输出，正逻辑，两个输出字	2A	10～60V DC
140DDO88500	切换 24～125V DC 有源负载，可检测输出点的过流，内部有 4A 的熔断器，12 路输出，最大负载电流 750mA，一个输入字，一个输出字	750mA	不需外部电源

5）数字量继电器输出模块。继电器输出模块为无源输出，动作速度比集电极开路输出模块要慢，有 8 点的 140 DRC 83000 和 16 点的 140DRA84000 两种类型，每个输出点可提供 2～5A 的连续电流，可用于交流和直流两种场合。

8 点的 140DRC83000 继电器输出模块通过带有动合触点的 8 个继电器来切换电压源极，在 250VAC 环境温度为 60℃、电阻式负载，环境温度大于 40℃需降容时的最大负载电流为 2A，当继电器输出回路电压在 30～150V DC 电阻式负载时，最大负载电流为 300mA，L/R=10ms 时最大负载电流为 100mA。IO 映射为 0.5 个输出字。

16 点的 140DRA84000 继电器输出模块用于 16 个动合触点的继电器来切换电压源极，在小于 250V AC 或 30V DC，并且环境温度小于 60℃的情况下，模块每点最大负载电流 2A。电阻式负载时最大负载电流为 300mA，L/R=10ms 时最大负载电流为 100mA，IO 映射为一个输出字。

6）数字量输入/输出混合模块。16 点输入、8 点输出混合模块按输入电压分为交流（140DAM59000 输出电流 4A）和直流（140DDM39000 输出电流 0.5A）两种。

4 点输入、4 点输出混合模块型号是 140DDM69000，输出电流可以达到 4A。

值得注意的是，用户可以在 Unity Pro 编程软件中定义数字量输出模块发生故障时的工作模式，即定义模块故障产生时数字量输出的行为。

有 3 种模式可供选择，分别如下所示。

第一种模式：当数字量输出模块发生故障时，所有输出为关——off 状态，数字量输出为 false。

第二种模式：读者在 Unity Pro 编程软件中可以根据自己的需要定义输出模块发生故障时数字量输出的状态。

第三种模式：当输出模块发生故障时，保留发生故障前上一个扫描周期的输出结果。

（2）几种数字量输入输出模块的特性介绍。

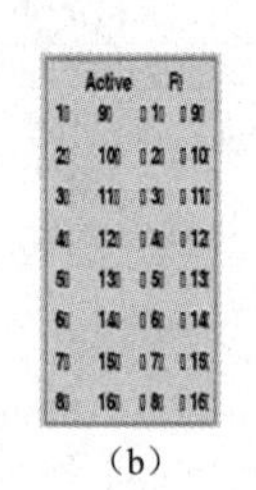
（a）　　（b）

图 12-15　输入模块 140DAI54000 的面板
（a）面板；（b）指示灯

1）16 点离散量输入模块 140DAI54000 的面板说明。如图 12-15 所示，输入模块 140DAI54000 的面板。输入端子为 1～16，LED 指示灯有红色和绿色两组，Active 为激活区域，F 为故障区域。

LED 区域指示灯点亮时的含义见表 12-15。

2）Quantum PLC 96 点数字量输入模块的模块特性说明。当设备安装现场要安装的设备密度较大，需要安装的 PLC 空间又很有限时，可以在设备中加装 Quantum PLC 的高密度的 TeleFast 96 点数字量输入模块 140DDI36400，安装这个模块后能够达到减小安装空间的目的。值得注意的是加装的这个模块必须使用 TeleFast 附件进行接线。

模块特性：96 点的开关量模块，输入电压 24VDC、6 组输入，每组 16 点符合 IEC 1131-2 Type 1 的标准、正逻辑。

表 12-15　　LED 区域指示灯点亮的含义

LED	颜色	点亮时的含义
Active	绿色	检测的总线通信
1～16（Active 下面的 LED）	绿色	所指示的输入点接通
F	红色	检测到模块外部接线故障
1～16（F 下面的 LED）	红色	所指示的输入点故障

输入电流：On 电流≥3mA、Off 电流≤1.5mA。

输入电压：On 电压>11VDC、Off 电压≤5VDC。

响应时间：OFF-ON～4ms、ON-OFF～4ms。

TeleFast 96 点数字量输入模块 140DDI36400 如图 12-16 所示。

3）Quantum 输入校验模块 140DSI35300 的模块说明。140DSI35300 是 32 位 24V 直流输入模块，可在 CPU 的应用程序中监视现场接线的状态，此模块通过发出脉冲电流检测每个输入回路的导通状态，并通过寄存器字报告每个输入的故障/正常状态结果（是否断线）。

4）短路保护输出模块 140DDO35301 的模块说明。短路保护输出模块 140DDO35301 在模块设计时在每个输出点上都增加了电阻，工作时可以防止输出回路发生短路和过载，即每组 8 个输出点有一个 5A 的熔断器，使用时将 PLC 断电后拆掉端子板可更换损坏的熔断器。

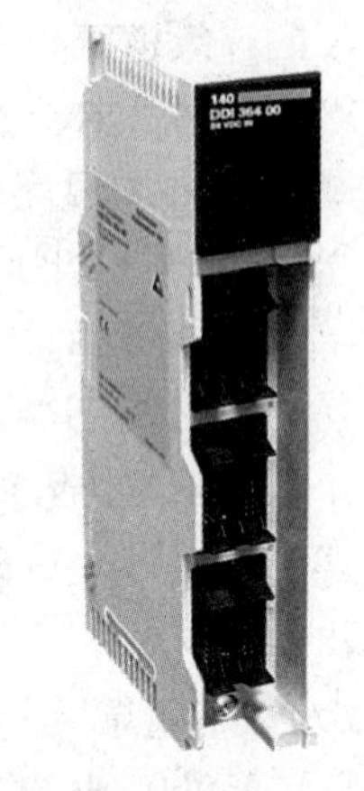

图 12-16　TeleFast 96 点数字量输入模块 140DDI36400

6. 模拟量输入/输出模块

Quantum PLC 的所有模拟量输入输出模块都是单槽模块，这些模块的所有参数都可以通过 Unity Pro 编程软件进行设置。

模块的 LED 面板上有一个代表模块已经通过上电检测的 R 指示灯，除了 ARI03010 模块上的指示灯会点亮以外，其他 IO 模块的 R 指示灯都不会点亮。

通俗地说，模拟量就是在一定范围内连续变化的任意取值，跟数字量是相对立的一个状态表示。一般情况下模拟量输入模块用于采集表示现场工艺设备的压力、电流、温度、频

率、流量等现场工程量，这些工程量是仪器仪表的变送器转换成的模拟量如电压0～10V，±10V，电流 0～20mA，4～20mA，通过电缆连接到模拟量的输入模块上。

每个模拟量模块订货时都需要单独订购 40 针的端子模块 140XTS 00200（防护等级小于 IP20）或 140XTS 00100（防护等级 IP20），所有的模拟量模块在连接工程量时必须使用屏蔽线抗干扰，并且屏蔽线的屏蔽层也必须接地，STB XSP 3000 是施耐德的接地组件。模拟量输出模块的面板图如图 12-17 所示。

图 12-17 模拟量输出模块的面板图

模拟量模块的 LED 指示灯如下所示。

（1）Active（绿色）：检测到存在总线通信。

（2）F（红色）：检测到故障（模块外部）。

（3）1～16（绿色）：所指示的点或通道打开。

（4）1～16（红色）：所指示的点或通道存在故障。

下面详细介绍 Quantum PLC 的模拟量输入输出模块。

Quantum 提供 9 款模拟量输入/输出模板，输入信号支持电压、电流热电阻、热电偶等，输出信号支持电压和电流，通道数从 4 路到 16 路不等，分辨率从 12 位到 16 位不等，用户可以灵活选择，Quantum 也有集成了输入和输出通道的混合型的模拟量模板。

1）模拟量输入模块。模拟量输入模块的输入类型有电压、电流、热电阻、热电偶等。

Quantum PLC 的模拟量输入模块有如下 5 种。

第一种是 140ACI03000，即 8 通道、量程为 4～20mA&1～5V、占用内存 8 数据字＋1 状态字、电源消耗 240mA。

第二种是 140ACI04000，即 16 通道、量程为 0～25mA&0～20mA&74～20mA、占用内存 16 数据字＋1 状态字、电源消耗 360mA。

第三种是 140AVI03000，即 8 通道、量程为 0～25mA、±20mA、4～20mA0～10V、±10V0～5V、±5V、1～5V、占用内存 8 数据字＋1 状态字、电源消耗 260mA。

第四种是 140ARI03000，即 8 通道、量程铂、镍热电阻 PT100，占用内存 8 数据字＋1 状态字、电源消耗 200mA。

第五种是 140ATI03000，即 8 通道、量程热电偶类型（B，E，J，K，R，S，T）、mV 占用内存 16 数据字＋1 状态字、电源消耗 280mA。

2）模拟量输出模块。Quantum PLC 的模拟量输出模块的输出类型有电压和电流两种输出类型。

Quantum PLC 的模拟量输出模块有如下 3 种。

第一种是 140ACO02000，即 4 通道、量程为 4～20mA、占用内存 4 输出字、电源消耗 480mA。

第二种是 140ACO13000，即 8 通道、量程为 0～25mA、0～20mA、4～20mA、占用内存 8 输出字、电源消耗 550mA。

第三种是 140AVO02000，即 4 通道、量程为 0～10V、±10V，0～5V、±5V、占用内存 4 输出字、电源消耗 700mA。此模块是不能提供 10V 参考电压给现场设备的。

当 Quantum 的模拟量输出模块的 8 个通道都配置成 4～20mA 输出时，如果这些输出处于正常的情况，那么通道绿色的指示灯会常亮。另外，如果输出通道的红色指示灯点亮的话，则代表输出通道有断线或者没有连接输出线，从而导致输出检测到的电流为 0，低于通道配置的最低电流 4mA 而报错。

解决没有使用的输出通道的红色指示灯点亮的一个小技巧是，用户可以通过将暂不使用的通道配置成 0～20mA 或者 0～25mA，这样输出的实际值 0mA 和通道输出的最低值是一致的就不会报错，通道的红色指示灯也将不会点亮。对于 Quantum PLC 系统而言，除本安型模块外，其他所有模块都不能给现场设备进行供电。

3）模拟输入输出混合模块。Quantum PLC 的模拟输入输出混合模块 140AMM09000 有 4 点输入/2 点输出通道数，电源消耗为 350mA，占用内存为 5 点输入/2 点输出，它的量程为 0～10V、±10V（16 位分辨率）、0～5V、±5V、±20mA、0～20mA（15 位分辨率）、1～5V、4～20mA（14 位分辨率）。

模拟输入输出混合模块 140AMM09000 在输入/输出通道均没有接线的情况下，模块上的指示灯的状态显示为“Active”“F”灯常亮，最左边栏的“1”“2”绿色灯常亮，中间栏的“1”“2”红色灯常亮。

用户可以在 Unity Pro 编程软件中定义 Quantum PLC 的模拟量输出模块发生故障时输出模块的工作模式，共有如下 3 种工作模式。

第一种模式：模拟量输出模块发生故障时，模拟量输出为 0。

第二种模式：用户在 Unity Pro 编程软件中根据自己的需要定义模拟量输出模块的输出值。

第三种模式：当模拟量输出模块发生故障时，保留发生故障前上一个扫描周期的输出结果。

在编程时用户通过 Unity Pro 编程软件对模拟量输出只能选择上面 3 种中的一种作为模块发生故障时的工作模式。

三、 创作步骤

第一步　项目的工艺要求

镗床是大型箱体零件加工的主要设备，是用镗刀对工件已有的预制孔进行镗削的机床。其中，镗刀旋转为主运动，镗刀或工件的移动为进给运动。本项目要实现的是镗床自动控制系统中的主轴、工作台和主轴箱的快速移动，镗床如图 12-18 所示。

图 12-18　镗床示意图

第二步　电气原理图

镗床控制系统中的电动机采用 AC380V，50Hz 三相四线制电源供电，自动开关 Q1 作为电源隔离短路保护开关，热继电器 FR1、FR2 作为过载保护，中间继电器 CR1 的动合触点控制接触器 KM1 的线圈通电、断电，接触器 KM1 的主触头控制电动机 M1 的启动与停止，电动机 M2 的控制与 M1 的控制原理相同。自动开关 Q2 作为控制电路的电源隔离短路保护开关，控制原理图如图 12-19 所示。

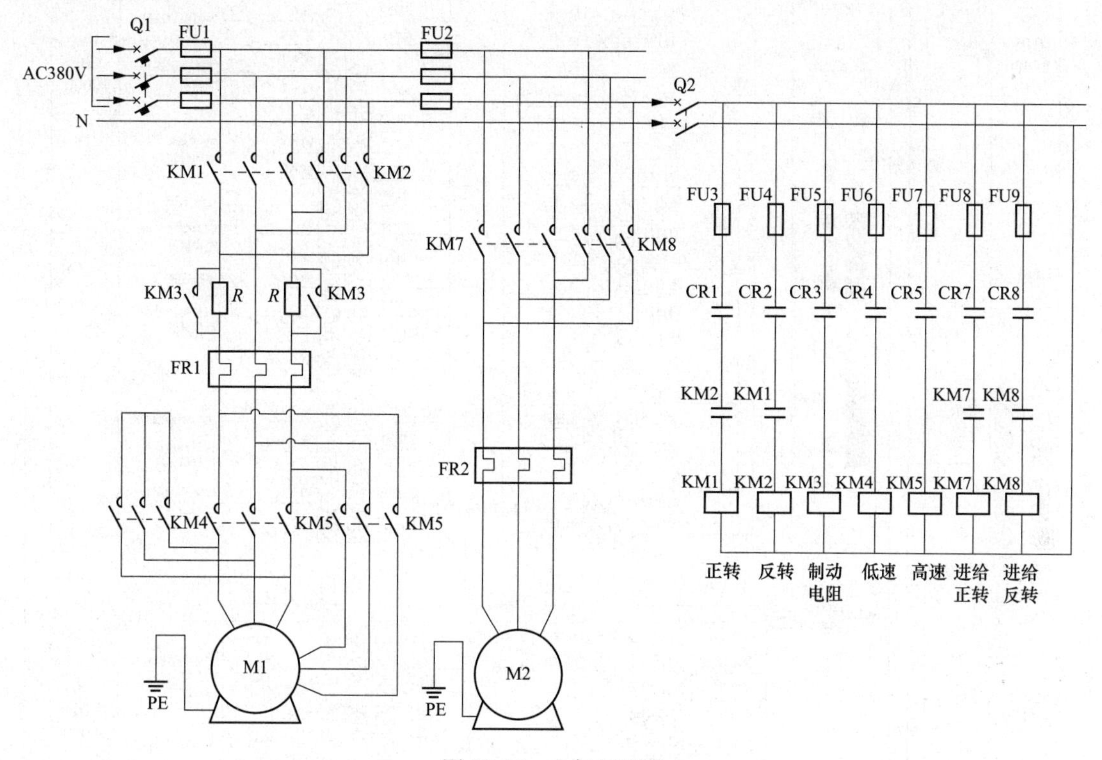

图 12-19 电气原理图

第三步 PLC 控制原理图

本示例主 Quantum 机架选用 6 个槽位的机架 140 XBP 006 00，电源模块选配 140 CPS22400，电源端子 1 和端子 2 是一个动断继电器触点，电压额定值为 220 VAC（6A）/30 VDC（5A）。这里连接一个指示灯 HL3，因为这个继电器的动断点，即端子 1 和 2，在输入电压下降到低于 DC18V 时是断电的，这样这个指示灯 HL3 就会熄灭了，另外，这对端子也可以用于发出输入电源中断或掉电的信号。CPU 选配 140CPU65200，主机架的 4 号槽位选配数字量输出模块 DDO35301，5 号槽选配数字量输入模块 DAI34000，6 号槽插入 140 XBE 10000 机架扩展卡，这个扩展卡相当于主 Quantum 机架中的数据信号的中继器。由于扩展卡电缆是不能给辅助机架提供电源的，所以扩展机架也需要配置电源模块，这里选配 CPS21100，放置在扩展机架的 1 号槽位，扩展机架选配 4 槽的 140 XBP 004 00，4 号槽位放置 140 XBE 10000 机架扩展卡，数字量输出模块 DAO84000 放置在扩展机架的 2 号槽，3 号槽放置数字量输入模块 DAI74000，如图 12-20 所示。

第四步 项目创建和硬件组态

打开 Unity Pro 编程软件，创建一个名称为“行程开关在昆腾 652PLC 扩展系统中镗床自动控制项目中的应用”的新项目，然后按照电气设计来配置项目中的模块，单击【项目浏览器】→【配置】→【本地总线】，然后单击机架拓扑地址 1，将系统自动配置的 10 槽位的机架

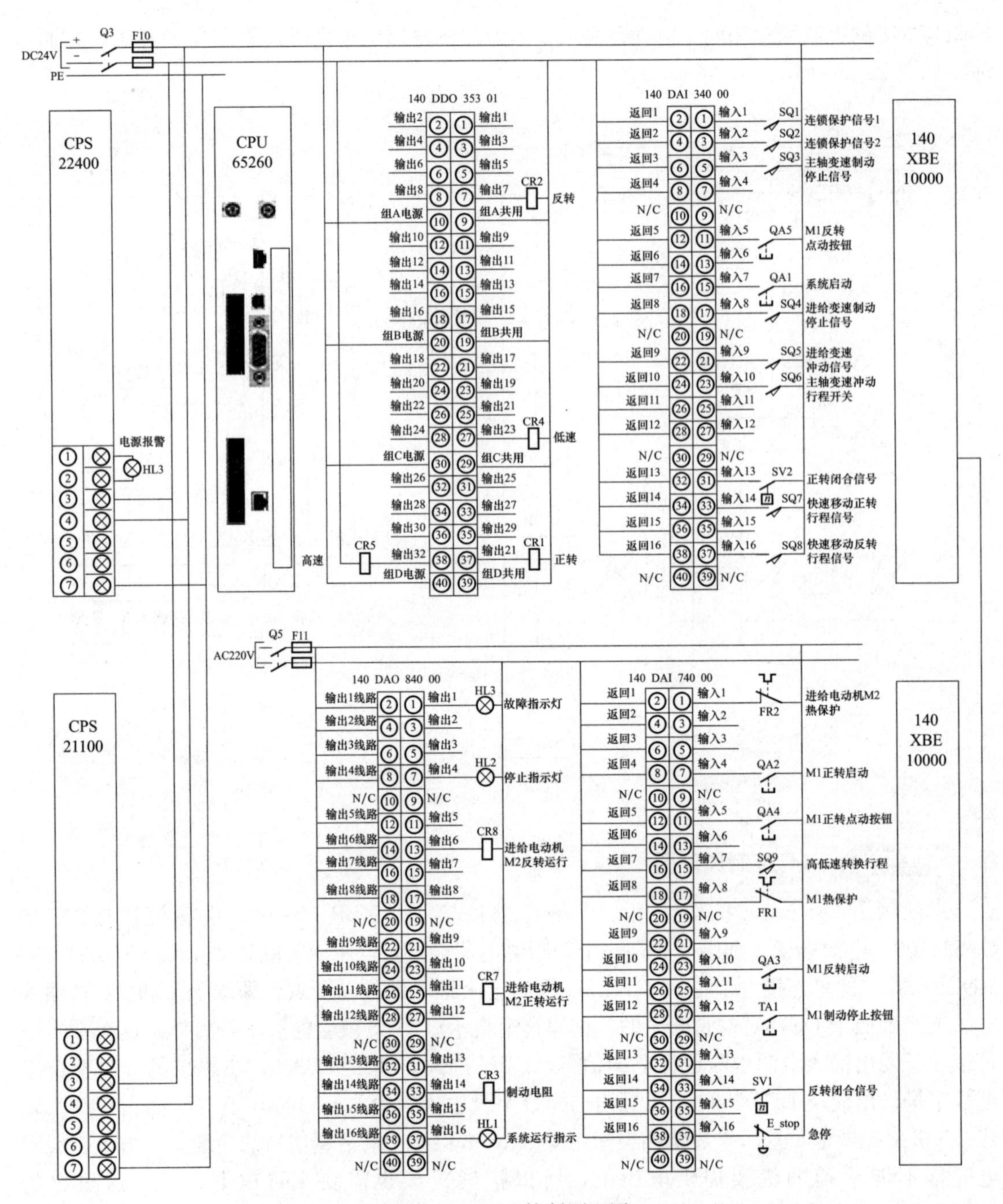

图 12-20　PLC 控制原理图

替换成 6 机架，在 1 号槽配置电源模块 CPS22400，在 4 号槽位配置数字量输入模块 DDO35301，在 5 号槽位配置数字量输入模块 DAI34000，在 6 号槽位配置机架扩展卡 XBE10000，单击机架拓扑地址 2，在弹出的新设备页面中添加扩展机架上的模块，在 1 号槽添加电源模块 CPS21100，在 2 号槽添加数字量输出模块 DA084000，在 3 号槽位插入数字量输入模块 DAI74000，4 号槽位同样安装扩展机架卡 XBE10000，配置完成后如图 12-21 所示。

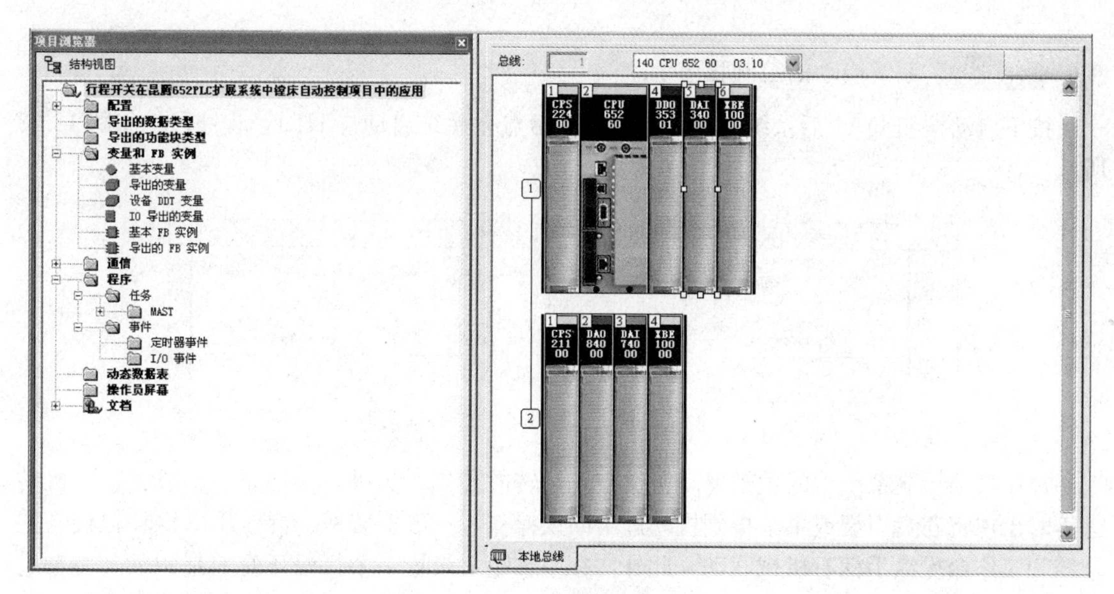

图 12-21　项目的配置图示

第五步　编辑符号表

配置完成硬件后，单击【保存并编译】按钮即可，然后在编程软件中打开符号编辑器编辑项目符号表，如图 12-22 所示。

变量 | DDT 类型 | 功能块 | DFB 类型

过滤器　名称 = *

名称	类型	地址	注释
SystemOutputLamp	EBOOL	%Q2.2.16	系统输出灯HL1
Braking_resistor	EBOOL	%Q2.2.14	制动电阻CR3
FeedForwardM2Run	EBOOL	%Q2.2.11	进给电机M2正转运行CR7
FeedReverseM2Run	EBOOL	%Q2.2.6	进给电机M2反转运行CR8
StopLamp	EBOOL	%Q2.2.4	停止指示灯HL2
faultLamp	EBOOL	%Q2.2.1	故障指示灯HL3
highSpeed	EBOOL	%Q1.4.32	高速CR5
Forward	EBOOL	%Q1.4.31	正转CR1
lowSpeed	EBOOL	%Q1.4.23	低速CR4
reverse	EBOOL	%Q1.4.7	反转CR2
E_stop	EBOOL	%I2.3.16	急停Estop
reverseClose	EBOOL	%I2.3.14	反转闭合SV1
M1Brakestop	EBOOL	%I2.3.12	M1制动停止按钮TA1
M1reversestartButton	EBOOL	%I2.3.10	M1反转启动按钮QA3
M1ThermalProtect	EBOOL	%I2.3.8	M1电机热保护FR1
SpeedchangeLimit	EBOOL	%I2.3.7	高低速切换行程开关
M1Forwardjog	EBOOL	%I2.3.5	M1正转点动QA4
M1ForwardStartButton	EBOOL	%I2.3.4	M1正转启动按钮QA2
FeedM2ThermalProtect	EBOOL	%I2.3.1	进给电机M2热保护FR2
fastMoveReverseLimit	EBOOL	%I1.5.16	快速移动反转信号SQ8
fastMoveForwardLimt	EBOOL	%I1.5.14	快速移动正转限位SQ7
Forwardclose	EBOOL	%I1.5.13	正转闭合SV2
shaftSpeedchangeInch	EBOOL	%I1.5.10	主轴变速冲动信号SQ6
FeedInch	EBOOL	%I1.5.9	进给变速冲动SQ5
feedSpeedchangeBrakeStop	EBOOL	%I1.5.8	进给变速制动停止信号SQ4
systemStart	EBOOL	%I1.5.7	系统启动QA1
M1reverseJog	EBOOL	%I1.5.5	M1反转点动信号QA5
shaftSpeedchangeStop	EBOOL	%I1.5.3	主轴变速制动停止信号SQ3
interLock2	EBOOL	%I1.5.2	联锁信号2SQ2
interLock1	EBOOL	%I1.5.1	联锁信号1SQ1
timeruning	TIME		
timereach	BOOL		
systemRunFlag	BOOL		
M1LowspeedRunflag	BOOL		
M1LowspeedReveseRunflag	BOOL		

图 12-22　符号表图示

第六步 系统启动的控制程序

按下启动按钮 QA1 后系统启动，系统启动后点亮系统启动灯 HL1，程序段 1 如图 12-23 所示。

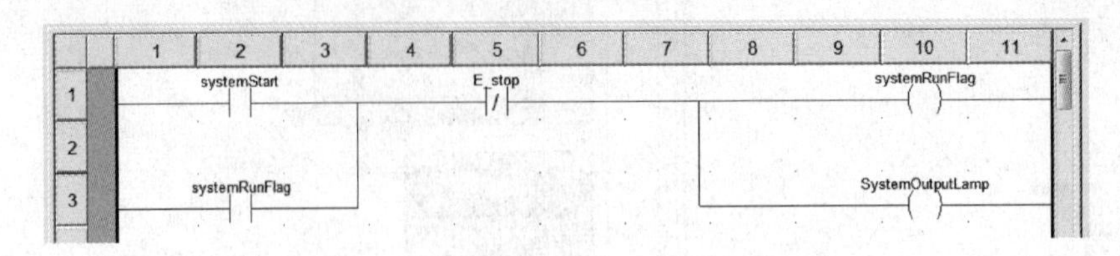

图 12-23 系统启动程序系统运行指示灯

镗床自动控制系统中的主轴电动机要有正反转的控制，另外，为防止主轴或工作台机动进给时出现将花盘刀架或主轴扳到机动进给的误操作，一般安装一个行程开关 SQ1 以便与主轴箱和工作台操纵手柄有机械联动。此外，在主轴箱上设置一个行程开关 SQ2 以便与主轴进给手柄和花盘刀架进给手柄有机械联动。如果主轴箱或工作台的操纵手柄在机动进给时 SQ1 断开，此时若将花盘刀架或主轴进给手柄也扳到机动进给位置，SQ2 也断开，这样切断了控制电路的来源，所以电动机 M1 停转，同时，电动机 M2 也无法开动，从而起到连锁保护的作用。

系统启动后，按下主轴电动机正转启动按钮 QA2 接通 PLC 的内部中间继电器的 M1LowspeedForwardRunflag 线圈，按下主轴电动机反转启动按钮 QA3 接通 PLC 的内部中间继电器 M1LowspeedReveseRunflag 的线圈，如图 12-24 所示。

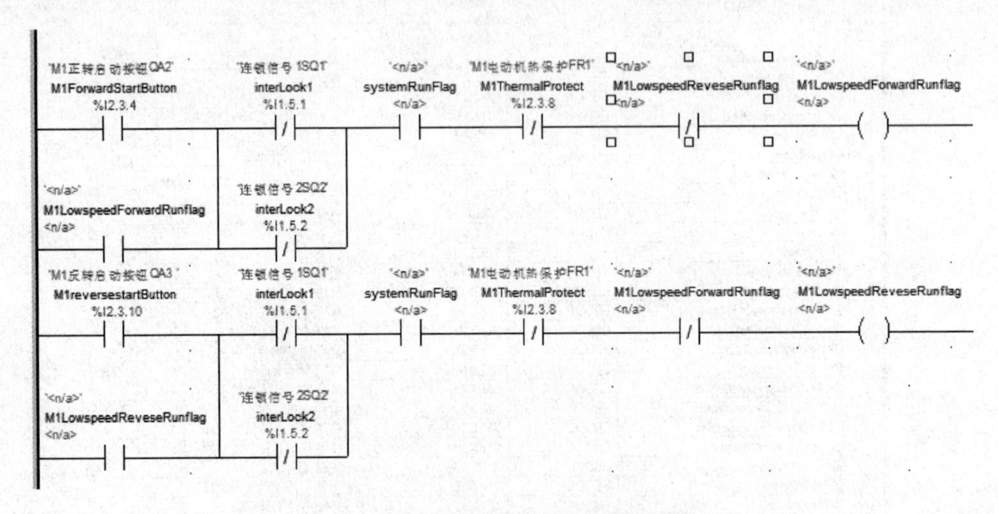

图 12-24 正反转的内部继电器线圈的程序控制

在程序段 3 的程序中，串接了主轴电动机 M1 低速反转的动断触点 M1Lowspeed Revese Runflag，在程序段 4 的程序中，串接了主轴电动机 M1 低速正转的动断触点 M1Lowspeed Forward Runflag，以防止正反转的运行状态同时被接通。

由于行程开关 SQ3 和 SQ4 被压合，将镗床自动控制系统的高低速变速手柄扳到低速挡→行程开关 SQ9 断开，按下正转启动按钮 QA2，中间继电器 CR3 的线圈吸合→接触器

KM3 线圈通电，KM3 的主触点短接了主轴电动机 M1 的制动电阻 R，程序如图 12-25 所示。

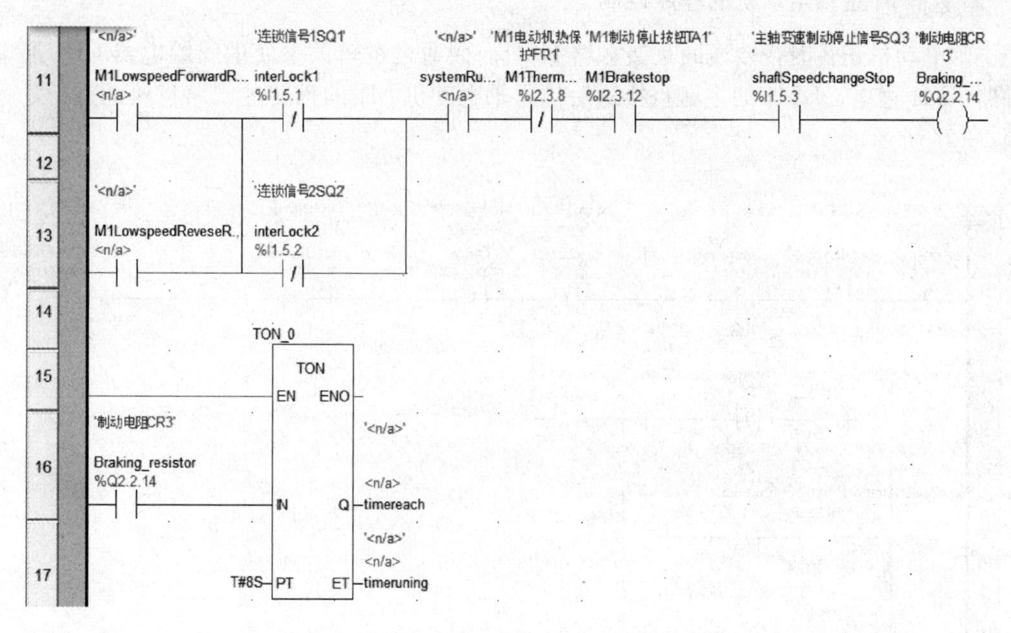

图 12-25　制动电阻 R 的控制回路

第七步　进给电动机的控制程序

镗床自动控制系统中的进给电动机要有正反转的控制，并由快速手柄联动行程开关 SQ7、SQ8 控制中间继电器 CR7 和 CR8，使用它们的动合点控制接触器 KM7 和 KM8 的线圈，从而控制 M2 快速移动来实现的。快速手柄扳到中间位置，SQ7、SQ8 不被压下，电动机 M2 停止转动；扳到正向位置，SQ8 接通，SQ7 断开，KM7 通电，电动机 M2 正转；扳到反向位置，SQ7 接通，SQ8 断开，KM8 通电，电动机 M2 反转，程序的实现如图 12-26 所示。

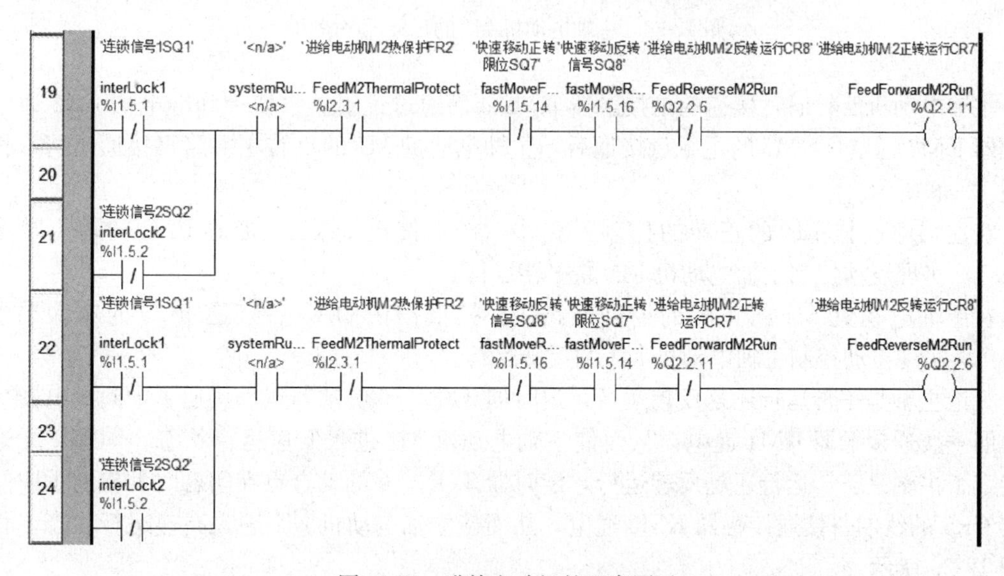

图 12-26　进给电动机的程序图示

第八步 主轴电动机的程序控制

主轴电动机正转时，接通的是接触器 KM1。而通过逻辑关系使中间继电器 CR1 通电→接触器 KM1 通电，KM1 的主触点接通后，主轴电动机 M1 的正转主回路将接通运行，程序如图 12-27 所示。

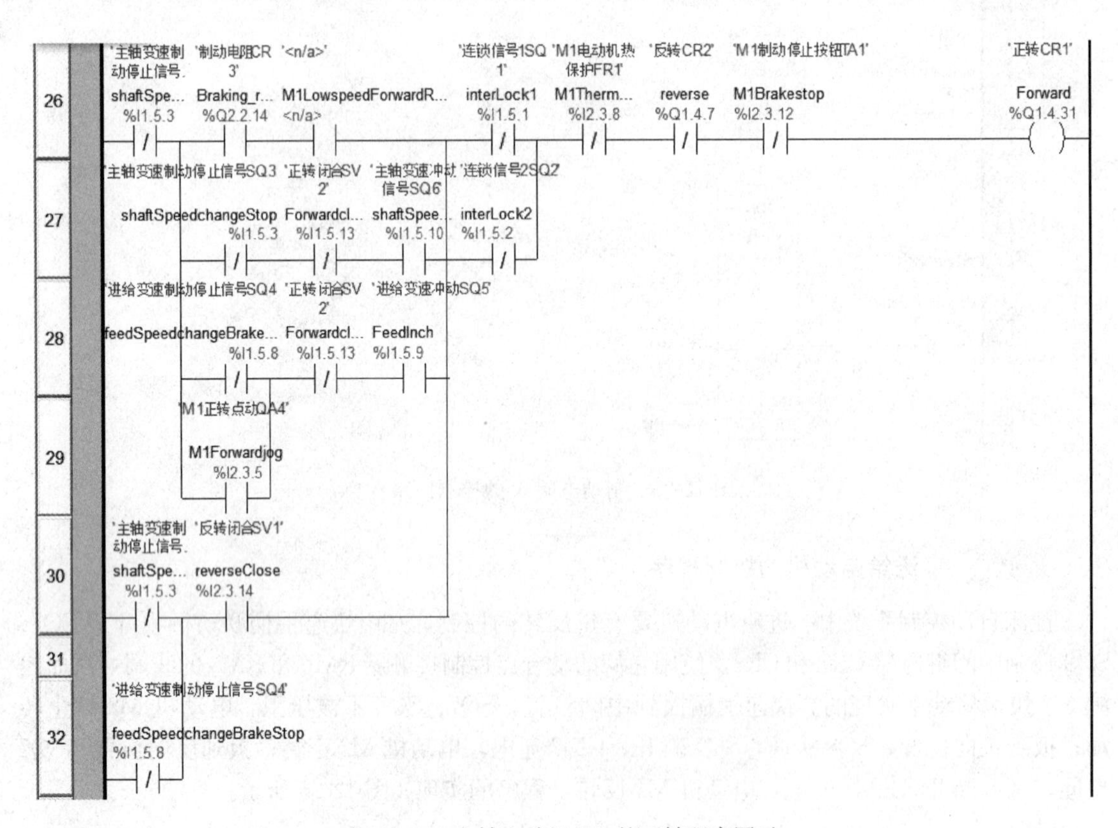

图 12-27　主轴电动机 M1 的正转程序图示

主轴电动机反转时，接通的是接触器 KM2。而通过逻辑关系使中间继电器 CR2 通电→接触器 KM2 通电，KM2 的主触点接通后，主轴电动机 M1 的反转主回路将接通运行，程序如图 12-28 所示。

在主轴电动机 M1 的正转的控制回路中，按下按钮 QA4 后接通 PLC 的输入端子%I2.3.5，实现点动控制主轴电动机 M1 的正转运行。

在主轴电动机 M1 的正转的控制回路中，按下按钮 QA5 后接通 PLC 的输入端子%I1.5.5，实现点动控制主轴电动机 M1 的反转运行。

无论主轴是正转运行还是反转运行，定时器 TON _ 0 的动断点都接通了中间继电器 CR4 的线圈→接通接触器 KM4 通电，从而使主轴电动机 M1 进入低速运行状态。同理，无论选择确定了主轴是正转运行还是反转运行，定时器 TON _ 0 的动合点在闭合时都接通了中间继电器 CR5 的线圈→接通接触器 KM5 通电，从而使主轴电动机 M1 进入高速运行状态，程序如图 12-29 所示。

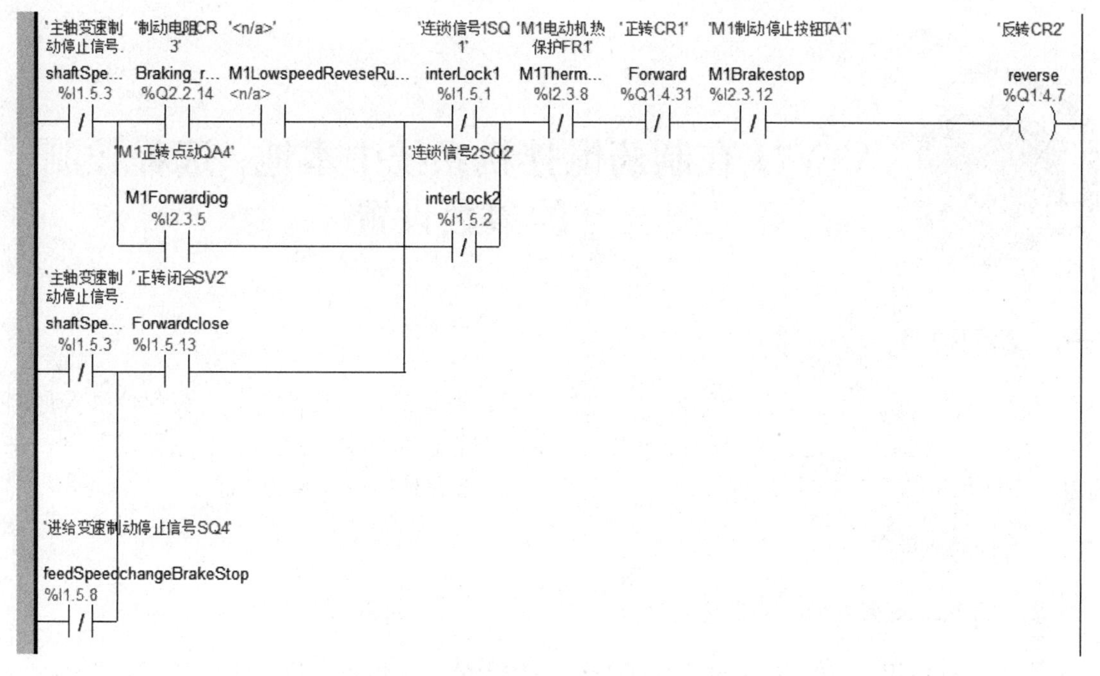

图 12-28　主轴电动机 M1 的反转程序图示

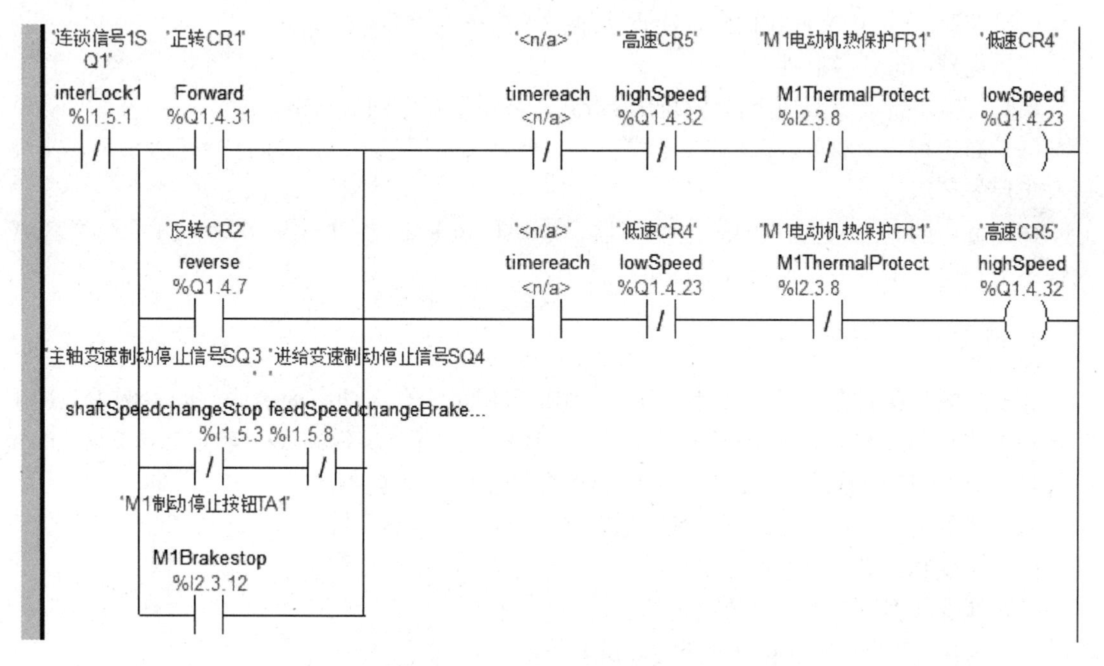

图 12-29　主轴电动机高低速运行

ATV71 在制药搅拌机系统中本地/远程控制的参数设置

一、 案例说明

生化制药公司一般主要生产红霉素、克拉霉素、阿奇霉素、头孢菌素、头孢烷酸等原料药。制药搅拌罐是生产这些药品的设备之一，本示例通过对控制搅拌机的变频器的控制，来说明变频器 ATV71 在本地远程控制时，其变频器的参数是如何设置的。

二、 相关知识点

1. ATV71 变频器的产品性能

（1）重载应用，150％额定电流过载 1min，较大的额定输出电流，保证了变频器和电动机有足够的力矩输出。

（2）ATV71 的中文操作面板，使现场维护人员感觉很简单、亲切。

（3）优越的低速控制性能。

（4）交流电抗器有效地降低了变频器谐波，减小了对电网的污染。

（5）高运行环境温度，ATV71 不降容时，环境温度可达 50℃，降容时可达 60℃，非常适合工厂的环境。

（6）宽广的电源电压，690V 的变频器，电源电压是 500－15％～690＋10％，在 400V 的情况下，电压稍高一点，变频器即可正常工作。

2. 谐波的处理可能采用的措施

在实际的配备有变频器的项目应用中，如果采用了多台大功率变频器，如本例中采用了额定功率 630kW、额定电压 690V、额定电流 612.4A、额定频率 50Hz、额定转速 2983r/min 的大功率 ATV71 变频器。那么对谐波的处理变得显得尤为重要了。

对谐波的处理常见的有以下几种方法。

（1）在变频器进线侧加直流电抗器。

（2）在变频器进线侧加交流电抗器。

（3）采用 12、18 脉冲电源给变频器供电等。

（4）使用无源、有源滤波器。

（5）采用有源前端 AFE。

一般情况下，对于 690V 供电并且大于 90kW 的 ATV71 变频器来讲，必须使用 ATV71 进线交流电抗器。

三、 创作步骤

第一步　配置方案及系统原理图

本示例中的电动机采用 AC380V，50Hz 三相四线制电源供电，自动开关 Q1 作为电源隔离短路保护开关，中间继电器 CR1 的动合触点控制变频器的正转运行，接触器 KM1 的主触头控制电动机变频器输入侧的电源通断，变频器的电气控制原理图如图 13-1 所示。

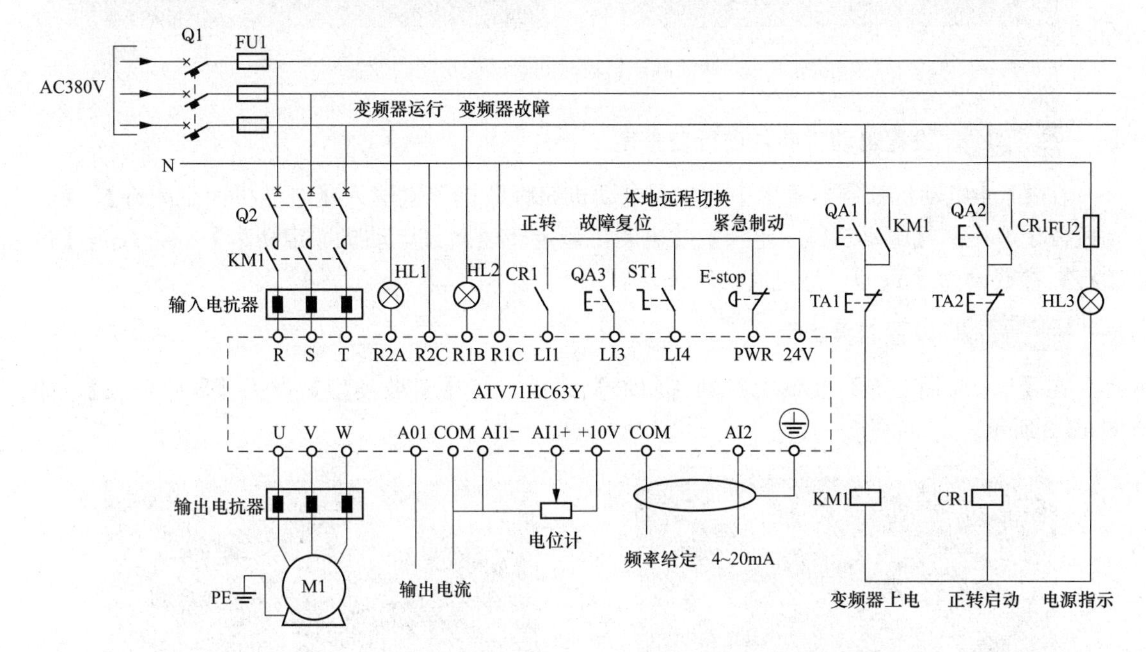

图 13-1　变频器的电气控制原理图

本示例中的一台变频器拖动一台电动机，变频器的型号为 ATV71HC63Y。根据搅拌罐的特点，要求变频器选择恒转矩应用变频器，并要求过载至少 1.5 倍以上，我们选择 ATV71 系列，由于 ATV71 的额定输出电流较大，630kW 的额定电流为 675A，因此选用 ATV71HC63Y 变频器。

第二步　搅拌机的控制要求

变频器 ATV71 设置本地控制，现场就地控制和中控室远程控制。其中，本地控制借助于安装在柜门上的控制面板，完成柜门操作启停、复位、加减速和参数调整；现场就地操作利用现场电动机旁的操作箱，操作启停、AI1 调速；中控室控制，即由 AI2 控制变频器速度，I/O 硬接线控制启停。

由于搅拌机惯量很大，在减速过程中、动态调整过程中可能出现搅拌罐凭借自身惯量拖动电动机，使电动机过渡到发电状态，而搅拌机是单相旋转，启停快速性无特殊要求，一般不配置制动单元、回馈单元等能量回馈装置，这时变频器直流母线电压急剧升高，很可能触发过压、超速等故障，所以要尽量延长加速时间，并激活减速斜坡时间自适应功能，使变频器根据母线电压自动调节减速时间，有效避免了过压、超速等故障。激活减速斜坡时间自适应功能的操作如图 13-2 所示。

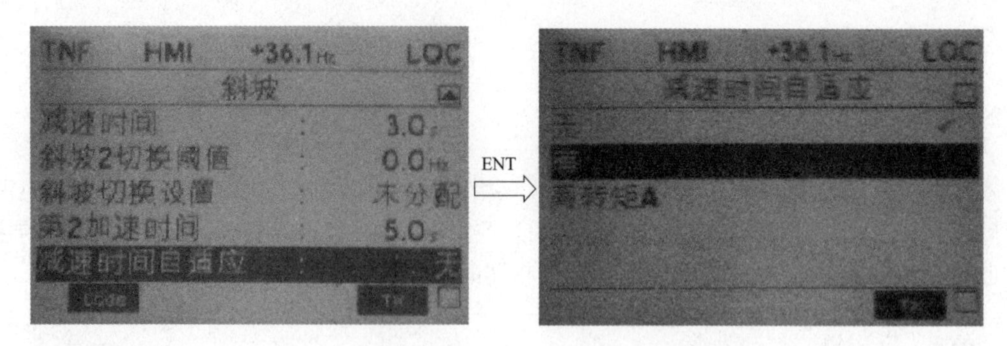

图 13-2　激活减速斜坡时间自适应功能的设置

第三步　设置电动机参数进行自整定

在【1.4 电动机控制】菜单中，按照电动机铭牌数据依次输入【电动机额定频率】、【电动机额定电压】、【电动机额定电流】、【电动机额定转速】、【电动机额定功率】后，找到【自整定】参数设为【Yes】，整定成功后进入下一步。

第四步　设置斜坡类型

在【1.7 应用功能】菜单中找到【斜坡】菜单，将【斜坡类型】设为【S 形斜坡】，如图 13-3 所示。

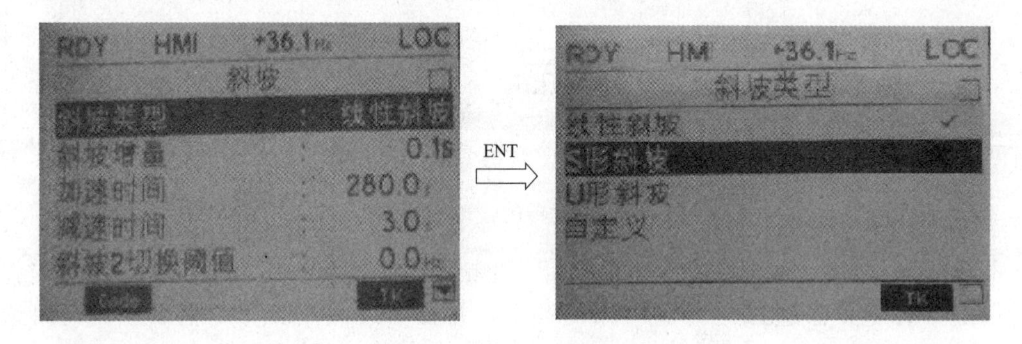

图 13-3　S 形斜坡的设置图示

第五步　加减速时间

将【加速时间】参数，设置为 280s，如图 13 4 所示。

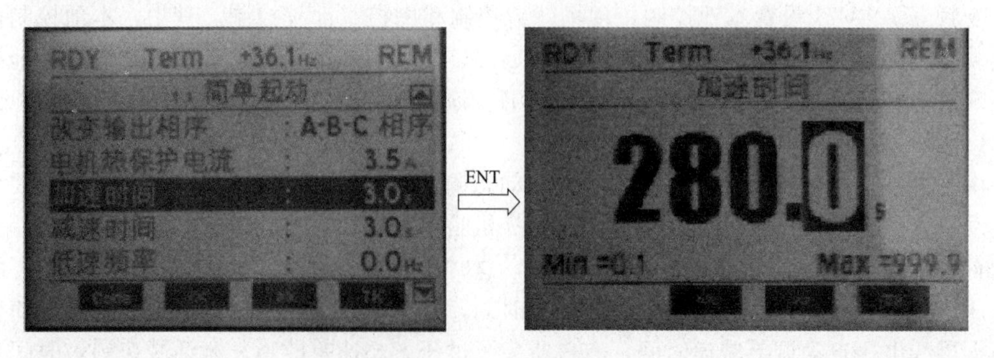

图 13-4　设置加速时间

【减速时间】参数，将其设置为320s，如图13-5所示。

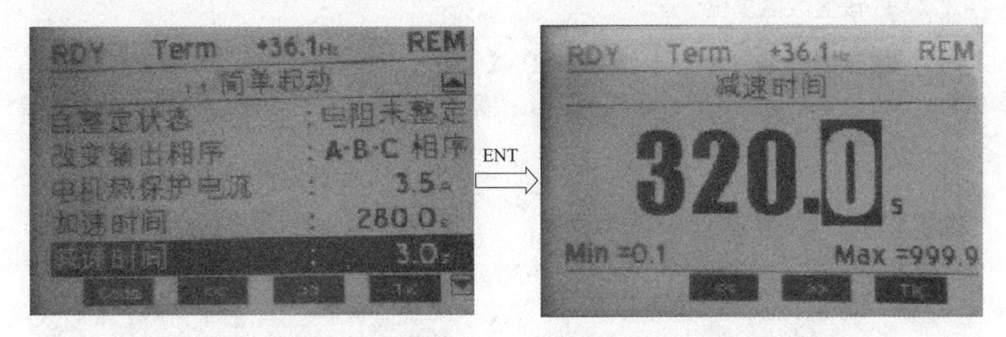

图 13-5 设置减速时间

第六步 减速斜坡时间自适应

将【减速时间自适应】设置为有，即激活自动延长斜坡时间功能。

激活减速斜坡时间自适应功能的操作如图13-6所示。

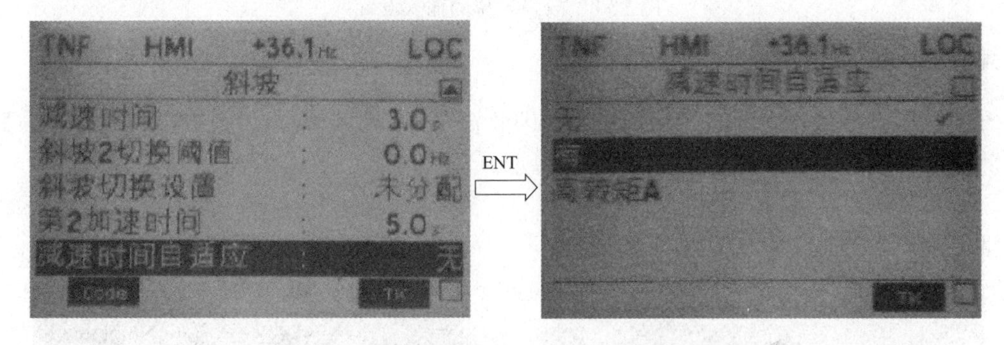

图 13-6 激活减速斜坡时间自适应功能的设置

第七步 设置本地远程两个通道参数

在【1.6命令】中设置【给定1通道】为模拟输入2【AI2】，【给定2通道】设置为模拟输入1，【给定2切换】设置为LI4，当LI4上的选择开关ST1接通时切换到电控柜上的电位器进行控制，进行本地维修等操作，正常工作时LI4上的选择开关ST1是断开的，由主控制室对变频器ATV71进行控制。

设置AI2的量程为4mA时，在【1.5输入/输出设置】找到【AI2】菜单，将此菜单下面的【AI2的最小值】设置为4mA，如图13-7所示。

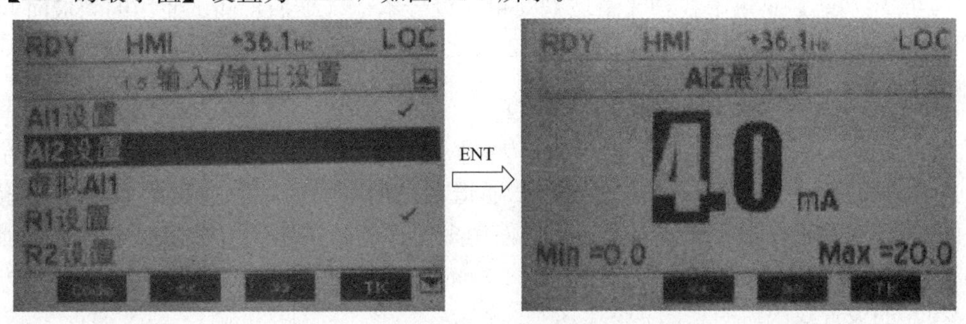

图 13-7 设置AI2的量程为4mA的操作

第八步 设置故障复位

设置故障复位逻辑输入为 LI3，方法是在【1.8 故障管理】找到【故障复位】菜单，找到参数【故障复位】设置为 LI3。这样当按下按钮 QA3 时，就可以复位故障了，故障复位的设置为 LI3，如图 13-8 所示。

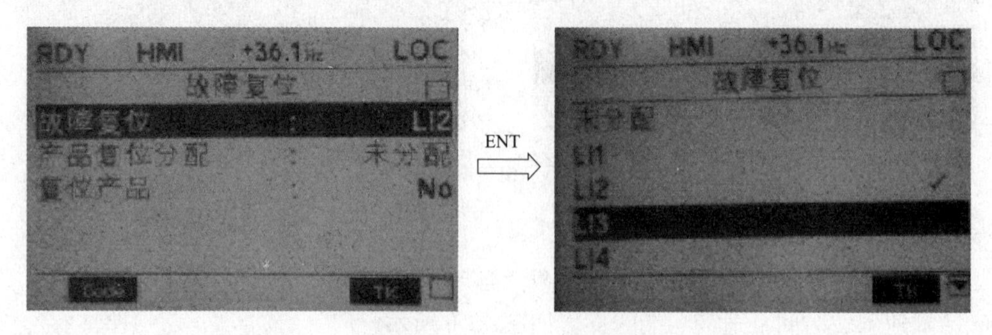

图 13-8 故障复位的输入设置

第九步 将 LI2 的反转功能去掉

在搅拌罐工作过程中不需要反转功能，因此在【1.5 输入/输出设置】中找到【反转】参数，将此参数设为未分配即可，如图 13-9 所示。

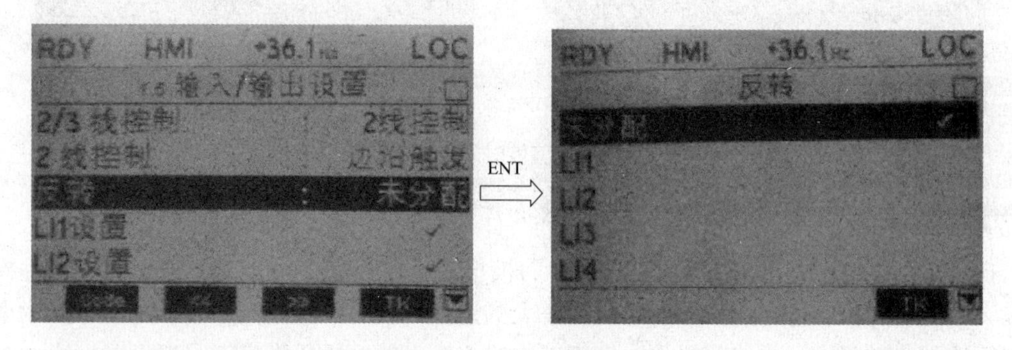

图 13-9 反转功能设置

第十步 设置本地调试使用的加减速时间

【1.7 应用功能】菜单中找到【斜坡】菜单，设置本地（维护）调试使用的斜坡时间【第二加速时间】为 200s，【第二减速时间】为 240s。

第十一步 设置访问等级为专家

在【2 访问等级】中设置访问权限为【专家】，设置此参数的目的是为了使用 DI5 端子既用来切换远程的给定 1 通道和本地的给定 2 通道，也用来切换加减速时间和第二加减速时间，只有高级和专家权限才允许一个输入点使用多个功能，在本项目中使用了专家权限，专家权限的设置如图 13-10 所示。

变频器的设置权限说明如图 13-11 所示。

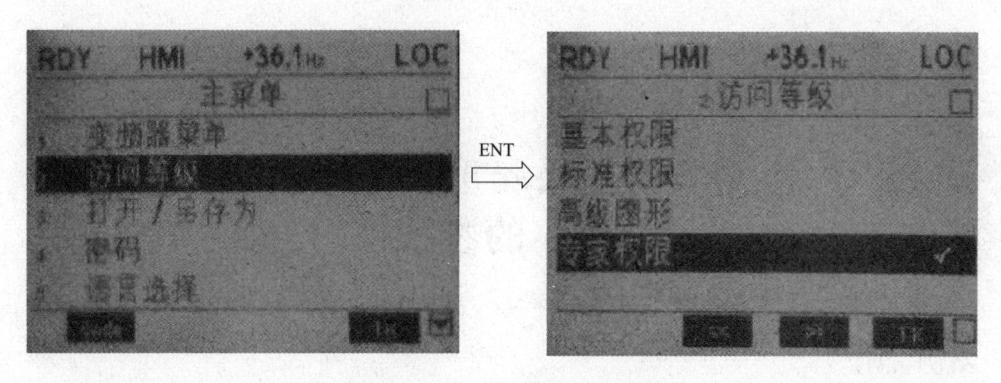

图 13-10　专家权限的设置图示

代码	名称/说明	出厂设置
LAC-		Std
bAS Std Adu EPr	· bAS：限制访问SIM、SUP、SEt、FCS、Usr、COd与LAC菜单。每个输入只能分配一个功能。 · Std：可以访问集成显示终端上的所有菜单。每个输入只能分配一个功能。 · AdU：可以访问集成显示终端上的所有菜单。每个输入可分配几个功能。 · EPr：可以访问集成显示终端上的所有菜单。并能访问附加参数。每个输入可分配几个功能。	

图 13-11　ATV71 访问权限的参数说明

第十二步　设置斜坡切换输入为 DI5

【1.7 应用功能】菜单中找到【斜坡】菜单，设置【斜坡切换设置】为【LI5】，至此，变频器的参数设置部分完成，设置如图 13-12 所示。

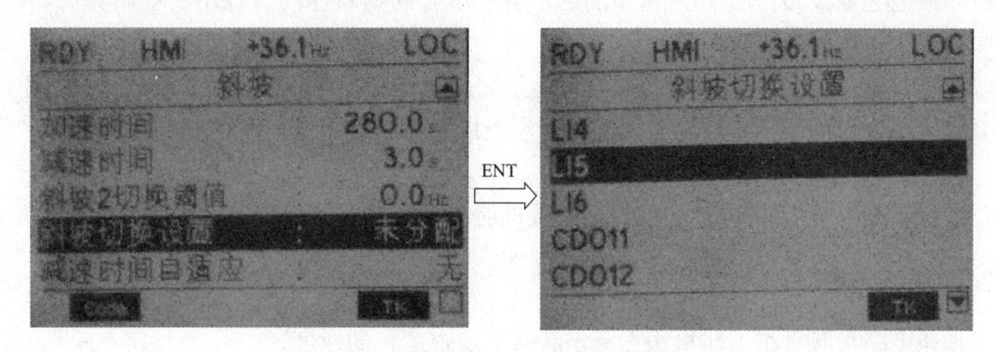

图 13-12　斜坡切换设置为 LI5 的操作图示

案例14 全自动垃圾起重机系统中的ATV71的参数设置

一、案例说明

在焚烧厂中的连续物料搬运系统中，起重机将废料搬运到现场，然后进行卸料和混料投料，本示例通过垃圾发电厂项目，来说明变频器ATV71在大小车和起升系统中的参数设置。

二、相关知识点

1. 起重机的参数

起重机主要参数是表征起重机主要技术性能指标的参数，是起重机设计的依据，也是起重机安全技术要求的重要依据。

自重是指在标准配置下，整机的质量，单位为t或kg。

起重量指被起升重物的质量，单位为kg或t，可分为额定起重量、最大起重量、总起重量、有效起重量等。

（1）额定起重量Q_n。额定起重量为起重机能吊起的物料连同可分吊具或属具（如抓斗、电磁吸盘、平衡梁等）质量的总和。

（2）总起重量Q_z。总起重量为起重机能吊起的物料连同可分吊具和长期固定在起重机上的吊具和属剧（包括吊钩、滑轮组、起重钢丝绳以及在起重小车以下的其他起吊物）的质量总和。

（3）有效起重量Q_p。有效起重量为起重机能吊起的物料的净质量。

2. 工作速度V

工作速度是指起重机工作机构在额定载荷下稳定运行的速度。

（1）起升速度V_q。起升速度是指起重机在稳定运行状态下，额定载荷的垂直位移速度，单位为m/min。

（2）大车运行速度V_k。大车运行速度是指起重机在水平路面或轨道上带额定载荷的运行速度，单位为m/min。

（3）小车运行速度V_t。小车运行速度是指稳定运动状态下，小车在水平轨道上带额定载荷的运行速度，单位为m/min。

（4）变幅速度V_1。变幅速度是指稳定运动状态下，在变幅平面内吊挂最小额定载荷，从最大幅度至最小幅度的水平位移平均线速度，单位为m/min。

（5）行走速度V。行走速度是指在道路行驶状态下，流动式起重机吊挂额定载荷的平稳运行速度，单位为km/h。

(6) 旋转速度 ω。旋转速度是指稳定运动状态下，起重机绕其旋转中心的旋转速度，单位为 r/min。

3. 起重机的起升高度参数

起升高度是指起重机运行轨道顶面（或地面）到取物装置上极限位置的垂直距离，单位为 m。通常用吊钩时，算到吊钩钩环中心；用抓斗及其他容器时，算到容器底部。

(1) 下降深度 h。当取物装置可以放到地面或轨道顶面以下时，其下放距离称为下降深度。即吊具最低工作位置与起重机水平支承面之间的垂直距离。

(2) 起升范围 D。起升范围为起升高度和下降深度之和，即吊具最高和最低工作位置之间的垂直距离。

4. 跨度 S 和幅度 L

跨度指桥式类型起重机运行轨道中心线之间的水平距离，单位为 m。

桥式类型起重机的小车运行轨道中心线之间的距离称为小车的轨距。

地面有轨运行的臂架式起重机的运行轨道中心线之间的距离称为该起重机的轨距。

旋转臂架式起重机的幅度是指旋转中心线与取物装置铅垂线之间的水平距离，单位为 m。非旋转类型的臂架起重机的幅度是指吊具中心线至臂架后轴或其他典型轴线之间的水平距离。

当臂架倾角最小或小车位置与起重机回转中心距离最大时的幅度为最大幅度；反之为最小幅度。

三、 创作步骤

第一步 起重机定位

起重机定位是按照抓斗的抓取面积将整个垃圾纺织区域分为 X 轴和 Y 轴的矩阵，并在起升、大车和小车 3 个方向安装编码器来记忆、控制抓斗的工作位置，以实现自动控制的要求，区域划分和 X 轴、Y 轴和 Z 轴编码器如图 14-1 所示。

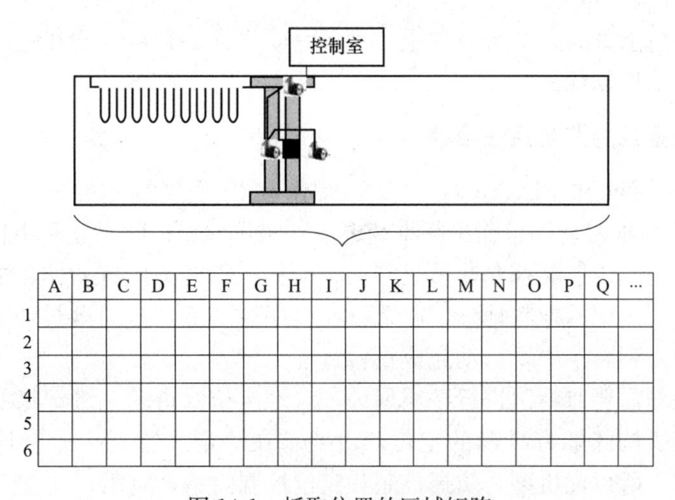

图 14-1 抓取位置的区域矩阵

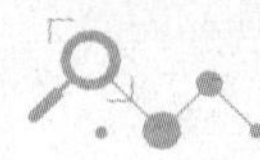

垃圾起重机从起点运行到需要抓取垃圾的区域，例如，抓取位置矩阵的 2I 位置，如图 14-2 所示。

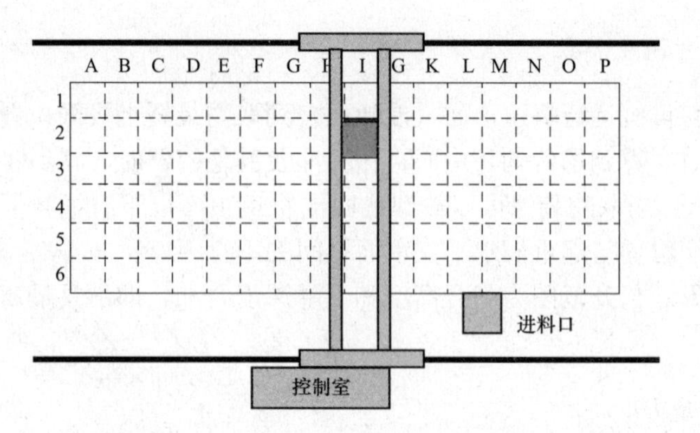

图 14-2　移动垃圾起重机到抓取位置 2I

然后进行自动抓取，起升变频器 ATV71 按设置的位置放下抓斗，抓斗到位后抓取垃圾，然后提升到安全高度，抓斗的工作过程如图 14-3 所示。

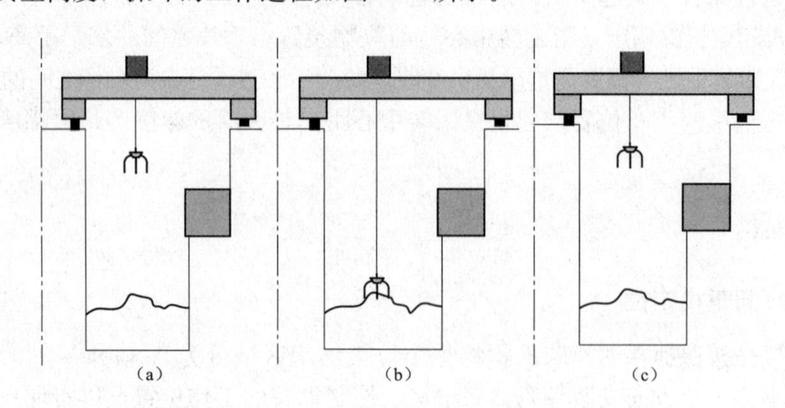

图 14-3　抓斗的工作过程

(a) 移动到抓取位置；(b) 向下抓取；(c) 提升至安全位置

当运行到进料口上方时，等待并称重，称重完成后进行卸料，卸料完成后运行至下一个区域，开始下一个工作循环。

第二步　起重机的控制系统设计

起重机采用触摸屏和 PLC 进行半自动操作和程序控制。各机构驱动使用变频器 ATV71，根据工艺要求自动调整输出频率和电压，实现起重机的手动和半自动运行。手动操作时，在起重机控制室内能够控制起重机移料、给料、堆料等所有动作，半自动操作时，在抓取完成后再根据所设定的投料地址，起重机在程序控制下，自动运行到投料位置，实现开启抓斗，将炉渣投入到料斗中，自动完成投料过程。

由于全自动操作需要对料池进行区域划分，自动定位，自动三维记忆等功能，所以既要求平移机构和起升机构能够有准确的定位，由要求在给定位置到达后吊具不能有过大的晃动，影响工作效率，所以此机型为防摇控制和定位控制的结合应用。

起重机的控制系统中，主 PLC 采用 Premium 系列 PLC，通过 CANopen 通信总线控制起升、大车和小车变频器，每个变频器都必须添加 Controller Inside 卡或新的 IMC 卡，起升编码器连接到起升变频器的 Controller Inside 卡或新的 IMC 卡，大车小车的编码器也分别连接到各自变频器上的 Controller Inside 卡或新的 IMC 卡中，起重机的控制系统如图 14-4 所示。

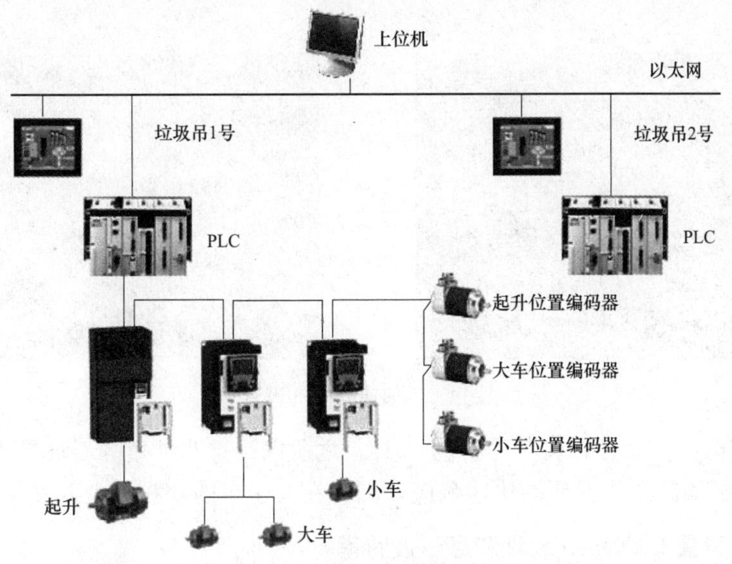

图 14-4　起重机的整体方案

标准变频器 ATV71 的容量选为 15～160kW、AC380V。

所有机构都安装带 CANopen 通信的绝对值编码器，PLC 首先获取各编码器的值，然后传输给相应的 IMC 卡，IMC 根据运行模式进行实际控制。

第三步　设置访问权限为专家

在【2 访问等级】参数中设置为【专家权限】，这样可以访问所以参数。专家权限的设置如图 14-5 所示。

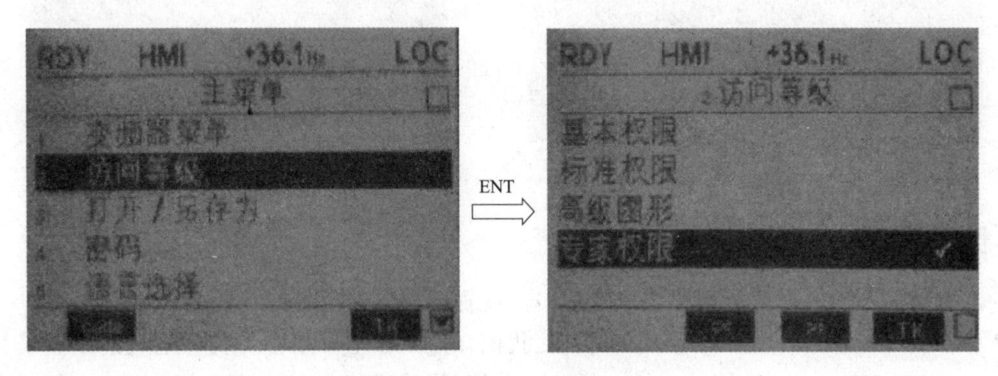

图 14-5　专家权限的设置图示

第四步　设置电动机参数进行自整定

在【1.4 电动机控制】菜单中按照电动机铭牌数据，依次输入【电动机额定频率】【电动机额定电压】【电动机额定电流】【电动机额定转速】【电动机额定功率】后，找到【自整定】参数设为【Yes】，整定成功后进入【下一步】。

第五步 设置加减速时间

在【1.7 应用功能】菜单中找到【斜坡】菜单，将【加速时间】参数，设置为 0.1s，如图 14-6 所示。

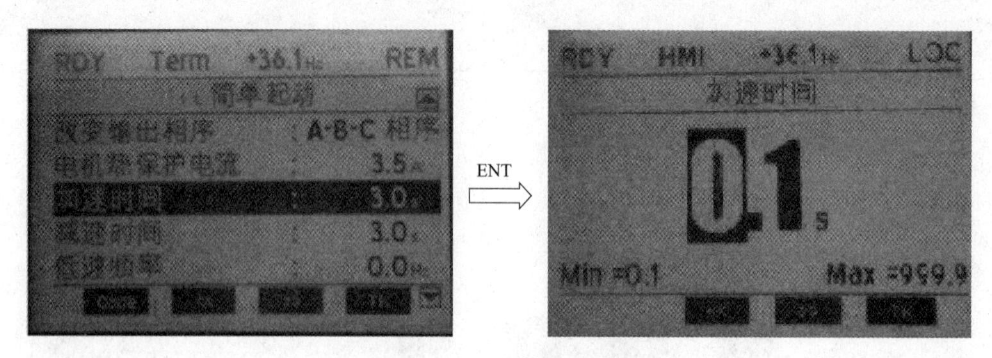

图 14-6 加速时间的设置

找到【减速时间】参数，将其设置为 0.1s，之所以设置非常短的斜坡是为了实现对 controller inside 内部编制的位置环的快速响应，因此在大小车的变频器上都安装了制动电阻。

第六步 设置 CANopen 地址和通信波特率

在【1.9 通信】菜单中设【CANopen 地址】分别设为 1、2、3，波特率统一设置为 500Kbps，设置 CANopen 地址的操作如图 14-7 所示。

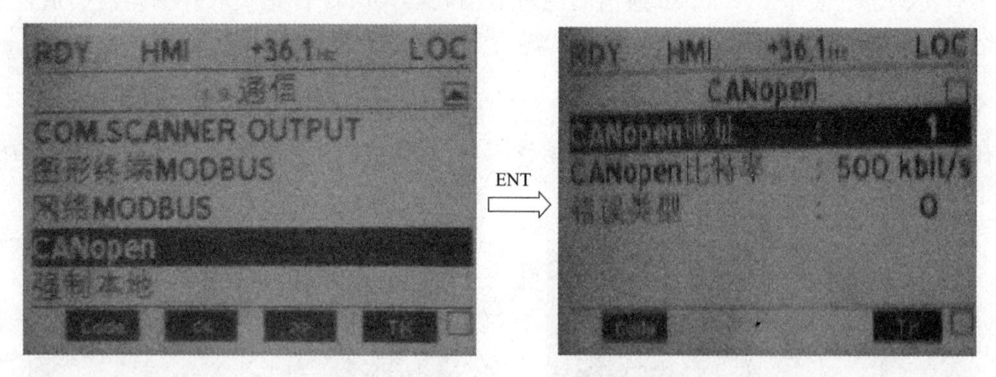

图 14-7 设置 CANopen 地址的操作

第七步 设置 PTP 功能块参数

在 controller inside 编程软件 codesys 中，设置 PTP 功能块参数。

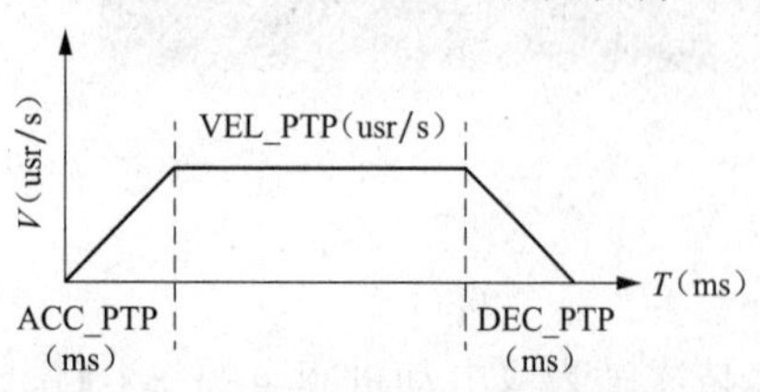

图 14-8 梯形运行轨迹对应梯形的面积

我们知道，在坐标系中，物体走过的距离是其运行速度对时间的积分，也就是这个曲线对应的阴影面积，对于以梯形运行的物体的位置，就是这个梯形的面积，如图 14-8 所示。

(1) usr/s 代表用户位置单位/s，例如用户单位是 m，则 usr/s 就是 m/s。

(2) ACC _ PTP 位置移动中的加速度，单位 ms。

(3) DEC _ PTP 位置移动中的减速度，单位 ms。

(4) VEL _ PTP 是位置移动过程中的最大速度，在位置移动中，变频器的运行速度到达此速度后，保持匀速运行。快到达终点时，按 DEC _ PTP 降速，直到位置到达。

根据上述的分析，用户在进行位置控制时，首先知道的是需要运行的距离，及梯形的面积，然后用户可以根据实际要求设定加减速时间和最高恒速度，这样用户就可以计算出物体应该的速度曲线，然后用户控制变频器驱动电动机让物体严格按照计算出的速度曲线去运行，达到位置控制的目的。

在 IMC 中的位置控制软件完全按照伺服系统的方式设计和编写，具体流程参考 PTP 流程图，如图 14-9 所示。

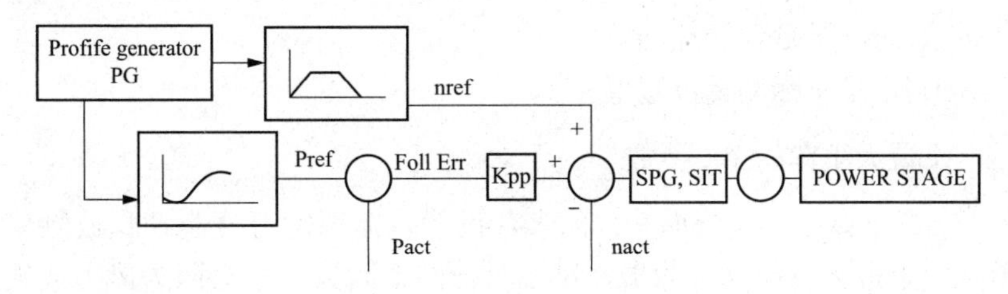

图 14-9　PTP 的工作原理图示

(1) Foll Err 是跟踪误差。

(2) Pref 是位置给定值。

(3) nact 是实际速度。

(4) SPG 是速度环比例。

(5) nref 是速度给定值。

(6) SIT 是速度控制积分增益。

(7) POWER STAGE 是变频器功率输出部分。

(8) PACT 是实际位置值。

通常位置控制是由伺服控制器完成的，但是伺服控制器控制的容量在大于 7kW 时，价格将变得比较昂贵。

但 ATV61/71 变频器本身没有位置控制功能，必须加装 CI/IMC 卡才具有此功能。此功能块的编写按照与伺服位置控制相类似，虽然没有伺服电动机响应那么迅速，但是根据实验的结果，定位精度可以与伺服电动机相媲美。

PTP 功能块由内部斜坡发生器产生一个梯形的速度曲线生成速度给定值 nref，然后使用比例 P 控制器与位置跟随误差（位置给定值 Pref 减去实际位置值）计算出一个修正速度，此修正速度与功能块由内部斜坡发生器产生一个梯形的速度曲线生成速度给定值 nref 叠加，作为变频的速度给定进行速度控制。

此功能块还包括一个前馈控制用于加快位置的响应，前馈的工作原理如图 14-10 所示，此前馈的工作原理是根据给定值的变化预先给出调节值加快位置环的响应。

(1) rVelocityFrom Position Target 由目标位置算出的速度。

(2) Q _ velocityCommand 是速度命令。

(3) rPosDiff 是位置差值。

(4) rPosition Target 是位置给定值。

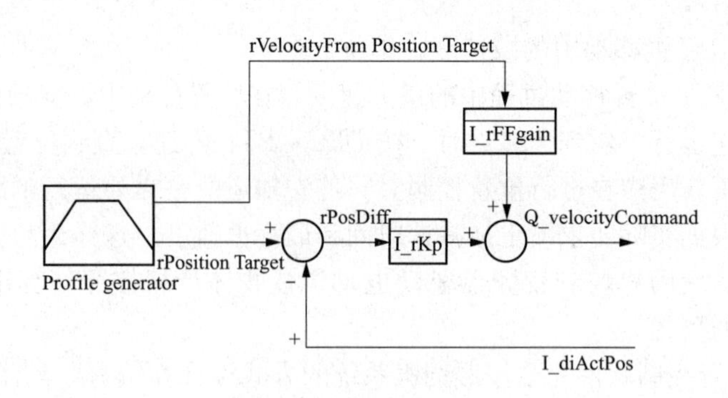

图 14-10 前馈的工作原理图

(5) Profile generator 是位置控制器。

(6) I _ diActPos 是实际测量位置值。

第八步 设置大小车的 Ibr 参数

大小车的 Ibr 刹车释放电流（提升）的参数设置，需要配合【制动释放频率】参数进行调整，由于预置力矩过大时启动有冲击，过小时松闸瞬间大小车会因为风力或轨道拱度产生反方向运行震动，所以最终用于设置刹车释放时的预置力矩参数-Ibr 刹车释放电流经反复试验调整为 20A。

第九步 设置大小车的 brT 参数

大小车的 brT 刹车机构释放时间参数设置为 500ms，比实际制动器松开时间略长。

第十步 设置大小车的 bIr 参数

设置闭环运行大小车的 bIr 刹车释放频率参数，参数设置为 0.2Hz，此参数在闭环运行时一般设置为 0.1～0.4 倍的电动机滑差。

第十一步 设置大小车的 bIr 参数

设置闭环运行大小车的 bEn 抱闸频率参数，参数设置为 0.2Hz，此参数在闭环运行时一般设置为 0.1～0.4 倍的电动机滑差。

第十二步 设置大小车的 bET 参数

bET 刹车机构抱紧时间参数设置为 50ms，比实际制动器闭合时间略长。

第十三步 设置起升关键参数 Ibr

用户在设置大小车的刹车释放电流（提升）参数时，需要配合【制动释放频率】参数调整预置力矩，最终设置为 230A（电动机额定电流 220A），此参数调整时需要在满载和空载状态下反复试验。因为预置力矩过大则空载可能倒提，预置力矩过小则满载可能溜钩。

第十四步 设置起升关键参数 brT

起升的 brT 刹车机构释放时间参数设置为 400ms，比实际制动器松开时间略长。

第十五步 设置起升关键参数 bIr

设置闭环运行起升的 bIr 刹车释放频率参数，参数设置为 0.3Hz，此参数在闭环运行时一般设置为 0.1～0.4 倍的电动机滑差。

第十六步 设置起升关键参数 bEn

设置闭环运行起升的 bEn 抱闸频率参数，参数设置为 0.3Hz，此参数在闭环运行时一般设置为 0.1～0.4 倍的电动机滑差。

第十七步 设置起升关键参数 bET

设置起升的 bET 刹车机构抱紧时间参数为 450ms，比实际制动器闭合时间略长。

第十八步 防摇

大车的防摇功能是为了防止定位到达时过大的晃动导致工作效率太低。悬挂的物体会随着小车（或大车）的运行而摆动。只有非常有经验的操作人员才能在无起重机防摇卡的情况下将负载控制到无摆动的停止。

由于无须等待物体停止摇摆，并且能够进行准确定位，因此使用起重机防摇卡可以显著节省时间。

防摆控制通过修改发给变频器的速度命令信号而连续限制摆动。当物体在达到设定的速度或停止时摆动很小或基本没有摆动。

为获得好的防摇效果必须由起升编码器的测量给出吊索长度，抓斗重物重心长度则是已知的。防摇功能激活和不激活的速度曲线对比图如图 14-11 所示。

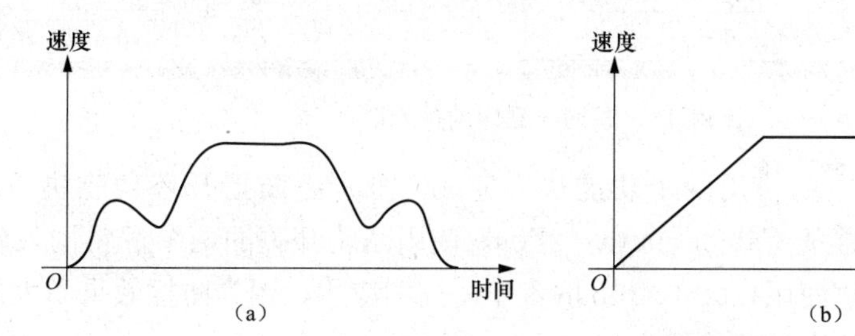

图 14-11 防摇功能激活和不激活的速度曲线对比图

（a）防摇功能激活；（b）防摇功能不激活

防摇和定位的结合可以有效降低物料的晃动时间，使用了防摇功能的吊车，可以显著的降低起吊重物的晃动，从而提高整个系统的工作效率，两者的停车时间对比图如图 14-12 所示。

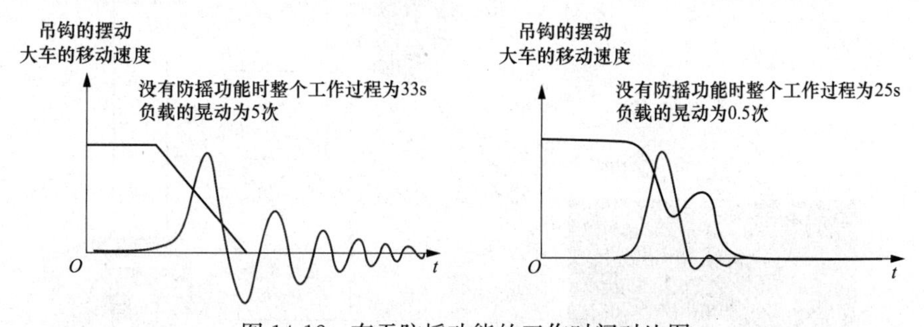

图 14-12 有无防摇功能的工作时间对比图

此防摇功能块在 IMC 卡编程中作为功能块由用户调用，在 Somachine4.1 中必须先下载起吊的应用方案库，然后在【工具树】→【库管理器】中单击【Add library】添加，选择行业应用

【Application】后，然后单击解决方案库【Solution】，然后选择起重提升宏【Hoisting】，展开后选择【Hoisting】，然后单击【确定】按钮，在添加起升库的过程如图 14-13 所示。

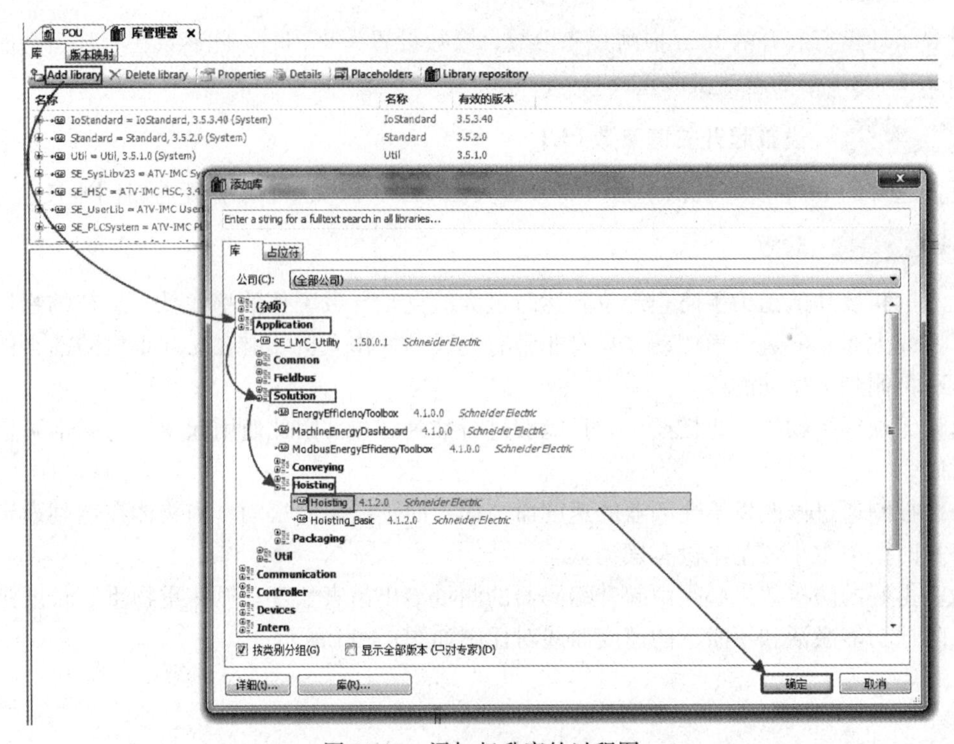

图 14-13 添加起升库的过程图

防摇功能部分的编程主要使用两个功能块来完成，分别是防摇开环功能块 AntiSway-OpenLoop2 和大车长度功能块 CableLength _ 2Pos，使用凸轮开关的两个逻辑输入确定大车吊索的 3 个长度，此功能块使用在大于 10m 的大车防摇的应用，因为防摇效果不太好，此时建议使用编码器测量吊索长度的功能块。

吊索最长位置（Low position）=10m，吊索中间位置（Mid position）=8m，吊索最短位置（High position）=6m，使用凸轮开关示意图如图 14-14 所示。

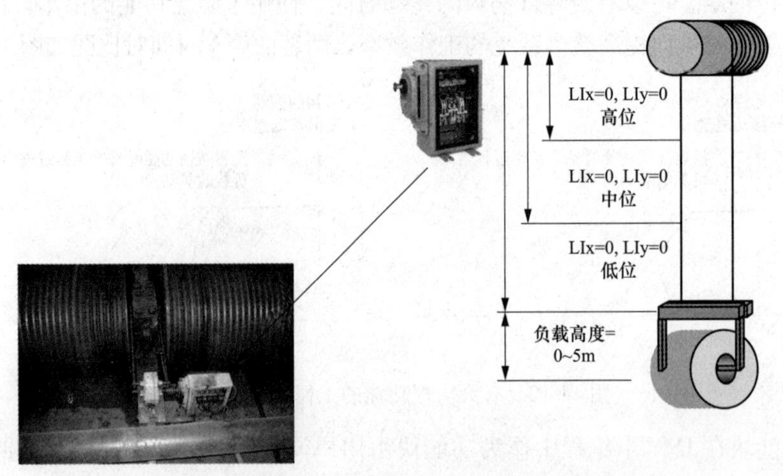

图 14-14 使用凸轮开关的来反映吊索长度示意图

使用 CFC 编程，程序先使用 CableLength _ 2Pos 确认吊索的 3 个长度，此功能块的输入管脚见表 14-1。

表 14-1　　CableLength _ 2Pos 功能块的输入管脚

输入管脚	数据类型	描　述
i _ xEn	BOOL	输入为真时执行功能块，为假时停止功能块
i _ rPosHigh	REAL	高位置的吊索长度。 范围：0～40m； 精度：0.01m
i _ rPosMid	REAL	中间位置的吊索长度。 范围：0～40m； 精度：0.01m
i _ rPosLow	REAL	低位置的吊索长度。 范围：0～40m； 精度：0.01m
i _ rLoadLen	REAL	负载长度。 范围：0～10m； 精度：0.01m
i _ xSel1	BOOL	用于选择吊索长度的逻辑输入 1。 真：低位置； 假：中间或高位置
i _ xSel2	BOOL	用于选择吊索长度的逻辑输入 2。 真：中间位置； 假：高位置；取决于吊索长度的逻辑输入 1
i _ xLoadSel	BOOL	是否将负载长度加到吊索长度做累计。 真：累计； 假：不累计

程序然后调用 AntiSwayloop2 功能块来完成防摇功能，此功能块的逻辑输入速度值来自于位置定位模块的输出，程序还是使用了合成器来设置 I _ xPAS 结构体，程序如图 14-15 所示。

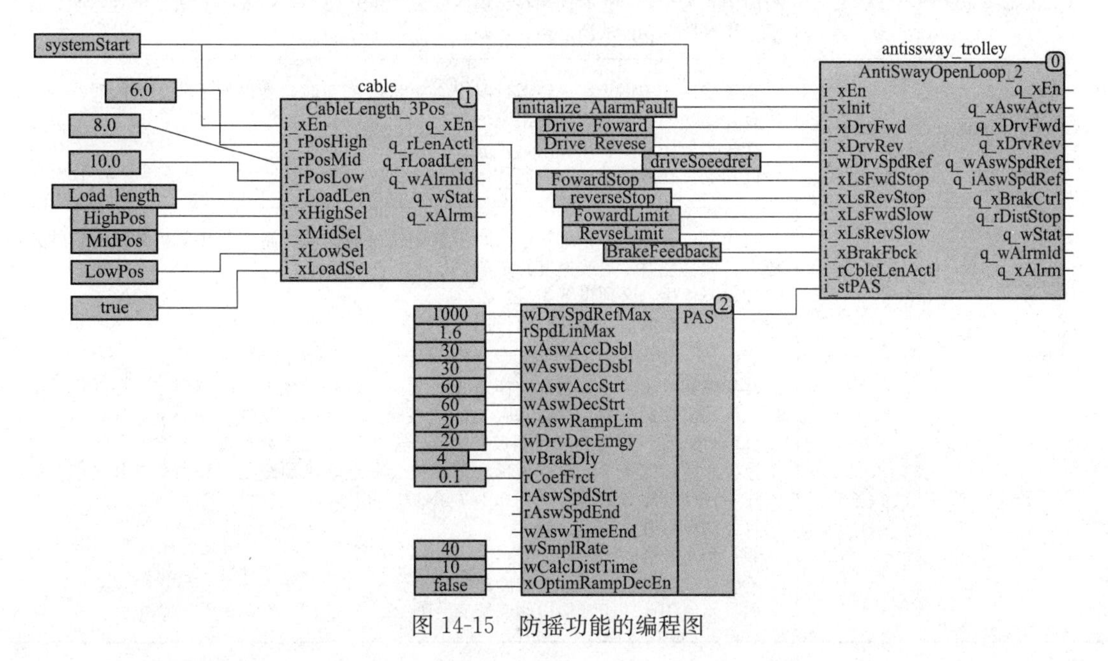

图 14-15　防摇功能的编程图

AntiSwayloop2 功能块的逻辑输入见表 14-2。

表 14-2　AntiSwayloop2 功能块的逻辑输入

输入管脚	数据类型	描　述
i _ xEn	BOOL	此管脚用于激活防摇功能块。 不能在大车的移动过程中激活此功能块，只有大车运行速度为 0 时方可激活此功能块，停止执行此功能块不须考虑大车是否运行，当运行时如果停止了此功能块，则大车按照线性斜坡参数 y wAswAccDsb 和 wAswDecDsbl 运行。 真：激活防摇功能块； 假：停止防摇功能块使用线性斜坡
i _ xInit	BOOL	用于初始化功能块，将内部的变量回到出厂设置（将其设为 0），此管脚上升沿有效，如果功能块出现报警、快停、通信故障等非正常停车，建议执行一次功能块的初始化。 真：初始化； 假：无动作
i _ xDrvFwd	BOOL	正转命令。 当 enble 管脚为真则执行防摇功能； 当 enble 管脚为假则进行无防摇运行
i _ xDrvRev	BOOL	反转命令。 当 enble 管脚为真则执行防摇功能； 当 enble 管脚为假则进行无防摇运行
i _ wDrvSpdRef	WORD	驱动器速度给定。 范围：0～6000； 比例/单位：RPM（也可以使用 0.1Hz，必须小于结构变量 i _ stPAS. wDrvSpdRefMax 设置的值）
i _ xLsFwdStop	BOOL	如果没有使用停止限位开关，将此管脚设置为真，此管脚的功能用于在正方向运行时停止大车，停止时使用在结构体变量 i _ stPAS. wDecEmgy 设置的减速参数，注意，不管防摇功能块激活与否，此功能都会执行
i _ xLsRevStop	BOOL	如果没有使用停止限位开关，将此管脚设置为真，此管脚的功能用于在反方向运行时停止大车，停止时使用在结构体变量 i _ stPAS. wDecEmgy 设置的减速参数，注意，不管防摇功能块激活与否，此功能都会执行
i _ xLsFwdSlow	BOOL	减速限位开关用于在正转运行时设置更快的减速时，帮助使用防摇功能时尽快地停车，此功能并不更改速度给定值。 如果不使用，必须设置为真。 此功能仅在激活功能块时起作用
i _ xLsRevSlow	BOOL	减速限位开关用于在反转运行时设置更快的减速时，帮助使用防摇功能时尽快地停车，此功能并不更改速度给定值。 如果不使用，必须设置为真。 此功能仅在激活功能块时起作用
i _ xBrakFbck	BOOL	此功能输入用于检测刹车动作是否完成，当运行命令发出时，刹车的反馈信号必须正确的反馈刹车的当前状态，功能块接收到信号后，功能块输出 q _ xDrvFwd 或 q _ xDrvRev立即设置为真，斜坡发生器开始工作，此参数是工作过程顺利运行的一个重要参数，如果参数一直为真，则斜坡会在电动机预磁之前和刹车打开之前开始工作，在变频器开始运行时有 0.1s 的斜坡时间。 真：刹车打开； 假：刹车吸合； 不管功能块是否激活，此功能都起作用。 如果不使用此功能，结构体变量 i _ stPAS. wBrakDly 必须设置为真

续表

输入管脚	数据类型	描 述
i _ rCbleLenActl	REAL	实际吊索长度用于反映在吊钩带上负载后重心的变化。 范围：0.5～60； 单位：1m 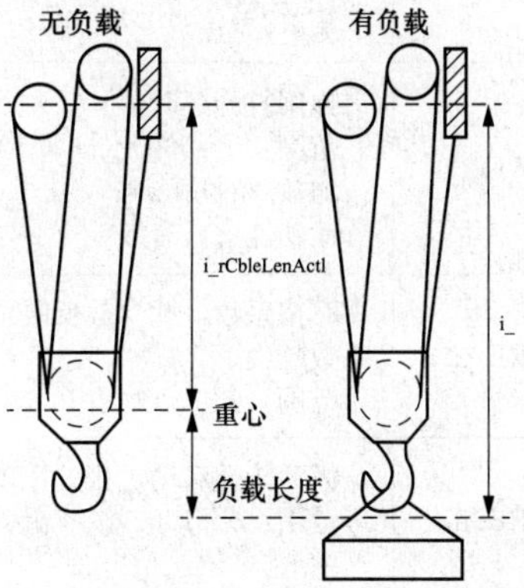
i _ stPAS	PAS	结构体变量细节见 i _ stPAS 结构体变量表

i _ stPAS 结构体变量的设置见表 14-3。

表 14-3　　i _ stPAS 结构体变量的设置

参数	数据类型	描 述
wDrvSpdRefMax	WORD	变频器的最大给定速度。 范围：1～6000（缺省值 1500）； 缩放/单位：RPM（也可以使用 0.1Hz，此单位与参数 s i _ wDrvSpdRef 相同）
rSpdLinMax	REAL	与最大给定速度对应的最大线速度。 范围：0.0001～5（缺省值 1）； 缩放/单位：m/s（精度 0.001m/s）
wAswAccDsbl	WORD	当不使用防摇功能时，从 0 速度加速到 i _ stPAS. wDrvSpdRefMax 的加速斜坡时间。 范围：5～300（缺省 50）； 缩放/单位：0.1s
wAswDecDsbl	WORD	当不使用防摇功能时，从 i _ stPAS. wDrvSpdRefMax 减速到的件速斜坡时间。 范围：5～300（缺省 50）； 缩放/单位：0.1s
wAswAccStrt	WORD	使用防摇功能时，速度从 0 加速到 i _ stPAS. wDrvSpdRefMax 的加速斜坡时间。当给定速度低于 i _ stPAS. rAswSpdStrt，功能块在启动之前使用此参数计算从防摇之前到防摇工作过程平滑过渡的斜坡时间。 范围：wAswRampLim～300（缺省值 100）； 缩放/单位：0.1s
wAswDecStrt	WORD	使用防摇功能时，速度从 i _ stPAS. wDrvSpdRefMax 减速到 0 的减速时间，当给定速度低于 i _ stPAS. rAswSpdStrt，功能块在启动之前使用此参数计算从防摇到非防摇工作过程平滑过渡的斜坡时间。 范围：wAswRampLim～300（缺省值 100）； 缩放/单位：0.1s
wAswRampLim	WORD	防摇过程最大加速度。 范围：5～300（缺省 20）； 缩放/单位：0.1s

续表

参数	数据类型	描　述
wDrvDecEmgy	WORD	此参数用于设置不使用防摇功能时，按下急停按钮后使用的更短的减速时间，此参数设置与碰到停止限位开关和抱闸反馈信号转变为假的运动过程有关。 范围：1～100（缺省值5）； 缩放/单位：0.1s
wBrakDly	WORD	抱闸打开延时。 范围：0～5000（缺省0）； 缩放/单位：ms； 此功能一直有效
rCoefFrct	REAL	摩擦系数，此参数反映了机械系统的复杂程度，一般来讲机械结构越复杂，摩擦系数越大。 范围：0～1（缺省0.2）
rAswSpdStrt	REAL	激活防摇启动过程的速度门槛。 范围：0～100（缺省最大速度的25%）； 缩放/单位：1%
rAswSpdEnd	REAL	防摇功能停止过程的速度门槛，防摇功能移动在速度给定低于i _ stPAS. rAswSpdEnd的时间长于参数i _ stPAS. wAswTimeEnd。 范围：0～20（缺省值是最大线速度的1%）； 缩放/单位：1%
wAswTimeEnd	WORD	当给定速度低于i _ stPAS. rAswSpdEnd的时间大于此参数设定值后停止运动。 范围：0～5000（缺省200）； 缩放/单位：1ms
wSmplRate	WORD	控制器的扫描时间，这也是防摇功能块的执行时间。 设置的太长或太短都会降低防摇的效果。 注意：采样速率建议40～100ms。 注意：防摇供块必须在固定周期的任务中调用。 范围：30～200（缺省值50，必须在周期任务中调用）； 缩放/单位：1ms
wCalcDistTime	WORD	计算停止距离的时间。 范围：0～wSmplRate（缺省0）； 缩放/单位：1ms
xOptimRampDecEn	BOOL	额外停止过程的优化。此参数会在最大加速/减速斜坡i _ stPAS. wAswRampLim允许的情况下，缩小停车的距离，但是会增加行车和支架的冲击

变频器的加减速时间设置为最短，不使用多段速功能，通过程序直接控制大车的加减速，在【1.7应用功能】菜单下选择【制动逻辑】子菜单，【运动类型】为【平动】，ATV71大车变频器详细的参数设置见表14-4所示。

表14-4　　ATV71大车变频器详细的参数设置

菜单	子菜单	参数	设置值
【简单启动】(SIM-)	—	【宏配置】(CFG)	【起升宏】(HdG)
【命令】(CtL-)	—	【组合模式】(CHCF)	【组合】(SIM)
【命令】(CtL-)	—	【给定1通道】(Fr1)	【CANopen】(CAn)
【设置】(SEt-)	—	【加速时间】(ACC)	【0.1】(0.1)
【设置】(SEt-)	—	【减速时间】(dEC)	【0.1】(0.1)

续表

菜单	子菜单	参数	设置值
【设置】(SEt-)	—	【低速】(LSP)	【0】(0)
【应用功能】(FUn-)	【制动逻辑】(bLC-)	【制动器分配】(bLC)	【R2】(r2)
【应用功能】(FUn-)	【制动逻辑】(bLC-)	【移动类型】(bSt)	【水平】(HOr)
【应用功能】(FUn-)	【制动逻辑】(bLC-)	【刹车释放时间】(brt)	【0】(0)
【应用功能】(FUn-)	【制动逻辑】(bLC-)	【刹车闭合时间】(bEt)	【0】(0)
【应用功能】(FUn-)	【预设速度】(PSS-)	【2个预设速度】(PS2)	【No】(no)
【应用功能】(FUn-)	【预设速度】(PSS-)	【4个预设速度】(PS4)	【No】(no)
【应用功能】(FUn-)	【预设速度】(PSS-)	【8个预设速度】(PS8)	【No】(no)
【应用功能】(FUn-)	【预设速度】(PSS-)	【16个预设速度】(PS16)	【No】(no)
【故障管理】(FLt-)	【通信故障管理】MANAGEME (CLL-)	【CANopen fault mgt】(COL)	【自由停车】(YES)

起重机操作员必须谨慎小心操作抓斗起重机来移动废物，每周花少量的时间进行维护，还需要对不经常出现的故障进行大修，这对操作员虽然很具挑战性，但对保证起重设备的正常运转十分重要。

案例 15　ATV61 使用普通多泵卡的恒压供水应用

一、案例说明

恒压供水的应用范围很广，既可用于自来水供水、生活小区及消防供水系统，又可用于热水供应、恒压喷淋等系统，也常见于工业企业生活、生产供水系统中的需要恒压控制的领域中，如空压机系统的恒压供气、恒压供风。在污水泵站、污水处理及污水提升系统中也经常使用。另外，还应用于农业排灌、园林喷淋、水景、音乐喷泉系统以及在宾馆、大型公共建筑供水及消防系统。

在恒压供水的项目中，如果需要控制多台水泵，那么用户选用施耐德变频器 ATV61，加装普通多泵卡来实现多台水泵的控制。

在本示例中笔者采用了 ATV61 变频器多变量泵的工作模式，另外还使用了 ATV61 变频器内置的 PID 调节器，其中，PID 的压力反馈信号 4～20mA 由压力传感器提供，变速泵是由与变频器驱动的电动机所拖动的泵，而定速泵则是由直接工频启停的电动机所拖动的泵。

二、相关知识点

1. ATV61 变频器普通多泵卡简介

ATV61 变频器的同步多泵卡是基于编程卡 VW3501 基础上开发的恒压供水控制卡，除了最基本的水压稳定功能之外，还可以平衡各个泵的工作时间，保证泵的工作时间基本相同，也就是保证了泵的磨损程度基本相同。除此之外，普通多泵卡还集成了一些简单的泵的设置和诊断，例如，通过对应于泵的输入点来判断泵的好坏。

只有一个泵由变频器拖动的是单变量泵，而多个泵通过接触器切换到变频器进行拖动的是多变量泵，单变量泵和多变量泵的工作模式是可以进行切换的，普通多泵卡有压力台阶功能，当线路较长时使用此功能弥补管路压降。普通多泵卡还具有休眠和唤醒功能。

5 台泵的多变量模式工作原理图如图 15-1 所示。

每台泵的状态必须通过一个逻辑输入发回多泵卡，即 1＝该泵运行准备就绪，0＝该泵故障。

其中逻辑输入如下。

（1）逻辑输入 LI51 为泵 1 的状态。

（2）逻辑输入 LI52 为泵 2 的状态。

（3）逻辑输入 LI53 为泵 3 的状态。

（4）逻辑输入 LI54 为泵 4 的状态。

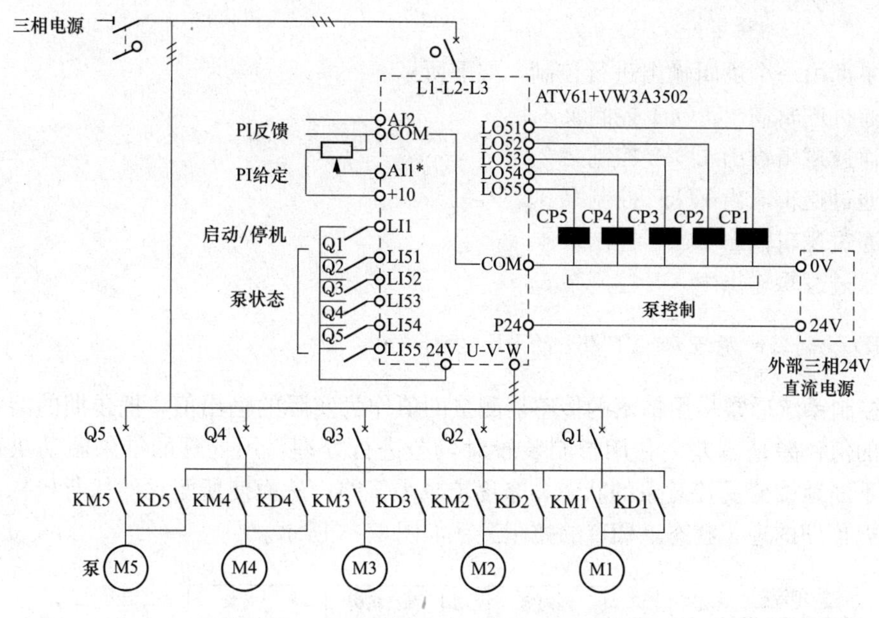

图 15-1　5 台泵的多变量模式工作原理图

（5）逻辑输入 LI55 为泵 5 的状态。

当泵 1 的逻辑输入 LI51 为断开状态时，表示泵 1 故障，在切换辅助泵时将不切换到泵 1，并且也不允许将变量泵切换到泵 1 上。

泵 1～泵 5 的控制分别由 LO51～LO55 管理，相应的逻辑为 1 时代表起用该泵，断开则意味着停止该泵，逻辑输出如下。

（1）通过逻辑输出 LO51 控制泵 1。

（2）通过逻辑输出 LO52 控制泵 2。

（3）通过逻辑输出 LO53 控制泵 3。

（4）通过逻辑输出 LO54 控制泵 4。

（5）通过逻辑输出 LO55 控制泵 5。

泵 1 和泵 2 的控制逻辑连锁电气原理图如图 15-2 所示。

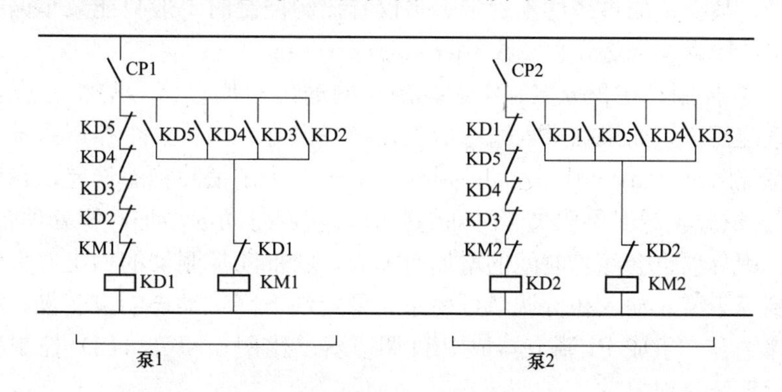

图 15-2　泵 1 和泵 2 的控制逻辑连锁电气原理图

泵 3、泵 4 和泵 5 的控制逻辑连锁与泵 1 和泵 2 的控制原理相同。

上述的泵 1 和泵 2 的控制逻辑连锁电气原理图，实现的是只有一台泵作为变量泵的情况。

每台泵都由一个逻辑输出进行控制，如下所示。

（1）通过逻辑输出 LO51 控制泵 1。

（2）通过逻辑输出 LO52 控制泵 2。

（3）通过逻辑输出 LO53 控制泵 3。

（4）通过逻辑输出 LO54 控制泵 4。

（5）通过逻辑输出 LO55 控制泵 5。

2. PID 控制器的原理和 ATV61 的 PID 功能

PID 控制系统通常采用精密的传感器测量的值作为实际的输出值，把预期的给定输出与实际输出的值作差是偏差，利用控制装置对偏差进行处理，用处理的结果驱动执行机构工作，通过不断地改变受控对象的状态，来逐步减小偏差，从而使所驱动的执行机构在工作时达到和接近预期的理想状态，PID 的控制过程如图 15-3 所示。

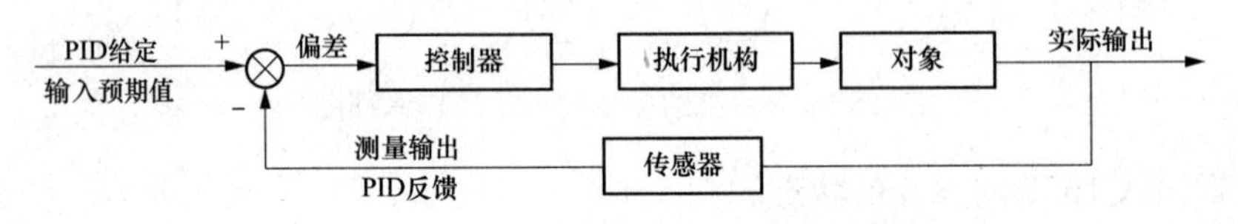

图 15-3　PID 的原理图

PID 控制器在实际应用中常常采用比例、积分、微分等基本控制规律，或者采用这些基本控制规律的某些组合，如比例—积分、比例—微分、比例—积分—微分等组合控制规律。

PID 中的 P（Proportional）代表比例控制，I（Integral）代表积分控制，D（Derivative）代表微分控制。

PID 控制器，必须确定比例增益，积分增益和微分增益这 3 个参数。

（1）比例（P）控制。比例控制是一种最简单的控制方式，其控制器的输出与偏差信号成比例关系。系统一旦出现了偏差，比例调节控制就立即产生调节作用用以减少偏差。对于同样的偏差来讲，比例系数越大，控制器的输出也越大。需要注意的是过大的比例，会使系统的稳定性下降，甚至造成系统的不稳定。当仅有比例控制时一般只能减小偏差而不能消除偏差，系统输出一般存在稳态误差（Steady-state error）。

（2）积分（I）控制。在积分控制中，控制器的输出与偏差信号的积分成正比关系。对一个自动控制系统而言，如果在进入稳态后存在稳态误差，则称这个控制系统是有稳态误差的或简称有差系统（System with Steady-state Error）。为了消除稳态误差，在控制器中必须引入“积分项”。积分项对误差取决于时间的积分，随着时间的增加，积分项会增大。这样，即便误差很小，积分项也会随着时间的增加而加大，它推动控制器的输出增大使稳态误差进一步减小，直到等于零。加入积分调节可使系统稳定性下降，动态响应变慢。积分作用常与另两种调节规律结合，组成 PI 调节器或 PID 调节器。比例＋积分（PI）控制器，可以使系统在进入稳态后无稳态误差。

（3）微分（D）控制。在微分控制中，控制器的输出与偏差信号的微分（即误差的变化率）成正比关系。微分作用反映系统偏差信号的变化率，具有预见性，能预见偏差变化的趋势，因此能产生超前的控制作用，在偏差形成之前被微分调节作用消除。因此，可以改善系统的动态性能。在微分时间选择合适情况下，可以减少超调，减少调节时间。微分作用对噪声干扰有放大作用，因此过强的加微分调节，对系统抗干扰不利。自动控制系统在克服误差的调节过程中可能会出现振荡甚至失稳。微分项能预测误差变化的趋势，这样，具有比例+微分的控制器，就能够提前使抑制误差的控制作用等于零，甚至为负值，从而避免了被控量的严重超调。所以对有较大惯性或滞后的被控对象，比例+微分（PD）控制器能改善系统在调节过程中的动态特性。此外，微分反应的是变化率，而当输入没有变化时，微分作用输出为零。微分作用不能单独使用，需要与另外两种调节规律相结合，组成PD或PID控制器。

在过程控制领域的工程应用中，传统的变频调速设备往往需要带有模入/模出的PLC的配合使用，才能实现PID功能，即利用PLC的PID功能。由于PID算法的编程复杂难度相对较大，因此施耐德电气投资有限公司的ATV61/71系列变频器内置了PID调节功能，在降低了设备投入成本的同时，还大大提高了生产效率。

ATV61变频器的PID功能可根据测量仪表的测量值对电动机的转速进行调节，实现对工艺参数的自动控制，ATV61的PID框图如图15-4所示。

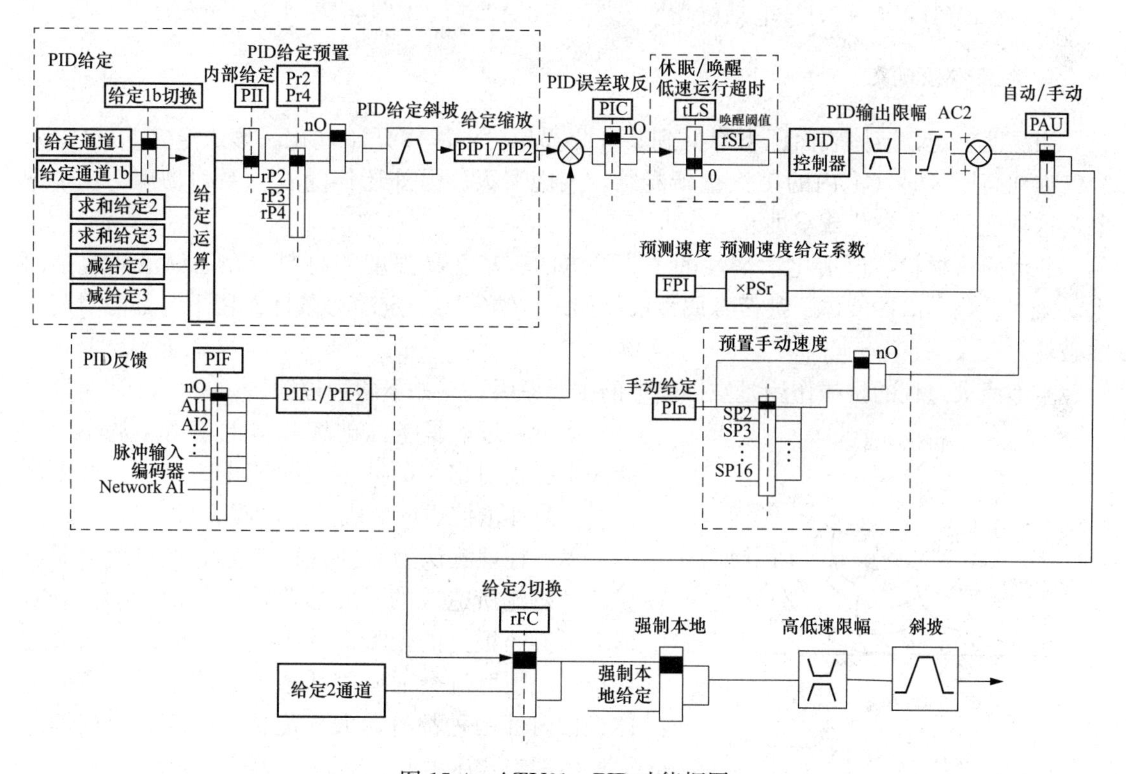

图15-4 ATV61 PID功能框图

ATV61 PID的给定值经由给定1通道和给定1b通道切换后，经过【给定叠加功能】，如果内部给定有效，则由参数rPI设置PID的给定值，如果内部设定无效，则还可以经过PID的给定端子切换PID给定值（端子接通后，变频器给出对应的给定值）。PID的给定值经由【PID给定最小值】和【PID给定最大值】映射成内部PID给定参数值。

PID反馈值在【PID反馈分配】中设置的给定值经由【PID反馈最小值】和【PID反馈最大值】映射成内部PID反馈参数值。

PID给定参数的映射值减去PID反馈值参数映射值后，可以通过【PID误差取反】调整PID方向，对于恒压供水进行PID运算【PID误差取反】要设成否，经过休眠和唤醒判断后，进行PID控制器运算，然后经【PID最大输出】和【PID最小输出】限幅，与预测速度设定叠加，然后经过【手动/自动切换】完成PID输出和手动给定的切换。

速度给定值经手动/自动切换后与给定通道2进行切换选择，其切换值经过强制本地的切换选择，最终经【高速频率】和【低速频率】的限幅后作为变频器最终的频率给定值。

3. ATV61覆盖的电动机功率

变频器ATV61系列分为4个子系列，覆盖的电动机功率从0.75kW至800kW。

（1）ATV61H＊＊N4：电动机功率0.75～630kW，380V/480V；UL Type 1/IP20。

（2）ATV61H＊＊Y：电动机功率2.2～800kW，500V/690V；UL Type 1/IP20。

（3）ATV61H＊＊M3：电动机功率0.75～90kW，200V/240V；UL Type 1/IP20。

（4）ATV61W＊＊N4：电动机功率0.75～90kW，380V/480V；UL Type 12/IP54。

4. 泵的空蚀现象

当温度一定，液体表面压力降低到某一临界压力，液体开始气化，形成空穴，即气泡，当气泡到高压区时气泡内的蒸汽重新凝结，气泡溃灭。另外还伴随着一系列物理、化学现象，这种现象叫作空化或空蚀。

任何固体材料，包括化学惰性的、非导电的、甚至高强度的材料，在任何液体包括海水、淡水、化学惰性液体、甚至金属性液体如汞、钠等的一定动力条件作用下，都能引起空蚀破坏。

空泡溃灭过程的机械作用是空蚀破坏的主要原因，有如下两种理解。

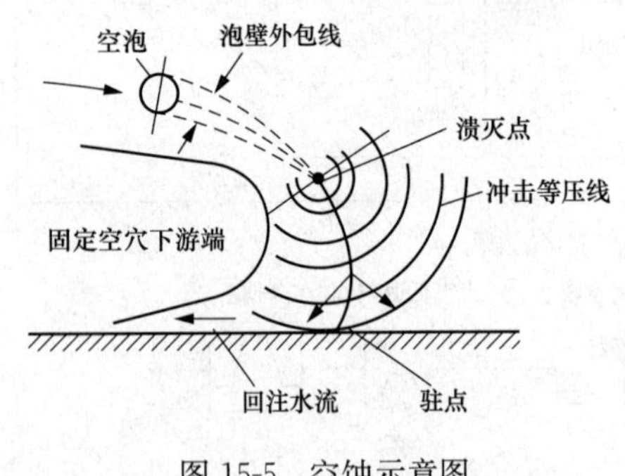

图15-5　空蚀示意图

第一种理解是空蚀破坏基本上是由于从小空泡溃灭中心辐射出来的冲击波而产生的，称为冲击波模式。此冲击使边壁形成一个球面的凹坑。

另一种理解认为空蚀是由较大的空泡溃灭时形成的微射流所造成的。此理论认为气泡变形、分解形成了流速很大的微型液体射流，如果溃灭区离边界很近，则射流会射向固体边界造成空蚀。实际流体机械内部两种都有，大气泡造成射流，小气泡溃灭产生冲击式压力波。空蚀示意图如图15-5所示。

三、创作步骤

第一步　配置ATV61变频器的PID调节器给定

PID给定由一个内部给定给出。

在【1.7应用功能】菜单中，选择【PID调节器】功能，并按下ENT键，然后选择【内部PID给定分配】并进入参数内部，设定为Yes，如图15-6所示。

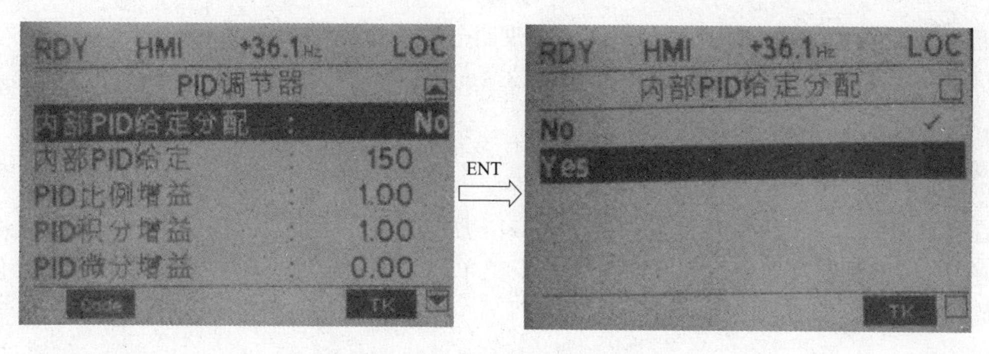

图 15-6　内部 PID 给定分配的设定

此时 PID 给定由【内部 PID 给定】参数给出。

第二步　配置压力反馈的量程

ATV61 变频器的 AI2 由“多泵卡”自动定义为 PID 反馈，并且不能更改。

在【1.5 输入输出设置】设置【AI2 的最小值】为 4mA，如图 15-7 所示。

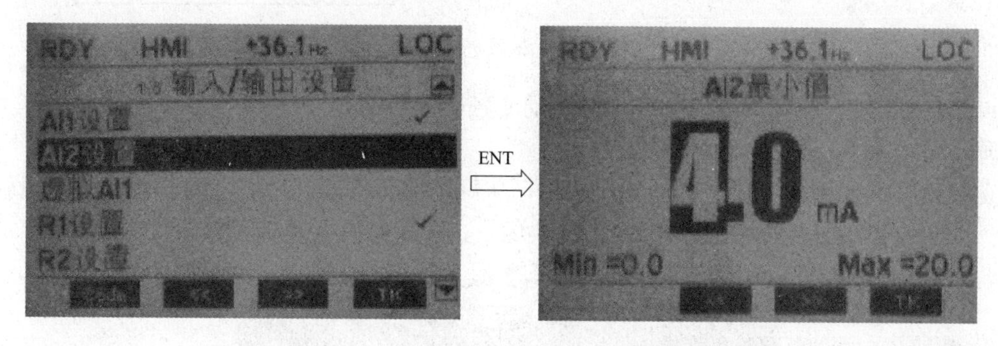

图 15-7　设置 AI2 的量程为 4mA 的操作

第三步　检查泵的连线

用户可以在【1.2 监视】菜单中进行监视的操作。

通过多泵卡上的逻辑输入（LI51 LI52 LI53 LI54 LI55）的状态可以检查泵是否存在，多泵卡 I/O 图示如图 15-8 所示。

在泵反馈逻辑输入中，可以查看泵是否存在，L51、L52、L53 的状态为 1，代表泵 1、泵 2 和泵 3 存在。

多泵卡I/O

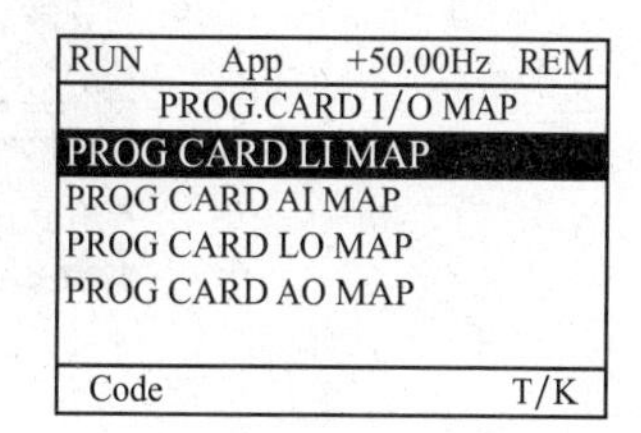

0状态

1状态

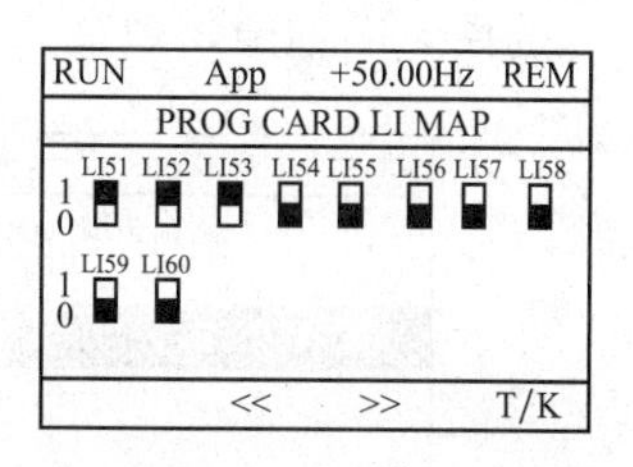

图 15-8　多泵卡 I/O 图示

第四步　检查变量泵的转动方向

检查变量泵的转动方向时，用户需要分别吸和接触器，将变频器 ATV61 依次连接到每个变量泵上，然后按 F4 键将给定通道切换至【通过图形显示终端控制】模式，设置一个低速给定值，可以设置 10Hz，然后按下中文面板上的绿色 Run 键，给出一个运行命令，以检查变量泵的转动方向，如果旋转方向不对，按 Stop 键关闭变频器

ATV61，将电动机连线的任意两相颠倒，来改变电动机的旋转方向。

这里需要注意的是所有电动机的连线都必须进行检查，以确保每个泵的转动方向都是正确的。

第五步　检查压力传感器

在【通过图形显示终端控制】模式下检查压力传感器。

在【1.2 监视】菜单中找到【I/O MAP】菜单栏，进入后检查模拟量输入 AI2 实际值是否正确，参数进入方式如图 15-9 所示。

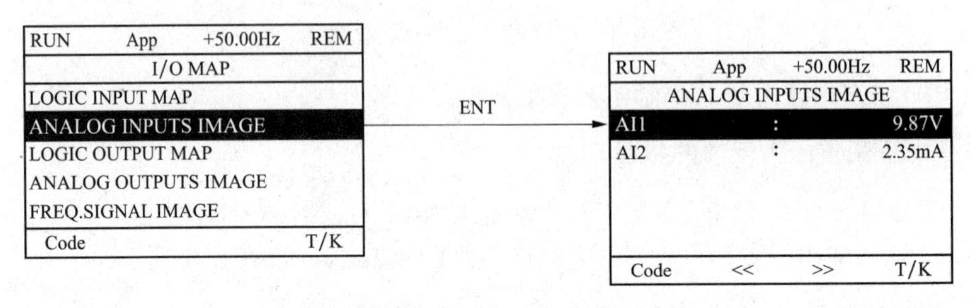

图 15-9　参数进入方式

设置运行频率 10Hz，然后按 Run 键启动变频器 ATV61，观察 AI2 是否随着泵的压力逐渐上升。

观察 AI2 的实际值，通过转动导航旋钮，从一个屏幕移动到另一个屏幕，即从逻辑输入映像到频率信号映像，然后选择输入/输出映像，进入模拟输入映像，如图 15-10 所示。

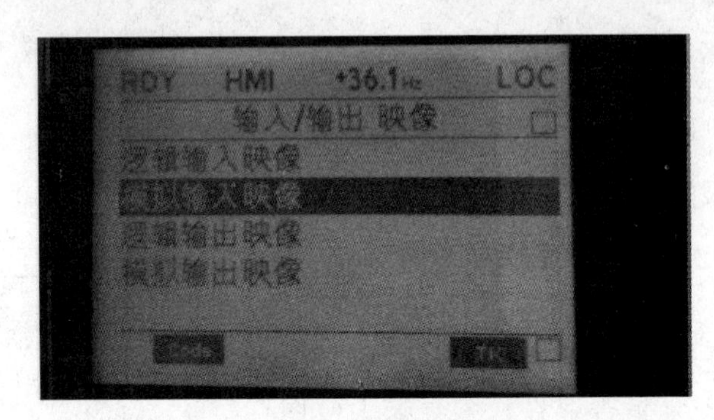

图 15-10　输入/输出映像图示

选择 AI2 通道，观察 AI2 模拟量的输入值，如图 15-11 所示。

RUN Term +50.00Hz REM
模拟输入映像
AI1 9.87V
AI2 : 2.35mA
Code << >> T/K

ENT →

RUN Term +50.00Hz REM
AI2设置
给定1通道
强制本地
转矩给定
AI2最小值: 4mA
AI2最大值: 20mA
T/K

图 15-11　AI2 通道的设置图示

第六步 低速频率的设置

在【通过图形显示终端控制】模式下，将速度给定设置为变量泵的额定速度。然后逐渐降低速度给定（在不同的初始流量下进行测试）。流量逐渐降低，然后突然达到空蚀点（泵的速度不再对流量有任何影响）。

空蚀点经测算为23Hz。

将低速频率调整到流量下降点以上1Hz或2Hz的值，即25Hz。设置如图15-12所示。

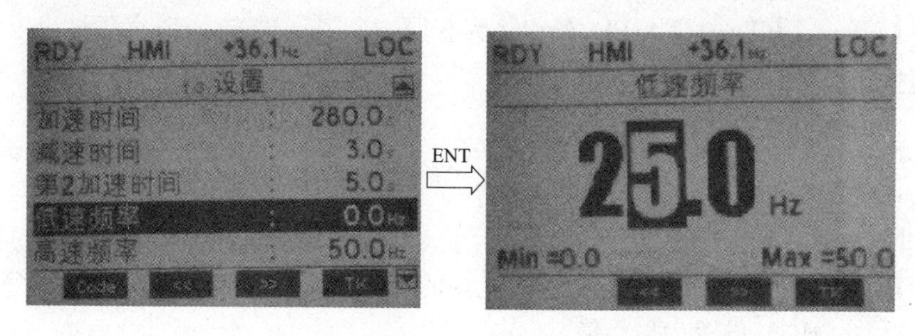

图15-12 低速频率的设定

第七步 设置“泵切换”应用的参数

在【1.14 Multi pump】（SPL-）菜单中设置下列参数。

【Op. mode】（001）工作模式的选择：8，即多变量，带有辅助泵切换和限制相对工作时间。

【No. of pumps】（002）所连接泵的总数：5。

【Pump Delay On】（003）启动一台辅助泵之前的延时：5s。

【Pump Delay Off】（004）请求停止一台辅助泵之前的延时：5s。

【Sleep FunctDel】（005）“休眠”功能延时：32s。

【Acc Aux Pump】（006）一台辅助泵达到额定速度的延时1s。

【Dec Aux Pump】（007）停止一台辅助泵的延时3s。

【Lim Rel Time】（008）相对工作时间限制：200h，如果一台正在工作的辅助泵的总工作时间与一台停止状态下的泵相差超过008中设置的时间，则前者被停机，由后者代替。

【Frq Aux Pump On】（012）一台新辅助泵的启动频率：48Hz。

【Frq Aux Pump Off】（013）一台辅助泵的停止频率：38Hz。

【Pr adj coeff】（014）压力调整台阶：因管路不长设为0。

【Sleep thresh】（015）“休眠”阈值：29Hz。

【WUp thresh】（016）“唤醒”阈值：6700（对应工程量6.7kg）水压给定值7000（对应7kg压力）。

【Time base】（017）修改【Lim Rel Time】（008）的时基：单位为h。

【V. pump SwFr】（018）低于该值方允许切换变量泵的频率：0，仅在停止或休眠才能切换变量泵。

第八步 变频器的PID调节器的参数设定

使用一个0～15bar传感器的例子。

【Min PID feedback（最小 PID 反馈）】(PIF1)＝0。

【Max PID feedback（最大 PID 反馈）】(PIF2)＝15，000，以获得可能的最佳分辨率，此过程的最大给定值为 10bar。

【Min PID reference（最小 PID 给定）】(PIP1)＝0。

【Max PID reference（最大 PID 给定）】(PIP2)＝10000。

它可以在 0～5000 内进行调整。

【内部 PID 给定分配】设置为 Yes。

给定由【Internal PID ref.】(rPI) 给出。为获得一个 7bar 给定，rPI 必须被设置为 7000。

第九步 手动调节

由于变频器 ATV61 的 PID 调节器的调试没有自整定功能，所有需要用户手动进行调节，手动调节的步骤如下，供读者调试时参考。

【减速斜坡自适应】brA 设置为 No，然后手动整定 PID 的比例增益和积分增益。

首先将 PID 斜坡（PrP）设置为机器所允许的最小值，并且不会触发 0bF 故障。

将积分增益（rIG）设置为最小值。

将微分增益（rdG）设置为 0。

观察 PID 反馈与给定值。

多次启动和停止 ATV61 变频器，或多次迅速改变负载或给定值。

为了确定响应时间与瞬时相位稳定性之间的最佳平衡点（在稳定之前有轻微超调和 1～2 次振荡），用户可以设置比例增益（rPG）。

调节积分增益直到静差被迅速消除并且没有震荡。

第十步 注意事项

施耐德 ATV61 变频器多泵卡检测到当前的流量不能满足需求，需要切入定速泵时，没有变频切工频的过程，也就是说，定速泵只能工频启动。

变频器的多泵卡应用于恒压供水设备时运行效果良好，压力稳定，各个泵的运行时间相差不大，而且参数设置集中、方便。

在恒压供水应用中采用了带多泵卡的 ATV61 变频器进行转速控制方式后，提高了电动机的工作效率，节约能源的效果明显，并大大地延长了水泵的工作寿命。

GP4603T 模拟仪表的制作

一、 案例说明

设计有触摸屏的项目，一般会对需要监控的模拟数据使用图表部件进行展示，这样就会更直观。

本示例在相关知识点中详细介绍了 GP 中的图表分类，然后制作了一个模拟仪表，并详细地介绍了模拟仪表的属性设置和报警的上下限。

二、 相关知识点

1. GP 上显示的图表分类

在 GP 创建的项目上显示的图表包括柱状图、饼图、半饼图、仪表图、趋势图等。

在实际的工程中，用户只需要对图表部件进行简单的设置和放置，就能实现对带有标尺的图表进行灵活的应用，其中，标尺会被自动分成 10 等份，放置到画面中后，还可以对标尺刻度进行增减。

GP 触摸屏上可以制作的图见表 16-1。

表 16-1　　GP 触摸屏上可以制作的图

图表名称	工具栏中的图符	功能
柱状图		PLC 的字地址数据在柱状图中显示
饼图		PLC 的字地址数据在饼图中显示
半饼图		PLC 的字地址在半饼图中显示
槽状图		PLC 的字地址在槽状图中显示
仪表图		PLC 的字地址在仪表图中的显示
趋势图		PLC 的字地址在趋势图中的显示

2. 模拟仪表的作用

GP 系列触摸屏上的模拟仪表一般是为了减少系统的布线，而采用的一种人机接口的应用方案，在 GP 触摸屏的项目中采用模拟仪表能够简化接口电路的设计等工作，并且具有设计简单、运行可靠、显示直观等优点。

3. GP 触摸屏的电源电缆连接的注意事项

连接 GP 触摸屏的电源电缆时，用户需要检查并确定电源已经断开，然后打开电源接线端盖，拧松中间的 3 个螺钉，按顺序接好电源线，旋紧扭矩为 0.5～0.6N·m。

4. GP 触摸屏接地时的注意事项

（1）专用地。专用地是 HMI 生产厂家推荐的接地，连接时将 HMI 单元后面的 FG 端接到专用地即可，接地电阻低于 100MΩ，地线的横断面须大于 2mm，尽可能在 GP 单元附近设置连接点，并且使用的电线越短越好。当采用接地线较长时，要增加线径并放在套管中，连接的专用地如图 16-1 所示。

（2）公共地。在实际的工程项目中，如果没有为 HMI 制作专用地，那么也可以与其他设备共用一个公共接地来完成接地，如图 16-2 所示。

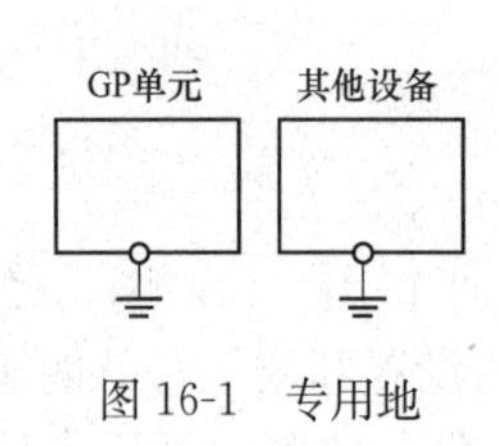

图 16-1　专用地

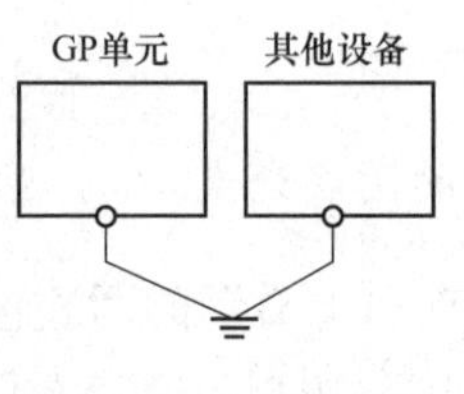

图 16-2　公共地接地

三、 创作步骤

第一步　制作仪表图

在【部件工具箱】中，将部件选择为【仪表图】，选择仪表图的类型，在式样中按下要添加的仪表图，拖拽到编辑区中放置，如图 16-3 所示。

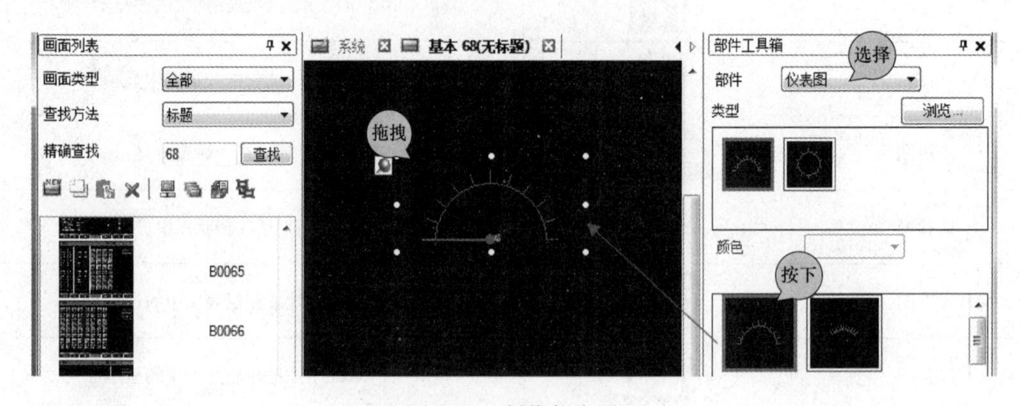

图 16-3　制作仪表图

第二步　仪表图属性的基本设置

双击新创建的仪表图，在弹出来的仪表图的属性页中可以更改图表的类型，也可以单击【选择形状】按钮来更改仪表图的形状，监视字地址的输入框是用来设置存储显示数据的字地址的。单击图标▦后，会弹出【输入地址】的页面，来设置链接的地址，本示例链接的是PLC1的数据D8，在【数据类型】的下拉框中输入数据的位长，只有在二进制的情况下才可以在此设置【显示范围】，也就是说当显示负数数据时在这里进行设置，显示方向设为【向右旋转】，操作如图16-4所示。

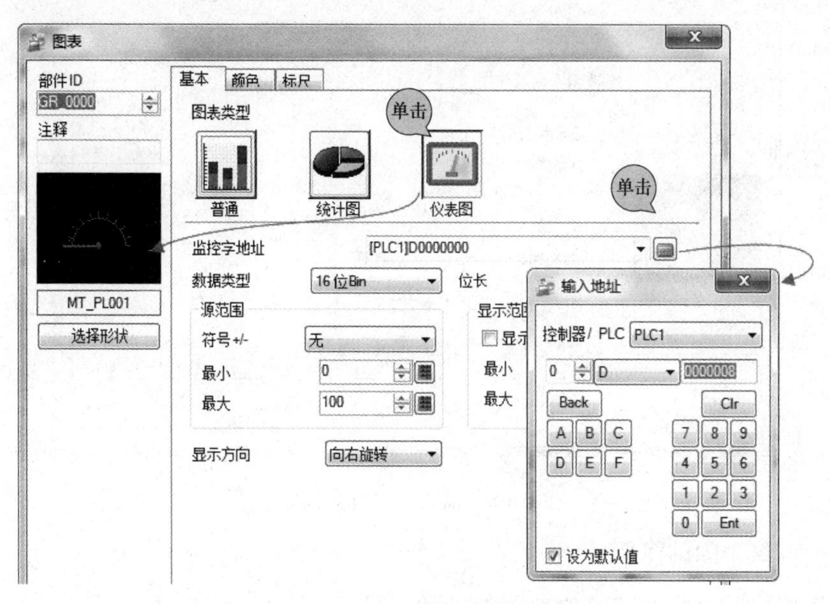

图16-4　设置仪表图的链接地址

第三步　仪表图属性的颜色设置

单击仪表图属性的【颜色】选项卡，设置显示颜色和背景颜色，勾选【报警设置】后，如果显示的数据在已设置的报警范围内，用户就可以按照设定的数值使用不同的颜色进行显示。

报警范围内值的单位是百分比，输入最小值为0～99，最大值为1～100，本示例设置的下限为80，上限为100，如图16-5所示。

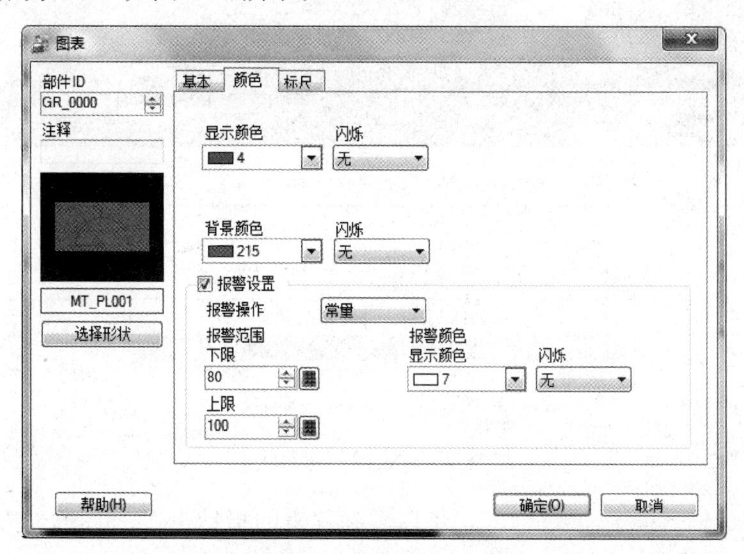

图16-5　仪表图的颜色设置

第四步　仪表图的标尺设置

单击仪表图属性的【标尺】选项卡，可以设置主标尺，也可以勾选次标尺，然后设置标尺刻度，另外，标尺的颜色也可以进行设置，如图 16-6 所示。

图 16-6　仪表图的标尺设置

第五步　仪表图的模拟

模拟运行后，可以看到链接仪表图指针的地址 D8 为 0，仪表图也显示为 0，如图 16-7 所示。

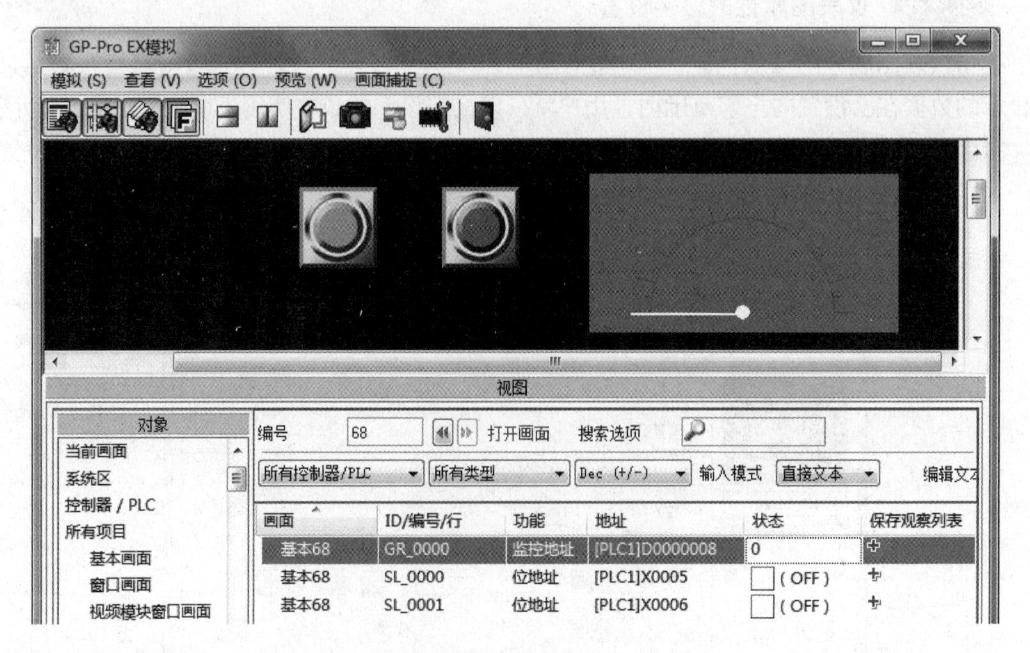

图 16-7　仪表图的初始状态

在 D8 状态的输入框中输入“15”，可以看到仪表的指针也在 15%的地方显示，并且指针为白色，没有报警，如图 16-8 所示。

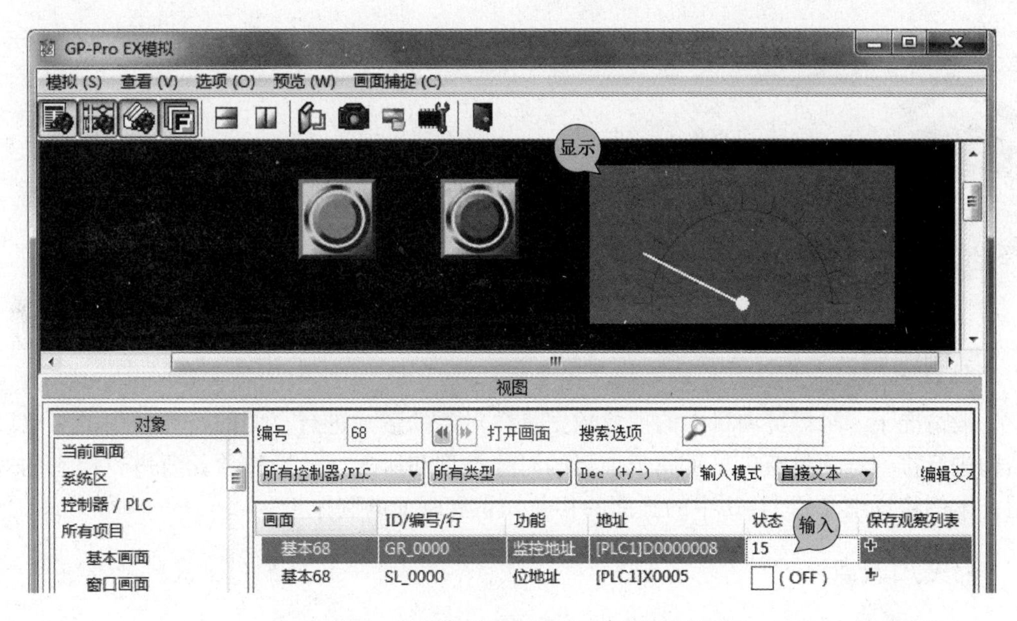

图 16-8　仪表图的指针为 15%时的模拟图

在 D8 状态的输入框中输入“86”，可以看到仪表的指针也在 86%的地方显示，并且指针为红色，为报警颜色，因为这个仪表图设置的报警下限为 80，超过 80%就报警了，如图 16-9 所示。

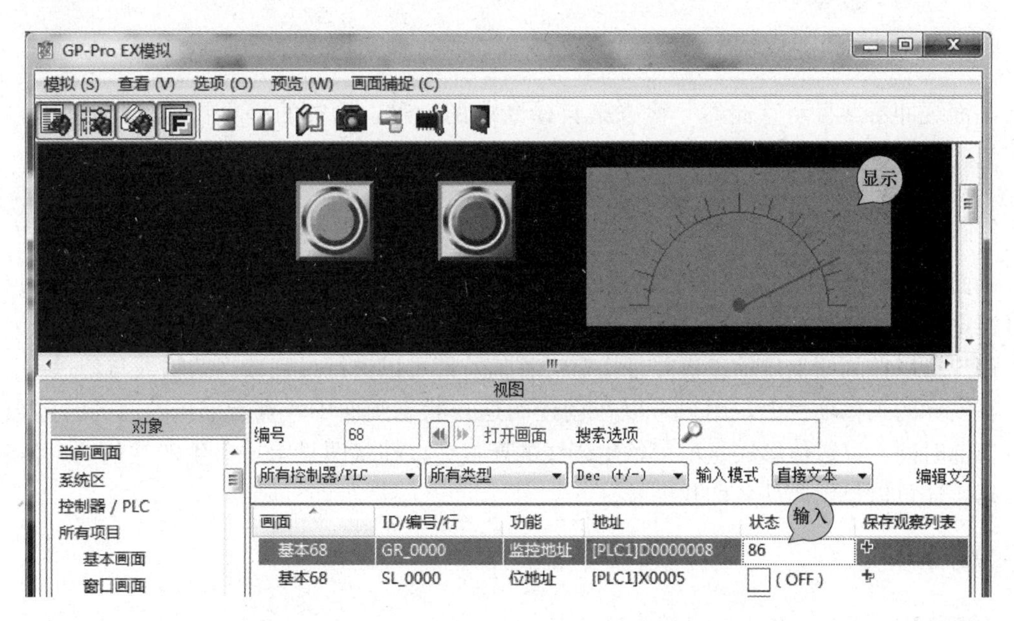

图 16-9　仪表图的指针为 86%报警时的模拟图

案例17 GP-Pro EX软件中的画面制作

一、 案例说明

一般情况下，触摸屏项目中的项目数据是以对象的形式进行存储的，项目中的对象以树形结构进行排列。项目窗口显示属于项目的对象类型和所选择的操作单元要进行组态的对象类型。本例将详细介绍HMI中的画面的相关知识和画面的制作。

二、 相关知识点

1. 上电（POWER UP）进入运行方式

GP系列HMI单元上电，就进入了运行方式。GP单元上电后，经过设定的启动时间（在菜单INITIALIZE的SYSTEM SETUP中设置），将显示运行画面，接着显示由初始化/屏幕设置（INITIALIZE/SETUP SCREEN）菜单指定的初始画面，开始与PLC通信。

2. 画面缓冲器（FRAME BUFFER）

画面缓冲器（显示存储器）检查是自诊断中的一种，检查的是寻找可能出现的显示问题，当完全正常时显示OK，如果有问题显示错误信息。

3. 画面

画面是触摸屏项目的中心要素，是过程的映像，通过画面可以将项目的实时状态和过程状态可视化，在项目中可以创建一些带有显示单元与控制单元的画面，用于画面之间的切换。

用户可以在画面上显示过程并且指定过程值，即可以进行过程数据的输入与传送。

在实际的工程项目中，用户可以在创建的运行状态画面中，查看GP内部的时钟数据，显示当前时间。以数值形式显示每条生产线的产量。以柱状图显示每条生产线的功率值和速度数据，还可以显示产品名称和批号。

三、 创作步骤

第一步 创建切换画面1

在基本画面中创建画面1——B0001，如何在画面1中绘制PID图，如图17-1所示。

第二步 画面切换按钮1的制作

在画面1中添加一个开关，双击后，弹出开关的属性页面，在【开关】选项卡中单击【画面切换】按钮，此时，在多能列表中会显示按钮为“画面切换开关”，在【画面切换操

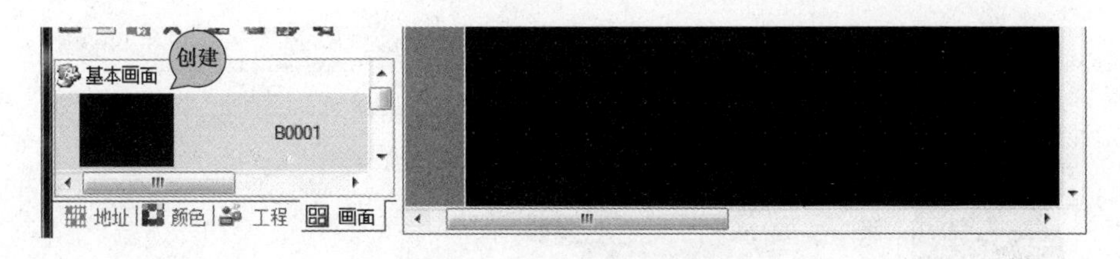

图 17-1 切换画面 1 的创建

作】下选择【画面切换】，所切换的画面号为 1，然后单击【选择形状】按钮，如图 17-2 所示。

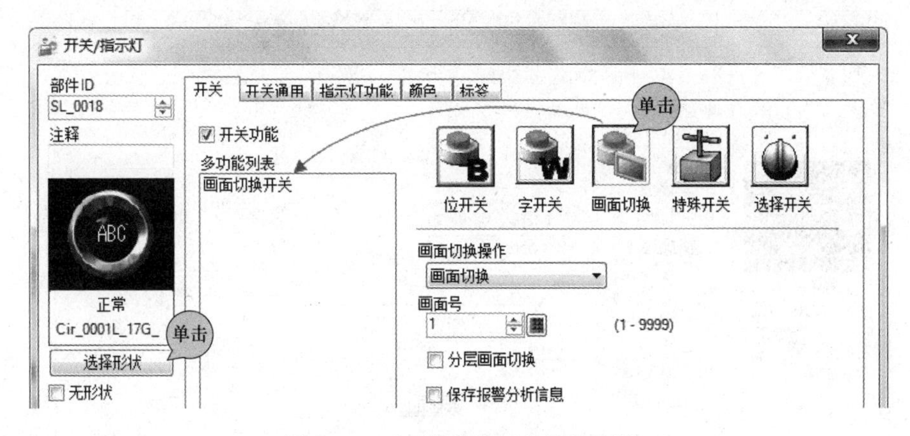

图 17-2 画面切换按钮的属性设置

单击【开关通用】选项卡，设置触摸启用条件为【位 ON 时启用】，如图 17-3 所示。

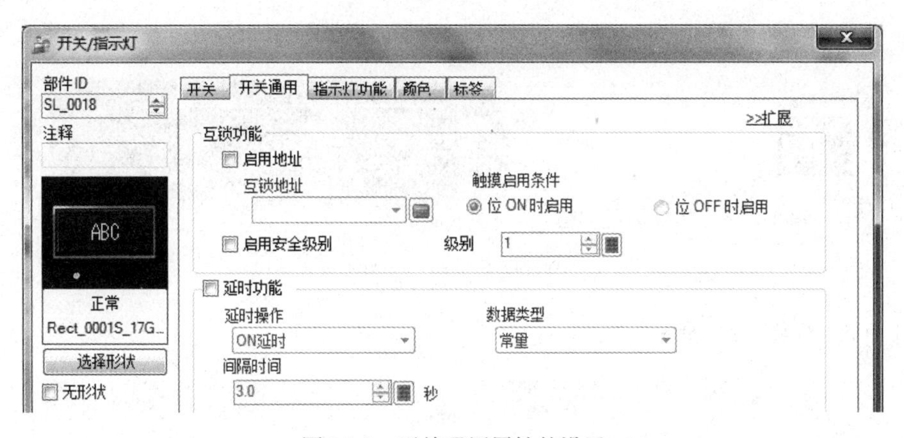

图 17-3 开关通用属性的设置

单击开关【颜色】选项卡，选择【绿色系】，如图 17-4 所示。

单击【标签】选项卡，点选【直接文本】，在【文本属性】的输入栏中输入“PID 图”，如图 17-5 所示。

开关完成后的图示如图 17-6 所示。

第三步 画面切换按钮 2 的制作

画面切换按钮 2 的制作与画面切换按钮 1 的创建相同，不同的是画面切换按钮 2 的切换

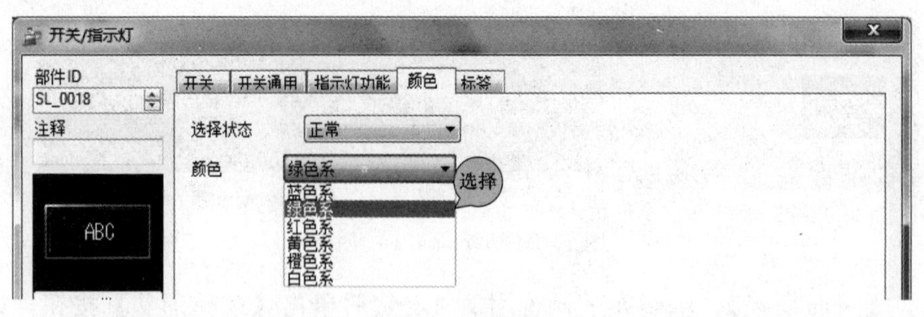

图 17-4　开关颜色选项卡

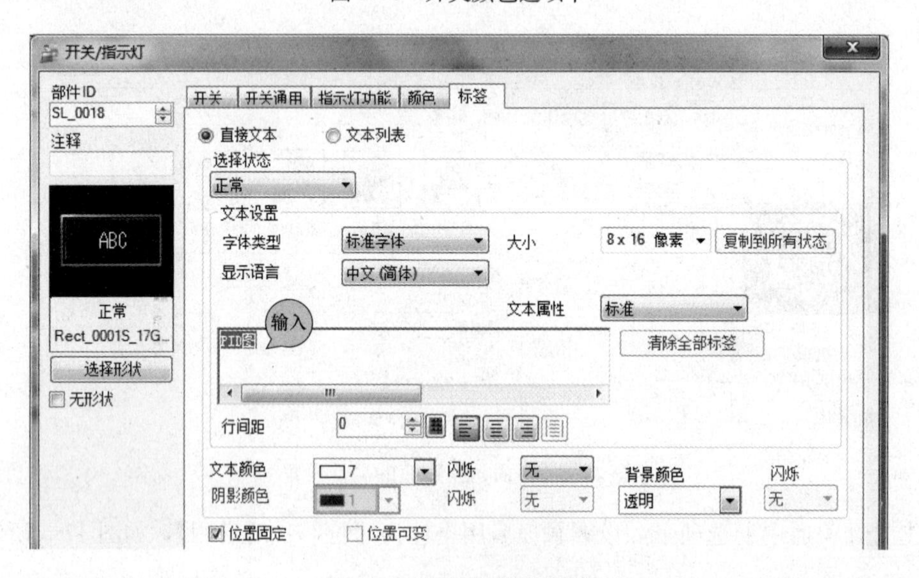

图 17-5　开关标签的设置

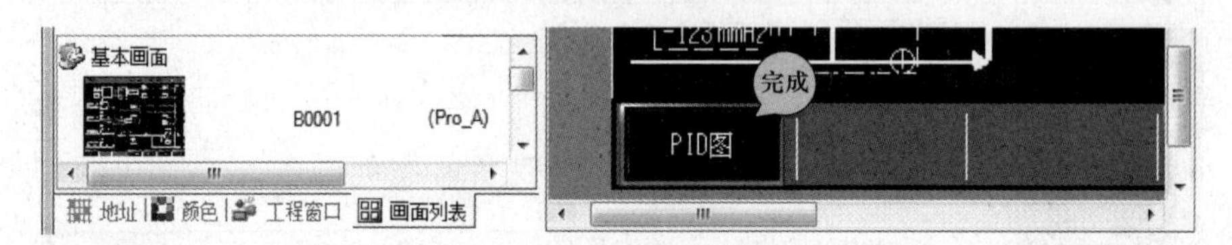

图 17-6　完成后的开关

画面设置为 2，如图 17-7 所示。

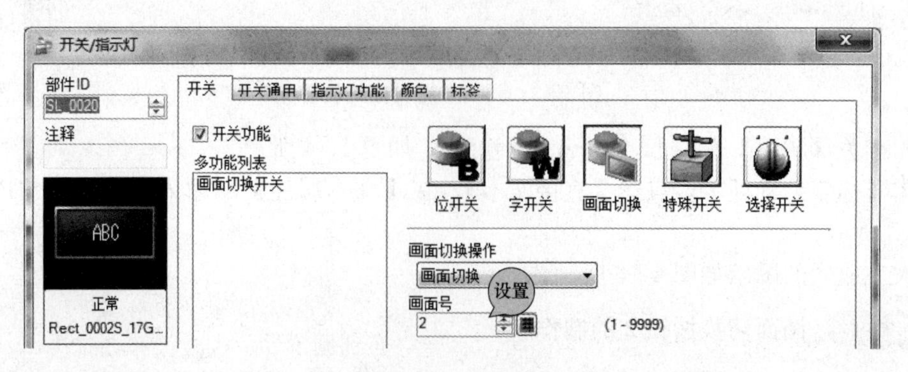

图 17-7　切换按钮 2 的开关属性设置

在【标签】选项卡的【文本属性】中输入“流程图”，如图 17-8 所示。

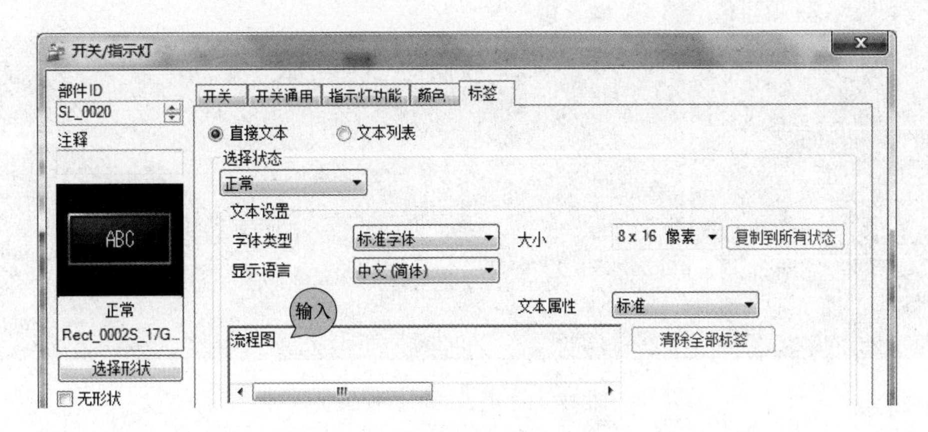

图 17-8　切换按钮 2 的标签设置

完成的切换按钮 2 如图 17-9 所示。

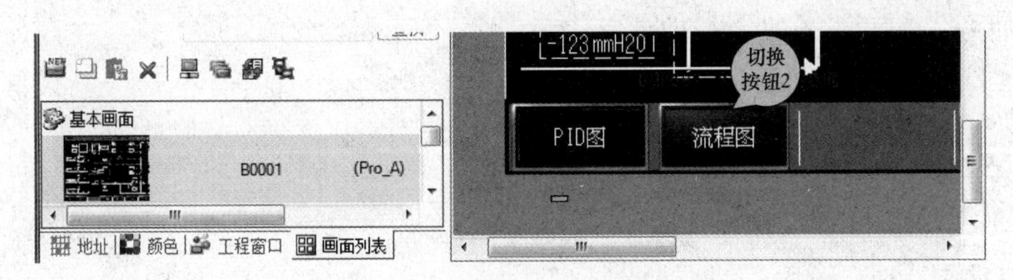

图 17-9　切换按钮 2 的完成图

第四步 切换画面 2 的创建

复制切换画面 1，然后粘贴，画面名称修改为“2”，即 B0002，然后在画面中制作项目的流程图，如图 17-10 所示。

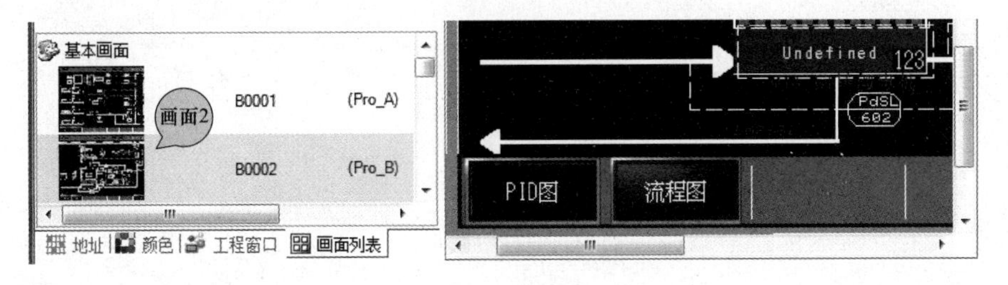

图 17-10　切换画面 2

第五步 画面切换的模拟操作

模拟运行后，项目的初始画面如图 17-11 所示。

在初始画面中，单击切换按钮 2【流程图】后，画面会切换到画面 2，如图 17-12 所示。

在画面 2 中，单击切换按钮 1【PID】，就会切换到画面 1，依次类推，就可以切换很多画面了。

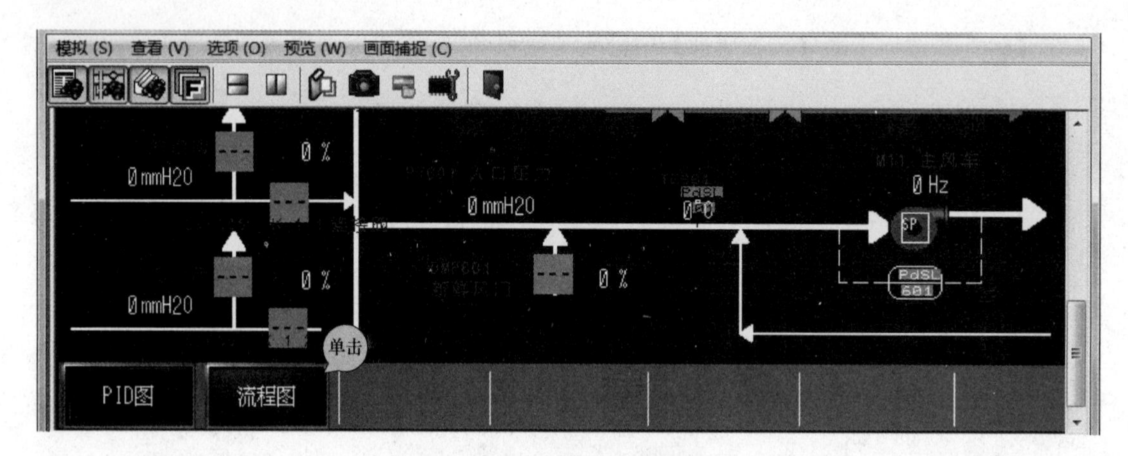

图 17-11 项目的初始画面

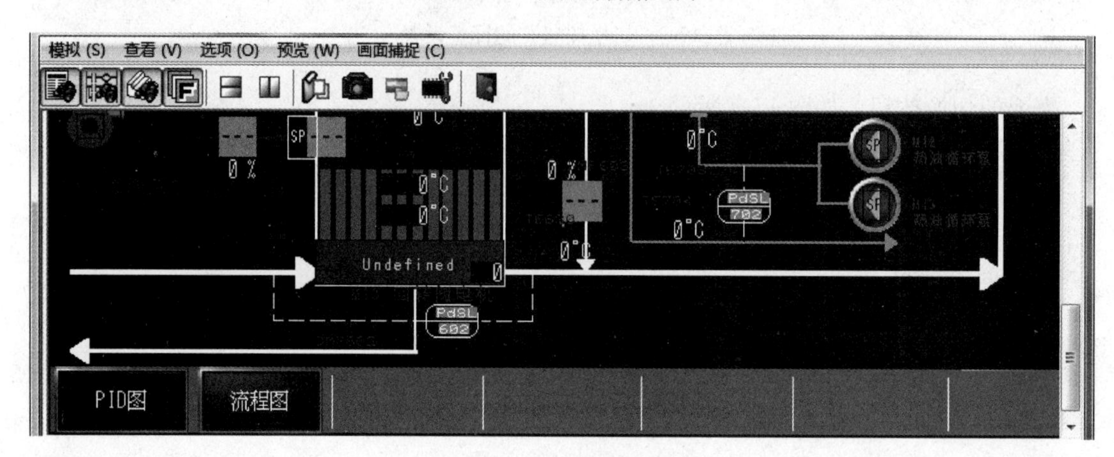

图 17-12 画面切换 2 的图示

GP-Pro EX 软件中的文本制作

一、 案例说明

GP-Pro EX 软件上创建的文本用于输入一行或多行文本，可以自定义字体和字的颜色，本示例首先创建一个画面中的文本，然后设置文本的属性，并说明文本是如何移动的，以及文本的锁定方法，最后给出了文本复制和粘贴的小技巧。

二、 相关知识点

1. 文本内容的处理

普通的文本内容或部件的标签，可以用字符串表的索引编号方式进行处理，这样可以非常方便地在运行时改变字符串表。

2. 人机界面和组态软件之间的不同

人机界面产品，常被大家称为触摸屏，包含 HMI 硬件和相应的专用画面组态软件，一般情况下，不同厂家的 HMI 硬件使用不同的画面组态软件，连接的主要设备种类是 PLC。而组态软件是运行于 PC 硬件平台、Windows 操作系统下的一个通用工具软件产品，和 PC 机或工控机一起也可以组成 HMI 产品；通用的组态软件支持的设备种类非常多，如各种 PLC、PC 板卡、仪表、变频器、模块等设备，而且由于 PC 的硬件平台性能强大（主要反映在速度和存储容量上），通用组态软件的功能也强很多，适用于大型的监控系统中。

三、 创作步骤

第一步 文本的制作

单击 GP-Pro EX 软件中的主菜单【绘图】→【文本】，如图 18-1 所示。

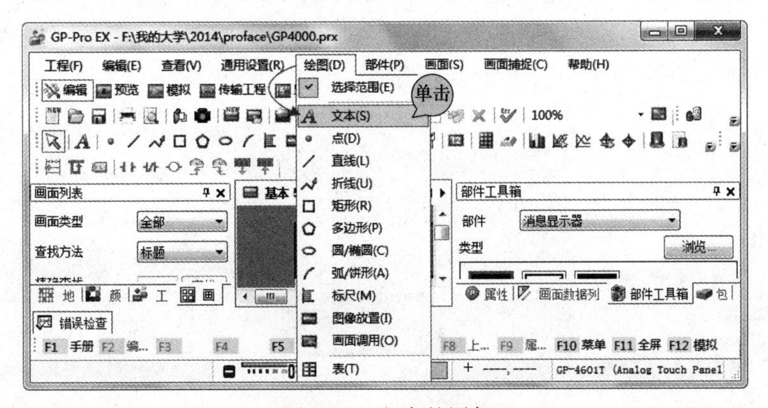

图 18-1 文本的添加

单击画面，并拖拽到适合大小，松开鼠标将文本放置到指定位置，如图 18-2 所示。

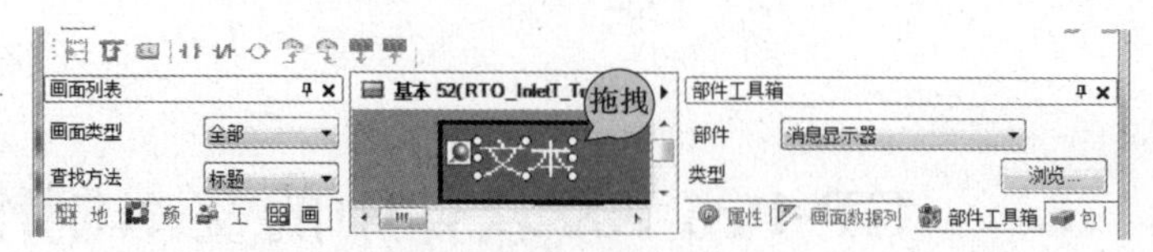

图 18-2　在画面中放置文本

第二步　文本的属性设置

双击新添加的文本，在弹出来的属性页面中，点选【直接文本】，并设置文本的字体和颜色，这里设置文本的方向为【水平】，阴影颜色为蓝色，背景颜色设置为【透明】，文本颜色为【黑色】，并且在文本的输入框中输入"舜天化工有限公司"，设置完成后，单击【确定】按钮，如图 18-3 所示。

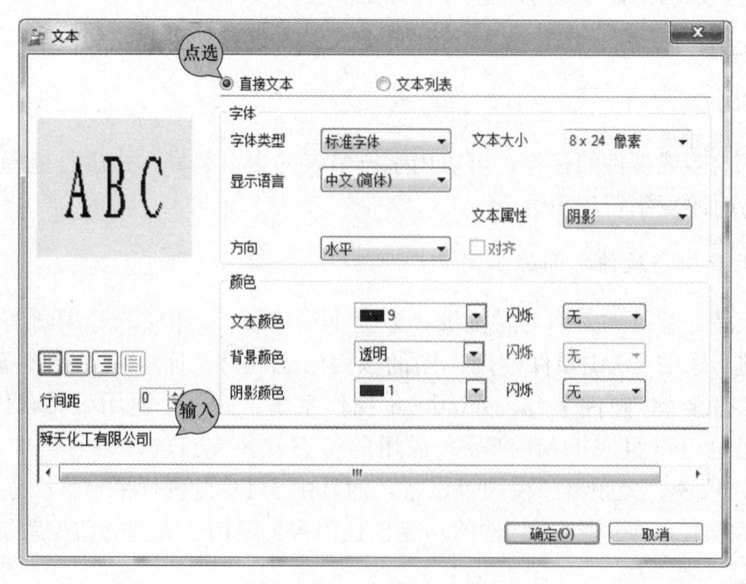

图 18-3　文本的属性设置

第三步　文本的移动

在画面中单击【部件工具箱】下的【画面数】，然后在【对象】下，选择【绘图】→【文本】，单击要移动的文本后，在画面中就会显示要移动的文本，单击这个文本后通过拖拽的方式就可以移动到相应的位置，如图 18-4 所示。

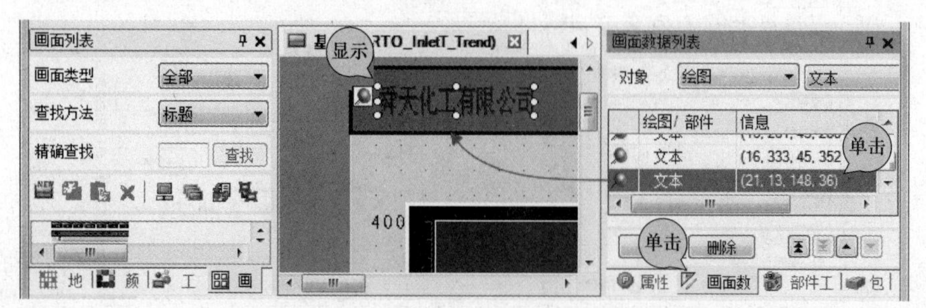

图 18-4　文本的移动

第四步　文本的锁定

单击要锁定的文本的蓝色图标，使之变成红色的，在画面中锁定的文本显示出来没有编辑的框，不能进行移动，呈现锁定状态，如图 18-5 所示。

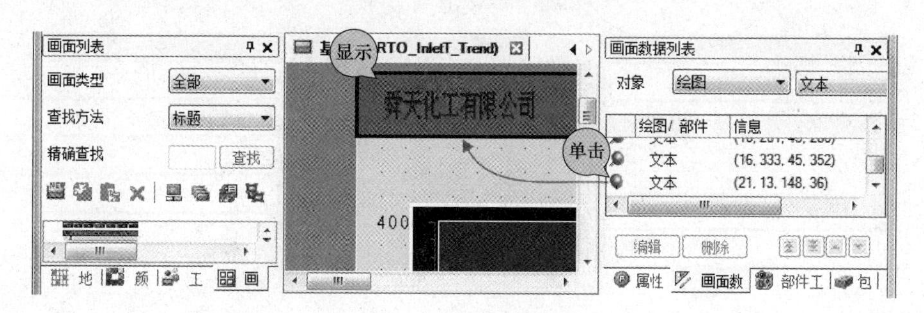

图 18-5　锁定文本的操作

第五步　文本的复制和粘贴

右击要复制的文本，在弹出来的子选项中单击【复制】，复制所选文本，如图 18-6 所示。

图 18-6　复制文本

右击要放置文本的地方，在弹出来的子选项中单击【粘贴】，粘贴所选文本，如图 18-7 所示。

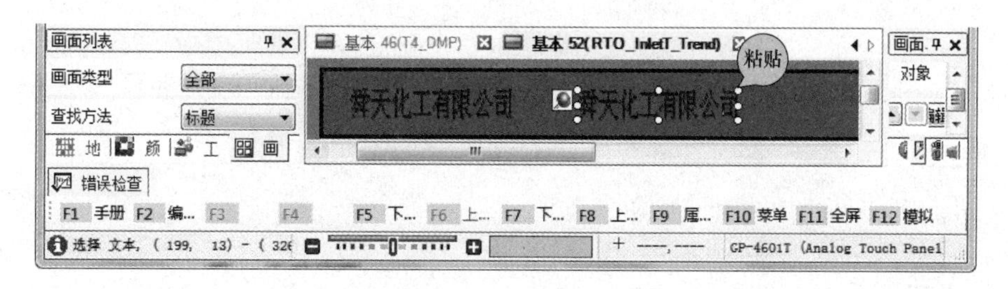

图 18-7　粘贴文本

双击粘贴后的文本，在弹出来的属性页中修改文本的内容和属性即可。

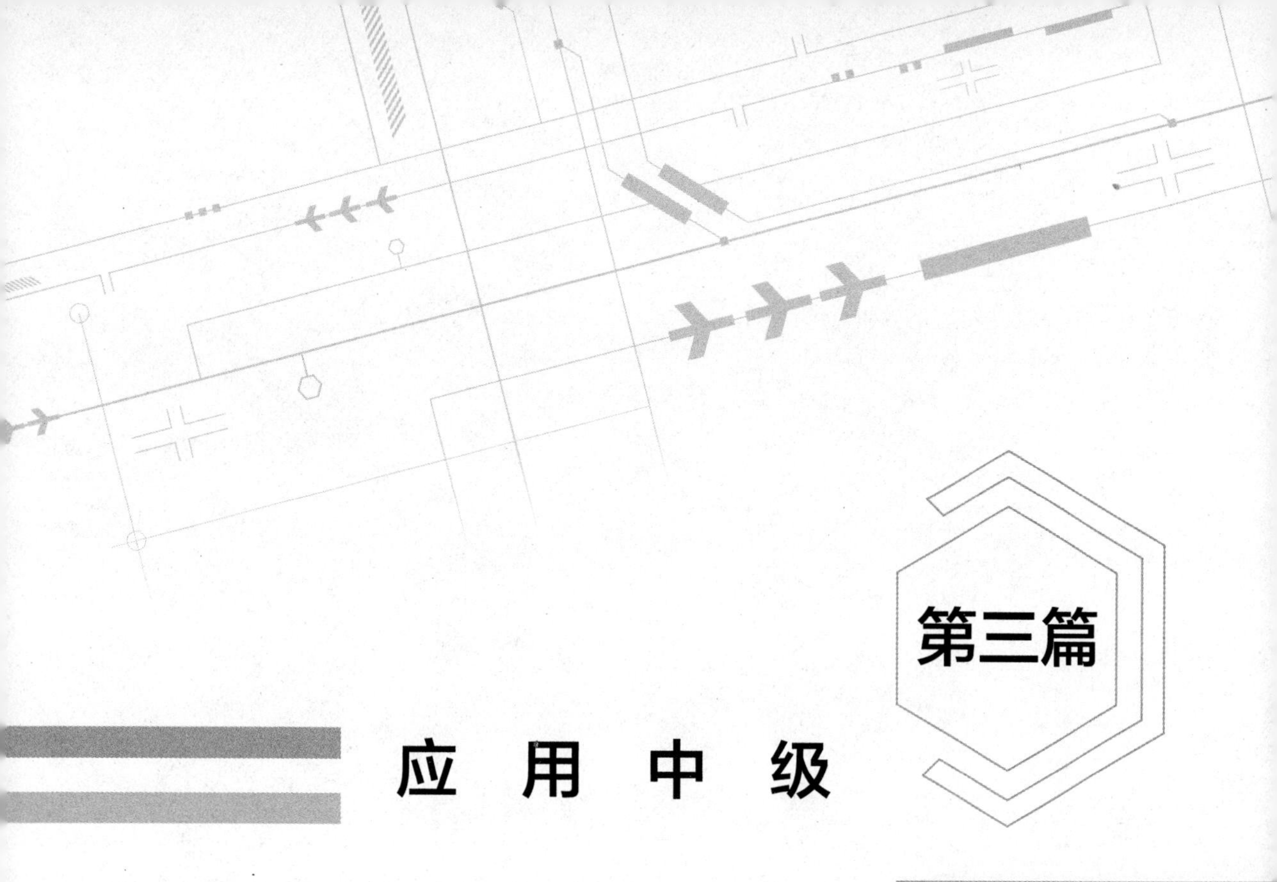

第三篇

应 用 中 级

昆腾系列 PLC 控制电动机的运行

一、 案例说明

当电动机拖动的负载对电动机的启动力矩没有严格要求，并且工艺上又要限制电动机的启动电流时，用户可以采用星三角的启动方法来启动电动机。

本示例通过两个示例演示了 PLC 对电动机的运行控制，第一个示例说明的是如何创建一个可以反复调用的功能块 DFB 的过程，用户可以在项目中创建自己的功能块，并反复调用，可以节省编程的时间并减小出错的概率。第二个示例演示的是控制 5 台电动机的顺序启动运行的方法。

二、 相关知识点

1. 降压启动控制线路

在实际的生产实践中，10kW 的三相鼠笼电动机属于较大容量的异步电动机，如果采用上述的方法直接启动，电动机的启动电流为其额定电流的 4～8 倍，由于过大的启动电流会对电网产生巨大的冲击，所以我们一般采用降压方式来启动。

（1）采用降压启动的条件。

1）电动机启动时，机械不能承受全压启动的冲击转矩。

2）电动机启动时，其端电压不能满足规范要求。

3）电动机启动时，影响其他负荷的正常运行。

（2）降压启动的方式。

1）“Y—△”起动器。

2）自耦降压起动器。

3）软起动器。

（3）“Y—△”起动器。电动机在定子绕组星形连接的状态下时，启动电压为三角形连接直接启动电压的 $1/\sqrt{3}$，启动转矩为三角形连接直接启动转矩的 1/3，启动电流也为三角形连接直接启动电流的 1/3。

2. 星三角启动电动机的优势

电动机启动电流与电源电压成正比，在星形连接启动电动机时，其启动电流只有全电压启动电流的 1/3，但启动力矩也只有全电压启动力矩的 1/3。也就是说星三角启动，属于降压启动，是以牺牲启动扭矩为代价来换取降低启动电流的，所以不能一概而以电动机功率的大小来确定是否需采用星三角启动，还要根据电动机拖动的负载来决定是否选择Y—△的启动方式。

三、 创作步骤

1. 电动机星三角启动的运行示例

第一步 电气原理图

本示例中的电动机采用AC380V，50Hz三相四线制电源供电，电动机Y-△启动运行的控制回路是由自动开关Q1、接触器KM1、KM2和KM3、热继电器FR1及电动机M1组成。其中自动开关Q1作为电源隔离短路保护开关，热继电器FR1作为过载保护，中间继电器CR1的动合触点控制接触器KM1的线圈通电、断电，中间继电器CR2的动合触点控制接触器KM2的线圈通电、断电，中间继电器CR3的动合触点控制接触器KM3的线圈通电、断电，KM1和KM2都接通时电动机M1处于星接运行，KM2和KM3都接通时电动机M1处于角接运行，另外，由于接触器KM1、KM2和KM3的线圈电压选用的是AC220V，所以控制回路选用AC220V的电源，电气原理图如图19-1所示。

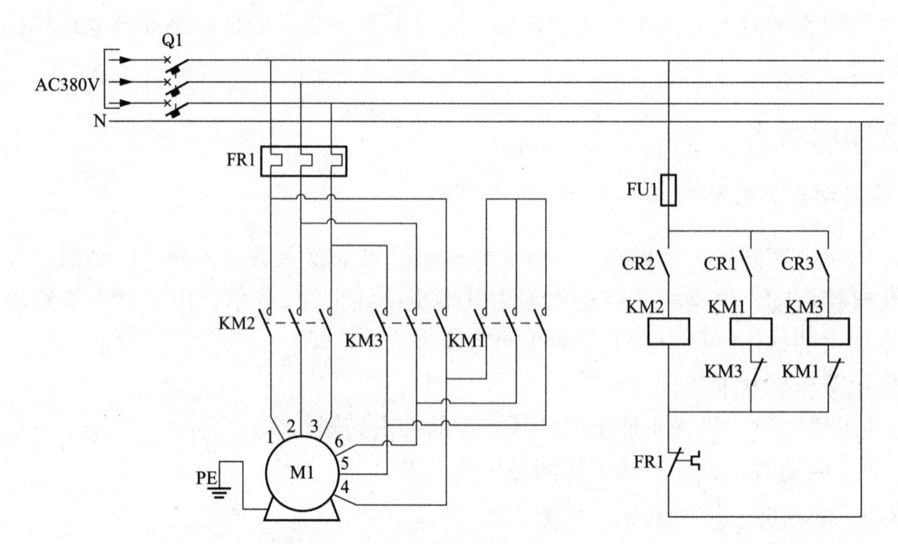

图19-1 Y-△启动电动机的电气原理图

三相电动机星接和角接在电动机端子盒中的接线图，如图19-2所示。

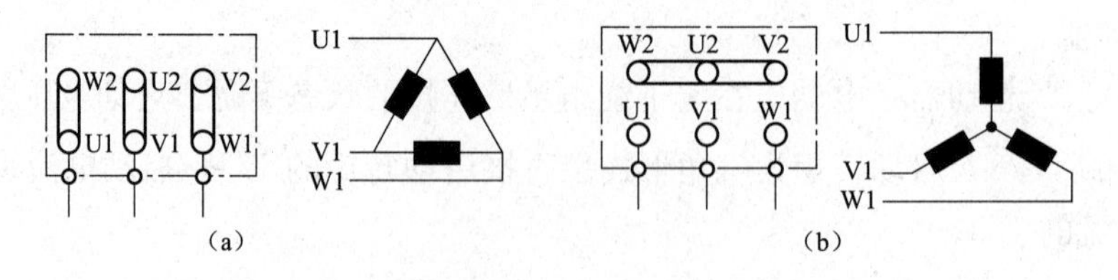

图19-2 电动机接线盒中Y-△的接线示意图

(a) 三角形接线；(b) 星形接线

第二步 昆腾PLC的控制电路设计

自动开关Q2、Q3、Q4作为电源隔离短路保护开关，星三角启动电动机项目选用的机架为4个槽位的140 XBP 00400，电源模块140 CPS 21100，输入电压20～30V DC，输入电流

1.6A。CPU 选用 140 CPU 43412U，这个控制器与热备拓扑是不兼容的。数字量输入模块 140 DAI 44000 是 AC48V 的 16 点的输入模块。数字量输出模块 140 DAO 84220 是 16 路输出（4 组×4 点），昆腾 43412 PLC 控制原理图如图 19-3 所示。

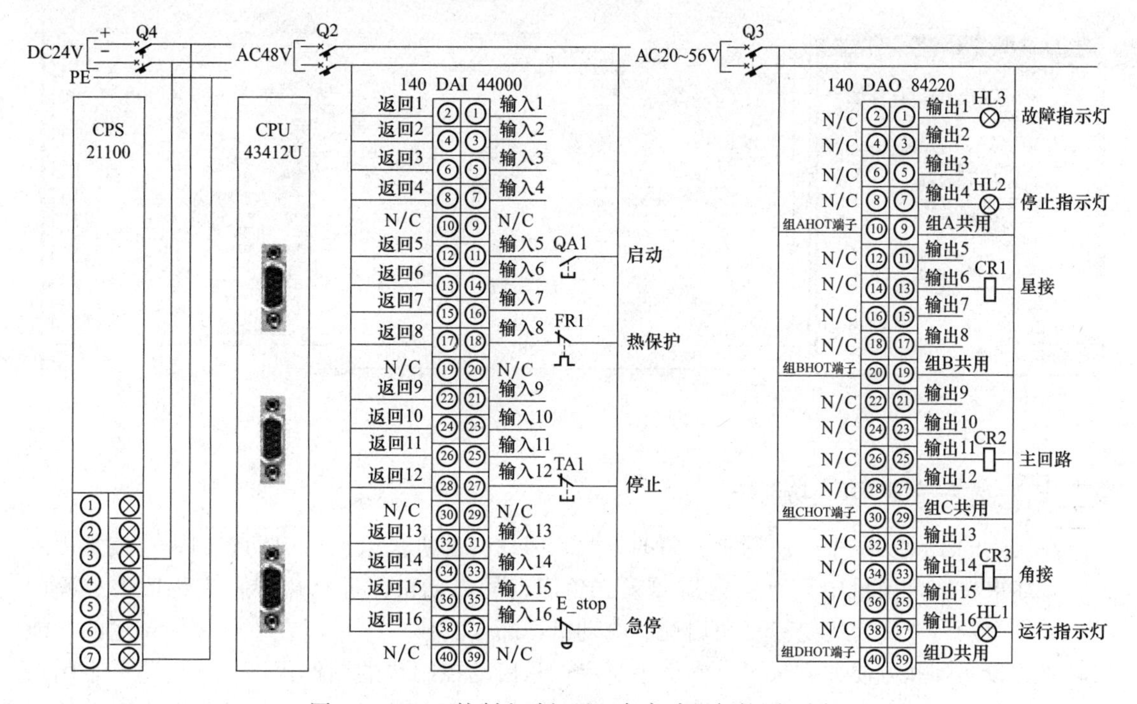

图 19-3 PLC 控制电动机星三角启动运行的原理图

第三步 配置项目的模块

打开 Unity Pro 编程软件，创建一个新项目，然后按照电气设计来配置项目中的模块，单击【项目浏览器】→【配置】→【本地总线】，然后将系统自动配置的 10 槽位的机架替换成 4 机架，在 1 号槽配置电源模块 CPS21100，在 2 号槽配置 CPU434 12A/U，在 3 号槽位配置数字量输入模块 DAI44000，在 4 号模块配置 DAO84220，配置完成后如图 19-4 所示。

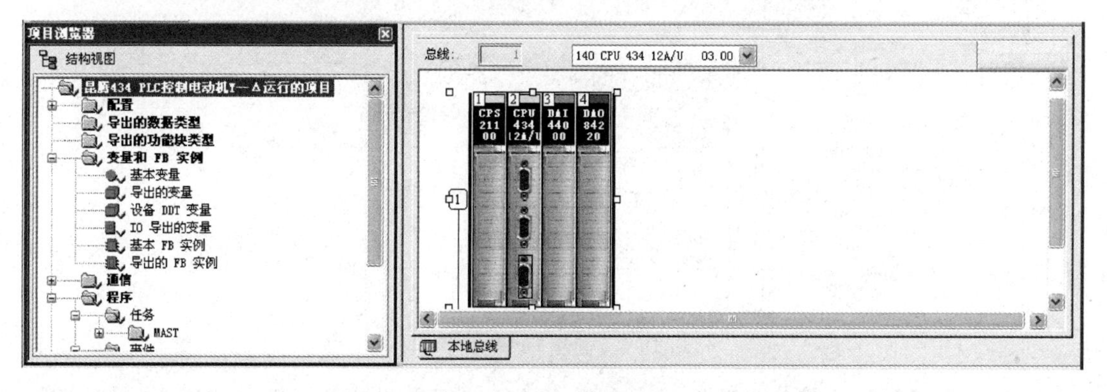

图 19-4 模块配置图

第四步 创建项目的变量表

在星三角启动电动机的项目中配置好昆腾 43412 系统的模块后，还要创建变量表，双击

【项目浏览器】→【变量和 FB 实例】→【基本变量】，在弹出的【数据编辑器】中编辑变量的名称、类型、注释等参数，也可以通过双击【本地总线】中的配置的模块，进入模块的属性页中对变量进行创建，创建完成的变量表如图 19-5 所示。

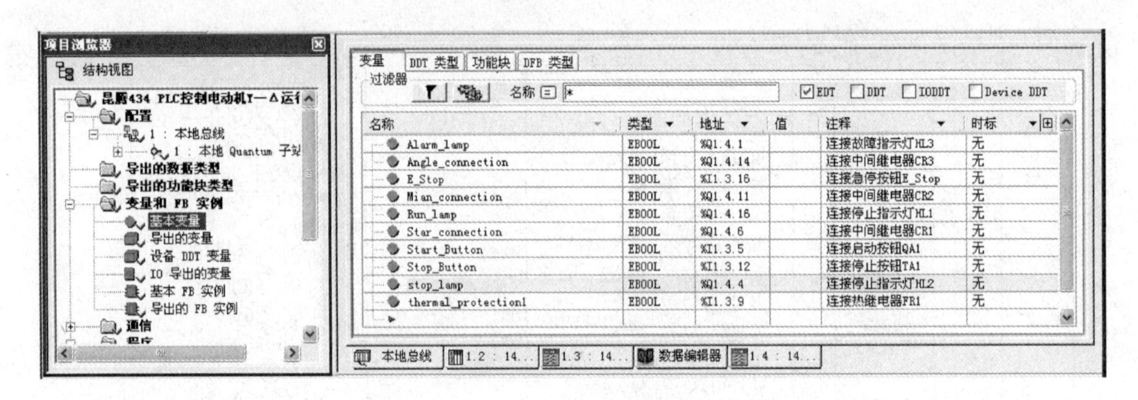

图 19-5　变量表的图示

第五步　创建 DFB 功能块

在实际的工程实践中，使用星三角的方式来启动电动机是电动机启动控制中比较常用的方法，如果在一个项目中只有一台需要星三角启动的电动机，那么用户在主程序中编程即可，如果有两台或多台需要星三角启动的电动机，那么制作一个可以在主程序中调用的功能块就是比较实际和方便的方法了，本例中将星三角启动控制块的制作程序，先创建一个用户 DFB，用户可以在主程序中重复调用这个功能块，从而实现星接启动角接运行多台电动机的在工程文件中的程序部分。

首先在 Unity Pro 结构视图中找到【导出的功能块类型】，然后双击，在弹出的【数据编辑器】中的 DFB 类型下面输入“starto Delta”，操作如图 19-6 所示。

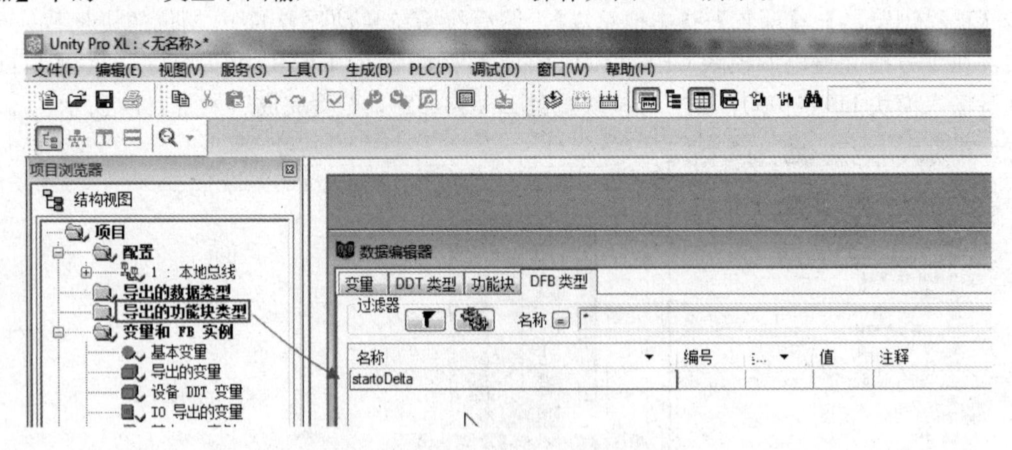

图 19-6　创建 DFB 功能块

创建 DFB 功能块星三角启动块后，在对块进行编程之前，必须指定该程序将使用哪些数据，即必须声明块变量。用户还必须对块的调用参数进行定义。

首先声明【块】中的变量，然后在项目的星三角启动电动机的功能 DFB 中创建变量，在创建并定义变量时，可以创建的变量的类型是【输入】【输出】【输入/输出】【公共】等。

具体操作是在【输入】或【输出】的左侧中，使用鼠标左键单选要创建的变量的类型，名称下输入要创建的名称，例如，电动机启动按钮的名称为“motor _ start”，输入变量名称后，在数据类型选择【BOOL】布尔型，注释为“电动机启动按钮”，创建完成后在左侧的【输入】变量下将出现这个定义好的变量，定义的流程如图 19-7 所示。

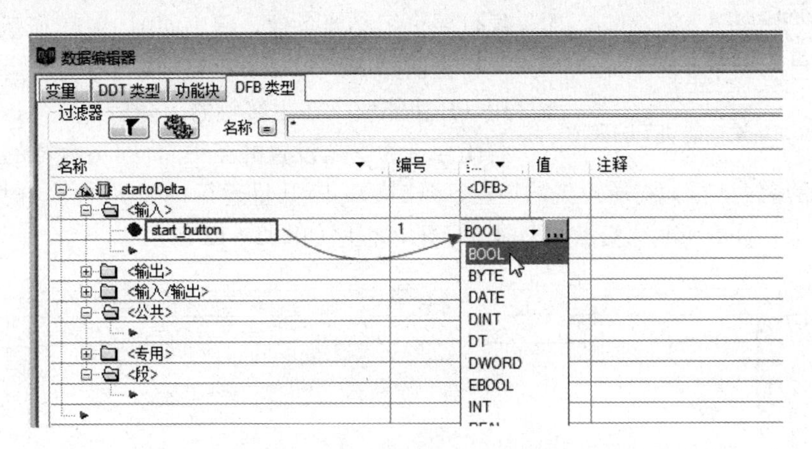

图 19-7 定义功能块的流程图示

星三角启动 DFB 块的输入管脚的定义如图 19-8 所示。

名称	编号	:...	值	注释
startoDelta		<DFB>		实现星三角切换的功能块
<输入>				
Start_button	1	BOOL		启动按钮
Stop_button	2	BOOL		停止按钮
Thermal_protect	3	BOOL		热保护常闭触点
Emergency_stop	4	BOOL		
star_delay	6	TIME		星运行时间
delta_delay	7	TIME		星关闭后切换到角运行延时

图 19-8 星三角启动 DFB 块的输入管脚图示

星三角启动 DFB 块的输出管脚的定义如图 19-9 所示。

名称	编号	类型	值	注释
<输出>				
Main_contactor	1	BOOL		主接触器运行
Star_contactor	2	BOOL		星运行
Delta_contactor	3	BOOL		角运行
star_end	4	BOOL		星结束标志
star_lefttime	5	TIME		星运行延时
delta_time	6	TIME		角运行延时
fault_lamp	7	BOOL		故障灯
running_lamp	8	BOOL		运行灯

图 19-9 星三角启动 DFB 块的输出管脚图示

第六步 星三角启动电动机项目中的功能 DFB 的完整程序清单

在【导出的功能块类型】下方的【段】新建一个段【startodelta】，用于功能块功能的实现，如图 19-10 所示。

星三角启动块 DFB 中的管脚 start _ button 连接的是外部的电动机启动按钮，当按下启动按钮时，start _ button 管脚在程序中编制的动合点闭合，连接外部的停止按钮的输入管脚

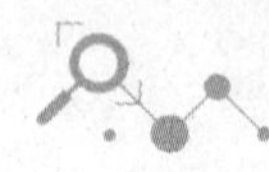

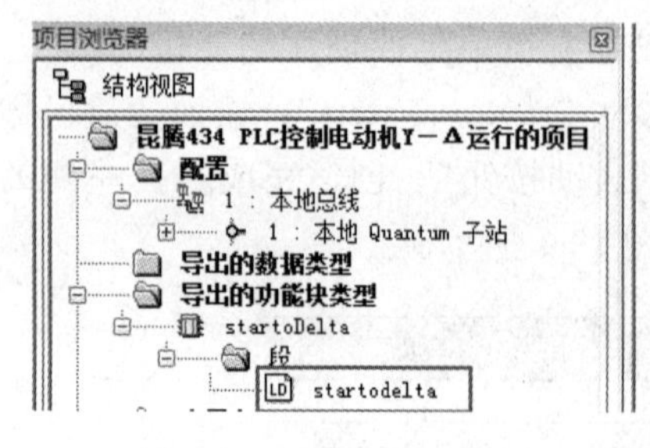

图 19-10　新建功能块下的段

是 stop _ button 的动断触点，热继电器报警输入管脚是 Thermal _ protect 的动断点，所以只要按下启动按钮，控制电动机运转的主回路 Main _ contactor 就会闭合，形成自锁，同时点亮运行灯，为电动机星接运行提供一个了必要条件，程序如图 19-11 所示。

主回路 Main _ contactor 接触器闭合后在程序中调用 TP 功能块，在主接触器闭合后，且角运行接触器没有闭合（为安全设置的互锁），则星运行的接触器闭合后电动机开始星接运行，在所设置的星运行延时后，断开星运行接触器并将计时器运行的时间放在输出 star _ lefttime，变量类型是 TIME，程序如图 19-12 所示。

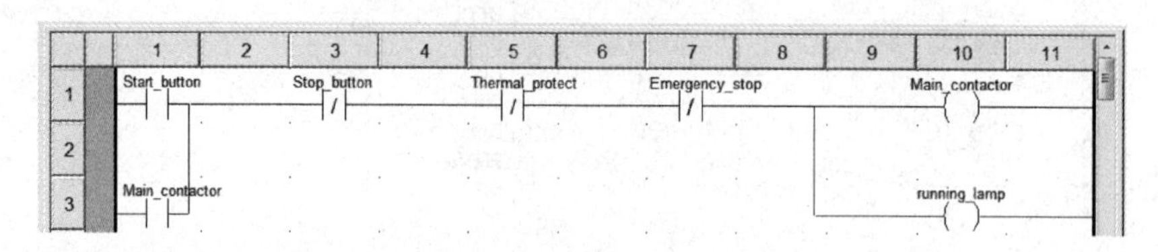

图 19-11　程序段一

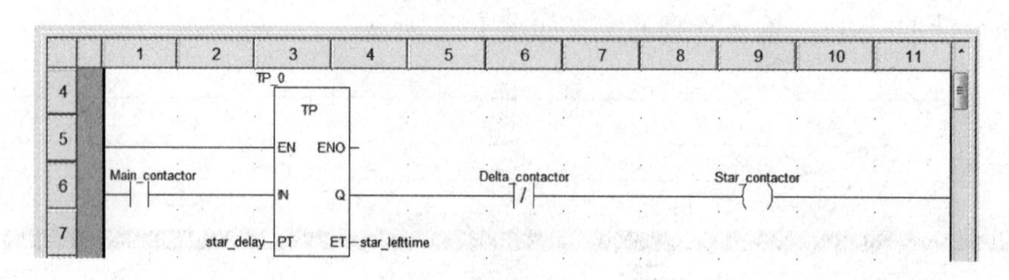

图 19-12　程序段二

在使用星接启动电动机后，运行一定的时间（星运行延时通常与电动机的大小有关，一般来讲，电动机的功率越大星运行时间也越长）后，应切断星运行，然后延时一段时间（一般 0.5s 左右），才启动三角形接法接触器让电动机运行在角运行，因为在星接触器断开期间会有电弧产生，这个时候如果角接触器立即吸合很容易发生弧光短路，所以要尽量保证星接触器完全断开后角接触器吸合。程序的编制如图 19-13 所示。

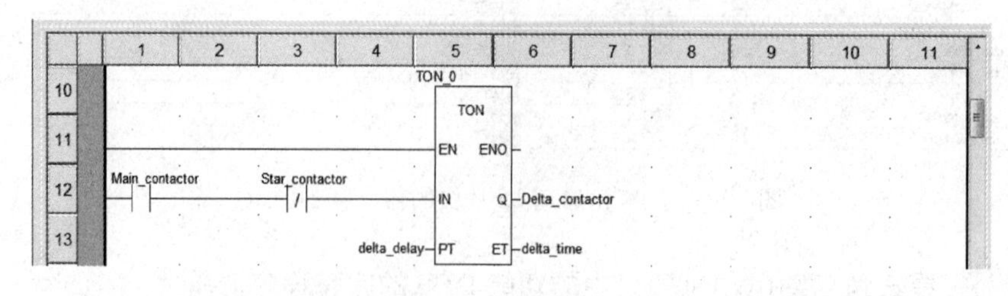

图 19-13　程序段三

在热继电器输出故障信号或按下急停按钮时故障灯输出，程序如图 19-14 所示。

第七步　符号表的编辑

在编制主程序之前，为了方便编程和程序的可读性，读者应该首先编辑符号表，如图 19-15

所示。

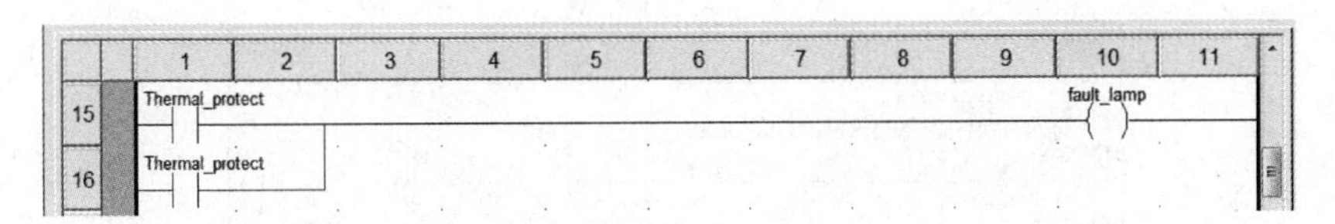

图 19-14　故障灯相关逻辑编程

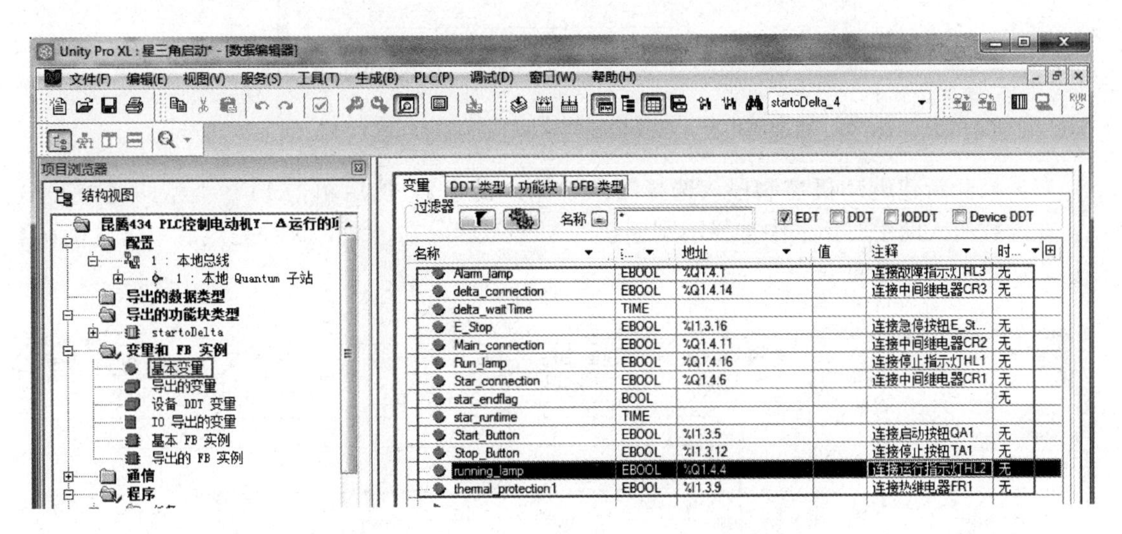

图 19-15　编辑符号表

第八步　主程序的编制

在项目浏览器下的结构视图中，右击【程序】→【任务】→【MAST】，在快捷菜单中选择【新建段】，如图 19-16 所示。

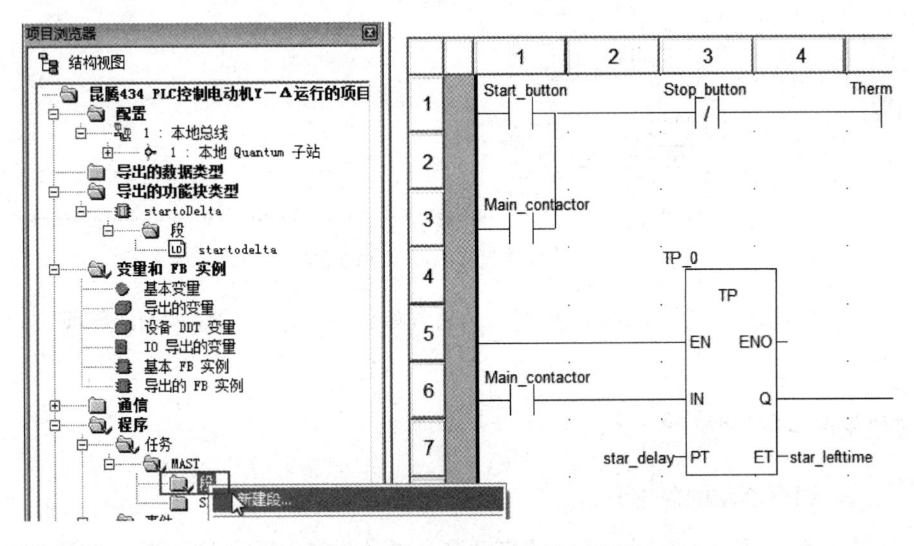

图 19-16　在 MAST 任务下创建新段

新建段的名字设置为“MotorControl”，编程语言选择为LD梯形图，如图19-17所示。

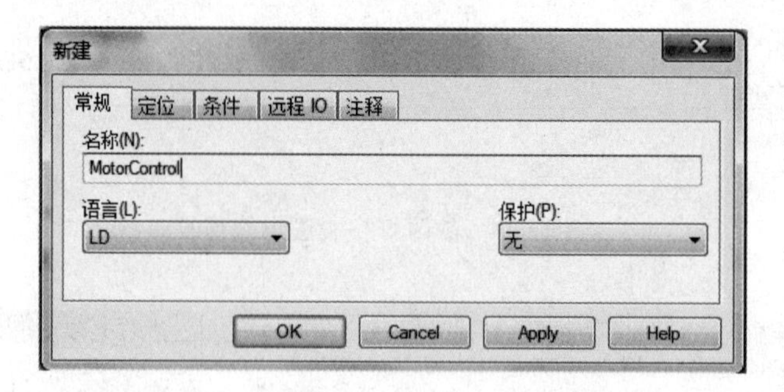

图19-17 设置新建的段的名字和编程语言

双击打开新建电动机控制段，选择【FFB输入助手】，然后单击FFB类型的【…】按钮，在函数输入助手对话框中选择刚刚创建的startoDelta功能块，选择完成后单击【确认】按钮，如图19-18所示。

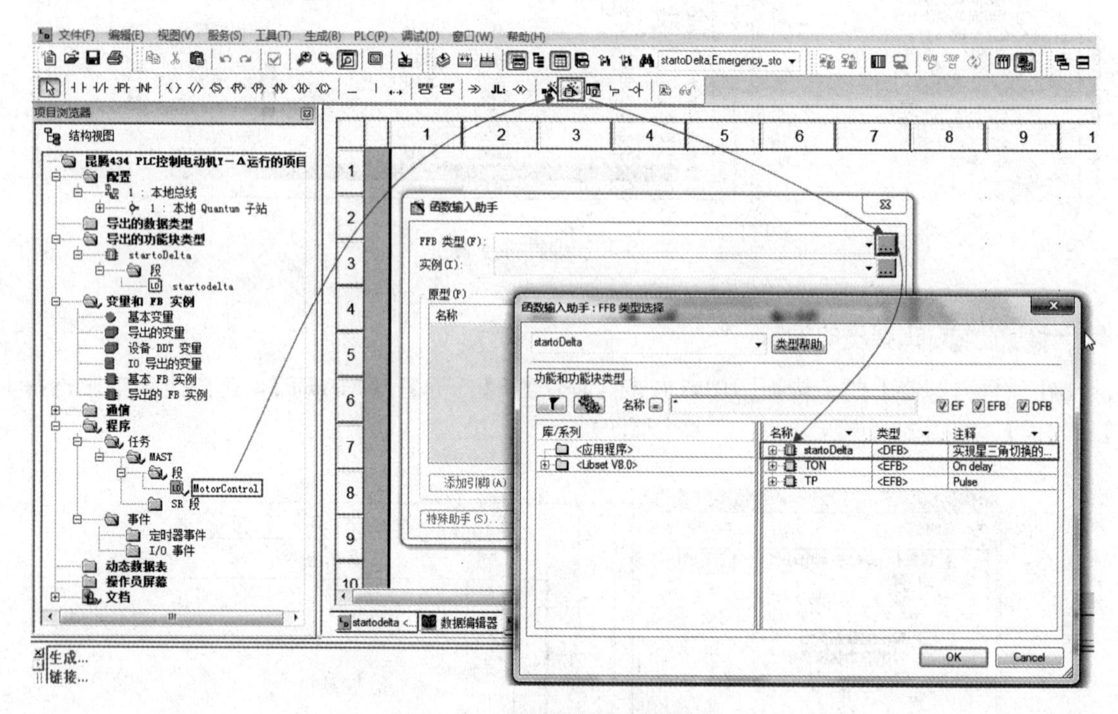

图19-18 在程序中调用块的方法

鼠标变成⬚，单击要放置功能块的位置，然后开始管理功能块的输入输出管脚，如图19-19所示。

2. 顺序启动电动机的示例

第一步 顺序启动的时序分析

在实际的工程实践中，使用一个按钮启动多台电动机时，为了避免多台电动机同时启动引起启动电流过大的问题，所以采用了间隔6s分别启动的方式来启动5台电动机，5台电动

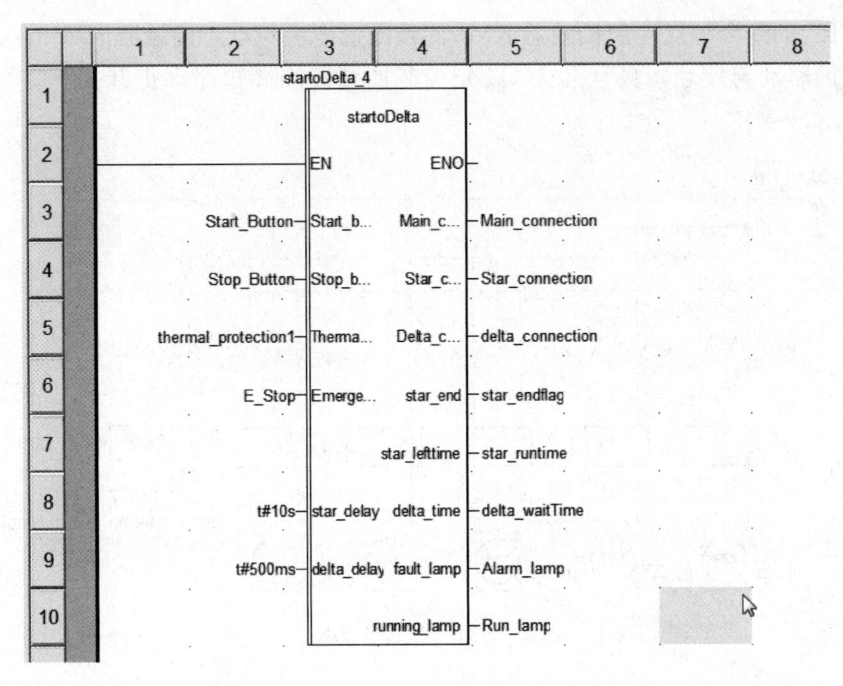

图 19-19　完整的程序清单图示

机分别启动的动作时序图如图 19-20 所示。

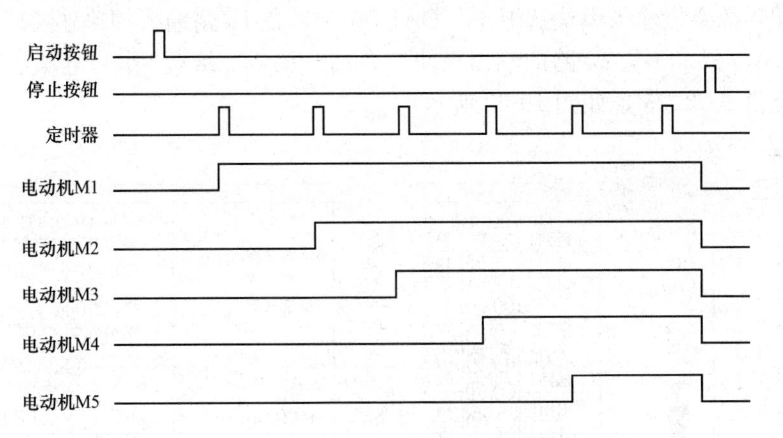

图 19-20　5 台电动机顺序启动的动作时序图

在前面的例程中笔者使用了 FBD、CFC 和梯形图 3 种方法对项目中的 PLC 进行了程序的编制，这里笔者将使用另一种编程方法来编制“单按钮顺序启动多台电动机”，即 ST 语言，希望读者更多的了解和掌握 PLC 的编程语言，熟悉各种语言的优势与不足。

第二步　电气原理图

本装置内的电动机采用 AC380V，50Hz 三相四线制电源供电，电动机现场操作设置绿色启动按钮 QA1、红色停止按钮 TA1、电动机运转指示灯绿色 HL1，停止指示灯为红色 HL2。

电动机 M1 运行的控制回路是由自动开关 Q1、接触器 KM1、热继电器 FR1 及电动机 M1 组成。其中自动开关 Q1 作为电源隔离短路保护开关，热继电器 FR1 作为过载保护，中间继电器 CR1 的动合触点控制接触器 KM1 的线圈通电、断电，接触器 KM1 的主触头控制电动机 M1 的启动与停止，自动开关 Q2 是控制回路的隔离短路保护开关，电气原理图如图 19-21 所示。

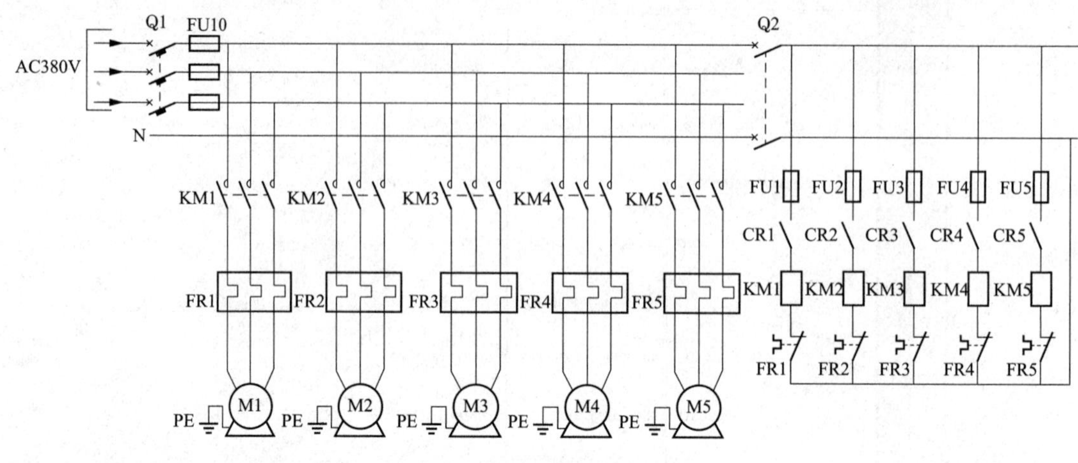

图 19-21　电气原理图

第三步　PLC 控制原理图

本项目选用机架为 140 XBP 00600 的 6 个槽位的机架，CPU 选配 140 CPU 53414A/U，电源模块选配，数字量输入模块选配 140 DAI 74000，是 16 路输入的单独隔离型，数字量输出模块 140 DAO 85300 是 32 路的输出模块，自动开关 Q3 和 Q4 作为电源隔离短路保护开关，外部电源为 AC220V，如图 19-22 所示。

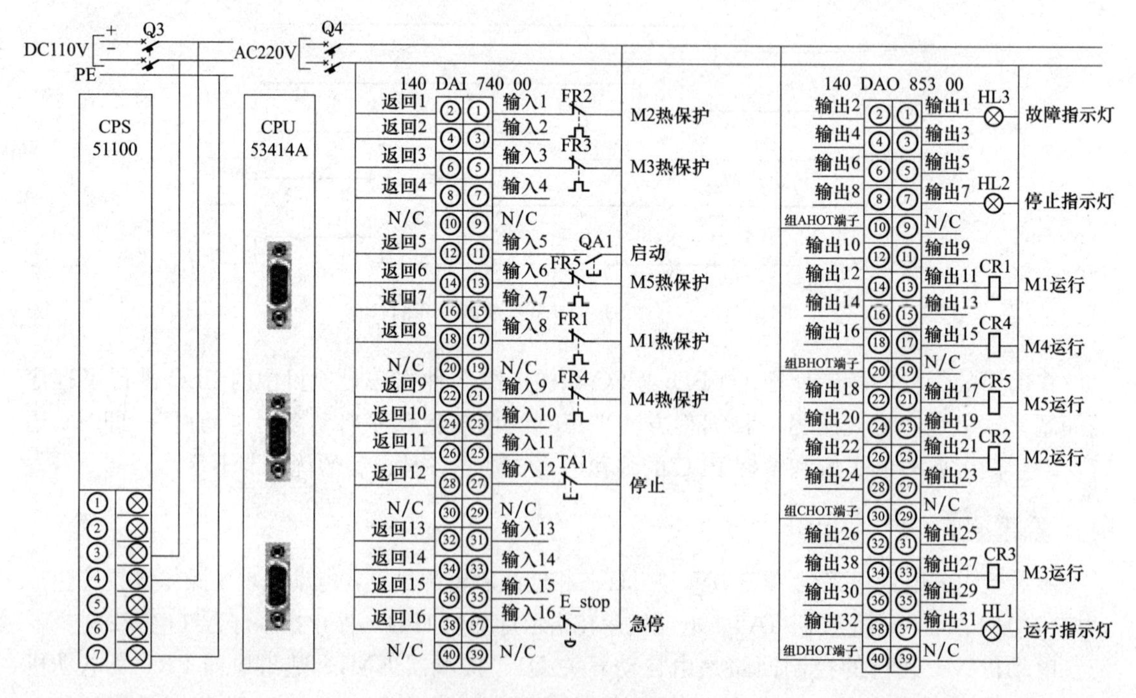

图 19-22　PLC 控制原理图

第四步　配置项目中的模块

打开 Unity Pro 编程软件，创建一个名为“单按钮顺序启动多台电动机的昆腾 53414 PLC 的项目”的新项目，然后按照电气设计来配置项目中的模块，单击【项目浏览器】→【配置】→【本地总线】，然后将系统自动配置的 10 槽位的机架替换成 6 机架，在 1 号槽配置电源模块 CPS51100，在 2 号槽配置 CPU 模块 CPU53414A/U，在 3 号槽位配置数字量输入模块 DAI74000，在 5 号模块配置 DAO85300，配置完成后如图 19-23 所示。

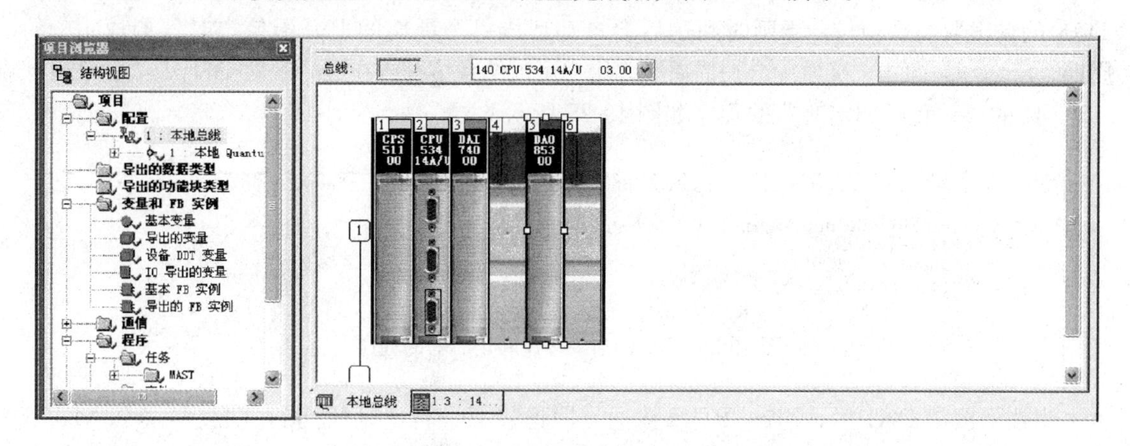

图 19-23　CPU 534 的模块排列图示

值得注意的是昆腾 PLC 允许为备用模块在机架上留有空的槽位，这并不影响系统的正常运行。

第五步　创建变量表

在单按钮顺序启动 5 台电动机项目中配置好昆腾 53414 系统的模块后，还要创建变量表，双击【项目浏览器】→【变量和 FB 实例】→【基本变量】，在弹出的【数据编辑器】中编辑变量的名称、类型、注释等参数，也可以通过双击【本地总线】中的配置的模块，进入模块的属性页中对变量进行创建，创建完成的变量表如图 19-24 所示。

名称	类型	地址	值	注释	时标
M2_thermal_protection	EBOOL	%I1.3.1		连接热继电器FR2	无
M3_thermal_protection	EBOOL	%I1.3.3		连接热继电器FR3	无
start_motor	EBOOL	%I1.3.5		连接启动按钮QA1	无
M5_thermal_protection	EBOOL	%I1.3.6		连接热继电器FR5	无
M1_thermal_protection	EBOOL	%I1.3.8		连接中间继电器CR1	无
M4_thermal_protection	EBOOL	%I1.3.9		连接热继电器FR4	无
stop_motor	EBOOL	%I1.3.12		连接停止按钮TA1	无
E_stop	EBOOL	%I1.3.16		连接紧急停止按钮E_	无
Alarm_lamp	EBOOL	%Q1.5.1		连接故障指示灯HL3	无
stop_lamp	EBOOL	%Q1.5.7		连接停止指示灯HL2	无
M1_RUN	EBOOL	%Q1.5.11		连接中间继电器CR1	无
M4_RUN	EBOOL	%Q1.5.15		连接中间继电器CR4	无
M5_RUN	EBOOL	%Q1.5.17		连接中间继电器CR5	无
M2_RUN	EBOOL	%Q1.5.21		连接中间继电器CR2	无
M3_RUN	EBOOL	%Q1.5.27		连接中间继电器CR3	无
Run_lamp	EBOOL	%Q1.5.31		连接指示灯HL1	无

图 19-24　变量表的图示

第六步　单按钮顺序启动 5 台电动机的 ST 语言的程序编制

本例程中使用了 TON 的延时接通定时器，当启动（IN）输入端有一个上升沿时，将启动定时器，本例中这个定时器的实例名称使用的是“TON _ 0”。

在程序段 1 中，按下按钮 QA1 后，Start _ motor 通电闭合，使连接在 M1 _ RUN 端子上的中间继电器 CR1 的线圈接通，串接在接触器 KM1 的线圈回路中的 CR1 的动合点闭合，KM1 的线圈通电，KM1 的主触点闭合，电动机 M1 运转，同时，使用 M1 _ RUN 与定时器 TON 的输出取反后相与，当延时到达后会自动形成一个周期的上升沿使定时器形成 10s 的周期，timepulse 每 10s 接通一个扫描周期，用户可以结合仿真或在线后观察 timepulse 的输出。

M1 的启动程序和定时器的程序如图 19-25 所示。

```
M1_RUN:= (M1_RUN or start_motor) and not E_stop and not M1_thermal_protection and not stop_motor ;

TON_0 (IN := M1_RUN and not timepulse(*BOOL*),
       PT :=t#10s (*TIME*),
       Q =>timepulse (*BOOL*),
       ET =>timerunning(*TIME*));
```

图 19-25　M1 的启动程序和定时器的程序

当按下按钮 QA1 后，M1 _ RUN 接通，即连接第一台电动机运行并自锁，M1 _ RUN 在程序段 2 中的动合点也接通。定时器运行，当时间到达设定的 10s 后，M2 _ RUN 接通，M2 _ RUN 接通，第二台电动机运行并自锁，M2 _ RUN 在 M3 _ RUN 中的动合点也接通了。

同时，定时器 TON _ 0 的输入端前串接的%M0.1 的动断点通电断开定时器 T1，然后，timepulse 的线圈断电，定时器 TON _ 0 又开始通电计时。这样往复启动了另外 4 台电动机。即 M2 _ RUN、M3 _ RUN、M4 _ RUN 和 M5 _ RUN 相继通电。

在按下停止按钮 TA1（stop _ motor）时，电动机全部停止，定时器的设定值是 10s，启动第二到第五台电动机的程序如图 19-26 所示。

```
M5_RUN:= (timepulse or M5_RUN) and M4_RUN and not M5_thermal_protection  and not E_stop ;

M4_RUN:=(timepulse or M4_RUN) and M3_RUN and not M4_thermal_protection and not E_stop ;

M3_RUN:=(timepulse or M3_RUN) and M2_RUN and not M3_thermal_protection and not E_stop ;

M2_RUN:=(timepulse or M2_RUN) and M1_RUN and not M2_thermal_protection and not E_stop ;
```

图 19-26　第二到第五台电动机的程序

值得注意的是，第二到第五台程序中的顺序不能颠倒，必须从上到下是 M5_RUN，M4_RUN，M3 _ RUN，M2 _ RUN，这样才能保证程序运行时依次接通 M2 _ RUN、M3_RUN、M4_RUN 和 M5_RUN，如果用户按 M2，M3，M4，M5 的顺序编写，程序将在第一台启动后的 10s 将 M2～M5 _ RUN 一起接通，因为程序中的变量在运行时已经变为 1 了。

当 5 台电动机全部启动运行后，这 5 台电动机的线圈的动合点都接通后，点亮 HL1 的指示灯，当任一电动机的热保护动作或者急停按钮被按下，报警灯亮起，当 M1 _ RUN 没有运行则停止灯亮起，如图 19-27 所示。

```
Run_lamp:=M1_RUN and M2_RUN and M3_RUN and M4_RUN and M5_RUN;

stop_lamp:=not M1_RUN;

Alarm_lamp:=M1_thermal_protection or M2_thermal_protection or M3_thermal_protection
 or M4_thermal_protection or M5_thermal_protection or E_stop;
```

图 19-27　指示灯的编程

用户可以参照程序清单来增减所控制的电动机的台数。

第七步 梯形图程序

笔者提供了本例程的梯形图程序，供读者对比，使编程思路更加清晰，梯形图程序 1 如图 19-28 所示。

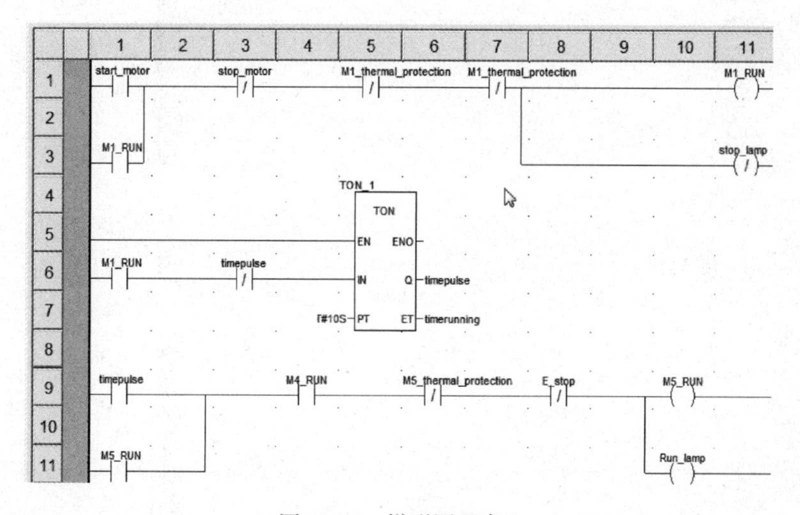

图 19-28　梯形图程序 1

梯形图程序 2 如图 19-29 所示。

图 19-29　梯形图程序 2

梯形图程序 3 如图 19-30 所示。

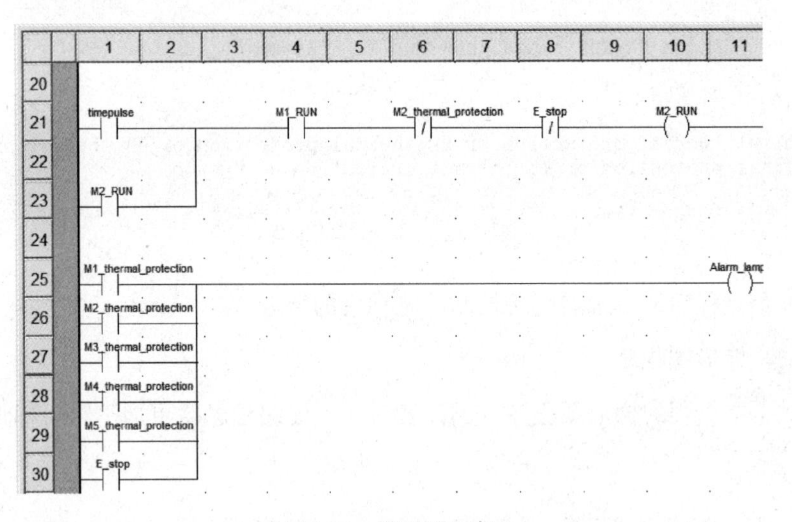

图 19-30　梯形图程序 3

昆腾系列 PLC 半成品库传送带的控制

一、 案例说明

本示例通过半成品库出库和入库传送带的控制，详细介绍了 SET 和 RESET 指令的用法，同时也在程序中使用了定时器 TIM 指令，用户可以在自己的项目中参照本示例，对这 3 个指令进行灵活应用。

二、 相关知识点

1. CTUD 功能块

功能块的输入 CU 每出现一次上升沿，计数器当前值 CV 加 1。

功能块的输入 CD 每出现一次上升沿，计数器当前值 CV 减 1。

功能块的复位输入 R，如果出现高电平，则将当前的计数值设置为 0。

加载输入 LD 处的高电平，则将预设值 PV 设到计数器当前值 CV 中。如果功能块输入 R 和 LD 处同时出现高电平，则计数器的复位功能优先，计数器当前值变为 0。

当 CV≥PV 时，输出 QU 为 1。

当 CV≤0 时，QD 输出将变为 1。

计数器的输入参数见表 20-1。

表 20-1　　输 入 参 数

参数	数据类型	含义
CU	BOOL	加计数器触发输入
CD	BOOL	减计数器触发输入
R	BOOL	复位
LD	BOOL	加载数据
PV	对于 CTUD：INT； 对于 CTUD _ ＊＊＊：INT、DINT、UINT、UDINT	预设值

计数器 CTUD 的输出参数见表 20-2。

表 20-2　　计数器 CTUD 的输出参数

参数	数据类型	含义
QU	BOOL	加显示
QD	BOOL	减显示
CV	对于 CTUD：INT； 对于 CTUD _ ＊＊＊：INT、DINT、UINT、UDINT	计数值（实际值）

2. 昆腾 PLC 的系统位

昆腾提供系统位，这些系统字、位极大地方便了用户的程序编程，因此，熟悉系统位是很有必要的。%S0～%S7 的详细说明见表 20-3。

表 20-3 %S0～%S7 的系统位说明

<table>
<tr><th>位
符号</th><th colspan="4"></th></tr>
<tr><td rowspan="4">%S0
COLDSTART</td><td>功能</td><td colspan="3">冷启动</td></tr>
<tr><td>初始状态</td><td colspan="3">1（一个循环）</td></tr>
<tr><td>平台</td><td>M340：是；
M580：是</td><td>Quantum：是；
Momentum Unity：是</td><td>Premium：是；
Atrium：是</td></tr>
<tr><td colspan="4">正常情况下此位设置为 0，可以通过以下方式将该位设置为 1。
(1) 电源复位，但数据丢失（发现电池故障）。
(2) 用户程序。
(3) 终端。
(4) 磁片盒变更（Premium 和 Quantum 上的 PCMCIA）。
当 PLC 在运行或停止模式下处于第一个完全恢复的循环中时，该位将设置为 1。在下一个循环之前，系统会将该位复位为 0。
要在冷启动后检测运行中的第一个循环，请参考%SW10。
在安全模式下，该位不可用于 Quantum 安全 PLC。
如果需要针对 PLC 的每次启动设置一个信号，则应该改用%S21</td></tr>
<tr><td rowspan="5">%S1
WARMSTART</td><td>功能</td><td colspan="3">热重启</td></tr>
<tr><td>初始状态</td><td colspan="3">0</td></tr>
<tr><td rowspan="2">平台</td><td>M340：是；
M580：是</td><td>Quantum：是*；
Momentum Unity：是</td><td>Premium：是；
Atrium：是</td></tr>
<tr><td colspan="3">* 安全 PLC 除外</td></tr>
<tr><td colspan="4">正常情况下为 0，可以通过以下方式将该位设置为 1。
(1) 电源复位且数据已保存。
(2) 用户程序。
(3) 终端。
在第一个完全循环结束且在更新输出之前，系统会将该位复位为 0。
该位不可用于 Quantum 安全 PLC。
如果需要针对 PLC 的每次启动设置一个信号，则应该改用%S21</td></tr>
<tr><td rowspan="5">%S4
TB10MS</td><td>功能</td><td colspan="3">时基 10ms</td></tr>
<tr><td>初始状态</td><td colspan="3">—</td></tr>
<tr><td rowspan="2">平台</td><td>M340：是；
M580：是</td><td>Quantum：是*；
Momentum Unity：是</td><td>Premium：是；
Atrium：是</td></tr>
<tr><td colspan="3">* 安全 PLC 除外</td></tr>
<tr><td colspan="4">一个内部定时器调控该位的状态所发生的变化。
该位对于 PLC 循环而言是异步的。
该位不可用于 Quantum 安全 PLC</td></tr>
</table>

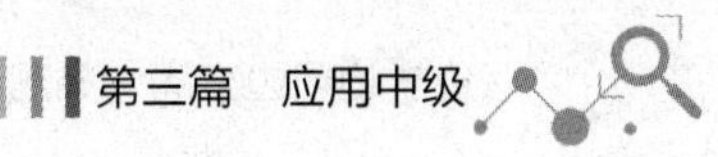

续表

位符号				
%S5 TB100MS	功能	时基 100ms		
	初始状态	—		
	平台	M340：是； M580：是	Quantum：是*； Momentum Unity：是	Premium：是； Atrium：是
		*安全 PLC 除外		
	与%S4 相同			
%S6 TB1SEC	功能	时基 1s		
	初始状态	—		
	平台	M340：是； M580：是	Quantum：是*； Momentum Unity：是	Premium：是； Atrium：是
		*安全 PLC 除外		
	与%S4 相同			
%S7 TB1MIN	功能	时基 1min		
	初始状态	—		
	平台	M340：是； M580：是	Quantum：是*； Momentum Unity：是	Premium：是； Atrium：是
		*安全 PLC 除外		
	与%S4 相同			

三、 创作步骤

第一步　半成品库的入库和出库传送线系统

半成品库是用来存放半成品的，在生产中由入库传送带电动机 M1 启动，将产品传送到半成品库当中，并通过对射式光电传感器 SW1 检查半成品是否通过，出库时，启动出库传送带电动机 M2，将半成品运送到车间去生产，出库前必须先启动车间生产线的传送带电动机 M3，另外，半成品的出库由 SW2 进行检测，在半成品库中显示库存的数量，半成品库的入库和出库传送线的示意图如图 20-1 所示。

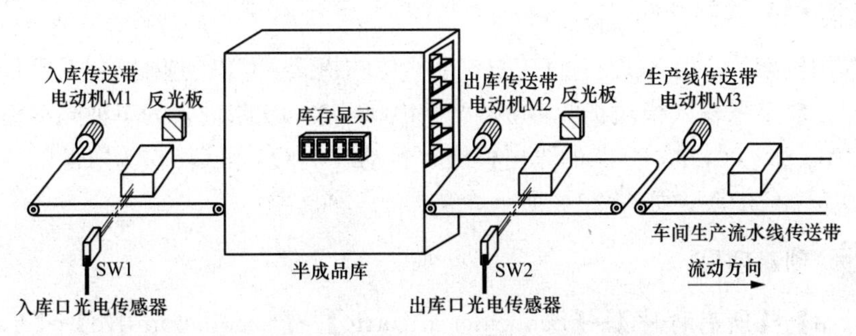

图 20-1　半成品库的入库和出库传送线的示意图

光电传感器是利用光的各种性质，检测物体的有无和表面状态的变化等的传感器。光电传感器主要由发光的投光部和接受光线的受光部构成。如果投射的光线因检测物体不同而被遮掩或反射，到达受光部的量将会发生变化。受光部将检测出这种变化，并转换为电气信号，进行输出。光电传感器主要分为对射型、回归反射型和扩散反射型 3 类，大多使用可视光（主要为红色，也用绿色、蓝色来判断颜色）和红外光。

第二步　电动机控制

本示例中的电动机采用 AC380V，50Hz 三相四线制电源供电，自动开关 Q1 用于隔断、短路保护，电动机现场操作设置绿色启动按钮 QA、红色停止按钮 TA、电动机运转指示灯和停止指示灯为红色和绿色指示灯 HL。

电动机 M1 运行的控制回路是由自动开关 Q2、接触器 KM1、热继电器 FR1 及电动机 M1 组成。其中以自动开关 Q2 作为电源隔离短路保护开关，热继电器 FR1 作为过载保护，中间继电器 CR1 的动合触点控制接触器 KM1 的线圈通电、断电，接触器 KM1 的主触头控制电动机 M1 的启动与停止，自动开关 Q1 是控制回路的隔离短路保护开关，电气原理图如图 20-2 所示。

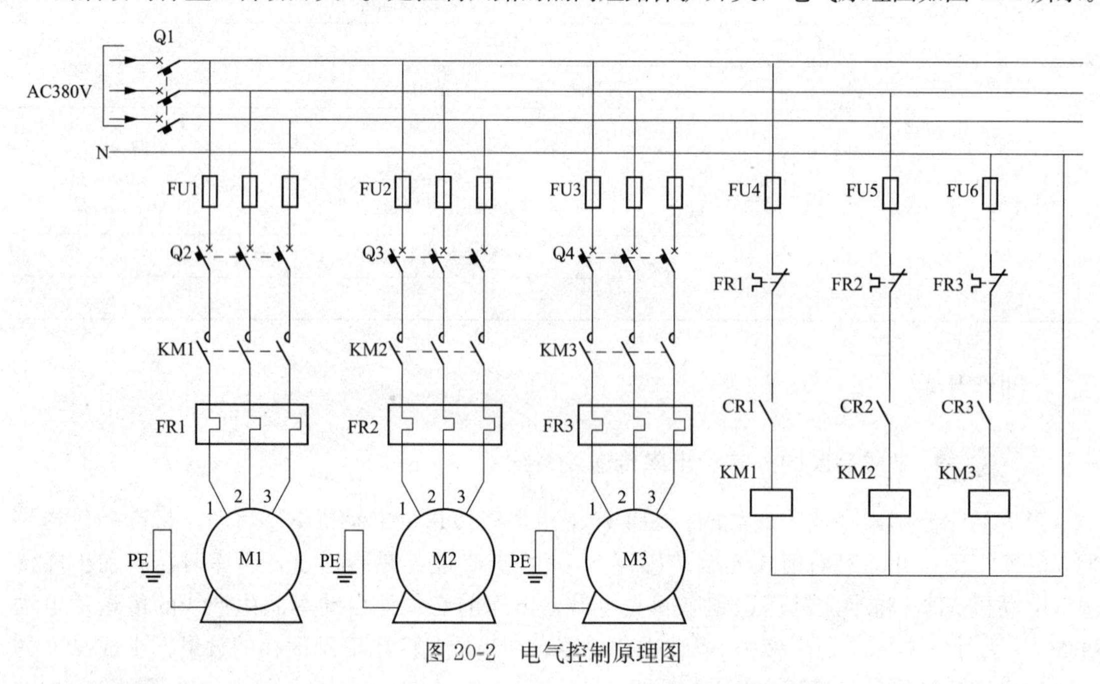

图 20-2　电气控制原理图

第三步　PLC 控制设计

本项目选用机架为 140 XBP 006 00 的 6 个槽位的机架，CPU 选配 140 CPU 534 14A/U，电源模块选配，数字量输入模块选配 140 DAI 740 00，是 16 路输入的单独隔离型，数字量输出模块 140 DAO 853 00，是 32 路的输出模块，自动开关 Q3 和 Q4 作为电源隔离短路保护开关，外部电源为 AC220V，如图 20-3 所示。

第四步　创建项目

单击【开始】→【所有程序】→【Schneider Electric】→【Socollaborative】→【Unity Pro】→【Unity Pro XL】或双击图标启动 Unity Pro 软件，在打开的 Unity Pro XL 中，单击【文

件】后在下拉菜单中单击【新建】，然后在弹出的【新项目】页面中选择 PLC 的品牌和 140 CPU 534 14A/U 的 CPU，最后单击【确定】按钮即可，如图 20-4 所示。

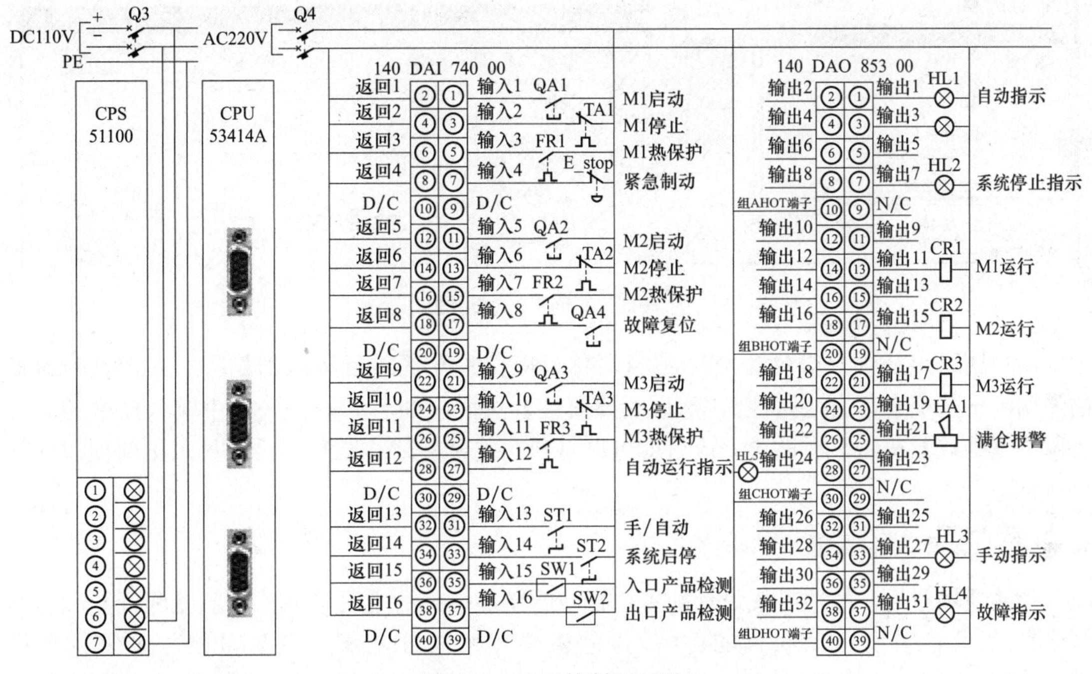

图 20-3 PLC 控制原理图

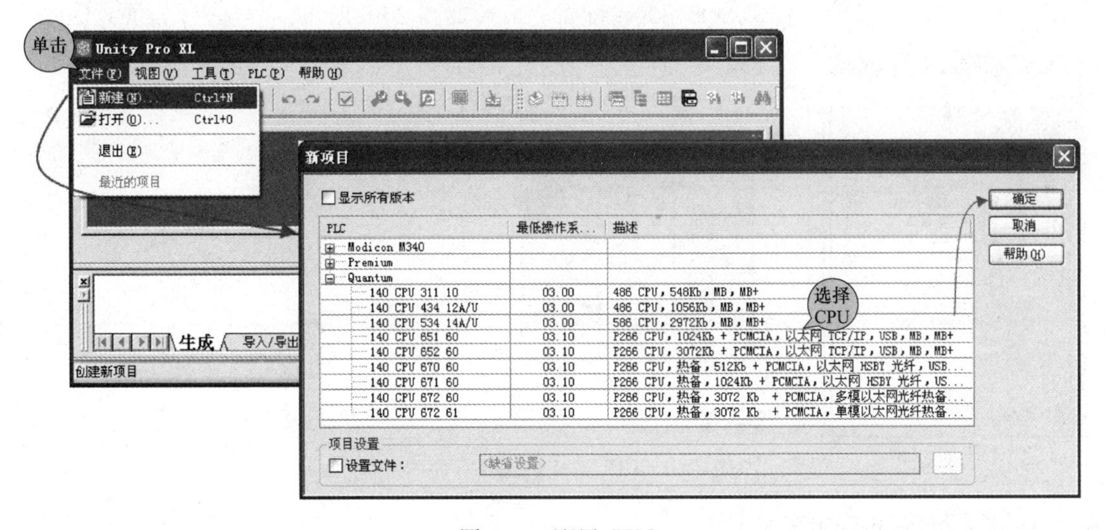

图 20-4 配置 CPU

第五步 保存新创建的 Unity Pro 的项目

项目的名称中显示的是“〈无名称〉”，单击【文件】下的【保存】，或单击工具条上的图标后，在弹出的【另存为】页面中的【文件名】的输入栏中输入项目的名称“半成品库的入库和出库传送线系统”，单击【保存】后在项目中将会显示出项目的名称来，如图 20-5 所示。

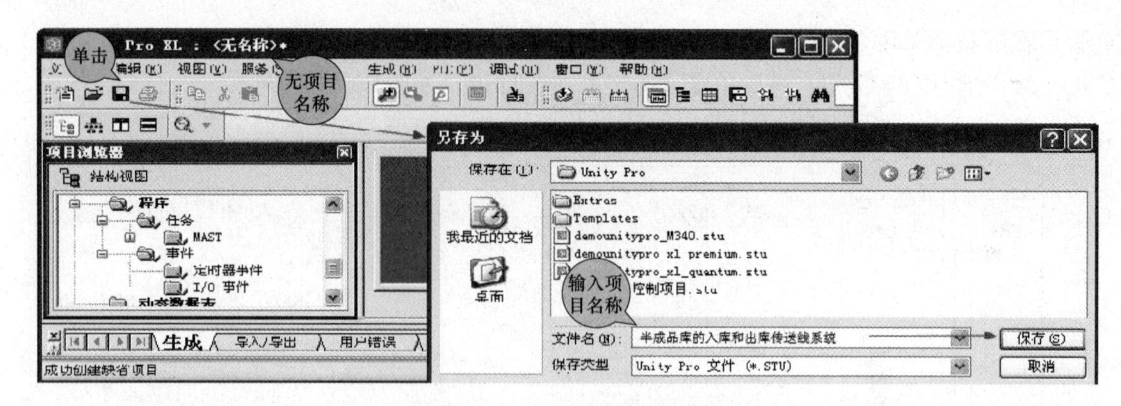

图 20-5　新创建的项目图示

用户还可以从项目属性中创建项目名称，操作是在【项目浏览器】下，右击【项目】，在弹出的子选项中单击【属性】，然后在【属性】页面中的名称的输入框中输入项目的名称后单击【确认】按钮，在设置完成后就可以看到在【项目浏览器】下已经显示出新创建的项目名称。

第六步　硬件配置

创建新项目后，按照电气设计配置项目中的模块，单击【项目浏览器】→【配置】→【本地总线】，然后将系统自动配置的 10 槽位的机架替换成 6 机架，在 1 号槽配置电源模块 CPS51100，在 2 号槽配置 CPU 模块 CPU53414A/U，在 3 号槽位配置数字量输入模块 DAI74000，在 5 号模块配置 DAO85300，配置完成后如图 20-6 所示。

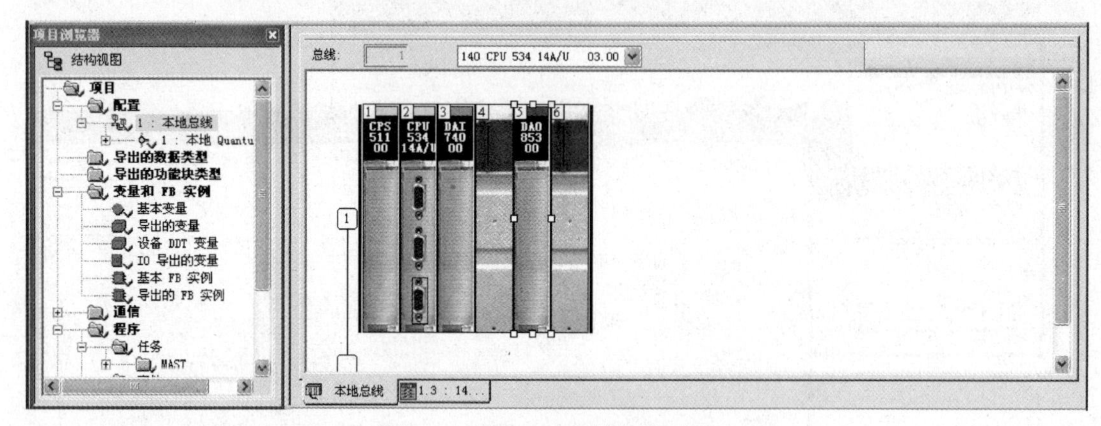

图 20-6　CPU 534 的模块排列图示

第七步　创建变量表

在项目中配置好昆腾 53414 系统的模块后，还要创建变量表，创建完成的变量表如图 20-7 所示。

第八步　系统启动控制程序

在 Mast 任务创建一个程序段，程序段名为“Storebox”。

在急停信号没有启动的前提下，将选择开关 ST2 拨到启动位置，%I1.3.14 的动合点的上升沿置位系统启动指示灯，将选择开关 ST2 拨到停止位置（下降沿），将关闭系统启动指

变量 | DDT 类型 | 功能块 | DFB 类型

过滤器　名称 = *　EDT　DDT　IODDT　Device DDT

名称	类型	地址	值	注释	I...	引用变量读/写权限
Counter_Actual	DINT			计数器值		
counter_ERR	EBOOL			计数器错误内部	无	
M3delay	EBOOL			计时器M3延时到	无	
M1Start	EBOOL	%I1.3.1		M1启动连接QA1	无	
M1Stop	EBOOL	%I1.3.2		M1停止连接TA1	无	
M1Thermal	EBOOL	%I1.3.3		M1热保护连接热保护器FR1	无	
E_Stop	EBOOL	%I1.3.4		紧急停止按钮	无	
M2Start	EBOOL	%I1.3.5		M2启动按钮连接QA2	无	
M2Stop	EBOOL	%I1.3.6		M2停止停止按钮连接TA2	无	
M2Thermal	EBOOL	%I1.3.7		M2热保护连接热保护器FR2	无	
ResetFault	EBOOL	%I1.3.8		故障复位按钮连接QA4	无	
M3Start	EBOOL	%I1.3.9		M3启动按钮连接QA3	无	
M3Stop	EBOOL	%I1.3.10		M3停止按钮连接TA3	无	
M3Thermal	EBOOL	%I1.3.11		M3热保护连接热保护器FR3	无	
Counter_reset	EBOOL	%I1.3.12		计数清零连接QA5	无	
ManualAuto	EBOOL	%I1.3.13		手自动连接ST1	无	
SystemStart	EBOOL	%I1.3.14		系统启动连接ST2	无	
EntryDetector	EBOOL	%I1.3.15		入口产品检测连接光电传感器sw1	无	
ExitDetector	EBOOL	%I1.3.16		出口产品检测连接光电传感器sw2	无	
SystemAuto_lamp	EBOOL	%Q1.5.1		系统运行自动模式连接指示灯HL1	无	
SytemStop_lamp	EBOOL	%Q1.5.7		系统停止连接指示灯HL2	无	
MotorRun1	EBOOL	%Q1.5.11		电动机1运行连接中间继电器CR1	无	
MotorRun2	EBOOL	%Q1.5.15		电动机2运行连接中间继电器CR2	无	
MotorRun3	EBOOL	%Q1.5.17		电动机3运行连接中间继电器CR2	无	
FullWarning	EBOOL	%Q1.5.21		满仓报警连接HA1	无	
FullWarning_0	EBOOL	%Q1.5.21		满仓报警连接HA1	无	
Manual_lamp	EBOOL	%Q1.5.27		手动模式连接指示灯HL3	无	
Fault_lamp	EBOOL	%Q1.5.31		手动模式连接指示灯HL4	无	
SystemStartLamp	EBOOL	%Q1.5.31		系统自动模式连接指示灯HL5	无	

图 20-7　输入单元的符号表

示灯，然后将系统启动指示灯的状态输出后，系统启动指示灯的反逻辑即系统停止灯 HL2，程序如图 20-8 所示。

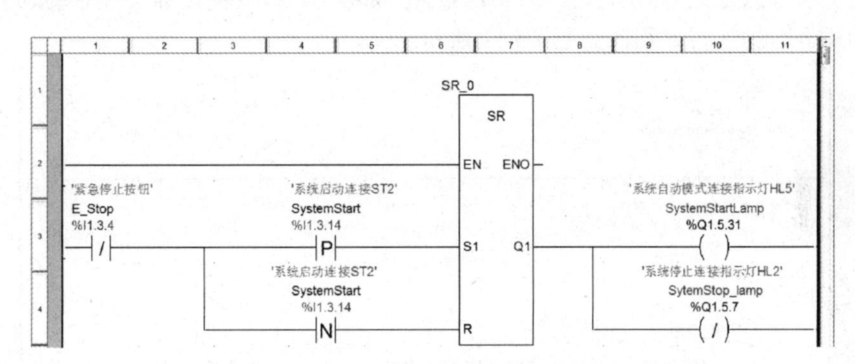

图 20-8　系统启动的逻辑编程

系统启动后，系统运行的指示灯亮起。

第九步　运行方式

本示例有两种运行方式，一种是自动运行，另一种是手动运行。

自动运行时将 ST1 选择开关拨到接通位置，即选择开关的动合点闭合，系统自动运行。当手动运行时，将 ST1 选择开关拨到断开位置，即%I1.3.12 的动合点闭合，程序如图 20-9 所示。

第十步　电动机 M1 的控制程序

自动运行时，自动指示灯亮起，在 M1 的热保护没有报警的前提下，利用系统启动%Q1.5.1 的上升沿启动 M1，手动运行模式时，按下 M1 启动按钮 QA1 同样可以启动 M1。

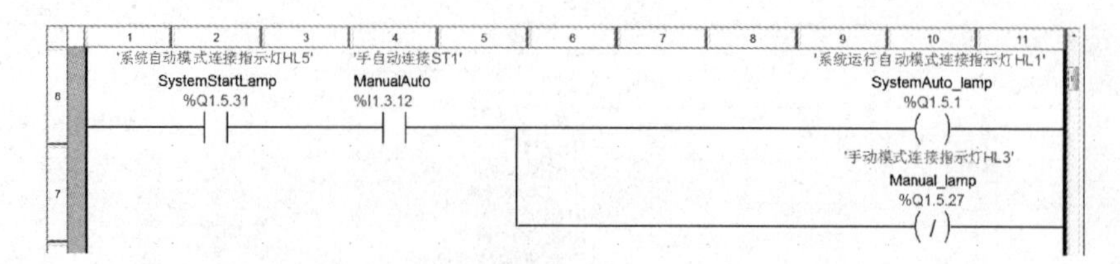

图 20-9 手自动模式的标志位和指示灯编程

程序的实现如图 20-10 所示。

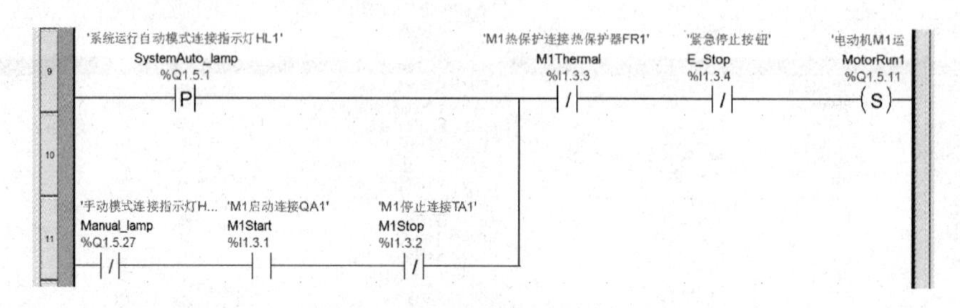

图 20-10 电动机 M1 的置位程序

自动运行时，当出现系统启动的下降沿或者出现满仓报警（计数器 0 达到了预设值 150）或者是在手动模式下，按下了 M1 停止按钮 TA1，程序将停止电动机 M1 的运行。

不论是手动模式还是自动模式，只要出现电动机 M1 热报警，即 I1.06 的动合点闭合，就停止电动机 M1 的运行，程序如图 20-11 所示。

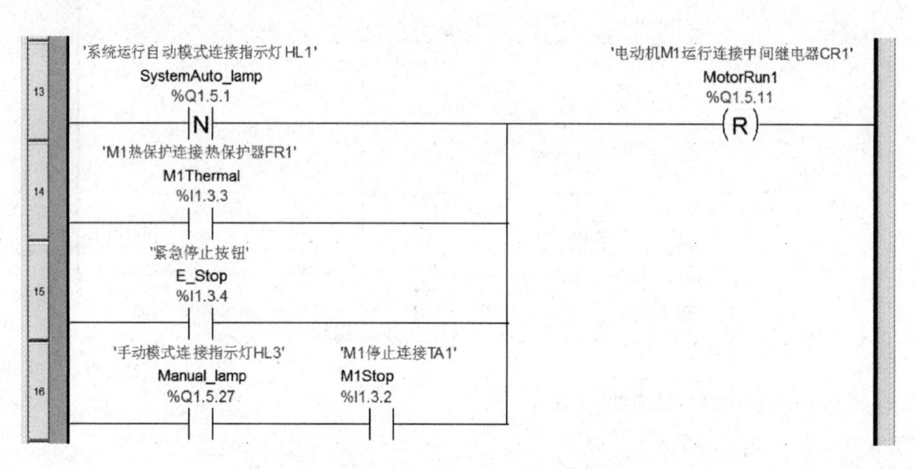

图 20-11 电动机 M1 的复位程序

第十一步 入库计数器程序

计数器采用可逆计数器 CTUD 功能块，在自动模式下，光电开关 SW1 检测到半成品库入口的产品时计数器加 1，光电开关 SW2 检测到半成品的出口有产品时计数器减 1，在手动模式下，按下计数清零按钮 QA4，将计数器 CTUD 的当前值设置为 0，当 CPU 启动时（%S0 为冷启动系统位，%S1 为热启动系统位）装入预设值 500，系统工作在自动模式下且仓库内部产品数量大于 500 时，输出满仓报警，程序如图 20-12 所示。

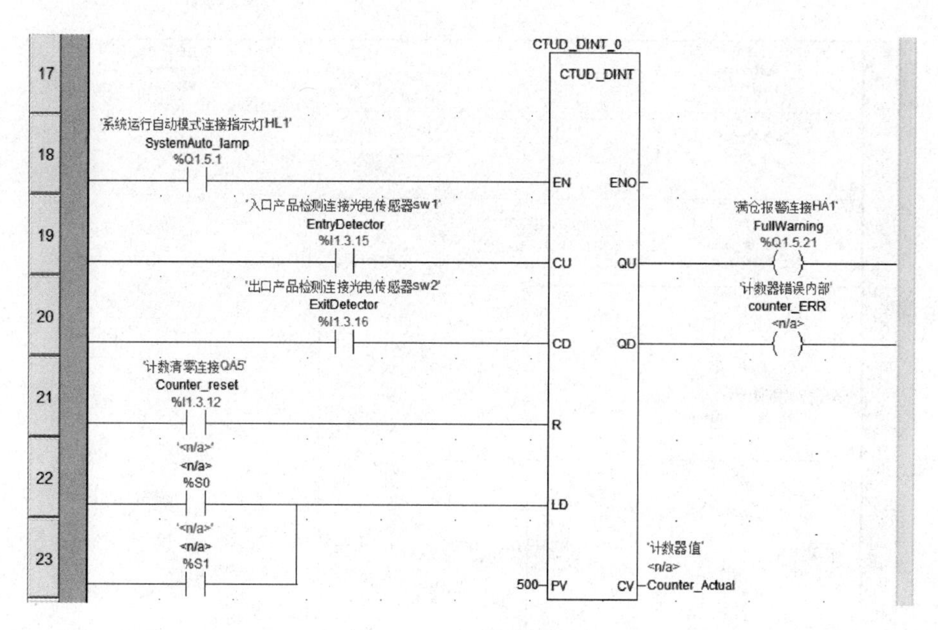

图 20-12　计数器的编程

第十二步　电动机 M3 控制程序

在自动模式下，当库房中的半成品大于 50 台时，电动机 M3 自动启动，在手动模式下，按下 M3 启动按钮 QA3，在没有出现 M3 热保护 FR3 报警的前提下，启动电动机 M3，按下紧急制动将会停止电动机 M3 的运行，如图 20-13 所示。

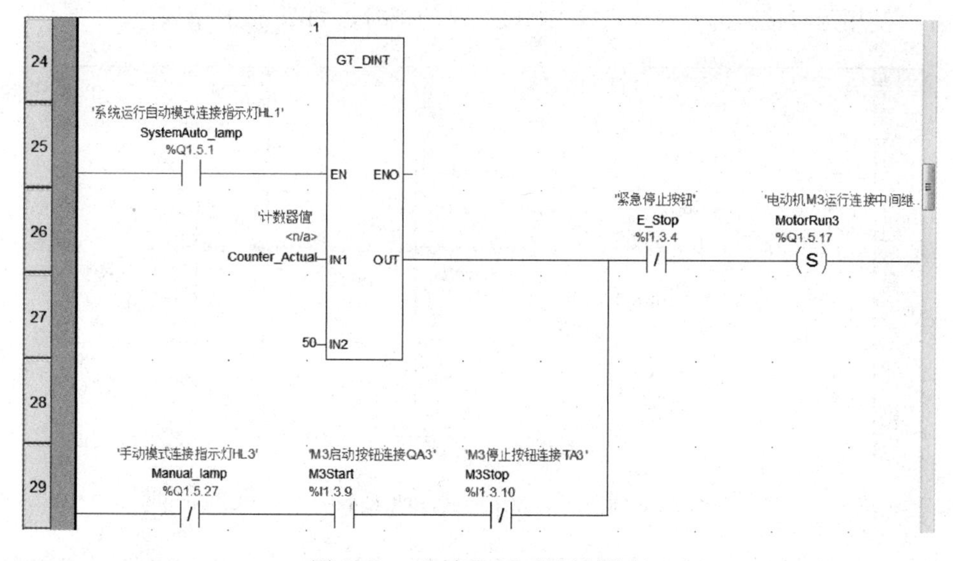

图 20-13　电动机 M3 的运行控制

自动运行的情况下，为了避免计数器发生减计数溢出时干扰 M3 的正常启停，当库存小于 1 时，自动停止电动机 M3 的运行，即复位%Q1. 5. 17。不论自动还是手动，出现电动机热保护报警或按下 M3 停止按钮 TA3，则停止电动机 M3 的运行，程序如图 20-14 所示。

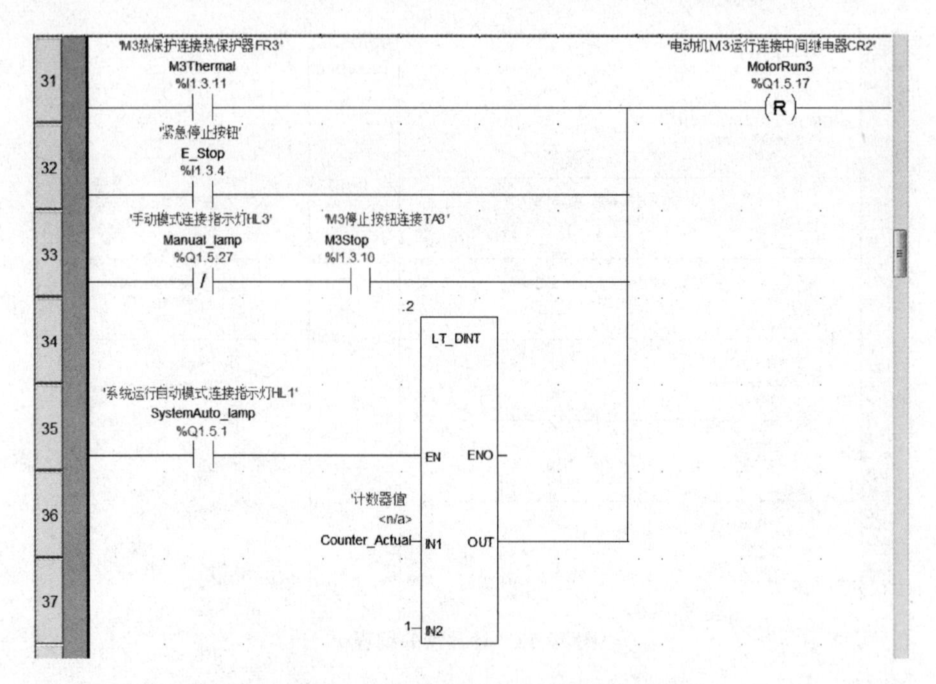

图 20-14　电动机 M3 的复位程序

第十三步　电动机 M2 的控制程序

因为电动机 M2 的启动必须等待电动机 M3 先运行，来防止货物在两个传送带之间发生碰撞。

在自动模式下，电动机 M3 启动后，当库房中的半成品大于 20 台时，电动机 M3 自动启动后，立即使用延时接通的计时器 T0001 开启 2s 的延时，如图 20-15 所示。

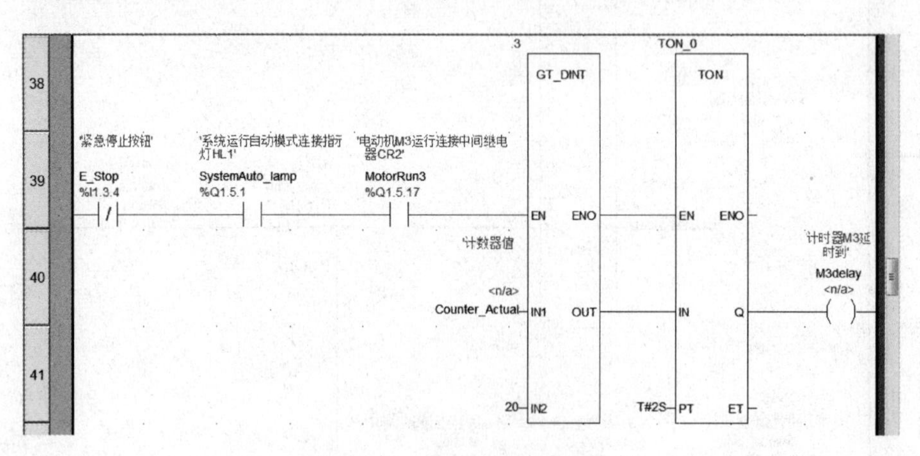

图 20-15　定时器的程序编制

延时时间到了以后，启动电动机 M2，在手动模式下，按下 M2 启动按钮，在没有出现 M2 热保护报警的前提下，启动电动机 M2，按下 M2 停止按钮，则停止电动机 M2 的运行，如图 20-16 所示。

当库存等于 0 时，自动停止 M2 的运行。另外，不论自动还是手动，出现电动机热保护 FR2 和 FR3 报警则停止电动机 M2 的运行，程序如图 20-17 所示。

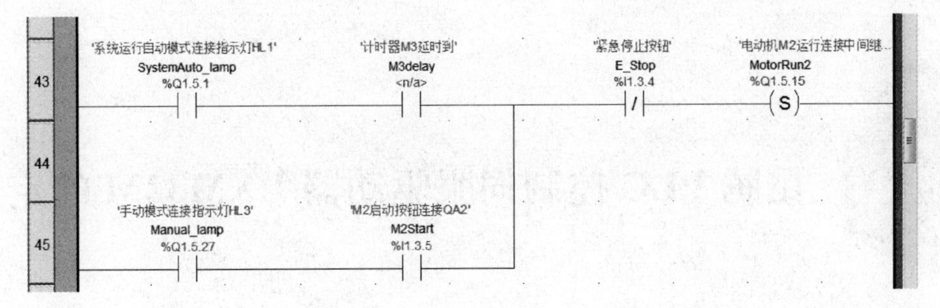

图 20-16 电动机 M2 的运行程序

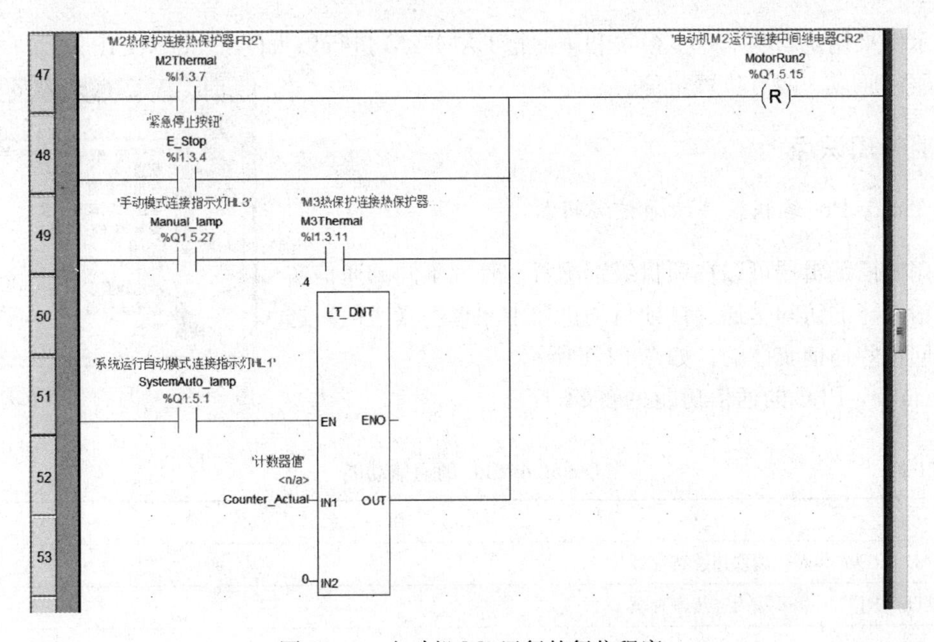

图 20-17 电动机 M2 运行的复位程序

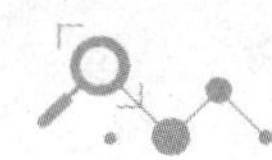

昆腾 PLC 控制伺服驱动器 LXM32M 的定位

一、 案例说明

本示例采用昆腾的 77011 模块和施耐德 LXM32M 进行以太网 EtherNet IP 通信，从而完成对伺服回原点、两点位置定位。

二、 相关知识点

1. Unity Pro 编程软件的通信编辑器

使用通信编辑器可以在项目级别配置和管理不同的通信实体。通信功能的访问是通过在项目浏览器中，单击【通信】选项卡访问这些通信实体的，如图 21-1 所示。

图 21-1 项目浏览器下的通信

Quantum PLC 的通信功能见表 21-1。

表 21-1 Quantum PLC 的通信功能

功能	用 途
CREAD _ REG	读取连续寄存器
CWRITE _ REG	写入连续寄存器
ModbusP _ ADDR	定义 MSTR Modbus Plus 地址
READ _ REG	从 Modbus 从站读取寄存器区域，或者通过 Modbus Plus、TCP/IP 以太网或 SY/MAX 以太网读取
WRITE _ REG	将寄存器区域写入 Modbus 从站，或者通过 Modbus Plus、TCP/IP 以太网或 SY/MAX 以太网写入
SYMAX _ IP _ ADDR	定义 MSTR Symax 地址
TCP _ IP _ ADDR	定义 MSTR TCP/IP 地址
MBP _ MSTR	在 Modbus Plus 上执行操作
XMIT	处理 Modbus 主站消息和字符串
XXMIT	处理 Modbus 主站消息和字符串
ICNT	连接到 IB-S 通信和从 IB-S 通信断开连接
ICOM	与 IB-S 从站传输数据

2. Quantum PLC 的 I/O 通信部件

Quantum PLC 的 I/O 通信部件有 RIO 部件、DIO 部件、ModbusPlus 部件、以太网模

块和现场总线部件。其中，RIO 部件有单通道和双通道远程 I/O 接口模块（RIO 主站和分站），可以通过一种同轴电缆网络进行连接。DIO 部件有单通道和双通道分布式 I/O 接口模块，可以通过一种双绞线电缆连接成 Modbus Plus 网络。ModbusPlus 部件有单通道和双通道网络可选模块（NOM），可以通过双绞线电缆连接到 Modbus Plus 网络。Modbus Plus 光纤模块，可以直接进行 Modbus Plus 光纤网络连接。而 TCP/IP 以太网接口模块，可以采用双绞线或光纤连接。SY/MAX 以太网模块，可以采用双绞线或光纤连接。

三、 创作步骤

第一步 EtherNet IP 系统架构

在项目中使用 Quantum 53414 PLC，在本地机架加装了一个 NOC 771 01 EtherNet IP 模块，通过 EtherNet _ IP 与 LXM32M 伺服带一个 EtherNet _ IP 模块通信，并使用 EtherNet _ IP 软件配置“NOC 771 01”模块。

编程实现伺服以下的工作模式。

（1）找原点。

（2）速度。

（3）力矩模式。

（4）位置模式的点到点操作。

（5）手动模式。

（6）读写伺服的变量。

系统架构如图 21-2 所示，昆腾 53414 本地机架带两个以太网模块，NOE771 10 与 PC 通过以太网连接，可进行程序下载监控等，NOC77101（IP 地址 192. 168. 0. 1）与 LXM32M 的以太网模块（192. 168. 0. 10）进行 EtherNet IP 通信。

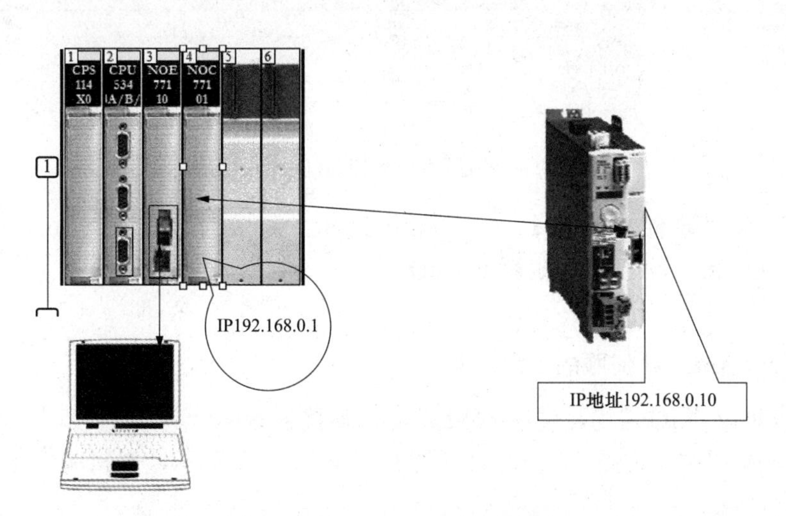

图 21-2 EtherNet IP 系统架构图

第二步 LEXIUM 32M 的配置

LEXIUM 32M 的配置使用 SoMove 软件设置，LEXIUM32M 创建时选择 LXM32MU45M2

＋EtherNet/IP 卡，电动机选择 BSH0551P＊＊1A＊＊，操作如图 21-3 所示。

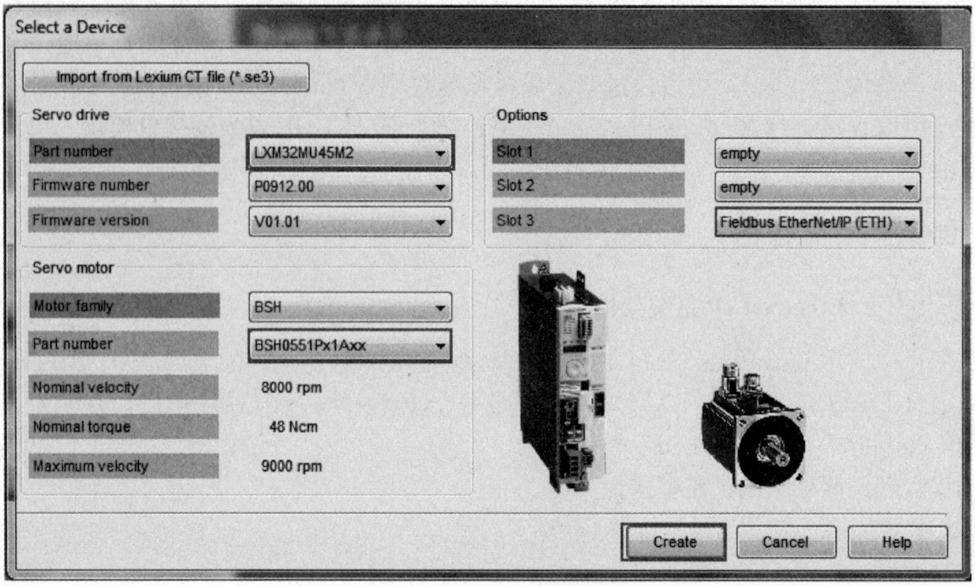

图 21-3　创建新的设置软件

选择 LXM32M 的控制方式为网络控制，操作如图 21-4 所示。

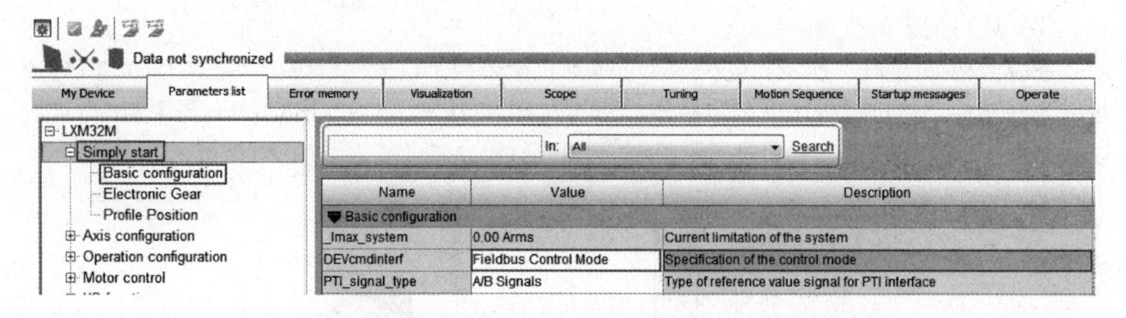

图 21-4　设置由通信控制伺服的运行

先选择 SoMove 软件左下方【EtherNet/IP】属性页，然后在【Fieldbus EtherNet/IP】中将以太网模块的模式设定为手动【Manual】，IP 地址为 10.209.178.252，设置完成画面如图 21-5 所示。

第三步　LXM32M 伺服的 IO 接线

LXM32M 伺服的 IO 接线，包括 24VDC 必须连接到 STO _ A 和 STO _ B 端子，DI2 和 DI3 为正限位和负限位，连接 24V 和 STO 的 CN2 接口如图所示，逻辑输入点 DI 的接线如图 21-6 所示。

CN6 中的 DI2 和 DI3 的接线如图 21-7 所示。

第四步　DI2 和 DI3 的正负限位功能的设置

DI2 和 DI3 的正负限位功能的设置如图 21-8 所示。

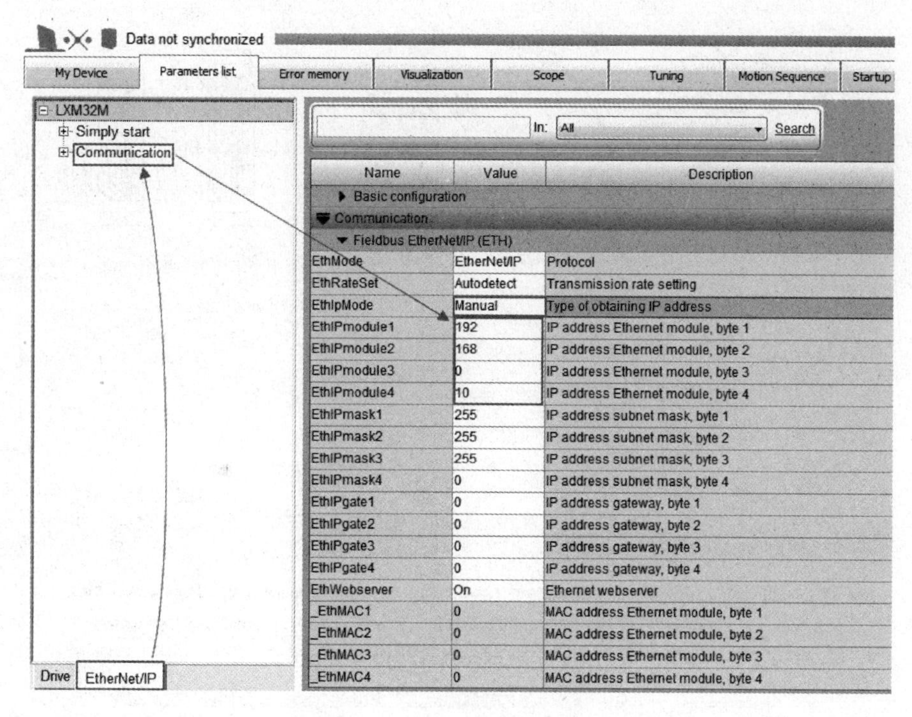

图 21-5 LXM32M 的以太网地址

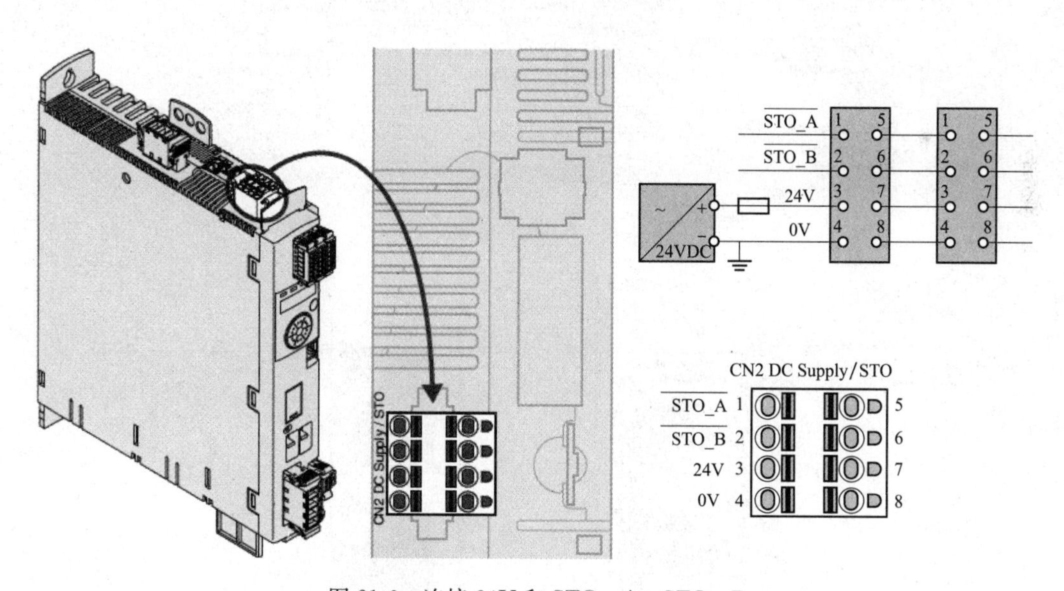

图 21-6 连接 24V 和 STO _ A，STO _ B

第五步 通信接口

以太网模块安装在 SLOT 槽 3 中，针脚定义和模块位置如图 21-9 所示。

第六步 程序和硬件配置

非周期的显式报文用于读或写独立的参数，而周期的（I/O data）报文是用于实时交换

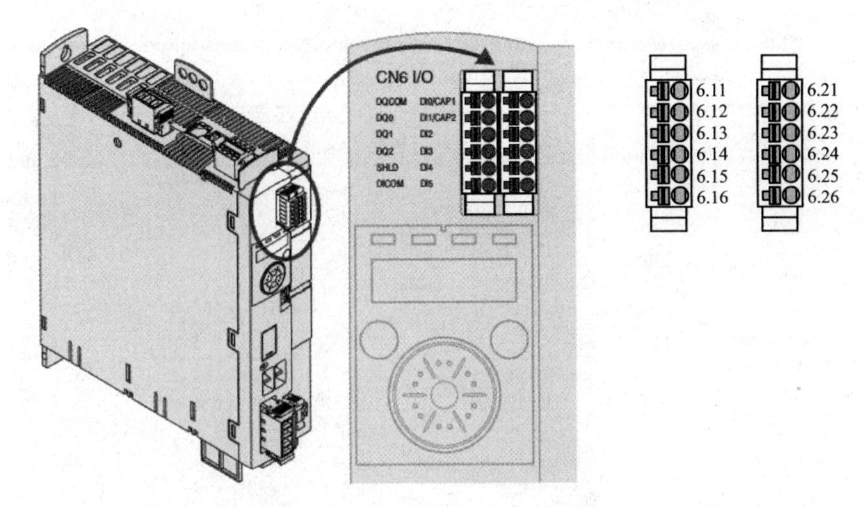

图 21-7　CN6 中的 DI2 和 DI3 的接线

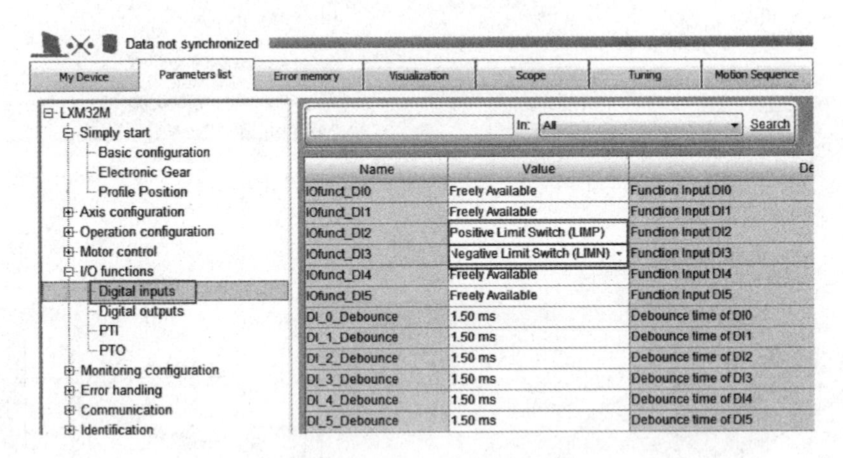

图 21-8　IO 点的参数配置

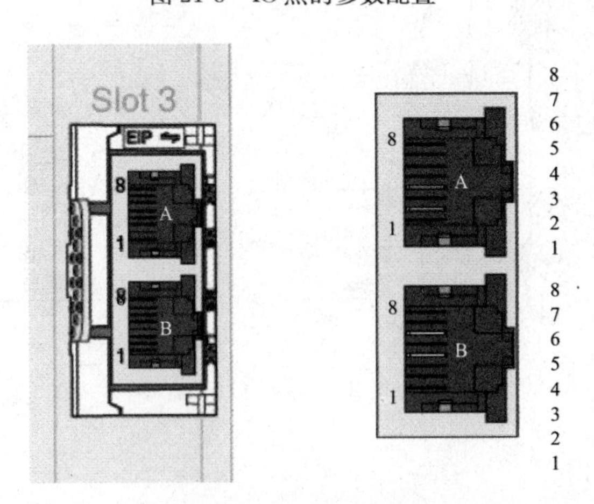

图 21-9　Lexium 32M 的 EtherNet IP 通信接口使用两类通信

过程数据，例如，使能、更改操作模式等，这种周期的报文可以在一个 PLC 周期内启动操作模式。EtherNet IP 支持的通信方式如图 21-10 所示。

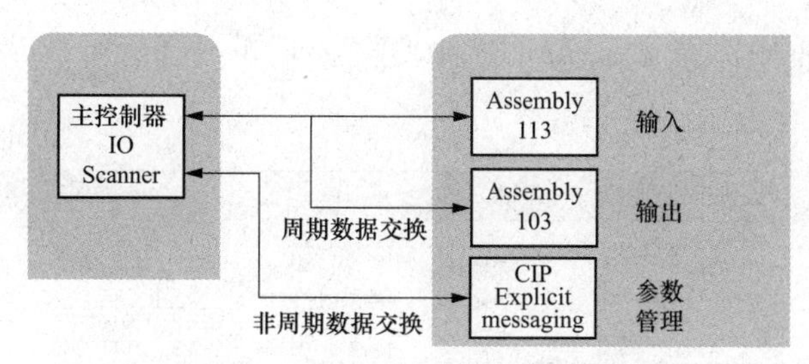

图 21-10　Quantum 的程序配置和编程

在硬件配置中，安装完毕 4 个 PLC 模块后，在【工具】中添加【DTM Browser】，如图 21-11 所示。

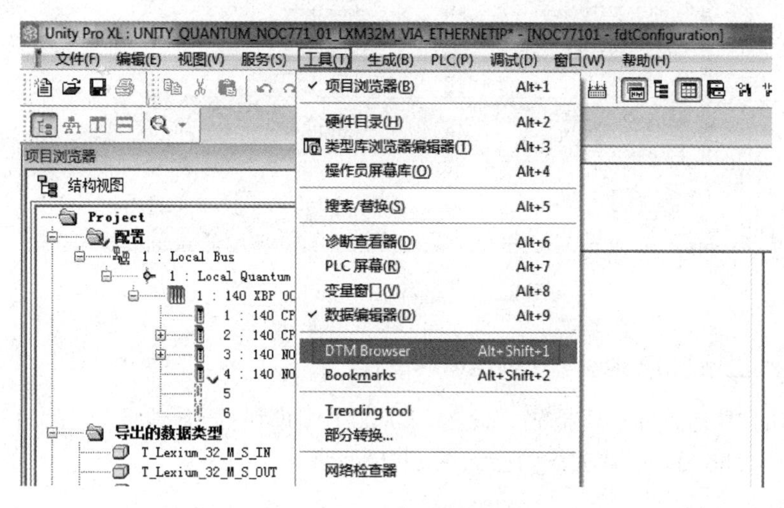

图 21-11　添加 DTM Browser

第七步　添加通信对象

右击 NOC77101 模块，在弹出的快捷菜单中单击【添加】，如图 21-12 所示。

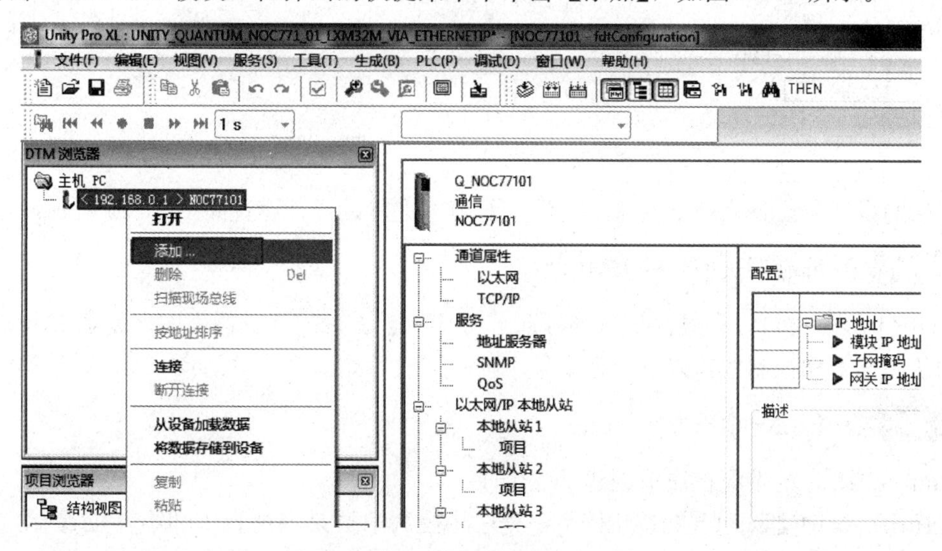

图 21-12　添加新的通信对象

在【添加】对话框中选择【Lexium 32 M-S】，然后单击【添加 DTM】按钮，如图 21-13 所示。

添加

设备	类型	供应商	版本	日期
ALTIVAR71 Revision 3.3 (...	设备	Schneider Electric	3.3	
ATV32	设备	Schneider Electric	1.9.4.0	2014-02-10
ATV61	设备	Schneider Electric	1.9.4.0	2014-02-10
ATV71	设备	Schneider Electric	1.9.4.0	2014-02-10
ATVLIFT	设备	Schneider Electric	1.9.1.0	2013-10-28
BMX NOC0401 (from EDS)	设备	Schneider Electric	1.1	
ETB 1EI 08E 08S PP0 (fro...	设备	Schneider Electric	3.6	
ETB 1EI 12E 04S PP0 (fro...	设备	Schneider Electric	3.6	
ETB 1EI 16C P00 (from E...	设备	Schneider Electric	3.6	
ETB 1EI 16E PP0 (from E...	设备	Schneider Electric	3.6	
Generic Device	设备	Schneider Electric	1.1.15.0	
Generic Device Explicit Msg	设备	Schneider Electric	1.1.15.0	
Lexium 32 (from EDS)	设备	Schneider Electric	1.1	
Lexium 32 i	设备	Schneider Electric	1.9.1.2	2013-12-18
Lexium 32 M - S	设备	Schneider Electric	1.9.1.2	2013-12-18
Modbus Device	设备	Schneider Electric	1.1.10.0	2010-07-01
Schneider TCSESM04XX...	设备	Schneider Electric	1.2	

添加 DTM　　关闭

图 21-13　选择 Lexium 32M-S

第八步　主站的 IP 地址和子网掩码的设置

设置主站的 IP 地址和子网掩码，设置 NOC77101 模块的 IP 地址为 192.168.0.1，子网掩码为 255.255.255.0，设置完成画面如图 21-14 所示。

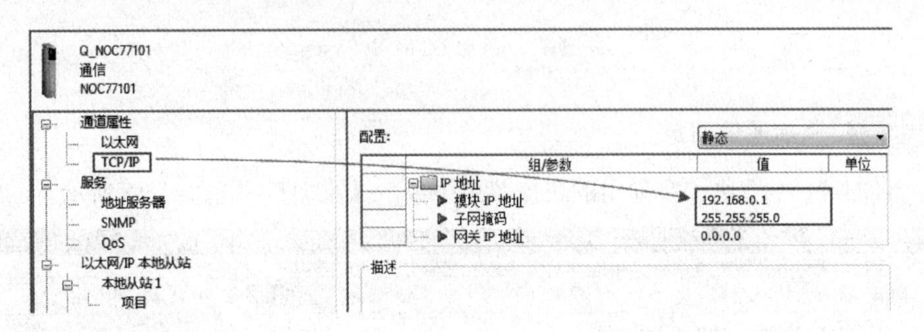

图 21-14　主站的 EtherNet IP 网络设置

从站的设置在设备列表下的【地址设置】当中进行设置，设置如图 21-15 所示。

第九步　编制调试使用的 HMI 画面

Unity Pro 软件可以在【操作员屏幕】下【HMI】文件夹下的画面中，创建 EtherNet IP 通信的状态信号和控制按钮以及给定型号，画面完成后如图 21-16 所示。

第十步　创建一个段

Quntum PLC 的编程在段下创建了一个段。

程序第一行中【Disable】按钮按下，程序将控制字的第零位置 1 和第一位置 0，实现去掉伺服的使能的作用，如果按下【Enable】按钮且【Disable】按钮没有按下，则将控制位的

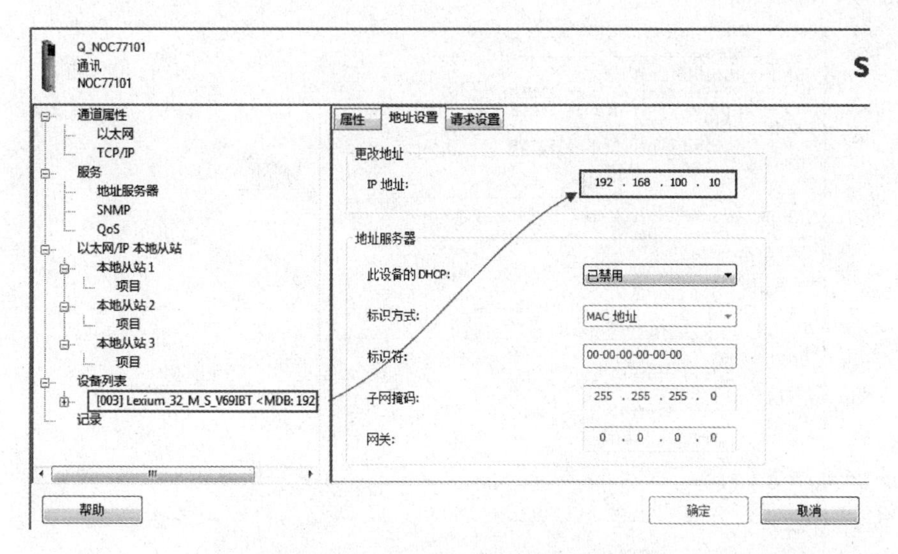

图 21-15 Lexium _ 32 _ M-S 的地址设置

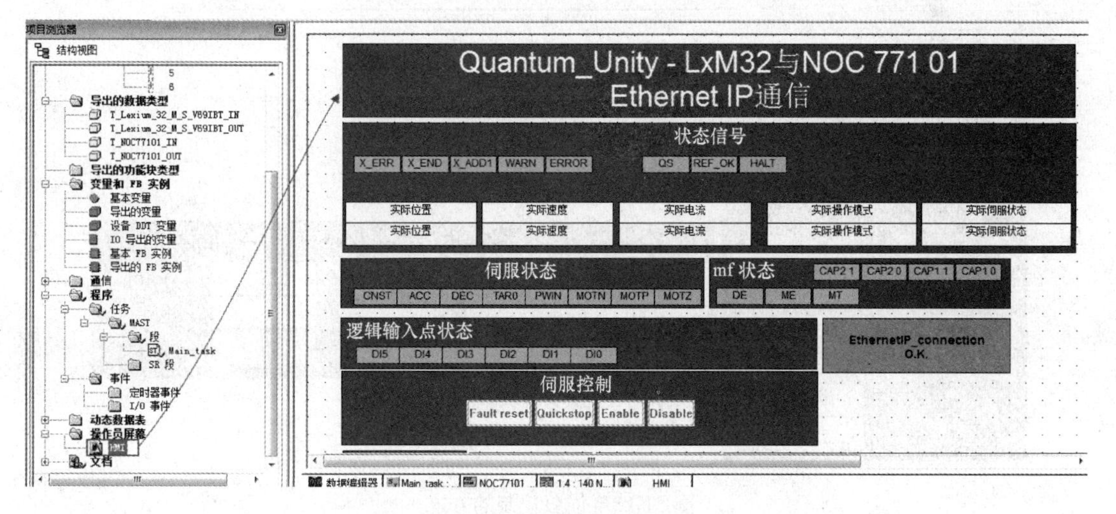

图 21-16 HMI 的画面

第一位置 1，如果按下操作员屏幕的【Quickstop】按钮，将控制字的第二位置 1，否则置 0，同样的，按下【Reset】按钮，置复位控制字第三位，在第三位的上升沿复位故障，程序如图 21-17 所示。

第十一步 伺服控制的方式

操作画面与操作模式有关的部分，如图 21-18 所示。

第十二步 回原点程序

在程序中，创建回零模式的程序，回零是绝对位置移动动作前的必要步骤，否则将会报错。LXM32M 的回零模式共有 35 种，大致分为限位、原点开关、电气零点、当前位置的组合，本例中选择的回零模式中 HMI 中 35，即将当前点置为零点。程序如图 21-19 所示。

```
(*去掉使能----------------------*)
IF Hmi_disable THEN
        Drive_control.0 := TRUE ;
        Drive_control.1 := FALSE ;
ELSE
        Drive_control.0 := FALSE ;
END_IF;
(*使能-------------------------------------*)
IF Hmi_enable AND NOT Hmi_disable  THEN
        Drive_control.1 := TRUE ;
ELSE
        Drive_control.1 := FALSE ;
END_IF;

(*快停-----------------------------------------------*)
IF Hmi_quickstop THEN
        Drive_control.2 := TRUE ;
ELSE
        Drive_control.2 := FALSE ;
END_IF;

(*故障复位-----------------------------------------------*)
IF Hmi_fault_reset THEN
        Drive_control.3 := TRUE ;
ELSE
        Drive_control.3 := FALSE ;
END_IF;
```

图 21-17 程序段 1

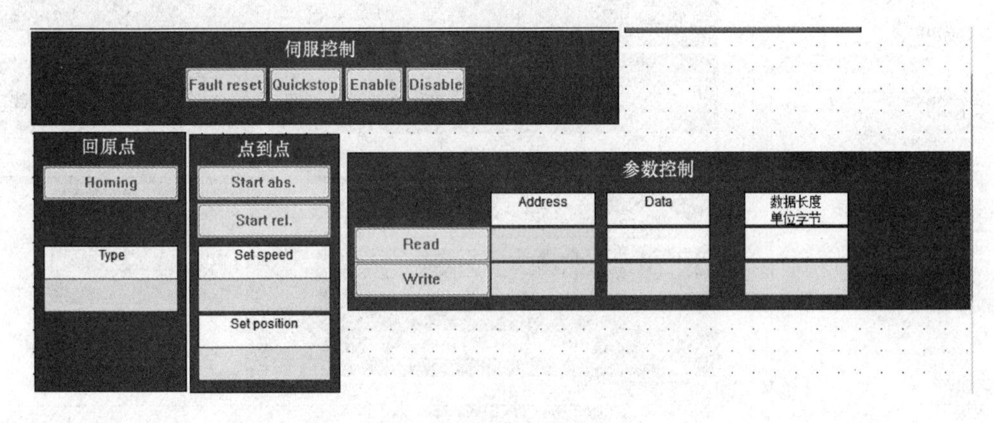

图 21-18 伺服控制的方式

```
(*回零模式------------------------------------------*)
Hmi_re_homing := Hmi_homing ;

IF RE(Hmi_re_homing)THEN
        Ref32A := Homing_type;
        IF Actual_mf_status.7 THEN
                Mode_control := 16#0026 ;
        ELSE
                Mode_control := 16#00A6 ;
        END_IF;
END_IF;
```

图 21-19 回原点程序

第十三步 位置移动

在绝对位置功能完成从 A 到 B 的绝对位置移动，当绝对位置移动模式【Hmi _ re _ ptp-mode _ abs】为真时（按下【Start abs】），并设置绝对移动的速度为【Ptp _ setspeed _ DINT】，绝对位置为【Ptp _ setposition _ DINT】，当状态字的第七位为 1 时，切换模式控制的 Toggle 位，将 Mode _ Control 的值在 16%1 和 16#81 之间来回切换，程序如图 21-20 所示。

```
IF RE(Hmi_re_ptpmode_abs)THEN
        Ref32A := Ptp_setspeed_DINT;
        Ref32B := Ptp_setposition_DINT ;
        IF Actual_mf_status.7 THEN
                Mode_control := 16#0001 ;
        ELSE
                Mode_control := 16#0081 ;
        END_IF;
END_IF;
```

图 21-20　位置移动

第十四步　控制字程序

控制字程序，将 Mode-control 与 Drive _ control 变量左移 8 位，相与后送到控制字输出 Controlword 中，程序如图 21-21 所示。

```
(*将伺服控制DriveCtrl 和模式控制 ModeCtrl 到输出-------------------*)
Controlword := Mode_control OR SHL_INT(Drive_control,8) ;
```

图 21-21　控制字程序

第十五步　读参数的程序

在程序的最后，说明参数读写的方法，当进行参数的读操作时，按下 HMI 中的【Read】按钮，在 HMI 中手动填写要读取参数的地址 Read _ Address，然后程序将 PCTRLmsIndex 的值赋值为 Read _ Address，PCTRLmsPKE 赋值为 16 进制的 1200，即对伺服参数进行读操作，并将读取的数值放到 HMI _ Read _ data 显示中，并根据 PCTRsmPKE 的值判断读取参数的长度，当 PCTRsmPK 等于 16#1200 时，字的长度为 2，当 PCTRsmPKE 等于 2200 时，字的长度为 4，读参数的程序如图 21-22 所示。

```
(*读参数 ----------------------------------------*)
Hmi_re_read_Parameter := RE(Hmi_read_Parameter);
if Hmi_re_read_Parameter then
        PCTRLmsIndex:= Read_Address;
        PCTRLmsPKE:= 16#1200;
        HMI_Read_Data:= PVsmData;
        if (PCTRLsmPKE <> 0) then
                if (PCTRLsmPKE = 16#1200) then
                        Read_Parameter_length:= 2; (*parameter length = 2 Byte*)
                elsif (PCTRLsmPKE = 16#2200) then
                        Read_Parameter_length:= 4; (*parameter length = 4 Byte*)
                end_if;
        end_if;
end_if;
```

图 21-22　读参数的程序

第十六步　写参数的程序

当进行参数的写操作时，按下 HMI 中的【Write】按钮，在 HMI 中手动填写要进行写操作的参数地址 Write _ Address，然后将 PCTRLmsIndex 赋值为 Write _ Address，即对伺服参数进行写操作，并将写入参数的长度为 2，则将 PCTRLmsPKE 设置为 16#2200，如果要写入的参数为 4，则将 PCTRLmsPKE 设置为 16＃3200，要写入的值是 HMI _ Write _ Data，写参数的程序如图 21-23 所示。

```
(*写参数---------------------------------------*)
Hmi_re_write_Parameter := RE(Hmi_write_Parameter);
if Hmi_re_write_Parameter then
        PCTRLmsIndex:= Write_Address;
        if Write_Parameter_length = 2 then
                PCTRLmsPKE:= 16#2200;
        elsif Write_Parameter_length = 4 then
                PCTRLmsPKE:= 16#3200;
        else
                PCTRLmsPKE:= 16#0000;
        end_if;
        PVmsData:= HMI_Write_Data;
end_if;
```

图 21-23　写参数的程序

第十七步　下载一个施耐德 PLC EtherNet/IP 模块的配置工具

如果用户使用比较老的 NOC77100 模块进行 EtherNet IP 通信，在进行编程之前，用户必须下载一个施耐德 PLC EtherNet/IP 模块的配置工具，内嵌到 Unity Pro 中使用，下载地址可以在施耐德全球网站中找到，下载连接如下。

http://www.schneider-electric.com/download/ww/en/results/3541958-SoftwareFirmware/0/0/0/? searchTypeDropDown＝all&txtDocSearchKeyword＝Ethernet%20Configuration%20Tool

第十八步　更新 Dtm 文件

下载安装后才能对 EtherNet/IP 模块进行配置，否则在配置画面 EtherNet/IP 的图标是灰的。

下载软件后，进入安装文件，双击 Setup.exe 进行安装。

安装完毕后，再次打开 Unity Pro 后，Unity Pro 提示 Dtm 文件过期，要更新 Dtm 文件，选择【Yes】，更新的过程如图 21-24 所示。

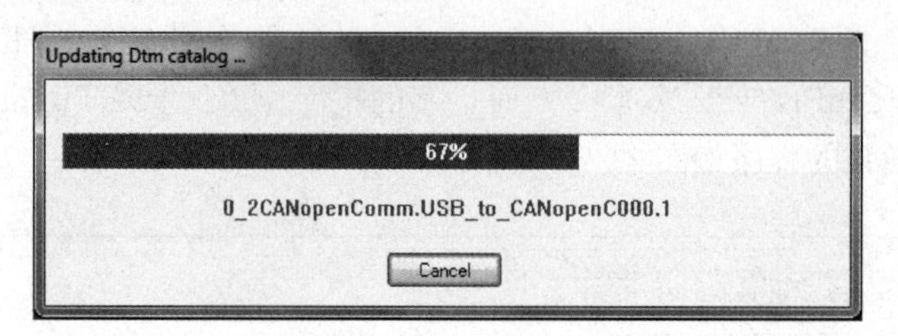

图 21-24　更新 Dtm 文件图

变频器 ATV61 的同速控制与检修方法

一、 案例说明

在本例中，笔者将使用多种方法为读者展示开环同速控制的方法，因为在工程的实际应用当中，经常会有一些设备需要组合成生产线连续运行，并且这些设备的运行速度需要保持同步。变频器的同速控制方法就是在交流调速系统中，通过调整各台设备的运行速度，来使各台设备保持同步运行。

在交流调速系统的实际工程当中，需要用到同速运行的设备包括造纸生产线、直进式金属拉丝机、皮带运输机、印染设备、冷轧机等，这些设备都能一次完成所需的加工工艺，生产效率高、产品品质也相对稳定。

笔者在相关知识点中，对同步控制进行了详细的介绍，读者可以根据同步控制的这些方法对实际的工程项目采取最优的控制方法。

二、 相关知识点

1. 同步控制的分类

根据生产工艺的需要和生产产品的不同，一般对同步的要求也不一样，通常同步分简单同步、平均速度同步、瞬时速度同步、位置同步、收放卷控制。

（1）简单同步。简单同步方式一般设备之间没有直接的连接，例如，搅拌罐中的两个搅拌泵的速度只需保持基本一致，各个设备都处于独立的工作模式，但由于工艺的需要，这些设备的工作速度需要保持基本一致或保持一定的比例运行，并且，各个设备需要同时升速或降速。在这种系统中不采集反映同步状况的信号。这种设备的特点是速度误差的积累，以及速度的稳定性及速度精度，不会对生产工艺产生任何影响。

（2）平均速度同步。平均速度同步方式一般设备之间有联系，有的是物料连续经过各台设备，有的是靠机械装置连接在一起。这些系统的特点是设备对速度稳定性与速度精度的要求比较高，但是对速度误差的积累不敏感，并且，各台设备的运行速度是成一定的比例，如产生积累误差，可以通过调整速度的比例系数来纠正。

（3）瞬时速度同步。瞬时速度同步是一种要求比较高的同步控制，不允许有速度的积累误差，如果达到一定的误差积累，就会使产品损坏或系统报警而无法工作。因此在这样的系统中一般用反映同步状态的信号反馈给控制系统，控制系统根据这个信号，及时地对系统中各台设备的速度做出修正。

（4）位置同步。位置同步是要求最高的同步控制系统，一般光靠变频器本身是无法完成的，位置控制系统对变频器的动态响应要求非常高，速度精度也非常高，因此一般需要采用闭环电流矢量控制的变频器。事实上，这些系统已属于伺服控制系统，功率比较小的场合基本都用伺服系统来控制。

（5）收放卷控制。收放卷设备一般处于生产线的前端和后端，完成生产产品的收与放，与主设备之间要保持同步，有的还需保持一定的收放卷张力，所以也把收放卷归到同步系统中。早期的放卷系统用磁粉离合器，靠磁粉离合器的阻力使放卷有一定的张力；而收卷系统一般用力矩电动机控制，利用力矩电动机的挖土机特性，使收卷设备运行速度与主系统保持同步，但以上的两种方式控制精度都比较低，所以，目前大多数应用场合都用变频器来实现收放卷，一般都用PID控制方式和力矩控制方式来实现。

2. 交—直—交变频器的组成

交—直—交变频器是现在通常使用的变频器，交—直—交变频器将工频交流整流变换成直流，通过逆变器转换成可控的频率和交流电压，由于有中间直流环节，所以又称间接式变压变频器，如图22-1所示。

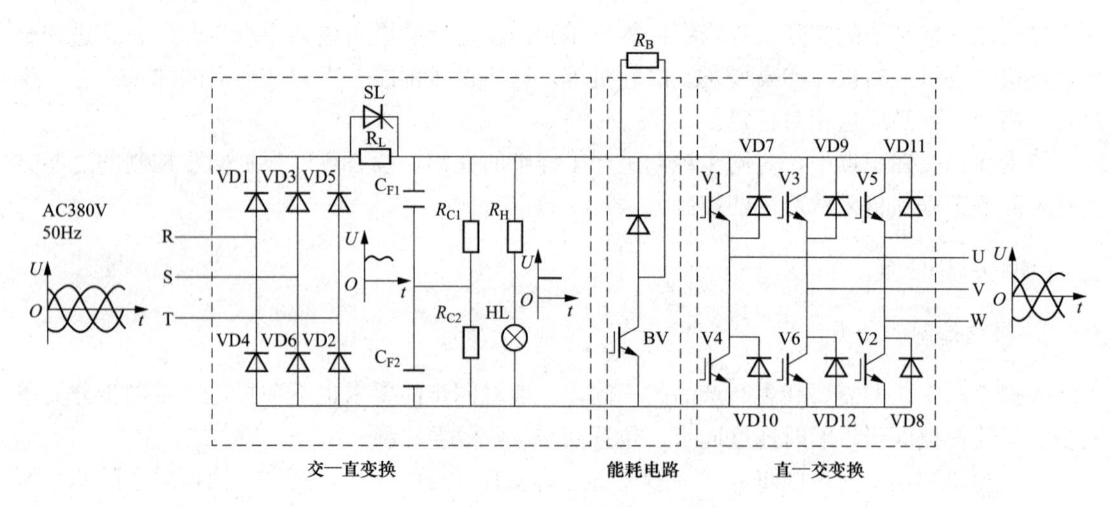

图22-1 变频器的组成图示

三、 创作步骤

1. 变频器的同速控制

开环同速是“准同步”运行，在多台变频器同速运行时不需要反馈环节，在要求不高的系统中多被采用。实现开环同步方法可以采用共电位控制、升降速端子控制和电流信号控制等。

闭环同速控制在多台变频器同速运行时设计有反馈环节，用于控制精度要求比较高的场合。

第一步 开环的共电位的同步控制方案

共电位同步控制时，所控制的变频器的电压模拟调速端子上所加的是同一调速电压，但要将变频器中功能参数里的【频率增益】和【频率偏置】进行统一设置。通过同一电位器控制3台ATV61变频器同速运行的共电位的同步控制框图如图22-2所示。

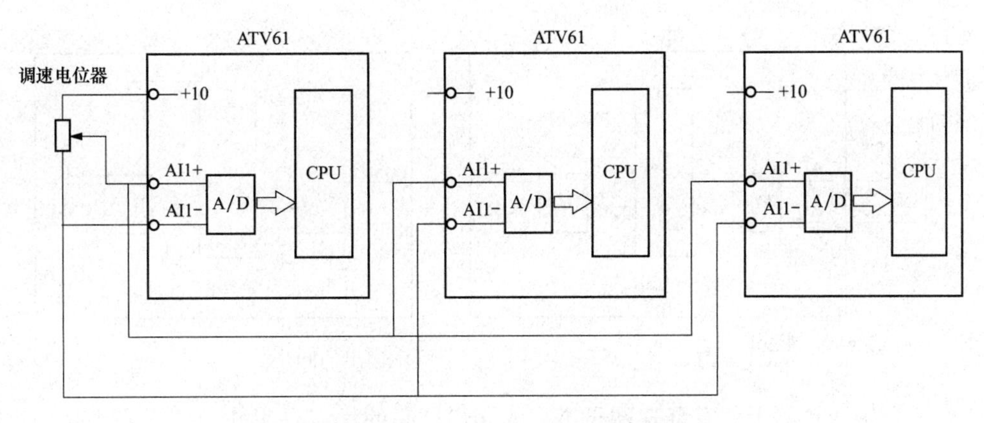

图 22-2　共电位的 3 台 ATV61 的同步控制框图

第二步　开环的电流信号控制的同步方案

使用电流信号对多台变频器进行同步控制，是应用变频器的电流模拟调速端子进行串联，输入 4～20mA 的电流信号实现的，从而得到多台变频器的同速运行，如图 22-3 所示。

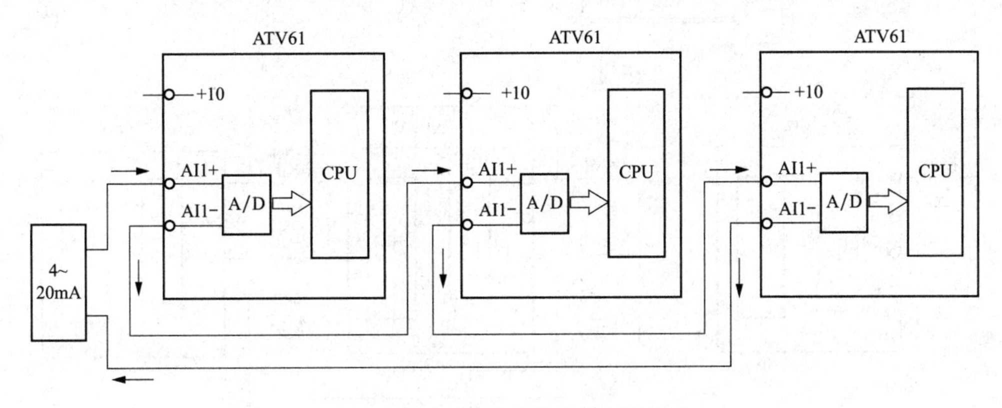

图 22-3　开环的电流信号控制的同步

使用电流信号对多台变频器进行同步控制的优点是构成简单，可以有较长的连接距离，抗干扰能力比较强；缺点是需要一个电流源，并且每台设备都需要有微调控制，操作比较麻烦。

第三步　开环的使用变频器频率输出的同步控制方案

利用上一台的变频器的频率输出端子作为下一步的同步控制信号，就可以使两台变频器同步运行了，这种变频器的同速控制是不能准确同步的。因为变频器的输出信号是二次信号，输出的精度与输出频率的比率存在一定的误差，也容易引进干扰，所以建议不做多台的同步控制方案，两台变频器的利用变频器的输出进行同步的控制框图如图 22-4 所示。

第四步　开环的升降速端子的同步控制方案

利用变频器上的升降速端子进行同步控制时，将所有变频器的升速端子由同一继电器的触点进行控制，降速端子由另一个继电器的触点进行控制，由这两个继电器分别控制变频器的升速和降速。速度微调的解决方案是在每个变频器的升降速端子上分别并联一个点动开关

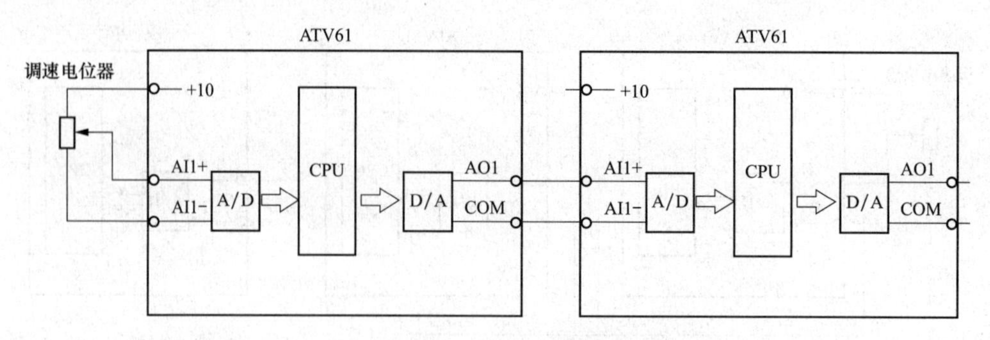

图 22-4 开环的使用变频器频率输出的同步

来完成的。利用变频器上的升降速端子进行的同步控制的优点是工作稳定没有干扰，这是因为升降速端子连接的是数字控制的信号。利用变频器 ATV61 上的升降速端子进行的同步控制框图如图 22-5 所示。

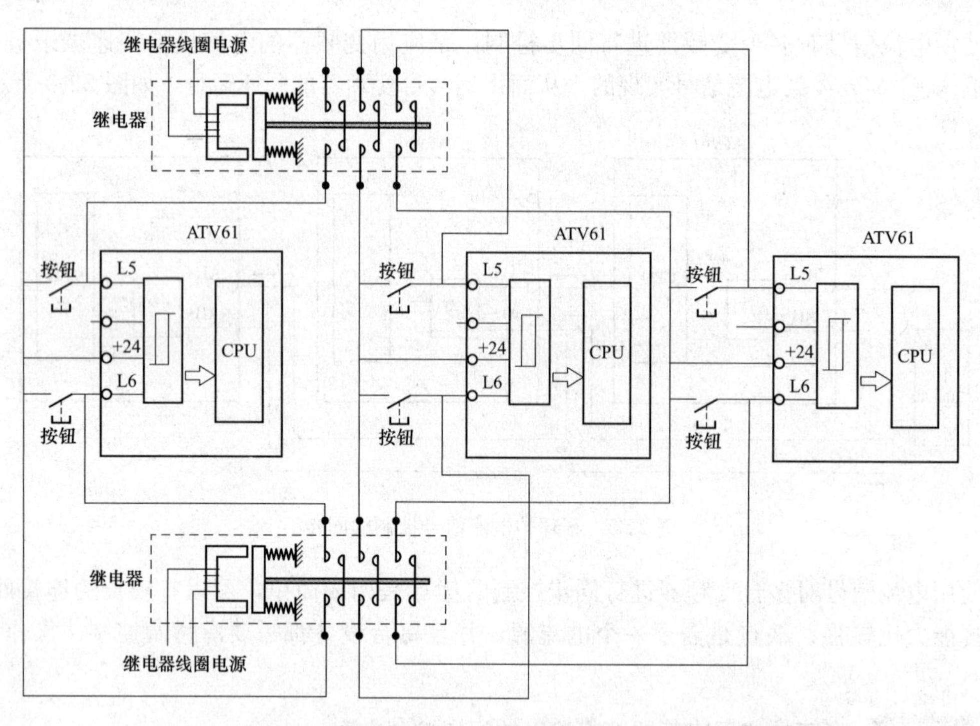

图 22-5 利用变频器 ATV61 上的升降速端子进行的同步控制框图

变频器 ATV61 上的升降速端子可以通过 ATV61 的功能参数进行组态，来使能哪个端子是升速，哪个端子是降速，如图 22-5 所示，L5 端子使能的是升速，L6 端子使能的是降速。

第五步 闭环的同速控制方案

在有 PLC 或上位机控制的闭环交流调速系统中，同速控制可以有不同的构成形式。

在闭环的同速控制系统中，可以将各变频器的反馈信号输入到 PLC 或上位机，由 PLC 或上位机作为总闭环控制计算，由 PLC 或上位机分别给出控制变频器运行的给定信号，这种闭环控制方式计算速度快，控制电路简单，但由于采用电压及电流的反馈形式，传输距离有所限制，其分布范围不能很大。闭环的变频器同速控制框图如图 22-6 所示。

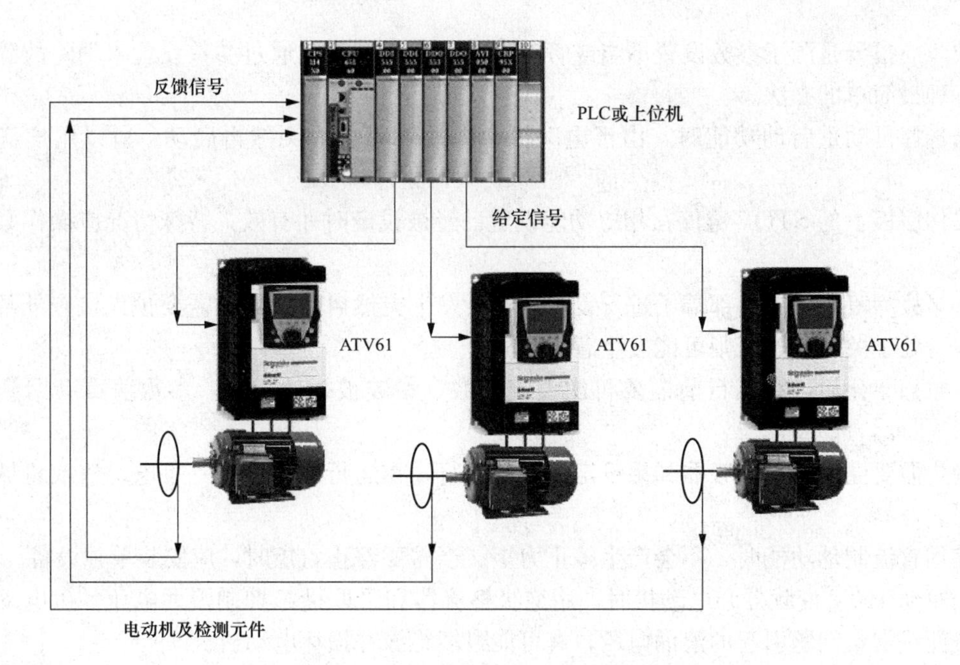

图 22-6 闭环的变频器同速控制框图

闭环的同速控制还可以采用单机就地自闭环的方法，上位机输出相同的给定信号，这种闭环控制方式的优点是动态响应快，分布距离可以较远。复杂的控制由上位机来完成，一些系统监测信号直接反馈到上位机中，单机就地自闭环的同速控制框图如图 22-7 所示。

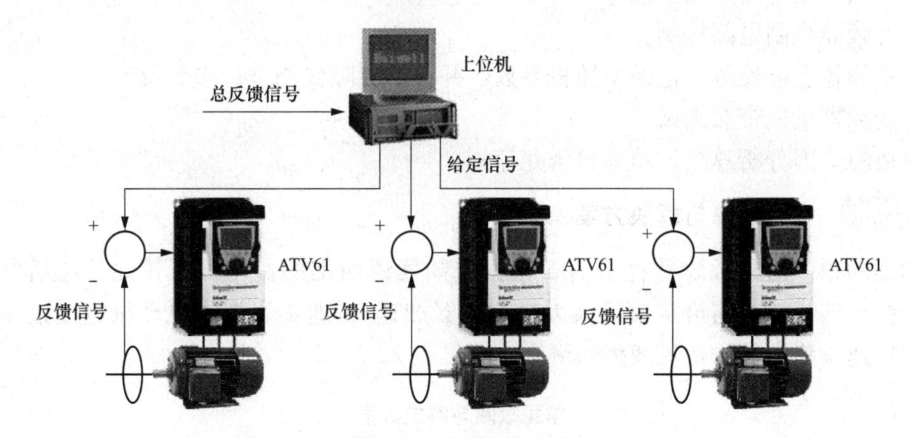

图 22-7 单机就地自闭环的同速控制框图

2. 变频器的故障和报警的检修

第一步 故障和报警的分类

一般来说，变频器故障或报警可以分为变频器故障或报警、变频器接口故障和电动机故障 3 种，也可以分为有显示故障或报警代码和没有显示故障代码两种。

第二步 通过参数设置来排除故障和报警

变频器检测到故障信号，即进入故障报警显示状态，闪烁显示故障代码。由于变频器的很多故障或报警是源于参数设置不当或者参数需要优化，因此通过参数设置来消除故障报警这是一种最简单的办法。

当选择自动重启动功能时，由于电动机会在故障停止后突然再启动，所以用户应远离设备。

操作面板上的STOP键仅在相应功能设置已经被设定时才有效，特殊情况应操作紧急停止开关。

如果故障复位使用外部端子进行设定，将会发生突然启动。用户需要预先检查外部端子信号是否处于关断位，否则可能发生意外事故。

参数初始化后，在运行前需要再次设定参数。参数被初始化后，参数值重新回到出厂设置。

用户需要注意的是变频器如果设定为高速运行，在运行前先检查一下电动机或机械设备的容量。

使用直流制动功能时，不会产生停止力矩。当需要停止力矩时，应安装单独设备。

当驱动400V变频器和电动机时，用绝缘整流器和采取措施抑制浪涌电压。由电动机接线端子配线常数问题引起的浪涌电压，有可能毁坏绝缘并损坏电动机。

第三步　通过硬件检测

变频器产生故障并报警后，在记录变频器型号、编码、运行工况、故障代码等信息之后，用户可以通过硬件检测来诊断故障原因，具体步骤如下所示。

（1）变频器主电路检测。

（2）变频器控制电路检测。

（3）变频器上电检测，记录主控板参数，并根据故障代码进行参数设定。

（4）变频器整机带载测试。

（5）故障原因分析总结，填写报告并存档。

第四步　常见故障与解决方案

变频器的很多简易故障往往只需要根据变频器说明书的提示即可排除，包括电动机不转、电动机反转、转速与给定偏差太大、变频器加速/减速不平滑、电动机电流过高、转速不增加、转速不稳定等。常见故障与解决方法见表22-1。

表22-1　常见故障与解决方案

故障点	变频器及相关线路检查内容
电动机不转	（1）主电路检查：输入（线）电压是否正常？（变频器的LED是否亮？）电动机连接是否正确？ （2）输入信号检查：有运行输入信号至变频器？是否正向和反向信号输入同时进入变频器？指令频率信号输入是否进入变频器？ （3）参数设定检查：运行方式设定是否正确？指令频率是否设定正确？ （4）负载检查：负载是否过载或者电动机容量有限？ （5）其他：报警或者故障未处理
电动机反转	输出端子的U，V，W的相的顺序是否正确？正转/反转指令信号是否正确？
转速与给定偏差太大	（1）频率给定信号正确与否？ （2）下面的参数设定是否正确：低限频率、高限频率、模拟频率增益。 （3）输入信号线是否受外部噪声的影响（使用屏蔽电缆）

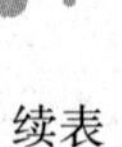

续表

故障点	变频器及相关线路检查内容
变频器加速/减速不平滑	(1) 减速/加速时间是否设定太短? (2) 负载是否过大? (3) 是否转矩补偿值过高导致电流限制功能和停转防止功能不工作?
电动机电流过高	负载是否过大?是否转矩补偿值过高?
转速不增加	(1) 上限限制频率值正确与否? (2) 负载是否过大? (3) 是否转矩补偿值过高导致停转防止功能不工作?
当变频器运行时转速不稳定	(1) 负载检查:负载不稳定? (2) 输入信号检查:是否频率参数信号不稳定? (3) 当变频器使用 v/f 控制时是否配线过长?(大于 500m)

3. 变频器的日常和定期检查

变频器是以半导体元件为中心构成的静止装置,由于温度、湿度、尘埃、振动等使用环境的影响,以及其零部件长年累月的变化、寿命等原因而发生故障,为了防患于未然必须进行日常检查和定期检查。变频器的日常和定期检查见表 22-2。

表 22-2 变频器的日常和定期检查

检查点	检查项目	检查内容	周期			检查方法	标准	测量仪表
			每天	1年	2年			
全部	周围环境	(1) 有灰尘否? (2) 环境温度和湿度足够否?	○			参数注意事项	温度:−10~+40℃; 湿度:50%以下没有露珠	温度计;湿度计
	设备	是否有异常振动或者噪声?	○			看,听	无异常	
	输入电压	主电路输入电压是否正常?	○			测量在端子 R,S,T 之间的电压		数字万用表/测试仪
主电路	全部	(1) 高阻表检查(主电路和地之间) (2) 是否有固定部件活动? (3) 每个部件是否有过热的迹象?		○	○	变频器断电,将端子 R,S,T,U,V,W 短路,在这些端子和地之间测量;紧固螺钉;肉眼检查	超过 5MΩ;没有故障	直流 500V 类型高阻表
	导体配线	导体生锈?配线外皮损坏?		○		肉眼检查	没有故障	
	端子	是否有损坏?		○		肉眼检查	没有故障	
控制电路保护电路	IGBT 模块/二极管	检查端子间阻抗			○	松开变频器的连接和用测试仪测量 R,S,T↔P,N 和 U,V,W↔P,N 之间的电阻	符合阻抗特性	数字万用表/模拟测量仪
	电容	(1) 是否有液体渗出? (2) 安全针是否突出? (3) 有没有膨胀?	○	○		肉眼检查/用电容测量设备测量	没有故障,超过额定容量的 85%	电容测量设备

续表

检查点	检查项目	检查内容	周期			检查方法	标准	测量仪表
			每天	1年	2年			
控制电路保护电路	继电器	（1）在运行时有没有抖动噪声？ （2）触点有无损坏？		○		听检查/肉眼检查	没有故障	
	电阻	（1）电阻的绝缘有无损坏？ （2）在电阻器中的配线有无损坏（开路）？		○		肉眼检查； 断开连接中的一个，用测试仪测量	没有故障； 误差必须在显示电阻值的±10%以内	数字万用表/模拟测试仪
	运行检查	（1）输出三相电压是否不平衡？ （2）在执行预设错误动作后是否有故障显示？		○		测量输出端子U，V，W之间的电压短路和打开变频器保护电路输出	对于200V（400V）类型来说，每相电压差不能超过4V（6V）；根据次序，故障电路起作用	数字万用表/校正伏特计
冷却系统	冷却风扇	（1）是否有异常振动或者噪声？ （2）是否连接区域松动？	○	○		关断电源后用手旋转风扇，并紧固连接	必须平滑旋转，且没有故障	
显示	表	显示的值是否正确？	○	○		检查在面板外部的测量仪的读数	检查指定和管理值	伏特计/电表等
电动机	全部	（1）是否有异常振动或者噪声？ （2）是否有异常气味？	○			听/感官/肉眼检查过热或者损坏	没有故障	
	绝缘电阻	高阻表检查（在输出端子和接地端子之间）			○	松开U，V，W连接和紧固电动机配线	超过5MΩ	500V类型高阻表

4. 变频器的检修方法

第一步　测量变频器的主电路

（1）测绝缘。首先应将接到电源盒电动机的连接线断开，然后将所有的输入端和输出端都连接起来，用绝缘电阻表测量绝缘电阻，测量绝缘的电路如图22-8所示。

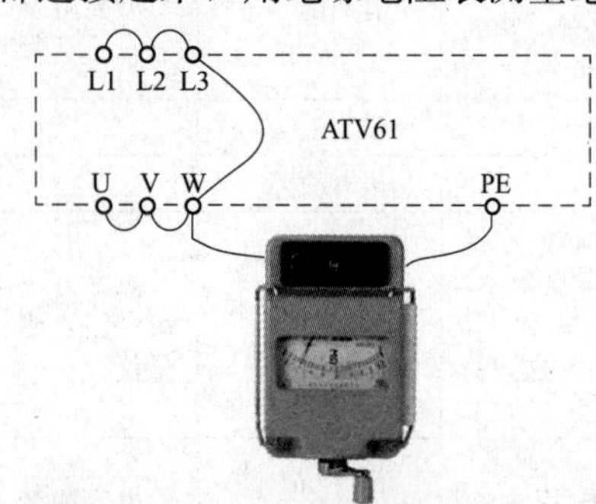

图22-8　测量绝缘的电路图

（2）测电流。变频器的输入和输出电流都含有各种高次谐波成分，所以选用电磁式仪表，因为电磁式仪表所指示的是电流的有效值。

（3）测电压。变频器输入侧的电压是电网的正弦波电压，可以使用任意类型的仪表进行测量，输出侧的电压是方波脉冲序列，也含有许多高次谐波成分，由于电动机的转矩主要和电压的基波有关，所以测量时最好采用整流式仪表。

（4）测波形。测波形用示波器，当测量主电路电压和电流波形时，必须使用高压探头，如果使用低压探头，必须使用互感器或其他隔离器进行隔离。

第二步 测量变频器的控制电路

(1) 仪表选型。由于控制电路的信号比较微弱，各部分电路的输入阻抗较高，所以必须选用高频（100kΩ 以上）仪表进行测量，如使用数字式仪表等。如果使用普通仪表进行测量，读出的数据将会偏低。

(2) 示波器的选型。测量波形时，可以使用 10MHz 的示波器，如果测量电路的过渡过程，则应该选用 200MHz 以上的示波器。

(3) 公共端的位置。控制电路有许多公共端，理论上说，这些公共端都是等电位的，但为了使测量结果更为准确，应该选用与被测点最为接近的公共端。

第三步 变频器模拟给定电源的测量

测量变频器 ATV61 的模拟给定电源时，将万用表选择直流电压测量挡，然后将万用表的红表笔连接+10 端，使用黑表笔连接 0V 端，表针指向 10V 即可，如图 22-9 所示。

第四步 缺相故障

缺相故障原因是变频器产品中主要有单相 220V 与三相 380V 的区分，当然输入缺相检测只存在于三相的产品中。变频器主电路 R、S、T 为三相交流输入，当其中的一相因为熔断器或断路器的故障而断开时，便认为是发生了输入缺相故障。

当变频器不发生缺相时，U_{dc}上的电压如图 22-10 所示。

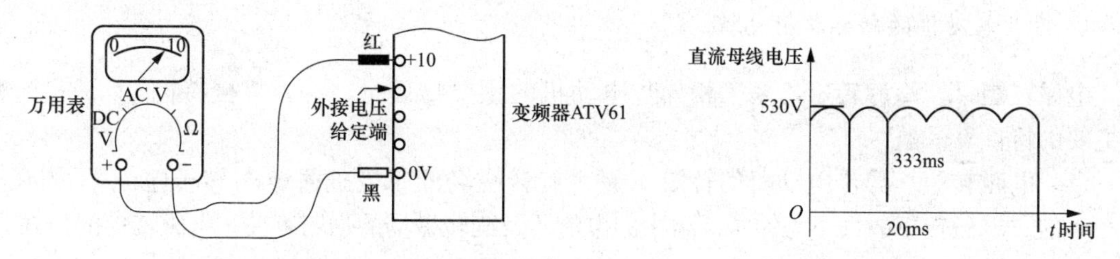

图 22-9 测量变频器的模拟给定电压

图 22-10 U_{dc}上的电压

一个工频周期内将有 6 个波头，此时直流电压 U_{dc} 将不会低于 470V，实际上对于一个 7.5kW 的变频器而言，其 C 的值大小一般为 900μF，当满载运行时，可以计算出周期性的电压降落大致为 40V，纹波系数不会超过 7.5%。而当输入缺相发生时，一个工频周期中只有两个电压波头，且整流电压最低值为 0。此时在上述条件下，可以估算出电压降落大致为 150V，纹波系数要达到 30%左右。

案例23　柜式变频器在盾构机刀盘驱动中的应用

一、案例说明

传统的盾构机刀盘是由液压驱动的，近几年出现了由变频器控制三相交流异步电动机驱动的刀盘。显然，与液压驱动相比，电动机驱动具有机械设计简单、安装维护容易、控制灵活方便、成本低廉等诸多优点。

盾构机刀盘电驱动的刀盘通常由6～22个电动机经过各自的减速箱与一个差不多和刀盘等直径的大齿轮啮合来驱动整个刀盘驱动，因此从驱动的角度看，这是一个多电动机驱动同一负载的应用，需要负载平衡控制，即让负载均匀地分布到所有电动机上，否则部分电动机将会过载，因为机械设计时考虑的总功率是多个电动机功率之和。

本示例说明了施耐德柜式变频器的特点，已经实现驱动盾构机刀盘的功能而需要设置的参数。

二、相关知识点

1. 异步电动机的转矩特性曲线

电磁转矩 T，简称转矩，是三相异步电动机的重要物理量之一，机械特性 $n=f(T)$ 是其主要的特性。

（1）电磁转矩。异步电动机的转矩 T 是由旋转磁场的每极磁通 Φ 与转子电流 I_2 相互作用产生的。电磁转矩的大小与转子绕组中的电流 I 及旋转磁场的强弱有关，电磁转矩的公式为

$$T = C_{\mathrm{T}}\Phi I_2\cos\varphi_2$$

式中　C_{T}——与电动机结构有关的常数；

I_2——转子电路中的电流；

$\cos\varphi_2$——转子电路的功率因数；

I_2——转子电流的有功分量；

Φ——旋转磁场的每极磁通。

$$I_2 = \frac{E_2}{\sqrt{R_2^2 + X_2^2}} = \frac{sE_{20}}{\sqrt{R_2^2 + (sX_{20})^2}}$$

$$E_2 = 4.44 f_2 N_2 \Phi = 4.44 s f_1 N_2 \Phi$$

$$\cos\varphi_2 = \frac{R_2}{\sqrt{R_2^2 + X_2^2}} = \frac{R_2}{\sqrt{R_2^2 + (sX_{20})^2}}$$

或

$$T = CU_1^2 \frac{sR_2}{R_2^2 + (sX_{20})^2}$$

式中　C——常数；

U_1——定子绕组的相电压，$U_1 \approx E_1 \approx 4.44 f_1 N_1 \Phi$；

R_2——电动机转子电阻；

X_{20}——当 $n=0$，$s=1$ 时转子绕组的感抗，$X_{20}=2\pi f_1 L_2$。

为了分析方便，将异步电动机的电磁转矩 T 代替电动机的输出转矩 T_2，由于电动机的转子参数 R_2 及 X_{20} 是一定的，电源频率 f_1 也是一定的，所以当电源电压 U_1 一定时，上式即表明异步电动机的电磁转矩 T 只与转差率 s 有关，因此可用函数式 $T=f(s)$ 表示，称为异步电动机的转矩特性。

在一定的电源电压 U_1 和转子电阻 R_2 下，转矩与转差率的关系曲线 $T=f(s)$ 或转速与转矩的关系曲线 $n=f(T)$ 曲线，称为三相异步电动机的机械特性曲线，转矩与转差率的关系曲线如图 23-1 所示。转速与转矩的关系曲线 $n=f(T)$ 曲线如图 23-2 所示。

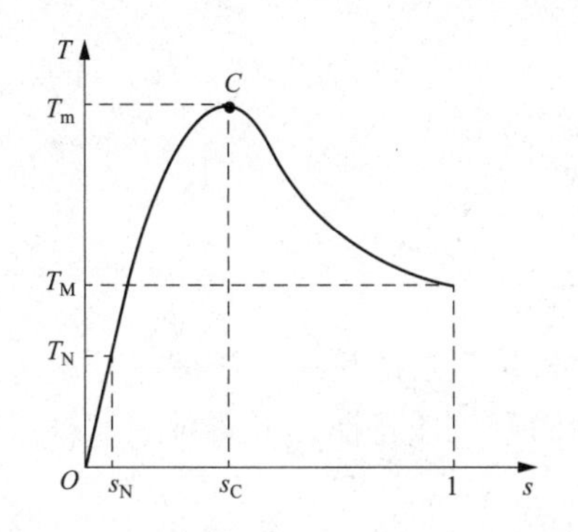

图 23-1 三相异步电动机的 $T=f(s)$ 曲线

图 23-2 三相异步电动机的 $n=f(T)$ 曲线

机械特性的曲线被 T_m 分成两个性质不同的区域，即 ab 段和 bc 段。

当电动机启动时，只要启动转矩 T_Q 大于反抗力矩 T_L，电动机便转动起来。电磁转矩 T_{em} 的变化沿曲线 ab 段运行。随着转速的上升，bc 段中的 T_{em} 一直增大，所以转子一直被加速使电动机很快越过 cb 段而进入 ab 段，在 ab 段随着转速上升，电磁转速下降。当转速上升至某一定值时，电磁转矩 T_{em} 与反抗转矩 T_L 相等，此时，转速不再上升，电动机就稳定运行在 ab 段，所以 bc 段称为不稳定区，ab 段称为稳定区。

电动机一般工作在稳定区域 ab 段上，在这个区域里，负载转矩变化时，异步电动机的转速变化不大，电动机转速随转矩的增加而略有下降，这种机械特性称为硬特性。

旋转机械的机械功率等于转矩和转动角速度的乘积，对于电动机而言，就有 $P_2=T_2\omega$，当电动机的输出转矩 T_2 用牛·米（N·m）作单位，旋转角速度 ω 用弧度/秒（rad/s）作单位时，输出功率 P_2 的单位是瓦特（W）。

在电动机中计算转矩时输出功率 P_2 的单位是千瓦（kW），转速 n 的单位是转/分（r/min），所以可以将计算公式简化，如在额定状态下转矩公式为

$$T_N = \frac{P_N \times 100}{\frac{2\pi n_N}{60}} = 9550 \times \frac{P_N}{n_N}$$

式中 P_N——额定功率，kW；

n_N——额定转速，r/min；

T_N——额定转矩，N·m。

(2) 最大转矩（T_{max}）。电动机的额定转矩应小于最大转矩 T_m，而且不许太接近 T_m，否则，电动机略一过载，电动机便停转，因此，一般电动机的额定转矩较最大转矩小得多。把最大转矩与额定转矩的比值称作过载系数 λ，它是表示电动机过载能力的一个参数，最大转矩的理论计算公式为

$$T_{max} = C\frac{U_1^2}{2X_{20}}$$

(3) 启动转矩（T_{st}）。电动机的启动转矩 T_{st} 是指电动机刚启动瞬间（$n=0$，$s=1$）的转矩。启动转矩与额定转矩之比可表示启动能力，用启动转矩倍数来表示，是标明异步电动机启动性能的重要指标。

空载或轻载启动的电动机，启动能力为 1～1.8，一般的电动机启动能力为 1.5～2.4，在重负荷下启动的电动机，要求有大的启动转矩，故启动能力可达 2.6～3。

启动转矩的理论计算公式为

$$T_{st} = C\frac{R_2U_1^2}{R_2^2 + X_{20}^2}$$

2. 固有机械特性

异步电动机工作在额定电压及额定频率下，电动机按规定的接线方法接线，定子及转子电路中不外接电阻（电抗或电容）时的机械特性称为固有机械特性。下面对固有机械特性上的几个特殊点进行说明。

(1) 启动点。电动机接通电源开始启动瞬间，其工作点位于点 S，此时，$n=0$，$s=1$，$T_{em}=T_{st}$，定子电流 $I_1=I_{st}=(4\sim7)I_N$（I_N 为额定电流）。

(2) 工作点。电动机以额定速度运行时，工作点位于点 Q，此时，$n=n_N$，$s=s_N$，$T_{em}=T_N$，$I_1=I_N$。电动机额定运行时转差率很小，一般 $s_N=0.01\sim0.06$，n_N 略小于 n_1，故固有特性的线性段为硬特性。

(3) 同步转速点 A。点 A 是电动机的理想空载点，即转子转速达到了同步转速。此时，$n=n_1$，$s=0$，$T_{em}=0$，转子电流 $I_2=0$，显然如果没有外界转矩的作用，异步电动机本身不可能达到同步转速点。

固有机械特性如图 23-3 所示。

(4) 最大转矩点。点 K 是机械特性曲线中线性段（AK）与非线性段（SK）的分界点，此时，$s=s_m$，$T_{em}=T_m$。

通常情况下，电动机在线性段上工作是稳定的，而在非线性段上工作是不稳定的，所以点 P 也是电动机稳定运行的临界点。

3. 改变电源频率人为机械特性

如果改变 U_1 和 f_1 或定子和转子回路串附加电阻和电抗某一参数（或物理量）时，所得 $T_{em}=f(n)$ 或 $T_{em}=f(s)$ 的关系曲线，称为人为机械特性。

(1) 降低 U_1 时的人为机械特性。

由于设计电动机时，在额定电压下磁路已经饱和，如升高电压会使励磁电流猛增，使电动机严重发热，甚至烧坏。故一般只能得到降压时的人为机械特性。最大转矩 T_m 及启动转

矩 T_{st} 均与 U_1^2 成正比，s_m 和 n_1 与 U_1 无关（即保持不变）。降低 U_1 的人为机械特性的绘制，先绘出固有机械特性，在不同的转速（或转差率）处，固有机械特性上的转矩值乘以电压变化后与变化前比值的平方，即得人为机械特性上对应的转矩值，如图 23-4 所示。

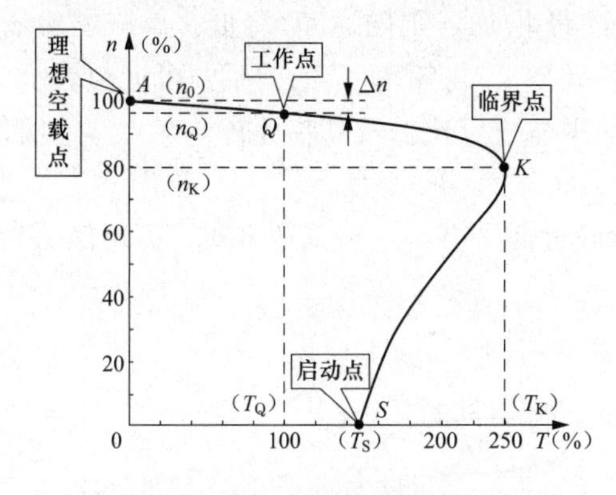

图 23-3　固有机械特性

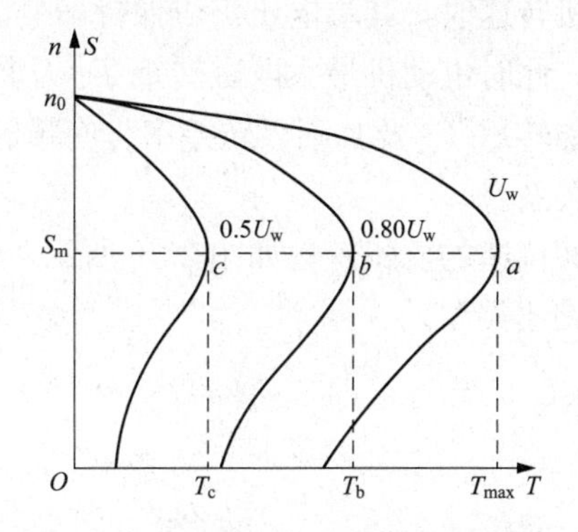

图 23-4　降低电压时的人为机械特性

应当指出，如果负载转矩接近额定，降低电源电压对电动机的运行是极为不利的。因为当负载为额定值不变时，如果电源电压因故降低，气隙主磁通减小，但转速变化不多，其功率因数 $\cos\varphi_2$ 变化不大，转子电流 I_2 要增大，使定子电流 I_1 相应增大。从电动机的损耗看，虽然 Φ_0 的减小能降低点铁耗，但铜耗与电流的平方成正比，若电动机长期低压运行，会使电动机过热，根据转速公式可知，当转差率 s 变化不大时，异步电动机的转速 n 基本上与电源频率 f_1 成正比。连续调节电源频率，就可以平滑地改变电动机的转速。但是，单一地调节电源频率，将导致电动机运行性能的恶化，其原因可分析如下。

电动机正常运行时，定子漏阻抗压降很小，可以认为 $U_1 \approx E_1$，而定子感应电动势 $E_1 = -4.44 k w_1 f_1 \phi_m$。

式中：k 为定子绕组的绕组系数；w_1 为定子绕组每相匝数；f_1 为电源频率；ϕ_m 为气隙磁通的最大值。

如果端电压 U_1 不变，则当频率 f_1 减小时，主磁通 Φ_0 将增加，这将导致磁路过分饱和，励磁电流增大，功率因数降低，铁芯损耗增大；而当 f_1 增大时，Φ_0 将减小，电磁转矩及最大转矩下降，过载能力降低，电动机的容量也得不到充分利用。因此，为了使电动机能保持较好的运行性能，要求在调节 f_1 的同时，改变定子电压 U_1，以维持 Φ_0 不变，或者保持电动机的过载能力不变。

一般认为，在任何类型负载下变频调速时，如果能保持电动机的过载能力不变，则电动机的运行性能较为理想。

随着电力电子技术的发展，已出现了各种性能良好、工作可靠的变频调速电源装置，额定频率称为基频，调频时可以从基频向下调，也可从基频向上调。

（2）变频调速的人为机械特性。

1）从基频向下调的变频调速，保持 U_1/f_1＝恒值，即恒转矩调速。如果频率下调，而端电压 U_1 为额定值，则随着 f_1 下降，气隙每极磁通 Φ_0 增加，使电动机磁路进入饱和状态。过饱和时，会使激磁电流迅速增大，使电动机运行性能变差。因此，变频调速应设法保证 Φ_0 不变。若保持 U_1/f_1＝恒值，电动机最大电磁转矩 T_m 在基频附近可视为恒值，在频率更低时，随着频率 f_1 下调，最大转矩 T_m 将变小。其机械特性如图 23-5 所示，可见它是一种近似于恒转矩调速的类型。

2）从基频向上调的变频调速。电动机端电压是不允许升高的，因此升高频率 f_1 向上调节电动机转速时，其端电压仍应保持不变。这样，f_1 增加，则磁通 Φ_0 降低，属减弱磁场调速类型，此时电动机最大电磁转矩 T_m 及其临界转差率 s_m 与频率 f_1 的关系，可近似表示为，最大电磁转矩 T_m 及其临界转差率与变频器频率的平方成反比，及其临界转差率 s_m 与频率 f_1 成反比关系。

变频调速的机械特性如图 23-6 所示，其运行段近似平行，这种调速方式，可近似认为是恒功率调速类型。

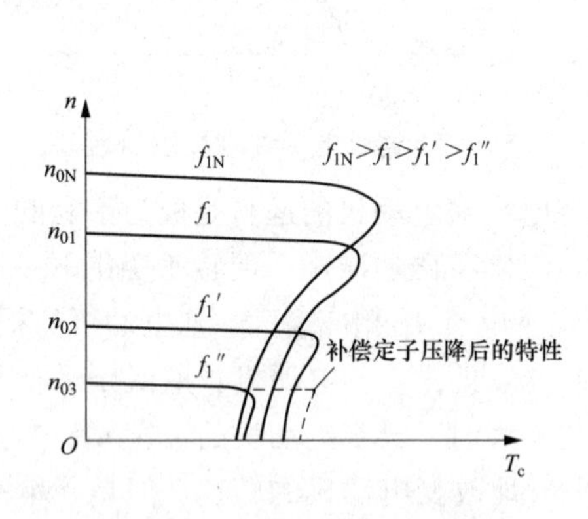

图 23-5　基频以下的机械特性

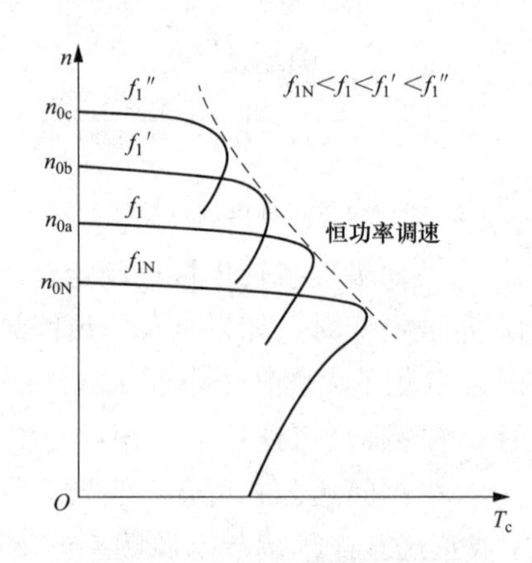

图 23-6　变频调速机械特性

把基频以下和基频以上两种情况合起来，如果电动机在不同转速下都具有额定电流，则电动机都能在温升允许条件下长期运行，这时转矩基本上随磁通变化而变化，即在基频以下属于恒转矩调速，而在基频以上属于恒功率调速；如果 f_1 是连续可调的，则变频调速是无级调速。异步电动机变频调速控制特性如图 23-7 所示。

4. 变频器的滑差补偿功能

在交流异步电动机拖动系统，电动机的输出转矩不是固定不变的，例如，如果增大电动机的容量而减小负载，电动机的输出转矩仍然会降低。电动机的输出转矩总是跟随负载的转矩变化的。电动机的转速也总是跟随负载的变化而变化的。

在交流异步电力拖动领域如果要求控制的是负载的转速，负载的转矩变化将会引起负载转速的变化，为了维持负载转速的稳定，转差补偿是一种很好的技术，它的实质是变频器在给电动机的定子同步频率的基础上加上一个补偿量，自动转差补偿即变频器通过对电动机转矩电流的检测来判断负载的转矩，自动修正补偿频率的大小。

整个调整过程是当负载转矩增大导致负载转速下降，电动机电流增大，变频器根据负载增大频率的补偿量，变频器输出频率上升，电动机的转速上升，最后，系统达到新的电动机电磁转矩和负载转矩的平衡。

下面举例说明这个问题，设一台异步电动机的额定转速为 $n_e=1450\text{r/min}$，而其额定滑差率 $s_e=(n_0-n_e)/n_0=(1500-1450)/1500=3.3\%$。如果某品牌的变频器滑差补偿参数设定范围以百分值表示，则可以估计其在额定负载下的补偿频率值。如设该补偿参数为100%，则在负载率为100%时，电动机的转速 $n=1500\text{r/min}$，补偿频率为 $50\times3.3\%=1.65\text{Hz}$，即此时变频器的输出频率会自动从50Hz跳到51.65Hz，其机械特性如图23-8所示。

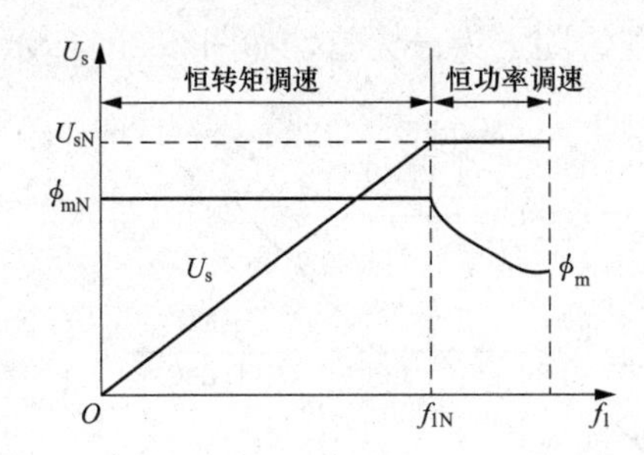

图23-7 异步电动机变频调速控制特性图示

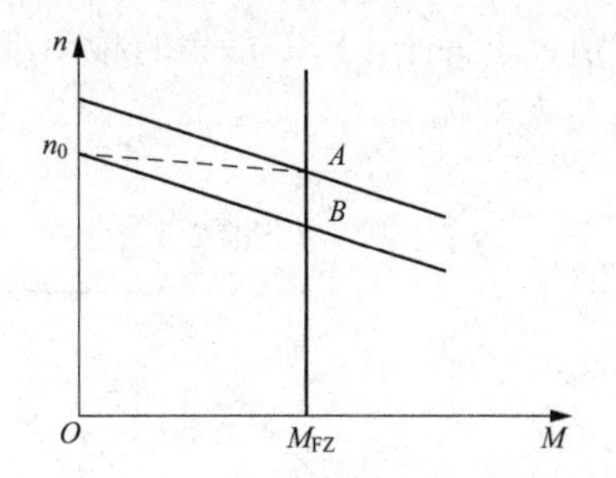

图23-8 变频器的滑差补偿的作用

其中，B 为未补偿或补偿参数设为0%时的转速值，A 为补偿参数为100%的情况。

从变频器的滑差补偿的作用图中可以看出，变频器经滑差补偿后，将改善异步电动机的自然机械特性，也就是将向上修正异步电动机的下垂的机械特性，最终增加电动机的机械特性，使电动机的机械特性变硬，如图23-8所示的虚线。

5. ATV71的负载平衡功能

ATV71的负载平衡功能适用于两套电动机机械同轴连接，各自由变频器控制，用此功能可以取得良好的负载平衡。

ATV71的负载平衡功能适用于传送带、离心机、起重机起吊运动，也适用于两个电动机通过减速箱硬连接的驱动方式。在这种情况下，两个电动机速度同步已经由机械保证。

如果采用两个变频分别驱动两台电动机，这两台电动机驱动同一个负载，则要求变频器能提供力矩均衡控制。

本功能通过校正机械固定在一起的一个或多个电动机的速度来平衡他们之间的转矩。这个功能通过人工的滑差控制来实现两个或多个电动机的负载平衡。本功能对任何一种电动或四象限再生发电状况都适用。

除人工滑差外，负载平衡功能还提供了根据电动机的负载扭矩修正速度的功能，负载平衡功能的功能图如图23-9所示。

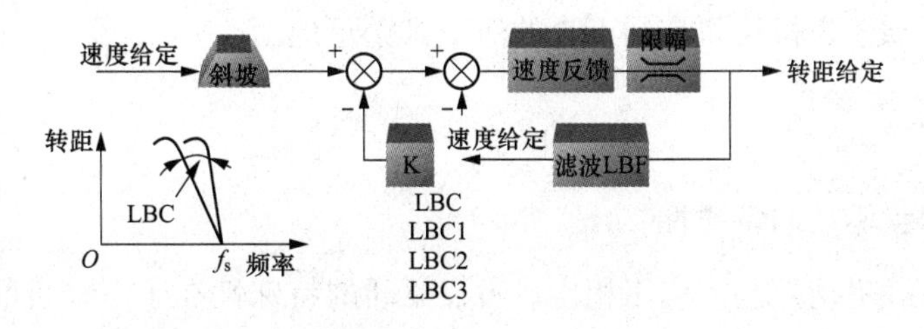

图23-9 负载平衡功能框图

LBC 参数用来设置校正值，通过实际运行速度和实际扭矩的函数计算频率修正值。速度修正值的原理图如图 23-10 所示。

当速度给定值小于 LBC1 最小的频率修正值，为 0；当速度给定值在 LBC1 最小的频率修正值和 LBC2 最大的频率修正值之间时，随着速度给定值变大，速度修正值增加；当速度给定值大于等于 LBC2 最大的频率修正值时，速度修正值固定为最大值，如图 23-11 所示。

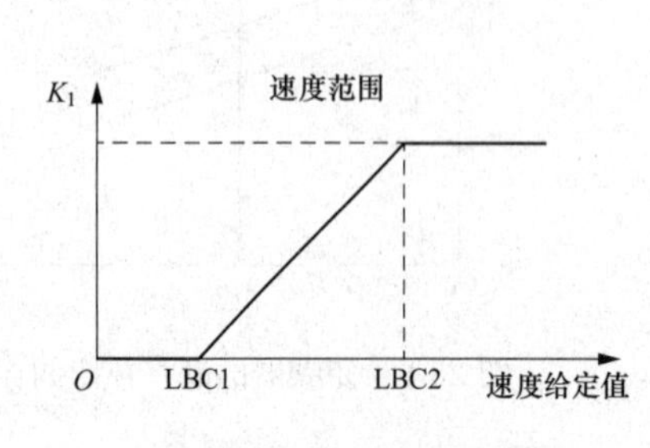

图 23-10 速度修正原理图

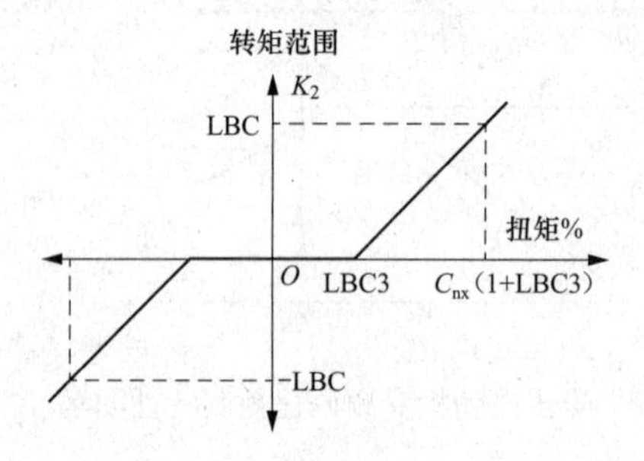

图 23-11 负载平衡扭矩修正原理图

与速度修正方法类似，当电动机力矩小于 LBC3 最小的力矩修正值，为 0；当电动机力矩大于 LBC3 最小的力矩修正值，随着实际力矩值变大，速度修正值增加，修正值增加的斜率恒定；当实际扭矩＝额定扭矩×(1＋LBC3 最小的力矩修正值）时，修正值 K_2 等于 LBC。

最终的校正因数取决于速度修正值系数和转矩修正系数的乘积，$K=K_1f(F)\times K_2f(C)$ 频率校正值等于最终的校正因数乘以负载修正参数 LBC 的设置值。

6. 盾构机的基本工作原理

盾构机，全名叫盾构隧道掘进机，是一种隧道掘进的专用工程机械，现代盾机集光、机、电、液、传感、信息技术于一体，具有开挖切削土体、输送土碴、拼装隧道衬砌、测量导向纠偏等功能。盾构机已广泛用于地铁、铁路、公路、市政、水电等隧道工程。

用盾构机进行隧道施工具有自动化程度高、节省人力、施工速度快、一次成洞、不受气候影响、开挖时可控制地面沉降、减少对地面建筑物的影响和在水下开挖时不影响水面交通等特点，在隧洞洞线较长、埋深较大的情况下，用盾构机施工更为经济合理。

盾构机的基本工作原理是一个圆柱体的钢组件沿隧洞轴线一边向前推进一边对土壤进行挖掘。该圆柱体组件的壳体即护盾，它对挖掘出的还未衬砌的隧洞段起着临时支撑的作用，承受周围土层的压力，有时还承受地下水压，同时将地下水挡在外面，挖掘、排土、衬砌等作业在护盾的掩护下进行。盾构机的掘进过程大致如下：刀盘旋转，同时开启盾构机推进油缸，将盾构机向前推进，随着推进油缸的向前推进，刀盘持续旋转，被切削下来的渣土充满泥土仓，同时，开动输送机构将切削下来的渣土排送至地面。

三、 创作步骤

第一步 刀盘驱动的特殊性

与其他需要负载平衡控制的应用相比，刀盘驱动的特殊性在于电动机的数量较多。许多应用中的负载是在两个电动机或 4 个电动机之间平衡的，如起重、炼钢转炉等，而刀盘的驱动要求负载在 6～22 个电动机之间平衡。

另外，刀盘的机械传动机构相对复杂，传动比非常大。所以，虽然总体上多个电动机与刀盘之间属于刚性连接，但其实每个传动点的齿隙等参数很难达到一致，这些差别在设计负载平衡控制时必须充分考虑到。

同时，刀盘的体积庞大，掘进中负载变化不可预知。由于减速机构复杂且减速比大，电动机侧负载的微小波动会在刀盘侧被成百上千倍地放大，所以必须采用力矩平衡方法，避免电动机侧的输出扭矩差别过大导致盾构机传动机构的损坏。为此，在刀盘驱动控制中，应尽量采取办法避免电动机扭矩输出基本平衡并尽量避免电动机输出扭矩大幅波动。

盾构施工的环境一般比较恶劣，高温、高湿、多尘在所难免，因此必须考虑到变频器的防护与散热问题，盾构机刀头如图 23-12 所示。

图 23-12　盾构机刀头正面图

ATV71 是施耐德电气最高端的一款变频器，可以实现闭环矢量控制，过载能力达到了 170%，功率 0.75～2000kW。ATV71 还内置了大量的应用功能，如抱闸逻辑、多段速、限位开关管理等，以适合各种各样的生产工艺。

针对盾构机的特殊要求，ATV71 通过灵活组合内置的负荷平衡功能、主从功能、多配置功能，很好地实现了这些要求。

第二步　选择工程型 ATV71 变频器

由于盾构机是一种隧道掘进的专用工程机械，隧道施工的环境通常又比较恶劣，主要表现为高温、高湿。为了解决防护与散热的矛盾，施耐德电气提供的机柜巧妙地利用 ATV71 产品设计上的优点，即主回路部分 IP54 防护等级，还设计了双通道排风机构。

变频器的功率部分和控制部分处于不同的冷却风道中，中间以隔板隔开。控制部分由电子元件构成，发热量有限，易受环境影响；功率部分发热量大，但已设计成 IP54 等级，可以由“脏”空气直接冷却，而且由于功率部分挪到了独立的风道中，控制部分所处的风道中没有大的散热源，可以将机柜设计成高的防护等级，如采用高防护等级的滤网。而在盾构机所用的机柜通常将控制部分设计成完全密闭的形式，然后用两个工业空调为数个机柜的控制部分散热，或干脆采用水冷设计，工程型柜式变频器的结构如图 23-13 所示。

柜式变频器的现场照片如图 23-14 所示。

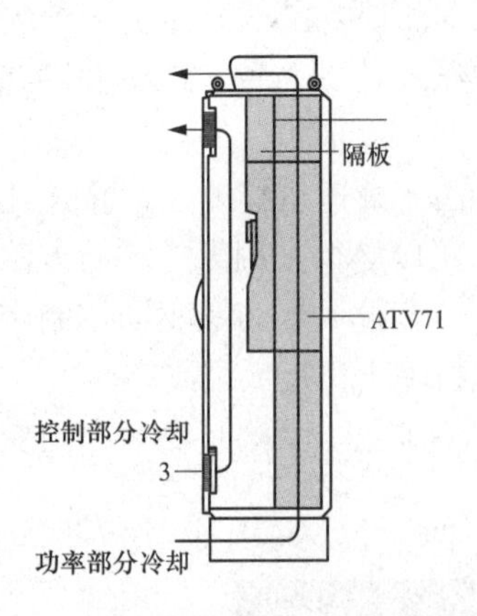

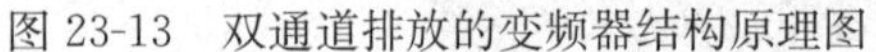
图 23-13　双通道排放的变频器结构原理图

图 23-14　刀头驱动变频器组

第三步　设置电动机参数进行自整定

在【1.4 电动机控制】菜单中按照电动机铭牌数据依次输入【电动机额定频率】、【电动机额定电压】、【电动机额定电流】、【电动机额定转速】、【电动机额定功率】后，找到【自整定】参数设为 Yes，整定成功后进入下一步。自整定如图 23-15 所示。

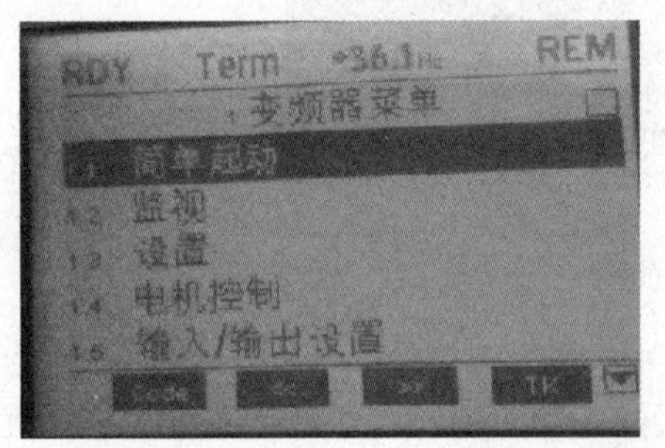

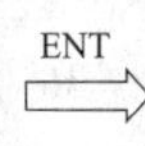

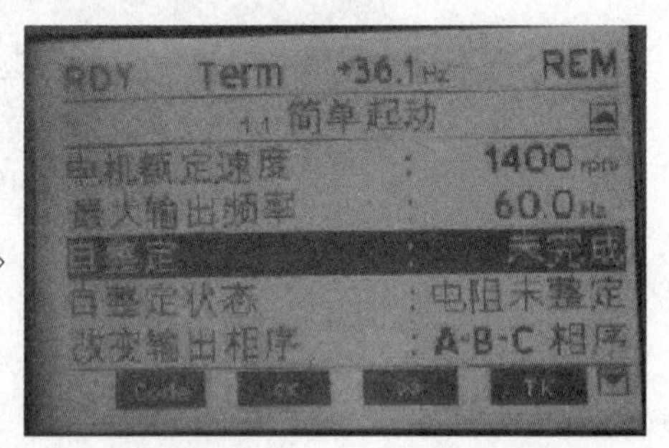

图 23-15　自整定的图示

第四步　设置斜坡类型

在【1.7 应用功能】菜单中找到【斜坡】菜单，将【斜坡类型】设置为【S 型斜坡】，如图 23-16 所示。

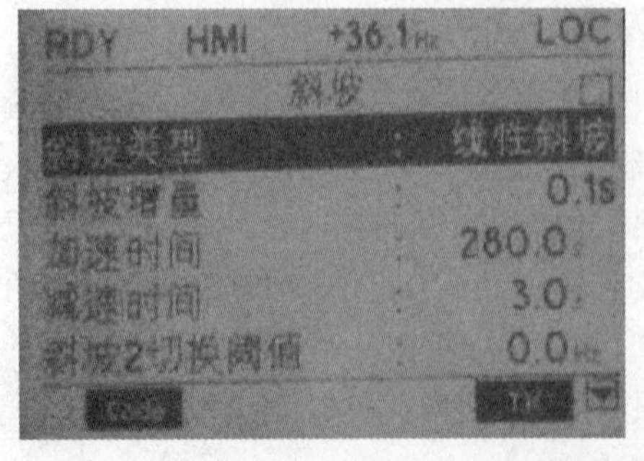

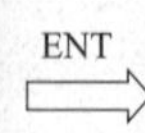

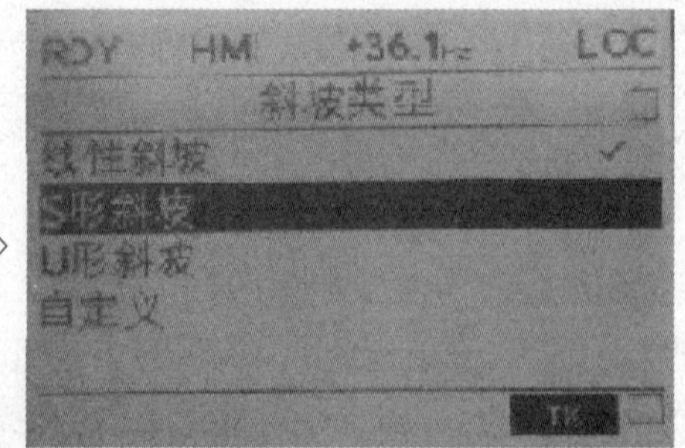

图 23-16　S 型斜坡的设置图示

第五步　加减速时间

将【加速时间】参数，设置为 20s，设定如图 23-17 所示。

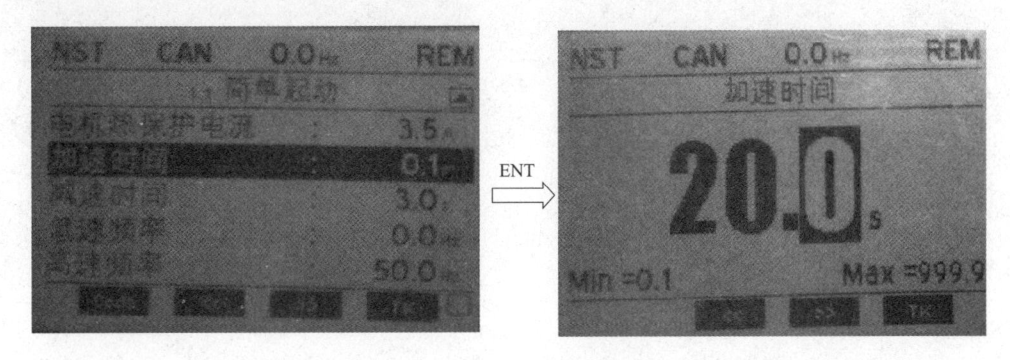

图 23-17　加速时间的设定

【减速时间】参数，将其设置为 20s。

第六步　减速斜坡自适应

将【减速斜坡自适应】设置为【有】，即激活自动延长斜坡时间功能。

激活减速斜坡时间自适应功能的操作如图 23-18 所示。

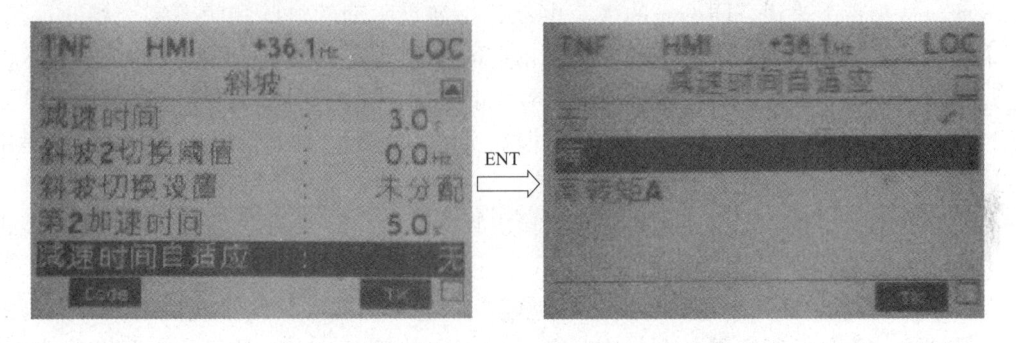

图 23-18　激活减速斜坡时间自适应功能的设置

第七步　在【1.4 电动机控制】设置负载平衡功能

盾构机的刀头由 6～22 个电动机驱动，需要将负荷均匀地分配到每个电动机上。通常，对于这类多电动机驱动同一负载的控制有如下两种经典的方法。

第一种，滑差自适应法。通常交流异步电动机的自然特性是下垂的，异步电动机的力矩特性如图 23-19 所示。

电动机的实际转速与由供电频率和电动机极数决定的磁场转速之间有一定的差异，称为滑差。对通常的异步交流电动机而言，在一定的负载变动范围内，滑差和负载之间有近似的线性关系，并且负载越重，滑差越大，意味着电动机的转速越低。

当电动机由变频器驱动时，由于频率连续可变，因此该曲线可以上下平移，但形状基本不变，对电动机本身而言，负载和转速的关系和电网直接驱动是一样的。

当多个电动机驱动同一负载时，由于电动机轴通过机械直接连接到了一起，这意味着这些电动机的速度是强制同步的。如果这些电动机的电压和频率相等，那么，各电动机的负载大小实际与各自的特性相关。为说明简单起见，以两个电动机为例，如图 23-19 所示。

两个电动机驱动同一负载的情形，如图 23-20 所示。

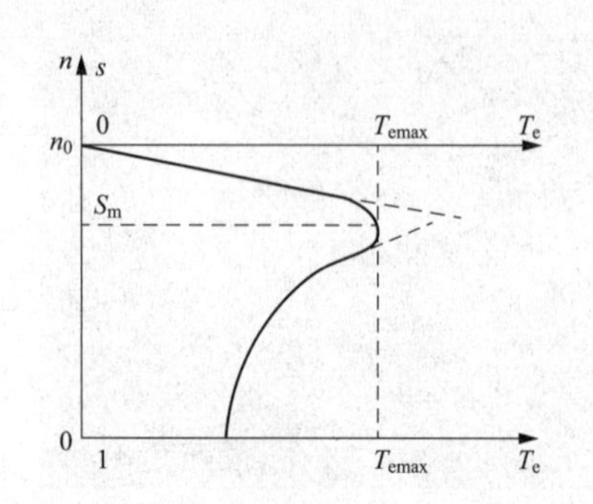

图 23-19　异步电动机的力矩特性曲线

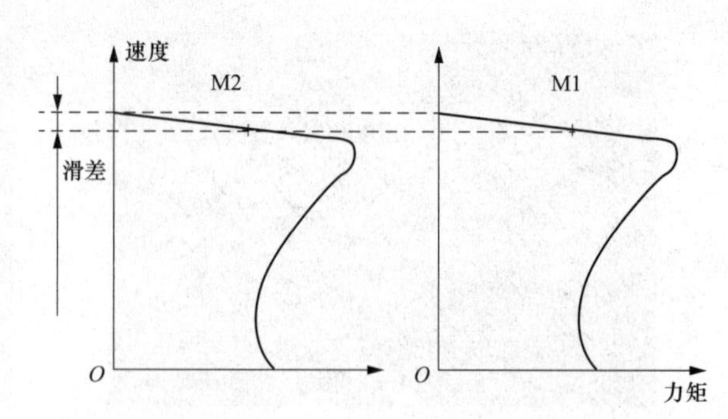

图 23-20　两个电动机驱动同一负载的情形

从图 23-20 不难看出，当电源频率相等（图中与纵轴交点，首行虚线）、实际速度强制同步（图中的第二行虚线所示）的情况下，两个电动机的负载大小实际由各自机械特性的斜率所决定。当两个电动机特性相同时，那么负载也是相等的；当特性不相同时，相对的负载也不相等。同时也可以看出，在两个电动机特性有差异的情况下，对于同样的速度范围，软特性（曲线更下垂）的两个电动机之间的负载差异比硬特性的两个电动机之间的负载差异要小。

因此，从理论上来说，同型号的数个电动机，如果驱动的电压和频率完全相同，那么，不用采取额外的措施，电动机的负载就能互相平衡。但实际上，即使同型号的电动机，由于制造过程中的差异，实际的特性很难保证一致。除非对制造好的电动机通过逐台做负载试验测定特性，然后筛选出特性一致的电动机。但在实践中，其实很难做到这一点，特别是中大功率的电动机，负载试验尤其麻烦。

在实际的力矩平衡分配中还包括变频器输出频率的变化导致的电动机曲线的平移，也就是“人为”的滑差。

ATV71 内置的“负荷平衡”功能很好地解决了这个问题。负载平衡使用一个人为的滑差，该功能在速度环前引入了一个与实际负载成正比的反馈，当电动机的实际负载增大时，变频器将主动降低速度给定值，这样的效果是人为地“软化”了曲线。

ATV71 内部同时设置了一个参数用于调整负载反馈的强度，在应用上这个参数的效果就是调节整个拖动系统的特性曲线的斜率，即“软化”的程度。

当耦合在一起的电动机特性有差异时，可以通过调整相应变频器的这个参数使拖动系统的特性达到一致。同时，正如前文所描述的那样，在同样的速度范围内，“软化”了特性的拖动系统更容易达到负载的平衡。

【负载修正】LBC 参数设置为滑差的 2～3 倍，设置为【3.5Hz】，【负载修正频率下限】设置为 3Hz，设置此参数的目的是为了保证电动机启动的顺利完成，【负载修正频率上限】设置为 50Hz，【转矩偏置】设置为 10%。

在【1.12 出厂设置】菜单中将此配置文件存储为【保存设置 0】，并按住 ENT 键 2s。

第八步　设置多配置功能和切换逻辑输入点为 LI3

ATV71 内置有多配置的功能，即变频器内实际能存储多套参数。这个功能使得 ATV71

在处理负载分配上更加灵活，可以将一套参数设计成系统以滑差方式实现负载平衡，而另一套参数设计成以主从方式实现负载平衡。

根据现场施工的实际情况，只要一个简单的开关量信号，就可以在两种方法之间灵活地切换。而且，在主从的方案中，还利用这个功能实现了对主机的备份。由于盾构机的刀头本身在机械上比较复杂，在掘进的过程中，负载又比较多变。

在【1.7 应用功能】菜单中【多电动机选择】设为【是】，【2 套设置】设为【LI3】，设置如图 23-21 所示。

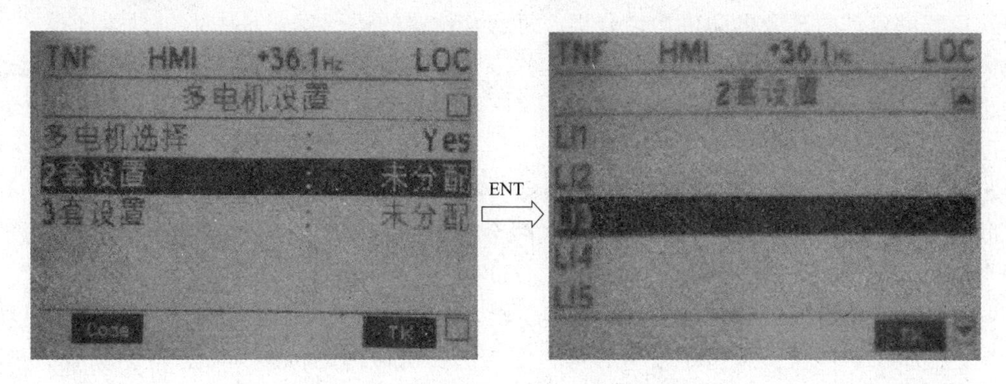

图 23-21 2 套设置设为 LI3 的操作图示

第九步 设置主从配置的功能

把变频器分为一个主机，其余为从机。

除负载平衡外，ATV71 还支持主从模式的负载平衡方式，即主机处于速度运行方式，将主机的实时力矩控制值发送到处于力矩模式控制的从机中，此工作模式的原理图如图 23-22 所示。

耦合在一起的每个电动机分别由对应的一台变频器驱动。在这些变频器中，指定一台作为主机，并以普通的速度控制方式运行。同时，输出力矩信号，该信号实际来自速度环的输出，在标准的双闭环拖动系统中，也就是力矩环的给定，代表了为维持速度达到给定所需的力矩。其余的变频器作为从机，运行在力矩模式，即控制目标是电动机的输出扭矩而不是转速。力矩的给定来自主机力矩信号的输出。由于给定来自同一信号，因此理论上来说，各电动机的实际扭矩输出也相等，负荷平衡因此得以实现。

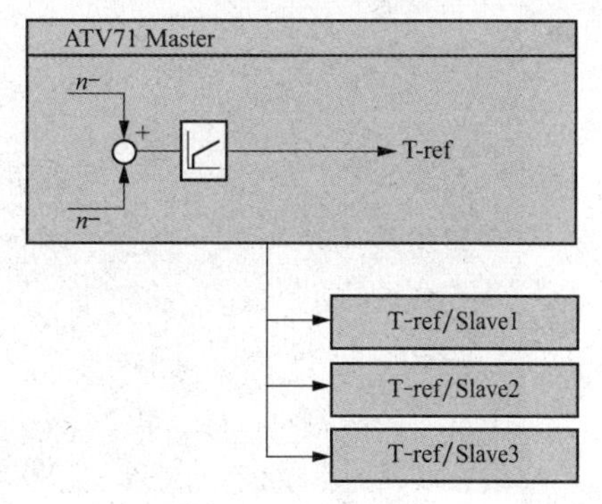

图 23-22 主从模式的工作原理图

从实现原理可以看出，这种方法要求变频器能较为精确地控制电动机的扭矩，同时力矩信号传输的精度和实时性也会影响到负荷平衡的效果。在这里，力矩信号的实时性比精度更重要，因为即使是模拟量传递，通常精度也能达到 0.1%，而这个数量级的偏差对电动机扭矩平衡的影响完全可以忽略不计。但实时性的差异会对负荷平衡产生很大的影响，特别是在过渡过程中，主机给出的扭矩信号波动是比较大的，如果信号延迟导致从机功率滞后，负荷平衡的效果就很差，严重的可能发生主从机对扭的现象。从这个意义上来说，用通信的方式传递这个信号未必有模拟量传递这个信号来得好。

ATV71 具有力矩控制的功能，同时也能输出所需的扭矩给定信号，因此可以实现这样的主从控制。

从实践中看，很多用户倾向于用主从控制的方法解决负荷分配的问题，这可能是因为主从控制的原理更容易理解的缘故。但实际上，这两种方法各有优缺，有各自的适用范围。

滑差控制的方法，每个变频器根据负载情况改变本身这个传动点的特性，无须区分主从，各变频器之间也不需要信号的传递。当一台变频器或电动机出现故障时，无须采取任何措施，负载会自动由其余电动机均匀分担。每台变频器的运行模式基本上仍是速度模式，当负载突然发生异常变化时，速度不会失控。各传动点机械传动机构之间的差异对系统运行的影响也不大。当然，由于采用这种方法后，速度会随着负载的变化而变化，因此不适合对速度精度有要求的场合。

相对来说，主从控制的方法是一种“主动”的控制方法。这种方法需要区分主从，变频器之间需要实时的传递信号。同时，主机故障会引起系统瘫痪。因此，对于一些重要场合，必须考虑一个从机充当备份从机。

同时，系统也必须设计相应的备份切换逻辑，通常这种切换需要系统停机。由于从机处于力矩控制状态，一旦负载扭矩发生异常突变，比如机械传动机构损坏，电动机有“飞车”的危险。同时，机械传动机构的差异会影响系统运行的性能，尤其在空载的时候。因此，从鲁棒性考虑，主从的方法反而不如滑差控制的方法。

但主从控制的好处是整个系统能保证速度精度，速度不随负载的变化而变化。

参数的具体设置是在【1.1 简单启动】菜单中，从机的【宏配置】参数选择【主机/从机】宏。

在主机变频器【1.5 输入/输出设置】菜单中设置 AO1 参数，将其置为【4 象限力矩】，主机实时力矩值将作为从机的力矩给定值，设置如图 23-23 所示。

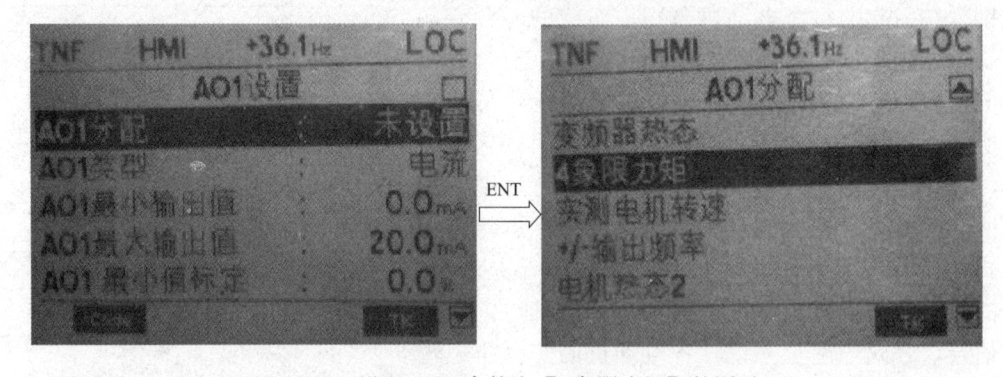

图 23-23　设置 AO1 参数为【4 象限力矩】的图示

在从机变频器【1.5 输入/输出设置】菜单中设置【AI2 类型】为电流，参数【AI2 取值范围】设置为【［+/-100%】。

在从机变频器【1.7 应用功能】菜单中找到【转矩控制】子菜单，设置【转矩/速度切换】功能为【是】，启动从机变频器的力矩控制功能，同时设置【转矩给定通道】为【AI2】，为使转矩的变化不太剧烈，将参数【转矩斜坡时间】设置为 5s。

在【1.12 出厂设置】菜单中将此配置文件存储为【保存设置 1】，并按住 ENT 键 2s。

这样我们针对两种负载平衡方法建立了两个参数配置，这两个配置可以简单的通过变频器的逻辑输入端子 LI3 的接通和断开来切换。

第十步 内部软件的定制

实际上，施耐德电气提供的是定制软件的 ATV71，除了充分利用 ATV71 内置的丰富功能外，还有一些特殊的处理，如根据实际速度和实际扭矩的大小及其变化率对力矩限幅进行控制。

这些定制软件的功能，保证了盾构机启动时既有足够的扭矩而过程又是非常平稳的，有效地降低对刀头和其他机械地冲击；在停止时，能防止因机械和负载的不平衡而在机械结构内存储应力；在堵转时，既能很好地保护刀头又能尽量发挥电动机的能力尽快实现刀头的“脱困”。

案例24　卷染机项目中 ATV71 的张力应用

一、案例说明

卷染机具有占地小、控制方便、染液浪费少、既可进行水洗工艺加工又可进行染色等优点，近年来随着变频器矢量控制技术的成熟与普及，卷染机价格下降，加上交流电动机维护简单，双变频控制系统在卷染机上已经得到普遍应用。

本示例通过卷染机中 ATV71 变频器的应用，详细说明了在张力控制系统中如何设置变频器 ATV71 的参数。

二、相关知识点

1. 传统的卷染机的结构

传统的卷染机包括以下几个部分。

（1）卷布辊：卷染机的中心机构就是两个交替来回卷绕的卷布辊，织物从一个卷布辊退绕下来、卷到另外一个卷布辊上去，在交替卷绕的过程中，不断穿过卷布辊下的染液，将染液吸收到布面上、并在卷绕过程中吸附、结合、固着。

（2）染缸：又叫染槽，位于卷布辊下方，盛放染液，卷绕中布匹平幅从染缸底部液下穿过。

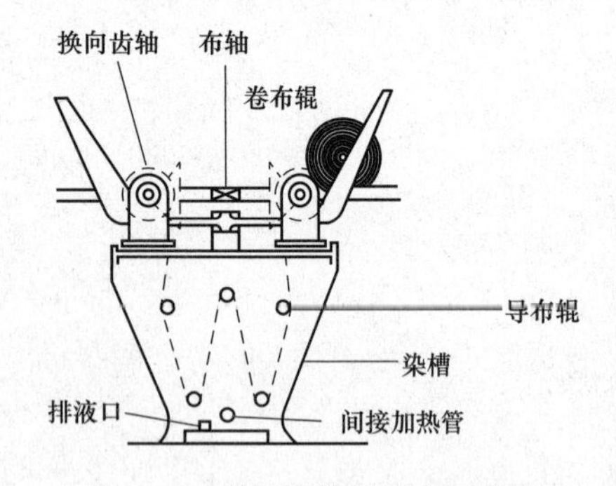

图 24-1　普通卷染机原理示意图

（3）齿轮差动机构：一种使两个卷布辊线速度恒定、以保证织物平幅通过时不会因为供快收慢而折叠起皱，也不会因为供慢收快而造成张力过大、拉长甚至拉断织物的机械装置。

（4）缸盖：常温卷染机的缸盖起到恒定机缸内部上下、左右温度的作用，防止液上织物被风吹而散热造成能源损失，同时也防止上部温度过低影响染料渗透和固着。高温高压卷染机的缸盖则起到压力锅盖的作用，事机缸内部温度超过 100℃，适用于分散染料染涤纶织物。普通卷染机原理如图 24-1 所示。

2. 卷染机控制系统分析

卷染机控制系统通常分为直流控制、液压控制、变频控制 3 种主要控制方式。

直流控制的特点是通过调节放卷电动机的制动量来调节张力输出，缺点是直流机械传动同步性能不理想，无法实现恒线速、恒张力，对大卷装情况尤其突出。同时直流电动机的开启式结构，不能很好地适合印染厂潮湿、高温、充满腐蚀性气体的恶劣环境，维护成本较高。

液压控制是通过调节放卷电动机的流量比例阀来调节张力输出，存在的问题一是国产液压件密封性能、可靠性差；二是进口的虽然品质可靠，但价格高、备件困难。

变频控制主要分为单变频控制和双变频控制，单变频控制通过调节放卷电动机的直流制动电压来调节张力输出；双变频控制通过调节放卷电动机的输出力矩来调节张力输出。变频控制的特点是交流电动机具有密封性能好、过载能力强。

三、 创作步骤

卷染机的卷径计算要在 M238 中实现，通过变频器上的内部变量字编码器脉冲数，进行辊筒的卷布圈数计算，然后通过设定的布厚来得到该辊筒的直径，如果变频器没有该内部变量，就必须通过 PLC 的高速计算模块来计算，无疑增加设备成本。

同时，还可以编程实现恒线速度与恒张力控制功能，为了实现运行过程中张力和速度保持不变，应该采用放卷变频器采用力矩控制方式，收卷变频器采用速度控制方式，通过 ATV71 变频器应用功能转矩控制功能实现张力控制，由于收卷、放卷轴并非绝对的，当布面从放卷轴卷绕到收卷轴以后要切换运动方向，此时放卷轴就变成卷绕轴，卷绕轴变成放卷轴，来回卷绕，ATV71 转矩控制功能有效地实现速度、转矩控制的切换（通过命令字的定义位来实现，0 为速度，1 为转矩控制），通过正负静带参数的设计能够进行力矩/速度的切换。

有效地防止飞车或损坏设备：通过 CMI 内部控制字的第九位，能提高运行速度的分辨率，精度可达 0.0018Hz，能够跟随卷径的微小变化实时快速响应速度调整从而保证恒线速度运行。

由于两个变频器参数除通信地址外的设置完全相同，本案例在这里以一台变频器的设置为例进行详细说明。

第一步 卷染机的系统设计

根据双变频卷染机负载特点，要求变频器选择具有转矩控制功能的恒转矩应用变频器，并要求较大的过载能力，根据上述要求，我们选用施耐德电气 ATV71 系列恒转矩变频器，为了保证驱动器有足够的过载余量，我们选择大一挡的变频器。卷染机的系统架构图如图 24-2 所示。

在上面的双变频器卷染机系统架构图中，采用直流共母线是由于放卷变频器采用转矩控制模式，所以放卷变频器一直处于发电状态，如果能量无法及时快速释放掉就会导致直流母线出现过电压故障，通过直流共母线，可以有效利用放卷变频器的能量，避免能源浪费，节能增效；针对客户要求的实现快速停车，特别是当大卷径与高速运行的时候，要实现快速停车，采用外加制动电阻防止变频器瞬时过电压故障，保证运行连续性。

变频器参数如下所示。（两台）

型号：ATV71HU55N4Z

额定功率：5.5kW；

额定电压：400V；

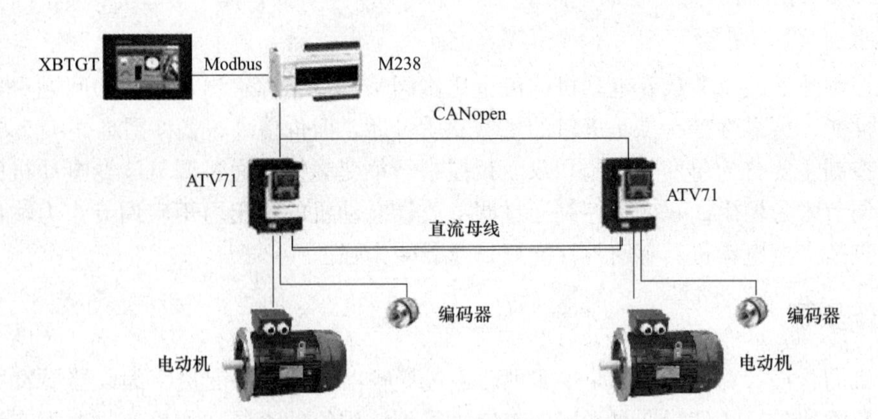

图 24-2 双变频器卷染机系统架构图

额定电流：8.2A；

额定频率：50/60Hz；

变频器编码器反馈卡：VW3A3401、24V DC。

第二步 张力控制的初步模式设置

卷染机系统控制两个辊筒（卷布）按照设定的速度和工艺要求的布面张力运行，运行中要求张力始终保持一致，不能出现波动，如果张力出现波动的话，就会导致卷绕过程中出现皱折，这样在高温环境下就会出现布面受损现象；同时线速度也要保持不变，这样才能保证布面单元面积受力相同，在染液里染色的时间相同，避免出现染色不均匀现象。该设备控制系统的主要要求是控制收卷、放卷变频器实现恒线速度与恒张力控制。

在 ATV71 变频器中选择主从宏，即在【1.1 简单启动】菜单中找到【宏配置】参数，将其设置为【主机/从机】，为使修改生效，按住 ENT 按键 2s。

第三步 设置加减速时间和电动机热保护电流

在【1.1 简单启动】菜单中找到【加速时间】参数，设置为 6s；找到【减速时间】参数，将其设置为 6s，同时将【热保护电流】设置为电动机额定电流 8.1A。减速时间的设置如图 24-3 所示。

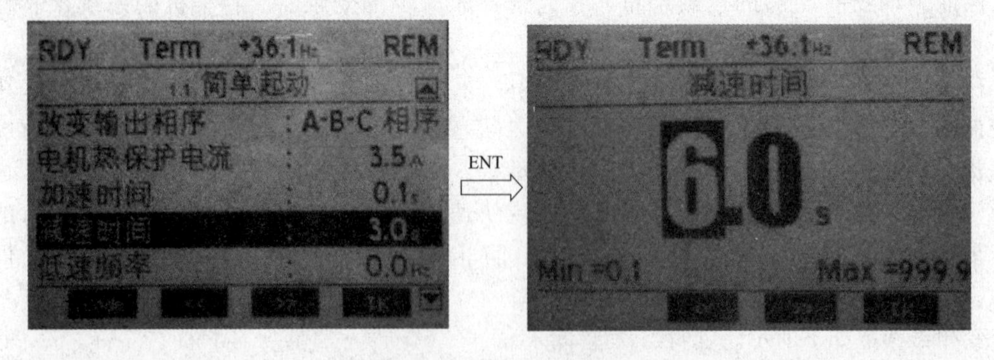

图 24-3 减速时间的设置

第四步 设置电动机参数进行自整定

在【1.4 电动机控制】菜单中按照电动机铭牌数据依次输入【电动机额定频率】、【电动机额定电压】、【电动机额定电流】、【电动机额定转速】、【电动机额定功率】后，找到【自整定】参数设为【Yes】，整定成功后进入【下一步】。自整定如图 24-4 所示。

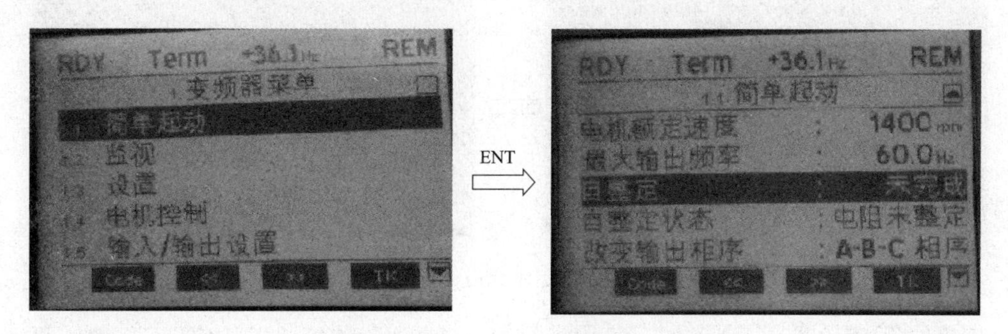

图 24-4 自整定的图示

第五步 进行编码器检查后设置电动机控制类型为闭环 FVC

将【1.4 电动机控制】菜单中的【电动机控制类型】(Ctt) 设置为电压矢量控制【SVCU】(UUC)，然后设置增量编码器参数【编码器类型】(EnS) 为 AABB，并将【脉冲数量】(PGI) 设置为 512。

接着设置【编码器用途】(EnU) 为【No】(NO)，并设置【编码器检查】(EnC) 为【Yes】(YES)。

如果 ATV71 变频器调试时使用了中文面板，那么用户还需要将【1.6 命令】的【给定 1 通道】设置为图形终端。

设置完成后，在面板上将给定频率设置为 30Hz，然后按下面板的启动按钮，运行电动机。

这时，用户需要在【1.2 监视】(SUP－) 菜单中观察【测量的输出频率】与【输出频率】数值是否相等，符号是否相反，如果【测量的输出频率】一直为 0，则说明编码器接线不对，如果两者电动符号相反，则说明需更换编码器相序，由于需要使用力矩控制功能，不要使用交换【电动机相序】参数，同时注意编码器电缆的屏蔽层必须接地。

在编码器检查未通过时，需要更换电动机相序的接线，然后，再重新进行编码器检查直到编码器检查顺利完成设置，即【编码器检查】(EnC) 变为【Done】(dOnE)。

最后将【电动机控制类型】(Ctt) 变为闭环【FVC】(FUC) 即可。

第六步 设置命令通道相关参数

在【1.6 命令】菜单中找到【组合模式】设置为 IO 模式，这样设置是为了通信控制时比较简单。

将【给定 1 通道】设置为 CANopen，【命令 1 通道】也设置为 CANopen。给定 1 通道的设置如图 24-5 所示。

第七步 设置 CANopen 通信地址和波特率

在【1.9 通信】菜单中设置两台变频器地址【CANopen 地址】分别为 1 和 2。【通信波特率】都为 500K。

设置 CANopen 地址的操作如图 24-6 所示。

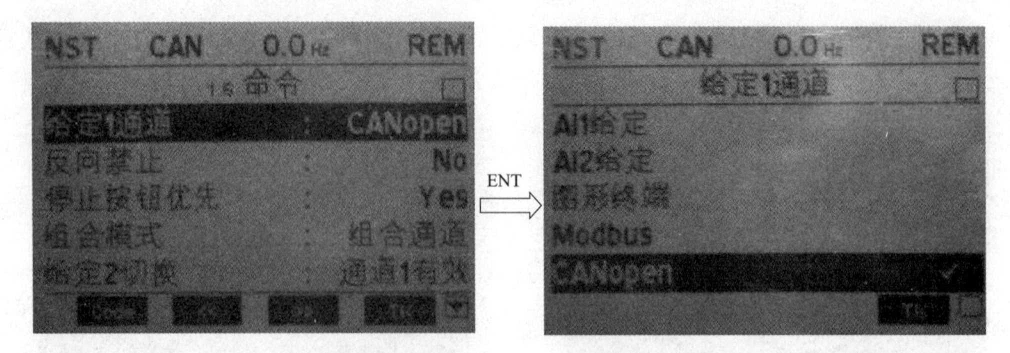

图 24-5 给定 1 通道的设置图示

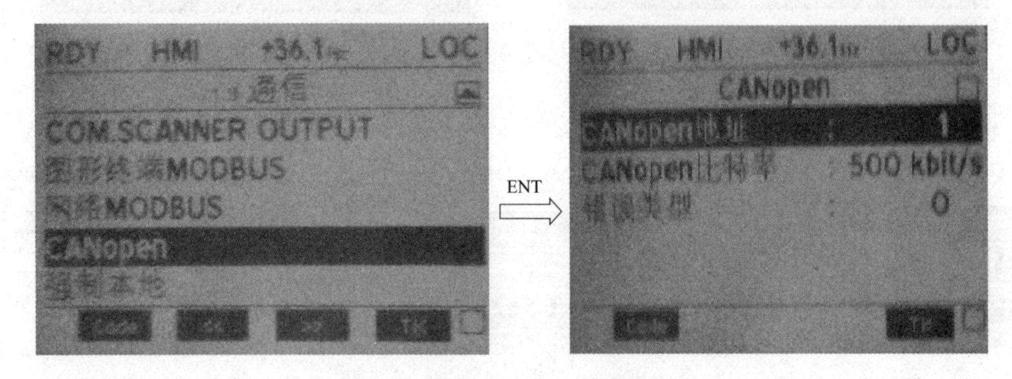

图 24-6 设置 CANopen 地址的操作

第八步 设置力矩控制相关参数

在【1.7 应用功能】菜单中设置【转矩给定通道】为 CANopen。

【转矩/速度切换】为 C205，即为控制字从零开始的第 5 位，此位为零时是速度控制方式，为 1 时是力矩控制方式。

为降低转矩波动，将【转矩斜坡时间】设置为 5s。

由于实际速度的波动范围超出给定速度加正静带和给定速度减去负静带范围时，系统自动会切换到速度控制方式，因此将【正静带】设置为 15Hz，【负静带】为 20Hz。

为提高频率给定的分辨率，保证优良的控制效果在 SoMachine 中设置服务数据为扩展控制字，并将扩展控制字的第九位置位为 1，此位设置为 1 后，32767 就对应最大输出频率 60Hz，即分辨率近似为 0.018Hz。软件中的编程使用【服务数据对象】属性页中单击【新建】，然后选择扩展控制字地址 2037/5，在弹出的对话框中选择写入的值为 512，对话框画面如图 24-7 所示。

设置 PDO 中数据为编码器读取 PUC 内部寄存器地址，此 CANopen 地址的为 201A/C；此寄存器的值等于每转脉冲数乘以电动机的转数除以 PDI（编码器计数器除数，此参数默认为 1）。

设置 CANopen 时，首先在【CANopen 远程设备】下勾选【使能专家设置】，然后在【接收 PDO 映射】下选择【添加映射】，在弹出的对话框中选择 201A/C，单击【确定】按钮，操作如图 24-8 所示。

本示例对交流变频器 ATV71 中的参数进行了相关设置，实现了卷染机的恒速、恒张力控制，用户可以通过调整 PLC 内数字调节器参数和变频器内有关参数，即使在运行速度为

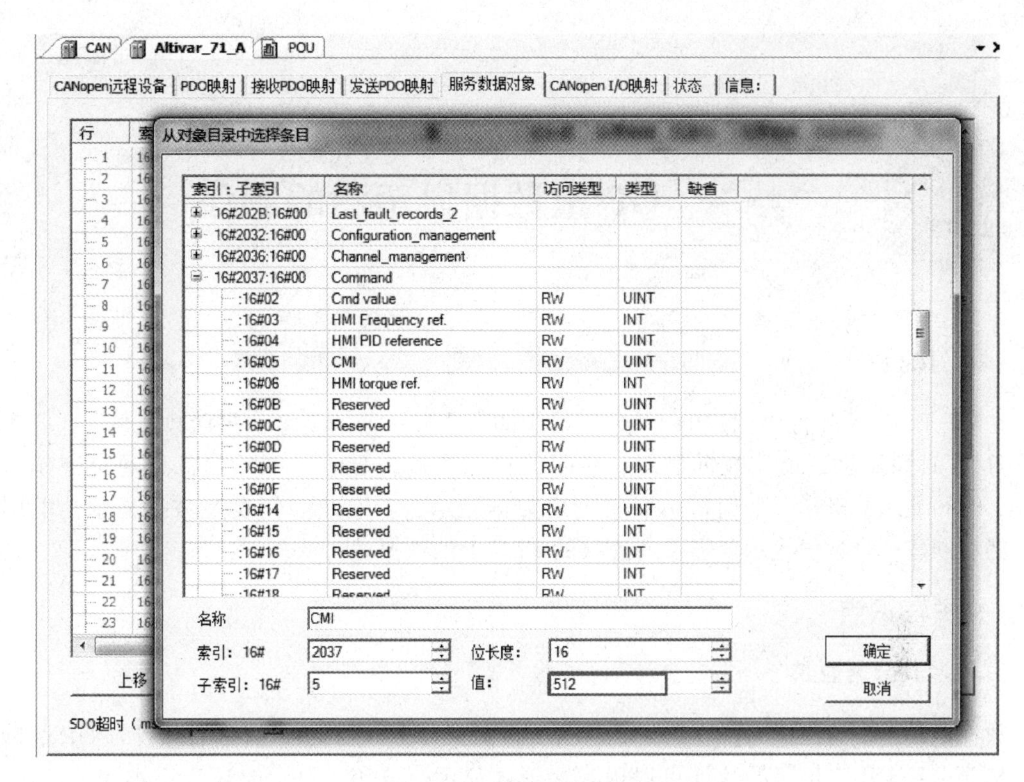

图 24-7 扩展控制字的设置

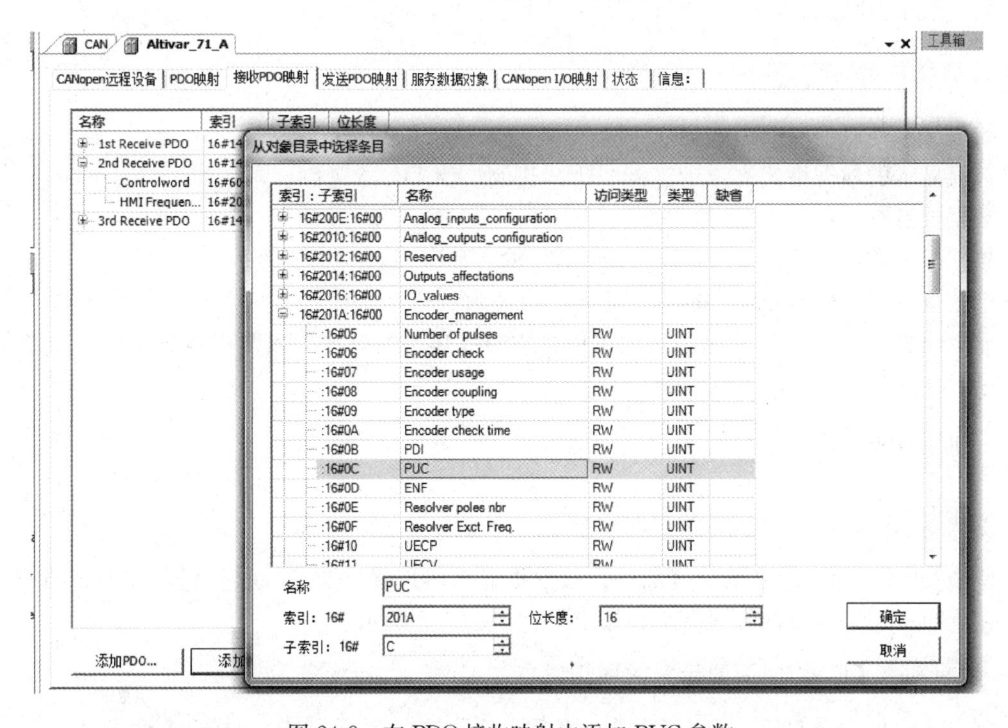

图 24-8 在 PDO 接收映射中添加 PUC 参数

120m/min 时，系统仍达到了较高的动静态性能，满足了使用厂对于该机高速、阔幅、大卷装、少维护、操作简便等要求。

案例25 GP上数据显示器的制作

一、 案例说明

在GP-Pro EX软件中创建的HMI项目中的数据显示器的类型，包括数值显示、文本显示、日期/时间显示、统计数据显示、极限值显示和输入显示，本示例首先通过制作一个【日期/时间显示】来说明如何在画面中创建数据显示器，以及如何设置数据显示器的属性等，然后创建一个数值显示，显示所连接的PLC上的数据。

二、 相关知识点

1. 数据记录的应用

数据记录功能可以定时或在触发条件为ON时采样PLC的数据，然后保存到GP的后备SRAM或CF卡中。记录的数据可以以表格形式显示、打印。显示时还具有求和、求平均、取最大、最小值功能。

2. 数值显示

数值显示是以绝对值形式显示PLC字地址寄存器的数据。

数值显示的数据格式有：十进制、十六进制、BCD、八进制。

数据长度有：16位、32位。

数据显示位数（No. of Display Digits）：输入数字显示的总位数。

小数点位置（Decimal Places）：输入小数位数。

显示形式（Display Style），数据可以是右对齐还是左对齐，以及小数点后的末位零是否要显示。

三、 创作步骤

第一步 【日期/时间显示】的添加

单击GP-Pro EX的主菜单【部件】→【数据显示器】→【日期/时间显示】，如图25-1所示。

在画面中放置新添加的【数据显示器】，如图25-2所示。

第二步 【日期/时间显示】的属性设置

双击新添加的【日期/时间显示】，然后在弹出来的属性页中，选择【数据显示】的类型，在字体中选择字体类型和大小，监控日期中可以点选【显示屏类型】或【控制器/PLC】，在勾选了【日期】、【星期】和【时】后，选择它们的类型，如图25-3所示。

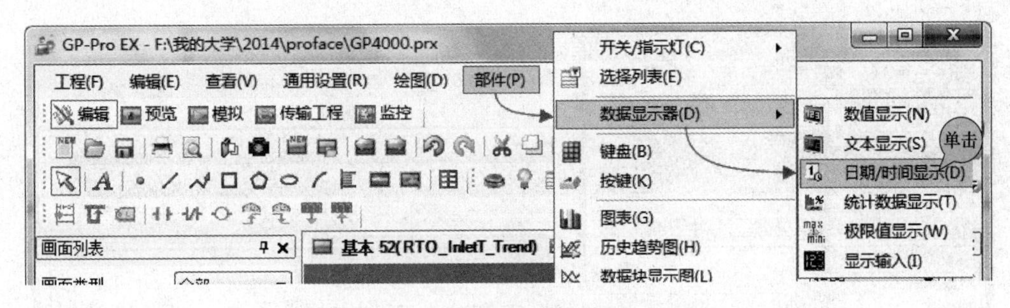

图 25-1 添加数据显示器

图 25-2 放置数据显示器

图 25-3 数据显示器的属性设置

第三步 模拟数据显示器

模拟后的数据显示器，显示出日期和时间，2015 年 1 月 30 日星期五 19 时 16 分如图 25-4 所示。

第四步 数值显示的添加

单击图标数据显示器的图标添加数值显示，如图 25-5 所示。

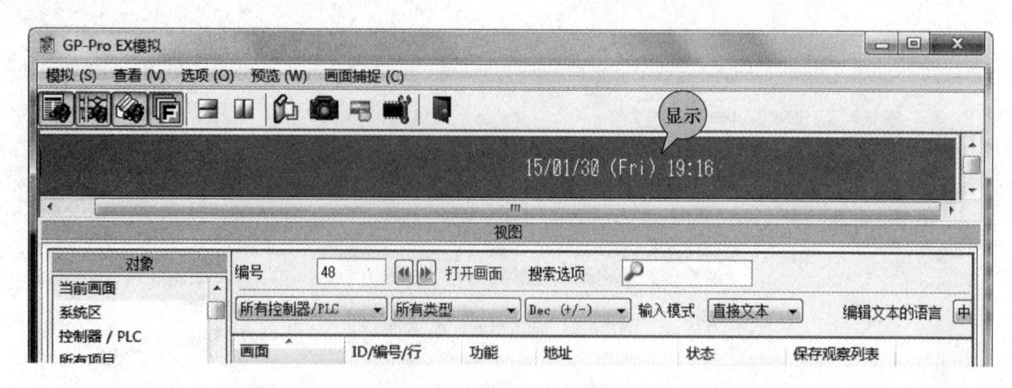

图 25-4　数据显示器的模拟

图 25-5　数值显示的添加

然后在画面上单击空白处进行添加，添加完成后双击数据显示器调出属性页面，如图 25-6 所示。

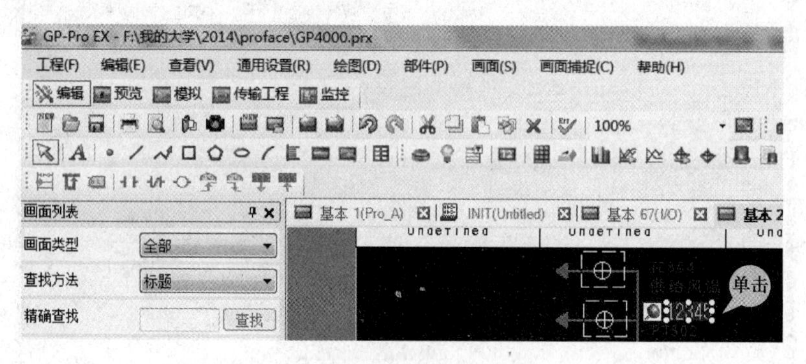

图 25-6　添加数值显示元件

第五步　数值显示的属性设置

在数据显示器中，单击【数值显示】设置数据显示器的类型，然后单击监控字地址边上的图标▣对输入地址进行编辑，编辑后单击【Ent】按钮进行确定并退出，数据类型设置为 32 为浮点数据，如图 25-7 所示。

在数值显示的属性页面中，勾选【缩放设置】后，可以设置源范围和显示范围的最大最小值，最大值为 65535，如图 25-8 所示。

第六步　模拟数值显示

数值显示的变量链接 PLC 中的地址 D3578，是热电偶的温度测量值，项目模拟后，将显

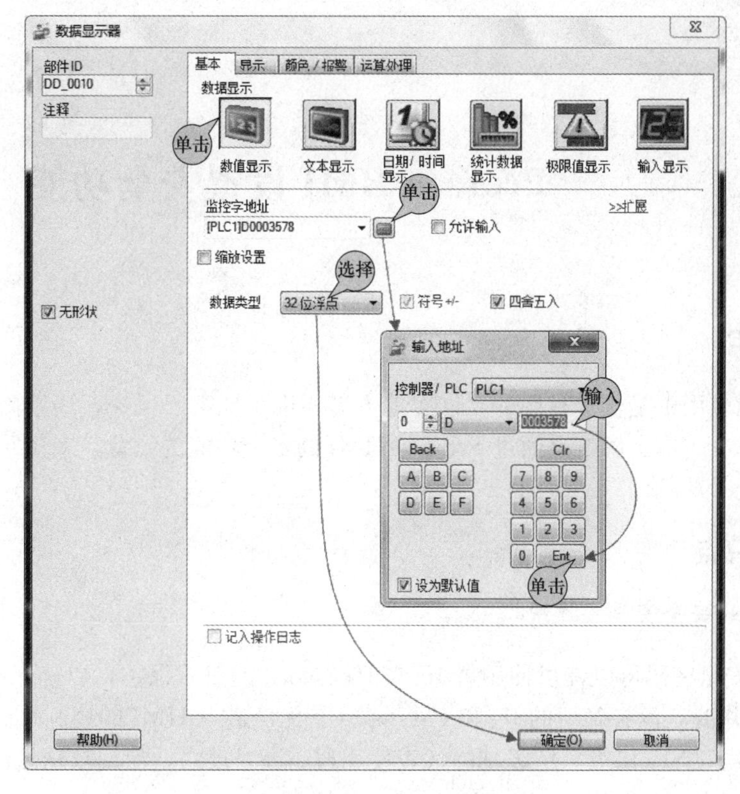

图 25-7　数值显示的属性设置

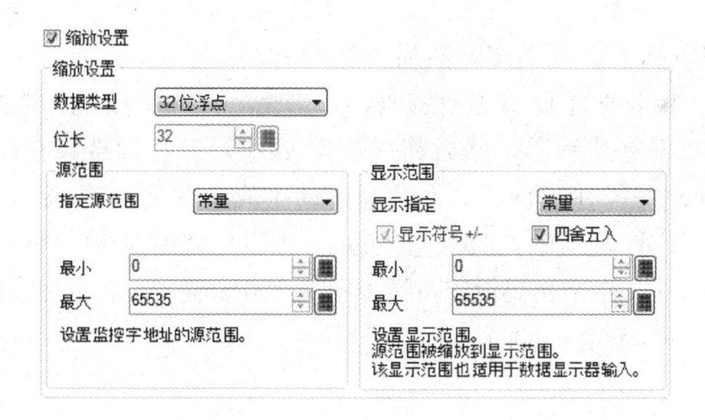

图 25-8　缩放设置图示

示温度值，如图 25-9 所示。

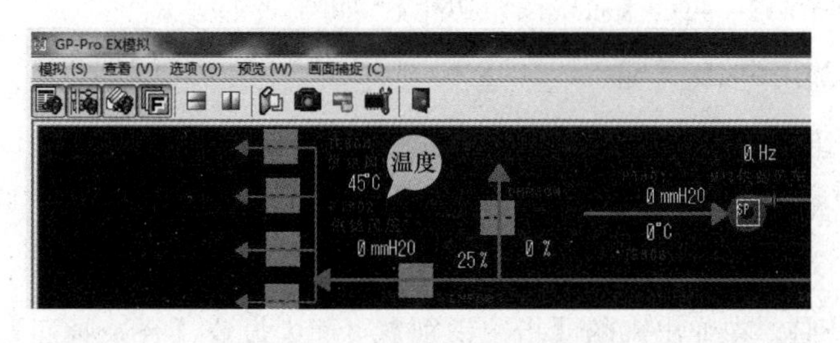

图 25-9　数值显示的模拟

案例26 Proface HMI 设置安全功能

一、 案例说明

密码在实际应用中是非常有用的，许多地方需要进行加密码保护，用来防止重要的操作参数不被任意修改。本示例就是通过 Proface HMI 的安全功能的设置，来说明如何为项目添加 ID 号和密码。

二、 相关知识点

1. HMI 上的安全密码的作用

HMI 上的安全密码可以提供使用者 ID 与 Password 的双重保护，以确保操作的安全性。对 HMI 进行操作时，没有确切的 ID 和 Password 是无法进入 HMI 的控制页面的。

安全密码最多有 15 层级，层级越高代表使用权越高，反之，使用权越低。

2. HMI 上的密码更改

更改密码可以在电脑上进行操作，然后传送到 HMI 上。

用户也可以利用 CF 卡或者 U 盘更改密码，方法是制作一个按钮，选择安全等级、设定密码，使用 CF 卡或 U 盘来更改密码，然后将【删除 CSV】进行勾选，在设置密码页面中单击【导出】按钮，选择导出路径并运行后，系统会自动生成文件夹 SECURITY/Security. CSV，直接修改密码，再存入 CF/U 盘当中，值得注意的是，CF/U 盘所对应的按钮要进行设定，最后将 CF 卡或 U 盘装入 HMI 中，按下密码设定按钮，系统将自动载入，然后清除档案，修改完毕。

三、 创作步骤

第一步 启用安全功能

在 GP-Pro EX 软件中，单击【工程窗口】下的【工程】选项卡，然后单击【通用设置】→【安全设置】→【设置密码】，勾选【启用按钮功能】，如图 26-1 所示。

第二步 添加用户 ID 号码

单击【是】按钮后，单击【新建】，在级别的输入框中通过点击⬍来设定级别，在 ID 列中输入 ID，本例设置为“Adimin”，密码设置为“8998”，如图 26-2 所示。

第三步 指纹识别

单击【指纹识别】，在弹出来的【指纹识别】页面中设置【登录画面】，有 3 个选项可以进行点选，点选后单击【确定】按钮，如图 26-3 所示。

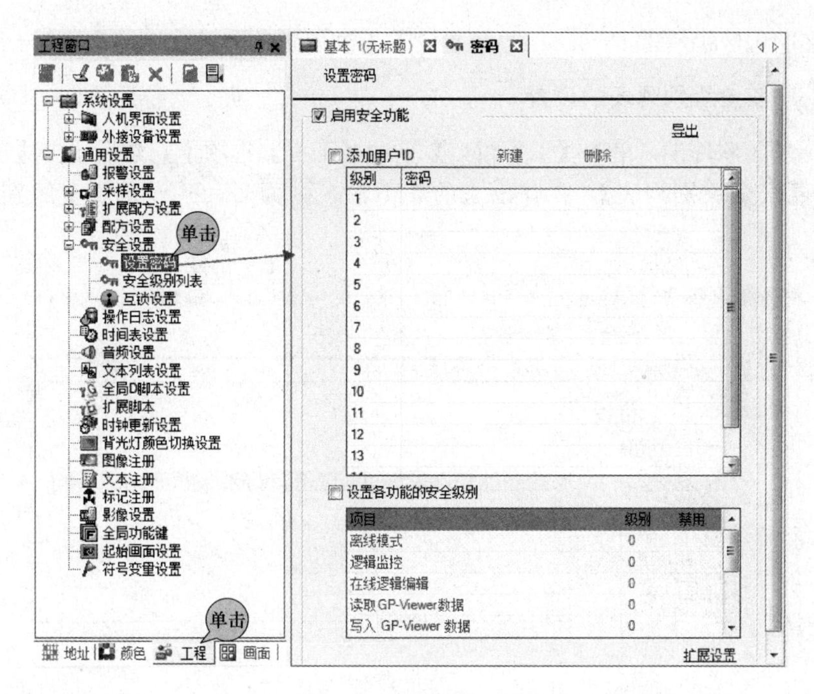

图 26-1　启用按钮功能

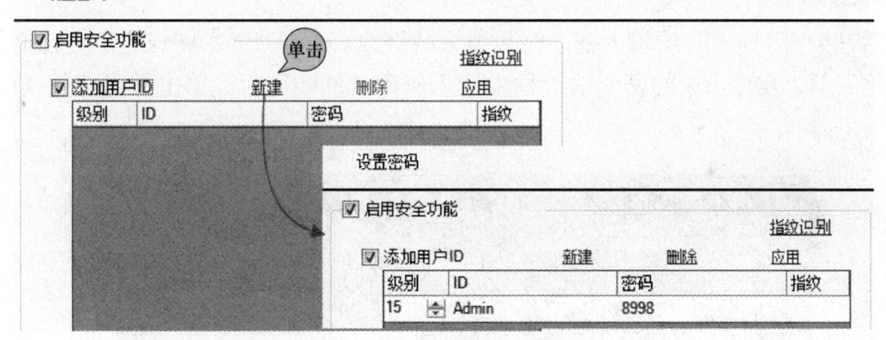

图 26-2　ID 号和密码设置

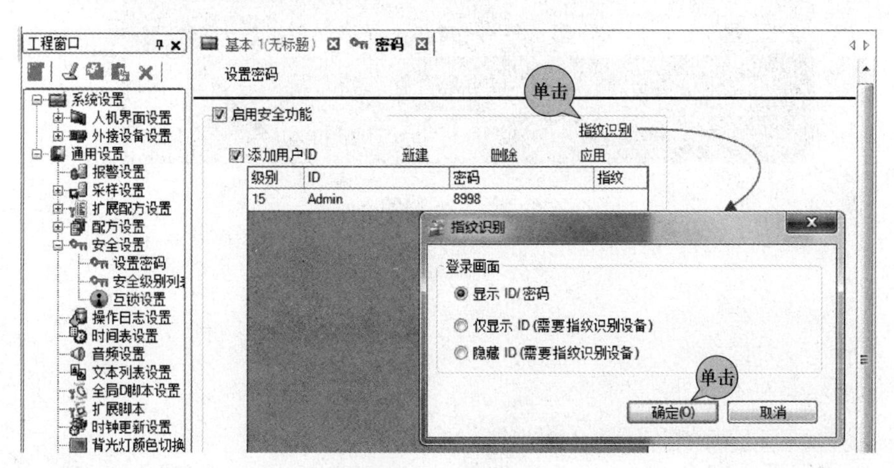

图 26-3　指纹识别

目前，在中国区销售的 Proface HMI 是没有指纹识别功能的。

第四步　安全级别列表的设置

在 GP-Pro EX 软件中，单击【工程窗口】下的【工程】选项卡，然后单击【通用设置】→【安全设置】→【安全级别列表】，在弹出来的表中输入画面号，并设定安全级别，如图 26-4 所示。

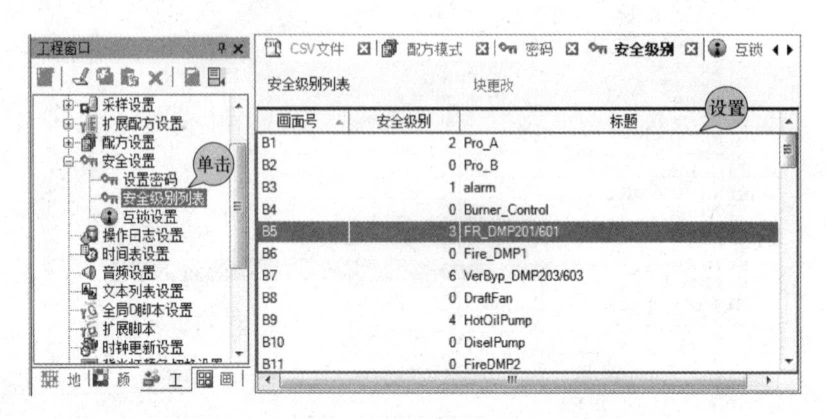

图 26-4　安全级别列表的设置

第五步　运行

运行后，单击 User ID 的输入框，在弹出来的键盘中输入 ID“Admin”，然后单击【Password】的输入框，在弹出来的密码输入框中输入密码“8998”后，单击键盘上的【ENT】，如图 26-5 所示。

图 26-5　密码输入

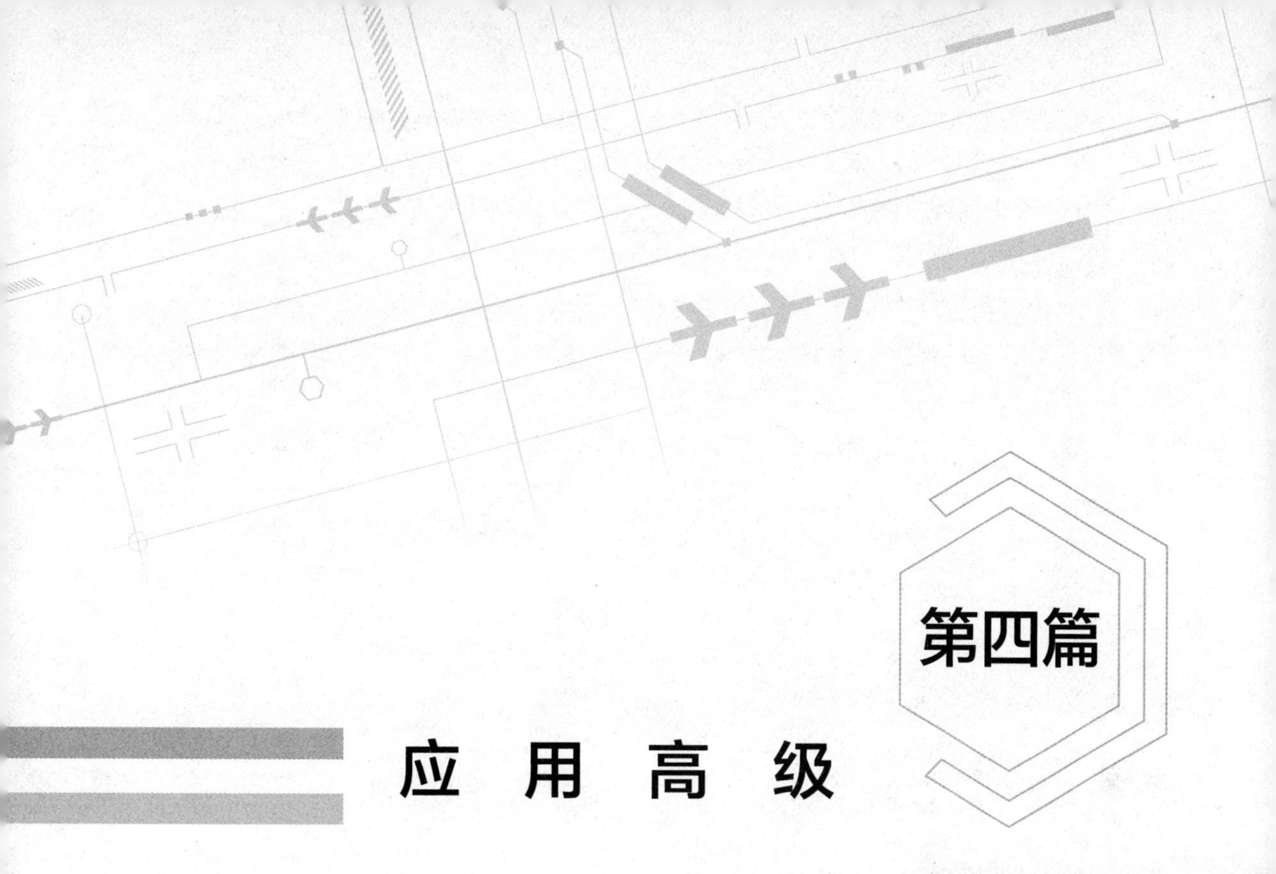

第四篇

应 用 高 级

GP 系列 HMI 上的报警系统的制作

一、 案例说明

GP 系列 HMI 触摸屏有方便、灵活、可靠、易于扩展的报警系统，能够报告系统活动及系统潜在的问题，保障工程系统安全运行。

二、 相关知识点

1. 错误状态记录画面

当发生报警时，错误状态记录画面可以将报警消息作为历史记录在列表中显示。显示列表中的报警历史有助于维护系统并降低停机率。

使用子显示功能可以采用图片或指南形式显示每条报警的详细消息和措施。

与报警关联的指导措施可以将损失降到最低，并保证每个人都能够从故障中恢复。

2. 显示报警

在实际的工程项目中为了能够以概要形式显示报警，首先用户需要记录报警监控地址和消息。所记录的消息将会以 Q-Tag 的形式显示在画面上（报警概要显示功能）。使用 Q-Tag 可以显示带有时间的触发报警消息概要。

当发生错误时，报警数据会备份在静态存储器（SRAM）中，即 PLC→SRAM。

在画面上对备份在静态存储器中的报警数据进行显示或编辑。在画面上对备份在静态存储器中的报警数据进行显示或编辑，即 SRAM↔Q-Tag。

将打印机连接到 GP 并打印出报警数据，并打印出报警数据。

在 CF 卡上保存备份在静态存储器中的报警数据。报警数据的流程如图 27-1 所示。

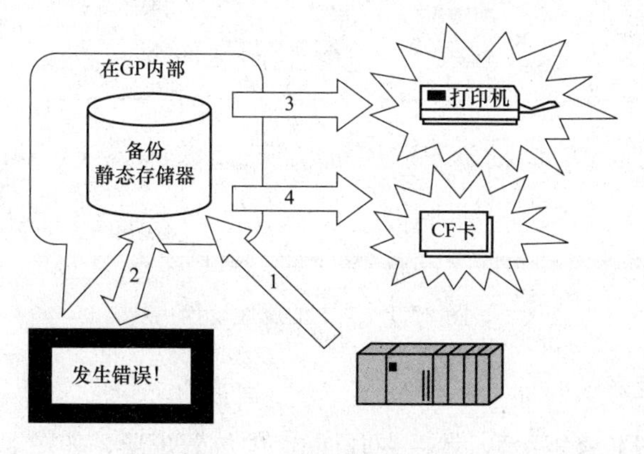

图 27-1　报警数据的流程

三、 创作步骤

第一步 报警画面的创建

在 GP-Pro EX 的项目中，右击【基本画面】→【新建画面】，画面号设置为 69，如图 27-2 所示。

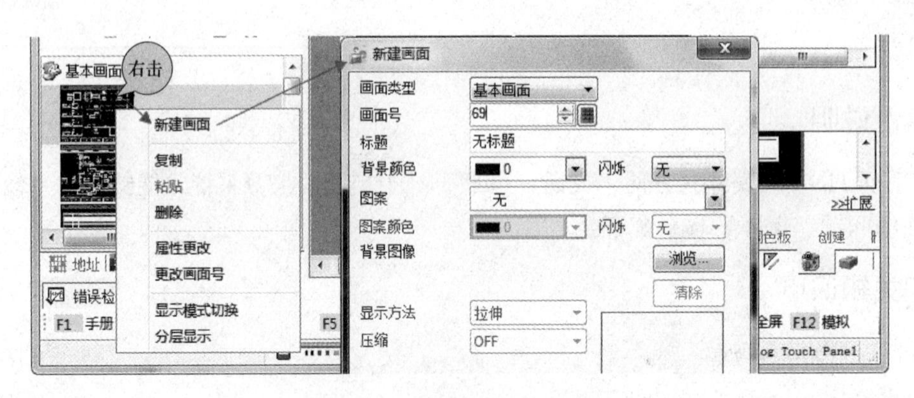

图 27-2 报警画面的创建

第二步 创建报警画面中的文本

在报警画面中创建说明文本时，单击【绘图】→【文本】，然后在画面中添加文本，然后在属性页中输入“历史报警画面”，如图 27-3 所示。

图 27-3 文本的属性设置

第三步 绘制矩形

单击主菜单【绘图】→【矩形】，然后在画面 69 中放置矩形，如图 27-4 所示。

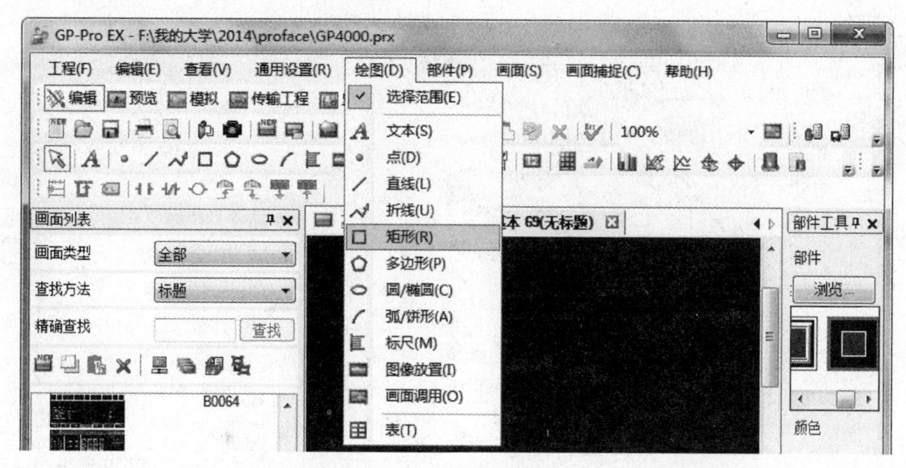

图 27-4　绘制矩形

第四步　添加历史报警记录

单击工具条上的图标，然后在画面 69 中将这个历史报警记录放置到矩形框中，如图 27-5 所示。

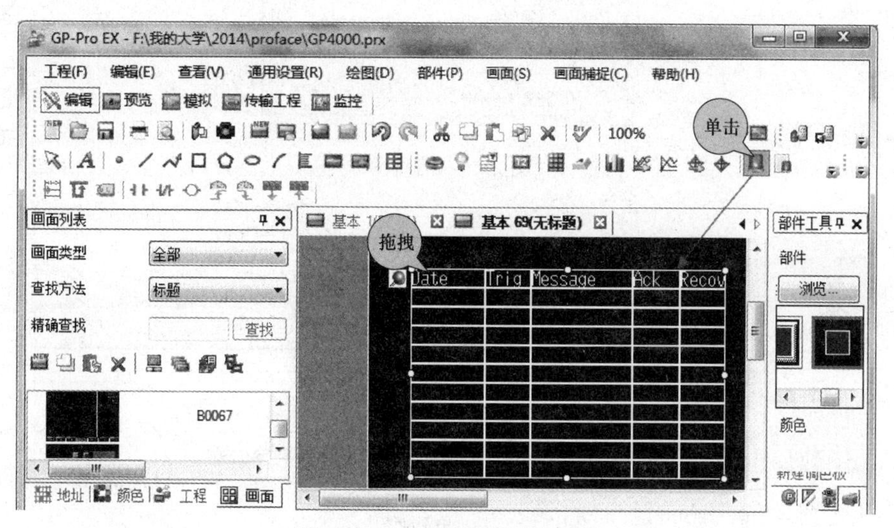

图 27-5　历史报警记录的创建

第五步　历史报警记录的属性设置

在【报警】属性页中，单击【历史】，在地址栏中选择地址，设置地址为 USR00020，然后单击【转到报警设置】，如图 27-6 所示。

此时，会弹出一个消息框，单击【是】确认打开报警设置，如图 27-7 所示。

第六步　报警设置

在报警设置页面的【通用设置】选项卡中，设置数据大小、记录数，并设置报警类型为【基本】，然后单击【块 1】选项卡，如图 27-8 所示。

在【块 1】选项卡中，设置报警的地址，设置的位地址为 M400、M401、M402，如图 27-9 所示。

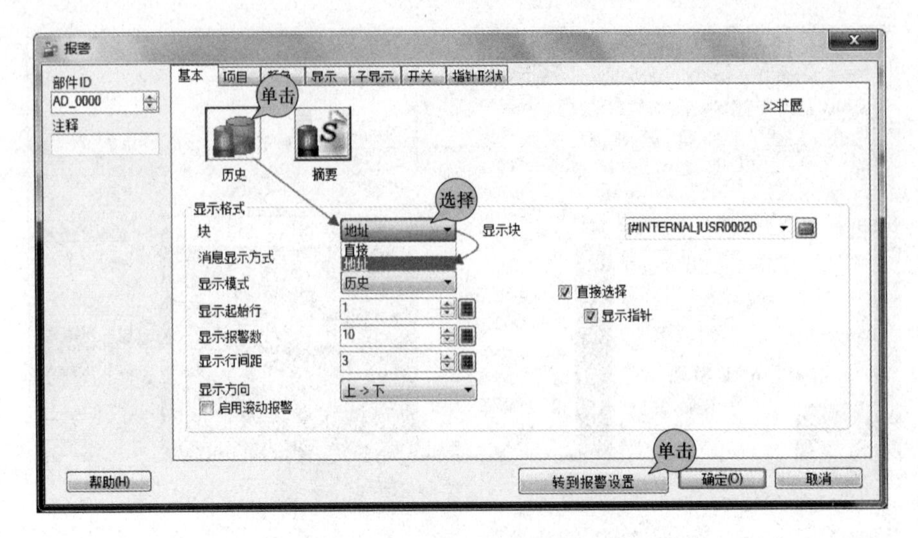

图 27-6　历史报警记录的属性设置

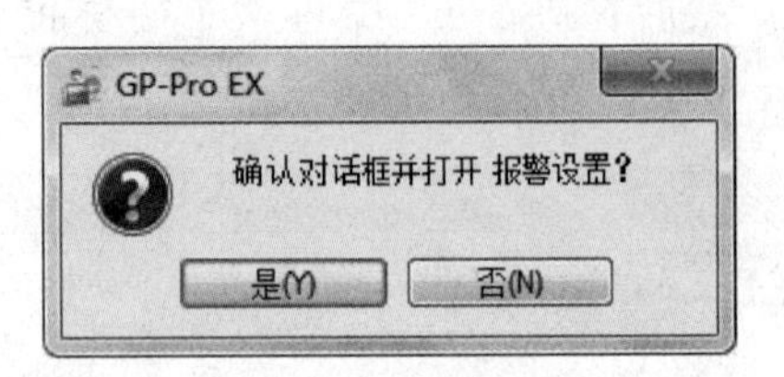

图 27-7　消息框

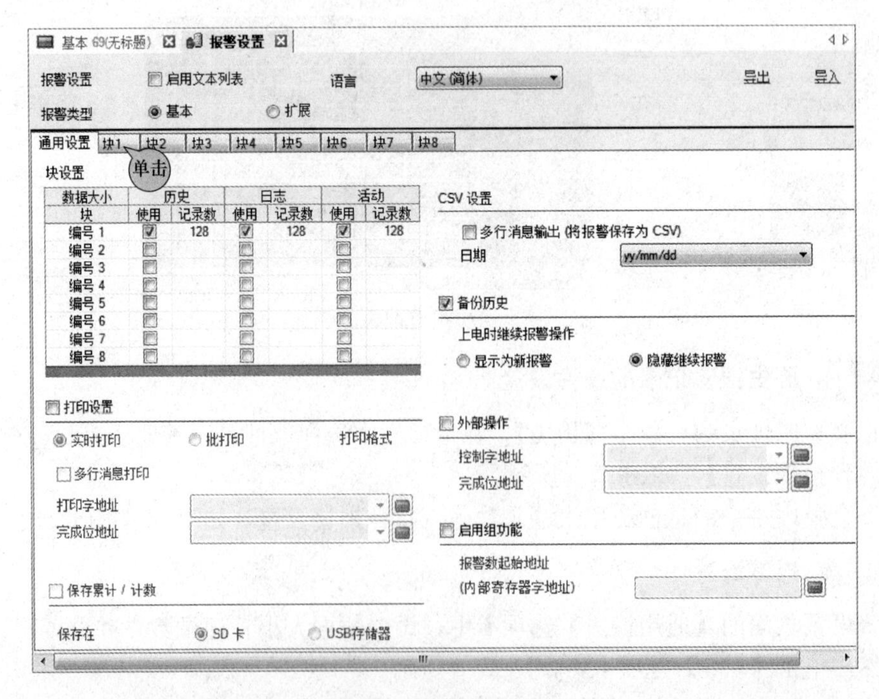

图 27-8　报警设置页面

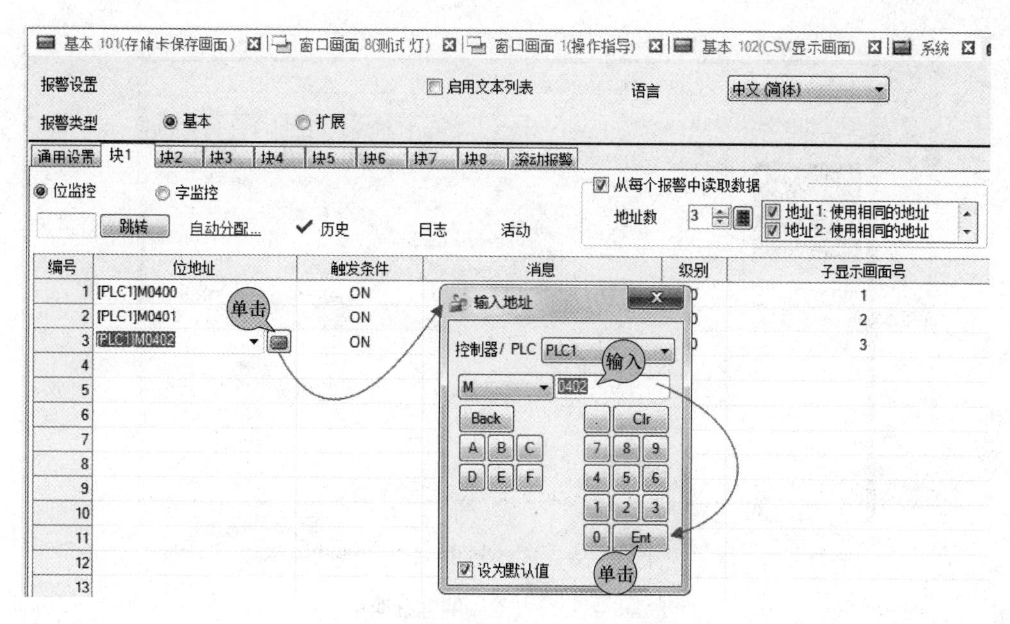

图 27-9　触发报警的 PLC 地址的输入

报警地址对应的警报消息的输入如图 27-10 所示。

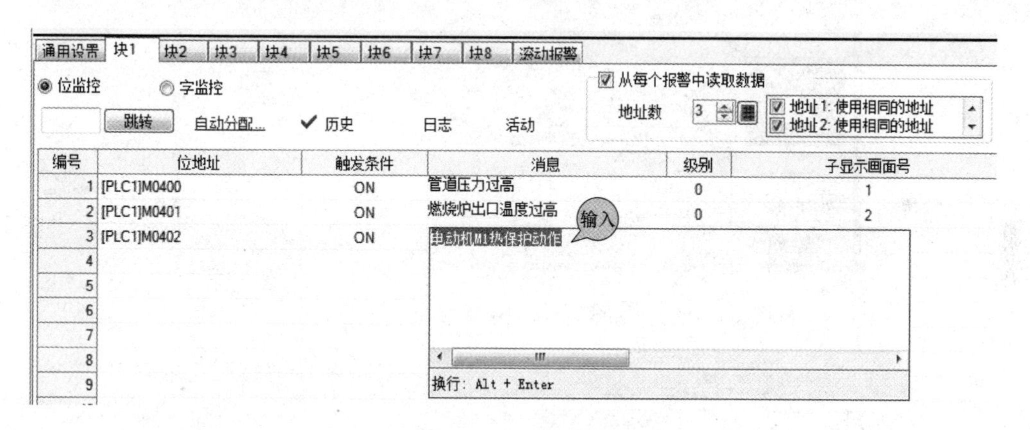

图 27-10　警报信息的输入

第七步　制作报警画面中的位开关

创建位开关 1，双击后在开关的属性页面中设置开关的位地址，如图 27-11 所示。

开关 1 的【指示灯功能】的位地址设置，如图 27-12 所示。

输入开关的标签为“废气处理线”，如图 27-13 所示。

开关 2 的地址设置为 PLC 的 M400，位操作设定为反转，如图 27-14 所示。

在【指示灯功能】选项卡中设置位地址为 M400，如图 27-15 所示。

开关 2 的标签 OFF 状态的设置，点选【直接文本】，在【选择状态】下选择【OFF】，显示语言设置为【中文】，在输入框中输入“报警 1”，如图 27-16 所示。

开关 2 的标签 ON 状态的设置，点选【直接文本】，在【选择状态】下选择【ON】，显示语言设置为【中文】，在输入框中输入“已触发”，如图 27-17 所示。

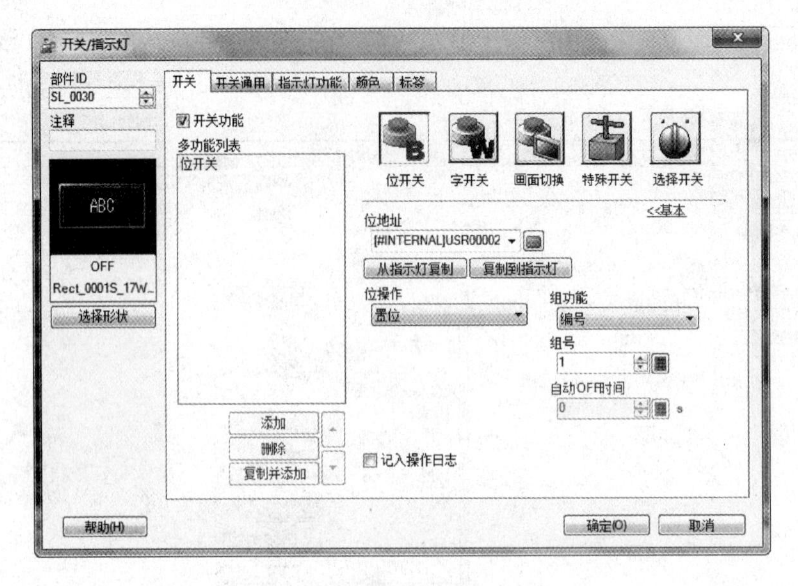

图 27-11　开关 1 的位地址

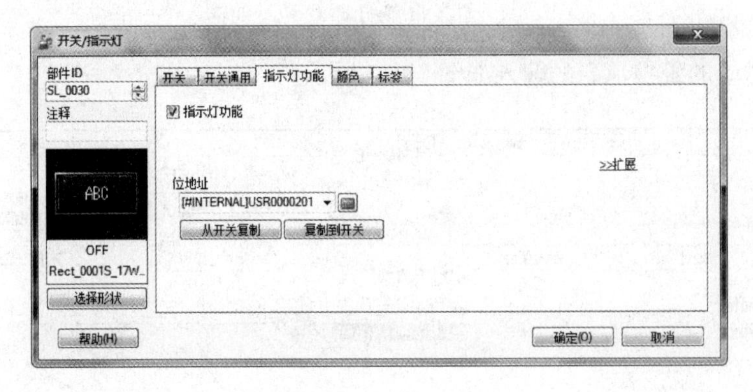

图 27-12　设置地址

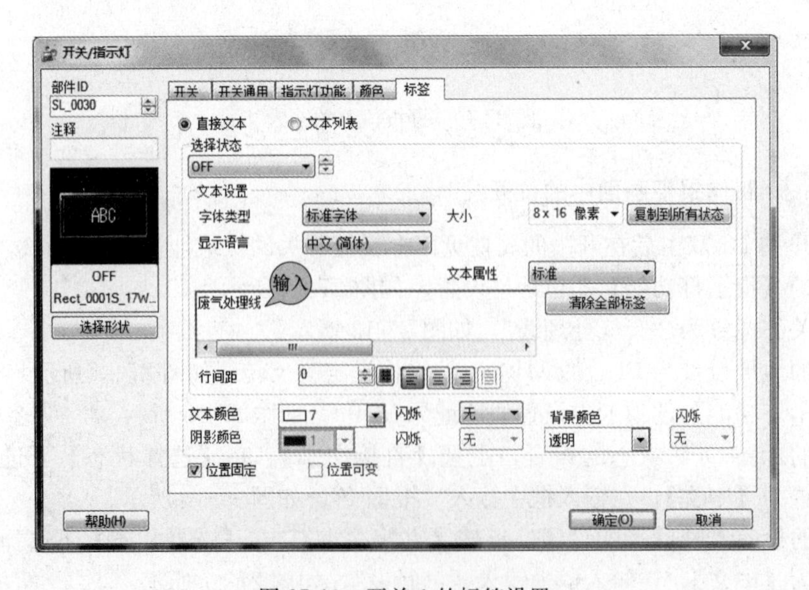

图 27-13　开关 1 的标签设置

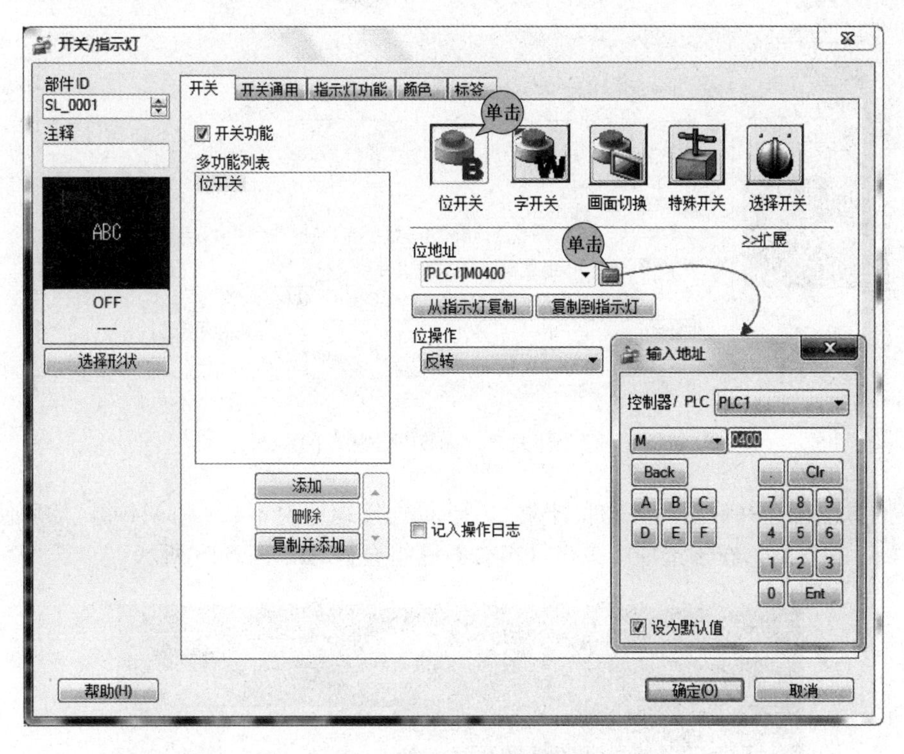

图 27-14　开关 2 的地址设置

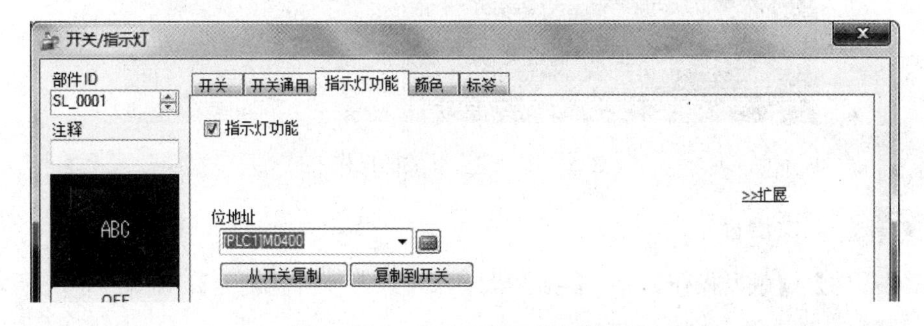

图 27-15　开关的指示灯功能设置

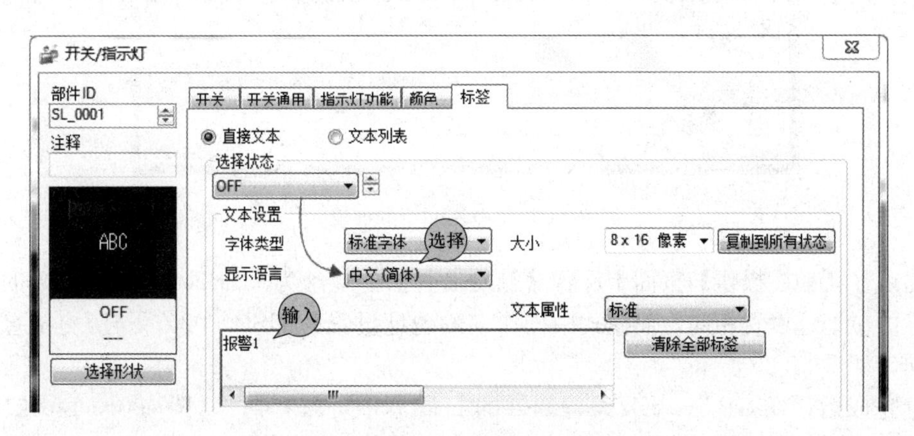

图 27-16　开关 2 的标签 OFF 状态的设置

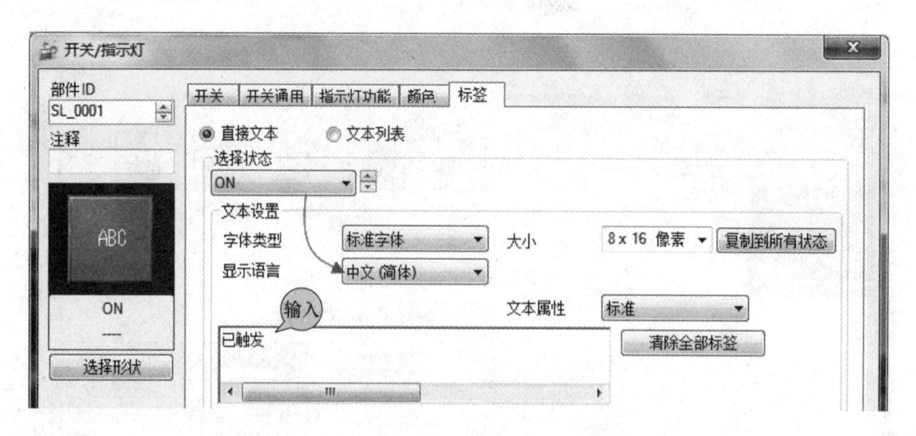

图 27-17　开关 2 的标签 ON 状态的设置

同样的方法创建并设置开关 3 和开关 4，PLC 连接地址为 M401 和 M402，然后使用全选 3 个位开关，右击后，在子选项中单击【组合】→【组合】，如图 27-18 所示。

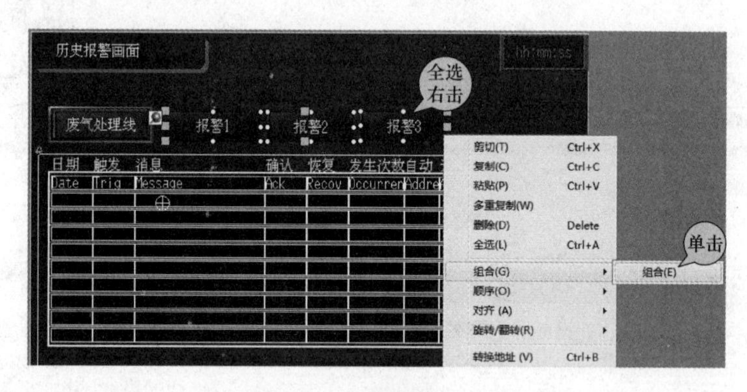

图 27-18　组合开关的操作

第八步　触发设置

单击【部件】→【触发操作】，在【触发操作列表】中单击【创建】，如图 27-19 所示。

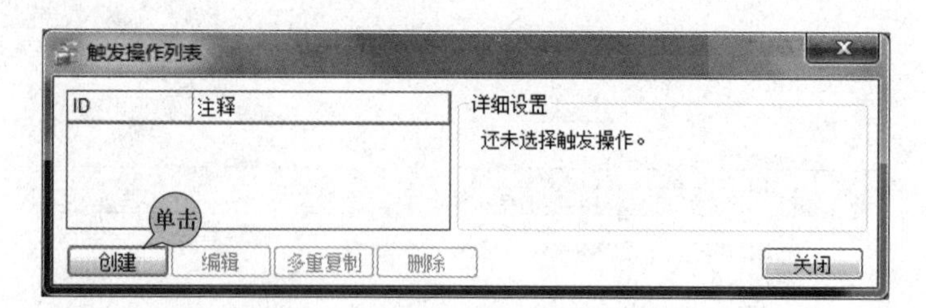

图 27-19　触发操作的创建

创建后在【触发操作】页面中设置【触发设置】的地址为 USR201，与开关 1 的【指示灯功能】的位地址设置相同，而模式中操作字的地址设置为 USR00020，与历史报警记录的地址相同，如图 27-20 所示。

设置完成后，在 GP-Pro EX 编程软件的 D 脚本中可以看到“TR _ 0000 Block1 disp”，如图 27-21 所示。

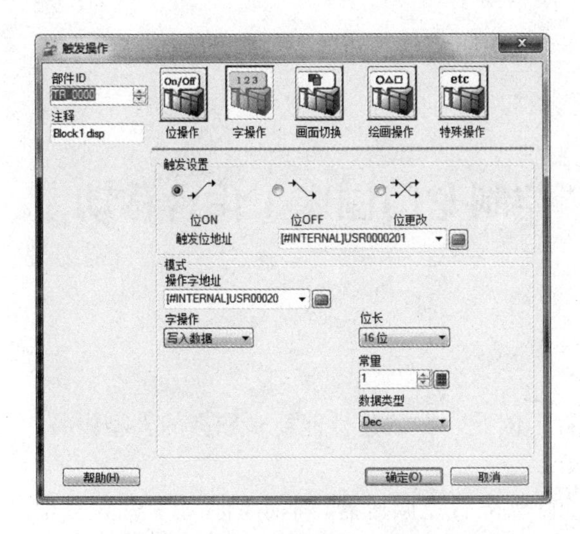

图 27-20 触发操作的设置

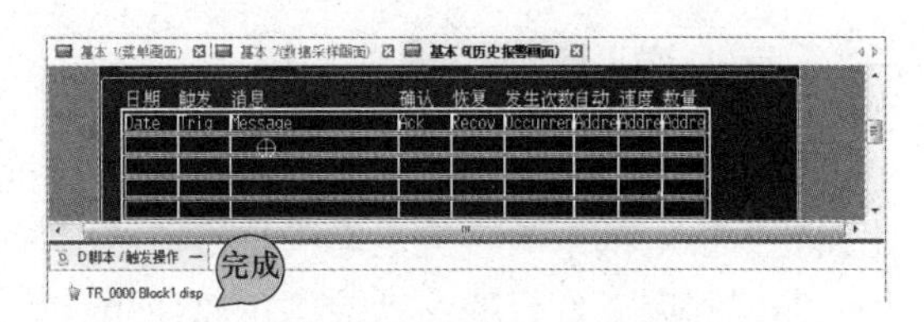

图 27-21 D脚本图示

模拟后可以看到，报警信息显示在历史报警记录中，如图 27-22 所示。

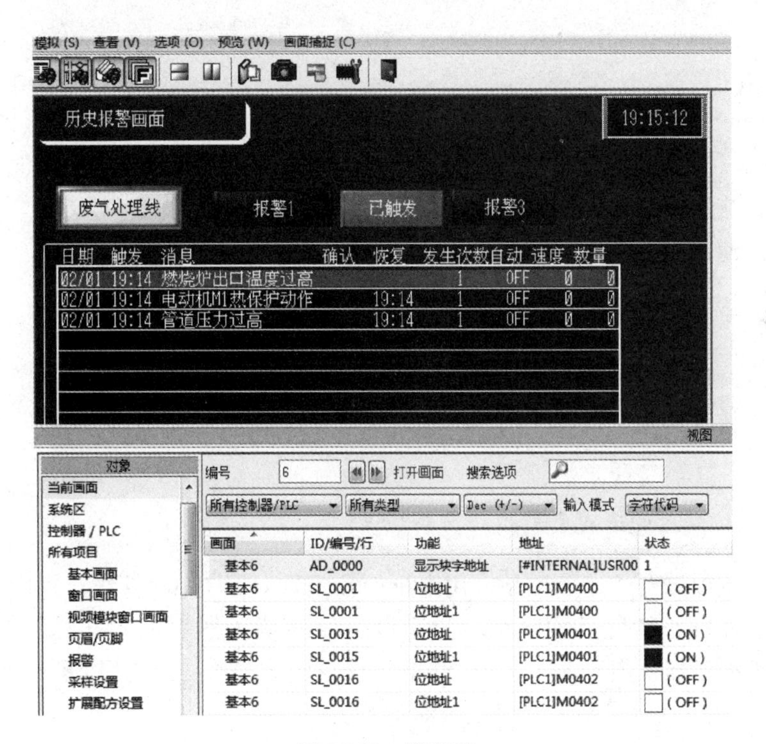

图 27-22 模拟图

案例28 昆腾43412U PLC控制龙门刨床工作台移动

一、案例说明

直流电动机具有良好的启动特性和调速特性。因此，在调速性能要求较高的大型设备，比如轧钢机上都采用直流电动机进行负载的拖动。

龙门刨床工作台的移动控制可以使用英国590欧陆直流调速器，本示例在相关知识点中介绍了直流调速器的相关知识以后，在实例操作中使用施耐德昆腾140 CPU 434 12U PLC的模拟量和数字量IO，对590调速器的使能、启停、速度反馈等功能的实现进行了程序编制。

二、相关知识点

1. 欧陆直流控制器的输出控制特点

欧陆590直流控制器的输出控制是三相全控晶闸管桥输出，由微处理器实现相控扩展的触发范围，可以使用45～65Hz频率输入作为50Hz或60Hz的电源供应。

2. 欧陆直流控制器的控制和运行控制特点

欧陆590直流控制器的控制功能的特点是全数字式，具有先进的PI调节和完全匹配的电流环，以达到最佳动态运行性能，并且电流环具有自整定功能，可以调速的PI，具有积分分离功能。

3. 欧陆直流控制器的速度和精度的控制特点

欧陆590直流控制器的速度控制采用电枢电压反馈，具有IR补偿，采用编码器反馈或模拟测速发电机，稳态精度反面，在有数字设定值的编码器反馈时（串行线路或P3）为0.01%，在模拟测速器反馈时为0.1%，在电压反馈时为2%，在使用QUADRALOCMKⅡ 5720数字控制器可达到绝对精确（误差为0.0%）。

三、创作步骤

第一步 龙门刨床系统

龙门刨床是各类机加工厂中较为常见的设备，是具有门式框架和卧式长床身的刨床。龙门刨床主要用于刨削大型工件，也可在工作台上装夹多个零件同时加工。龙门刨床的工作台带着工件通过门式框架作直线往复运动，空行程速度大于工作行程速度。横梁上一般装有两个垂直刀架，刀架滑座可在垂直面内回转一个角度，并可沿横梁做横向进给运动；刨刀可在刀架上做垂直或斜向进给运动；横梁可在两立柱上做上下调整。一般在两个立柱上还安装可沿立柱上下移动的侧刀架以扩大加工范围，工作台回程时能机动抬刀，以免划伤工件表面。机床工作台的驱动可用欧陆 590 直流调速器进行控制，调速范围较大，在低速时也能获得较大的驱动力，龙门刨床的示意图如图 28-1 所示。

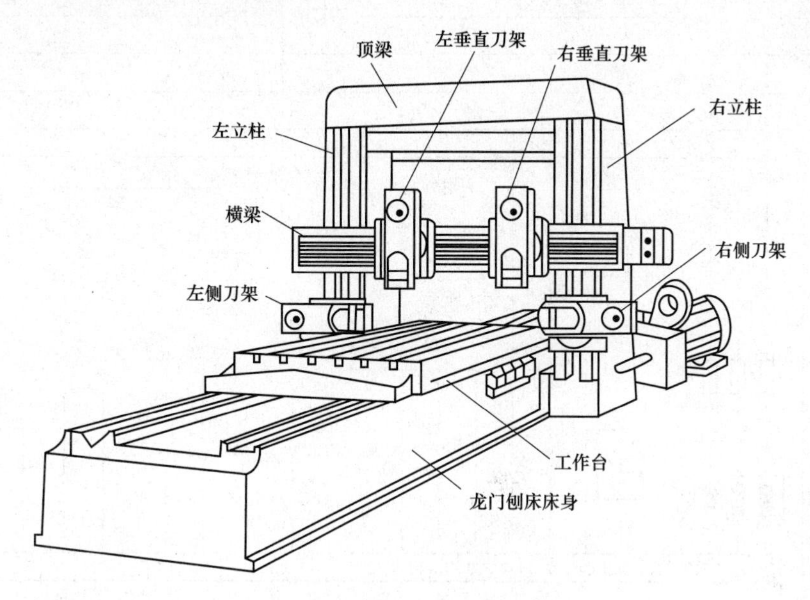

图 28-1 龙门刨床的示意图

第二步 设计直流调速器的控制电路

龙门刨床工作台的移动，使用直流调速器欧陆 590 进行控制。系统采用 AC380V，50Hz 三相四线制电源供电，自动开关 Q1 是电源隔离短路保护开关，直流调速器 U1 控制直流电动机 M2 的运转，冷却风机 M1 的运行由直流调速器 U1 的端子 D5 和 D6 控制的 KM1 接通或断开，U1 运行 KM1 线圈接通，U1 停止 KM1 线圈断电。直流电动机 M2 的接线包括电枢和励磁两个部分，电枢连接 590 的 A＋、A－端子，励磁连接 590 调速器的 F＋和 F－端子。

590 调速器的 D7 和 D8 是辅助电源接线端子，D7 连接零线，D8 连接火线，辅助电源的断路器 Q2 选择时要首先考虑接触器保持功率和控制器冷却风扇的功率。

590 调速器的 C9 为直流调速器的＋24V 输出，C5 端子的功能使用出厂设置使能，当 Q3 自动开关合上，590 直流调速器 C5 通电则使能信号有效，当使能给上后，就可以通过 C3 的通电与否控制直流电动机的启动和停止，当 Q4 开关合上，且冷却电动机的热保护没有动作，可以通过 PLC 输出控制的 CR2 继电器的吸合和断开来控制直流电动机的启动和停止。

C4 端子组态为点动，点动的启动时序是先给 C5 使能信号高电平，然后给 C4 高电平。

C6 端子组态为正反转切换，当 C6 端子高电平时将速度给定值取反。

直流电动机的远程速度给定由 PLC 的模拟输出给出，模拟量输出端子接到 590 的模拟量端子 A1 和 A2，本地的速度给定连接到 A4 的电位计，采用 SA2 选择开关来切换，当切换到本地时 M590 的 A4 连接到电位计的滑动点，当切换到远程时，将 A4 端子接到 A1，则 A4 本地模拟量变为零。

590 直流调速器的 C1 和 C2 可以外接电动机热保护，在本项目中没有热保护元件，所以在本项目中将 C1 和 C2 短接。

急停信号将使用 B8 端子进行可编程停止，一旦急停按钮被按下直流驱动器将按最短时间停止。冷却风机 M1 和直流电动机 M2 的控制如图 28-2 所示。

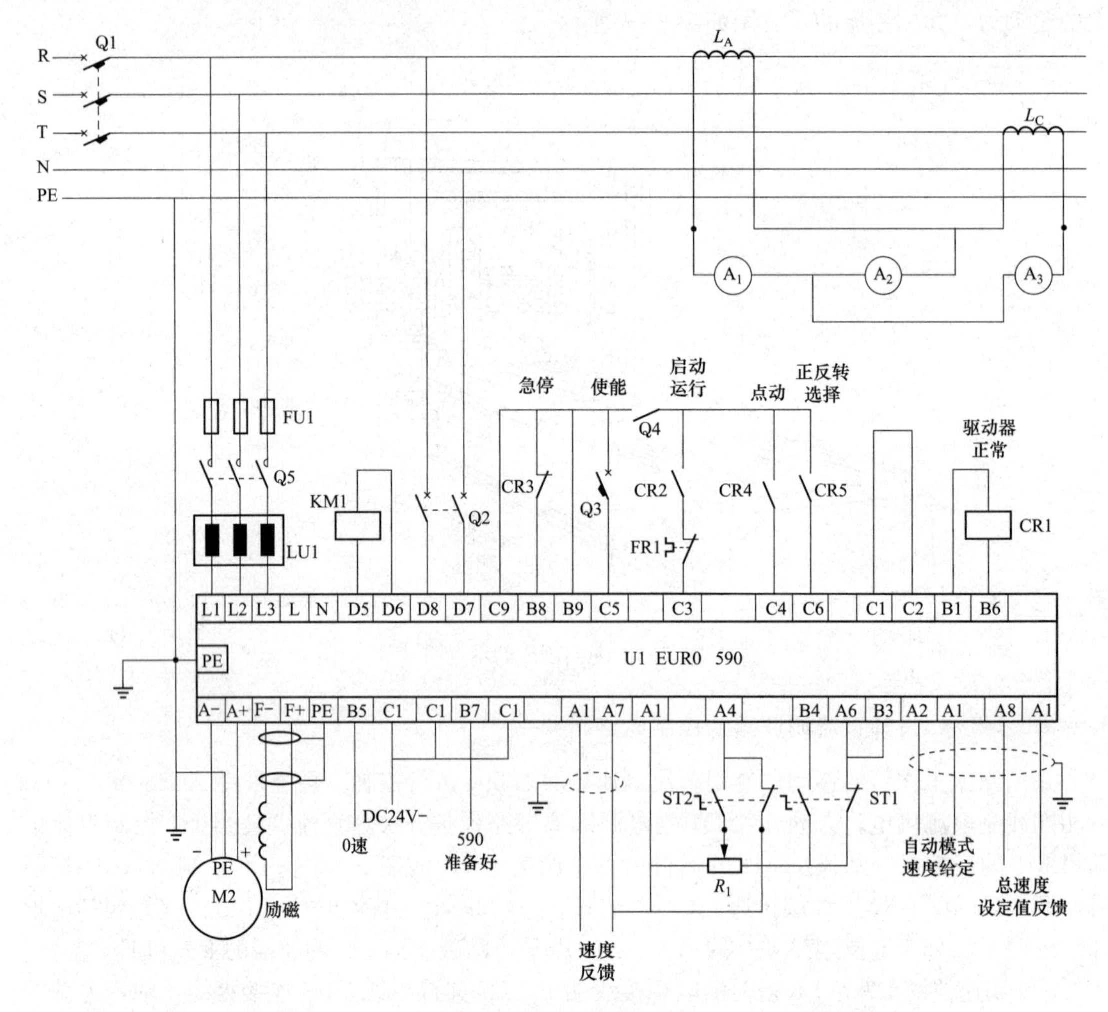

图 28-2 直流调速器电路图

主电源回路中配置了电流互感器 L_A 和 L_C，电流表 A_1、A_2 和 A_3 用来显示主电路的电流值。

欧陆 590 直流调速器的参数复位方法是同时按住向上和向下键，然后送上控制电源（至少按住 2s），此时面板会显示恢复出厂值，复位后用户一定要保存参数，不然掉电后又会恢复到上次设定的参数。

第三步 设计电气控制电路

系统的控制回路以自动开关 Q1 作为电源隔离短路保护开关，热继电器 FR1 和 FR2 作为过载保护，电气控制原理图如图 28-3 所示。

第四步 设计龙门刨床的 PLC 控制电路

自动开关是电源隔离短路保护开关，本示例采用 AC220V 电源供电，并且通过直流电源

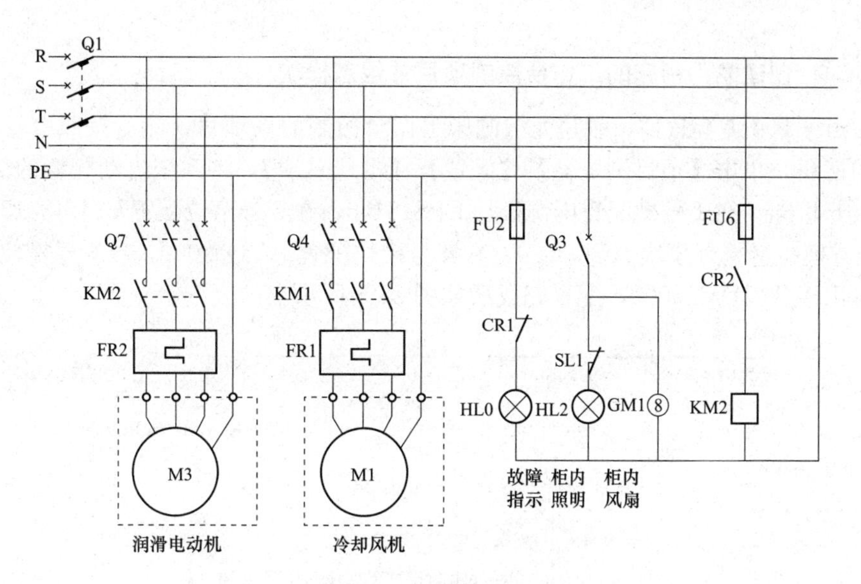

图 28-3　电气控制原理图

POWER Unit 将 AC 220V 电源转换为 DC 24V 的直流电源供给 PLC 用电。

PLC 控制系统的电源模块选配 140 CPS 12400 电源模块，CPU 选配 140 CPU 43412U，模拟量输入模块选配 Quantum 140 ACI 03000，是模拟量输入 8 通道单极模块可接受混合电流和电压输入。模拟量输出模块选配 140 AVO 02000 模块，是 4 通道的模拟量输出模块，可以进行混合模式的连接。数字量输入输出混合模块 140 DDM 39000，PLC 控制原理图如图 28-4 所示。

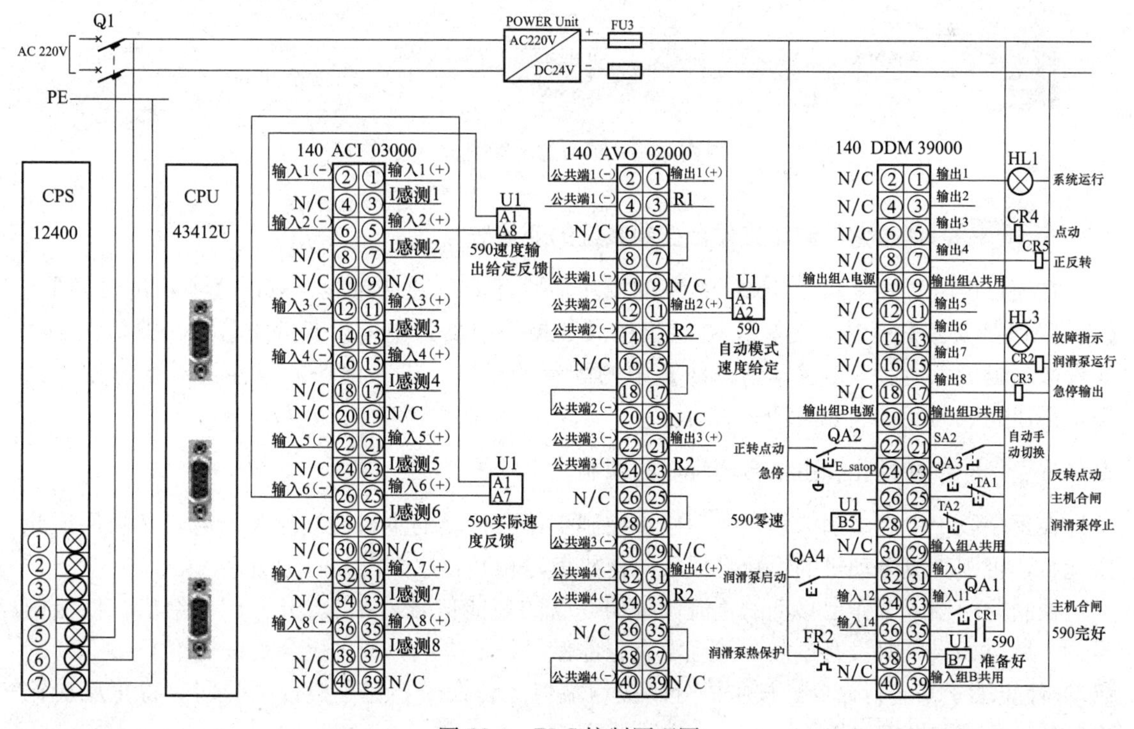

图 28-4　PLC 控制原理图

第五步　创建龙门刨床的工作台控制项目并组态模块

打开 Unity Pro 编程软件，创建龙门刨床工作台控制的新项目，然后按照电气设计来配置项目中的模块，单击【项目浏览器】→【配置】→【本地总线】，将系统自动配置的 10 槽位的机架替换成 6 机架，在 1 号槽配置电源模块 CPS12400，在 2 号槽位配置 CPU43412A/U，在 3 号槽位配置模拟量输入模块 ACI03000，在 4 号模块配置 AVO02000，在 6 号槽位上配置数字量输入输出模块 DDM39000，配置完成后如图 28-5 所示。

图 28-5　项目的配置图示

第六步　创建龙门刨床工作台控制系统的变量表

在项目中配置好昆腾 43412U 系统的模块后，还要创建变量表，双击【项目浏览器】→【变量和 FB 实例】→【基本变量】，在弹出的【数据编辑器】中编辑变量的名称、类型、注释等参数，也可以通过双击【本地总线】中的配置的模块，进入模块的属性页对变量进行创建，创建完成的变量表如图 28-6 所示。

第七步　初始化和主机合闸程序的编制

在程序段 1 中启动润滑泵，龙门刨床控制工作台移动的主机的润滑泵开启（必须保证此泵运行，否则直流电动机的运行将损坏减速机齿轮箱）程序如图 28-7 所示。

控制龙门刨床工作台移动的直流调速器 590 的使能信号，在 Q3 开关闭合给出，使能信号为 1 后，如果风机没有过载，并且没有急停信号的前提下，按主机合闸按钮给 C3（590 的启动/停止端子）运行命令，按主机分闸按钮端口运行命令，在主机分闸的同时将正反转输出复位，程序如图 28-8 所示。

变量 | DDT 类型 | 功能块 | DFB 类型

过滤器　名称 = *　☑EDT ☐DDT ☐IODDT ☐Device DDT

名称	类型	地址	注释
AutoSpeedref	INT	%QW1.4.1	自动速度给定值
EstopOut	EBOOL	%Q1.6.8	急停CR3
OilPumpRun	EBOOL	%Q1.6.7	润滑泵运行连接中间继电器CR2
faultLED	EBOOL	%Q1.6.6	故障指示灯HL2
ForRevsere	EBOOL	%Q1.6.4	正反转选择连接中间继电器CR5
jogOut	EBOOL	%Q1.6.3	点动输出C
run	EBOOL	%Q1.6.1	运行指示灯HL1
M590Feedback	INT	%IW1.3.6	590速度反馈A7端子
M590speedRef	INT	%IW1.3.2	590速度给定A8端子
oilPumpthermal	EBOOL	%I1.6.16	润滑泵热保护FR2
M590Ready	EBOOL	%I1.6.15	590准备好B7端子
M590Healthy	EBOOL	%I1.6.13	590完好CR1常开
MotorSwitchON	EBOOL	%I1.6.11	主机合闸QA1
OilPumpstart	EBOOL	%I1.6.10	润滑泵启动QA4
M590ZeroSpeed	EBOOL	%I1.6.8	590零速B5端子
OilPumpstop	EBOOL	%I1.6.7	润滑泵停止TA2
MotorSwitchOff	EBOOL	%I1.6.5	主机分闸TA1
E_stop	EBOOL	%I1.6.4	连接急停按钮E_stop
Jog_N	EBOOL	%I1.6.3	反转点动按钮QA3
Jog_P	EBOOL	%I1.6.2	正转点动按钮QA2
LocalAutoSwitch	EBOOL	%I1.6.1	连接切换开关SA2
sum	DINT		

图 28-6　基本变量表

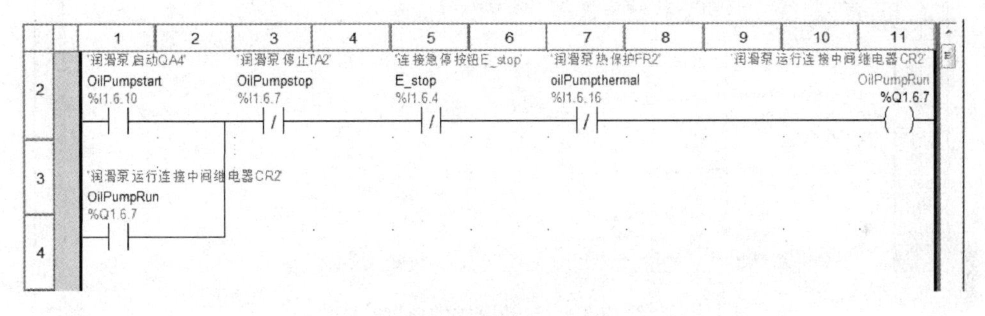

图 28-7　程序段 1 创建为常为 0 的变量

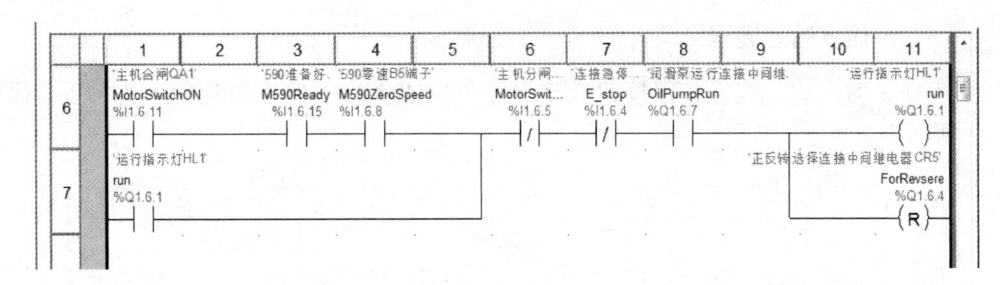

图 28-8　主机合闸程序

第八步　正反点动控制

点动输入选择 590 的输入端子 C4，正点动和反点动的选择使用 590 的 C5。点动的启动前提条件是风机不过热、没有急停、润滑泵启动并且 590 没有通过 C3 启动，则点动有效，当按下点动有效时 Q0.7 输入为 1，则 590 的 C5 被接通，因为 C5 的功能在 590 内设成的点动速度 1 和 2 的选择（C5 连接即 JOG/SLACK 的变量号 228），程序如图 28-9 所示。

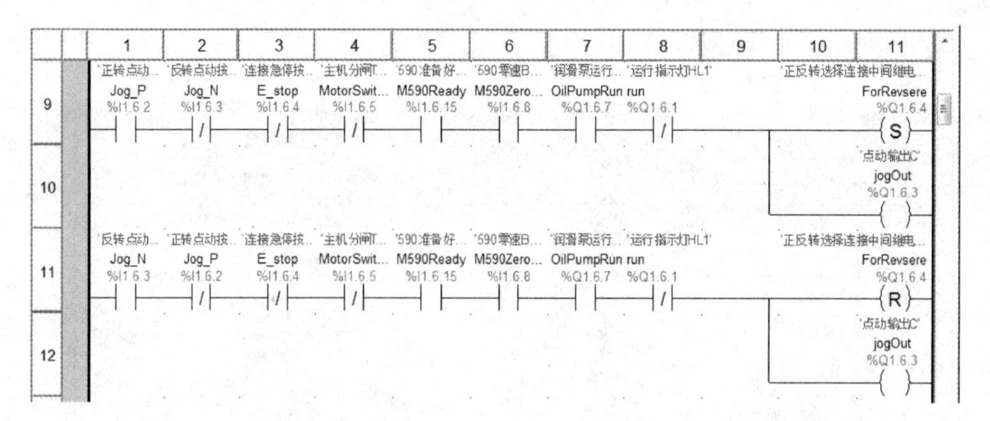

图 28-9　正点动和反点动程序

第九步　自动模式的速度控制

工作台移动的速度使用的指令是 MOVE，当自动手动切换开关切换到自动后，将 HMI 或 Scada 下送的速度放到自动速度给定 AutoSpdReal 里，程序如图 28-10 所示。

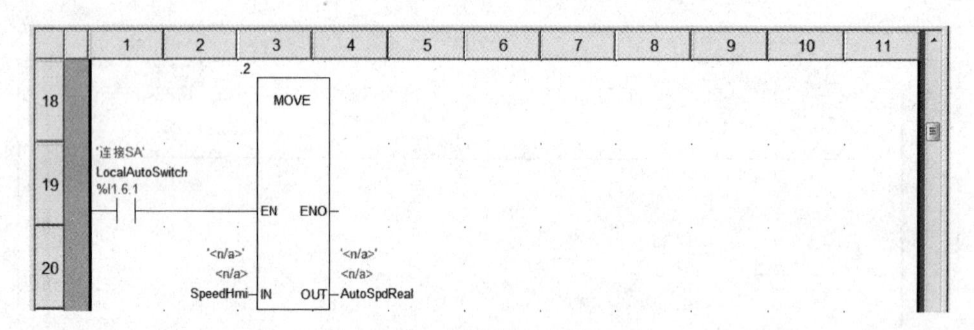

图 28-10　自动模式的速度给定

第十步　速度给定管理

当切换到手动模式，按下急停按钮或按下停止按钮将自动速度给定值设为 0.0，程序如图 28-11 所示。

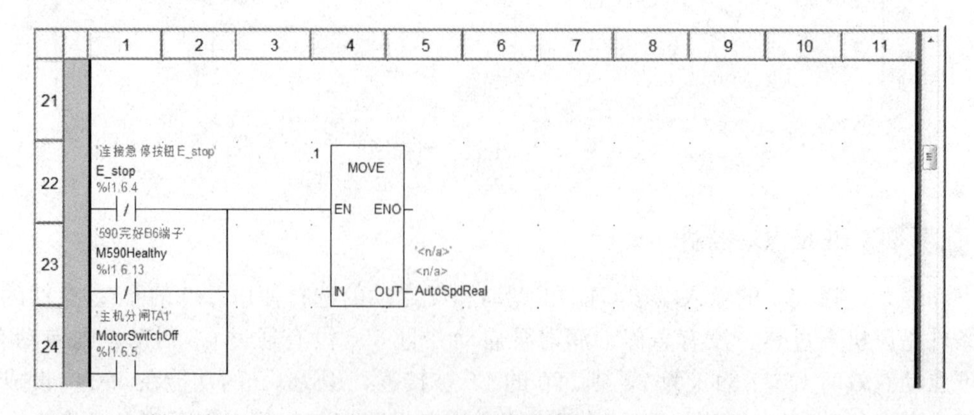

图 28-11　速度给定管理

第十一步 急停的输出逻辑

有紧急情况发生时，按下急停按钮 E _ stop 即可，急停的逻辑输出使用 CR3 的动断点，如图 28-12 所示。

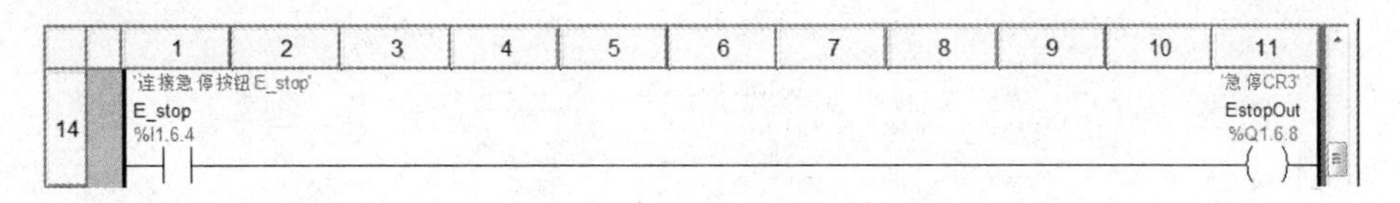

图 28-12 急停的输出逻辑程序

第十二步 故障指示灯

故障灯在直流调速器的 B6 逻辑端子输出 DriveHeathy 为 0 或按下急停时点亮，程序如图 28-13 所示。

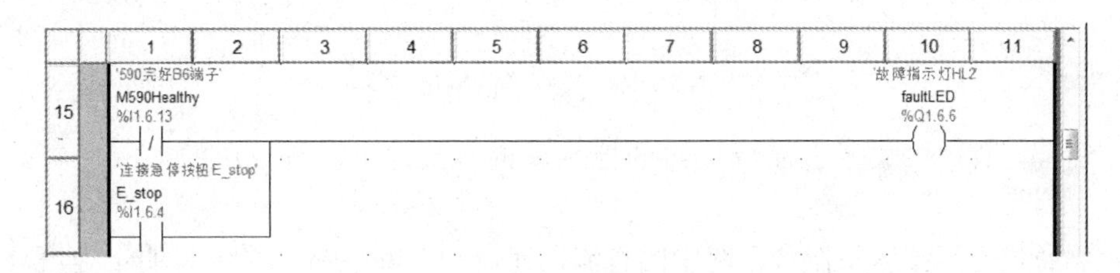

图 28-13 故障灯的程序

第十三步 模拟量输入的处理

新建 FBD 语言的段 AnalogDeal，然后加入 QUANTUM 功能块和 ACI030GO 功能块，并使用 I _ NORM 功能块规划为 0～1.0 的值，然后乘以 3000.0 得到反馈速度的值和给定的速度值（以 3000 转为最大值）的显示值，590 的直流调速的 A8（总速度设定值反馈）和 A1 模拟量 0V 基准接到模拟量输入第二通道，590 的直流调速的 A7（速度实际值反馈）和 A1 模拟量 0V 基准接到模拟量输入第六通道，程序如图 28-14 所示。

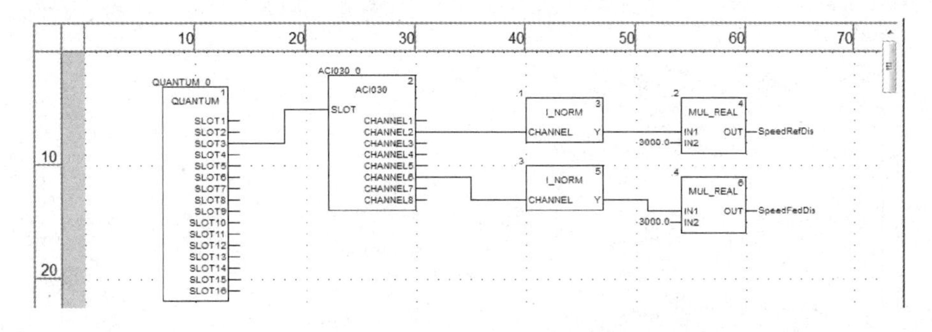

图 28-14 模拟量输入的处理

第十四步 模拟量输出的处理

在程序段中将 HMI 给出的主机速度转换为模拟量输出，为防止自动给定的设置值的快速变化引起直流调速器给定速度的过快变化，在程序中使用 RAMP 功能块，当给定值和实际运行值不同时，使用斜坡来降低速度给定值的变化速率，程序同时使用 O _ Scale 将工程量折算到模拟量输出的第二通道，程序如图 28-15 所示。

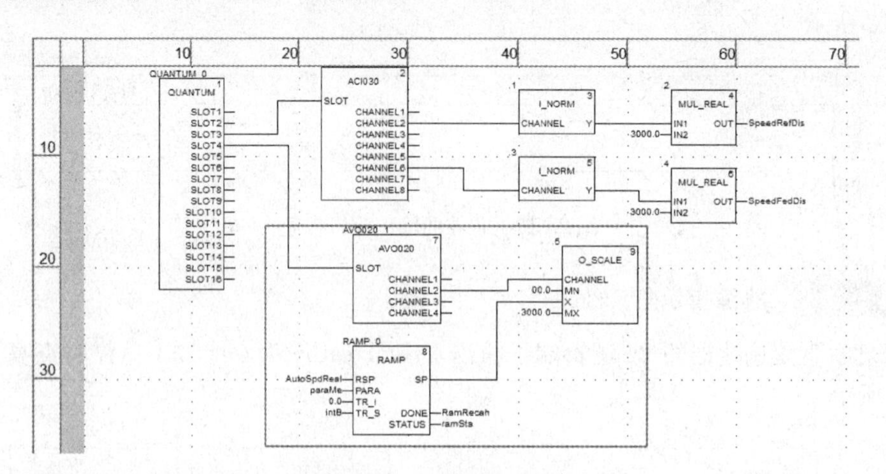

图 28-15 模拟量的输出

限于篇幅，程序中关于直流调速器的控制就说明到这里，斜坡块的加减速斜坡设置为 50.0。

本示例通过龙门刨床工作台系统中的直流调速器 590 的控制，详细说明了速度环的程序编制，读者可以在新的项目中仿照本示例进行程序的编制，以节省编程时间。

昆腾 PLC 建立远程机架并配置网络参数

一、 案例说明

本示例在相关知识点中，详细介绍了昆腾 PLC 的通信功能，并在实例创作步骤中给出了一个示例演示如何建立昆腾 PLC 的远程机架并配置硬件和以太网网络的方法，读者可以在以后的工程应用中，参照这些操作步骤配备自己的项目，并给配备的硬件定义属性和参数。

二、 相关知识点

1. Unity Pro 编程软件的通信功能

Unity Pro 编程软件的通信功能有 TCP/IP 或 Ethway 以太网网络、Fipway 网络、Modbus Plus 网络、Fipio 总线（管理器和代理）、Uni-Telway 总线、Modbus/JBus 总线、字符模式串行链路、CANopen 现场总线、Interbus 现场总线、Profibus 现场总线和 USB 标准快速终端口；可用的服务包括显式消息传递服务（Modbus 消息传递、UNI-TE 消息传递、电报）、隐式数据库访问服务（全局数据、公共字、共享表）和隐式输入/输出管理服务（I/O 扫描、Peer Cop）。

另外，Unity Pro 编程软件的通信功能是连接到同一总线或网络的不同设备之间可以通过【通信】进行数据交换，通信可以应用在具有以太网、Modbus、内置 Fipio 或 CANopen 链路的处理器上，也可应用于安装在机架上的特定通信模块和处理器的终端口上，同时，也能应用于安装在机架上的处理器或模块的 PCMCIA 卡上。

另外，施耐德 PLC 以 Quantum PLC 为核心、采用工业以太网 EtherNet/IP 协议作为主干网络的通信协议、可以连接现场 Quantum 远程 IO 子站、分布式 IO 子站、仪表、执行机构等现场设备。推出了基于 PlantStruxure 系统的 Quantum EtherNet I/O 系统，充分发挥了工业以太网的各种优点，在支持以太网的常见各种服务的同时，解决了以太网实时性差、可靠性差的缺点，PlantStructure 的典型方案如图 29-1 所示。

2. Unity Pro 编程软件的通信编辑器

使用通信编辑器可以在项目级别配置和管理不同的通信实体。通信功能的访问是通过在项目浏览器中，单击【通信】选项卡访问这些通信实体的，如图 29-2 所示。

Quantum PLC 的通信功能见表 29-1。

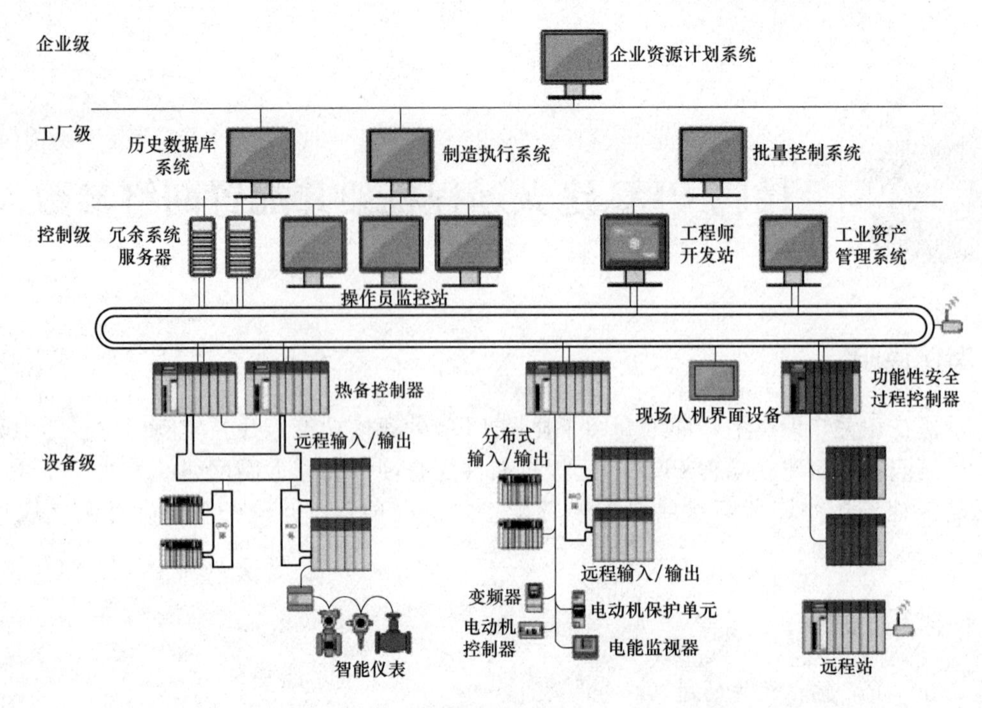

图 29-1　施耐德的 PlantStructure 典型方案

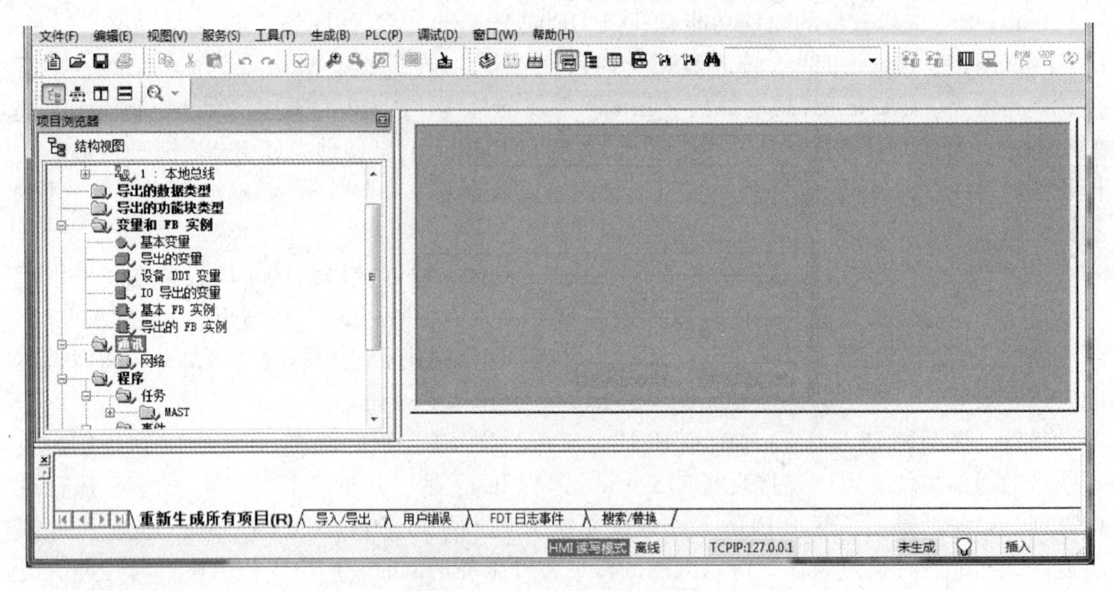

图 29-2　项目浏览器下的通信

表 29-1　**Quantum PLC 的通信功能**

功能	用　　途
CREAD _ REG	读取连续寄存器
CWRITE _ REG	写入连续寄存器
ModbusP _ ADDR	定义 MSTR Modbus Plus 地址
READ _ REG	从 Modbus 从站读取寄存器区域，或者通过 Modbus Plus、TCP/IP 以太网或 SY/MAX 以太网读取

续表

功能	用　　途
WRITE _ REG	将寄存器区域写入 Modbus 从站，或者通过 Modbus Plus、TCP/IP 以太网或 SY/MAX 以太网写入
SYMAX _ IP _ ADDR	定义 MSTR Symax 地址
TCP _ IP _ ADDR	定义 MSTR TCP/IP 地址
MBP _ MSTR	在 Modbus Plus 上执行操作
XMIT	处理 Modbus 主站消息和字符串
XXMIT	处理 Modbus 主站消息和字符串
ICNT	连接到 IB-S 通信和从 IB-S 通信断开连接
ICOM	与 IB-S 从站传输数据

3. 使用 Unity Pro 的网络配置

所有的 PLC 与其他设备进行通信都要对所应用的网络进行配置，Quantum PLC 使用 Unity Pro 软件进行通信时，应该首先进行网络的安装，在 Unity Pro 软件的应用程序浏览器里创建逻辑网络和配置逻辑网络，在硬件配置编辑器里声明模块和将卡或模块与逻辑网络关联。

右击项目浏览器中的【通信】→【网络】，选择【新建网络】选项，如图 29-3 所示。

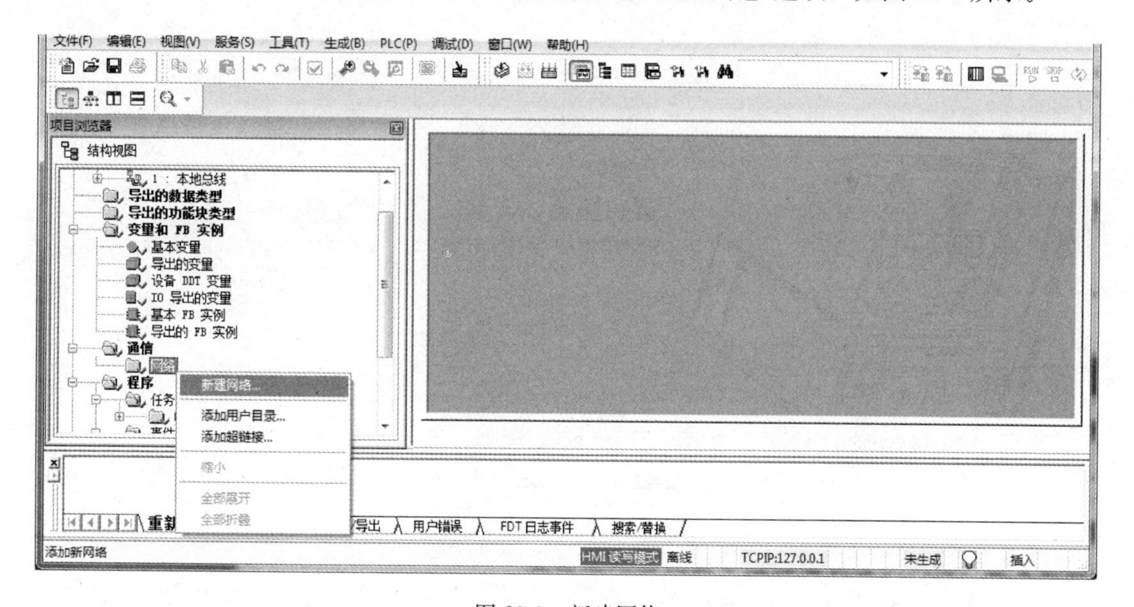

图 29-3　新建网络

从可用网络列表中选择要创建的网络，定义名称，如新建一个【以太网】网络的操作，如图 29-4 所示。

单击【OK】确定，即可创建新的逻辑网络，已创建了显示在项目浏览器中的以太网网络如图 29-5 所示，注意，此时的以太网网格前面有一个红色标记。

这个红色的小图标指示逻辑网络没有与任何 PLC 硬件关联，而且，小的蓝色“v”记号表示项目需要重新生成才能在 PLC 中使用。

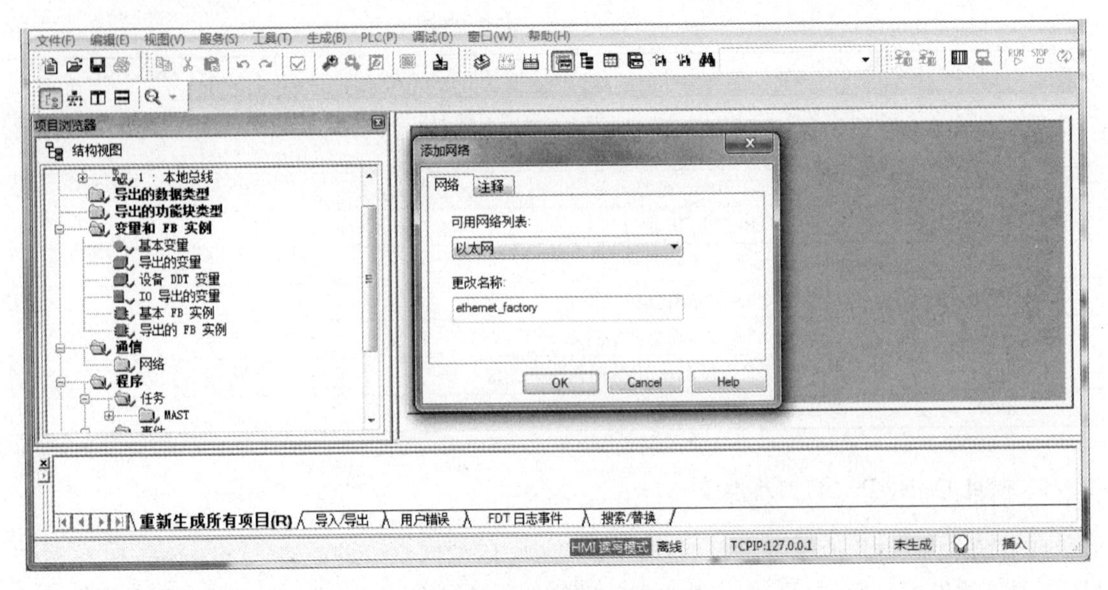

图 29-4　添加网络对话框

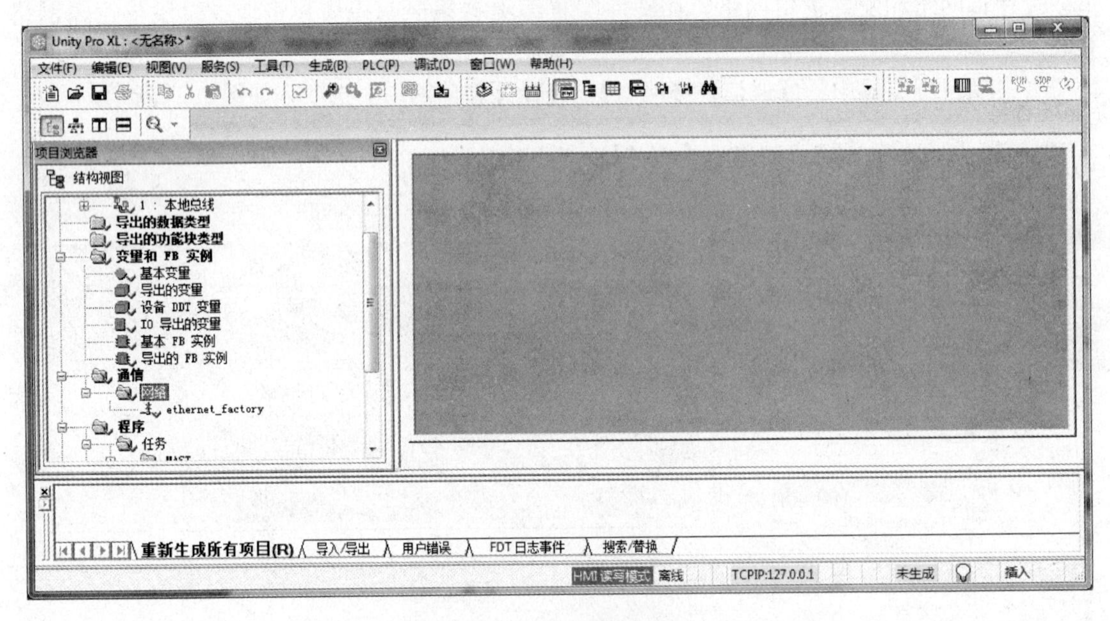

图 29-5　通信的网络显示

配置逻辑网络时要从 Unity Pro 软件的项目浏览器里对上面创建的网络进行访问，展开位于树形目录的通信文件夹中网络子文件夹下的目录树，以显示所有网络。双击要配置的网络以打开网络配置窗口，窗口随所选网络系列的不同而不同。但是，对于所有网络，都可以从此窗口配置全局数据、IPO 扫描、Peer Cop 实用程序和公共字等。

4. 实现模块与逻辑网络相关联

实现通信网络的最后一步是将逻辑网络与网络模块、Modbus Plus 卡或 Fipway 卡关联。虽然每种网络设备的屏幕不同，但是过程是相同的。

下面以 CPU65160 为例来说明关联的过程，首先双击 ethernet _ factory，然后在【型号系列】中选择【扩展连接】，对应于 CPU 本体的以太网口，必须设置成扩展连接才能与通信网络相关联，如图 29-6 所示。

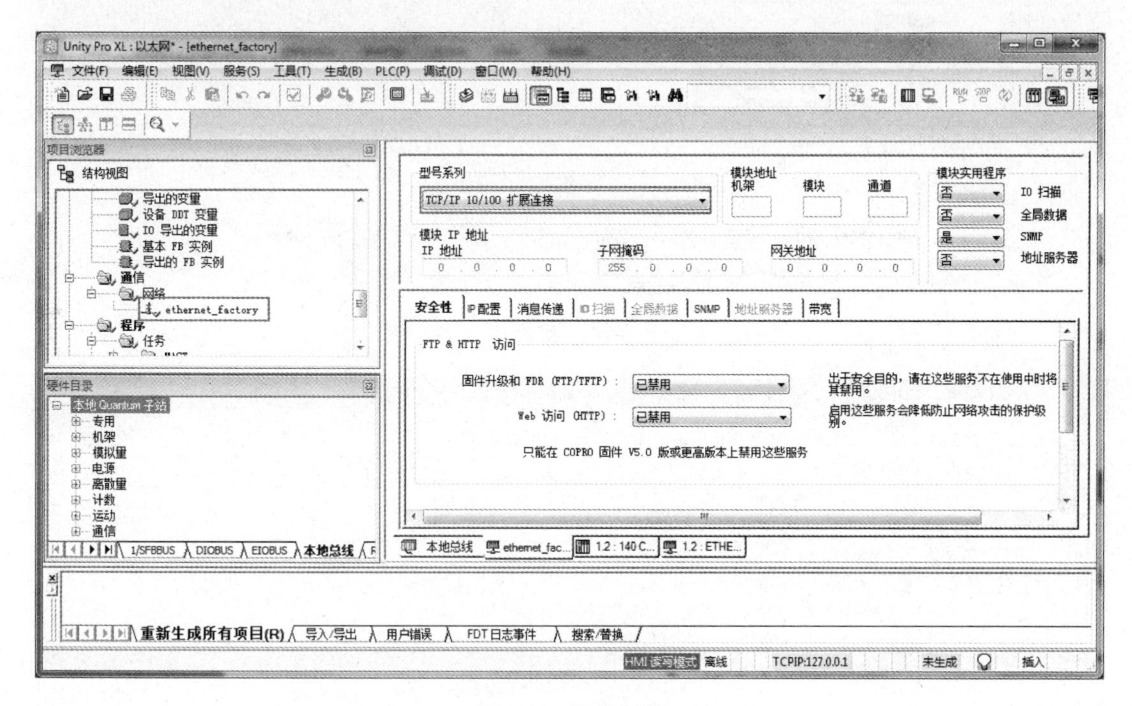

图 29-6　通信网络

打开硬件配置编辑器。双击要与逻辑网络关联的设备（如以太网模块、Fipway PCMCIA 或 Modbus Plus PCMCIA 卡），如图 29-7 所示。

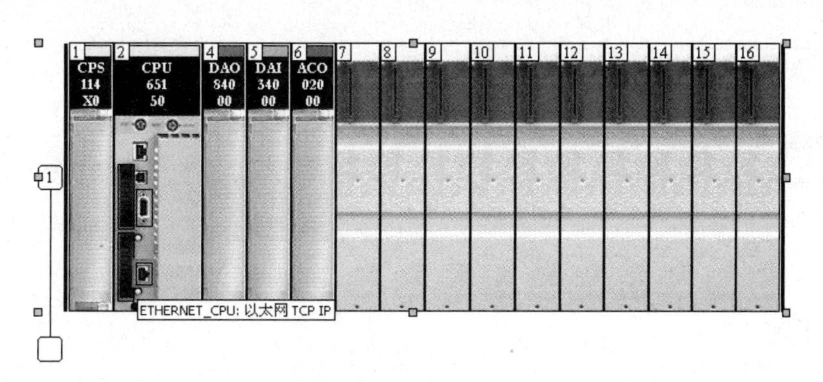

图 29-7　硬件配置图

在网络链接字段中，选择要与卡关联的网络。如图 29-8 所示。

单击菜单上的☑，如图 29-9 所示，确认所做的链接并关闭该窗口。

此时，逻辑网络已经与设备相关联了，并且与此逻辑网络关联的图标发生了改变，指出了已经存在与 PLC 的链接。此外，在逻辑网络配置屏幕中还更新了机架、模块和通道编号。红色小图标消失了，如图 29-10 所示。

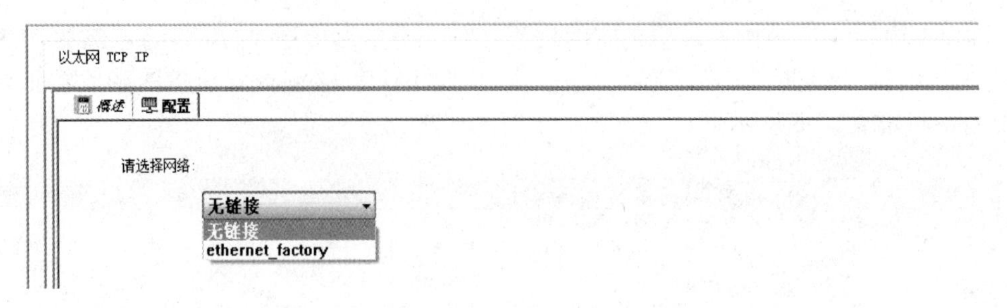

图 29-8　网络链接对话框

图 29-9　菜单栏

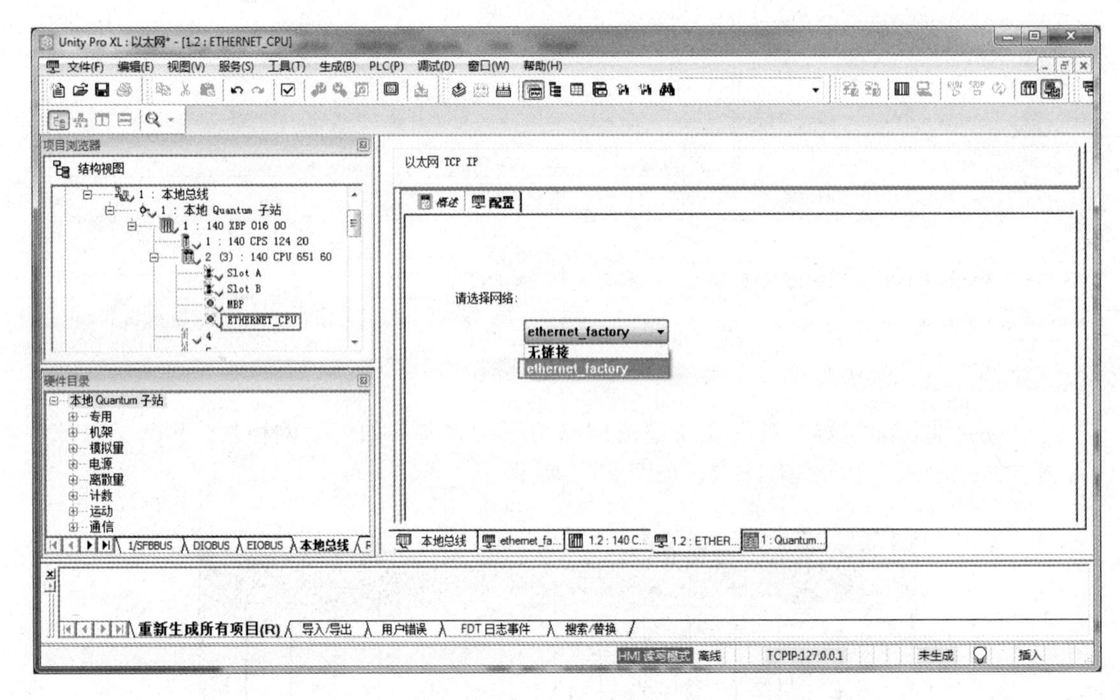

图 29-10　浏览器显示

三、 创作步骤

第一步　配置一个远程机架

使用 Unity Pro 软件为新项目配置一个远程机架时，双击项目浏览器中的【项目】→【配置】→【2：RIOBUS】来配置远程机架，如图 29-11 所示。

第二步　添加远程站

双击方框来添加远程站，即 2 号的机架，如图 29-12 所示。

在弹出的对话框中选择【远程 IO Quantum 子站】，并选择 6 插槽机架，如图 29-13 所示。

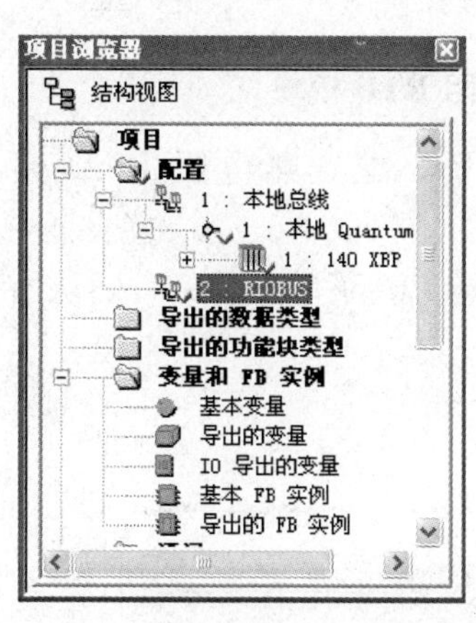

图 29-11　配置远程机架

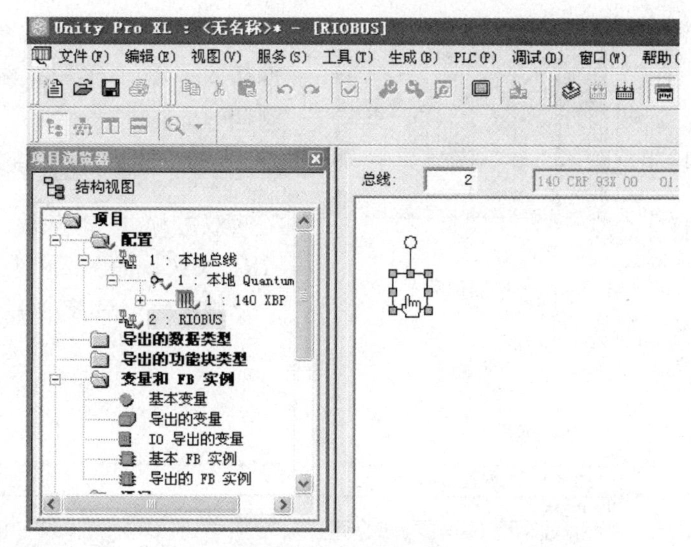

图 29-12　添加远程站 1

第三步　添加 RIO 上的电源

双击远程 IO Quantum 子站上 6 插槽机架的 2 号槽，添加 RIO 上的电源，如图 29-14 所示。

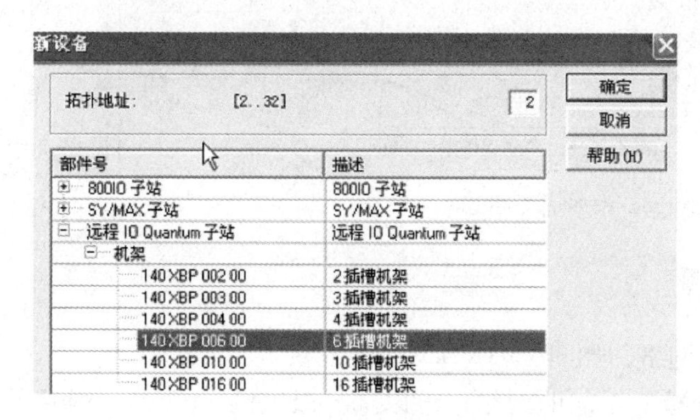

图 29-13　添加远程站 2

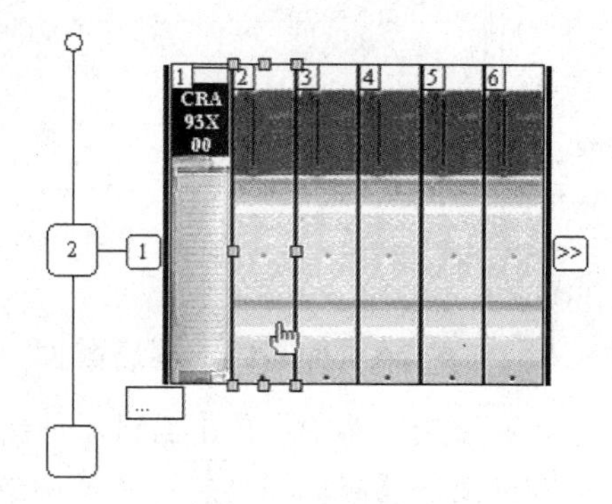

图 29-14　添加远程站 3

在弹出的新设备的对话框中，选择 140 CPS11100 AC 独立电源 115/230V 3A，如图 29-15 所示。

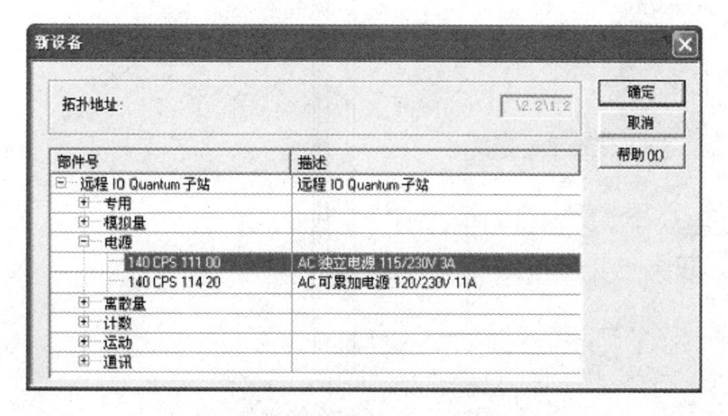

图 29-15　添加远程站 4

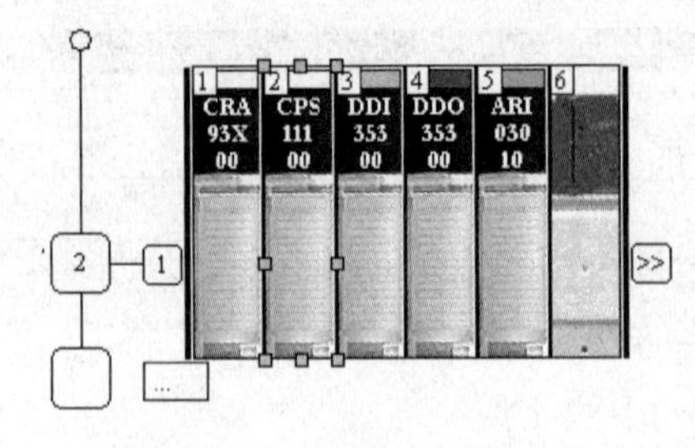

图 29-16 添加远程站 5

与本地总线类似，分别在 3 号槽、4 号槽和 5 号槽添加数字输入模块、输出模块和模拟量输入模块如图 29-16 所示。

第四步 配置热电阻 RTD 模块

双击模拟量模块 ARI，配置热电阻 RTD 模块 ARI03010，如图 29-17 所示。

修改完毕后单击 Unity Pro 菜单上的☑，确认所作的修改。

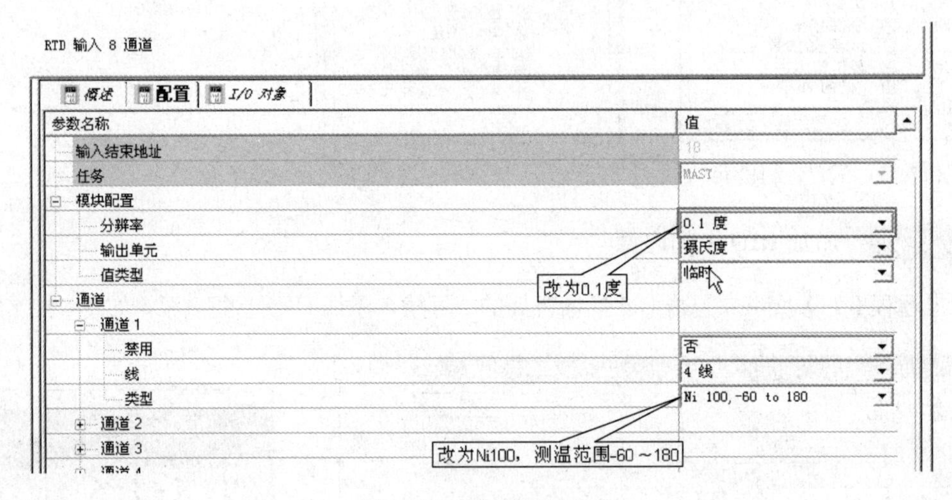

图 29-17 添加远程站 6

第五步 添加网络的程序配置

在项目浏览器中，单击右键添加新网络，如图 29-18 所示。

在弹出的【添加网络】对话框中选择要添加的网络，可以选择以太网、ModbusPlus 等网络，本例使用以太网进行通信，如图 29-19 所示。

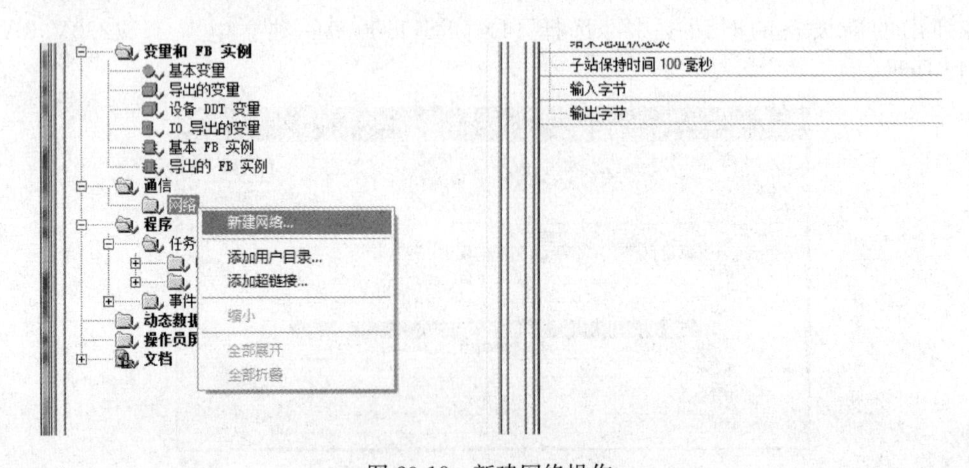

图 29-18 新建网络操作

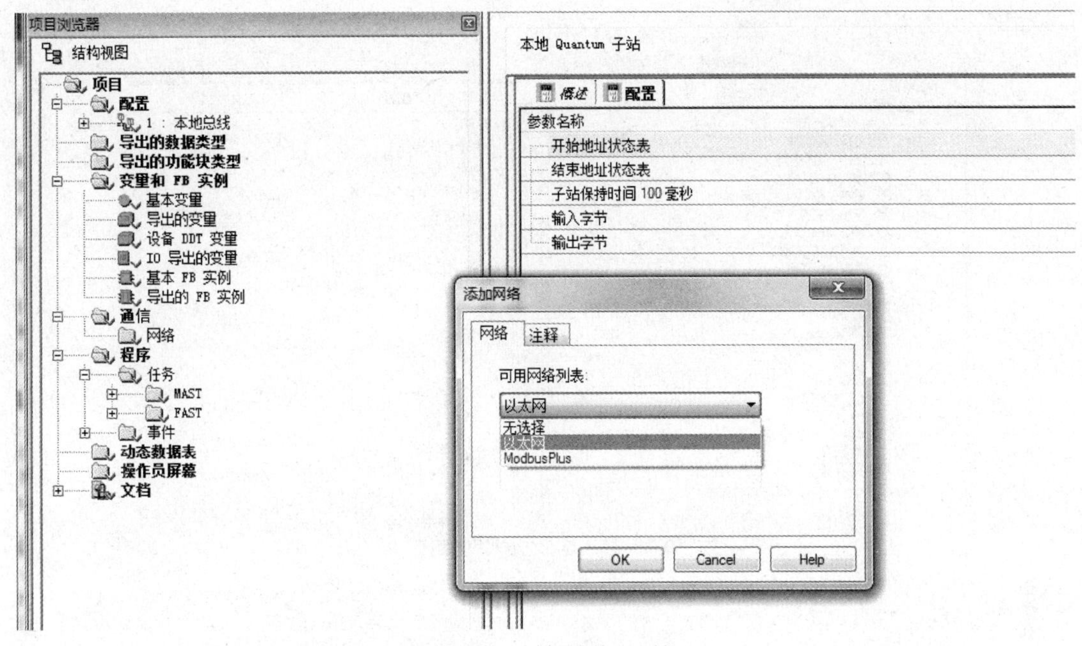

图 29-19 添加网络对话框

为添加的以太网链接更改名称，名称是“ethernet _ 1”，然后单击【确定】按钮，如图 29-20 所示。

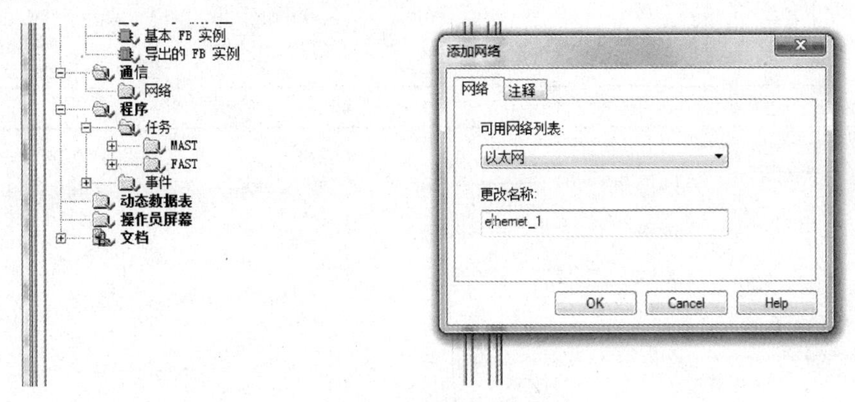

图 29-20 选择以太网

第六步 配置以太网的属性

配置以太网的网络属性时，双击项目浏览器上【通信】→【网络】→【ethernet _ 1】，如图 29-21 所示。

在弹出的对话框中建立与 CPU 上的以太网口的连接，如图 29-22 所示。

在弹出的对话框中单击【是】按钮进行确认，如图 29-23 所示。

第七步 以太网的基本配置

填写以太网地址、子网掩码和服务等，如图 29-24 所示。

双击 CPU 上的以太网口，打开以太网配置，如图 29-25 所示。

在弹出的【以太网 TCP IP】对话框中选择网络，选择已配置的以太网 ethernet _ 1 即可，如图 29-26 所示。

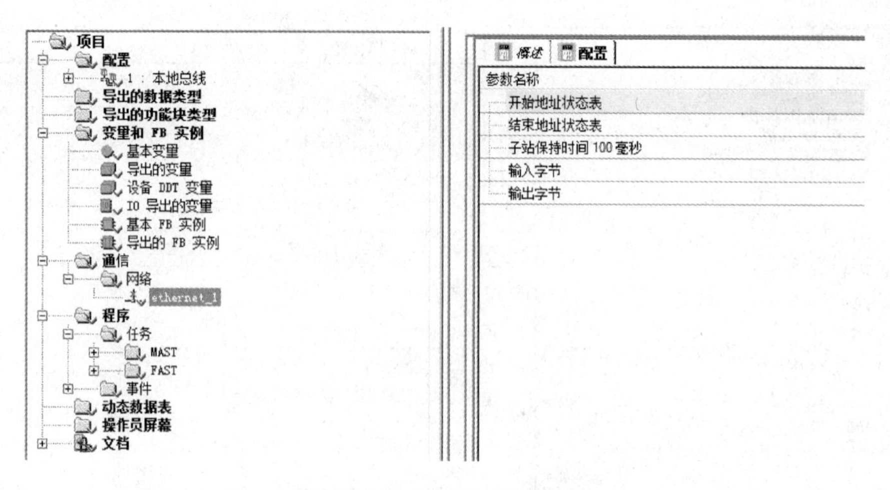

图 29-21 配置以太网操作

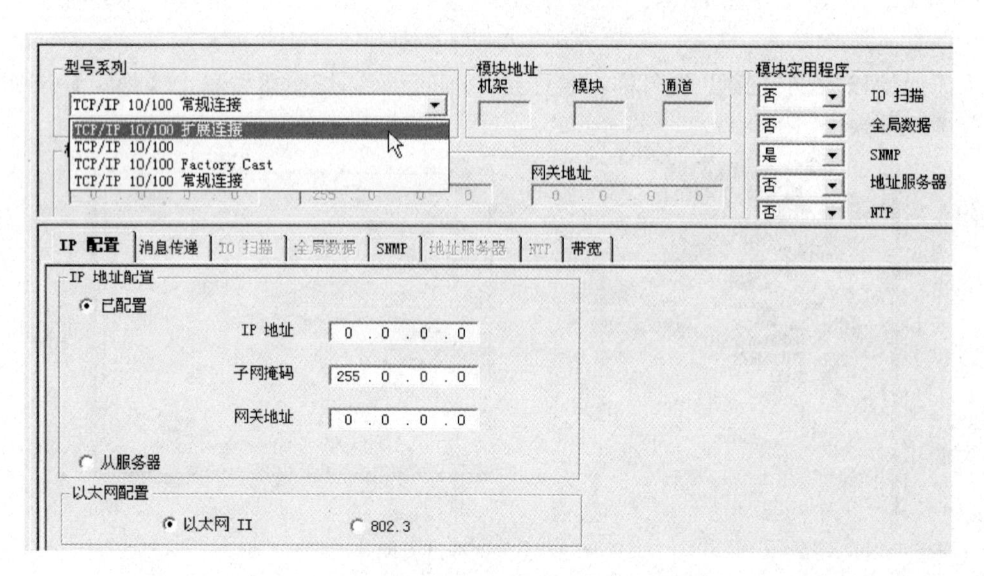

图 29-22 连接 CPU

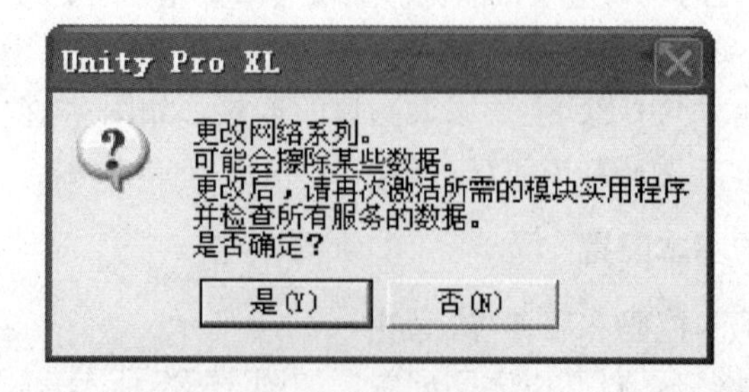

图 29-23 确认选择框

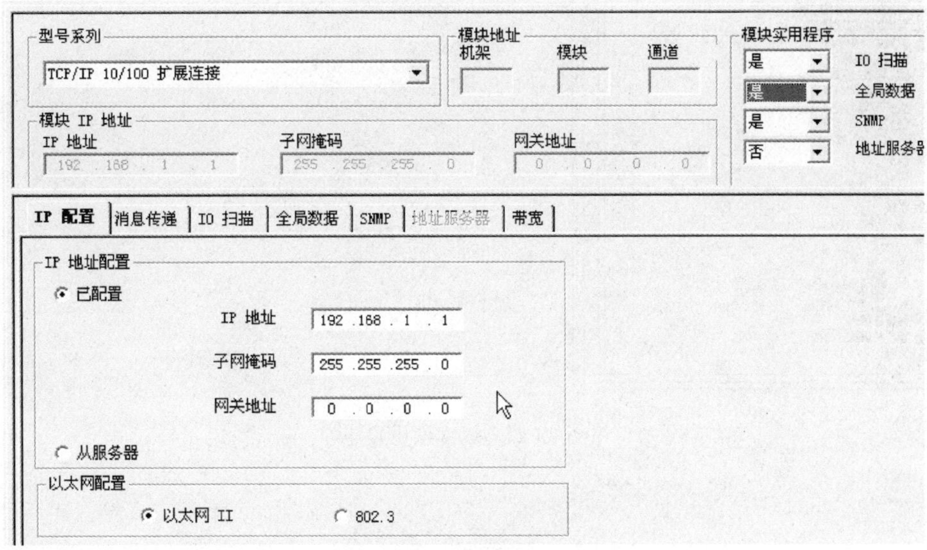

图 29-24 以太网设置 1

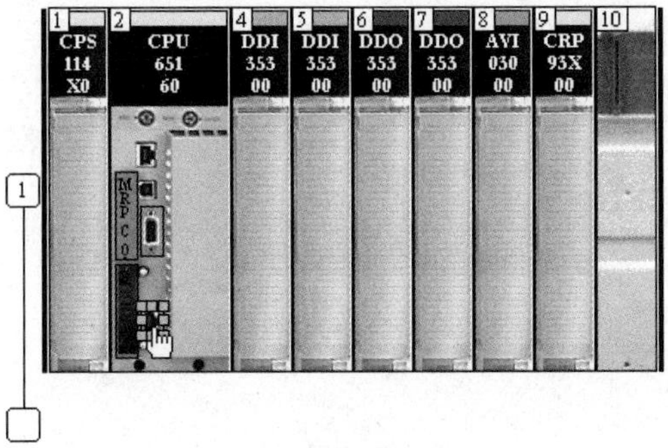

图 29-25 以太网设置 2

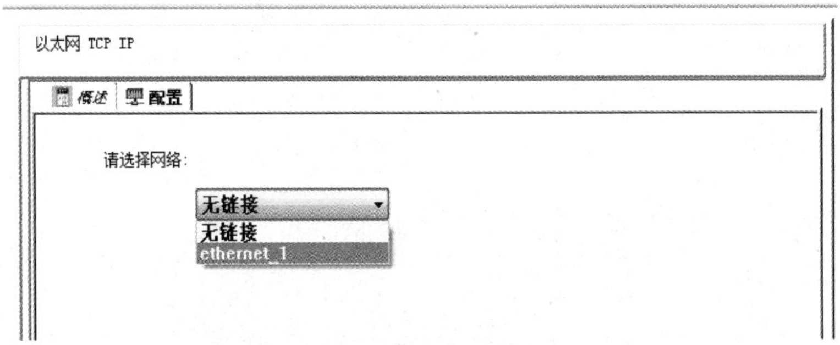

图 29-26 以太网设置 3

修改完毕后单击☒，确认所做的修改。此时 ethernet _ 1 前面的红叉没有了，代表以太网配置已经完成，如图 29-27 所示。

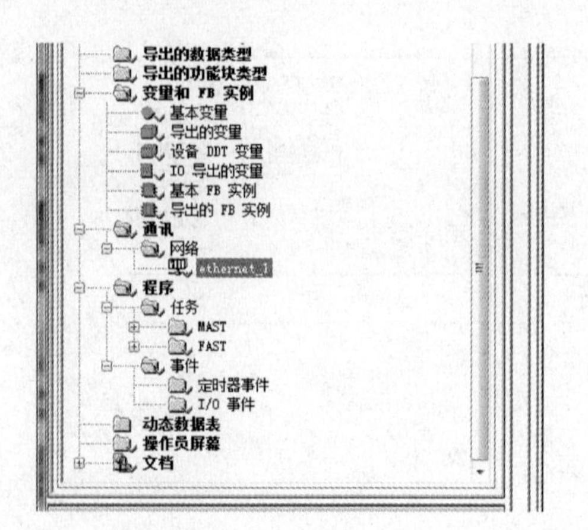

图 29-27　以太网设置 4

Unity Pro 的仿真

一、 案例说明

施耐德 Unity Pro 编程软件集成了 PLC 仿真器，它能够在 PG/PC 上模拟 PLC 的 CPU 运行。本示例将在相关知识点中介绍 Unity Pro 编程软件仿真的功能，然后详细说明 PLC 中的变量是如何强制的，以及如何监控程序中的变量。

二、 相关知识点

1. Unity Pro 编程软件的仿真

Unity Pro 编程软件集成了 PLC 仿真器，使用 PC 上运行的 PLC 的仿真软件，应用程序在现场安装以前，就可以进行完整的测试，这对于大项目的应用来说，可以及早发现程序中的逻辑错误，提高程序开发的效率，缩短程序的开发、调试时间。

Unity Pro 软件集成了完善的仿真功能，集成在 Unity Pro 中的 PLC 仿真器可以在 PC 上准确的表现目标程序的行为。仿真中可使用的调试工具如下所示。

（1）断点和观察点。

（2）实时监测，用于显示运行中变量和逻辑的状态。

（3）程序单步执行。

通过 PLC 仿真器，用户不必连接到真实的 PLC，就可以进行程序调试。真实的 PLC 上运行的所有项目任务（主任务、快速任务和事件任务）都可以在仿真器上运行。该仿真器和真实 PLC 的区别在于它没有 I/O 模块和通信网络的实时行为，因此对通信等的仿真效果差一些。

Unity Pro 的仿真器有离线、在线和监视器等操作状态。离线状态是在打开新应用程序或现有应用程序时，操作状态将更改为离线。在线状态可以让处于在线状态中的应用程序直接连接到控制器内存。在监视状态中，用户可以更改操作状态并调整控制器，还可以启动或停止控制器，并可以使用动态数据表编辑器查看、修改或传送数据。

2. Unity Pro 的仿真界面

在 Unity Pro 编程软件中单击【PLC】菜单下的【仿真模式】，或单击快速访问栏中的仿真模式图标，就可以弹出仿真画面，如图 30-1 所示。

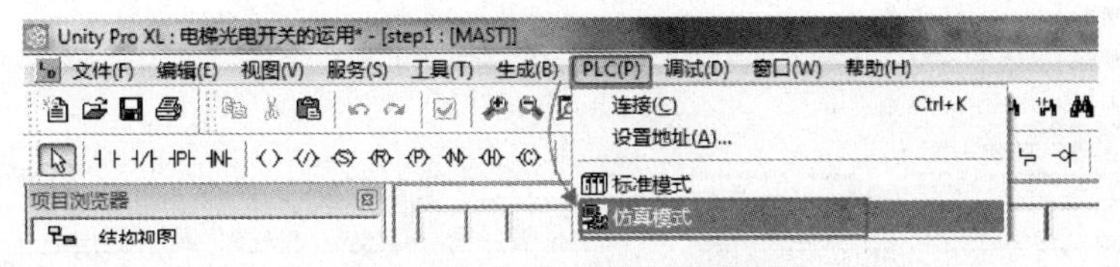

图 30-1 启动 PLC 的仿真器

三、 创作步骤

第一步　仿真器的连接操作

单击【生成】菜单下的【重新生成所有项目】，或直接单击快速访问栏中的图标，如图 30-2 所示。

图 30-2　在下载前进行编译检查

单击【PLC】菜单下的【连接】，如图 30-3 所示。

图 30-3　使用连接建立与仿真器的连接

第二步　将项目传输到 PLC

单击【将项目传输到 PLC】，菜单项的位置如图 30-4 所示。

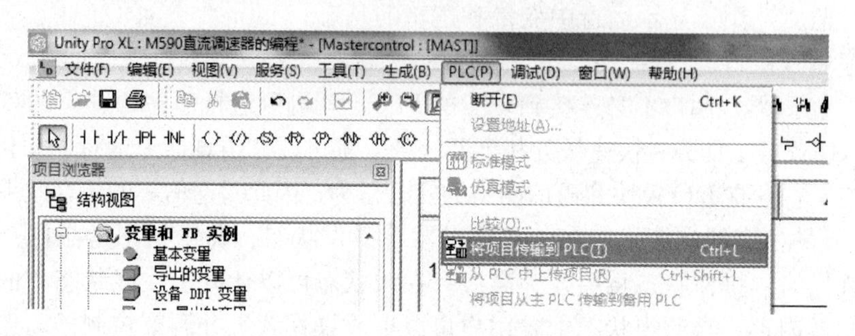

图 30-4　下载程序到仿真器

勾选【PLC 在传输后运行】，然后单击【传输】按钮，操作如图 30-5 所示。

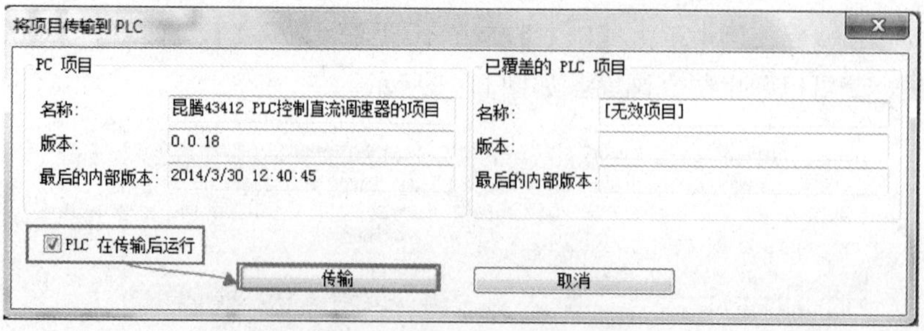

图 30-5　项目传输到 PLC 对话框

在【运行】确认对话框中确认昆腾项目的运行，如图 30-6 所示。

第三步　仿真器的控制面板

单击 允许/禁止程序读写，仿真器面板左下方蓝色的【复位】按钮是冷启动按钮，红色的【电源重置】按钮是热启动按钮，无论冷启动还是热启动，复位后 Quantum 的运行状态会变成【空闲】，并且 Unity Pro 与仿真 PLC 的在线连接会断开，必须重新连接，单击 Run 运行命令，方能再次运行仿真器，仿真器的面板如图 30-7 所示。

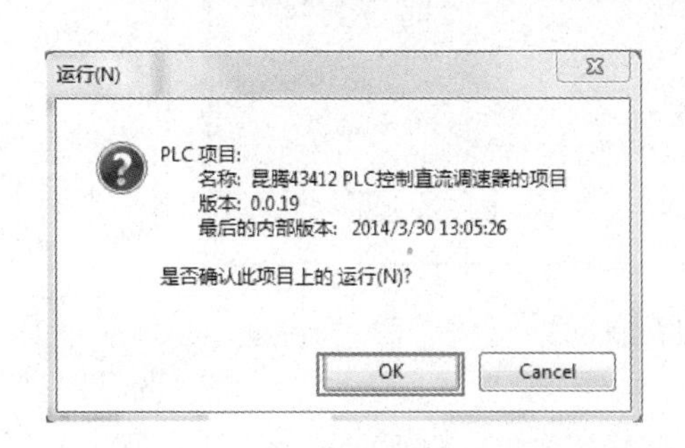

图 30-6　单击【OK】按钮确认项目的运行

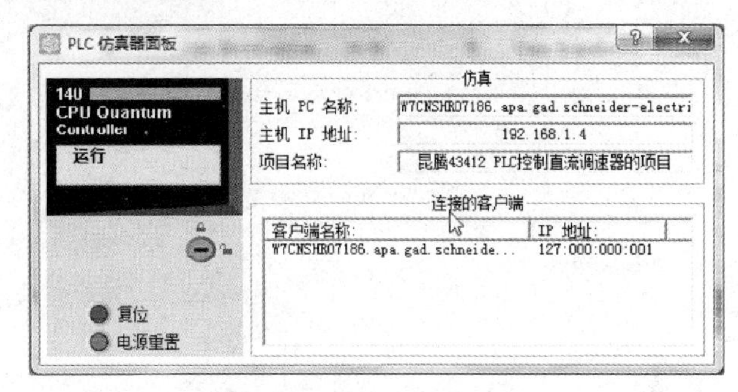

图 30-7　仿真器的控制面板

第四步　程序在线的状态

程序下载运行后可以看到，在梯形图编辑器中，导通以绿色粗线标识，没导通以红色细线标识，在线后显示如图 30-8 所示。

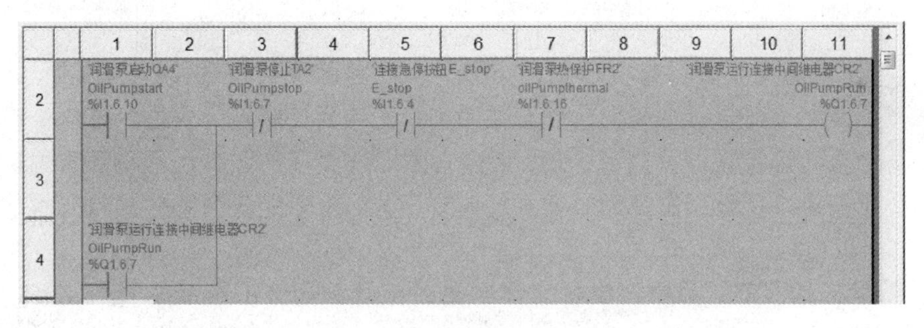

图 30-8　程序在线后的状态

第五步　强制润滑泵启动

选中【润滑泵启动】，然后右击，在弹出的右键快捷菜单选择【强制值】下的【强制为 1】，对于仿真来说，实际的逻辑输入需要使用【强制值】来修改，内部的变量等可使用【设置值】来修改，操作如图 30-9 所示。

在弹出的警告对话框中说明了强制使能需要注意的一些情况，包括强制后 PLC 重新上电冷启动不再有效，热启动在 PLC 的内存保护被禁用且应用程序存储在内存的备份区域，在此对话框单击【确定】，如图 30-10 所示。

第六步　强制后的程序显示

强制后，在线监控的程序变为绿色，逻辑输出【润滑泵运行连接中间继电器 CR2】也接通，如图 30-11 所示。

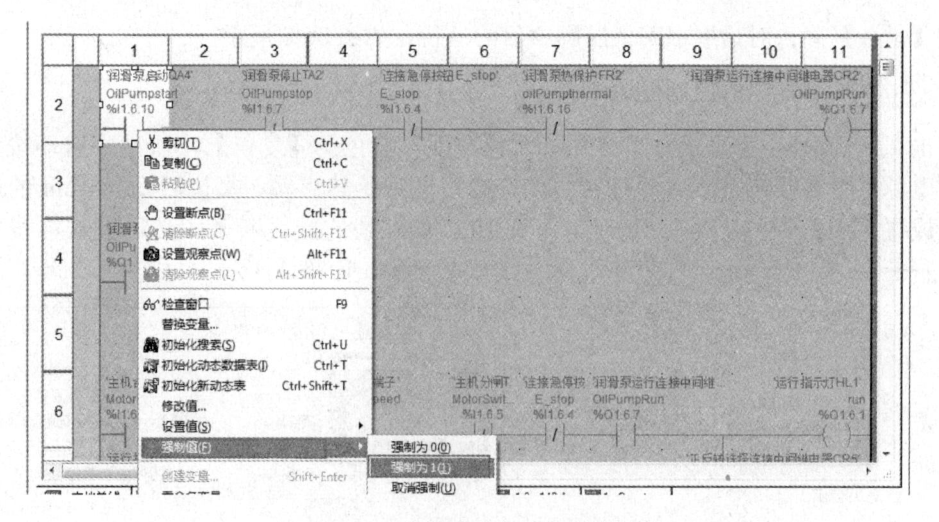

图 30-9　将润滑泵启动强制为 1

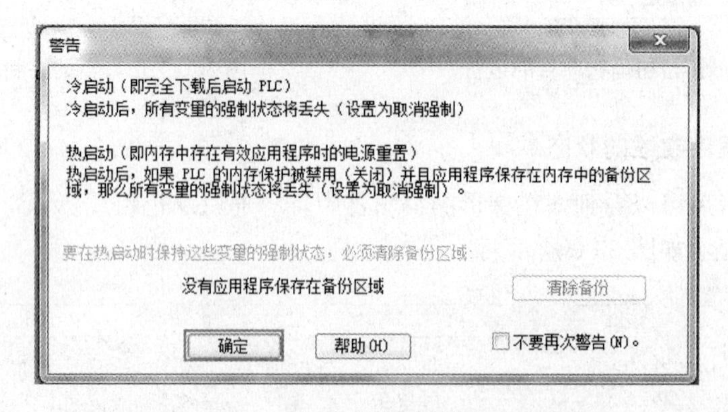

图 30-10　选择确定使强制值操作有效

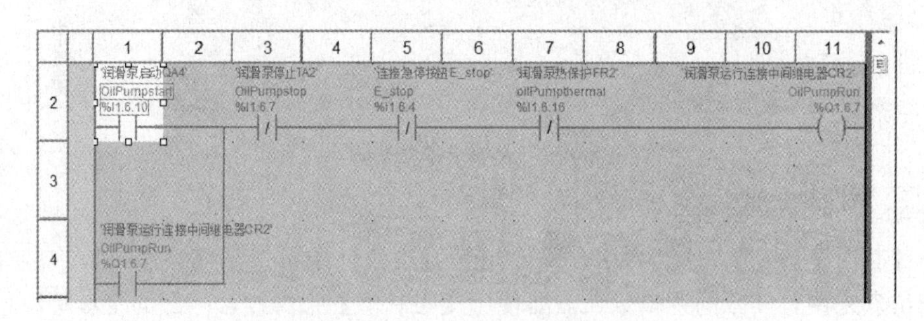

图 30-11　强制后的程序运行图

第七步　强制按钮的仿真操作

使用同样的方法将【润滑泵启动 QA4】的强制值修改为“强制为 0”，模拟完成了按下 QA4 按钮的过程，完成后程序如图 30-12 所示。

选中【润滑泵停止 TA2】动断点，然后右击，在弹出的右键快捷菜单选择【强制值】下的【强制为 1】，然后在弹出的对话框中单击【确定】，程序如图 30-13 所示。

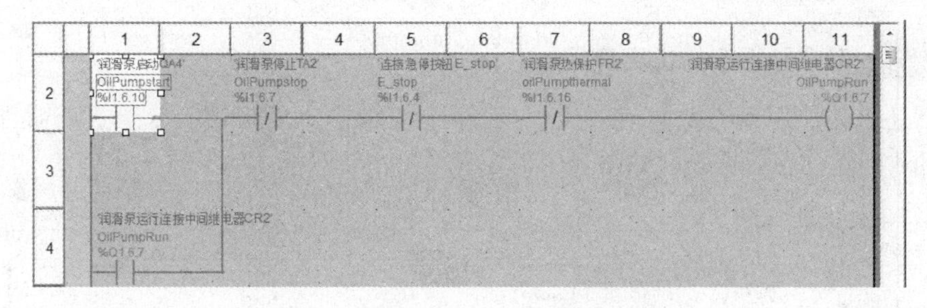

图 30-12　润滑泵启动 QA4 按钮强制为 0

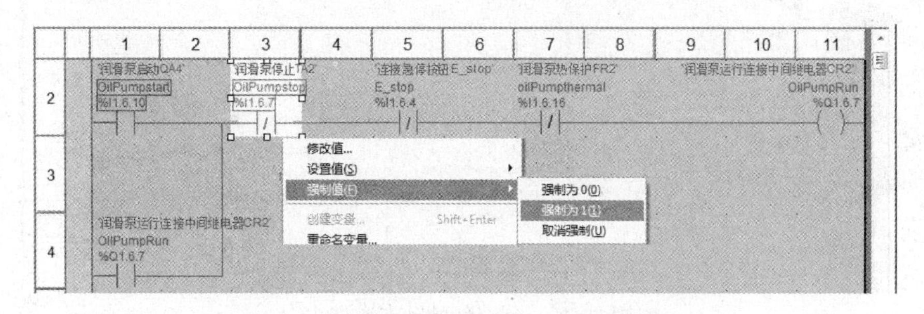

图 30-13　模拟润滑泵停止按钮按下的过程

选中【润滑泵停止 TA2】动断点，然后右击，在弹出的右键快捷菜单选择【强制值】下的【强制为 0】，然后在弹出的对话框中单击【确定】，程序如图 30-14 所示。

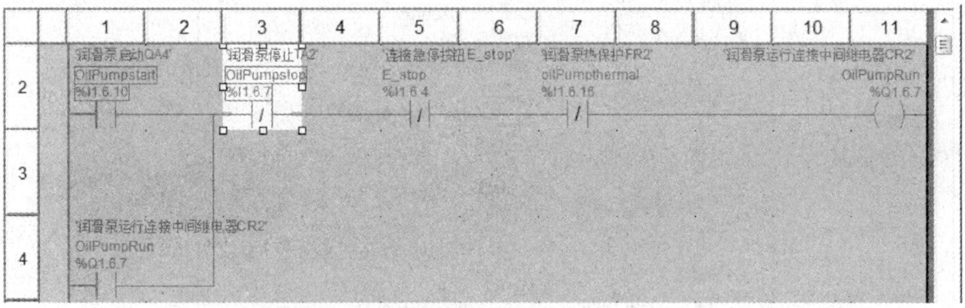

图 30-14　模拟润滑泵停止按钮松开的过程

最后选中【润滑泵停止 TA2】和【润滑泵启动 QA4】，然后右击，在弹出的右键快捷菜单选择【强制值】下的【取消强制】，可以看到【润滑泵停止 TA2】和【润滑泵启动 QA4】的变量名上的代表强制变量的框消失了，程序如图 30-15 所示。

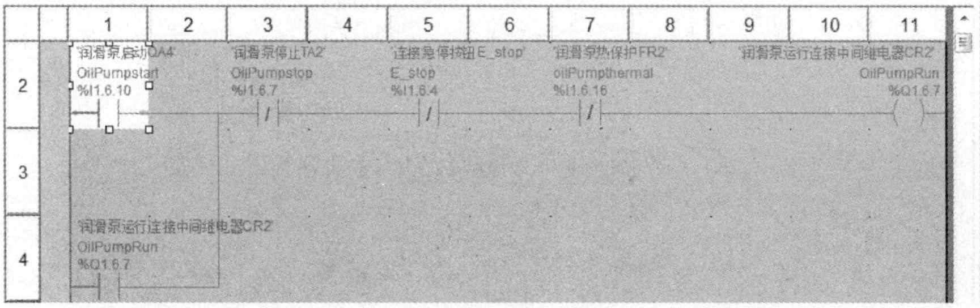

图 30-15　取消强制后的程序

第八步　动态数据表的仿真应用

仿真器还支持使用动态数据表，读/写程序中变量或对逻辑输入变量进行强制的操作。在 Unity Pro 创建动态数据表，如图 30-16 所示。

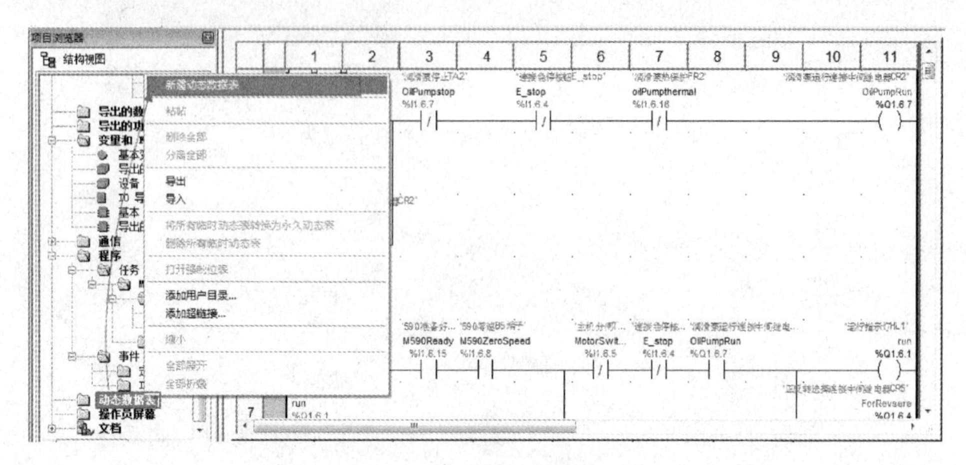

图 30-16　创建新的动态数据表

动态数据表的名字为“MasterMonitor”，新建动态表的对话框如图 30-17 所示。

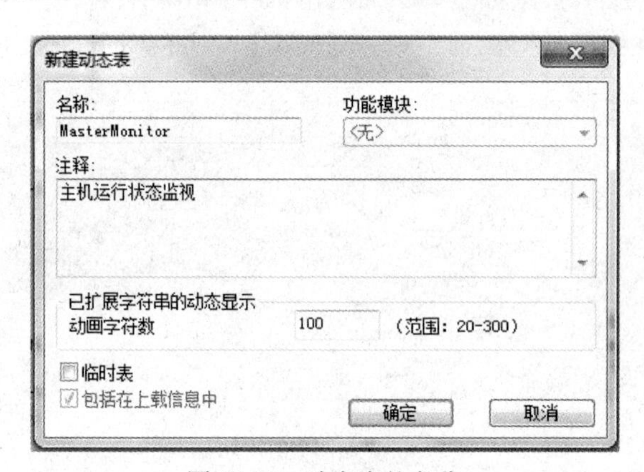

图 30-17　动态表的名称

变频器 ATV71 在卷扬机上的应用

一、 案例说明

变频器在实际使用中，电动机经常要根据各类机械的某种状态而进行正转、反转、点动等运行，变频器的给定频率信号、电动机的启动信号等都通过变频器控制端子给出，即变频器的外部运行操作，大大提高了生产过程的自动化程度。

在本示例卷扬机应用的项目中，说明了如何使用外部信号来控制变频器 ATV71 的正反转的运行，和实现变频器的多段速运行的参数设置，以及如何设置实现变频器两个方向的自动逻辑控制功能的参数。

二、 相关知识点

1. 变频器 ATV71 的端子介绍

首先打开变频器 ATV71 的前盖，使用螺丝刀将 ATV71 的端子板的螺钉松开，向下推动端子排将其拆下，操作如图 31-1 所示。

变频器 ATV71 端子布局的右上角为两个逻辑输入开关，其中 SW1 用于切换逻辑输入端子的源型和漏型；SW2 用于切换 LI6 的用途，LI6 可以作为普通逻辑输入端子，也可以用作 PTC。

SW2 的正下方为模拟量输入输出区，两个模拟量输入 AI1 和 AI2，模拟量输出为 AO1。

模拟量区域的左侧为继电器输出区，此区域有两个继电器输出 R_1 和 R_2。

端子排的右下角为 RJ45 网线接口的通信接口，此接口包含了 Modbus 接口和 CANopen 接口。

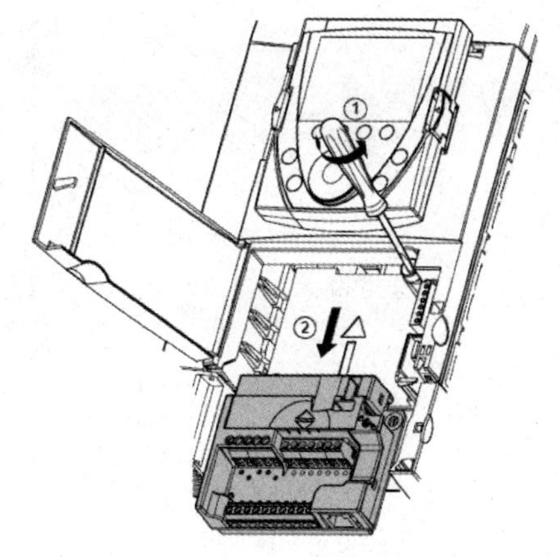

图 31-1　拆卸 ATV71 的端子

RJ45 左侧的最下面一排端子为 PWR 安全输入和 LI1～LI6 共 6 个逻辑输入，最左侧的 P24 和 0V 是用于外部供电的输入端子，使用这两个端子可以实现在动力电没有上电时，变频器的控制部分依然有电。ATV71 端子的布局如图 31-2 所示。

2. 变频器驱动的负载类型

变频器所驱动的负载一般分为 3 种类型，恒转矩负载、恒功率负载和风机、水泵负载。

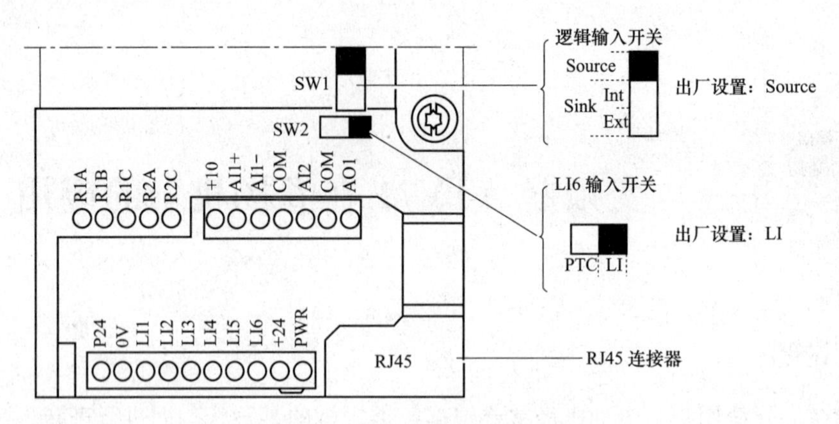

图 31-2　ATV71 的端子布局图

(1) 恒转矩负载。负载的转矩 T_L 不随转速 n 的变化而变化，是一恒定值，任何转速下 T_L 总保持恒定或基本恒定。但负载功率随转速成比例变化。例如，传送带、搅拌机、挤压机等摩擦类负载以及吊车、提升机等位能负载都属于恒转矩负载。

恒转矩负载的典型系统有位能性负载，如电梯、卷扬机、起重机、抽油机等。摩擦类负载，如传送带、搅拌机、挤压成型机、造纸机等。

恒转矩负载的全速运行和变速运行如图 31-3 所示。

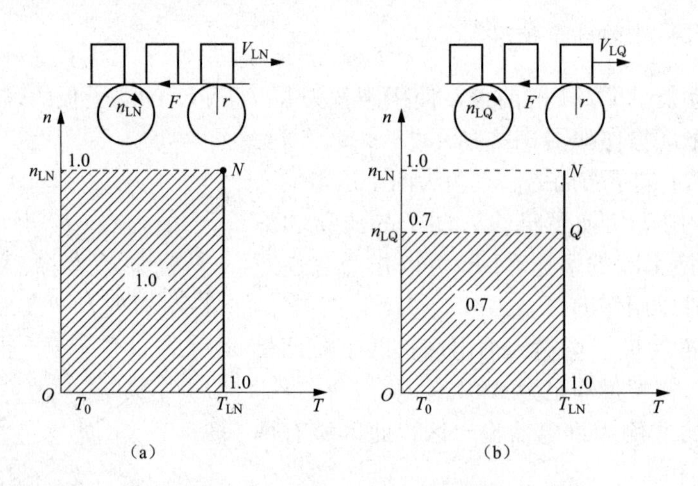

图 31-3　恒转矩负载的全速运行和变速运行图示

(a) 全速运行；(b) 变速运行

(2) 恒功率负载。机床主轴和轧机、造纸机、塑料薄膜生产线中的卷取机、开卷机等要求的转矩，大体与转速成反比，这就是所谓的恒功率负载。

负载的恒功率性质是就一定的速度变化范围而言的。当速度很低时，受机械强度的限制，T_L 不可能无限增大，在低速下转变为恒转矩性质。

负载的恒功率区和恒转矩区对传动方案的选择有很大的影响。电动机在恒磁通调速时，最大容许输出转矩不变，属于恒转矩调速；而在弱磁调速时，最大容许输出转矩与速度成反比，属于恒功率调速。如果电动机的恒转矩和恒功率调速的范围与负载的恒转矩和恒功率范围相一致，即所谓的“匹配”，电动机的容量和变频器的容量均最小。基频以上电压、频率协调控制时的机械特性如图 31-4 所示。

在实际工程中，一些高速电动机为了优化恒定功率时的运行性能，在电压达到电动机额定电压后还允许电压继续升高，以弥补一部分由于频率升高导致的磁通量的减小，从而提升了电动机在高速运行时输出的最大转矩。

变频器恒功率的优化功能，即为矢量控制两点功能。当变频器频率超过额定频率以后，电压超过额定电压后还可升高，如图 31-5 所示。

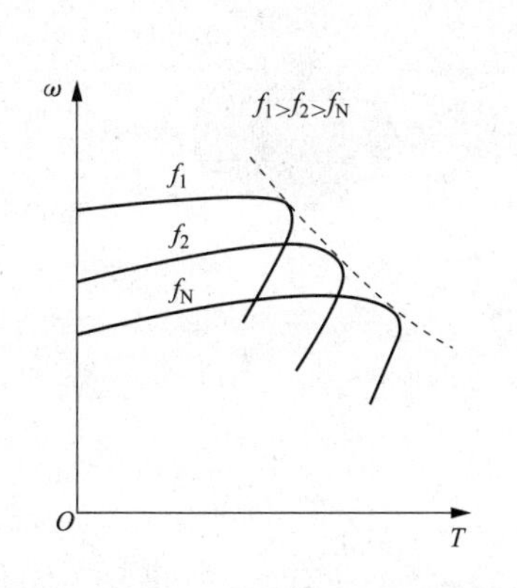

图 31-4　基频以上电压、频率协调控制时的机械特性

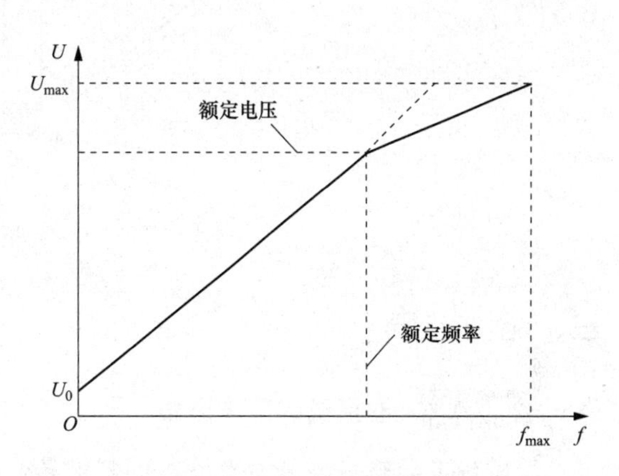

图 31-5　矢量控制两点功能

恒压频比控制方式是建立在异步电动机的静态数学模型基础上的，因此动态性能指标不高，对于轧钢、造纸设备等对动态性能要求较高的应用，必须采用矢量控制变频器才能达到工艺上的较高要求。

（3）风机水泵类负载。各种风机、水泵、油泵中，随叶轮的转动，空气或液体在一定的速度范围内所产生的阻力大致与速度 n 的二次方成正比。随着转速的减小，转矩按转速的二次方减小。这种负载所需的功率与速度的三次方成正比。当所需风量、流量减小时，变频器通过调速的方式来调节风量、流量，可以大幅度地节约电能。由于高速时所需功率随转速增长过快，在不考虑泵和风机负载的扬程曲线对功率消耗的影响的前提下，电动机消耗的功率与速度的三次方成正比。

3. 卷扬机的结构

卷扬机又叫绞车，是由人力或机械动力驱动卷筒、卷绕绳索来完成牵引工作的装置，可以垂直提升、水平或倾斜拽引重物。通俗地说，卷扬机是起重机的一种，通过卷筒将绳索卷起来，以达到将重物提起来的效果，是一种调速性比较好的起重机。

在冶金高炉炼铁生产线上，按照不同品种、根据工艺要求事先称量好的物流例如焦炭、铁矿石等需要从地面上的储料槽通过高炉卷扬机运输到高炉的炉顶，因此卷扬机也被称为高炉上料设备，它是高炉上料系统的重要设备。

高炉上料系统包括料车坑、料车、斜桥、卷扬机或带式上料机。目前，容积在 $3000m^3$ 以下的高炉绝大多数都采用卷扬机，大于 $3000m^3$ 的高炉以带式传输为主。

料车上料机主要由斜桥、料车、卷扬机 3 部分组成，工艺示意图如图 31-6 所示。

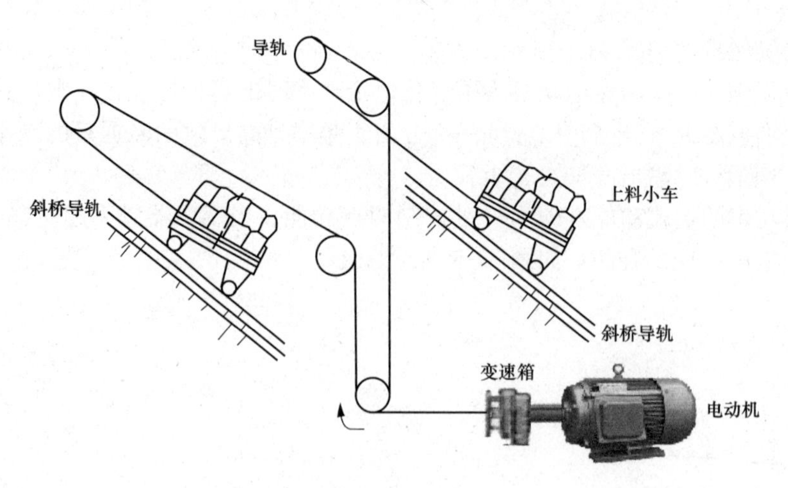

图 31-6　卷扬机工艺示意图

三、 创作步骤

第一步　卷扬机的工作过程

斜桥行走导轨一般分为 3 段，即料坑段（倾角一般为 60°左右）、中间段（倾角为 45°～60°）和曲轨卸料段。上料小车在斜桥的运动分为启动、一次加速、高速运行、一次减速、二次减速，制动停车倾翻。

料车在整个过程中的控制命令由料车智能主令控制器和上下限位给出，为了保证设备安全，一般还设有底部、顶部到位极限，紧急拉绳开关。

斜桥料车上料机在运行过程中，两个料车交替，当装料小车上行时，空载的小车下行，这样，电动机运行没有空行程，同时空载小车相当于一个平衡锤，平衡了重载小车的自重。

高炉卷扬上料运行速度曲线如图 31-7 所示，图 31-7 中 T_2、T_4、T_6 为变速点，信号由料车智能主令控制器给出、T_8 为料车上限位点，系统共设有 3 挡速度，$f_1=10\text{Hz}$、$f_2=35\text{Hz}$、$f_3=45\text{Hz}$。

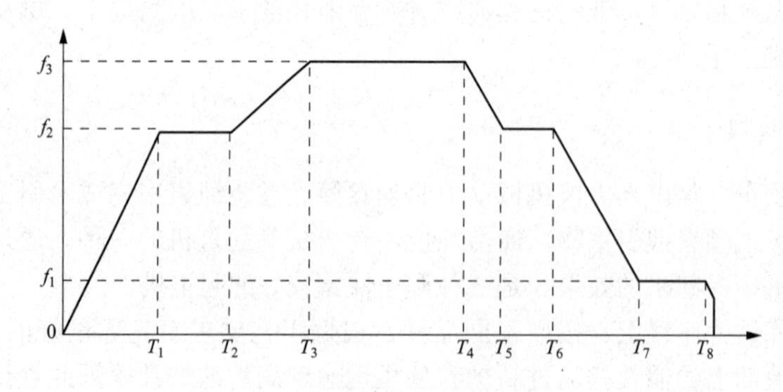

图 31-7　要求的速度曲线

在 T_1 段料车处于料坑段，系统给出启动命令，变频器启动，这时电动机抱闸没有打开，系统电流迅速增大，当电流达到 180%～200% I_e 时，发出抱闸打开命令，电动机以 S 型的升速方式迅速平稳达到中速 35Hz。

在 T_2 时刻料车主令控制器给出加速点的信号，料车处于中间段高速 45Hz 平稳运行，接近 T_4 料车一次减速，中速进入曲轨卸料段。

在曲轨卸料段 T_6 时刻发出二次减速命令，料车以低速 10Hz 运行。在 T_7 时刻发出停车命令，变频器开始检查速度，当低于 5Hz 时，抱闸关闭，变频器开始制动，系统向电网馈电，料车卸料到炉顶储料罐中。

根据工艺要求，主卷扬上料系统由主卷扬电动机、交流变频传动柜及智能主令控制器构成，交流变频传动柜选择的是 ATV71 工程型柜式变频器两台，为一用一备状态，可以通过转换开关柜来切换两台装置。

第二步　设置访问等级为专家权限

【2 访问等级】参数设置为【专家权限】，这样可以访问所有参数。专家权限的设置如图 31-8 所示。

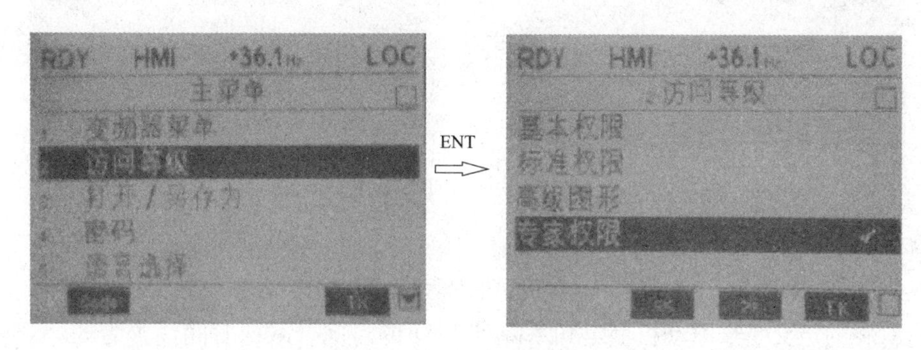

图 31-8　专家权限的设置图示

第三步　设置矢量控制方式

变频器用于控制料车时，必须使用矢量控制方式，则需要对电动机参数进行自整定。

在【1.4 电动机控制】菜单中按照电动机铭牌数据依次输入【电动机额定频率】、【电动机额定电压】、【电动机额定电流】、【电动机额定转速】、【电动机额定功率】后，找到【自整定】参数设为【yes】，整定成功后，将【电动机控制类型】修改为【SVC U】，如图 31-9 所示。

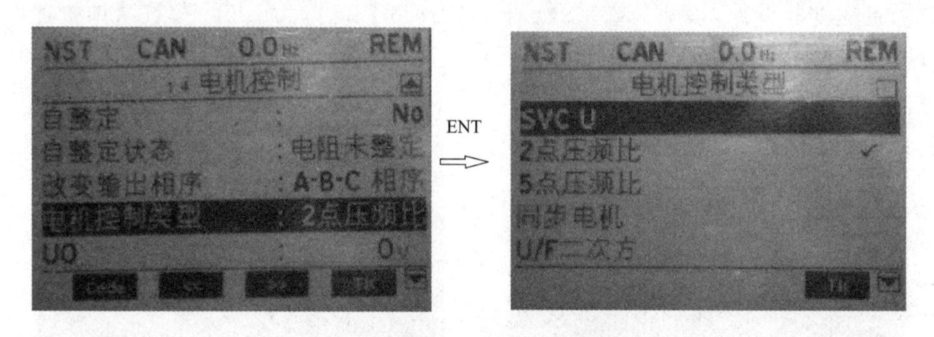

图 31-9　电压矢量的设置图示

第四步　实现工艺要求的两个加、减速时间

每次的上料时间为 38s（焦炭）、43s（矿石），在整个运行过程中，加速时间和减速时间

的设置比较重要，因为这个时间决定料车行走的加速度，如果这个时间太短，料车在处于料坑段时料车钢丝绳容易产生松弛，在曲轨卸料段钢丝绳容易产生抖动，所以加减速斜坡一般设置为S型。

在【1.7应用功能】菜单中找到【斜坡】菜单，将【斜坡类型】设置为【S型斜坡】，然后将【加速时间】参数设置为8s；找到【减速时间】参数，将其设置为6s，同时将【斜坡切换频率】设置为35Hz，【第2加速时间】设置为5s；【第2减速时间】为4s。第2加速时间的设置如图31-10所示。

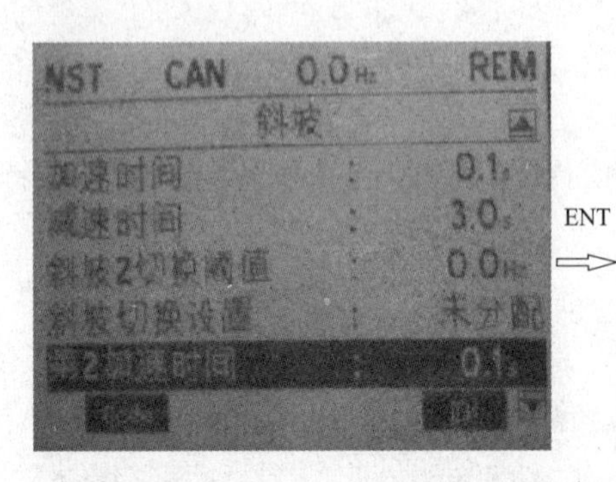

ENT ⇨

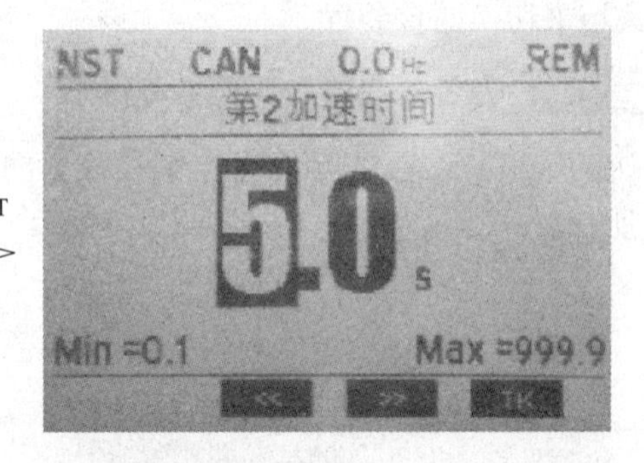

图31-10　第2加速时间的设置图示

注意加速斜坡时间的含义是从0Hz加速到电动机额定频率的时间，如果设置【加速时间】为8s，则从零加速到35Hz时的时间为8×(35/50)=5.6（s）。

减速斜坡的定义是从电动机额定频率降到0Hz的时间，减速时间设置为6s，则从f_3=45Hz降低到35Hz，需要的时间是6×(45−35)/50=1.2（s）。

第五步　多段速的参数设置

变频器多段速的实现是由逻辑输入点进行切换，信号来自PLC的逻辑输出。

料车定位系统由智能主令控制器实现，主令控制器分别记录料车在上行和下行过程中的特定位置，如加速点、减速点、检测点等，并将这些位置信号统一逻辑计算后控制变频器的运行。

在【1.7应用功能】菜单中找到【预置速度】，将参数【2个预置速度】设置为LI3，参数【4个预置速度】设置为LI4，参数【8个预置速度】设置为LI5，参数【预置速度2】设置为35Hz，参数【预置速度3】设置为45Hz，参数【预置速度5】设置为10Hz，预置速度5的设置如图31-11所示。

ENT ⇨

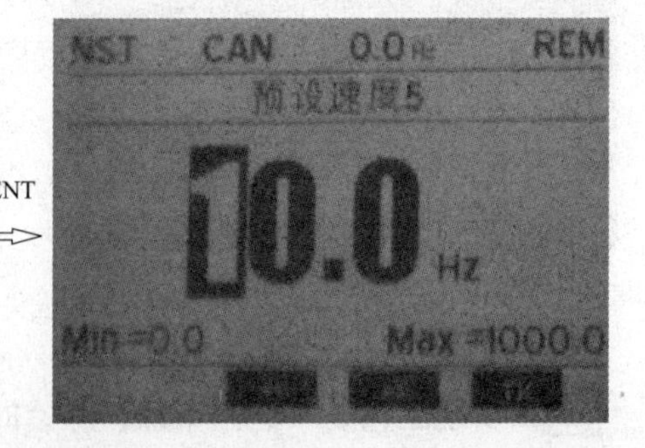

图31-11　预置速度5的设置

第六步　变频器制动逻辑中的参数设置

为保证料车在两个方向的启动都能保证足够的启动力矩，必须将制动松开脉冲设为2BIR，即两个方向上达到启动力矩后，才能放开抱闸。

设定制动器松开脉冲 bIP＝2IBR，即正向时电流为 Ibr，反向时电流为 Ird。

设定再启动等待时间 ttr＝1.2，即防止卷扬机频繁启动的设置。

设定制动器抱紧时间 bEt＝0.4，即根据抱闸动作时间设置。

设定制动器抱紧频率 bEn＝3.8，即提升运行时 1～5 倍电动机滑差。因为频率设置较高时，抱闸冲击较大，频率设置较低时，抱闸过程中设备可能会溜钩。

设定制动器松开时间 brt＝0.5，即根据抱闸动作时间进行设置。

设定刹车释放电流（反向）Ird＝356，即需要在满载和空载状态反复试验。

设定制动器松开时的电动机电流阈值（正向）Ibr＝363，即需要在满载和空载状态反复试验。

设定变频器松开频率 brL＝4.5，即起升运动时为 1～5 倍电动机额定滑差，这里如果设置得过小，会导致抱闸磨损过快。

除对变频器的参数进行设置以外，用户还需要在 PLC 中采取多种手段来保证料车在行走过程中的运行安全和可靠性，包括使用低速检测点（主卷扬机旁的主令开关的接点）来检测、判断料车在进入曲轨前其速度是否减低到预先设定的速度。如料车速度未降到设定的速度，控制回路自动跳闸，主要目的是防止料车冲顶。

案例32 变频器 ATV610 在恒压供水系统中的 PID 应用

一、 案例说明

在本示例中，酒店为客房内的洗浴及厨房提供的生活热水由两台热水泵提供，一台工作一台备用，由于客人洗澡时间的不确定性，热水必须在 24 小时内充分供应。

由于酒店入住率等原因，热水的需求在大多数时间都没有达到满负荷。但酒店还必须满足潜在的热水使用的需求，供水泵不得不一直处于全速运转的状态，多余的热水在达到末端后流回蓄热水箱，这样就浪费了大量的能量；并且水泵和电动机如果一直全速运行，机械磨损相对也会比较严重，出故障的概率也会有所增多。

因为酒店用水由冷热水管共同向喷头提供，当两侧冷热水压力相差比较大时，水温很难调节到一个平衡点，当热水压力太大时，会出现热水串入冷水管的现象，甚至可能烫伤客人，造成严重后果。笔者在本示例中采用了流量调节和恒压控制，稳定了系统压力，这样在洗浴时，就避免了这种危害了。

在恒压供水设备中采用变频调速技术，在根据用水量的多少调节热水流量的同时也可以保证冷热水的压力差在合理的范围内。这样恒压供水系统在提供了稳定的供水性能的同时还起到了节约能源的作用，还能够使供水达到较高品质。

二、 相关知识点

1. ATV610 覆盖的电动机功率

ATV610 系列变频器覆盖的电动机功率从 0.75～160kW，详细信息见表 32-1。

表 32-1　　ATV610 系列变频器的详细信息

产品型号和尺寸（Se）		额定功率（1）		电源部件供应					变频器（输出）	
				最大输入电流		视在功率	最大浪涌电流（2）	损耗功率（4）	额定电流（1）	最大瞬态电流（1）（3）
				380V AC时	415V AC时					
		kW	HP	A	A	kVA	A	W	A	A
ATV610U07N4	S1	0.75	1	3.1	2.9	2.1	8	19/23	2.2	2.4
ATV610U15N4	S1	1.5	2	5.7	5.3	3.8	8	40/25	3.8	4.2
ATV610U22N4	S1	2.2	3	7.8	7.1	5.1	8	54/27	5.4	5.9
ATV610U30N4	S1	3	—	10.1	9.2	6.6	34	74/29	7.2	7.9
ATV610U40N4	S1	4	5	8.8	8.5	6.1	33	128/32	9.3	10.2
ATV610U55N4	S1	5.5	7½	11.6	11	7.9	34	171/35	12.5	13.8
ATV610U75N4	S1	7.5	10	14.7	13.7	9.9	34	216/42	16.5	18.2
ATV610D11N4	S2	11	15	22	20.7	14.9	40	310/54	23.5	25.9

续表

产品型号和尺寸（Se）		额定功率（1）		电源部件供应					变频器（输出）	
				最大输入电流		视在功率	最大浪涌电流（2）	损耗功率（4）	额定电流（1）	最大瞬态电流（1）（3）
				380V AC时	415V AC时					
		kW	HP	A	A	kVA	A	W	A	A
ATV610D15N4	S2	15	20	29.4	27.7	19.9	40	408/62	31	34.1
ATV610D18N4	S3	18.5	25	37.2	35.2	25.3	76	410/64	37	40.7
ATV610D22N4	S3	22	30	41.9	39.0	28	76	492/72	44	48.4
ATV610D30N4	S4	30	40	62.5	59.7	42.9	91	649/91	59	64.9
ATV610D37N4	S4	37	50	76.6	72.9	52.4	101	842/109	72	79.2
ATV610D45N4	S4	45	60	92.9	88.3	63.5	124	1000/121	87	95.7
ATV610D55N4	S5	55	75	111.5	105.6	75.9	167	969/131	106	116.6
ATV610D75N4	S5	75	100	147.9	139.0	99.9	186	1460/177	145	159.5
ATV610D90N4	S5	90	125	177.8	168.5	121.1	240	1745/199	173	190.3
ATV610C11N4	S6	110	150	201	165.0	137.2	325	2026	180	198
ATV610C13N4	S6	132	200	237	213.0	177.1	325	2755	240	264
ATV610C16N4	S6	160	250	284	261.0	217	325	3270	302	332

2. ATV610 变频器的逻辑输入端子的电气参数

ATV610 变频器的逻辑输入端子的电气参数见表 32-2。

表 32-2　　ATV610 变频器的逻辑输入端子的电气参数

端子	描述	I/O 类型	电气特征
DI1～DI6	逻辑输入	I	6 个 24V DC 可编程逻辑输入，符合 IEC/EN 61131-2 逻辑类型 1。 （1）正逻辑（源型）：如果为≤5V DC 或者逻辑输入未接线，则状态为 0，如果为≥11V DC，则状态为 1。 （2）负逻辑（漏型）：如果为≥16V DC 或逻辑输入未接线，则为状态 0，如果为≤10V DC，则为状态 1。 （3）阻抗 3.5kΩ。 （4）最高电压：30V DC。 （5）最长采样时间：2ms±0.5ms。 多次分配可以在一个输入上配置若干功能（示例：LI1 分配至正转与预置速度 2，LI3 分配至反转与预置速度 3）

3. ATV610 变频器的模拟量输入端子的电气参数

ATV610 变频器的模拟量输入端子的电气参数见表 32-3。

表 32-3　　ATV610 变频器的模拟量输入端子的电气参数

端子	描述	I/O 类型	电气特征
AI1、AI2、AI3	模拟输入	I	可使用软件配置：电压或电流模拟输入。 （1）电压模拟输入为 0～10V DC，阻抗为 30Ω。 （2）电流模拟输入 X－Y mA，X 与 Y 可经过编程设定，取值为 0～20mA，阻抗：250Ω。 （3）最长采样时间：5ms±1ms。 （4）分辨率：12 位。 （5）精度：对于 60℃的温度变化，为±0.6%。 （6）线性度：最大值的±0.15%

4. 电接点压力表的工作原理

电接点压力表由测量系统、指示装置、磁助电接点装置、外壳、调节装置及接线盒等组成。电接点压力表的实物图如图 32-1 所示。

图 32-1　电接点压力表的实物图

当被测压力作用于弹簧管时，其末端产生相应的弹性变形，即位移，经传动机构放大后，由指示装置在度盘上指示出来。同时指针带动电接点装置的活动触点与设定指针上的触头（上限或下限）相接触的瞬时，致使控制系统接通或断开电路，以达到自动控制和报警的目的。

在电接点装置的电接触信号针上，有的装有可调节的永久磁钢，可以增加接点吸力，加快接触动作，从而使触点接触可靠，消除电弧，能有效地避免仪表由于工作环境振动或介质压力脉动造成触点的频繁关断。

电接点压力表的电气原理是所测量的罐或管道中的压力到达下限时自动开启，到达上限自动停机。其控制过程是在压力到达下限时，电接点压力表的活动触点（电源公共端）与下限触头接通，接触器线圈动作并自锁，其动合触头闭合，电动机通电运转。当压力到达上限时，活动触点与上限触头接通，中间继电器通电动作，其动断触头断开，切断接触器的供电，接触器的动合点断开，接触器的通电线圈释放，电动机停转。如此往复就达到了自动控制的目的了，控制原理图如图 32-2 所示。

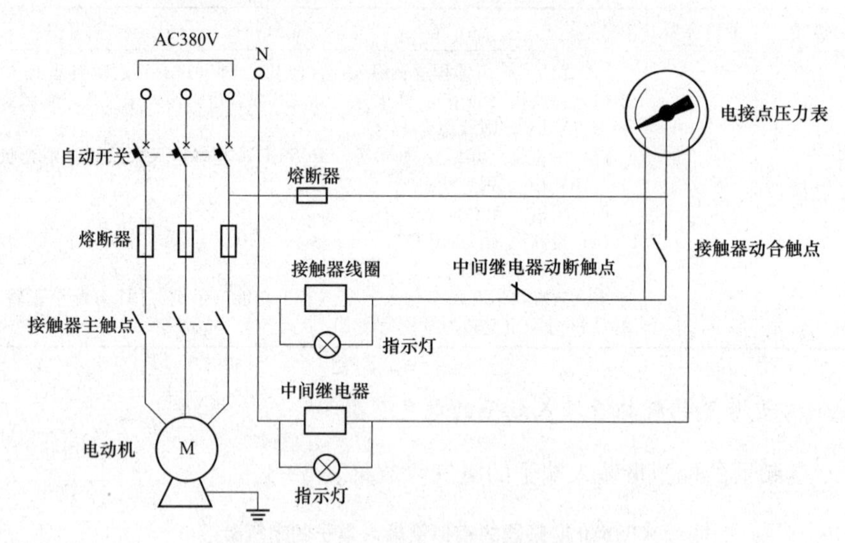

图 32-2　电接点压力表的控制原理图

三、 创作步骤

第一步　仪表选配

酒店客房内洗浴冷水的压力是由电接点压力表控制冷水泵 M3 的启停并配合压力灌来实现的，出水压力控制在 0.5～0.6MPa。

工频状态热水管末端回水的压力在正常时约为 0.7MPa，晚上无人使用时最高达 0.8MPa。因为热水管在电动机工频时末端的最高压力可达 0.8MPa，所以选择压力变送器的量程为 0～1MPa，对应线性输出 4～20mA 电流信号；选择一块带输出且可设定的数字显示仪表，以便在设备上指示当前压力，供操作人员参考，并可以更灵活的对压力信号进行设定，也就是说用户只要将热水管的末端压力控制在 0.5MPa 左右，就可以满足正常使用，冷热水供水管线布置图如图 32-3 所示。

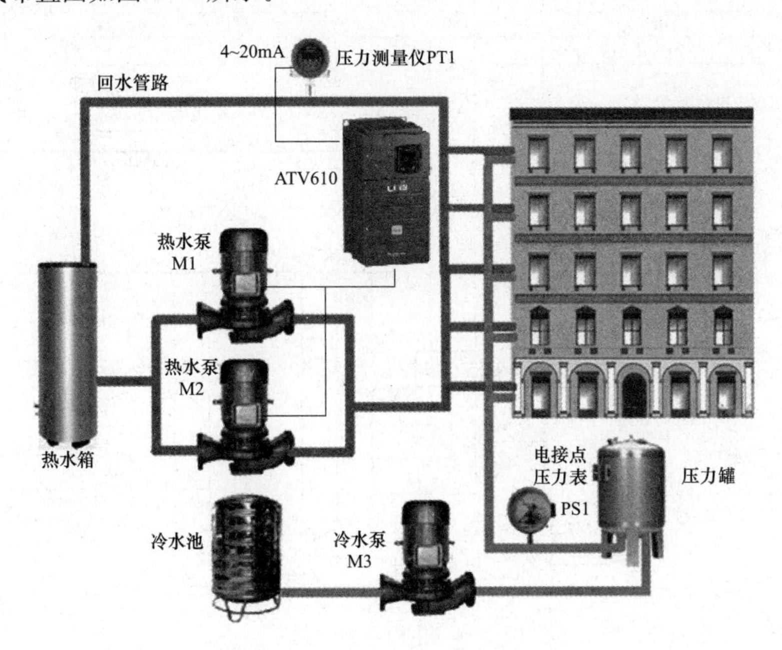

图 32-3　冷热水供水管线布置图

第二步　设计硬件

用一台变频器 ATV610 对两电动机 M1 和 M2 进行切换变频，来保证一台电动机故障后另一台仍可以进行变频工作，为了防止反馈信号出现意外情况导致设备不能正常工作，在控制回路设计了自动和手动两种控制模式，自动模式根据反馈信号自动调节，手动模式用 BOP 操作面板手动进行水泵转速的控制，以方便在调试时或者反馈信号故障时使用。

电接点压力表 PS1 控制冷水泵 M3 的启停，工作时，按下启动按钮 QA1 后，当管道中的压力比较低，低到电接点压力表 PS1 设置的低限压力 0.5MPa 时，中间继电器 CR4 的线圈接通，CR4 的两个动合点闭合，一个动合点用来使 CR4 的线圈回路继续通电，另一个动合点使接触器的 KM6 线圈通电，其主触点闭合启动冷水泵 M3，M3 启动后，管道中的冷水压力会逐步提高，PS1 的低限回路断开，当管道中冷水的压力达到高限压力值 0.6MPa 时，PS1 的高限回路接通，使中间继电器 CR3 的线圈通电，其串接在 CR4 线圈回路中的动合点使 CR4 线圈断电，从而使冷水泵的接触器 KM6 也断电，这样就实现在 PS1 检测到压力达到 0.6MPa 时立即停止泵 M3。冷水泵就这样周而复始的控制管道中的压力在 0.5MPa 时启动 M3，在 0.6MPa 时停止 M3。

在相关知识点中，笔者对电接点压力表给出了一个控制方案，这里采用另一个控制方案，即使用两个中间继电器来控制冷水泵的自动运行，从而使读者掌握更多的控制技巧。

另外，在热水供水的控制回路中要设有电气互锁保护，确保任何时候只能有工频或变频一种方式启动同一台电动机 M1 或 M2，以避免意外操作时对变频器造成损坏；还要有故障报警功能，当电网、电动机、水泵或设备出现意外情况时，能及时发出报警，避免更大故障的发生。本示例主要讲述 ATV610 的应用，主电路的电路图如图 32-4 所示。

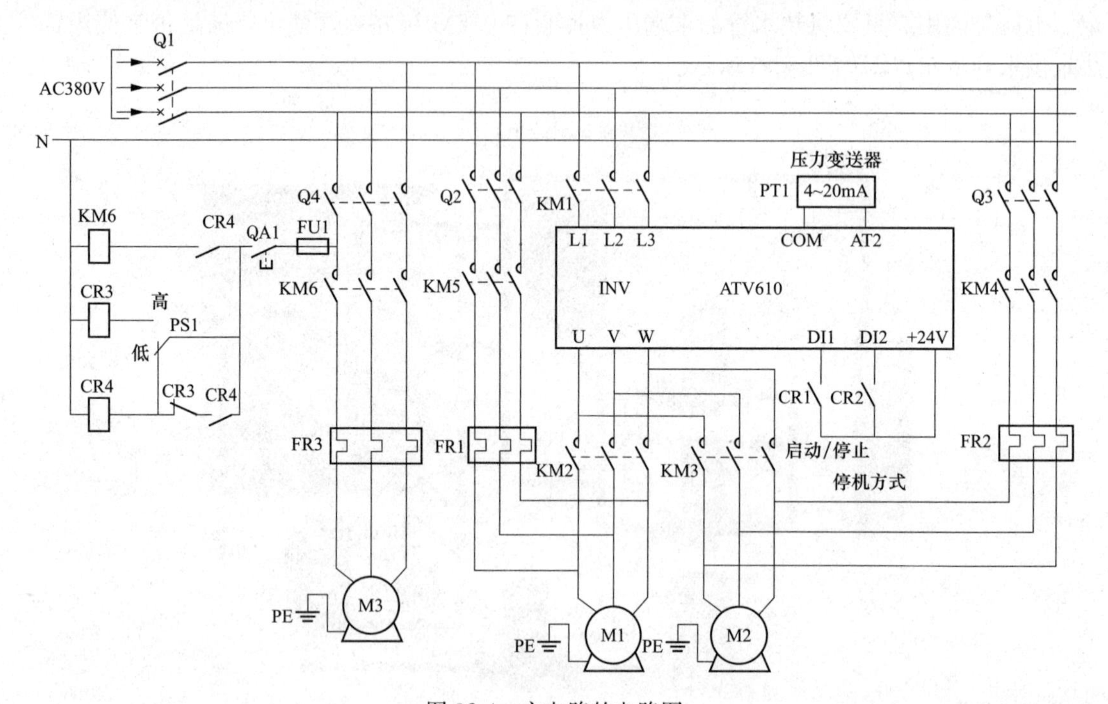

图 32-4　主电路的电路图

将内部 10V 电源地端子号 2 号、模拟输入 1（—）端正号 4 号、带电位隔离的 0V 端子 28 号用导线三点短接。

压力表的模拟输出压力仪表接到模拟输入 AI2 上，模拟信号采用 4～20mA 电流输入，模拟量输入信号接到变频器的 10 号端子（AIN2＋），11 号端子（AIN2－）。CR1、CR2 对应逻辑输入端子 DI1、DI2，CR1 接变频器启动信号，DI2 接电动机正反转信号。

第三步　变频器 ATV610 的参数设置

由于变频器实际输出的是 PWM 脉宽调制信号，默认的载波频率为 4kHz，此时电动机有尖锐的噪声。增加载波频率会降低最大输出电流，并且增加变频器损耗。因为实际所选的变频器功率比电动机功率大一挡，且设备一般工作在低于额定的状态，所以增加载波频率对设备没有太大影响，把【完整设置】（CSt－）下子菜单【电动机参数】（MPA－）中的参数【开关频率】（SFr）改为 10kHz 后，电动机噪声消除。

【快速启动】（SYS－）菜单下【宏配置】（CFG－）菜单设置为【PID 控制器】（bPId）。这样设置参数可以减少设置参数的工作量。

在【快速启动】（SYS－）菜单下【简单启动】（SIM－）菜单下设置以下最常用参数。

【电动机热电流】（ItH）设置为电动机的额定电流，保护电动机不会过热。

【加速】（ACC）设置为 15s，在系统允许的前提下设置较大的斜坡上升时间，降低启动时的电动机电流。

【减速】(dEC)设置为20s，使用大的减速时间防止大惯量负载再生发电反向冲坏变频器。

【输出相位转向】发现电动机旋转方向不对，使用此PHr调整电动机的旋转方向。因为不用更改变频器输出的接线，所以此参数非常的方便。

【低速】(LSP)电动机最低转速设置为5Hz，避开过低的电动机运行速度。

第四步 变频器ATV610的PID参数设置

PID控制需要设置PID的给定值和PID馈两路输入的，其中主设定是用于设置目标压力，是根据最终控制目标的需要，在变频器的参数【给定1通道】(Fr1)中进行设定的，此参数可以在用户实际需要发生变化后再次调整；反馈值是通过远程的热水管末端安装的一个压力变送器提供的，压力变送器将压力信号转变为4～20mA的电流信号，然后输出给压力显示仪表，经设定后再输出给变频器的模拟量输入2。

PID反馈的参数路径：【完整设置】→【通用功能】→【PID控制器】→【反馈】(Fdb－)设置为模拟量输入AI2。

下一步建立模拟量输入与实际工程量的对应关系，在ATV610变频器中，使用参数PID反馈的最大、最小值来实现，在本项目中4mA的压力变送器信号对应压力为0，而20mA信号对应实际的管道压力为1MPa即10个大气压。

使用【PID反馈最小值】(PIF1)设置为0、【PID反馈最大值】(PIF2)设置为1000，这两个参数将工程量0～10bar转换为0～1000的数值。同样的将【PID给定最小值】(PIP1)设置为0，然后将【PID给定最大值】(PIP2)设置为1000，即4～20mA对应的目标设置压力为0～10bar。

变频器运行过程中，反馈回来的信号与主设定值进行比较，如果反馈值小于主设定值，变频器的频率会自动提升，以提高目标压力；如果反馈值大于主设定值，变频器的频率会自动降低，以降低目标压力，因此设置PID的方向为【PID反向】设置为否，这也是变频器的默认设置，用户应检查这个设置或在设置所有参数之前先回到出厂设置来保证参数设置的正确性。

对施耐德变频器的参数进行设置时，如果要设定的参数是默认值，就不需要进行设定了，如施耐德ATV610的PID应用框图中的PID输出方向为否，这与应用的恒压供水是吻合的，对于其他参数PID的【控制类型】(tOCt)设置为NO也是一样，当然，用户也可以把此参数设置为【压力】(PrESS)，那样的话，使用的参数将变为工程量单位，好处是更直观。

泵在用水负荷很低的情况下以很低的速度运行，这会导致能量的浪费，对于普通电动机来讲，过低速度导致的散热情况恶化会降低电动机的运行寿命，因此，需要设置变频器运行的休眠唤醒功能。

在本项目中，ATV610的【休眠模式】(ASLM)被设置为速度模式(SPd)休眠，这个模式以电动机的运行速度和给定速度作为是否休眠的依据，因而称之为速度模式。

当给定频率和实际运行频率都低于【低速频率】(LSP)加上【休眠偏置极限】(SLE)，并且时间超过【休眠延时时间】(tLS)，则变频器开始休眠，电动机停止运行。

PID控制模式的唤醒模式【WAKEUP_MODE】设置为【PID反馈电平】，当【PID反馈】低于配置的唤醒 PID 反馈值【WAKEUP _ PID _ FEEDBACK】时，说明系统的用水量增加到一定程度，这时电动机重新启动。

第五步 调试方法

对变频器进行调试时，首先要将线路连接好，然后对变频器参数进行修改，先手动运行变频器，测试一下变频器和水泵电动机的接线是否正常，查看一下电动机的旋转方向是否正确，还要在监视参数中检查 PID 压力给定模拟量和现场压力传感器接线是否正常，这是整个调试的基础。

对于水泵系统，水量随着泵的转速变化响应很快，没有明显的滞后，这时候增加微分量，过分的提前预测反而会造成系统调节的不稳定，因此将 PID 微分增益设置为 0。

PID 参数的调试需要依据电动机和负载的情况逐渐修改，直到压力指示稳定下来。为了保障供水压力的充足，将末端压力定在 0.55MPa。

(1) 先设置参数回到出厂设置，然后用手动模式（没有 PID 调节器）给电动机运行命令，运行速度建议在 10H 左右，如果发现电动机运行声音不对要马上停下来，检查电动机的方向和水泵，以及管路中的阀门，确认变频器的接线和传感器的接线没有问题。

(2) 手动一切正常后，设置参数 PID 反馈值 PID 给定值等切换至 PID 模式。

(3) 将【PID 斜坡】(PrP) 设置为 1s，保证不出现 ObF。

(4) 将积分增益【PID 积分增益】(rIG) 设置为 0.01。

(5) 设置微分增益【PID 微分增益】(rdG) 为 0。

(6) 分别给定不同的 PID 给定 0.25、0.4 和 0.55MPa，并仔细观察 PID 反馈值的变化，如有电脑，可以使用 SoMove 软件来观察和分析 PID 运行曲线定值。

(7) 调整比例增益【PID 比例增益】(rPG)，即从 0.1 开始逐步增加比例增益的值，直到压力反馈的过渡阶段仅出现一到两个振动。

(8) 逐步加大积分增益【PID 积分增益】(rIG)，直到几个周期内实际值就等于给定值(静差为 0)。

(9) 在整个给定值范围内执行生产测试，反复精调 PID 的比例增益和积分增益，直到 PID 的控制效果达到要求。

ATV61/71 与西门子 S7-400 在氧化铝业上的通信应用

一、案例说明

本示例首先介绍了 Profibus DP 通信的相关知识，然后通过一个完整的应用示例，说明了 ATV71 变频器与西门子 400PLC 的通信过程和参数设置。

二、相关知识点

1. Profibus 的波特率与传输距离的关系

通信电缆最大长度取决于波特率（传输速率），如使用 A 型电缆，则传输速率与长度见表 33-1，波特率（传输速率）越高，距离越短，如果超出了表中电缆的最大距离要使用中继器。

表 33-1　　传输速率与长度的关系

波特率（Kbps）	9.6～93.75	187.5	500	1500	3000	6000	12000
通信电缆长度（m）	1200	1000	400	100	100	100	100

A 型电缆技术特性如下。

阻抗：135～165Ω；

电容：<30pF/m；

回路电阻：110Ω；

线规：0.64mm；

导线面积：>0.34mm；

信号衰减：9dB。

2. Profibus 的总线介绍

每个网段（segment）上最多可接 32 个站（包括主站、从站、Repeater、OLM 等），因此，一个 PROFIBUS 系统中需要连接的站多于 32 站时，必须将它分成若干个网段。

对于 RS485 接口而言，中继器是一个附加的负载，因此在一个网内，每使用一个 RS485 中继器，可运行的最大总线站数就必须减 1。这样，如果此总线段包括一个中继器，则在此总线段上可运行的站数为 31。由于中继器不占用逻辑的总线地址，因此在整个总线配置中的中继器数对最大总线站数无影响。第一个和最后一个网段最多有 31 个元件；两个中继器间最大有 30 个站；每一个网段首末端必须有终端电阻。

如果总线上多于 32 站，每个网段彼此由中继器（也称线路放大器）相连接，中继器起放大传输信号的电平作用。按照 EN50170 标准，在中继器传输信号中不提供位相的时间再生（信号再生）。由于存在位信号的失真和延迟，因此 EN50170 标准限定串接的中继器为 3 个，这些中继器单纯起线路放大器的作用。但实际上，在中继器线路上已实现了信号再生，因此可以串接的中继器个数与所采用的中继器型号和制造厂家有关。例如，由西门子生产的型号为 6ES7972-OAAO-OXAO 的中继器，最多可串接 9 个，如图 33-1 所示。

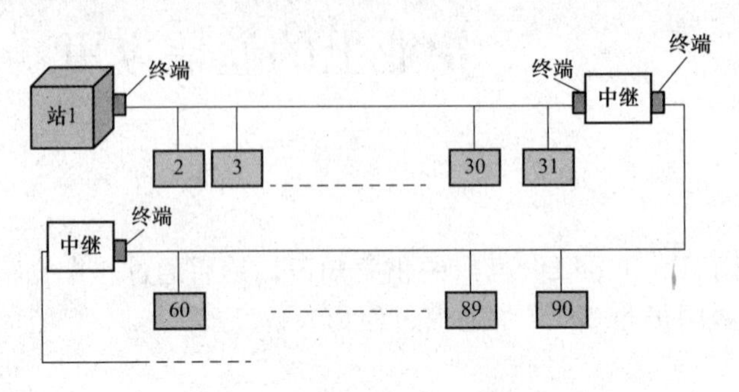

图 33-1　中继的应用图示

* 中继器没有站地址，但被计算在每段的最多站数中

每个网段的头和尾各有一个总线终端电阻。使用终端电阻的站点不能掉电，否则整个网络将瘫痪。

传输速率高于 1500Kbps 时，短截线将使整个网络瘫痪。总线与总线连接器的 9 针 D 型插头直接连接时，在总线系统的线性结构中将产生短截线。

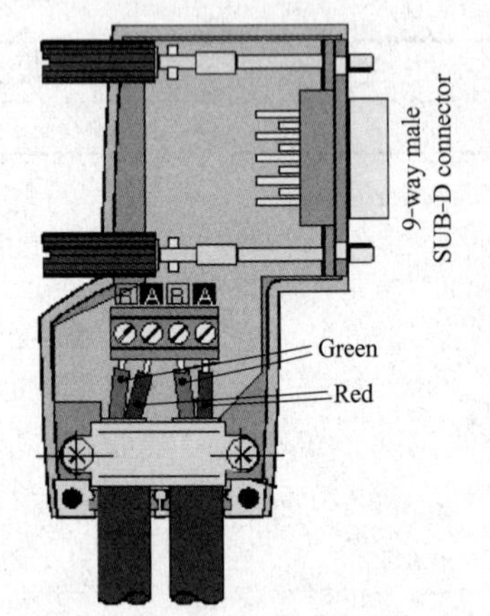

图 33-2　Profibus 总线接头

尽管 EN50170 标准指出，传输速率为 1500Kbps 时，每个总线段短截线允许小于 6.6m，但是通常在总线系统配置时，最好尽量避免有短截线。一种例外是临时连接编程装置或诊断工具时可使用短截线。根据短截线的数量和长度，它可能会引起线反射从而干扰报文通信。当传输速率高于 1500Kbps 时，不允许使用短截线。在有短截线的网络中，只允许编程装置和诊断装置工具通过“有源的”（active）总线连接导线与总线连接。

Profibus 总线接头如图 33-2 所示。

3. 变频器的 IO 模式

ATV71 变频器的 IO 模式在【1.6 命令】（CtL-）将【组合模式】（CHCF）设置成【IO 模式】（IO）后启动，如果【1.5 输入输出设置】（I-O-）中【2/3 线制】（tCC）设成【2 线控制】（2C），控制字各位的定义见表 33-2。

表 33-2　【2 线控制】（2C）时，控制字各位的定义

位	Profibus 卡
位 0	正转
位 1	C301
位 2	C302
位 3	C303
位 4	C304

续表

位	Profibus 卡
位 5	C305
位 6	C306
位 7	C307
位 8	C308
位 9	C309
位 10	C310
位 11	C311
位 12	C312
位 13	C313
位 14	C314
位 15	C315

如果【1.5 输入输出设置】(I—O—) 中【2/3 线制】(tCC) 设成【3 线控制】(3C)，控制字各位的定义见表 33-3。

表 33-3　【3 线控制】(3C) 时，控制字各位的定义

位	Profibus 卡
位 0	停止
位 1	正转
位 2	C302
位 3	C303
位 4	C304
位 5	C305
位 6	C306
位 7	C307
位 8	C308
位 9	C309
位 10	C310
位 11	C311
位 12	C312
位 13	C313
位 14	C314
位 15	C315

4. DriveCOM 流程

根据 DriveCOM 流程即 DSP402 状态表控制变频器，如图 33-3 所示。

变频器上电时如果没有故障，则处于状态 2（通电被禁止）。此时变频器状态是 NST，如果通了三相交流电，则状态字 ETA 最后两位的值为 16 进制的 50，否则是 16 进制的 40。

这时，给变频器发命令字 CMD＝16＃0006，如果变频器无故障，则变频器进入状态 3（通电准备好）。这时，如果通了三相交流电，则状态字 ETA 最后两位的值为 16 进制的 31，否则是 16 进制的 21。

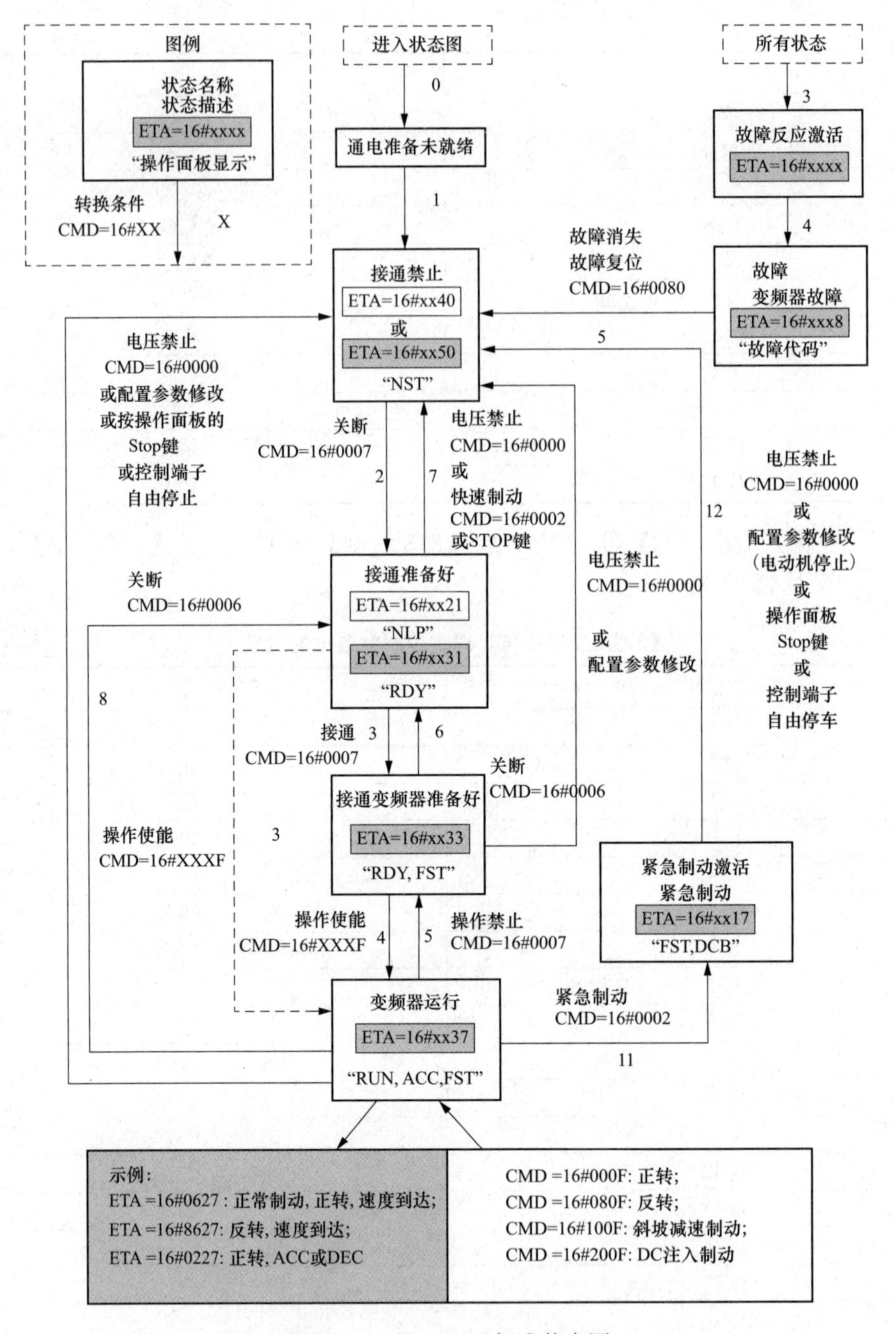

图 33-3　DriveCOM 标准状态图

然后我们给变频器发命令字 CMD＝16＃0007，则变频器完成启动准备，进入状态 4。此时三相电必须加上。状态字 ETA＝16＃＊＊33。

如果要运行，我们给变频器发命令字 CMD＝16＃000F（正转），则变频器进入状态 5。此时如果要停车，我们给变频器发命令字 CMD＝16＃0007，则变频器返回状态 4。

在大多数情况下，变频器在状态 4 和状态 5 之间切换，只有当出现快速停车、故障或者重新上电后，才需要根据图 33-3 的流程表确定如何响应。

三、创作步骤

第一步 变频器 ATV71 的谐波抑制

氧化铝行业大量使用变频器，对谐波的要求较高，变频器是工厂里较常见的谐波源。

由于 ATV71/61 功率大于 15kW 的变频器均内置了直流电抗器，因此只在功率小于 15kW 的变频器前加装了交流电抗器。同时，ATV71/61 的变频器全内置 EMC 滤波器，可以减少变频器产生的射频干扰，提高变频器的抗干扰能力，符合变频器的 EMC 标准。

另外，为降低变频器对其他设备的影响，变频器动力线采用屏蔽线，并将屏蔽层可靠接地。

在变频器的输入或输出端加装电感式磁环滤波器。平行并绕 3～4 圈，有助于抑制高次谐波，此方法简单易行，并且价格低廉。

根据现场情况，模拟信号给定端的进线上也使用了磁环滤波器。

第二步 安装 Profibus 通信卡

用一字螺丝刀往下按门扣并向外拉，以便松开控制面板的左侧，同样的方法松开控制面板的右侧，如图 33-4 所示。

向外转动控制面板，然后向上取下前面板，如图 33-5 所示。

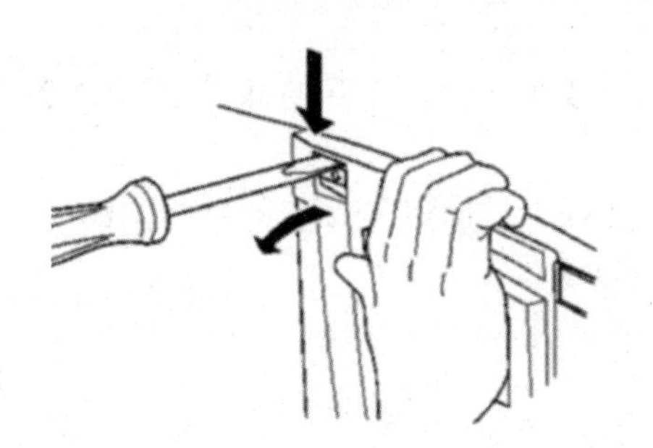

图 33-4 控制面板的松开操作

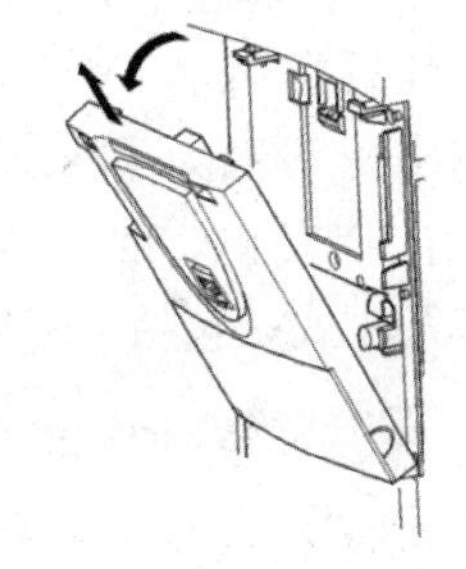

图 33-5 取下前面板的图示

先将选项卡置于钩子上，然后转动选项卡直到其到位，将前面板置于选项卡钩子上，然后转动前面板直到其到位，Profibus 卡的安装就完成了，如图 33-6 所示。

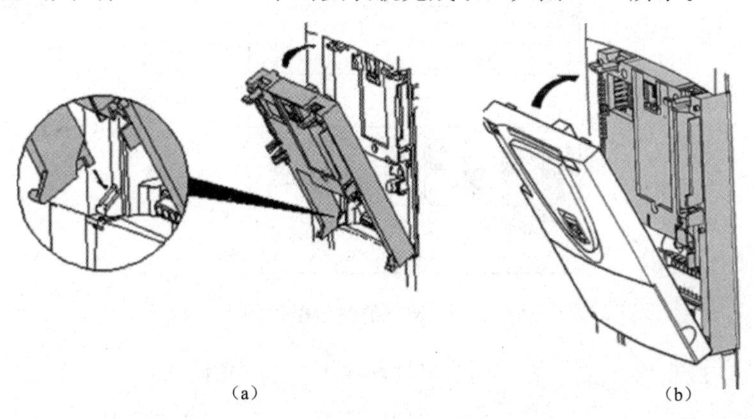

(a) (b)

图 33-6 安装 Profibus 卡的图示

第三步 拨码开关的设置

设置通信卡的拨码开关用于设置地址，Profibus 通信卡的外观和地址跳线开关的位置如图 33-7 所示。

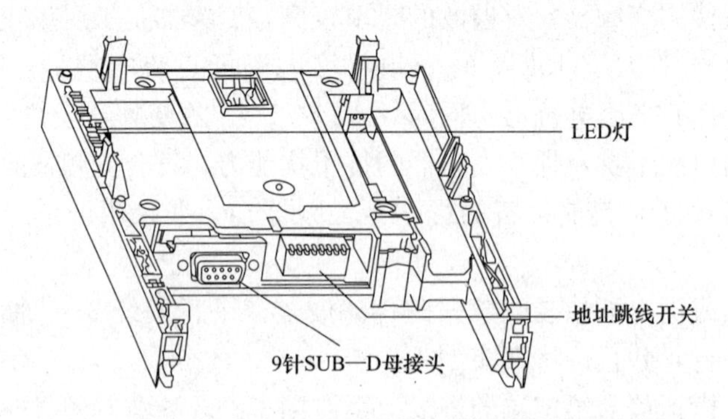

图 33-7 Profibus 通信卡的外观和地址跳线开关的位置图示

第四步 选择工作模式

最左侧跳线用于设置通信卡工作模式，设置位置的说明如下所示。

（1）拨码在上方：ATV71 模式。

（2）拨码在下方：ATV58 兼容模式。

如果使用 ATV58 模式，还需将变频器的【1.6 命令】（CtL－）下的【组合模式】（CHCF）设置为【8series】（SE8）。

在 PLC 侧，因为 ATV71 将会采用与 ATV58 兼容的 PKE 和与 ATV58 变频器相同的通信读写方式，包括 PKW 等服务都相同，所以无须更改 GSD 文件。

第五步 地址的设置

拨码 2～8 用于地址的配置，如图 33-8 所示。

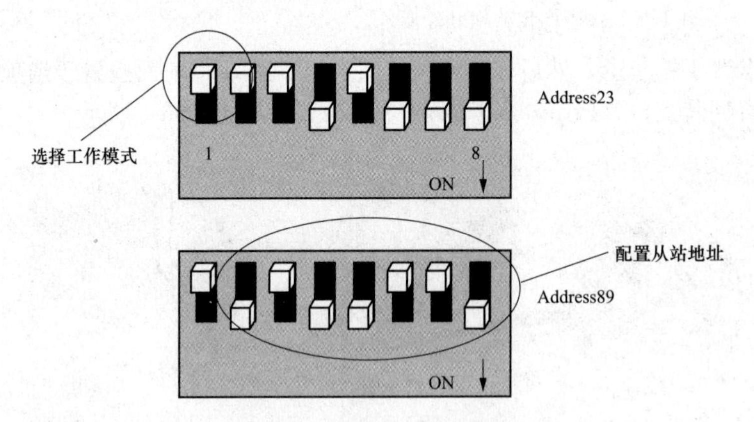

图 33-8 地址的跳线配置图

最低为 8 位，最高为 2 位，拨下为 ON/1，在上方为 OFF/0。

以图 33-8 地址 89 为例，$1\times2^0+0\times2^1+0\times2^2+1\times2^3+1\times2^4+0\times2^5+1\times2^6+0\times2^7=1+8+16+64=89$。

用户在改动地址后，需要重新上电，新地址才能生效。

另外，地址 0 和 1 通常为 Profibus-DP 主机保留，不能用于 Profibus 通信卡。

笔者建议不要使用地址 126，因为它与 SSA 服务（设置从机地址）以及一些网络配置软件（如 Sycon）不兼容。

第六步　Profibus 波特率的设置

无须设置波特率，通信卡与主站通信建立后，自动设定成与主站相同的波特率。

第七步　导入 GSD 文件

由于 PLC 是西门子的 S7-400，与变频器通信采用 Profibus-DP。所以需要导入 GSD 文件。

在 Step-7 软件的硬件配置画面（HW Config），选择菜单【Options】下的【Install GSD File】，如图 33-9 所示。

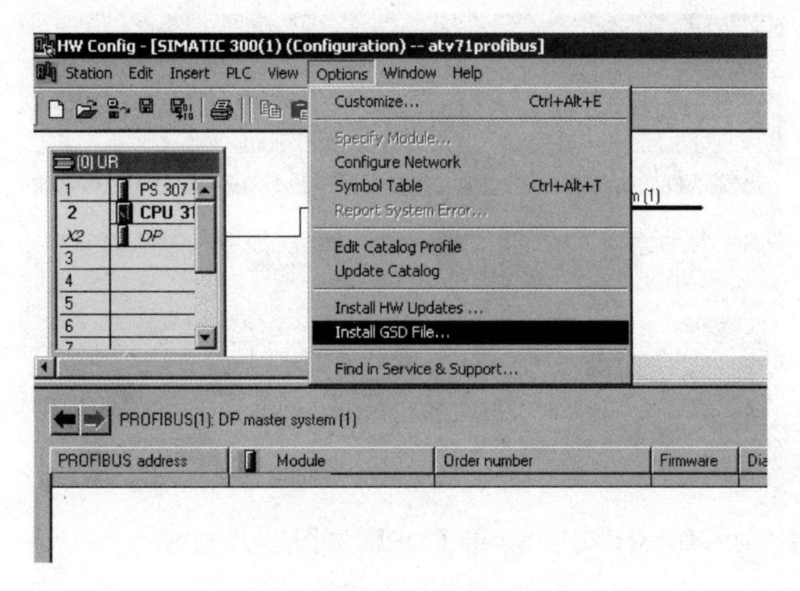

图 33-9　选择安装 GSD 文件 Install GSD File 菜单

在弹出的菜单中，单击【Browse】找到有 Profibus 卡的 GSD 文件夹，如图 33-10 所示。

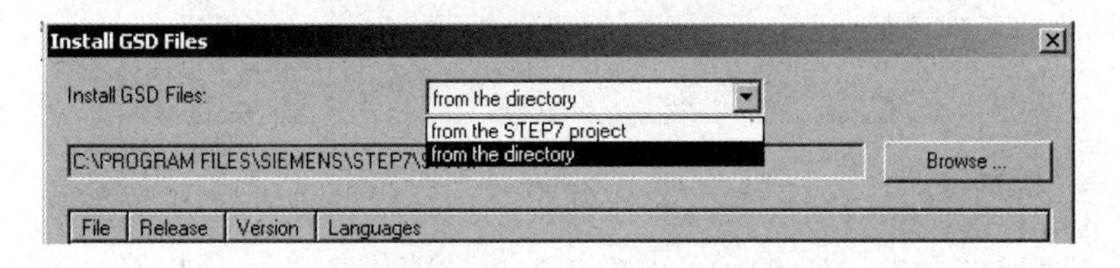

图 33-10　选择 GSD 所在文件夹

在选中 atv71gsd 文件后，单击【确定】按钮，如图 33-11 所示。

单击【确定】按钮后，出现的对话框如图 33-12 所示，在对话框中选择 ATV71 的 GSD 文件 Tele0956. gsd。单击【Tele0956. gsd】后变成蓝色，然后单击【Install】按钮，如图 33-12 所示。

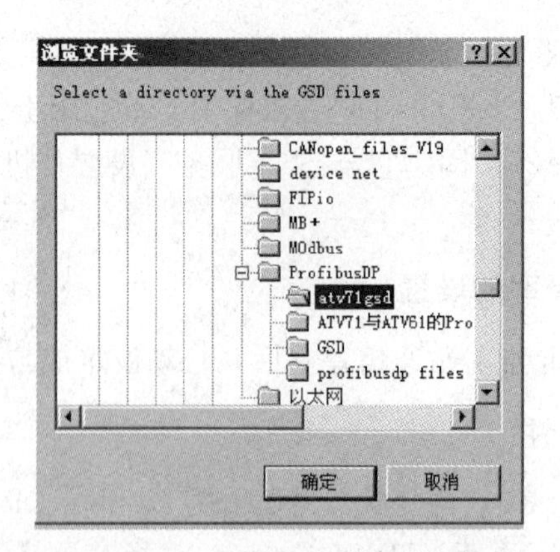

图 33-11 找到 ATV71 变频器的 GSD 文件并单击【确定】

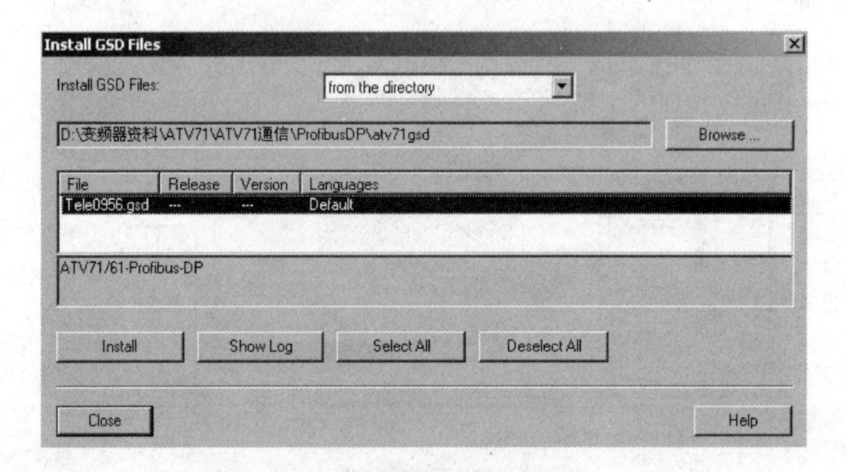

图 33-12 安装 GSD 文件的页面

然后在弹出的的确认对话框选中单击【Yes】，如图 33-13 所示。

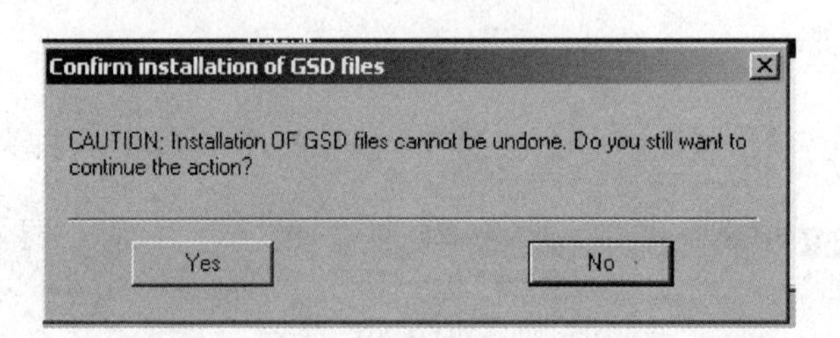

图 33-13 GSD 安装向导页面

在【Install GSD File】对话框中单击【OK】确认安装 GSD 文件，如图 33-14 所示。

弹出对话框提示安装成功完成，单击【Close】关闭对话框。

安装完成后，在 Step-7 的 HW Config 窗口，右侧的可选设备中，会增加一项 ATV71/61-Profibus-DP，如图 33-15 所示。

第八步 通信格式的选择

对于 Tele0956. gsd 文件的 Profibus 通信卡，通信格式只有一个选择如图 33-16 所示。

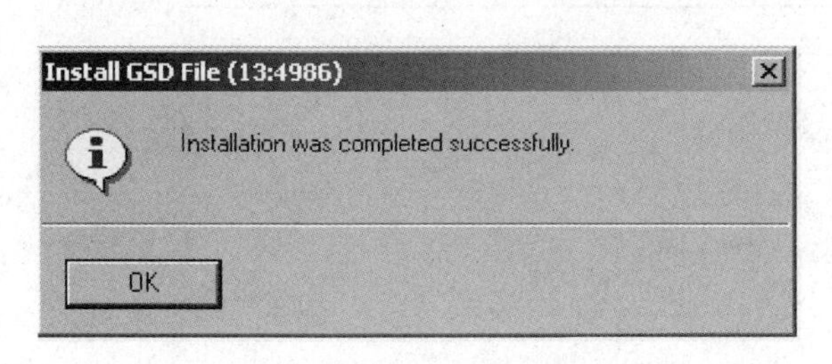

图 33-14　单击【OK】按钮完成添加 GSD 文件

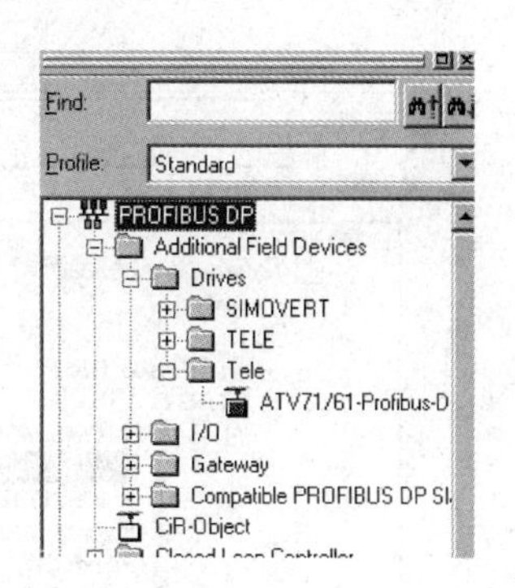

图 33-15　施耐德变频器的位置

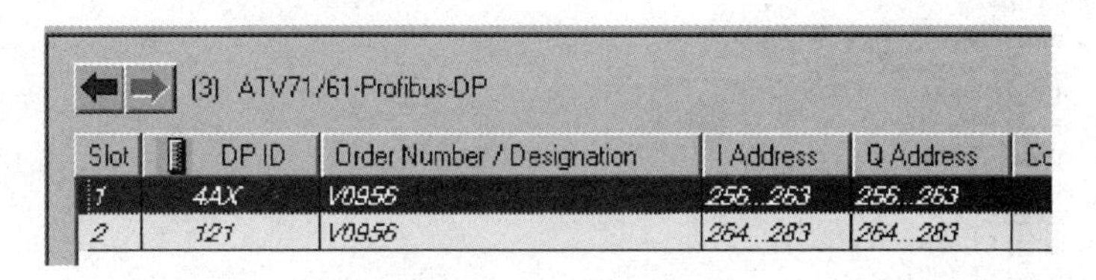

图 33-16　选择通信格式

第九步　添加 DPV0 从站

安装 GSD 文件后，在 Tele 文件夹下找到 ATV71/61 变频器，选中后拖曳到 Profibus 总线上，添加一个 ATV71Profibus 从站，如图 33-17 所示。

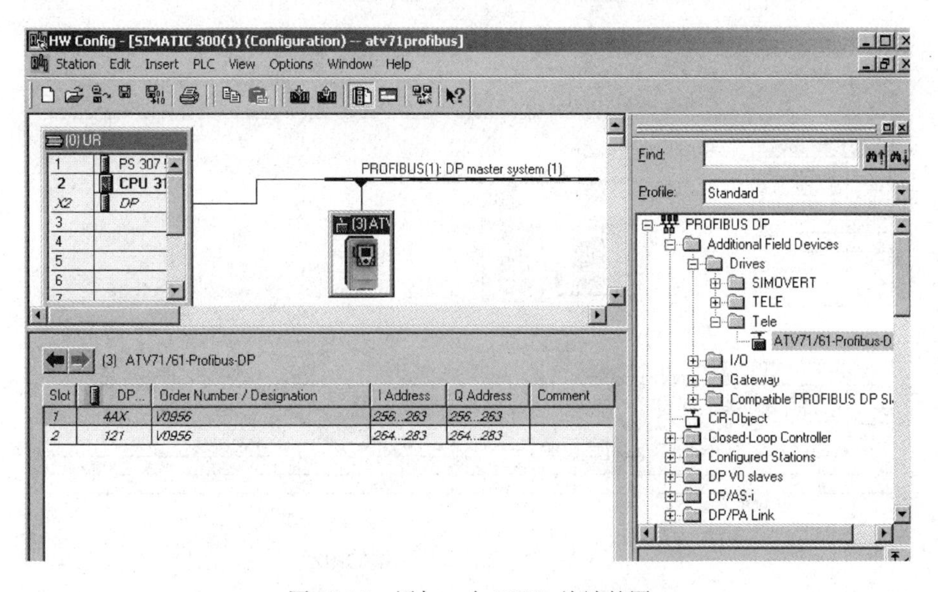

图 33-17　添加一个 DPV0 从站的图

第十步　添加 DPV1

使用同样的方法安装 Profibus DPV1 的 GSD 文件。这个文件位于图 33-17 中的 TELE 文件夹，添加后选择两个输入/两个输出 PZD，如图 33-18 所示。

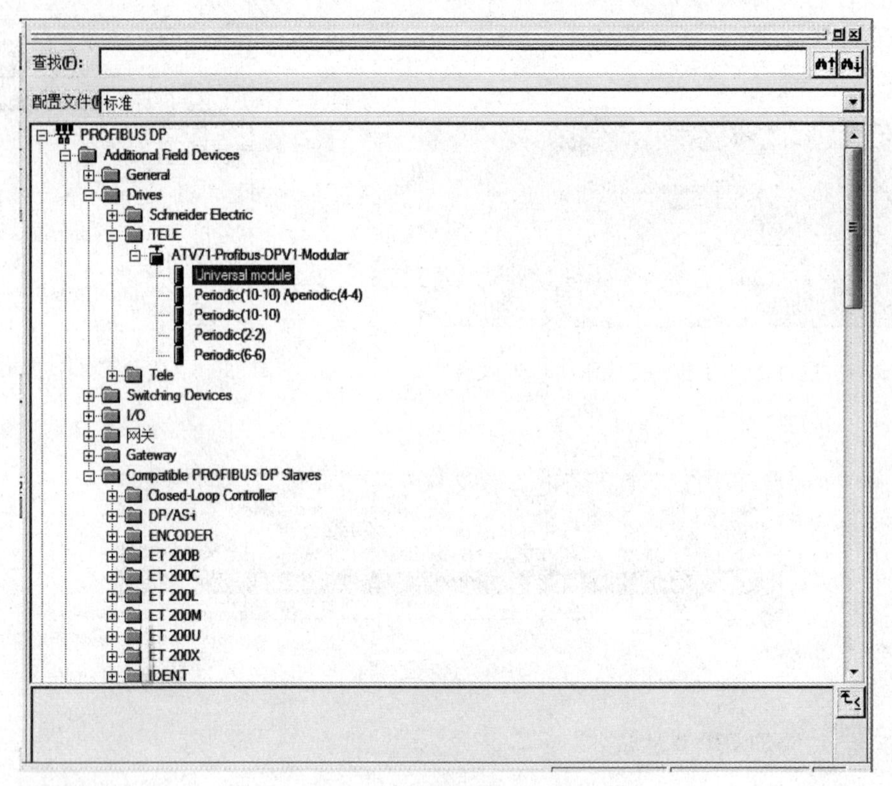

图 33-18　添加 DPV1 的图示

在总线上添加了两个变频器从站，如图 33-19 所示。

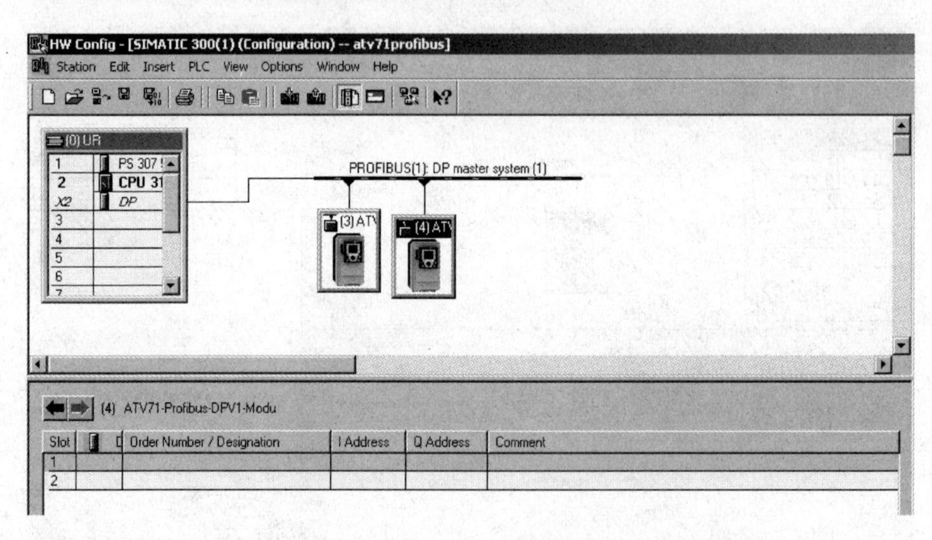

图 33-19　总线上添加从站的图示

双击变频器，添加 PPO 类型 10 个字的输入 PZD，10 个字的输出 PZD，4 个字的输入/输出 PKW，如图 33-20 所示。

第十一步　配置 ATV71 的 IO 通信变量

把 ATV71 的 GSD 文件导入后，把变频器拖入从站中，DP 地址由变频器里的 DP 卡地

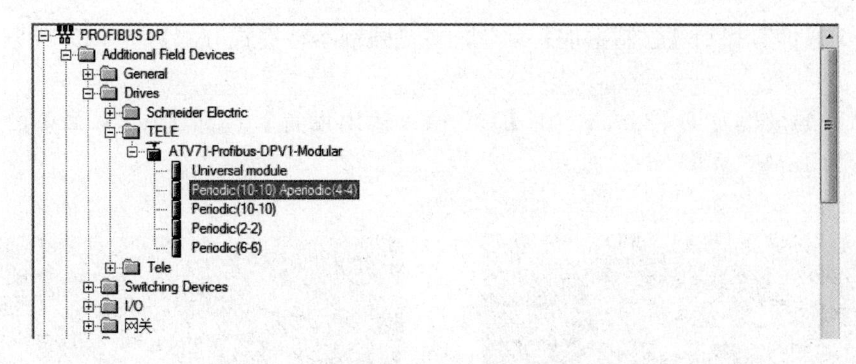

图 33-20　添加 PPO 类型 10 个字的输入 PZD

址决定，波特率在 PLC 里设定。分配的地址共分两部分，Slot1 显示的是 Profibus-DP 通信的 PKW 区域，占 4 个输入字和 4 个输出字。它们分别是 PIW592、PIW594、PIW596、PIW598 和 PQW592、PQW594、PQW596、PQW598。

Slot2 显示的是 Profibus-DP 通信的 PZD 区域，占 10 个输入字和 10 个输出字。它们分别是 PIW600～PIW620 和 PQW600～PQW620。

由于施耐德电气的变频器里输入、输出字节数为 8 个，而 S7-400 分配的 PZD 地址为 10 个，规定最后两个不用。即前 8 个与变频器的 8 个字一一对应。从站地址为“6＃”的出厂值例子如图 33-21 所示。

Scan.IN1 address ：3201 -> PIW600
Scan.IN2 address ：8604 -> PIW602
Scan.IN3 address ：0 -> PIW604
Scan.IN4 address ：0 -> PIW606
Scan.IN5 address ：0 -> PIW608
Scan.IN6 address ：0 -> PIW610
Scan.IN7 address ：0 -> PIW612
Scan.IN8 address ：0 -> PIW614
Scan.Out1 address：8501 ->PQW600
Scan.Out2 address：8602 ->PQW602
Scan.Out3 address：0 ->PQW604
Scan.Out4 address：0 ->PQW606
Scan.Out5 address：0 ->PQW608
Scan.Out6 address：0 ->PQW610
Scan.Out7 address：0 ->PQW612
Scan.Out8 address：0 ->PQW614

图 33-21　Profibus 的 IOscanner 出厂设置

第十二步　设置通信的 IOscanner

在【1.9 通信】除使用默认的 IOscanner 设置外，在【COM. SCANNER OUTPUT】加入加速时间和减速时间的地址。

Scan. Out1 address：8501。

Scan. Out2 address：8602。

Scan. Out4 address：9001。

Scan. Out5 address：9002。

Scan. Out5 address：0。

Scan. Out6 address：0。

Scan. Out7 address：0。

Scan. Out8 address：0。

第十三步　设置变频器参数

在【1.6 命令】里面的【给定 1 通道】设置为通信卡，【命令 1 通道】设置为通信卡，【组合模式】设置为 IO 模式。

在【1.8 故障管理】中设置的【通信故障管理】菜单中，设置【网络通信设置】参数为【保持速度】即当发生通信故障时运行速度为保持运行速度。

通信故障时可以通过 LI3 强制设置频率为模拟输入 AI2。

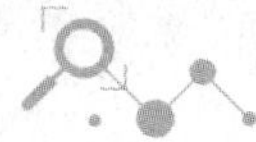

在【1.9 通信】找到【强制本地】菜单，将【强制本地模式分配】为 LI3，【强制本地给定】为 AI2。

设置 AI2 的量程为 4～20mA，在【1.5 输入输出设置】找到【AI2】菜单，将【AI2】最小值设置为 4mA，如图 33-22 所示。

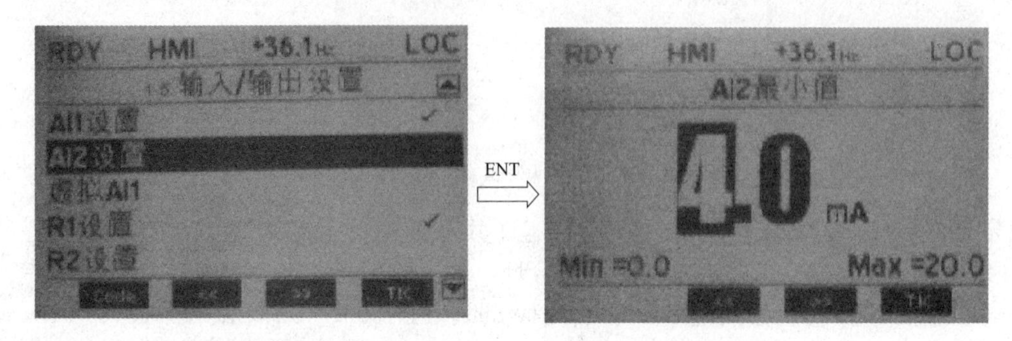

图 33-22 设置 AI2 的量程为 4mA 的操作

第十四步 IO 模式的说明

这里以两线制为例来说明 IO 模式。

硬件配置：PZD→PIW264～283，PQW264～283，如图 33-23 所示。

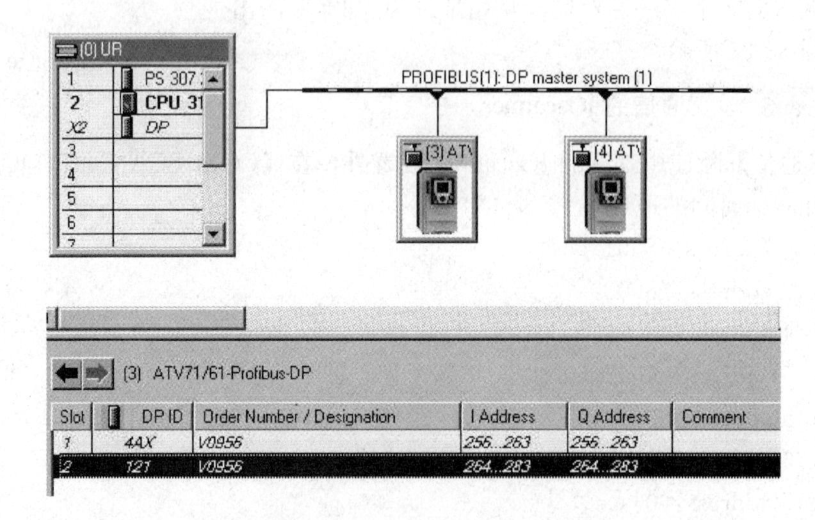

Slot	DP ID	Order Number / Designation	I Address	Q Address	Comment
1	4AX	V0956	256...263	256...263	
2	121	V0956	264...283	264...283	

图 33-23 Profibus DP 的硬件配置图

第十五步 程序例程

因为一个 Profibus 主站最多只能通信读写 244 个字节的数据，因此，当从站较多的情况下，推荐使用 DPV1 的通信卡，因为 DPV0 的 PPO 类型只有一种且不能改变，固定使用 10 个 PZD（20 个字节）。程序的例程如图 33-24 所示。

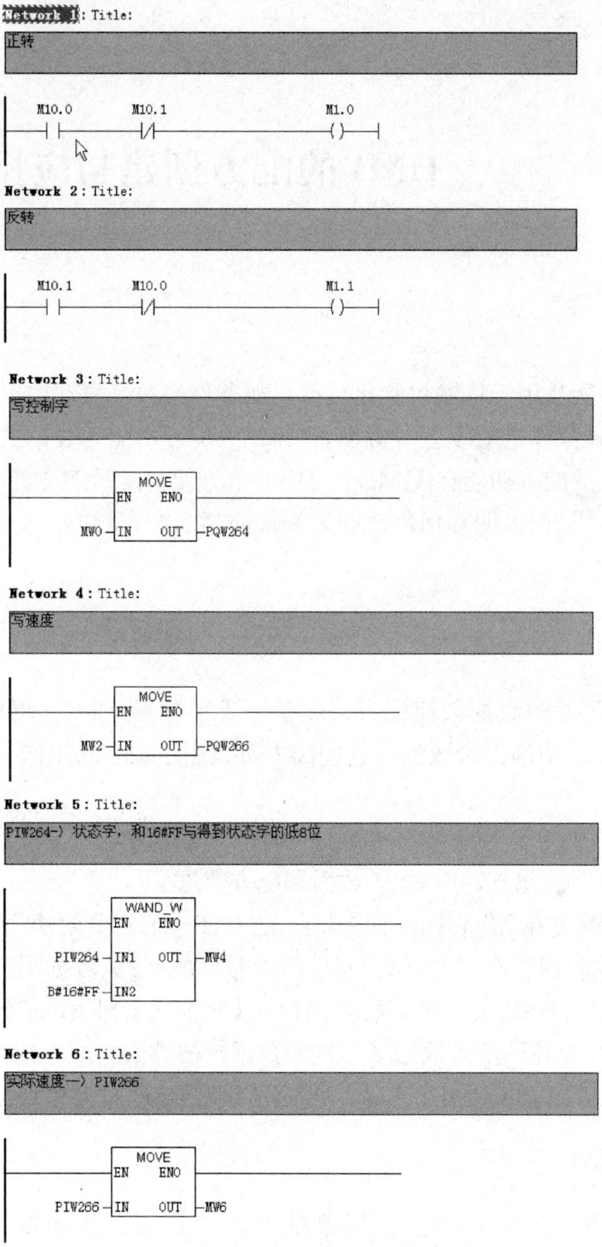

Network 1 : Title:

正转

M10.0　M10.1　M1.0

Network 2 : Title:

反转

M10.1　M10.0　M1.1

Network 3 : Title:

写控制字

MOVE
EN　ENO
MW0 - IN　OUT - PQW264

Network 4 : Title:

写速度

MOVE
EN　ENO
MW2 - IN　OUT - PQW266

Network 5 : Title:

PIW264-> 状态字，和16#FF与得到状态字的低8位

WAND_W
EN　ENO
PIW264 - IN1　OUT - MW4
B#16#FF - IN2

Network 6 : Title:

实际速度—> PIW266

MOVE
EN　ENO
PIW266 - IN　OUT - MW6

图 33-24　程序编程实例图

案例34　HMI的配方创建与应用

一、案例说明

HMI上的配方功能是用于传输初始化数据，如条件参数、框架数据等数据到PLC当中，配方可以被用于对机械操作进行设置等方面，HMI中配方功能的数据被称作文档数据。

Proface触摸屏上的配方功能在HMI中使用非常方便，本示例创建一个生产方式中包含两种类型的配方项目，从而说明如何创建配方和如何建立配方数据。

二、相关知识点

1. 配方

配方功能可使用预设的数据创建配方，以备写入控制器/PLC。用户可以通过传输配方数据来重写控制器/PLC中的大量数据，这些配方可以用于加工和生产控制等。

2. 配方类型

Proface有两种类型的配方，即CSV数据和配方数据。

其中，CSV数据配方在Microsoft Excel或在GP-Pro EX中创建，并用CF卡传输到控制器/PLC当中。还能将保存在CF卡或USB存储器上的CSV数据写入控制器/PLC，读取控制器/PLC数据，并以CSV文件格式将其保存在CF卡或USB存储器上。

而在GP-Pro EX中创建的配方数据（二进制数据）被称为“配方数据”。这些配方将数据从备份SRAM写入控制器/PLC当中，以及将数据从控制器/PLC保存到备份SRAM当中。

3. CSV数据的属性

CSV数据在CF卡或USB存储器和控制器/PLC之间直接传输数据。CSV数据显示在GP画面上，以便编辑和打印CF卡或USB存储器上的数据。

CSV可以在电子数据表软件（如Microsoft Excel）中创建和编辑。但必须将一个配方作为一个CSV文件进行处理。

4. 配方数据的属性

配方数据是在不使用CF卡或USB存储器的情况下，将人机界面中的配方作为内部数据进行保存。

配方数据不能在人机界面画面上显示或编辑，使用人机界面的内部寄存器传输数据，可以在画面上显示和编辑数据，也可以将传输到同一地址的多个配方作为一个文件进行处理。

三、 创作步骤

第一步　添加扩展配方列表

在 GP-Pro EX 中创建配方数据，通过画面传输，可将已创建的数据发送到内存或保存在插入人机界面的 CF 卡中。

在 GP-Pro-EX 软件中，单击【部件】→【扩展配方】→【扩展配方列表】，如图 34-1 所示。

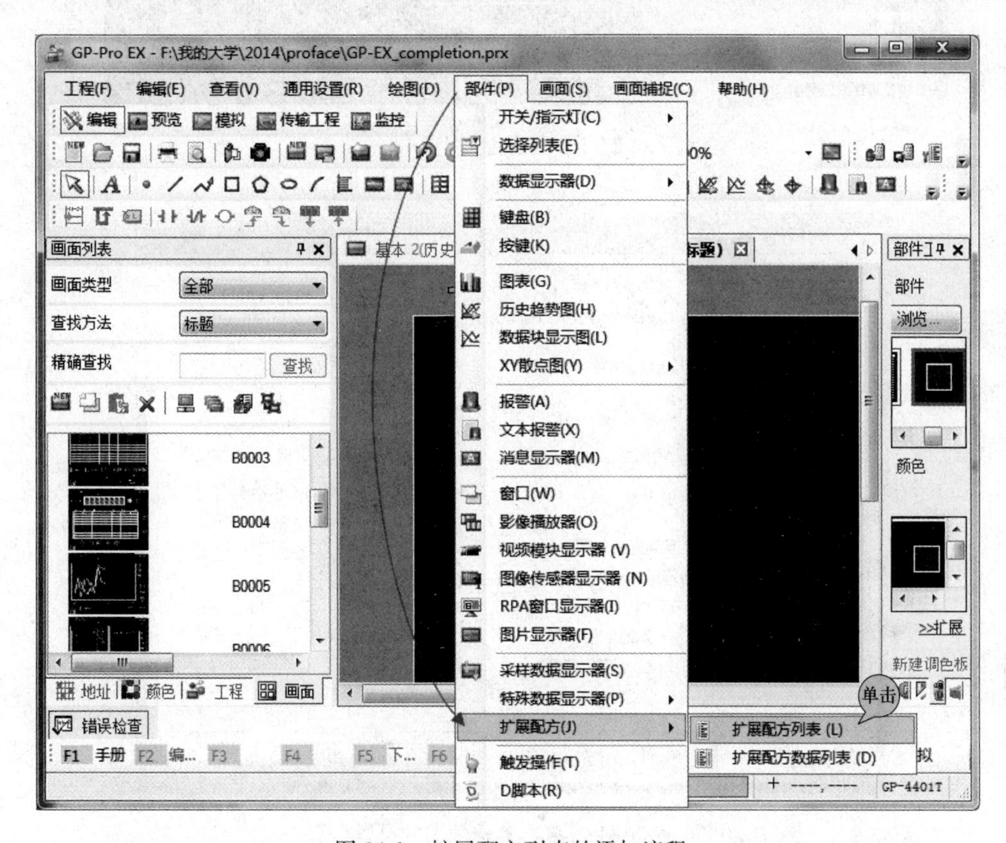

图 34-1　扩展配方列表的添加流程

然后在画面 B0009 中，单击要放置的配方列表的区域，【扩展配方列表】包含两部分内容，一部分是图标，另一部分是 8 个按钮，放置完成后，单击【绘图】→【矩形】，将【扩展配方列表】框选到矩形中，双击【扩展配方列表】的图标，如图 34-2 所示。

双击后，会自动弹出【扩展配方列表】的属性框，在【基本】选项卡中，【默认的排序方式】中点选【ID】，单击【扩展配方列表】属性页下方的按钮【转到扩展配方设置】，如图 34-3 所示。

在【Recipe Group1】页面中，单击【添加】，在弹出来的【新建】页面中单击设置配方的 ID 号和标签，如图 34-4 所示。

添加两个标签，一个是 A 生产线，一个是 B 生产线，然后在元素设置框中设置 5 个元素，并设置元素的地址和初始值，A 生产线的 VOC 浓度设为 25，VOC 压力设为－1.0，玻璃房出口换热器出口的温度为 85，A 生产线下的炉头投入 1 设置为 OFF，即在选择配方 1

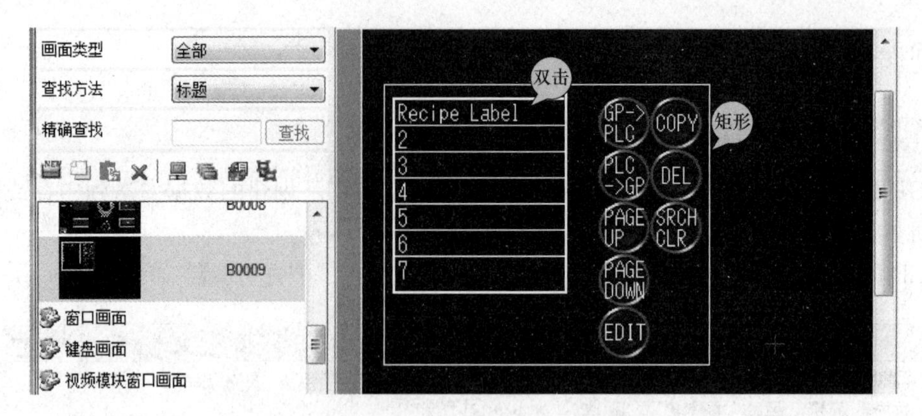

图 34-2 【扩展配方列表】的添加

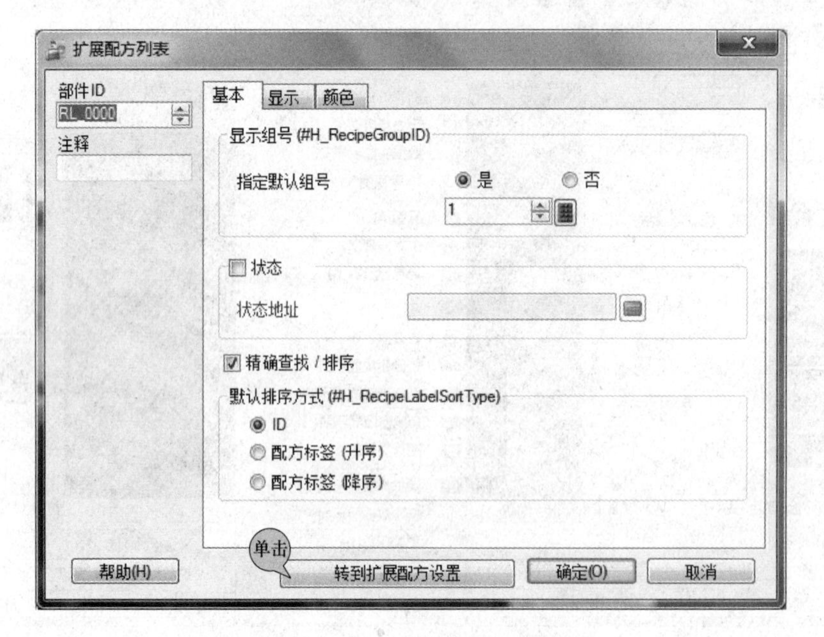

图 34-3 【基本】选项卡的设置

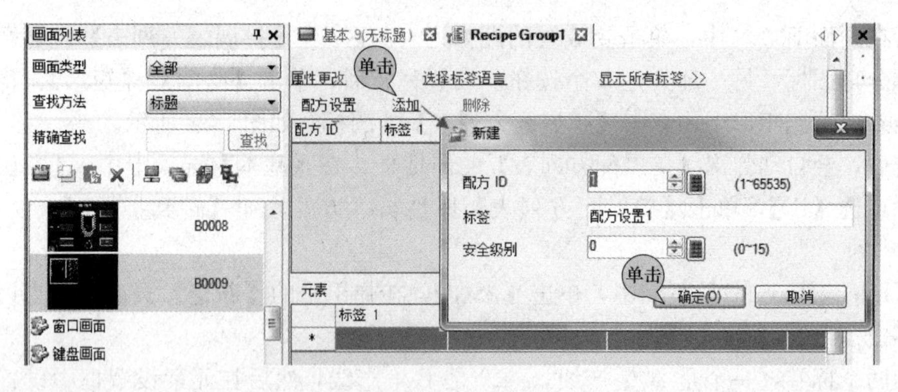

图 34-4 添加配方 1 的图示

时，采用 A 生产线，只投入炉头 2，不投入炉头 1，设置如图 34-5 所示。

基本 9(无标题) Recipe Group1

属性更改 选择标签语言 显示所有标签 >>

配方设置 添加 删除

配方 ID	标签 1	安全级别
2	B生产线	0
1	A生产线	0

元素 删除 仅显示标签和数值 <<

	标签 1	数据类型	地址	数量	可编辑	输入控制	从	到	A生产线
1	VOC浓度	32 位浮点	[PLC1]D0220	1	☑	☐			25
2	VOC压力	32 位浮点	[PLC1]D0221	1	☑	☐			-1.0
3	玻璃房温度	32 位浮点	[PLC1]D0222	1	☑	☐			85
4	炉头 1投入_1	位	[PLC1]M0100	1	☑				OFF
5	炉头 2投入_1	位	[PLC1]M0101	1	☑				ON
*					☐	☐			

图 34-5 配方 1 的设置

在选择配方 2 时，设定 B 生产线元素的初始值，B 生产线的 VOC 浓度设为 40，VOC 压力设为－1.0，玻璃房出口换热器出口的温度为 85，采用 B 生产线，由于 VOC 的浓度比较大，投入炉头 2 和炉头 1，所以初始值的设定都为 ON，B 生产线的设置如图 34-6 所示。

基本 9(无标题) Recipe Group1

属性更改 选择标签语言 显示所有标签 >>

配方设置 添加 删除

配方 ID	标签 1	安全级别
2	B生产线	0
1	A生产线	0

元素 删除 仅显示标签和数值 <<

	标签 1	数据类型	地址	数量	可编辑	输入控制	从	到	B生产线
1	VOC浓度	32 位浮点	[PLC1]D0220	1	☑	☐			40
2	VOC压力	32 位浮点	[PLC1]D0221	1	☑	☐			-1
3	玻璃房温度	32 位浮点	[PLC1]D0222	1	☑	☐			85
4	炉头 1投入_1	位	[PLC1]M0100	1	☑				ON
5	炉头 2投入_1	位	[PLC1]M0101	1	☑				ON
*					☐	☐			

图 34-6 配方 2 的设置

第二步 【扩展配方数据列表】

在 GP-Pro-EX 软件中，单击【部件】→【扩展配方】→【扩展配方数据列表】，如图 34-7 所示。

然后在画面 B0009 中，单击要放置的配方列表的区域，【扩展配方数据列表】包含两部分内容，一部分是图标，一部分是 4 个按钮，放置完成后，单击【绘图】→【矩形】，将【扩展配方数据列表】框选到矩形中，双击【扩展配方数据列表】的图标，弹出【扩展配方数据列表】属性页，单击【扩展配方数据列表】属性页下方的【转到扩展配方设置】按钮，如图 34-8 所示。

扩展配方组列表如图 34-9 所示。

第三步 扩展配方列表中的按钮设置

单击COPY图标，在属性页中修改标签为“复制”，如图 34-10 所示。

图 34-7 【扩展配方数据列表（D)】的添加

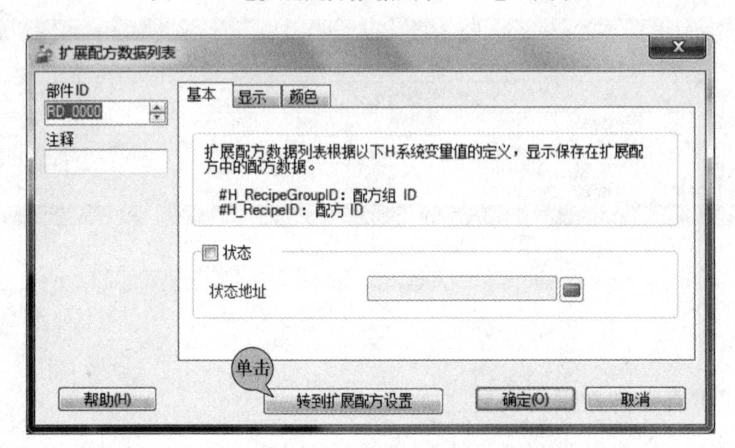

图 34-8 【扩展配方数据列表】的属性页

扩展配方组列表

扩展配方组列表

☑ 导入 / 导出到人机界面

数据存储　SD

文件夹　配方设置

添加　属性更改　删除　编辑　导出

组 ID	名称	语言	地址	注释
1	Recipe Group1	中文（简体）	随机	

图 34-9 扩展配方组列表图示

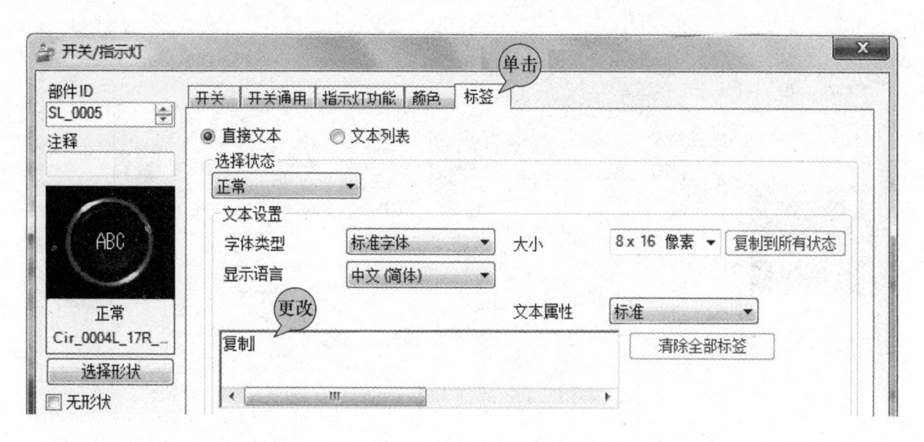

图 34-10 按钮的标签修改

在【开关】选项卡中，单击【特殊开关】，然后选择【扩展配方列表开关】和【复制配方】，如图 34-11 所示。

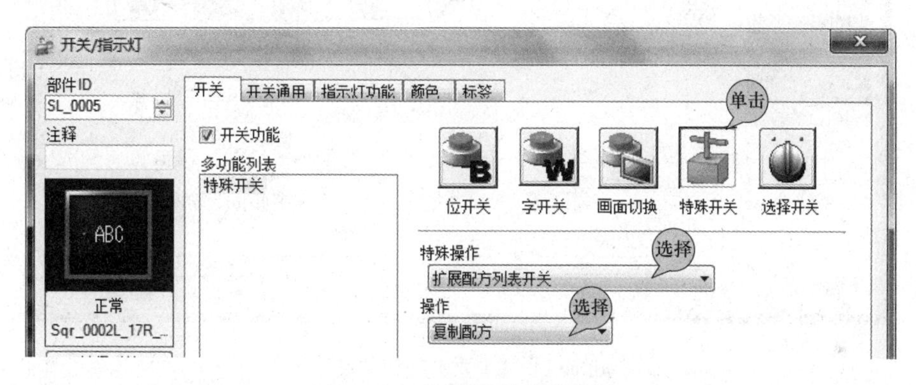

图 34-11 【复制】按钮的设置

同样的方法修改【删除】按钮的标签，然后选择【扩展配方列表开关】和【删除配方】，如图 34-12 所示。

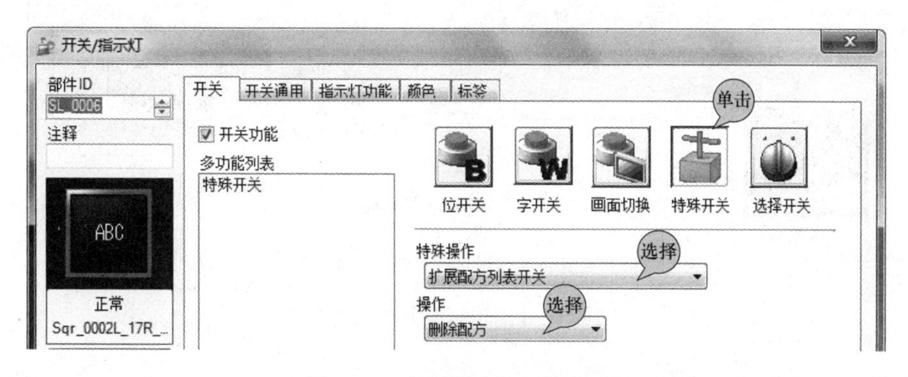

图 34-12 【删除】按钮的设置

【全部清除】按钮的设置，如图 34-13 所示。

【生产方式】中【上页】按钮的设置，如图 34-14 所示，【下页】按钮类似，操作选择【下页】即可。

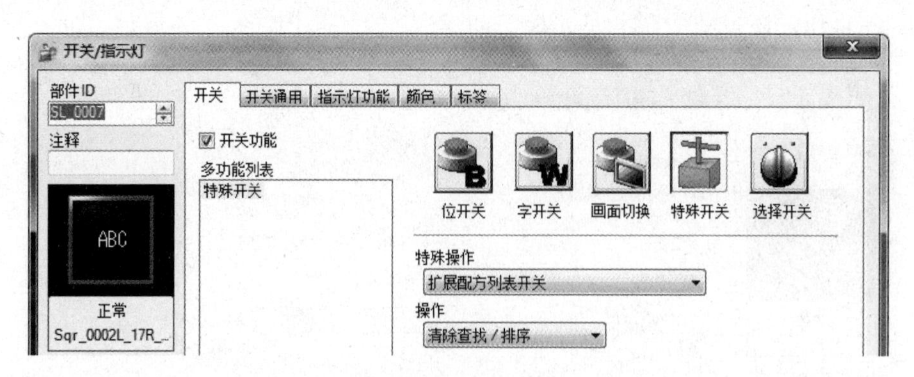

图 34-13 【全部清除】按钮的设置

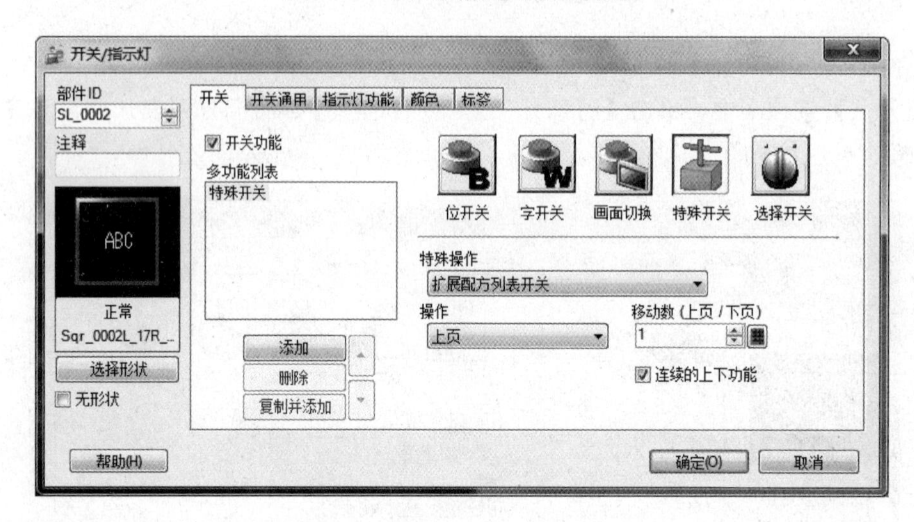

图 34-14 【上页】按钮的设置

【编辑标签】按钮的设置，如图 34-15 所示。

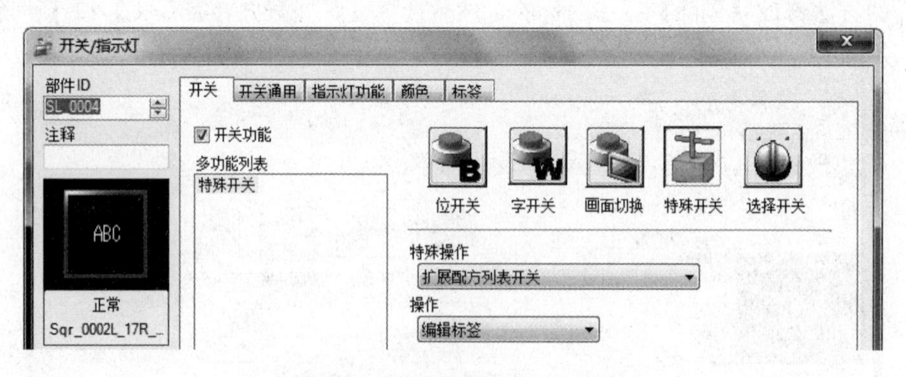

图 34-15 【编辑标签】按钮的设置

第四步 扩展配方数据列表中的按钮设置

【保存】按钮用于配方数据的保存，【保存】按钮的设置如图 34-16 所示。

【重加载】的作用可以对配方数据进行重新加载，【重加载】按钮的设置如图 34-17 所示。

【配方数据】中【上页】按钮的设置如图 34-18 所示。

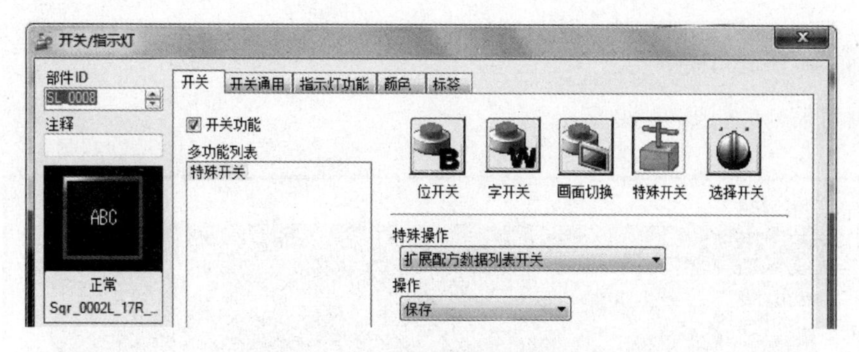

图 34-16 【保存】按钮的设置

图 34-17 【重加载】按钮的设置

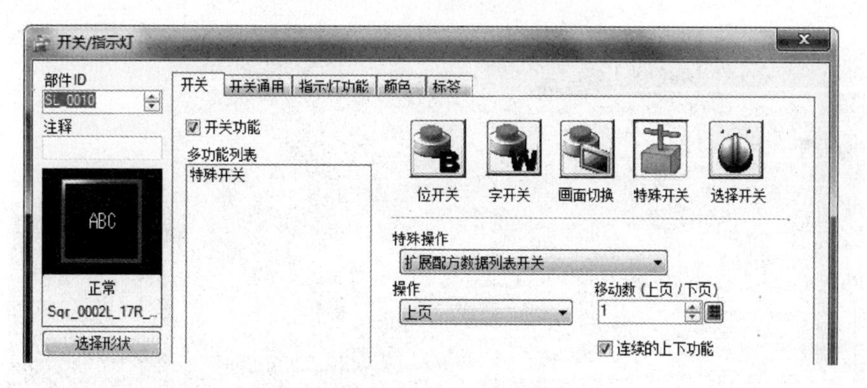

图 34-18 【上页】按钮的设置

【下页】按钮的设置如图 34-19 所示。

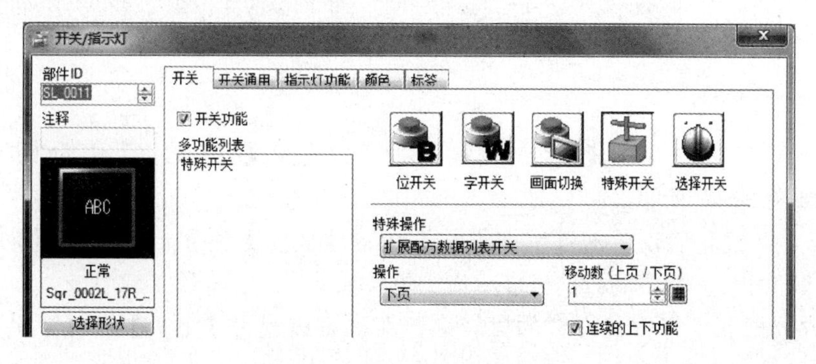

图 34-19 【下页】按钮的设置

第五步　预览和模拟

配方画面预览后如图 34-20 所示。

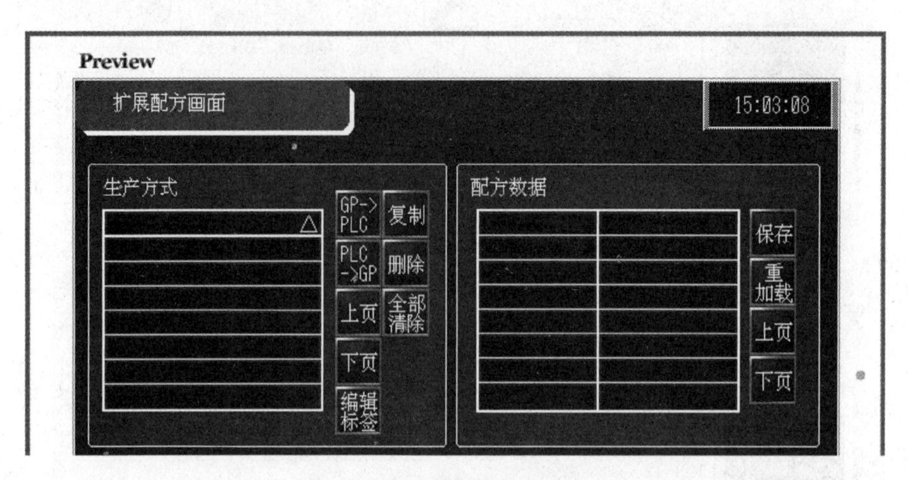

图 34-20　配方画面预览图示

模拟后的初始页面的生产方式中有两种，单击【A 生产线】后，此时可以看到【配方数据】中的【炉头 1 投入 _ 1】为 OFF，如图 34-21 所示。

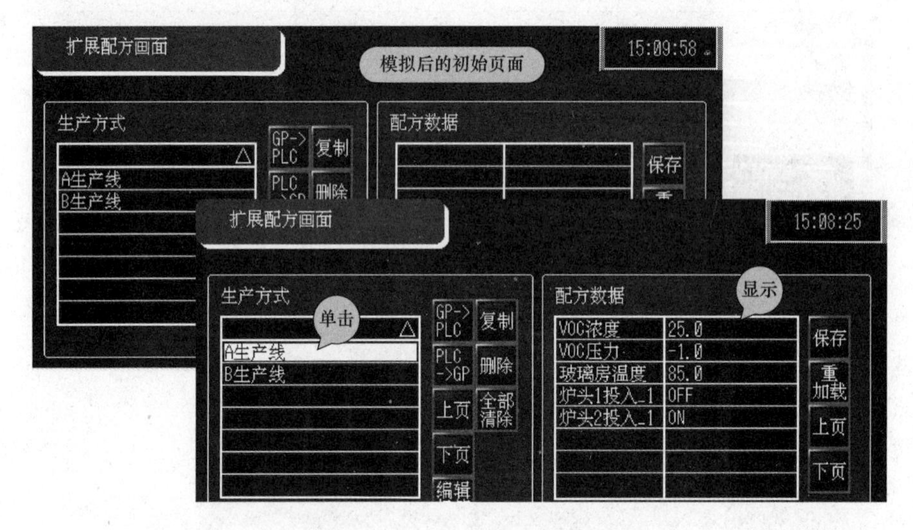

图 34-21　生产方式 1 的模拟

模拟生产方式 2 时，单击【B 生产线】，此时可以看到【配方数据】中的【炉头 1 投入 _ 1】为 ON，如图 34-22 所示。

单击【B 生产线】后，单击【生产方式】中的【删除】按钮，这样就删除了【B 生产线】，那么，【配方数据】中的数据也显示为空了，如图 34-23 所示。

如果配方数据和生产方式设置的比较多，那么可以通过【上页】和【下页】按钮进行翻看。

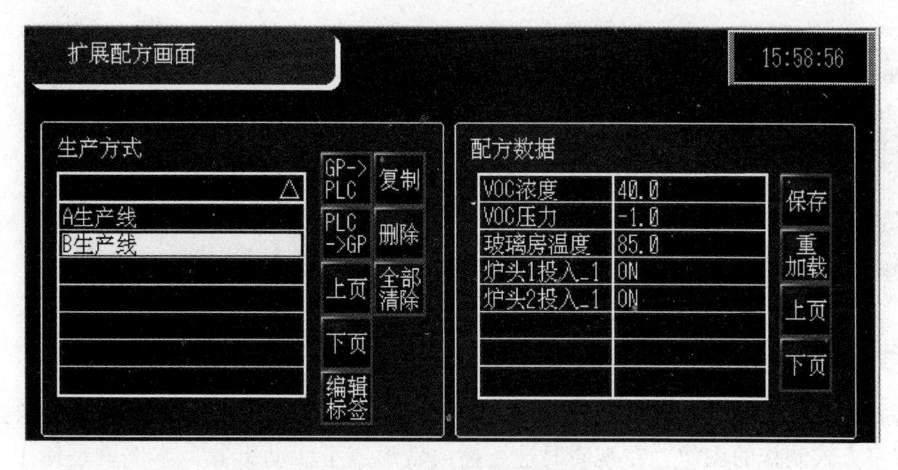

图 34-22 生产方式 2 的模拟

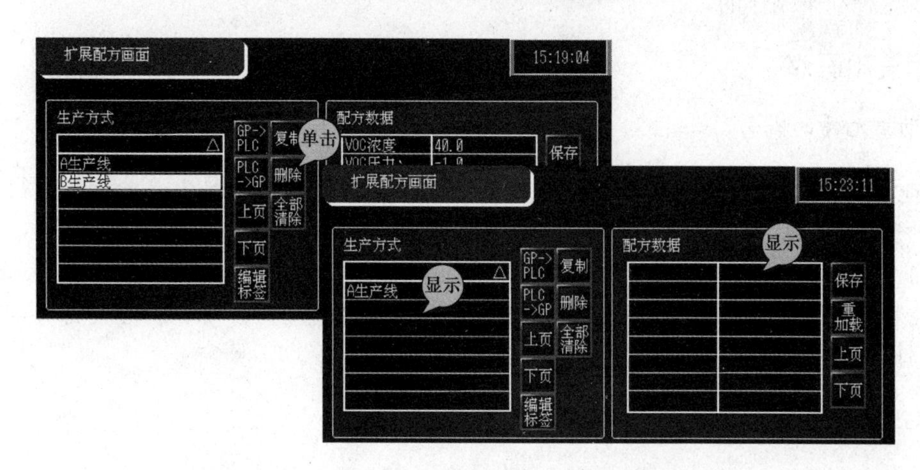

图 34-23 删除生产方式

案例35　GP 系列 HMI 的动画制作

一、 案例说明

动画技术的定义是采用逐帧拍摄或绘画对象，然后连续播放而形成运动的影像技术。这种采用逐格方式制作的图像，在观看时连续播放就形成了活动影像，本例就是使用 GP 触摸屏来实现这种动画制作的。

二、 相关知识点

1. 动画元件的概念

动画元件用来把元件放置在屏幕上的特定轨迹位置，这个位置是由一个预设途径和 PLC 的数据所决定的。

屏幕上元件的状态和绝对位置由当前的两个连续的 PLC 寄存器的数据决定。一般来说，第一个寄存器控制元件的状态，第二个控制预设路径的位置。当 PLC 的位置寄存器改变数值，向量图或位图会跳到预设路径的下一个位置。

2. GP 的动画显示功能

动画显示功能可以显示与软元件相对应的部件、指示灯和指针仪表盘。按图形/对象工具栏中的按钮（【部件显示】【指示灯】【指针仪表】），即弹出设置窗口，显示的颜色可以通过其属性来设置，同时，可以根据软元件的 ON/OFF 状态显示不同颜色，以示区别。

三、 创作步骤

第一步　新建动画运行画面

新建一个画面，并在画面的左上角制作一个文本，名为“动画运行画面”，如图 35-1 所示。

图 35-1　创建动画运行画面

第二步　数值显示的制作

在动画运行画面中创建 3 个数值开关，即【搅拌时间】【液位设置】和【搅拌时间设定】，首先创建一个部件 ID 为“DD-0002”的数值显示，监控字地址中输入“搅拌时间”，此时，会在输入框的下方出现一个提示【将“搅拌时间注册为字地址”】，单击【确定】，如图 35-2 所示。

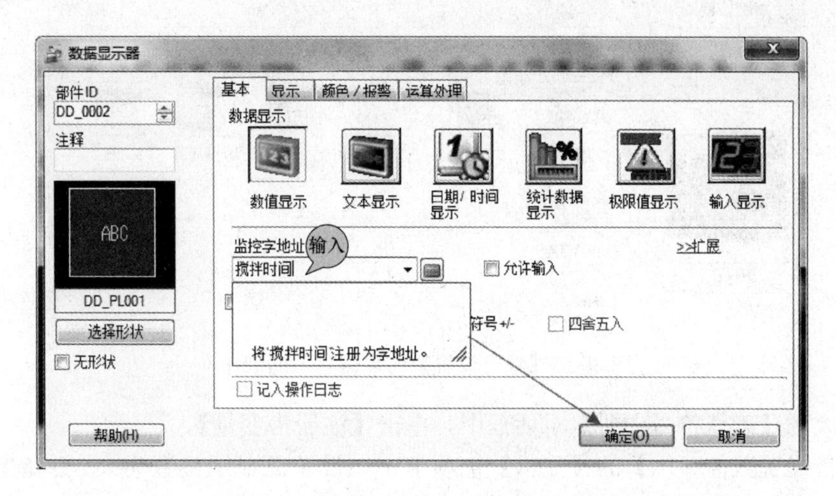

图 35-2　【搅拌时间】的数值显示的制作

在弹出来的【确认符号注册】对话框中，单击【注册为变量】，如图 35-3 所示。

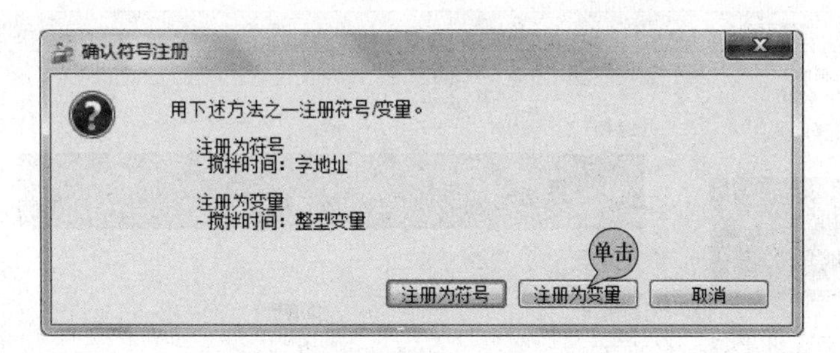

图 35-3　注册搅拌时间为变量的图示

在【显示】选项卡中，设置总显示位数为 4，小数位数为 0，如图 35-4 所示。

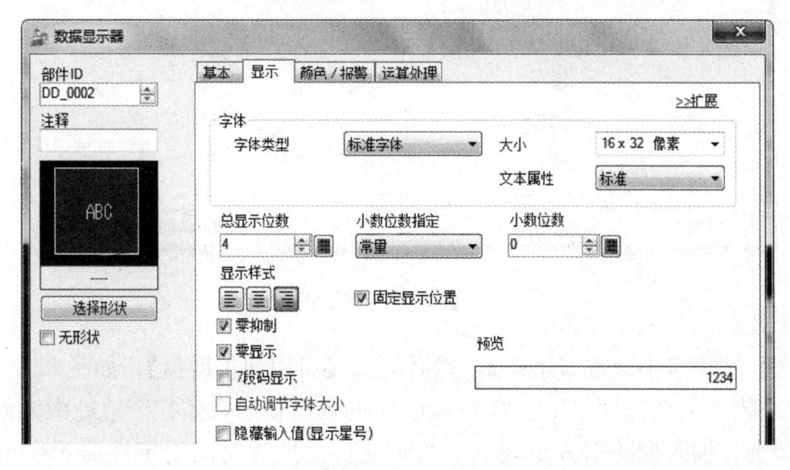

图 35-4　显示设置

创建一个部件 ID 为 DD-0000 的数值显示，监控字地址中输入“液位设置”，此时会在输入框的下方出现一个提示【将“液位设置注册为字地址”】，单击【确定】，如图 35-5 所示。

图 35-5 【液位设置】的数值显示的制作

在弹出来的【确认符号注册】对话框中，单击【注册为变量】。

在【液位设置数值显示】的【显示】选项卡中，设置总显示位数为 3，并指定小数位数为 2，【颜色/报警】选项卡中，设置报警设置的上限为 100，下限为 0，显示设置如图 35-6 所示。

图 35-6 【颜色/报警】的设置

【数据输入】选项卡中点选【触摸】，然后勾选【启用弹出键盘】，如图 35-7 所示。

同样的方法创建一个部件 ID 为“DD-0001”的数值显示，监控字地址中输入“搅拌时间设定”，此时，会在输入框的下方出现一个提示【将“搅拌时间设定注册为字地址”】，单击【确定】，如图 35-8 所示。

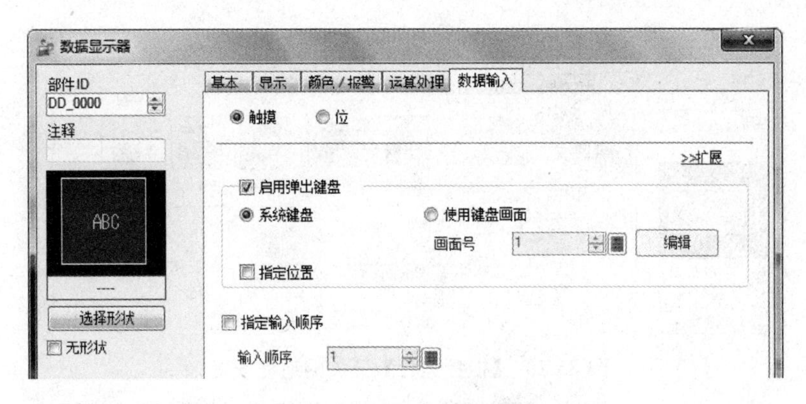

图 35-7　数据输入的设置

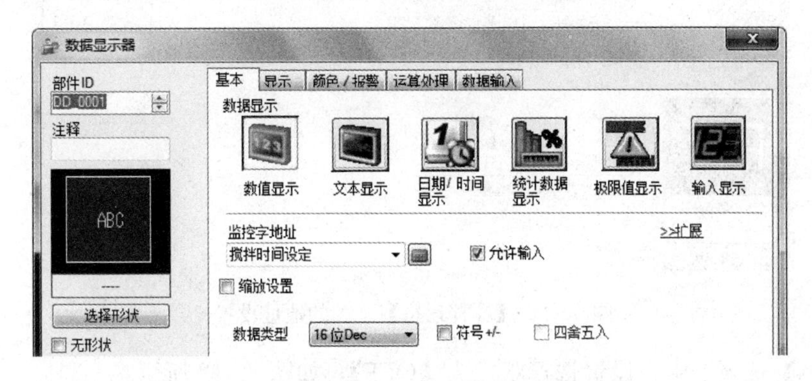

图 35-8　【搅拌时间设定】的数值显示的创建

在【显示】选项卡中，设置总显示位数为 4，小数位数为 0，在数值显示的【颜色/报警】选项卡中，设置【报警设置】的上限为 60，下限为 0，显示设置如图 35-9 所示。

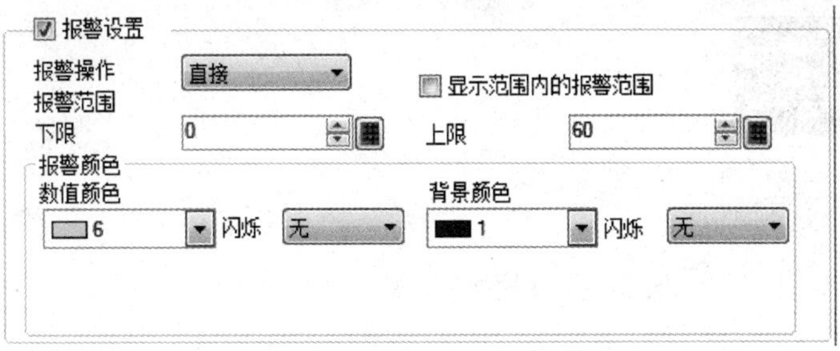

图 35-9　【颜色/报警】的设置

【数据输入】选项卡中点选【触摸】，然后勾选【启用弹出键盘】即可。

第三步　位开关的制作

在动画运行画面中创建 3 个开关，即【搅拌运行】【搅拌停止】和【复位故障】，首先创建一个部件 ID 为“SL-0000”的【搅拌运行】位开关，位地址输入“Run”，Run 的变量创建与数值显示中一致，位动作选择【瞬动】，如图 35-10 所示。

在【指示灯功能】选项卡中，勾选【指示灯功能】，然后设置位地址为“Output”，如图 35-11 所示。

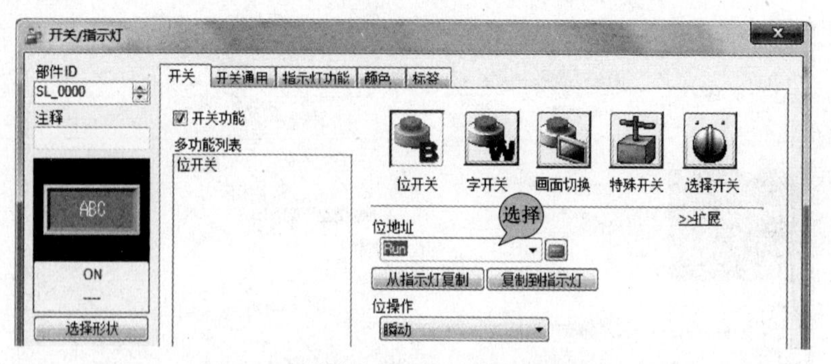

图 35-10 【搅拌运行】开关的地址设置

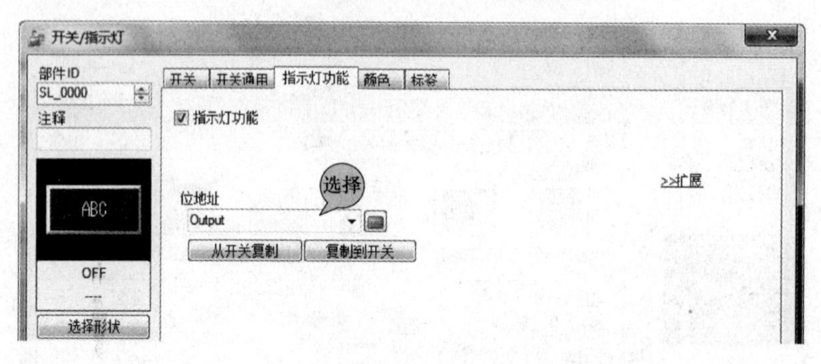

图 35-11 【搅拌运行】开关的地址设置

在【颜色】选项卡中，设置选择状态为【OFF】，如图 35-12 所示。

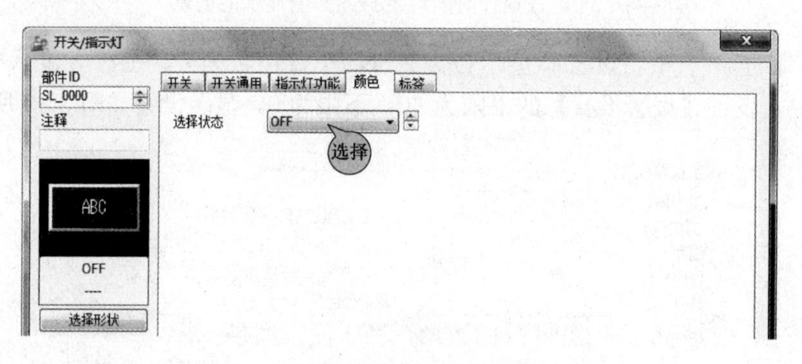

图 35-12 【搅拌运行】开关的颜色设置

在【标签】选项卡中，点选【直接文本】，选择状态设置为【OFF】，位开关的文本输入框中输入“搅拌运行”，如图 35-13 所示。

在【标签】选项卡中，点选【直接文本】，选择状态设置为【ON】，位开关的文本输入框中输入“正在搅拌”，如图 35-14 所示。

在动画运行画面中创建一个搅拌停止的位开关，部件 ID 为“SL-0001”，位地址注册变量【Stop】，位动作选择【瞬动】，如图 35-15 所示。

在【指示灯功能】选项卡中，不勾选【指示灯功能】，如图 35-16 所示。

在【颜色】选项卡中，设置选择状态为 OFF，如图 35-17 所示。

在【标签】选项卡中，点选【直接文本】，位开关的文本输入框中输入“搅拌停止”，如图 35-18 所示。

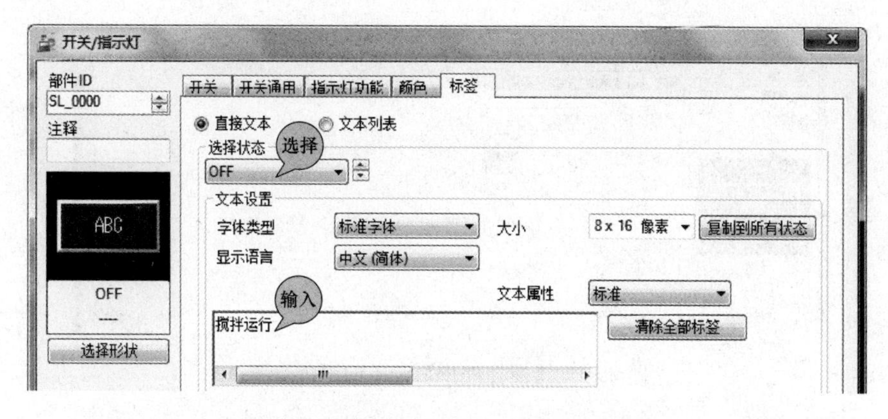

图 35-13 【搅拌运行】开关的标签设置 1

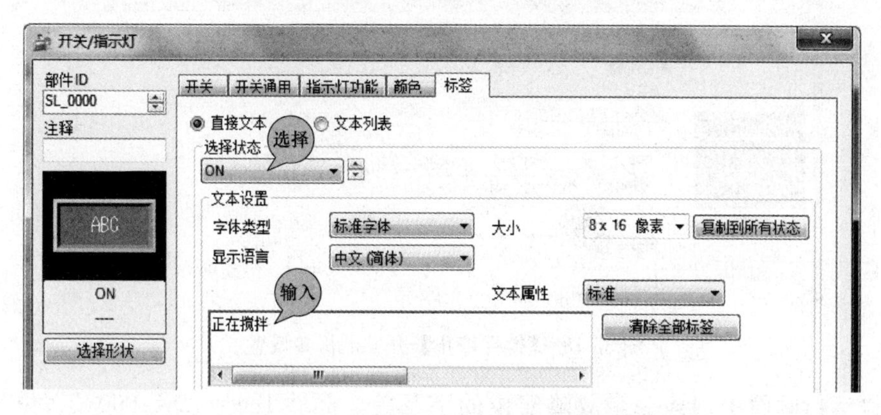

图 35-14 【搅拌运行】开关的标签设置 2

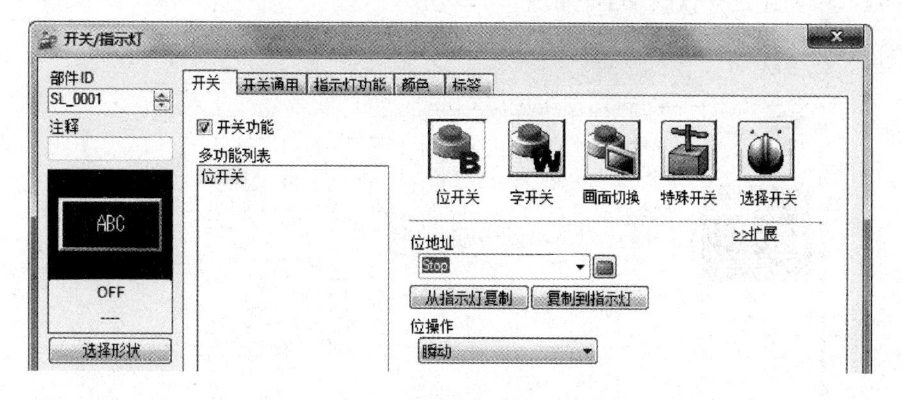

图 35-15 【搅拌停止】开关的地址设置

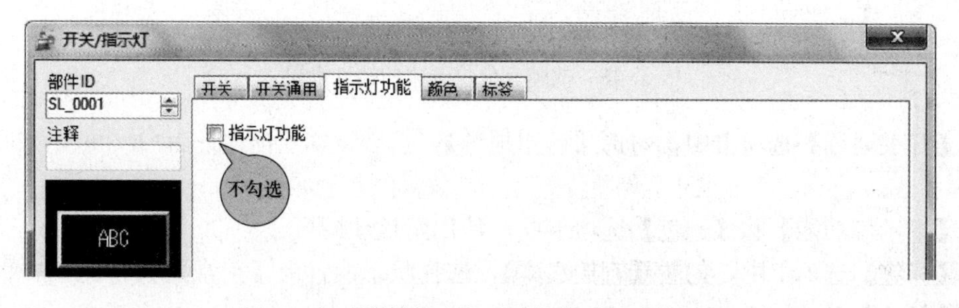

图 35-16 【搅拌停止】开关的指示灯功能设置

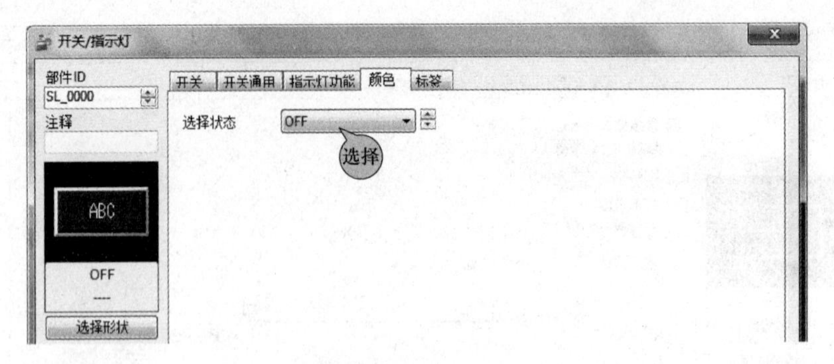

图 35-17 【搅拌停止】开关的颜色设置

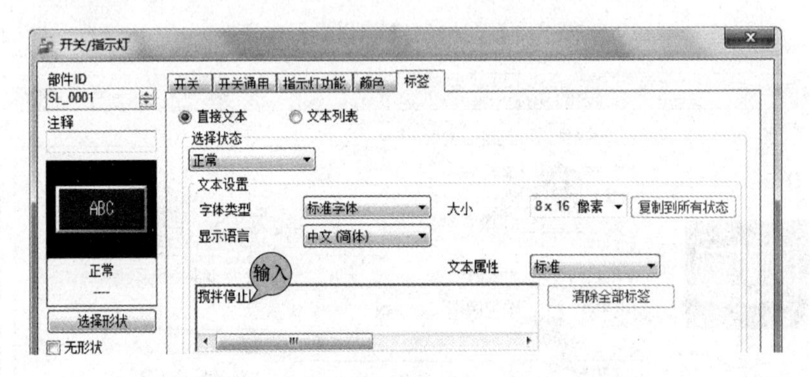

图 35-18 【搅拌停止】开关的标签设置

在动画运行画面中创建一个故障复位的字开关，部件 ID 为“SL-0003”，位地址选择【搅拌时间】，位动作选择【瞬动】，如图 35-19 所示。

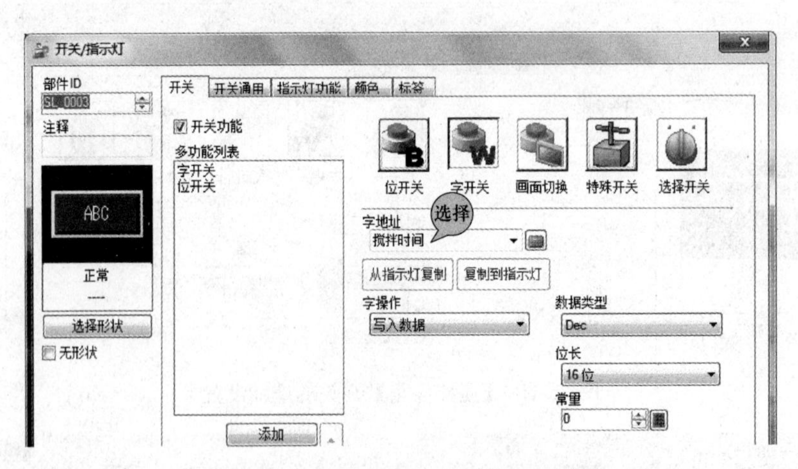

图 35-19 故障复位位开关的地址设置

在【开关通用】选项卡中，勾选【启用地址】，然后设置互锁地址为 Output，如图 35-20 所示。

在【指示灯功能】和【颜色】选项卡中，使用默认项即可。

在【标签】选项卡中，勾选【直接文本】，选择状态设置为【正常】，在文本输入框中输入“故障复位”，如图 35-21 所示。

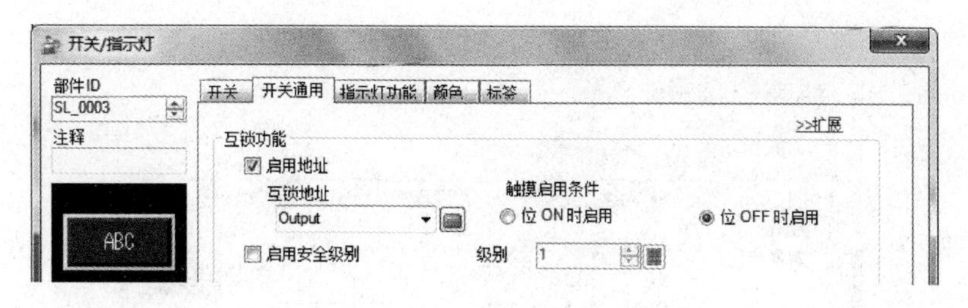

图 35-20　开关通用的设置

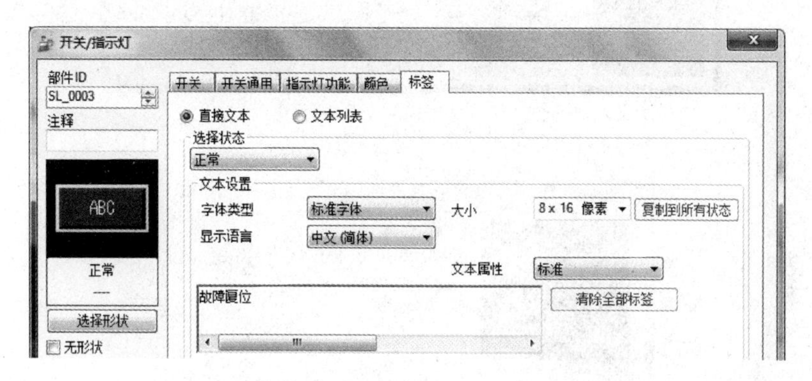

图 35-21　故障复位字开关的标签设置

第四步　动画的制作

单击【绘图】→【图形放置】，然后在画面中放置动画的图片，如图 35-22 所示。

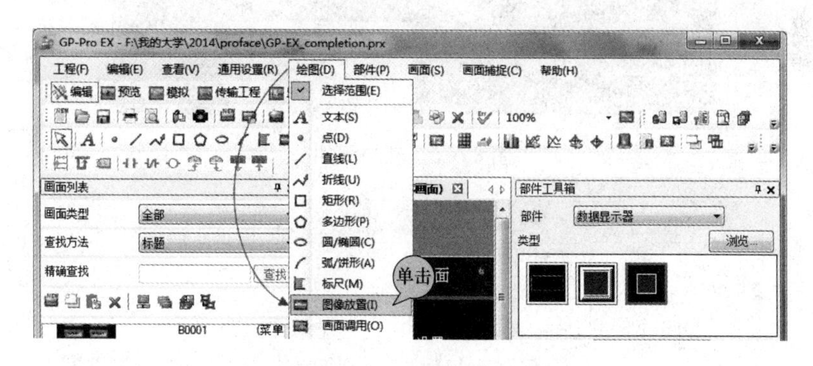

图 35-22　动画图片的仿真

此时，会弹出一个【打开原始文件】的页面，选择要添加的图片，然后单击【打开】，如图 35-23 所示。

在图像页面，单击【确定】即可，如图 35-24 所示。

在画面中右击新添加的图片，然后在弹出来的子选项中单击【动画】，如图 35-25 所示。

设置动画的图片为【旋转】特性，起始角度为 0 度，结束为 360 度，源范围为 0～200，如图 35-26 所示。

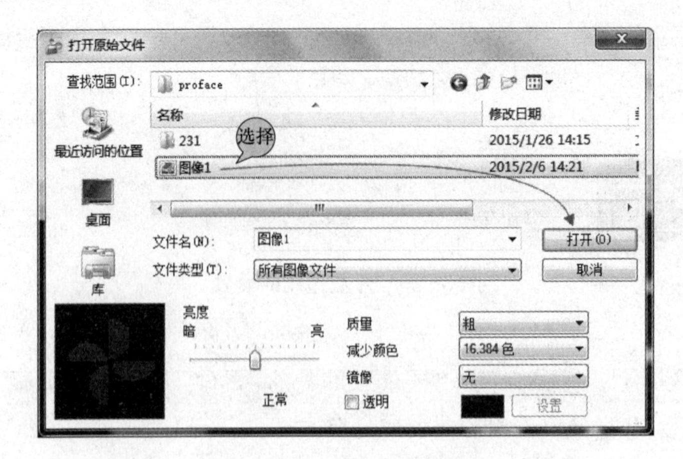

图 35-23　添加动画图片

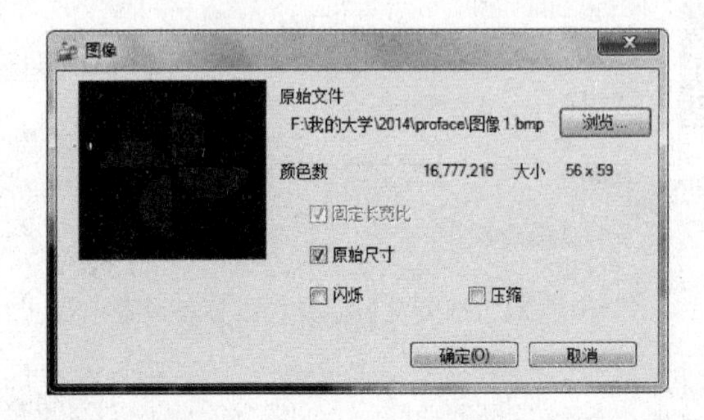

图 35-24　确定添加的动画图片

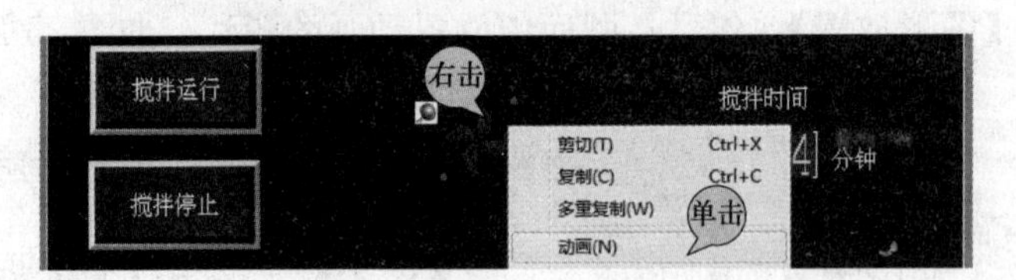

图 35-25　动画属性

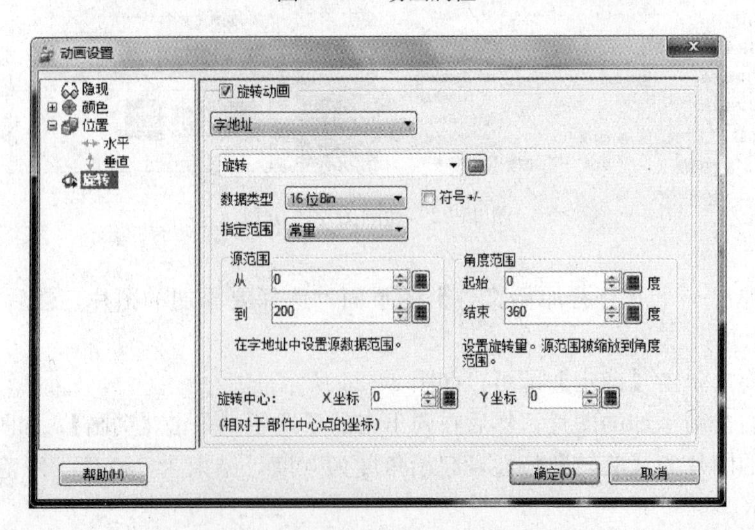

图 35-26　动画属性设置为旋转的图示

第五步　搅拌器图表的制作

添加图表，图表类型选择为普通，监控字地址选择为【液位设置】，液位设置是前面笔者刚刚创建的变量，源范围中最小值设定为 0，最大值为 100，如图 35-27 所示。

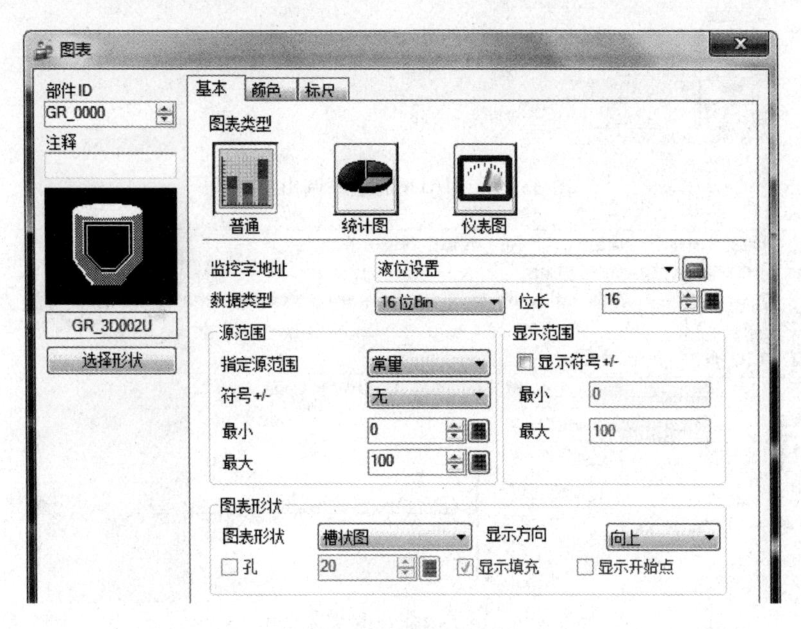

图 35-27　图表设置

第六步　报警灯的制作

在【开关/指示灯】的属性页中，添加报警的说明文本和报警指示灯，位地址注册新的变量 Alarm，如图 35-28 所示。

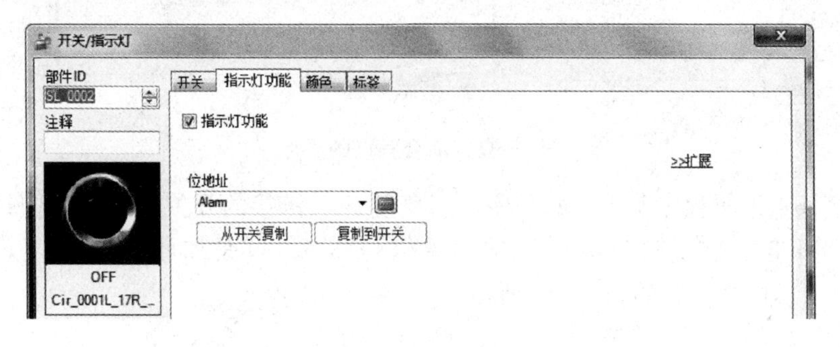

图 35-28　报警指示灯

第七步　逻辑画面的编程

在逻辑画面的 MAIN 画面中，双击 MAIN，就可以编辑 MAIN START 的程序了，如图 35-29 所示。

单击工具条上的图标，增加程序条 2，如图 35-30 所示。

动合触点的输入如图 35-31 所示。

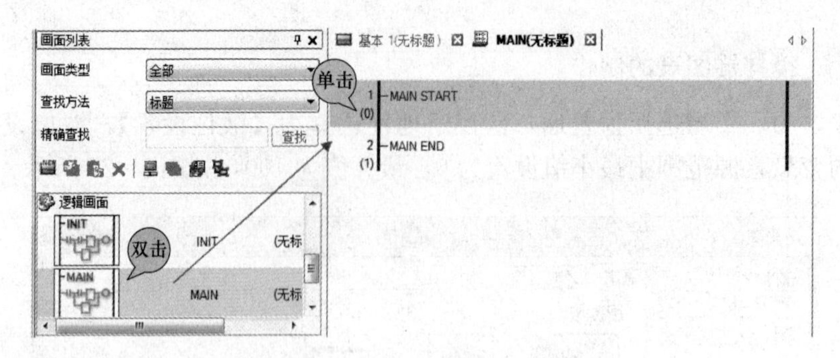

图 35-29　MAIN 的程序调出图示

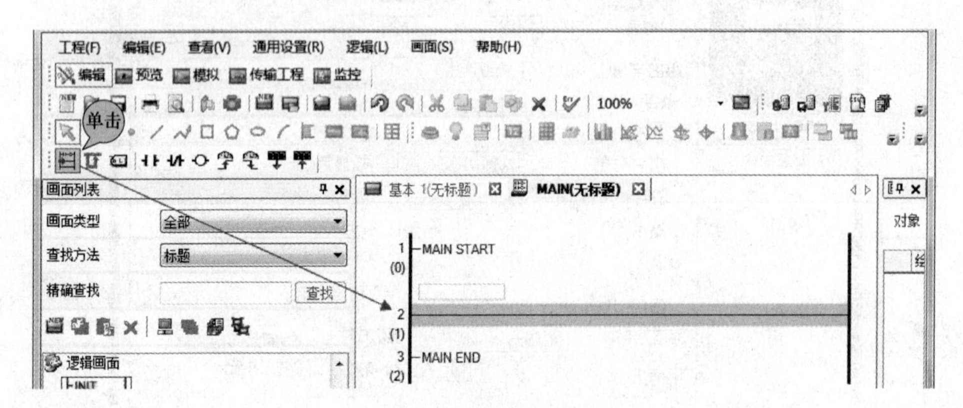

图 35-30　添加程序条的操作

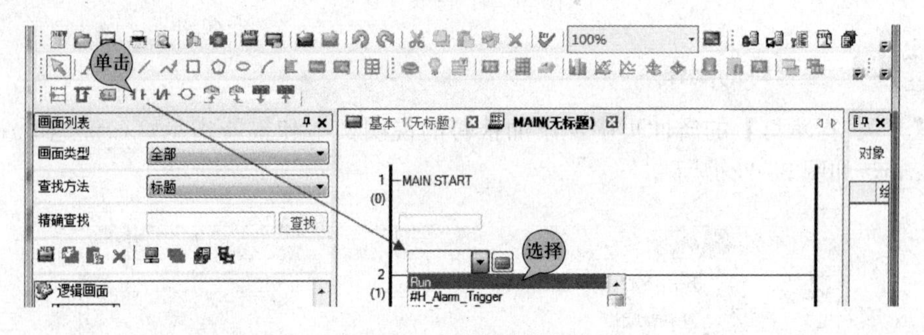

图 35-31　动合触点的添加

单击程序条 1 编辑程序条 1 中的程序，当变量 Run 链接的开关为 ON，并且变量 Stop 链接的开关为 OFF 时，将线圈 Output 的输出置位 ON，CTU 是加计数器，PV 设定值为 60，每秒计数器加 1，程序段 2 如图 35-32 所示。

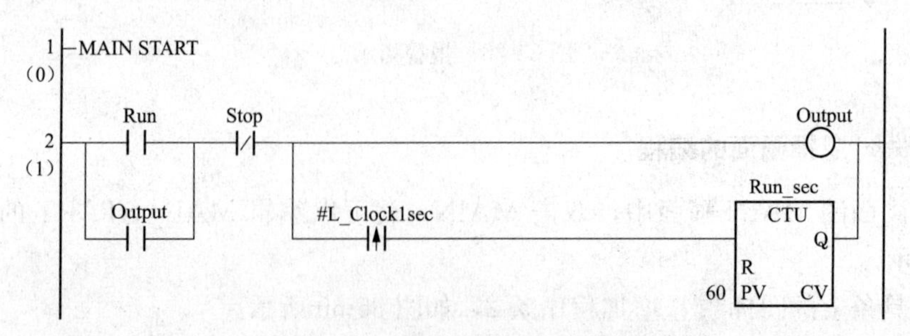

图 35-32　程序条 1 的程序编制

INC是累加器，每分钟搅拌时间都加1，同时复位计数器Run _ sec，程序段3如图35-33所示。

图 35-33 【搅拌时间】的程序编制

报警程序的编制，使用比较指令GT，来比较【搅拌时间】和【搅拌时间设定】，当【搅拌时间】超过【搅拌时间设定】时，输出线圈Alarm置位ON，程序段4如图35-34所示。

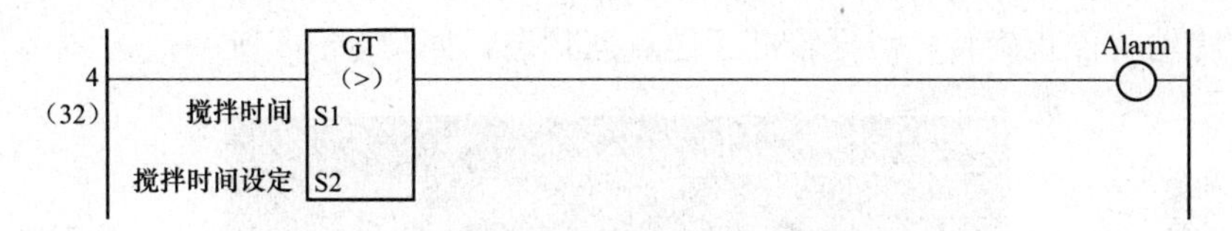

图 35-34 【搅拌时间】与设定值比较的程序

当处于【正在搅拌】中时，水槽中的齿轮会旋转，程序段5的编制如图35-35所示。

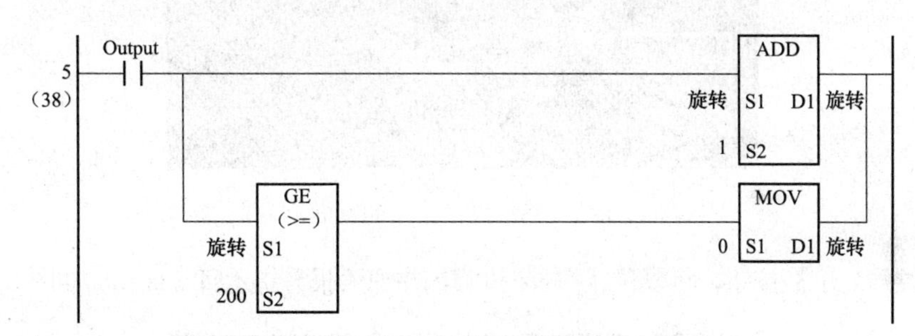

图 35-35 旋转部分的程序编制

将状态信息写入PLC地址，MOV指令的程序编制如图35-36所示。

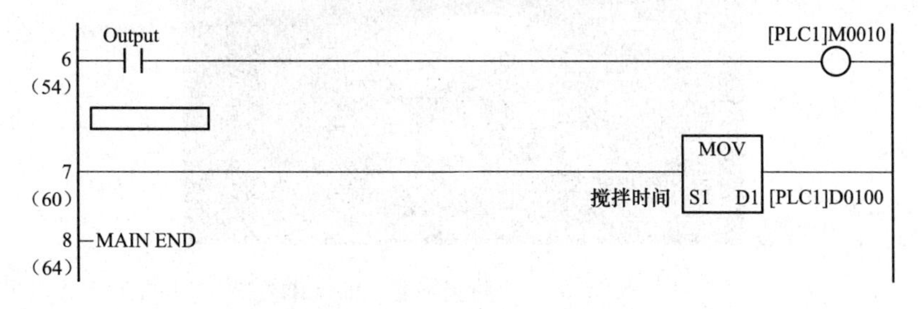

图 35-36 状态信息的写入

第八步 模拟运行

在液位设置中输入液位的高度，搅拌时间设定为1min，然后单击【搅拌运行】按钮，按下后，会显示【正在搅拌】，并且叶轮也会旋转，如图35-37所示。

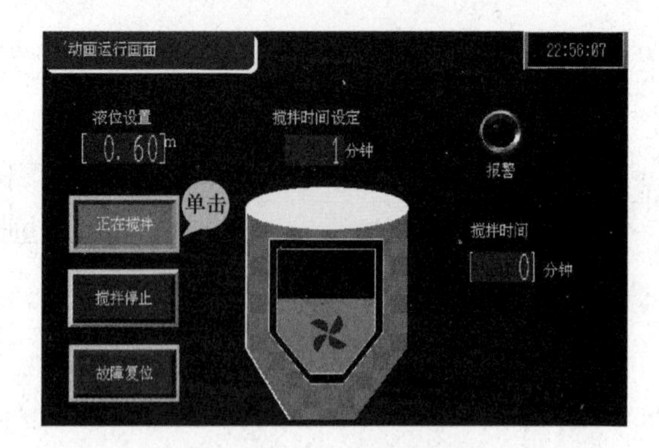

图 35-37　正在搅拌的图示

当【搅拌时间】大于【搅拌时间设定】值后，报警指示灯点亮，此时，按下【搅拌停止】按钮，叶轮将停止旋转，但报警灯还是点亮状态，如图 35-38 所示。

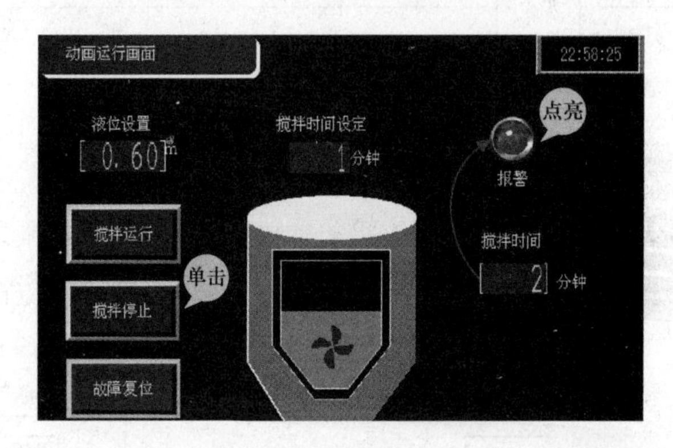

图 35-38　搅拌停止的页面

按下【故障复位】按钮，将复位【搅拌时间】，并熄灭报警指示灯 Alarm，如图 35-39 所示。

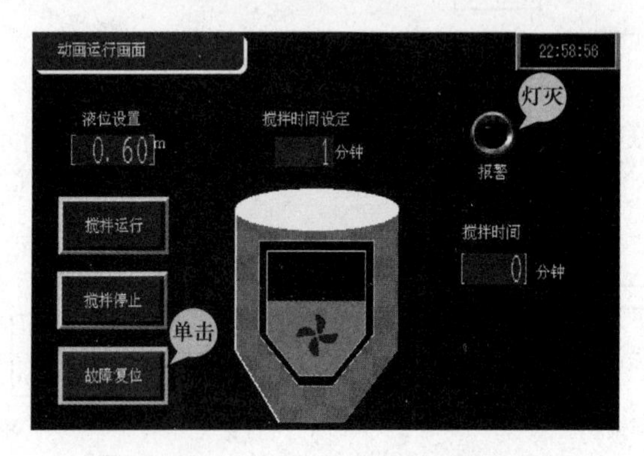

图 35-39　故障报警复位的操作

GP4603T 与 S7-200 的网络通信

一、 案例说明

本示例中的系统采用的 PLC 是西门子 200 系列的 PLC，触摸屏为 GP 系列，实现的是在 GP4603T 触摸屏的画面中，创建电动机启动和电动机停止两个按钮，来远程启动和停止电动机的运行，并且在画面中显示电动机星三角运行的状态和运行的时间。

二、 相关知识点

1. 画面传输方式

GP 画面有 3 种传输方式：电缆传输、CF 卡传输、网络传输。

(1) 通过电缆传输。首先选择【COM】口，设置传输速率。

在进行传输前在电脑和 GP 之间连接一根画面传输电缆（GPW-CB02 或 GPW-CB03）传输设置如图 36-1 所示。

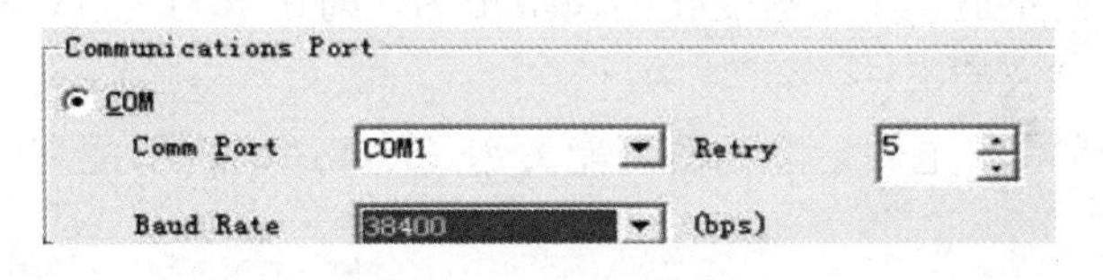

图 36-1 传输设置图示

传输电缆一端接 GP 的 TOOL 口，另一端接电脑的 COM（CB02）或 USB（CB03）口。用户如果使用 CB03 传输，要先在电脑上安装驱动程序。

(2) 通过 EtherNet 网络传输。通过 EtherNet 网络传输时，选择【EtherNet】，设置目标 GP-HMI 的 IP 地址，Port（端口号）为 8000（固定值），点选【EtherNet：Auto Acquist】。

2. S7-200 PLC 的特点

S7-200 PLC 的外形结构非常的紧凑，其输入、输出、CPU、电源模块都装设在一个基本单元的机壳内，是典型的整体式结构。当西门子 200 PLC 组建的系统需要扩展时，选用需要的扩展模块与基本单元连接即可。S7-200 的扩展模块有数字量模块、模拟量模块、通信模块、调制解调器模块和位控模块。

S7-200 CPU 单元（也称 PLC 主机），实际上就是一台能独立工作的 PLC，其特点如下所示。

(1) 自身带有高速计数器，最快的响应速度为 30kHz。

(2) 自身带有高速脉冲输出接口，最高频率为 20kHz。具有脉宽调制（PWM）和脉冲序列输出（PTO）两种模式。

PTO和PWM两种模式：PTO可以输出一串脉冲（占空比50%），用户可以控制脉冲的周期和个数；PWM可以输出一串占空比可调的脉冲，用户可以控制脉冲的周期和脉宽。

PTO可以按照预定的运动要求把所有数据写入V区，形成包络表，由CPU按包络表去执行整个运动过程，适合控制步进电动机，PTO的脉冲频率是逐渐平滑变化的，与包络表中的周期增量相关。PTO执行完毕可以触发PTO完成中断。PWM为脉宽调制波，占空比改变，由用户控制周期和脉宽。

（3）CPU配有超级电容，可实现断电保护，最长为100min。

（4）运算指令功能丰富，并具有实数运算功能。

（5）可为输入信号设置滤波器，提高抗干扰能力。

用户可以为S7-200某些或者全部CPU集成的数字量输入点，选择输入滤波器，并为滤波器定义延迟时间（0.2～12.8ms可选），这个延迟时间有助于滤除输入噪声，以免引入输入状态不可预测的变化。

另外，数字量输入滤波器会对读输入指令、输入中断和脉冲捕捉产生影响。不同的选择，应用程序是有可能丢掉一个中断事件或者脉冲捕捉的。而高速计数器不受此影响，应该注意处理好脉冲捕捉功能与数字量滤波的关系。

S7-200可以对每一路模拟量输入选择软件滤波器，滤波值是多个模拟量输入采样值的平均值。

滤波器参数（采样次数和死区）对于允许滤波的所有模拟量输入是相同的。

模拟量滤波功能是不适用于快速变化的模拟量的，对于RTD、TC和ASI主站模块，是不能使用模拟量输入滤波的。

（6）内部配有+5VDC电源，电流输出能力为1000mA，内部配有+24VDC电源，电流输出能力为400mA。

（7）具有RS485通信接口，可与计算机、手持编程器、文本显示器等设备进行通信。

3. S7-200 PLC的RS-485的串行通信端口

RS-485串行通信端口是PLC主机实现人机对话和机机对话的通道。同时也能实现PLC与上位计算机的连接，和实现PLC与PLC、编程器、彩色图形显示器、打印机等外部设备的连接。

通信电缆是PLC用来与个人计算机（PC）实现通信的连接线。通信时用户可以采用PC/PPI电缆（RS232—RS485），也可以采用一个通信处理器（CP）和多点接口（MP1）电缆，或者用一块MPI卡及一根随MPI卡提供的通信电缆。

三、 创作步骤

第一步 星三角控制电动机的控制设计

本示例的电动机采用AC380V，50Hz三相四线制电源供电，电动机现场操作设置绿色启动按钮QB、红色停止按钮TA，电动机M1主运行的控制回路是由自动开关Q1、接触器KM1、热继电器FR1及电动机M1组成。其中以自动开关Q1作为电源隔离短路保护开关，热继电器 FR1 作为过载保护，中间继电器 CR1 的动合触点控制接触器 KM1 的线圈通电、断电，接触器 KM1 的主触头控制电动机 M1 的启动与停止，电气原理图如图 36-2 所示。

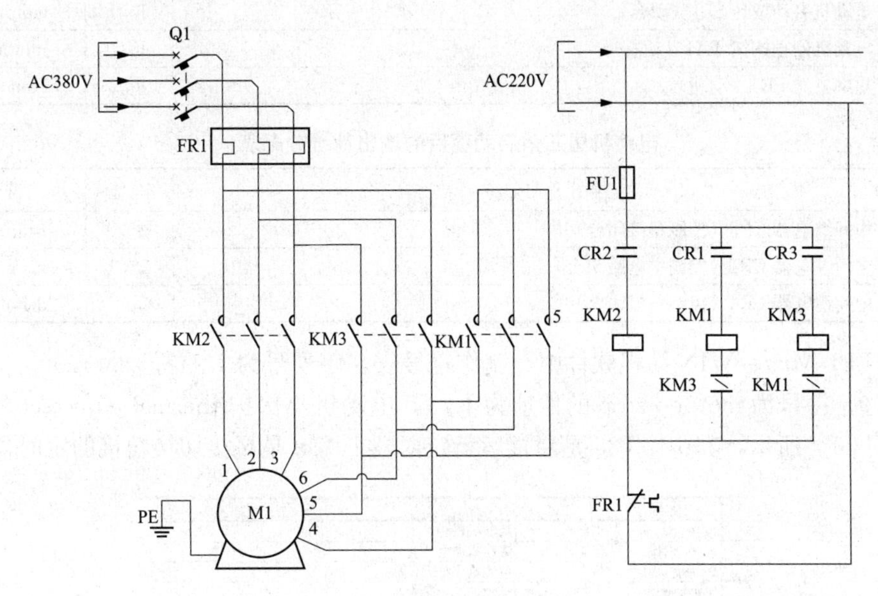

图 36-2　电气控制原理图

第二步　HMI 和 PLC 控制电气接线图

HMI 选配 GP-4603T，PLC 选配西门子 CPU222，通信连接时，一端使用 Profibus 电缆线连接到 HMI 的 COM2 口上，另一端连接到 PLC 的 COM1 端口上，如图 36-3 所示。

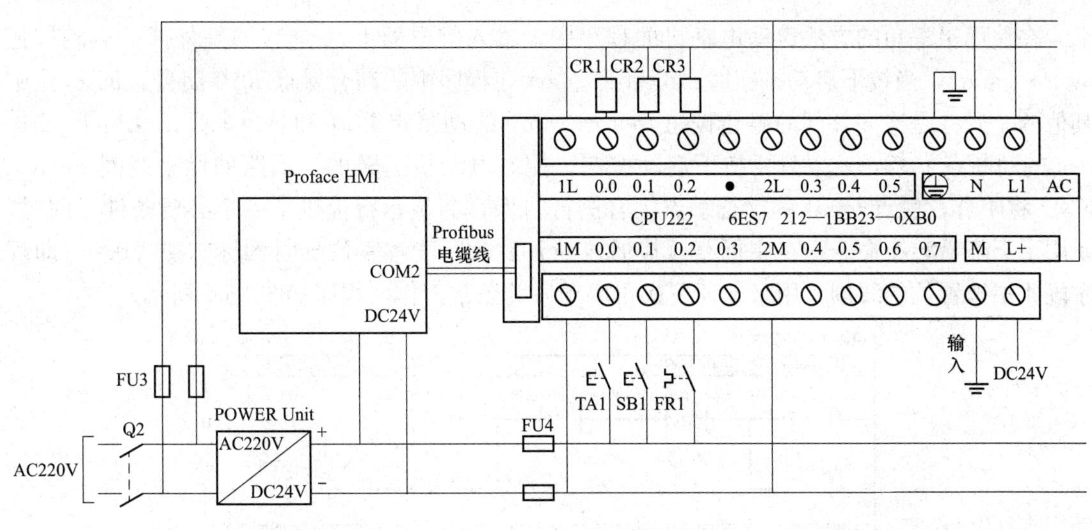

图 36-3　电气原理图

第三步　PLC 地址和符合表制定

电动机星三角启动项目的参考输入地址分配表、参考输出地址分配表见表 36-1 和表 36-2。

表 36-1　　　　电动机星三角启动项目的输入地址分配

序号	输入信号名称	地址	符号表
1	电动机启动按钮 SB1（动合）	I0.0	motor _ start
2	电动机停止按钮 TA1（动断）	I0.1	motor _ stop
3	热继电器 FR1（动断）	I0.2	thermal _ protect

表 36-2　　　　电动机星三角启动项目的输出地址分配表

序号	输出信号名称	地址	符号表
1	中间继电器 CR2（控制星接闭合）	Q0.0	star _ KM1
2	中间继电器 CR1（控制主电路闭合）	Q0.1	main _ KM2
3	中间继电器 CR3（控制角接闭合）	Q0.2	delta _ KM3

在 STEP7-Micro/WIN 编程软件中，制作符号表，序列号为 1 的符号为 motor _ start 的地址为 I0.0，符号为 motor _ stop 的地址为 I0.1，电动机热保护 thermal _ protect 的地址为 I0.2，如图 36-4 所示，其中，T38 是星接运行定时器，T39 是星接切换角接的定时器。

	符号	地址	注释
1	motor_start	I0.0	电动机启动
2	motor_stop	I0.1	电动机停止
3	thermal_protect	I0.2	电动机热保护
4	Star_timer	T38	星接运行定时器
5	star_KM1	Q0.0	中间继电器CR2（控制星接闭合）
6	main_KM2	Q0.1	中间继电器CR1（控制主电路闭合）
7	delta_KM3	Q0.2	中间继电器CR3（控制角接闭合）
8	Delta_timer	T39	星接切换角接定时器
9	delta_Tflag	V0.0	角运行接触器延时时间到

图 36-4　符号表图示

第四步　PLC 的程序编制

在使用星三角的方法启动电动机的程序中，输入继电器 I0.0 连接的是外部的启动按钮 motor _ start，当按下启动按钮时，motor _ start 在程序中的动合触点 I0.0 闭合，RLO 路中其他两个元件是连接外部的停止按钮 motor _ stop 的动断点 I0.1 和热继电器 thermal _ protect 的动断点 I0.2，所以只要按下启动按钮，控制电动机运转的主回路的驱动线圈 main _ KM2 将闭合，触点 Q0.1 的动合触点闭合进行自保，为星运行提供了一个必要条件。同时，使用了下降沿转换命令，在主回路【接通再断开】时，能够复位延时到标志位 V0.0，即程序段 4 中被置位的线圈，用来保证下次再启动后的正常工作，程序如图 36-5 所示。

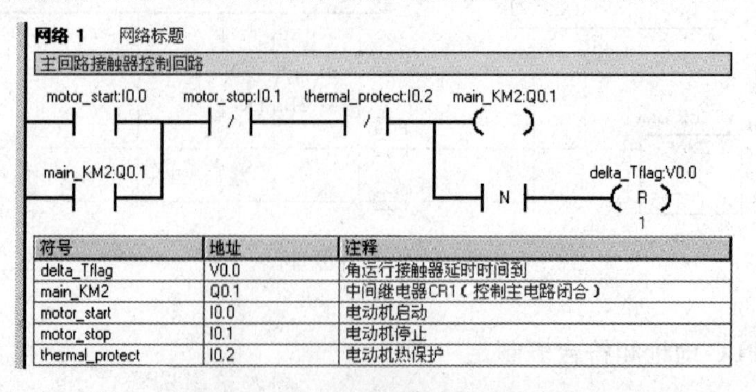

符号	地址	注释
delta_Tflag	V0.0	角运行接触器延时时间到
main_KM2	Q0.1	中间继电器CR1（控制主电路闭合）
motor_start	I0.0	电动机启动
motor_stop	I0.1	电动机停止
thermal_protect	I0.2	电动机热保护

图 36-5　主回路接触器的控制

主回路 main _ KM2 的动合触点 Q0.1 闭合后，接通延时定时器（TON）指令 T38 开始计时，并且 T38 的动断触点并不动作，这样星运行的 RLO 为 1，电动机开始星运行，即 Q0.0 吸合，运行的时间达到 T38 设定的时间 3s 后，T38 的接通延时动断触点将断开星运行的驱动线圈 Q0.0。

另外，当启用输入的 Q0.1 断开时，接通延时定时器 T38 的当前值会被清除，程序段 2 如图 36-6 所示。

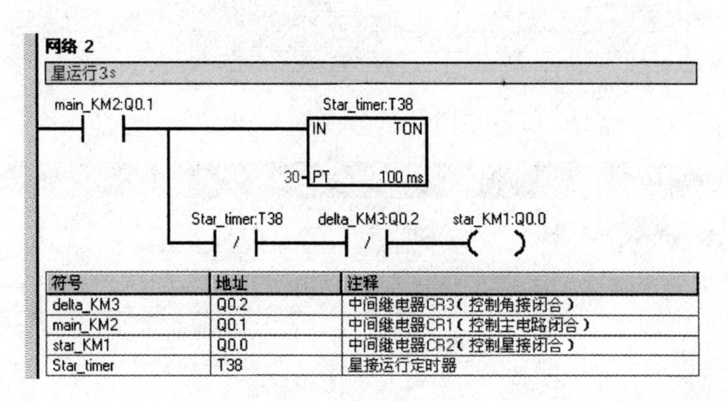

图 36-6　星接定时器

在星接切换延时的设计中，使用一个断开延时定时器 T39，用来在断开星接运行后，必须延时 500ms 才能接通角运行，因为在星接触器断开期间会有电弧产生，这个时候如果角接触器立即吸合很容易发生弧光短路，所以要尽量保证星接触器完全断开后角接触器才吸合，程序如图 36-7 所示。

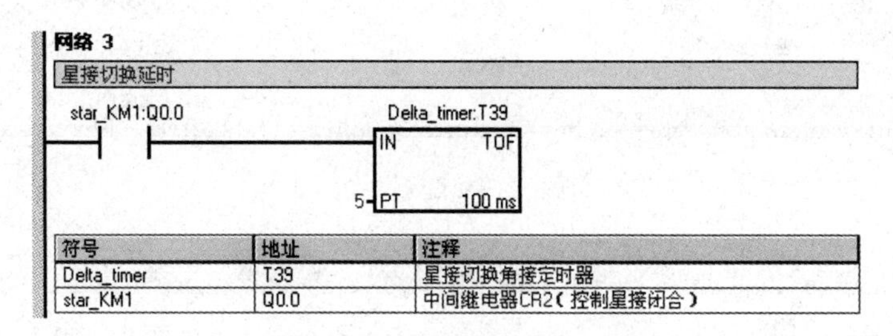

图 36-7　星接切换延时的设置

通过程序段 1 中编制的程序，读者可以看到，主接触器的 Q0.1（main _ KM2）的动合触点闭合，程序段 3 中的断开延时定时器（TOF）T39 在延时时间到达 0.5s 后，T39 动断触点闭合，在下降沿后对角运行接触器延时标志位 V0.0 置 1，V0.0 的动合触点闭合后，电动机开始角运行，程序如图 36-8 所示。

在星运行回路串接了角运行的驱动线圈 Q0.2，在角运行回路串接了星运行的驱动线圈 Q0.0，用来保证星角运行回路不能同时运行。

第五步　HMI 的系统设置

创建 HMI 项目，HMI 型号选配 GP4603T，如图 36-9 所示。

配置完主机，单击【下一步】来配置 PLC 的生产商，这里选配【Siemens AG】，系列选配【SIMATIC S7 MPI Direct】，如图 36-10 所示。

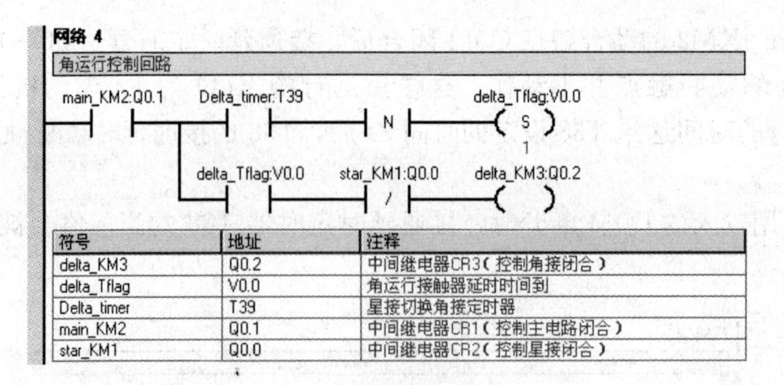

图 36-8 程序段 4

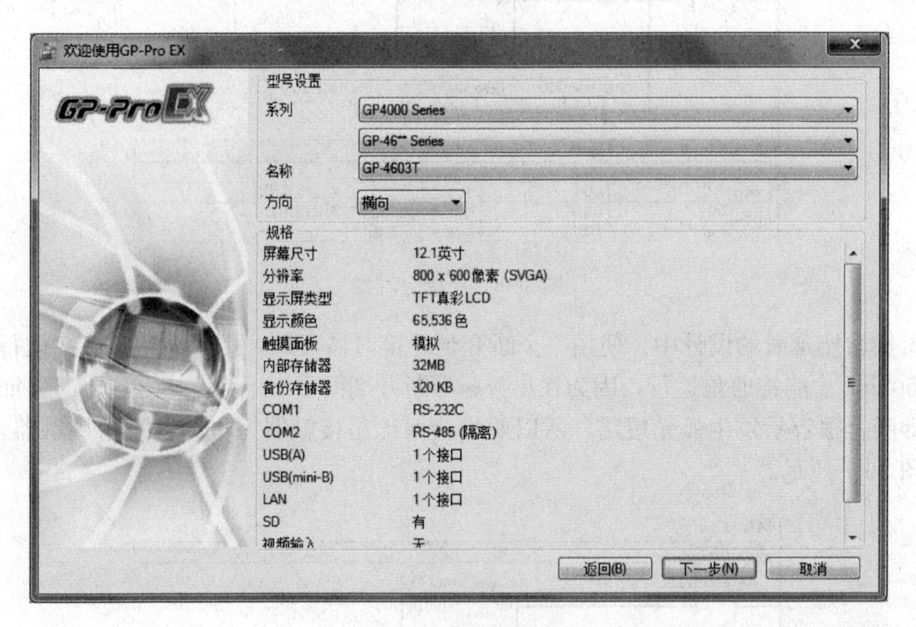

图 36-9 配置主机

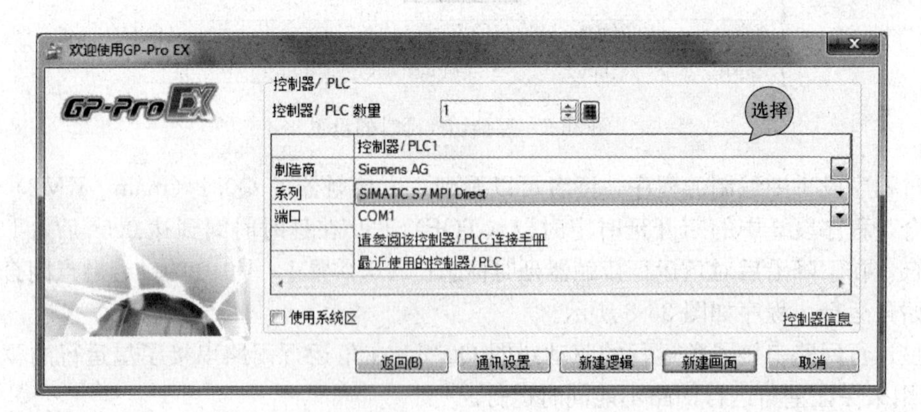

图 36-10 PLC 的选配

选配好项目中使用的 PLC 的生产商之后，单击【通信设置】，在特定控制器的设置中显示的是“PLC Type＝S7-300/400（English Device Names）. Targe”，此时，单击▦图标，会弹出【特定控制设置】页面，将【PLC Type】选择为 S7-200，然后点选 English，单击

【确定】按钮，设置的过程如图 36-11 所示。

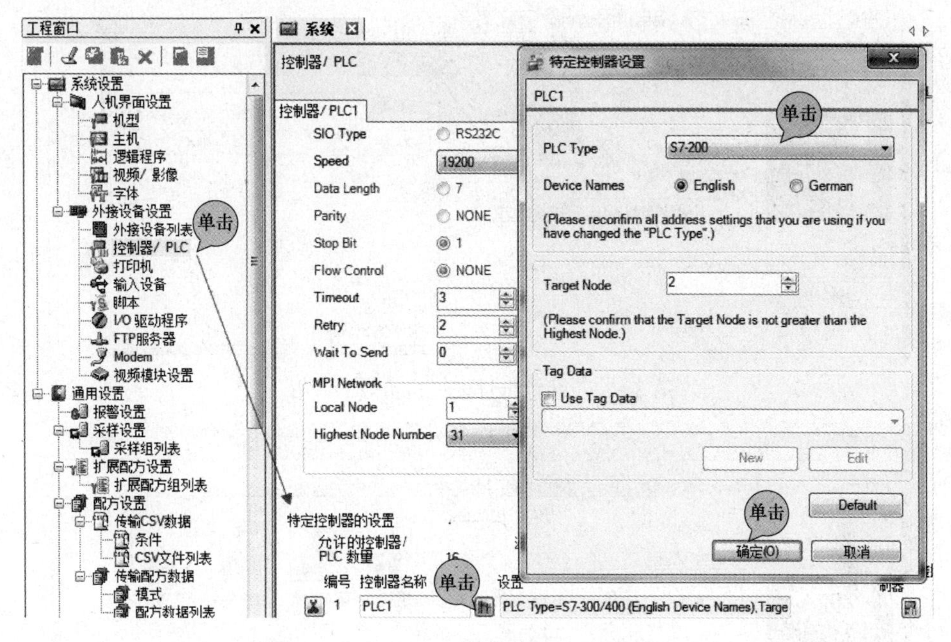

图 36-11 特定 PLC 控制器的设置图示

然后将 MPI 的传送速度设定为 187.5Kbps，上图中默认速度是 19200。

第六步 电动机的启停按钮的制作

制作两个带灯按钮，绿色的按钮的地址连接 PLC 的 I0.0，如图 36-12 所示。

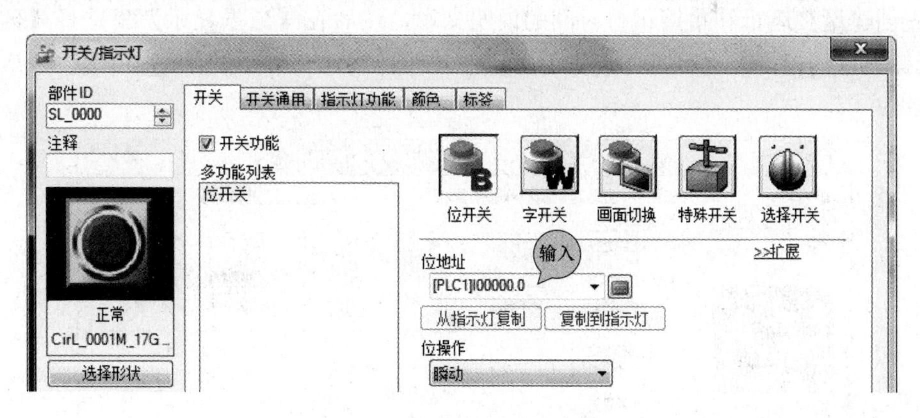

图 36-12 触摸屏绿色按钮的地址连接

设置绿色按钮的指示灯功能，勾选后，设置指示灯链接的位地址，选择地址为 PLC 的 Q 输出，地址设置为 Q0.2，如图 36-13 所示。

同样的方法创建一个红色带灯按钮，在属性中设置位地址为 PLC 的输入端子 I0.1，单击【复制到指示灯】按钮定义何时点亮指示灯，如图 36-14 所示。

第七步 星接运行和角接运行时间的显示

在西门子 200 的 PLC 的程序中，T38 是星接运行的定时器，T39 是星接切换角接的定时器。

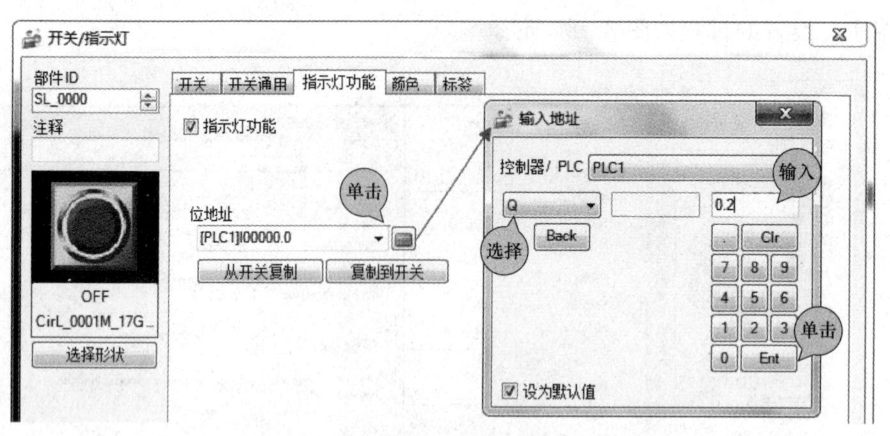

图 36-13 绿色带灯按钮指示灯的设置

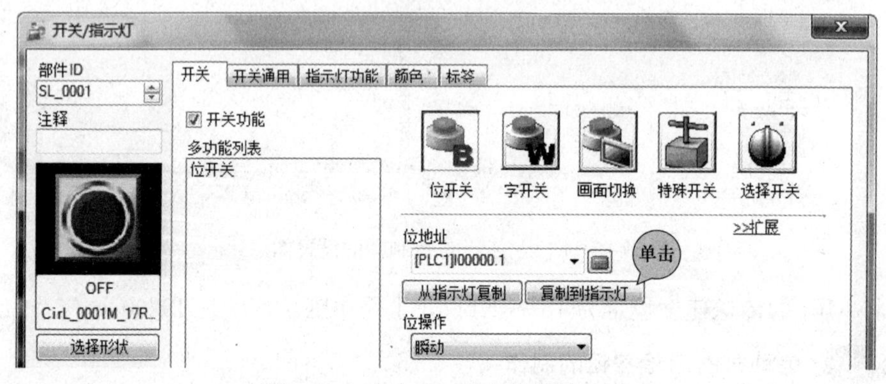

图 36-14 红色带灯按钮的属性设置

首先创建星接运行和角接运行时间的说明文本，然后在【数据显示】里选择【数据显示器】，选择适合的按钮并拖拽到画面中的合适位置，星接运行时间的显示如图 36-15 所示，监控字地址为 T38。

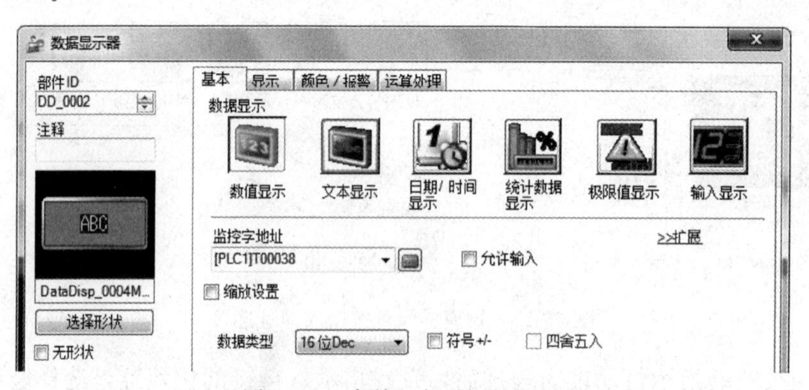

图 36-15 角接运行时间的显示

用同样的方法创建角接运行时间的【数值显示】，监控地址设定为 T39。

第八步 星接运行和角接运行指示灯

首先创建星接运行和角接运行指示灯的说明文本，然后在【部件工具箱】里选择【指示灯】，最后单击按钮并拖拽到合适位置，星接指示灯的创建如图 36-16 所示。

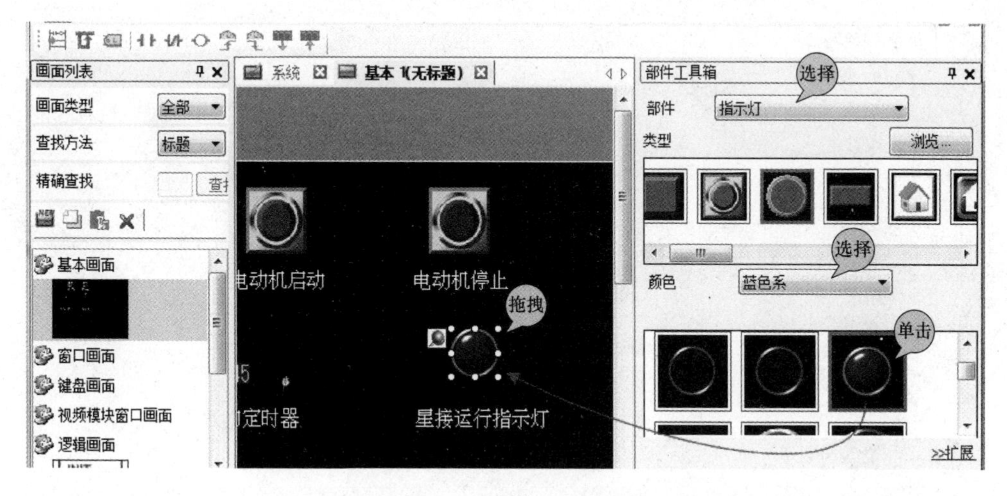

图 36-16 星接指示灯的添加

双击星接指示灯，在【指示灯功能】选项卡中设置灯链接的位地址，为 Q0.0，如图 36-17 所示。

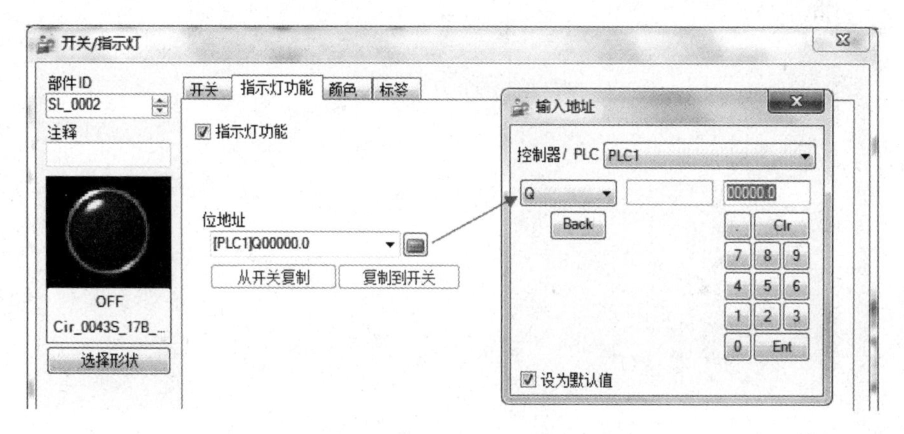

图 36-17 星接指示灯的属性设置

用同样的方法创建角接指示灯，地址为 Q0.3。全部设置完成后，调整位置，并通过【绘图】下的【矩形】画出 3 个功能区。

第九步 星接运行的 HMI 显示

单击【电动机启动】按钮，绿色指示灯点亮，当电动机在星接运行到 2s 时，HMI 上星接运行定时器的显示时间为 2，并接通了星接运行指示灯，如图 36-18 所示。

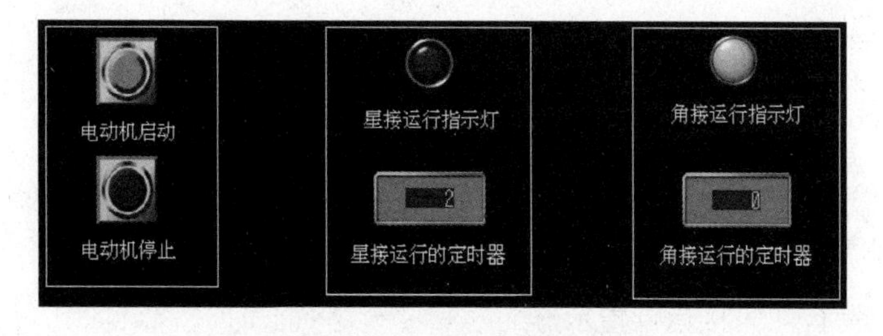

图 36-18 星接运行的图示